Louis D. Tarmin

buch^{MAT}2.A

FOLGEN UND REIHEN

STETIGE FUNKTIONEN

Version 2 (2007)

buch^XVERLAG BERLIN

Wenn uns jemand ein Rätsel vorlegte, wie Bilder des Auges und alle Empfindungen unsrer verschiedensten Sinne nicht nur in Töne gefaßt, sondern auch diesen Tönen mit innewohnender Kraft so mitgeteilt werden sollen, daß sie Gedanken ausdrücken und Gedanken erregen: ohne Zweifel hielte man dies Problem für den Einfall eines Wahnsinnigen, der, höchst ungleiche Dinge einander substituierend, die Farbe zum Ton, den Ton zum Gedanken, den Gedanken zum malenden Schall zu machen gedächte. Die Gottheit hat das Problem tätig aufgelöst. Ein Hauch unseres Mundes wird das Gemälde der Welt, der Typus unsrer Gedanken und Gefühle in des andern Seele.

Von einem bewegten Lüftchen hängt alles ab, was Menschen je auf der Erde Menschliches dachten, wollten, taten und tun werden; denn alle liefen wir noch in Wäldern umher, wenn nicht dieser göttliche Odem uns angehaucht hätte und wie ein Zauberton auf unsern Lippen schwebte. Die ganze Geschichte der Menschheit also mit allen Schätzen ihrer Tradition und Kultur ist nichts als eine Folge dieses aufgelösten göttlichen Rätsels.

Wie sonderbar, daß ein bewegter Lufthauch das einzige, wenigstens das beste Mittel unsrer Gedanken und Empfindungen sein sollte! Ohne sein unbegreifliches Band mit allen ihm so ungleichen Handlungen unsrer Seele wären diese Handlungen ungeschehen, die feinren Zubereitungen unsres Gehirns müßig, die ganze Anlage unsres Wesens unvollendet geblieben ...

Johann Gottfried Herder (1744 - 1803)

Bibliographische Information Der Deutschen Bibliothek

Die Deutsche Bibliothek verzeichnet diese Publikation in der Deutschen Nationalbibliographie; detaillierte bibliographische Daten sind im Internet über http://dnb.ddb.de abrufbar.

Das Buch mit allen seinen Teilen ist urheberrechtlich geschützt. Jede Verwertung – auch außerhalb der engen Grenzen des Urheberrechtsgesetzes – ist ohne Zustimmung des Copyright-Inhabers unzulässig. Das gilt besonders für Vervielfältigungen, Übersetzungen, Mikroverfilmungen sowie Einspeicherungen, Verarbeitungen und Verbreitungen in elektronischen Medien.

© BUCH^{X}VERLAG BERLIN · 2007 · Anschrift: Kurfürstendamm 59, 10707 Berlin

Herstellung: Books on Demand GmbH · 22848 Norderstedt

ISBN 978-3-934671-40-9

Vorwort Buch^{MAT} 2

> Jedes Stück Materie kann gleichsam als ein Garten voller Pflanzen oder als ein Teich voller Fische aufgefaßt werden. Aber jeder Zweig der Pflanze, jedes Glied des Tieres, jeder Tropfen seiner Säfte ist wieder ein solcher Garten und solcher Teich.
> *Gottfried Wilhelm Leibniz* (1646 -1716)

> Der große Mathematiker Lagrange war ein guter Mensch und eben deswegen groß. Denn wenn ein guter Mensch mit Talent begabt ist, so wird er immer zum Heil der Welt sittlich wirken, sei es als Künstler, Naturforscher, Dichter oder was alles sonst.
> *Johann Wolfgang von Goethe* (1749 - 1832)

Mathematik als Schulfach definiert sich als Teil einer *allgemeinbildenden Schule* mit einer (neuerdings wieder deutlicher betonten) hohen Cohärenz zwischen thematischen und didaktischen Belangen. Mathematik als Teil verschiedener Studienfächer (vom Fach Mathematik einmal abgesehen) definiert sich vorwiegend als Vorrat schon sehr komplexer Werkzeuge mit je nach Fach *spezifischer Anwendungsorientierung*. Die Nahtstelle zwischen Schule und Hochschule kann sich also – wie die Praxis ja auch zeigt – als eine mehr oder minder harte (gelegentlich auch unüberwindbare) Schnittstelle erweisen.

Diese Beobachtung ist Ausgangspunkt für die Konzeption der Reihe BUCH^{MAT}X und bestimmt sowohl die thematischen und formalen wie auch die stilistischen Zugriffe auf die behandelten Themen (Funktionen, Algebra, Analysis, Geometrie, Stochastik).

Die thematische Konzeption erstreckt sich demgemäß einerseits auf die (drei) Klassenstufen der Oberstufe, andererseits auf zentrale Teile des Grundstudiums. Eingebettet in eine Darstellung aus sprachlich-formal einheitlichem Guß sind in der Regel folgende Fragen angesprochen: *Worüber* (soll geredet werden)? *Wozu* (sind solche Überlegungen nützlich)? *Was* (ist der mathematische Gegenstand)? *Wie* (soll vorgegangen/formuliert/bewiesen werden)? Diese Fragen nach *Anlaß, Kontext, Zweck, Form und Strategie* markieren sozusagen die innere Konzeption dieser Bände.

In BUCH^{MAT} 2 sind – etwa zu zwei Dritteln Schulstoff, ein Drittel geht ein bißchen darüber hinaus – die wichtigsten Begriffe, Methoden und Sachverhalte der sogenannten *Reellen Analysis* zusammengetragen. Diese Reelle Analysis behandelt Funktionen $T \longrightarrow \mathbb{R}$ mit (je nach Sinnfälligkeit und Zusammenhang) geeigneten Definitionsbereichen $T \subset \mathbb{R}$, nun aber – in Erweiterung der Abschnitte 1.2x – nicht nur mit elementaren Methoden (die sich ausschließlich auf die algebraische und Ordnungs-Struktur auf $\mathbb{R}$ beschränken), sondern auch mit den sogenannten *topologischen Methoden* (siehe dazu insbesondere auch Abschnitt 1.300).

Diese topologischen Methoden ($\tau o \pi o \varsigma$, der Ort) – auf $\mathbb{R}$ bezogen schon von *Gottfried Wilhelm Leibniz* (1646 -1716) und *Isaac Newton* (1642 - 1727) entwickelt – verfolgen die Absicht, Näherungsvorgänge im Sinne eines *in immer kleiner werdenden Schritten Sich-Annäherns* durch *Berechnung* qualitativ und quantitativ zu beschreiben. Drei der damit angesprochenen und (in einem üblichen Koordinaten-System) geometrisch leicht vorstellbaren Situationen sind etwa:

– Das Stetigkeits-Problem: Betrachtet man zu einer Funktion f und einem Element $x_0 \in D(f)$ eine Folge $x_1, x_2, x_3, ...$ von Zahlen, die sich x_0 beliebig dicht annähern (man nennt x_0 dann den *Grenzwert* dieser Folge), nähern sich dann in ähnlicher Weise auch die Funktionswerte $f(x_1), f(x_2), f(x_3), ...$ dem Funktionswert $f(x_0)$ von x_0 an, hat diese Folge also den Grenzwert $f(x_0)$?

– Das Tangenten-Problem: Besitzt eine gekrümmte Funktion f bei einem bestimmten Punkt $(x_0, f(x_0))$ eine eindeutig bestimmte Tangente, also eine Gerade t, die mit f genau einen Punkt, nämlich $(x_0, f(x_0)) = (x_0, t(x_0))$, gemeinsam hat? Wenn ja, wie läßt sich die Zuordnungsvorschrift von t berechnen? Auch bei diesem Problem läßt sich die Idee des *Sich-Annäherns* anhand von Folgen $x_1, x_2, x_3, ...$ mit dem Grenzwert x_0 beschreiben, indem man untersucht, ob die Folge $f(x_1) - t(x_1), f(x_2) - t(x_2), f(x_3) - t(x_3), ...$ der entsprechenden Abstände den Grenzwert Null hat.

– Das Flächeninhalts-Problem: Wie läßt sich der Flächeninhalt zwischen den Schnittpunkten zweier sich schneidender gekrümmter Funktionen berechnen, also quantitativ durch eine Zahl beschreiben? Wie man sich dabei die Idee des Sich-Annäherns vorzustellen hat, kennt man im Prinzip schon aus frühen

Schuljahren am Beispiel des Kreisflächeninhalts: Die Kreisfläche wird mit Netzen rechteckiger Streifen (oder von Quadraten) überdeckt und durch die Summe von Rechtecksflächeninhalten näherungsweise beschrieben. Die Idee dabei ist: Mit feiner werdenden Netzen werden die zugehörigen Näherungen genauer und nähern sich einem Grenzwert an, dem tatsächlichen Flächeninhalt.

Diese Grundprobleme der Reellen Analysis – zusammen also: *Existenzbegründung, Berechnung und Deutung von Grenzwerten* in diesen (sowie vielfältig nuancierten) Situationen – sind behandelt in

BUCH^{MAT}2.A – mit den Kapiteln *Konvergente Folgen* (ab Abschnitt 2.040) und *Konvergente Reihen* (ab Abschnitt 2.110), die den folgenden Bereichen gewissermaßen als methodischer Vorspann dienen und solche Grenzwertprozesse anhand von Zahlenfolgen untersuchen, wobei diese Betrachtungen etwa den begrifflichen und sachlichen Zuschnitt haben, der in den weiteren Kapiteln jeweils benötigt wird und sich dann dort (weitgehend) unmittelbar anwenden läßt (siehe dazu auch die Skizze in Abschnitt 2.000), ferner enthält dieser erste Band das Kapitel *Stetige Funktionen*, das in der ersten Version noch im zweiten Band angesiedelt war,

BUCH^{MAT}2.B – mit dem großen Kapitel *Differenzierbare Funktionen* mit ersten Versionen dieser Eigenschaft, die direkten Bezug zur Konvergenz von Folgen nehmen, jeweils anschließend mehr und mehr nuanciert, ferner in den Abschnitten 2.4x dann in einen begrifflich allgemeineren Rahmen eingebettet werden, der dann insbesondere auch die Untersuchung dieser Eigenschaften für Funktionen $\mathbb{R}^n \longrightarrow \mathbb{R}^m$ gestattet,

BUCH^{MAT}2.C – mit den Kapiteln *Integrierbare Funktionen* und *Riemann-integrierbare Funktionen*, deren Gegenstände einerseits aus sehr unterschiedlichen Fragestellungen heraus entwickelt werden, andererseits aber in der Untersuchung beider Theorien zunehmend ineinander verzahnt sind, weiterhin mit einem Kapitel *Differentialgleichungen*, das im Sinne einer Einführung erste Ideen und einfache Beispiele nennt, schließlich eine Sammlung von Aufgaben (inclusive einiger Leitlinien dazu) zu *Untersuchungen von Funktionen* im Rahmen der in BUCH^{MAT}2 behandelten Theorien (allerdings basierend auf den elementaren Untersuchungen in den Abschnitten 1.2x).

Innerhalb dieser Theorien, die man (auch historisch) als die Kerngebiete der Reellen Analysis bezeichnen kann, haben sich auch immer wieder Fragen gestellt, die einerseits die Natur der reellen Zahlen selbst, andererseits auch besondere Funktionen $T \longrightarrow \mathbb{R}$ betreffen. Dazu sei nur an die trigonometrischen Funktionen sin und cos sowie an die Exponential- und Logarithmus-Funktionen, exp_a und log_a, erinnert, deren Zuordnungsvorschriften in den Abschnitten 1.2x eher bloß anschaulich und vorläufig angegeben wurden, die nun aber um tatsächliche Berechnungsverfahren ergänzt werden können (Abschnitte 2.1x).

Damit sind nun auch die Hauptideen und -inhalte von BUCH^{MAT}2 in grober Skizze vorgestellt. Wie ein erster Blick auf die Inhaltsverzeichnisse der drei Bände deutlich macht, gehört zur Reellen Analysis eine ganze Reihe von (gewichtigen, auch eigenständigen) Nebengebieten, so daß im ganzen eigentlich keine genauen Konturen existieren (wie auch ein Vergleich mit anderen diesbezüglichen Büchern zeigt). Das betrifft insbesondere die (innermathematischen) Anwendungen, hier zumeist Schulstoff, die sich mit Fug und Recht fast beliebig erweitern und ergänzen lassen.

Weiterhin eine Bemerkung zur vorliegenden Version 2 von BUCH^{MAT}2: Wie die Seitenanzahlen im Vergleich zur ersten Version schon zeigen, ist der Inhalt wesentlich erweitert: Neben Ergänzungen (natürlich auch Korrekturen) sind vermehrt *Anwendungen* einbezogen, insbesondere Beispiele zu ökonomischen und physikalischen Funktionen, darüber hinaus enthält BUCH^{MAT}2.B ein umfangreiches Kapitel zur *Chaos-Theorie*. Ferner enthalten alle vier Bände zahlreiche zusätzliche, zum Teil überarbeitete und ergänzte Aufgaben. Neben dem, was man als klassische mathematische Aufgabe bezeichnen kann, stehen nun mehr und mehr Aufgaben zu den Stichwörtern *Modellieren* und *Mathematisieren* im Vordergrund.

Als Anhang zu BUCH^{MAT}2.A ist provisorisch ein Abschnitt (1.586) über *Rieszsche Gruppen* zu finden, der bei einer neuen Version von BUCH^{MAT}1 dann dort eingegliedert wird, hier aber zur notwendigen Referenz dient.

Schließlich sei noch an die ausführlicher formulierte (begründete) Bitte aus dem Vorwort zu BUCH^{MAT}1.A erinnert: Wenn Sie, verehrte Leser(innen), im Text Fehler irgend welcher Art finden (und das ist der wahrscheinliche Fall), dann bitte Nachricht an den Verlag!

Januar 2007   L. D. T.

Inhalt Buch^{MAT}2.A

Vorwort 3

Inhalt 5

2.000	Folgen und Reihen	8
2.001	Folgen $\mathbb{N} \longrightarrow M$	10
2.002	Bildfolgen und Teilfolgen	12
2.003	Folgen $\mathbb{N} \longrightarrow M$ mit Ordnungs-Eigenschaften	15
2.006	Strukturen auf $Abb(\mathbb{N}, \mathbb{R})$ und $BF(\mathbb{N}, \mathbb{R})$	17
2.008	Matrizen/Funktionen $\mathbb{N} \times \mathbb{N} \longrightarrow M$	19
2.010	Rekursiv definierte Folgen	21
2.011	Arithmetische und Geometrische Folgen	26
2.012	Logistisches Wachstum (Teil 1)	30
2.014	Rekursiv definierte Funktionen $\mathbb{N} \times \mathbb{N} \longrightarrow M$	35
2.016	Die Spezielle Fibonacci-Folge $\mathbb{N} \longrightarrow \mathbb{R}$	38
2.017	Allgemeine Fibonacci-Folgen $\mathbb{N} \longrightarrow \mathbb{C}$	41
2.030	Kongruenz-Generatoren	47
2.031	Blocklängen von Kongruenz-Generatoren	51
2.032	Blocklängen linearer Kongruenz-Generatoren	53
2.033	Blocklängen multiplikativer Kongruenz-Generatoren	57
2.040	Konvergente Folgen $\mathbb{N} \longrightarrow T \subset \mathbb{R}$ (Teil 1)	60
2.041	Konvergente Folgen $\mathbb{N} \longrightarrow T \subset \mathbb{R}$ (Teil 2)	65
2.043	Konvergenz und Divergenz von Folgen (Logische Notiz)	68
2.044	Beschränkte Folgen $\mathbb{N} \longrightarrow T \subset \mathbb{R}$	70
2.045	Strukturen auf $Kon(\mathbb{Q})$ und $Kon(\mathbb{R})$ (Teil 1)	78
2.046	Strukturen auf $Kon(\mathbb{Q})$ und $Kon(\mathbb{R})$ (Teil 2)	85
2.047	Untersuchung physikalischer Funktionen mit Folgen	88
2.048	Folgen $\mathbb{N} \longrightarrow T \subset \mathbb{R}$ mit Häufungspunkten	91
2.049	Limes inferior / Limes superior	96
2.050	Cauchy-konvergente Folgen $\mathbb{N} \longrightarrow T \subset \mathbb{R}$	103
2.051	Cauchy-konvergente Folgen $\mathbb{N} \longrightarrow \mathbb{Q}$	104
2.053	Konvergenz und Cauchy-Konvergenz	106
2.055	Strukturen auf $CF(\mathbb{Q})$ und $CF(\mathbb{R})$	108
2.060	Konstruktionen von $\mathbb{R}$	111
2.061	Konvergente Folgen $\mathbb{N} \longrightarrow K$	113
2.062	Cauchy-konvergente Folgen $\mathbb{N} \longrightarrow K$	116
2.063	Cantor-Körper und Cantor-Komplettierungen	118
2.065	Die Cantor-Komplettierung $\mathbb{R}_C = Ckom(\mathbb{R})$	122
2.066	Die Weierstraß-Komplettierung $\mathbb{R}_W = Wkom(\mathbb{R})$	123
2.068	Die Komplettierungs-Axiome und $\mathbb{R}$	126
2.070	Folgen $\mathbb{N} \longrightarrow \mathbb{C}$	129
2.071	Konvergente Folgen $\mathbb{N} \longrightarrow \mathbb{C}$	130
2.074	Konvergente Folgen $\mathbb{N} \longrightarrow \mathbb{R}^n$	133

2.080	Funktionen-Folgen $\mathbb{N} \longrightarrow Abb(T,\mathbb{R})$	134
2.082	Argumentweise konvergente Folgen $\mathbb{N} \longrightarrow Abb(T,\mathbb{R})$	135
2.084	Gleichmäßig konvergente Folgen $\mathbb{N} \longrightarrow Abb(T,\mathbb{R})$	137
2.086	Beispiele konvergenter Folgen $\mathbb{N} \longrightarrow Abb(T,\mathbb{R})$	139
2.090	Grenzwerte von Funktionen	141
2.100	Theorie der Reihen	143
2.101	Reihen $\mathbb{N}_0 \longrightarrow M$	144
2.103	Eigenschaften der Reihen-Erzeugungs-Funktion	147
2.110	Summierbare Folgen (Konvergente Reihen)	149
2.112	Cauchy-Kriterium für Summierbarkeit	151
2.114	Direkte Nachweise für Konvergenz	155
2.116	Der Verdichtungssatz von *Cauchy*	158
2.118	Das Integral-Kriterium von *Cauchy*	160
2.120	Vergleichs-Kriterium für Summierbarkeit	161
2.122	Wurzel-Kriterium für Summierbarkeit	163
2.124	Quotienten-Kriterium für Summierbarkeit	164
2.126	Leibniz-Kriterium für Summierbarkeit	166
2.128	Abel-Kriterium für Summierbarkeit	169
2.130	Umordnungen summierbarer Folgen	171
2.133	Summierbare Folgen (Überblick)	176
2.135	Strukturen auf $ASF(\mathbb{R})$ und $SF(\mathbb{R})$	178
2.150	Potenz-Reihen	182
2.152	Konvergenz-Kriterien für Potenz-Reihen	186
2.154	Cauchy-Multiplikation bei Potenz-Reihen	187
2.160	Dezimal-/b-Darstellung reeller Zahlen	190
2.162	Die Eulersche Reihe	192
2.164	Trigonometrische Reihen	193
2.170	Potenzreihen-Funktionen	194
2.172	Exponential-und Logarithmus-Funktionen (Teil 2)	195
2.174	Trigonometrische Funktionen (Teil 2)	199
2.178	Funktionen-Reihen $\mathbb{N}_0 \longrightarrow Abb(T,\mathbb{R})$ (Teil 1)	202
2.180	Folgen von Partialprodukten (Produkt-Folgen)	203
2.190	Reihen-definierte Zahlen (Übersicht)	205
2.192	Reihen-definierte Funktionen (Übersicht)	206
2.200	Stetige Funktionen	207
2.201	Stetige und nicht-stetige Prozesse	208
2.202	Stetige Funktionen	211
2.203	Stetige Funktionen $I \longrightarrow \mathbb{R}$ (Version 1, Teil 1)	212
2.204	Stetige Funktionen $I \longrightarrow \mathbb{R}$ (Version 1, Teil 2)	216
2.206	Stetige Funktionen $I \longrightarrow \mathbb{R}$ (Version 2)	218
2.211	Kompositionen stetiger Funktionen	221
2.215	Strukturen auf $C(I,\mathbb{R})$	222
2.217	Stetige Funktionen $[a,b] \longrightarrow \mathbb{R}$	225
2.220	Stetigkeit inverser Funktionen (Topologische Funktionen)	228
2.230	Stetigkeit elementarer Funktionen	231
2.233	Stetigkeit der Exponential-Funktionen	233
2.234	Stetige Gruppen-Homomorphismen	235
2.236	Stetigkeit trigonometrischer Funktionen	237
2.250	Stetige Fortsetzungen (Teil 1)	239
2.251	Stetige Fortsetzungen (Teil 2)	243
2.260	Gleichmäßig stetige Funktionen	246
2.262	Weitere Stetigkeits-Begriffe	249

2.263 Kontraktionen 250

Anhang: 1.586 Rieszsche Gruppen 251

Symbol-Verzeichnis 254

Etymologisches Verzeichnis 266

Namens-Verzeichnis 268

Stichwort-Verzeichnis 270

2.000 FOLGEN UND REIHEN

> Man unternehme das Leichte, als wäre es schwer,
> und das Schwere, als wäre es leicht: Jenes, damit
> das Selbstvertrauen uns nicht sorglos, dieses,
> damit die Zaghaftigkeit uns nicht mutlos mache.
> *Balthazar Gracián* (1601 - 1658)

Folgen sind Funktionen $\mathbb{N} \longrightarrow M$ mit Definitionsbereich $\mathbb{N}$ und beliebigem Wertebereich M. Man wird auf den ersten Blick meinen, das sei ja nichts Besonderes, es zeigt sich bei näherem Hinsehen aber, daß dieser spezielle Definitionsbereich sowohl sui generis als auch als Instrument von weitreichender Bedeutung ist. Dieser Hinweis auf den natürlichen wie auch den instrumentellen Charakter der mit $\mathbb{N}$ verbundenen Struktur führt denn auch zu den beiden grobgeschnittenen Themenkreisen der Theorie der Folgen:

A: Folgen $\mathbb{N} \longrightarrow M$ reflektieren und erweitern die Natur von $\mathbb{N}$, also die *Theorie von $\mathbb{N}$* selbst.

B: Konvergente Folgen $\mathbb{N} \longrightarrow \mathbb{R}$ bilden die instrumentelle Grundlage der *Reellen Analysis*.

Die Rolle, die die Folgen $x : \mathbb{N} \longrightarrow \mathbb{R}$ (beispielsweise) mit Wertebereich $\mathbb{R}$ spielen, beruht eigentlich auf einem ganz banalen Effekt, der lediglich in der linearen Anordnung der natürlichen Zahlen besteht: Die Elemente $x(n)$ des Bildbereichs $Bild(x) \subset \mathbb{R}$ lassen sich durch Numerieren (Indizieren) vermöge der Nummern (Indices) n in gewünschter Reihenfolge (und auch gewünschter Mehrfachnennung) neu ordnen. Beispielsweise sind die Folgenglieder der durch $x(n) = \frac{1}{n}$ definierten Folge $x : \mathbb{N} \longrightarrow \mathbb{R}$ gerade entgegengesetzt zu der Ordnung auf $\mathbb{R}$ indiziert (es gilt $x(3) = \frac{1}{3} < \frac{1}{2} = x(2)$, in der Folge x steht $x(2)$ aber vor $x(3)$). Dieser kleine Kunstgriff ermöglicht es, Folgen als Anordnungs-Instrument zu betrachten, das insbesondere die *Idee der Konvergenz in die Sprache der Funktionen* zu transportieren gestattet.

Den *Begriff der Konvergenz* kann man sich etwa anhand der Folge x mit $x(n) = \frac{1}{n}$ leicht vorstellen: Die Funktionswerte $x(n)$ nähern sich mit größer werdendem n einer bestimmten Zahl, einerseits ohne sie jemals zu erreichen, andererseits mit immer kleiner werdenden Abständen untereinander. Beides beschreibt das Phänomen des früher so genannten *Unendlich Kleinen* in einem intuitiven Sinne und Verständnis. Außerdem: Das Sich-einer-bestimmten-Zahl-Nähern bedeutet also eine enge Verwandtschaft der konvergenten Folge und der bestimmten Zahl, dem sogenannten *Grenzwert lim(x)* der Folge x, dem sich die einzelnen Funktionswerte beliebig nähern. Die Betrachtungen zur Konvergenz von Folgen beginnen mit Abschnitt 2.040.

Schließlich: Eine besondere Konstruktion von Folgen stellen die sogenannten *Reihen* dar (Abschnitte 2.1x). Reihen sind Folgen, die aber auf eine spezielle Art aus anderen Folgen hergestellt werden: Liegt eine Folge $x : \mathbb{N} \longrightarrow \mathbb{R}$ vor, dann wird die zugehörige Reihe $sx : \mathbb{N} \longrightarrow \mathbb{R}$ durch Summation nach dem Muster $sx(n) = x(1) + ... + x(n)$ hergestellt. Diese Reihen sind insbesondere insofern von Bedeutung, als sie beispielsweise die trigonometrischen Grundfunktionen *sin* und *cos* sowie die Exponential- und Logarithmus-Funktionen, exp_a und log_a, *auf rein numerischem Wege* als Grenzwerte bestimmter Potenz-Reihen oder insgesamt als Grenzwerte von Funktionen-Reihen zu definieren gestatten (ab Abschnitt 2.150).

In den Abschnitten vor 2.040 werden grundlegende Eigenschaften allgemeiner Folgen $\mathbb{N} \longrightarrow M$ mit zunächst beliebigen Mengen M untersucht, die weitgehend aus ihrem Funktioncharakter abgeleitet werden können. Dabei kommt – im Hinblick auf Themenkreis A – den sogenannten *rekursiv definierten Folgen* eine besondere Bedeutung zu (sie bilden in der Form $\mathbb{N} \times \mathbb{N} \longrightarrow M$ die Grundlage der *Rekursionstheorie*, Abschnitte 2.010 und 2.014), wie beispielsweise die *Fibonacci*-Folgen (Abschnitte 2.016 und 2.017) zeigen. Diese Form der Darstellung hat insbesondere durch die maschinelle Erzeugung von Zahlen durch Computer an Bedeutung gewonnen. Ein ausführlich behandeltes Beispiel dafür ist die Untersuchung von Kongruenz-Generatoren, die bei der Erzeugung sogenannter Pseudozufallszahlen eine wesentliche Rolle spielen (Abschnitte 2.03x).

Das *A und O* in der sogenannten *Reellen Analysis* – das sind im wesentlichen die Theorien der stetigen, der differenzierbaren und der Riemann-integrierbaren Funktionen $T \longrightarrow \mathbb{R}$ mit jeweils geeigneter Teilmenge $T \subset \mathbb{R}$ – ist die Idee der Konvergenz von Folgen und Reihen. In der Tat lassen sich (wie hier auch gemacht) diese drei Theorien einzig und allein unter Verwendung dieser möglichen Eigenschaft von Folgen installieren, wobei der Konvergenz von Folgen eine im wörtlichen Sinne grundlegende Rolle zukommt. (Anderen Darstellungen liegt diese Idee aber implizit zugrunde.) Im Überblick:

Theorie der konvergenten Folgen $\mathbb{N} \longrightarrow \mathbb{R}$

ist begriffliche und methodische Grundlage der folgenden Theorien:

Theorie der stetigen Funktionen $\mathbb{R} \longrightarrow \mathbb{R}$

Theorie der differenzierbaren Funktionen $\mathbb{R} \longrightarrow \mathbb{R}$

Theorie der Riemann-integrierbaren Funktionen $\mathbb{R} \longrightarrow \mathbb{R}$

Die folgende Skizze soll die obige Skizze an einem Beispiel (von vielen anderen) konkretisieren und die Reichweite zeigen, mit der Sachverhalte aus der Theorie der konvergenten Folgen in die Theorien der jeweils genannten Funktionen hineinragen und dort jeweils das zentrale Argument im jeweiligen Beweis darstellen:

Theorie der konvergenten Folgen $\mathbb{N} \longrightarrow \mathbb{R}$

Die Summe $x + y$ konvergenter Folgen x und y ist konvergent.

Die Beweise der folgenden Sätze basieren unmittelbar auf dem obigen Satz:

Theorie der stetigen Funktionen $\mathbb{R} \longrightarrow \mathbb{R}$

Die Summe $f + g$ stetiger Funktionen f und g ist stetig.

Theorie der differenzierbaren Funktionen $\mathbb{R} \longrightarrow \mathbb{R}$

Die Summe $f + g$ differenzierbarer Funktionen f und g ist differenzierbar.

Theorie der Riemann-integrierbaren Funktionen $\mathbb{R} \longrightarrow \mathbb{R}$

Die Summe $f + g$ Riemann-integrierbarer Funktionen f und g ist Riemann-integrierbar.

2.001 Folgen $\mathbb{N} \longrightarrow M$

> Der Herr, dessen das Orakel zu Delphi ist, offenbart
> nicht und verbirgt nicht, sondern kündet in Zeichen.
> *Herakleitos von Ephesos* (ca.550 - ca.475)

Den Elementen einer endlichen Menge eine gewünschte und bestimmte Reihenfolge zu geben, kann durch einfaches Abzählen in eben dieser Anordnung geschehen. Dahinter verbirgt sich eine Numerierung dieser Elemente durch natürliche Zahlen, die häufig auch explizit als Indizierung $x_1, x_2, x_3, ...$ angegeben wird. Beispielsweise werden die Häuser einer Straße entweder nach Straßenseiten getrennt oder aber im Zick-Zack-Verfahren (gerade Zahlen auf der einen Seite, ungerade auf der anderen) numeriert. Denkbar ist für andere Zwecke aber auch, die Häuser nach Alter oder nach Höhe zu numerieren.

Die mit solchen Numerierungen erreichten Anordnungen basieren einzig und allein auf der (fast) jedermann vertrauten Anordnung der Menge $\mathbb{N}$ durch die sogenannte natürliche Ordnungsrelation (Kleiner-Gleich-Relation, siehe auch die Abschnitte 1.802 und 1.812). Ist die Menge der zu numerierenden Gegenstände endlich oder sollen nur endlich viele Nummern $1, ..., n$ vergeben werden, läßt sich eine solche Numerierung durch n-Tupel $(x_1, ..., x_n)$ beschreiben, beispielsweise bei der Darstellung von Punkten in einer (durch ein Cartesisches Koordinaten-System strukturierten) Ebene durch Zahlenpaare (x_1, x_2) mit erster Komponente x_1 (bezüglich Koordinate K_1) und zweiter Komponente x_2 (bezüglich Koordinate K_2), also durch Elemente aus der Menge $\mathbb{R}^2 = \mathbb{R} \times \mathbb{R}$.

Im nicht-endlichen abzählbaren Fall muß die vorläufige Schreibweise $x_1, x_2, ...$ für Numerierungen durch natürliche Zahlen, besser gesagt, durch die Elemente der linear geordneten Menge $(\mathbb{N}, \leq)$ genauer formuliert werden:

2.001.1 Definition

Es sei M eine nicht-leere Menge. Funktionen $x : \mathbb{N} \longrightarrow M$ mit Definitionsbereich $\mathbb{N}$ heißen *Folgen in M* oder kurz *M-Folgen*.

2.001.2 Bemerkungen

1. Anstelle der Schreibweise $x(n)$ für Funktionswerte von Folgen x wird häufig auch die Index-Schreibweise $x(n) = x_n$ für das sogenannte *n-te Folgenglied* verwendet. Da eine M-Folge $x : \mathbb{N} \longrightarrow M$ als Funktion durch die Angabe aller ihrer Funktionswerte $x(n)$ vollständig beschrieben ist, wird die Index-Schreibweise oft auch auf die gesamte Folge übertragen: Man schreibt dann $x = (x_n)_{n \in \mathbb{N}}$.

2. Für bestimmte Zwecke (beispielsweise in den Abschnitten 2.1x) werden M-Folgen als Funktionen $x : \mathbb{N}_0 \longrightarrow M$ mit Definitionsbereich $\mathbb{N}_0$ und in Index-Schreibweise entsprechend mit $= (x_n)_{n \in \mathbb{N}_0}$ notiert. (Auch dabei wird das Folgenglied $x(n) = x_n$ mit Index n der Einfachheit halber das n-te Folgenglied genannt.) Prinzipiell ist es völlig gleichgültig, ob bei Folgen $\mathbb{N}$ oder $\mathbb{N}_0$ als Definitionsbereich verwendet wird, denn die Folge $x : \mathbb{N} \longrightarrow M$ hat dieselben Folgenglieder wie die durch $y(n) = x(n+1)$ definierte Folge $y : \mathbb{N}_0 \longrightarrow M$. Gelegentlich lassen sich die Folgenglieder jedoch in übersichtlicherer Form darstellen, wenn $\mathbb{N}_0$ als Definitionsbereich verwendet wird.

3. Ist eine Folge $x : \mathbb{N} \longrightarrow M$ nicht injektiv, dann ist der Unterschied zwischen der Folge x und ihrer Bildmenge $Bild(x)$ von besonderem Nutzen: Während $Bild(x)$ ein Element $x(n)$ nur einmal enthalten kann, erlaubt der Folgenbegriff, ein Element vermöge verschiedener Indices mehrmals auftreten zu lassen. Ist im Extremfall die Funktion $x : \mathbb{N} \longrightarrow M$ konstant, so nennt man auch die Folge eine *konstante Folge* und schreibt $x = (c)_{n \in \mathbb{N}}$, wenn dabei $Bild(x) = \{c\}$ ist.

4. In vielerlei Zusammenhängen ist folgende einfache Beobachtung von Bedeutung: Ist T eine Teilmenge von M, dann läßt sich jede T-Folge $x : \mathbb{N} \longrightarrow T$ auch als $Bild(x)$-Folge $x : \mathbb{N} \longrightarrow Bild(x) \subset T$ auffassen. Und noch allgemeiner: Die T-Folge x läßt sich für jede Menge S mit $Bild(x) \subset S \subset M$ als S-Folge $\mathbb{N} \longrightarrow S$ betrachten, wobei, wenn keine Verwechslungen zu befürchten sind, dieselbe Bezeichnung x verwendet wird: entweder durch Verkleinerung des Wertebereichs $W(x)$ innerhalb des angegebenen Rahmens oder im Fall $T \subset S$ durch Vergrößerung vermöge der Inklusion $in_T : T \longrightarrow S$ zu der S-Folge

$in_T \circ x : \mathbb{N} \longrightarrow S$. Diese Sachverhalte sind insbesondere für die Teilmengen $\mathbb{N} \subset \mathbb{Z} \subset \mathbb{Q} \subset \mathbb{R}$ und Intervalle dieser Mengen von Bedeutung.

5. Jede Funktion $f : T \longrightarrow \mathbb{R}$ mit $\mathbb{N} \subset T$ liefert durch Einschränkung auf $\mathbb{N}$ eine zugehörige Folge, nämlich $x = f|\mathbb{N} = f \circ in_{\mathbb{N}} : \mathbb{N} \longrightarrow \mathbb{R}$ mit $x(n) = f(n)$, also $x = (f(n))_{n \in \mathbb{N}}$.

2.001.3 Beispiele

Im folgenden sind Folgen $x : \mathbb{N} \longrightarrow \mathbb{R}$ jeweils durch Angabe eines beliebigen Folgengliedes $x(n) = x_n$ mit beliebigem Index $n \in \mathbb{N}$ in expliziter Form (das heißt durch Angabe des tatsächlichen Funktionswertes von n unter x) genannt:

1. $x(n) = x_n = \frac{1}{n}$
2. $x(n) = x_n = -\frac{1}{n}$
3. $x(n) = x_n = \frac{6}{n}$
4. $x(n) = x_n = -\frac{a}{n}$, $a \in \mathbb{R}$
5. $x(n) = x_n = \frac{1}{n+1}$
6. $x(n) = x_n = \frac{1}{1-2n}$
7. $x(n) = x_n = \frac{1}{n^2}$
8. $x(n) = x_n = -\frac{1}{(n-1)^2}$
9. $x(n) = x_n = \frac{1}{\sqrt{n}}$
10. $x(n) = x_n = \frac{1}{\sqrt[3]{n^2}}$
11. $x(n) = x_n = 4711$
12. $x(n) = x_n = \frac{n^2}{2n+2}$

Wie bei beliebigen Funktionen auch üblich, lassen sich die Zuordnungsvorschriften von Folgen in geteilter Form angeben, etwa:

13. $x(n) = x_n = \begin{cases} \frac{1}{n}, & \text{falls } n \text{ ungerade,} \\ 1, & \text{falls } n \text{ gerade} \end{cases}$
14. $x(n) = x_n = \begin{cases} \frac{1}{n}, & \text{falls } n \text{ ungerade,} \\ -\frac{1}{n}, & \text{falls } n \text{ gerade} \end{cases}$

Zur graphischen Darstellung von Folgen (hier das obige Beispiel 1) wählt man – je nachdem, welcher Aspekt besonders betont werden soll – entweder ein übliches Cartesisches Koordinaten-System

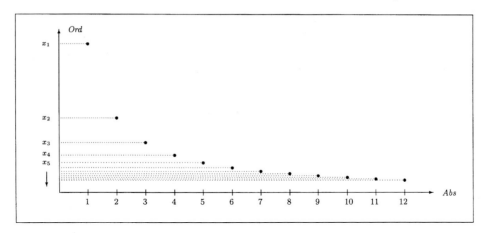

oder man gibt lediglich die Folgenglieder selbst an, also die obige Ordinate in waagerechter Lage (siehe auch Abschnitt 2.003):

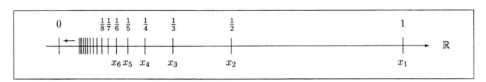

2.002 BILDFOLGEN UND TEILFOLGEN

> Lernen ist wie Rudern gegen den Strom.
> Sobald man aufhört, treibt man zurück.
> *Alte chinesische Weisheit*

Die im folgenden betrachteten Begriffe, *Bildfolge* und *Teilfolge*, sind zwar nur bessere technische Hilfsmittel bei der Untersuchung von Folgen, jedoch kommt ihnen dabei doch eine ziemlich große Bedeutung zu, so daß sie als Inhalt eines eigenen Abschnitts besonders hervorgehoben seien. Das gleiche gilt für die ebenfalls in diesem Abschnitt betrachteten *Mischfolgen* und *Umordnungen von Folgen*.

2.002.1   Definition

Eine Funktion $f : M \longrightarrow N$ und eine M-Folge $x : \mathbb{N} \longrightarrow M$ erzeugen zusammen durch Komposition die *Bildfolge* $\mathbb{N} \xrightarrow{x} M \xrightarrow{f} N$, also die Komposition $f \circ x : \mathbb{N} \longrightarrow N$.

2.002.2   Bemerkungen und Beispiele

1. Die Folgenglieder einer Bildfolge $f \circ x$ werden in der Form $(f \circ x)(n) = f(x(n)) = f(x_n)$, die gesamte Folge dann in der Form $f \circ x = ((f \circ x)(n))_{n \in \mathbb{N}} = (f(x_n))_{n \in \mathbb{N}}$ dargestellt.

2. Die Funktion $f = a \cdot id^3 : \mathbb{R} \longrightarrow \mathbb{R}$ liefert zu der $\mathbb{Q}$-Folge $x : \mathbb{N} \longrightarrow \mathbb{Q}$ mit $x = (\frac{1}{n})_{n \in \mathbb{N}}$ als Komposition $\mathbb{N} \xrightarrow{x} \mathbb{Q} \xrightarrow{f} \mathbb{Q}$ die Bildfolge $f \circ x = (\frac{a}{n^3})_{n \in \mathbb{N}}$, denn es gilt $(f \circ x)(n) = f(x(n)) = f(\frac{1}{n}) = a\frac{1}{n^3} = \frac{a}{n^3}$.

3. Die Funktion $f = id \cdot log_2 : \mathbb{R}^+ \longrightarrow \mathbb{R}$ liefert zu der $\mathbb{R}^+$-Folge $x : \mathbb{N} \longrightarrow \mathbb{R}^+$ mit $x = (n)_{n \in \mathbb{N}}$ als Komposition $\mathbb{N} \xrightarrow{x} \mathbb{R}^+ \xrightarrow{f} \mathbb{R}^+$ die Bildfolge $f \circ x = (n \cdot log_2(n))_{n \in \mathbb{N}}$. In diesem Fall kann x als die identische Funktion $\mathbb{N} \longrightarrow \mathbb{N}$ angesehen werden (siehe Bemerkung 2.001.2/4) und das bedeutet, daß $f \circ x = f|\mathbb{N}$ ist.

4. Die Funktion $f = id \cdot log_2 : \mathbb{R}^+ \longrightarrow \mathbb{R}$ liefert zu der $\mathbb{R}^+$-Folge $x : \mathbb{N} \longrightarrow \mathbb{R}^+$ mit $x = (\frac{1}{n})_{n \in \mathbb{N}}$ als Komposition $\mathbb{N} \xrightarrow{x} \mathbb{R}^+ \xrightarrow{f} \mathbb{R}^+$ die Bildfolge $f \circ x = (-\frac{1}{n} \cdot log_2(n))_{n \in \mathbb{N}}$, wobei zur Berechnung von $(f \circ x)(n) = f(x(n))$ die Beziehungen $log_2(\frac{1}{n}) = log_2(1) - log_2(n)$ und $log_2(1) = 0$ verwendet wurden.

2.002.3   Definition

Jede streng monotone Funktion $k : \mathbb{N} \longrightarrow \mathbb{N}$ mit $k(n) \geq n$, für alle $n \in \mathbb{N}$, erzeugt von einer M-Folge $x : \mathbb{N} \longrightarrow M$ die zugehörige *Teilfolge* $\mathbb{N} \xrightarrow{k} \mathbb{N} \xrightarrow{x} M$, also die Komposition $t = x \circ k : \mathbb{N} \longrightarrow M$.

2.002.4   Bemerkungen und Beispiele

1. Die Folgenglieder von t werden in der Form $t_n = t(n) = (x \circ k)(n) = x(k(n)) = x_{k(n)}$, die gesamte Teilfolge t dann in der Form $t = ((x \circ k)(n))_{n \in \mathbb{N}} = (x_{k(n)})_{n \in \mathbb{N}}$ dargestellt.

2. Die Idee der Bildung von Teilfolgen sei am Beispiel einiger Folgenglieder von x und t näher erläutert:

$$\begin{array}{ccccccc} x_1 & x_2 & x_3 & x_4 & x_5 & x_6 & x_7 \\ t_1 = x_{k(1)} = x_1 & t_2 = x_{k(2)} = x_2 & & t_3 = x_{k(3)} = x_4 & & t_4 = x_{k(4)} = x_6 & t_5 = x_{k(5)} = x_7 \end{array}$$

In diesem Fall hat die die Teilfolge t erzeugende Funktion $k : \mathbb{N} \longrightarrow \mathbb{N}$ die ersten fünf Zuordnungen $k(1) = 1$, $k(2) = 2$, $k(3) = 4$, $k(4) = 6$ und $k(5) = 7$. Sie ist also, wenn man sich die Tabelle so weiter fortgesetzt vorstellt, streng monoton. Und diese Eigenschaft garantiert, daß die Folgenglieder von t dieselbe Reihenfolge haben, die sie als Folgenglieder von x haben.

3. Teilfolgen der durch $x(n) = \frac{1}{n}$ definierten Folge $x : \mathbb{N} \longrightarrow \mathbb{Q}$ werden beispielsweise durch folgende Funktionen $k, k_g, k_u : \mathbb{N} \longrightarrow \mathbb{N}$ geliefert:

a) k mit $k(n) = 3n$ erzeugt die durch $t_n = x_{k(n)} = x_{3n} = \frac{1}{3n}$ definierte Teilfolge $t = (\frac{1}{3n})_{n \in \mathbb{N}}$,

b) k mit $k(n) = n + 1$ erzeugt die durch $t_n = x_{k(n)} = x_{n+1} = \frac{1}{n+1}$ definierte Teilfolge $t = (\frac{1}{n+1})_{n \in \mathbb{N}}$,

c) k_g mit $k_g(n) = 2n$ erzeugt die durch $g_n = x_{k_g(n)} = x_{2n} = \frac{1}{2n}$ definierte Teilfolge $g = (\frac{1}{2n})_{n \in \mathbb{N}}$,

d) k_u mit $k_u(n) = 2n - 1$ erzeugt mit $u_n = x_{k_u(n)} = x_{2n-1} = \frac{1}{2n-1}$ die Teilfolge $u = (\frac{1}{2n-1})_{n \in \mathbb{N}}$.

Die Teilfolge g erzeugt gerade diejenigen Quotienten $\frac{1}{m}$ mit geradzahligem Nenner, die Teilfolge u die Quotienten mit ungeradzahligem Nenner.

4. Am Beispiel der Teilfolgen g und u von x in Beispiel 3 sei die wichtige Idee der *Zerlegung von Folgen in Teilfolgen* erläutert, die im wesentlichen darin besteht, solche Teilfolgen zu bilden, die mühelos wieder zu der Ausgangsfolge zusammengebaut werden können: Bildet man von einer Folge x eine Teilfolge t, so entsteht zwangsläufig eine zweite Teilfolge t^*, die gerade diejenigen Folgenglieder x_n von x enthält, die nicht zu t gehören. Ein solches Paar (t, t^*) von Teilfolgen einer Folge x nennt man eine *2-Zerlegung* von x. Beispielsweise ist in bei den vorstehenden Beispielen das Paar (g, u) eine 2-Zerlegung von x. (Bildet man t^* wieder eine 2-Zerlegung (t^*, t^{**}), so ist (t, t^*, t^{**}) eine *3-Zerlegung* von x). Man beachte: Zwei streng monotone Funktionen $k_1, k_2 : \mathbb{N} \longrightarrow \mathbb{N}$ erzeugen genau dann eine 2-Zerlegung einer Folge $x : \mathbb{N} \longrightarrow M$, wenn die Menge $\{Bild(k_1), Bild(k_2)\}$ eine Zerlegung der Menge $\mathbb{N}$ ist (zum Begriff der Zerlegung siehe Bemerkung 1.140.5).

5. Das Beispiel der Folge $x : \mathbb{N} \longrightarrow \mathbb{R}$ mit der Vorschrift $x_n = \frac{1}{n} + ((-1)^n + 1)n$ zeigt noch einen weiteren wichtigen Grund, Teilfolgen zu erzeugen: Wie die ersten Folgenglieder

x_1	x_2	x_3	x_4	x_5	x_6	x_7	x_8	x_9	$\cdots$
1	$\frac{1}{2}+4$	$\frac{1}{3}$	$\frac{1}{4}+8$	$\frac{1}{5}$	$\frac{1}{6}+12$	$\frac{1}{7}$	$\frac{1}{8}+16$	$\frac{1}{9}$	$\cdots$

zeigen, besitzt die Folge x zwei Teilfolgen mit unterschiedlichen Eigenschaften: Die Teilfolge $t = (\frac{1}{2n-1})_{n \in \mathbb{N}}$ „nähert sich" (streng antiton) der Zahl 0 beliebig dicht, ein Verhalten, das in den Abschnitten 2.04x unter dem Begriff *Konvergenz* noch sehr ausführlich untersucht wird. Hingegen ist die Teilfolge $s = (\frac{1}{2n} + 4n)_{n \in \mathbb{N}}$ (streng monoton) und nach oben nicht beschränkt.

6. Zwei Folgen $y_1, y_2 : \mathbb{N} \longrightarrow M$ erzeugen eine *2-Mischfolge* $x : \mathbb{N} \longrightarrow M$, wenn (y_1, y_2) eine 2-Zerlegung von x darstellt. Die einfachste Art, eine solche 2-Mischfolge zu erzeugen, ist das Zick-Zack-Verfahren nach Art des Reißverschlusses:

$$x(n) = \begin{cases} y_1(\frac{n+1}{2}), & \text{falls } n \text{ ungerade,} \\ y_2(\frac{n}{2}), & \text{falls } n \text{ gerade.} \end{cases}$$

Es ist klar, daß sich auf diese Weise aus drei Folgen $y_1, y_2, y_3 : \mathbb{N} \longrightarrow M$ eine 3-Mischfolge $x : \mathbb{N} \longrightarrow M$, allgemeiner aus k Folgen $y_1, ..., y_k : \mathbb{N} \longrightarrow M$ eine k-Mischfolge $x : \mathbb{N} \longrightarrow M$ der Anordnung

$x(1)$	$\cdots$	$x(k)$	$x(k+1)$	$\cdots$	$x(2k)$	$x(2k+1)$	$\cdots$	$x(3k)$	$\cdots$
$y_1(1)$	$\cdots$	$y_k(1)$	$y_1(2)$	$\cdots$	$y_k(2)$	$y_3(1)$	$\cdots$	$y_3(k)$	$\cdots$

erzeugen läßt. Allerdings brauchen Mischfolgen nicht generell nach solch strengen Verfahren konstruiert werden, wie die folgende Definition zeigt:

2.002.5 Definition

1. Zwei M-Folgen $y_1, y_2 : \mathbb{N} \longrightarrow M$ erzeugen eine *Mischfolge* $x : \mathbb{N} \longrightarrow M$, sofern zwei streng monotone Funktionen $k_1, k_2 : \mathbb{N} \longrightarrow \mathbb{N}$ existieren, die eine Zerlegung $\{Bild(k_1), Bild(k_2)\}$ von $\mathbb{N}$ liefern, definiert dann durch die Vorschrift

$$x(n) = \begin{cases} (y_1 \circ k_1^{-1})(n), & \text{falls } n \in Bild(k_1), \\ (y_2 \circ k_2^{-1})(n), & \text{falls } n \in Bild(k_2). \end{cases}$$

2. Jede bijektive Funktion $k : \mathbb{N} \longrightarrow \mathbb{N}$ erzeugt zu einer M-Folge $x : \mathbb{N} \longrightarrow M$ die zugehörige *Umordnung* $\mathbb{N} \xrightarrow{k^{-1}} \mathbb{N} \xrightarrow{x} M$, also die Komposition $u = x \circ k^{-1} : \mathbb{N} \longrightarrow M$ mit $u_n = (x \circ k^{-1})(n) = x_{k^{-1}(n)}$.

2.002.6 Bemerkungen und Beispiele

1. Der Sachverhalt, daß eine Zerlegung $\{Bild(k_1), Bild(k_2)\}$ von $\mathbb{N}$ vorliegt, bedeutet definitionsgemäß (siehe Bemerkung 1.140.5), daß $Bild(k_1) \cap Bild(k_2) = \emptyset$ und $Bild(k_1) \cup Bild(k_2) = \mathbb{N}$ gilt. Beispielsweise ist $\{2\mathbb{N}, 2\mathbb{N} - 1\}$ eine Zerlegung von $\mathbb{N}$ (in gerade und ungerade Zahlen).

2. Eine Mischfolge $x : \mathbb{N} \longrightarrow M$ zu zwei Folgen $y_1, y_2 : \mathbb{N} \longrightarrow M$ kann man sich etwa so vorstellen:

	$y_1(1)$		$y_1(2)$		$y_1(3)$		$y_1(4)$	$\cdots$
$x(1) = y_1(1)$		$x(2) = y_2(1)$		$x(3) = y_2(2)$		$x(4) = y_1(2)$		$\cdots$
	$y_2(1)$		$y_2(2)$		$y_2(3)$		$y_2(4)$	$\cdots$

3. Zu einer Folge $x : \mathbb{N} \longrightarrow M$ liefert die bijektive Funktion $k : \mathbb{N} \longrightarrow \mathbb{N}$, definiert durch $k(1) = 3$, $k(2) = 1$, $k(3) = 2$ und $k(n) = n$, für alle $n > 3$, die folgende Umordnung $u = x \circ k : \mathbb{N} \longrightarrow M$:

$$\begin{array}{cccc} x_1 & x_2 & x_3 & x_4 \quad \cdots \\ u_1 = u_{k(2)} = x_{k^{-1}(1)} = x_2 \quad u_2 = u_{k(3)} = x_{k^{-1}(2)} = x_3 \quad u_3 = u_{k(1)} = x_{k^{-1}(3)} = x_1 \quad u_4 = x_4 \quad \cdots \end{array}$$

4. Das schon in Beispiel 2.002.4/5 angesprochene Konvergenz-Verhalten von Teilfolgen, Mischfolgen und Umordnungen soll in Aufgabe 2.051.03 genauer untersucht werden.

A2.002.01: Im folgenden sind Folgen $x : \mathbb{N} \longrightarrow \mathbb{R}$ jeweils durch Angabe eines beliebigen Folgengliedes $x(n) = x_n$ angegeben (die schon in den Beispielen 2.001.3 genannt sind):

1. $x(n) = x_n = \frac{1}{n}$
2. $x(n) = x_n = -\frac{1}{n}$
3. $x(n) = x_n = \frac{6}{n}$
4. $x(n) = x_n = -\frac{a}{n}$, $a \in \mathbb{R}$
5. $x(n) = x_n = \frac{1}{n+1}$
6. $x(n) = x_n = \frac{1}{1-2n}$
7. $x(n) = x_n = \frac{1}{n^2}$
8. $x(n) = x_n = -\frac{1}{(n+1)^2}$
9. $x(n) = x_n = \frac{1}{\sqrt{n}}$
10. $x(n) = x_n = \frac{1}{\sqrt[3]{n^2}}$
11. $x(n) = x_n = 4711$
12. $x(n) = x_n = \frac{n^2}{2n+2}$
13. $x(n) = x_n = \begin{cases} \frac{1}{n}, & \text{falls } n \text{ ungerade,} \\ 1, & \text{falls } n \text{ gerade} \end{cases}$
14. $x(n) = x_n = \begin{cases} \frac{1}{n}, & \text{falls } n \text{ ungerade,} \\ -\frac{1}{n}, & \text{falls } n \text{ gerade} \end{cases}$

a) Berechnen Sie zu allen Folgen jeweils die ersten fünf Folgenglieder.

b) Betrachten Sie die durch $f(x) = \frac{1}{2}x^2$ definierte Funktion $f : \mathbb{R} \longrightarrow \mathbb{R}$ und nennen Sie jeweils die Zuordnungsvorschrift der Bildfolge $f \circ x$.

c) Geben Sie zu den Folgen x der Nummern 2, 4, 8 und 14 jeweils die Bildfolgen $b \circ x$ für die Betrags-Funktion $b : \mathbb{R} \longrightarrow \mathbb{R}$ an und beschreiben Sie jeweils die diesbezügliche Wirkung von b auf x. Warum wurden dabei gerade diese Nummern ausgewählt?

A2.002.02: Zwei Einzelaufgaben:

a) Beweisen Sie, daß Teilfolgen t von Folgen $x : \mathbb{N} \longrightarrow M$ die Eigenschaft $Bild(t) \subset Bild(x)$ haben.

b) Zeigen Sie anhand eines Beispiels, daß die in a) genannte Eigenschaft zur Definition der in 2.002.3 angegebenen Begriffs der Teilfolge nicht ausreicht.

A2.002.03: Zwei Einzelaufgaben:

a) Verifizieren Sie den letzten Teil von Bemerkung 2.002.4/4 am Beispiel der beiden davor genannten Teilfolgen g und u.

b) Warum kann man den Begriff der 2-Zerlegung nicht so definieren, indem man sagt, daß die Menge $\{Bild(x \circ k_1), Bild(x \circ k_2)\}$ eine Zerlegung von $Bild(x)$ ist?

A2.002.04: Diskutieren Sie anhand von Beispielen die Frage, warum die Voraussetzung einer monotonen oder bijektiven Funktion $k : \mathbb{N} \longrightarrow \mathbb{N}$ in Definition 2.002.3 nicht den Vorstellungen entspricht, die mit der Konstruktion von Teilfolgen beabsichtigt sind.

2.003 Folgen $\mathbb{N} \longrightarrow M$ mit Ordnungs-Eigenschaften

> Doch scheint es nun einmal das Schicksal der Idealisten zu sein, das, worum sie kämpfen, in einer Form zu erhalten, die ihr Ideal zerstört.
> *Bertrand Russell* (1872 - 1970)

Wie die beiden letzten Bemerkungen in 2.001.2 schon andeuten, erlaubt die Tatsache, daß Folgen Funktionen sind, alle für Funktionen vorliegenden Begriffe und Eigenschaften auch für Folgen zu formulieren. Bei dieser Unternehmung kommt es nun wesentlich darauf an, ob der Wertebereich (zunächst nur als bloße Menge M angenommen) irgendwelche Strukturen trägt. Wenn das der Fall ist, dann lassen sich für Folgen entsprechende zusätzliche Eigenschaften definieren. Ein erstes Beispiel dafür liefert die Betrachtung einer Ordnungsstruktur auf dem Wertebereich. Die folgende Definition ist eine fast wortwörtliche Wiederholung der entsprechenden Definitionen für allgemeine Funktionen im Rahmen geordneter Mengen (siehe Abschnitte 1.311 und 1.321), macht allerdings Gebrauch von der eingangs in Abschnitt 2.001 schon erwähnten natürlichen linearen Ordnung (Kleiner-Gleich-Relation) auf $\mathbb{N}$.

2.003.1 Definition

Ist $(M, \leq)$ eine geordnete Menge, so nennt man Folgen $x : \mathbb{N} \longrightarrow M$
a) *monoton*, falls für alle $n, m \in \mathbb{N}$ die Implikation $n \leq m \Rightarrow x(n) \leq x(m)$ gilt,
b) *antiton*, falls für alle $n, m \in \mathbb{N}$ die Implikation $n \leq m \Rightarrow x(n) \geq x(m)$ gilt,
c) *streng monoton*, falls für alle $n, m \in \mathbb{N}$ die Implikation $n < m \Rightarrow x(n) < x(m)$ gilt,
d) *streng antiton*, falls für alle $n, m \in \mathbb{N}$ die Implikation $n < m \Rightarrow x(n) > x(m)$ gilt,
e) *nach unten beschränkt*, falls es ein Element $c \in M$ gibt mit $c \leq Bild(x)$,
f) *nach oben beschränkt*, falls es ein Element $d \in M$ gibt mit $Bild(x) \leq d$,
e) *beschränkt*, falls x nach unten und oben beschränkt ist, es also $c, d \in M$ mit $c \leq Bild(x) \leq d$ gibt.

2.003.2 Bemerkungen und Beispiele

1. Gemäß Bemerkung 1.321.2/3 sind zu Folgen $x : \mathbb{N} \longrightarrow M$ Elemente $min(x)$, $max(x)$, $inf(x)$ und $sup(x)$ definiert (deren Existenz im konkreten Fall aber jeweils nachzuprüfen ist).

2. Naheliegenderweise sind die Einschränkungen $x = f|\mathbb{N} = f \circ in_\mathbb{N}$ von Funktionen $f : T \longrightarrow \mathbb{R}$ mit $\mathbb{R}^+ \subset T \subset \mathbb{R}$ Folgen der Form $x = (f(n))_{n \in \mathbb{N}}$. Beispielsweise liefert die Funktion
   a) $id^2 : \mathbb{R} \longrightarrow \mathbb{R}$ die streng monotone $\mathbb{N}$-Folge $x : \mathbb{N} \longrightarrow \mathbb{N}$ mit $x = (n^2)_{n \in \mathbb{N}}$,
   b) $\frac{1}{id} : \mathbb{R}^+ \longrightarrow \mathbb{R}$ die streng antitone $\mathbb{Q}$-Folge $x : \mathbb{N} \longrightarrow \mathbb{Q}$ mit $x = (\frac{1}{n})_{n \in \mathbb{N}}$,
   c) $-\frac{1}{id} : \mathbb{R}^+ \longrightarrow \mathbb{R}$ die streng monotone $\mathbb{Q}$-Folge $x : \mathbb{N} \longrightarrow \mathbb{Q}$ mit $x = (-\frac{1}{n})_{n \in \mathbb{N}}$,
   d) $id^{\frac{1}{2}} : \mathbb{R}^+ \longrightarrow \mathbb{R}$ die streng antitone $\mathbb{R}$-Folge $x : \mathbb{N} \longrightarrow \mathbb{R}$ mit $x = (\frac{1}{\sqrt{n}})_{n \in \mathbb{N}}$,
   e) $exp_e : \mathbb{R} \longrightarrow \mathbb{R}^+$ die streng monotone $\mathbb{R}$-Folge $x : \mathbb{N} \longrightarrow \mathbb{R}$ mit $x = (exp_e(n))_{n \in \mathbb{N}} = (e^n)_{n \in \mathbb{N}}$,
   f) $log_e : \mathbb{R}^+ \longrightarrow \mathbb{R}$ die streng monotone $\mathbb{R}$-Folge $x : \mathbb{N} \longrightarrow \mathbb{R}$ mit $x = (log_e(n))_{n \in \mathbb{N}}$.

3. Folgen $x : \mathbb{N} \longrightarrow T$, $T \subset \mathbb{R}$, mit $sign(x_n) \neq sign(x_{n+1})$, für alle $n \in \mathbb{N}$, also Folgen mit Vorzeichenwechsel, nennt man *alternierende Folgen*. Solche alternierenden Folgen lassen sich nötigenfalls leicht konstruieren: Ist $x = (x_n)_{n \in \mathbb{N}}$ eine $\mathbb{R}^-$-Folge oder eine $\mathbb{R}^+$-Folge, dann ist $((-1)^n \cdot x_n)_{n \in \mathbb{N}}$ eine alternierende $\mathbb{R}$-Folge.

4. Jede Folge $x : \mathbb{N} \longrightarrow T$ mit $T \subset \mathbb{R}$ besitzt eine antitone oder eine monotone Teilfolge.

2.003.3 Bemerkung

Zur graphischen Darstellung von Folgen $x : \mathbb{N} \longrightarrow T$, $T \subset \mathbb{R}$, stehen prinzipiell zwei Verfahren zur Verfügung (siehe Beispiele 2.001.3): Das erste besteht darin, x als Funktion in einem üblichen (Abs, Ord)-Koordinaten-System mit Abszissenmenge $\mathbb{N}$ darzustellen. Das zweite und hier meistens verwendete Verfahren besteht darin, die Folgenglieder (natürlich nur in endlicher Auswahl) $x_1, x_2, ..., x_k$ auf einem Zahlenstrahl einzutragen, also eindimensional darzustellen. Das geschieht nach folgenden Mustern:

a) für die antitone Folge $x : \mathbb{N} \longrightarrow [0,1]$ mit $x_n = \frac{1}{n}$:

b) für die zugehörige alternierende Folge $x : \mathbb{N} \longrightarrow [-1,1]$ mit $x_n = (-1)^n \cdot \frac{1}{n}$:

Man beachte, daß bei diesem Verfahren die angegebenen graphischen Darstellungen gerade die Projektionen auf die Ordinate von den Punkten $(n, x(n))$, $n \in \mathbb{N}$, der zweidimensionalen Darstellungen der Funktionen x sind.

A2.003.01: Geben Sie alternierende Folgen x an, die sich in eine antitone Teilfolge y und in eine monotone Teilfolge z zerlegen lassen.

A2.003.02: Im folgenden sind Folgen $x : \mathbb{N} \longrightarrow \mathbb{R}$ jeweils durch Angabe eines beliebigen Folgengliedes $x(n) = x_n$ angegeben (die schon in den Beispielen 2.001.3 genannt sind):

1. $x(n) = x_n = \frac{1}{n}$
2. $x(n) = x_n = -\frac{1}{n}$
3. $x(n) = x_n = \frac{6}{n}$
4. $x(n) = x_n = -\frac{a}{n}$, $a \in \mathbb{R}$
5. $x(n) = x_n = \frac{1}{n+1}$
6. $x(n) = x_n = \frac{1}{1-2n}$
7. $x(n) = x_n = \frac{1}{n^2}$
8. $x(n) = x_n = -\frac{1}{(n+1)^2}$
9. $x(n) = x_n = \frac{1}{\sqrt{n}}$
10. $x(n) = x_n = \frac{1}{\sqrt[3]{n^2}}$
11. $x(n) = x_n = 4711$
12. $x(n) = x_n = \frac{n^2}{2n+2}$
13. $x(n) = x_n = \begin{cases} \frac{1}{n}, & \text{falls } n \text{ ungerade,} \\ 1, & \text{falls } n \text{ gerade} \end{cases}$
14. $x(n) = x_n = \begin{cases} \frac{1}{n}, & \text{falls } n \text{ ungerade,} \\ -\frac{1}{n}, & \text{falls } n \text{ gerade} \end{cases}$

Entscheiden Sie, ob und gegebenenfalls welche der genannten Folgen Ordnungs-Eigenschaften besitzen.

A2.003.03: Zwei Einzelaufgaben:
a) Geben Sie mehrere injektive Folgen $\mathbb{N} \longrightarrow Pot(\mathbb{N})$ an, deren Folgenglieder also Elemente der Potenzmenge $Pot(\mathbb{N})$ von $\mathbb{N}$, das heißt Teilmengen von $\mathbb{N}$ sind.
b) Jedes Element $k \in \mathbb{N}$ liefert eine Zerlegung von $\mathbb{N}$ in den sogenannten k-finalen Abschnitt $fa(k) = \{n \in \mathbb{N}) \mid n < k\}$ und den zugehörigen k-cofinalen Abschnitt $ca(k) = \{n \in \mathbb{N}) \mid n \geq k\}$. Sind die Folgen $fa : \mathbb{N} \longrightarrow Pot(\mathbb{N})$ mit $k \longmapsto fa(k)$ und $ca : \mathbb{N} \longrightarrow Pot(\mathbb{N})$ mit $k \longmapsto ca(k)$ injektiv?
Haben fa und ca Ordnungs-Eigenschaften?

A2.003.04: Betrachten Sie die in den Beispielen 2.002.2/2/3 angegebene Folge $x = (\frac{1}{n})_{n \in \mathbb{N}}$ und ihre Bildfolgen $f \circ x$ bezüglich $f = a \cdot id^3 : \mathbb{R} \longrightarrow \mathbb{R}$ und $g \circ x$ bezüglich $g = id \cdot log_2 : \mathbb{R}^+ \longrightarrow \mathbb{R}$.
a) Haben diese Bildfolgen Ordnungs-Eigenschaften?
b) Sind diese Bildfolgen nach unten und/oder nach oben beschränkt? Haben sie jeweils ein Infimum und/oder ein Supremum bzw. ein Minimum und/oder ein Maximum?

A2.003.05: Beweisen Sie die Aussage von Bemerkung 2.003.2/4.

2.006   Strukturen auf $Abb(\mathbb{N}, \mathbb{R})$ und $BF(\mathbb{N}, \mathbb{R})$

> Was nennen die Menschen am liebsten *dumm*?
> Das Gescheite, das sie nicht verstehen.
> *Marie von Ebner-Eschenbach* (1830 -1916)

Der folgende Satz zeigt im Zusammenhang die auf der Menge $Abb(\mathbb{N}, \mathbb{R})$ aller Folgen $\mathbb{N} \longrightarrow \mathbb{R}$ definierten algebraischen und Ordnungs-Strukturen. Dabei handelt es sich um eine Wiederholung des Satzes 1.770.1 für den besonderen Fall $T = \mathbb{N}$. Da dort der Beweis vollständig angegeben ist, kann hier auf eine Wiederholung verzichtet werden. Die Spezifikationen der allgemeinen Sachverhalte auf Folgen liefern dann die anschließenden Bemerkungen.

In ganz entsprechender Weise ist Satz 2.006.4 eine Wiederholung von Satz 1.772.3 und zeigt im Zusammenhang die auf der Menge $BF(\mathbb{N}, \mathbb{R}) \subset Abb(\mathbb{N}, \mathbb{R})$ aller beschränkten Folgen $\mathbb{N} \longrightarrow \mathbb{R}$ definierten algebraischen und Ordnungs-Strukturen.

2.006.1   Satz

1. Die Menge $Abb(\mathbb{N}, \mathbb{R})$ bildet zusammen mit der argumentweise definierten Addition $(x + z)(n) = x(n) + z(n)$, für alle $n \in \mathbb{N}$, eine abelsche Gruppe.
2. Die in 1. genannte abelsche Gruppe $Abb(\mathbb{N}, \mathbb{R})$ bildet zusammen mit der argumentweise definierten $\mathbb{R}$-Multiplikation $(a \cdot x)(n) = a \cdot x(n)$, für alle $a \in \mathbb{R}$ und für alle $n \in \mathbb{N}$, einen $\mathbb{R}$-Vektorraum.
3. Die in 1. genannte abelsche Gruppe $Abb(\mathbb{N}, \mathbb{R})$ bildet zusammen mit der argumentweise definierten Multiplikation $(x \cdot z)(n) = x(n) \cdot z(n)$, für alle $n \in \mathbb{N}$, einen kommutativen Ring mit Einselement.
4. Der in 2. genannte $\mathbb{R}$-Vektorraum $Abb(\mathbb{N}, \mathbb{R})$ bildet zusammen mit dem in 3. genannten Ring eine $\mathbb{R}$-Algebra.
5. Die Menge $Abb(\mathbb{N}, \mathbb{R})$ bildet zusammen mit der argumentweise definierten Ordnungsrelation $x \leq z \Leftrightarrow x(n) \leq z(n)$, für alle $n \in \mathbb{N}$, eine geordnete (aber nicht linear geordnete) Menge.
6. Der in 3. genannte Ring $Abb(\mathbb{N}, \mathbb{R})$ bildet zusammen mit der in 5. genannten geordneten Menge einen angeordneten Ring.

2.006.2   Bemerkungen

1. Da für Folgen $x : \mathbb{N} \longrightarrow \mathbb{R}$ neben der Funktions-Schreibweise auch die Index-Schreibweise $x_n = x(n)$ und $x = (x_n)_{n \in \mathbb{N}}$ üblich ist, seien zunächst die im folgenden Satz behandelten Strukturen noch einmal in dieser Schreibweise genannt. Für Folgen $x, z : \mathbb{N} \longrightarrow \mathbb{R}$ ist definiert eine argumentweise

Addition:	$x + z = (x_n)_{n \in \mathbb{N}} + (z_n)_{n \in \mathbb{N}} = (x_n + z_n)_{n \in \mathbb{N}}$,
$\mathbb{R}$-Multiplikation:	$a \cdot x = a \cdot (x_n)_{n \in \mathbb{N}} = (ax_n)_{n \in \mathbb{N}}$, für alle $a \in \mathbb{R}$,
Multiplikation:	$x \cdot z = (x_n)_{n \in \mathbb{N}} \cdot (z_n)_{n \in \mathbb{N}} = (x_n z_n)_{n \in \mathbb{N}}$,
Ordnungs-Relation:	$x \leq z \Leftrightarrow (x_n)_{n \in \mathbb{N}} \leq (z_n)_{n \in \mathbb{N}} \Leftrightarrow x_n \leq z_n$, für alle $n \in \mathbb{N}$.

In den folgenden Bemerkungen werden die Aussagen des obigen Satzes noch einmal mit diesen Schreibweisen wiederholt.

2. Die Menge $Abb(\mathbb{N}, \mathbb{R})$ bildet eine abelsche Gruppe zusammen mit der argumentweise definierten Addition $x + z = (x_n)_{n \in \mathbb{N}} + (z_n)_{n \in \mathbb{N}} = (x_n + z_n)_{n \in \mathbb{N}}$. In der additiven abelschen Gruppe $Abb(\mathbb{N}, \mathbb{R})$ ist die konstante *Nullfolge* $0 = (0)_{n \in \mathbb{N}}$ (nicht zu verwechseln mit dem Begriff der nullkonvergenten Folge) das neutrale Element; das zu einer Folge $x = (x_n)_{n \in \mathbb{N}}$ inverse Element ist die Folge $-x = -(x_n)_{n \in \mathbb{N}} = (-x_n)_{n \in \mathbb{N}}$. Die Differenz zweier Folgen ist definiert durch $x - z = x + (-z) = (x_n)_{n \in \mathbb{N}} - (z_n)_{n \in \mathbb{N}} = (x_n - z_n)_{n \in \mathbb{N}}$.

3. Die additive abelsche Gruppe $Abb(\mathbb{N}, \mathbb{R})$ bildet einen $\mathbb{R}$-Vektorraum zusammen mit der argumentweise definierten $\mathbb{R}$-Multiplikation $a \cdot x = a \cdot (x_n)_{n \in \mathbb{N}} = (ax_n)_{n \in \mathbb{N}}$, für alle $a \in \mathbb{R}$. Bei $\mathbb{R}$-Produkten wird anstelle von $a \cdot x$ meist nur ax geschrieben.

4. Die additive abelsche Gruppe $Abb(\mathbb{N}, \mathbb{R})$ bildet einen kommutativen Ring mit Einselement zusammen mit der argumentweise definierten Multiplikation $x \cdot z = (x_n)_{n \in \mathbb{N}} \cdot (z_n)_{n \in \mathbb{N}} = (x_n z_n)_{n \in \mathbb{N}}$. In der multi-

plikativen abelschen Halbgruppe $Abb(\mathbb{N}, \mathbb{R})$ ist die konstante *Einsfolge* $1 = (1)_{n \in \mathbb{N}}$ das neutrale Element. Für den besonderen Fall, daß alle Folgenglieder einer Folge ungleich Null sind, lassen sich auch Quotienten von Folgen bilden: $\frac{1}{z} = (\frac{1}{z_n})_{n \in \mathbb{N}}$ und $\frac{x}{z} = x \cdot \frac{1}{z} = (\frac{x_n}{z_n})_{n \in \mathbb{N}}$, falls $z_n \neq 0$ für alle $n \in \mathbb{N}$ gilt.
(Sind nur endlich viele Folgenglieder einer Folge Null, kann der Verwendungsrahmen es zulassen, ersatzweise Teilfolgen mit den Folgengliedern ungleich Null zu betrachten.)

5. Der in 2. genannte $\mathbb{R}$-Vektorraum $Abb(\mathbb{N}, \mathbb{R})$ bildet zusammen mit dem in 3. genannten Ring eine $\mathbb{R}$-Algebra. Dieser Sachverhalt bedeutet im wesentlichen die Gültigkeit der folgenden Verträglichkeitsbedingung zwischen Multiplikation und $\mathbb{R}$-Multiplikation:
$$a \cdot ((x_n)_{n \in \mathbb{N}} \cdot (z_n)_{n \in \mathbb{N}}) = (ax_n)_{n \in \mathbb{N}} \cdot (z_n)_{n \in \mathbb{N}} = (x_n)_{n \in \mathbb{N}} \cdot (az_n)_{n \in \mathbb{N}}.$$

6. Die Menge $Abb(\mathbb{N}, \mathbb{R})$ bildet eine geordnete (aber nicht linear geordnete) Menge bezüglich der argumentweise definierten Ordnungsrelation
$$x \leq z \Leftrightarrow (x_n)_{n \in \mathbb{N}} \leq (z_n)_{n \in \mathbb{N}} \Leftrightarrow x_n \leq z_n, \text{ für alle } n \in \mathbb{N}.$$

7. Der in 3. genannte Ring $Abb(\mathbb{N}, \mathbb{R})$ bildet zusammen mit der in 5. genannten geordneten Menge einen angeordneten Ring.

Die Betragsfunktion $|-| : Abb(\mathbb{N}, \mathbb{R}) \longrightarrow Abb(\mathbb{N}, \mathbb{R})$ ordnet jeder Folge $x : \mathbb{N} \longrightarrow \mathbb{R}$ die Folge $|x| : \mathbb{N} \longrightarrow \mathbb{R}$ zu, die durch $|x| = |(x_n)_{n \in \mathbb{N}}| = (|x_n|)_{n \in \mathbb{N}}$ definiert ist (siehe Abschnitt 1.632).

2.006.3 Bemerkungen

In den folgenden Bemerkungen soll untersucht werden: Welche der vorgenannten Bemerkungen in 2.006.2 lassen sich formulieren, wenn an der Stelle von $\mathbb{R}$ in $Abb(\mathbb{N}, \mathbb{R})$ andere strukturierte Mengen stehen?

1. Alle Bemerkungen 2.006.2 gelten in analoger Weise, wenn anstelle des Körpers $\mathbb{R}$ jeder in $\mathbb{R}$ enthaltene Teilkörper steht, insbesondere also auch $\mathbb{Q}$.

2. Die Bemerkungen 1, 2, 3 und 5 in 2.006.2 gelten in analoger Weise für $Abb(\mathbb{N}, E)$ mit K-Vektorräumen E über Körpern K. (Sie gelten im übrigen auch für A-Moduln E über Ringen A.)

3. Insbesondere gelten die Bemerkungen 1 bis 5 in 2.006.2 für den K-Vektorraum $Abb(\mathbb{N}, K)$ mit einem Körper K (und mit Ausnahme von Bemerkung der Quotientenbildung in 4 auch für $Abb(\mathbb{N}, A)$ mit Ringen A). Ist K ein angeordneter Körper, gelten auch die Teile 6 und 7.

2.006.4 Satz

1. Die Menge $BF(\mathbb{N}, \mathbb{R})$ bildet zusammen mit der argumentweise definierten Addition $(x + z)(n) = x(n) + z(n)$, für alle $n \in \mathbb{N}$, eine abelsche Gruppe.

2. Die in 1. genannte abelsche Gruppe $BF(\mathbb{N}, \mathbb{R})$ bildet zusammen mit der argumentweise definierten $\mathbb{R}$-Multiplikation $(a \cdot x)(n) = a \cdot x(n)$, für alle $a \in \mathbb{R}$ und für alle $n \in \mathbb{N}$, einen $\mathbb{R}$-Vektorraum.

3. Die in 1. genannte abelsche Gruppe $BF(\mathbb{N}, \mathbb{R})$ bildet zusammen mit der argumentweise definierten Multiplikation $(x \cdot z)(n) = x(n) \cdot z(n)$, für alle $n \in \mathbb{N}$, einen kommutativen Ring mit Einselement.

4. Der in 2. genannte $\mathbb{R}$-Vektorraum $BF(\mathbb{N}, \mathbb{R})$ bildet zusammen mit dem in 3. genannten Ring eine $\mathbb{R}$-Algebra.

5. Die Menge $BF(\mathbb{N}, \mathbb{R})$ bildet zusammen mit der argumentweise definierten Ordnungsrelation $x \leq z \Leftrightarrow x(n) \leq z(n)$, für alle $n \in \mathbb{N}$, eine geordnete (aber nicht linear geordnete) Menge.

6. Der in 3. genannte Ring $BF(\mathbb{N}, \mathbb{R})$ bildet zusammen mit der in 5. genannten geordneten Menge einen angeordneten Ring.

2.008 MATRIZEN/FUNKTIONEN $\mathbb{N} \times \mathbb{N} \longrightarrow M$

> Übung kann fast das Gepräge der Natur verändern; sie zähmt den Teufel oder stößt ihn aus mit wunderbarer Macht.
> *William Shakespeare* (1564 - 1616)

In engem Zusammenhang mit Folgen stehen Matrizen, deren Komponenten bekanntlich ja durch Paare natürlicher Zahlen indiziert sind. Solche Matrizen, allerdings mit nicht-endlichen Zeilen und Spalten, sollen in diesem Abschnitt etwas genauer betrachtet werden.

2.008.1 Definition

Funktionen der Form $A : \mathbb{N} \times \mathbb{N} \longrightarrow M$ nennt man *M-Matrizen* vom *Typ* $(\mathbb{N}, \mathbb{N})$ oder auch $(\mathbb{N}, \mathbb{N})$-*Matrizen* mit *Indexmenge* $\mathbb{N} \times \mathbb{N}$ und *Komponenten* aus dem Wertebereich M.

2.008.2 Bemerkungen und Beispiele

1. Die vorstehende Definition ist hinsichtlich des Definitionsbereichs ein spezieller Fall der allgemeineren Formulierungen in Bemerkung 1.407.5, die ebenso eine Erweiterung des Begriffs der (endlichen) Matrix $\underline{n} \times \underline{m} \longrightarrow M$ ist) und der in den Abschnitten 4.080 und 4.081 betrachteten Matrizen $I \times K \longrightarrow A$ mit Indexmengen I und K.

2. Analog wie bei endlichen Matrizen lassen sich im vorliegenden abzählbaren Fall die Komponenten in Form eines nach rechts und nach unten nicht endlichen Quadrats angeordnet vorstellen, wie das folgende Beispiel zeigt:

Die $\mathbb{Q}$-Matrix $A : \mathbb{N} \times \mathbb{N} \longrightarrow \mathbb{Q}$, definiert durch $A(i,k) = \frac{1}{i \cdot k}$, hat andeutungsweise die folgenden Komponenten, wobei Z_i die i-te Zeile und S_k die k-Spalte bezeichne:

	S_1	S_2	S_3	S_4	S_5	S_6	S_7	S_8	S_9	.....
Z_1	$\frac{1}{1}$	$\frac{1}{2}$	$\frac{1}{3}$	$\frac{1}{4}$	$\frac{1}{5}$	$\frac{1}{6}$	$\frac{1}{7}$	$\frac{1}{8}$	$\frac{1}{9}$	.....
Z_2	$\frac{1}{2}$	$\frac{1}{4}$	$\frac{1}{6}$	$\frac{1}{8}$	$\frac{1}{10}$	$\frac{1}{12}$	$\frac{1}{14}$	$\frac{1}{16}$	$\frac{1}{18}$	.....
Z_3	$\frac{1}{3}$	$\frac{1}{6}$	$\frac{1}{9}$	$\frac{1}{12}$	$\frac{1}{15}$	$\frac{1}{18}$	$\frac{1}{21}$	$\frac{1}{24}$	$\frac{1}{27}$	.....
Z_4	$\frac{1}{4}$	$\frac{1}{8}$	$\frac{1}{12}$	$\frac{1}{16}$	$\frac{1}{20}$	$\frac{1}{24}$	$\frac{1}{28}$	$\frac{1}{32}$	$\frac{1}{36}$	.....
Z_5	$\frac{1}{5}$	$\frac{1}{10}$	$\frac{1}{15}$	$\frac{1}{20}$	$\frac{1}{25}$	$\frac{1}{30}$	$\frac{1}{35}$	$\frac{1}{40}$	$\frac{1}{45}$	.....
Z_6	$\frac{1}{6}$	$\frac{1}{12}$	$\frac{1}{18}$	$\frac{1}{24}$	$\frac{1}{30}$	$\frac{1}{36}$	$\frac{1}{42}$	$\frac{1}{48}$	$\frac{1}{54}$	.....
Z_7	$\frac{1}{7}$	$\frac{1}{14}$	$\frac{1}{21}$	$\frac{1}{28}$	$\frac{1}{35}$	$\frac{1}{42}$	$\frac{1}{49}$	$\frac{1}{56}$	$\frac{1}{63}$	.....
Z_8	$\frac{1}{8}$	$\frac{1}{16}$	$\frac{1}{24}$	$\frac{1}{32}$	$\frac{1}{40}$	$\frac{1}{48}$	$\frac{1}{56}$	$\frac{1}{64}$	$\frac{1}{72}$	.....
...	...	...	...	...	...	...	...	...	...	

Wie man leicht sieht, sind die Zeilen Z_i und die Spalten S_k mit $i, k \in \mathbb{N}$ Folgen $Z_i, S_k : \mathbb{N} \longrightarrow \mathbb{Q}$ mit $Z_i(n) = A(i, n)$ und $S_k(n) = A(n, k)$ im Sinne von Definition 2.001.1.

3. Ein öfter auftretendes Problem ist die Berechnung dieser Zeilen- und Spaltenfolgen bei vorgelegter Matrix A (siehe Abschnitt 2.014), bei obigem Beispiel ist das aber unproblematisch, denn naheliegender-

weise hat die Matrix A die

Zeilenfolgen $Z_i : \mathbb{N} \longrightarrow \mathbb{Q}$, vermöge A definiert durch $Z_i(n) = A(i,n) = \frac{1}{i \cdot n}$ sowie die

Spaltenfolgen $S_k : \mathbb{N} \longrightarrow \mathbb{Q}$, die vermöge A durch $S_k(n) = A(n,k) = \frac{1}{n \cdot k}$ definiert sind.

Im übrigen: Stellt man sich eine $(\mathbb{N}, \mathbb{N})$-Matrix A als Folge solcher Zeilen vor, dann kann A selbst auch als Folge $A_z : \mathbb{N} \longrightarrow Abb(\mathbb{N}, M)$, $A_z(i) = Z_i$ mit $Z_i(n) = A(i,n)$ von Zeilen von A aufgefaßt werden. Das gleiche gilt auch für Spalten: Eine $(\mathbb{N}, \mathbb{N})$-Matrix A kann als Folge $A_s : \mathbb{N} \longrightarrow Abb(\mathbb{N}, M)$, $A_s(k) = S_k$ mit $S_k(n) = A(n,k)$ von Spalten von A aufgefaßt werden.

4. Dieser Abschnitt ist mit *Matrizen/Funktionen* überschrieben, womit auf eine Doppeldeutigkeit aufmerksam gemacht werden soll: Funktionen $\mathbb{N} \times \mathbb{N} \longrightarrow M$ werden häufig als Tafeln (Tabellen) ihrer Funktionswerte benutzt, in diesem Sinne sind sie Matrizen. Andererseits kann auch mehr der Funktionscharakter betont werden, etwa wenn es sich um die beiden inneren Kompositionen Addition und Multiplikation $\mathbb{N} \times \mathbb{N} \longrightarrow \mathbb{N}$ handelt.

Der Unterschied ist zwar nicht strikt, aber im ganzen so zu sehen: Betrachtet man $\mathbb{N} \times \mathbb{N}$ als Indexmenge, spricht man von Matrizen, betrachtet man $\mathbb{N} \times \mathbb{N}$ als Menge von Zahlenpaaren, mit denen gerechnet werden soll, so spricht man von Funktionen.

2.010 REKURSIV DEFINIERTE FOLGEN

> Induktion: schrittweises Beweisen;
> Rekursion: schrittweises Konstruieren
> *Alte Volksweisheit*

Die Tatsache, daß der Definitionsbereich von Folgen die Menge $\mathbb{N}$ ist, bedeutet, daß auch im Rahmen der Theorie der Folgen die induktive Natur der Definition von $\mathbb{N}$ und das daraus folgende Rekursions-Verfahren (siehe Abschnitt 1.804) eine besondere Rolle spielen: Ist eine Zahl x_1 als erstes Folgenglied einer Folge x vorgegeben, dann läßt sich daraus vermöge einer bestimmten, ebenfalls vorgegebenen Vorschrift das zweite Folgenglied x_2 konstruieren, beispielsweise $x_2 = 2x_1 + 3$, daraus dann nach derselben Vorschrift das dritte Folgenglied $x_3 = 2x_2 + 3 = 2(x_1 + 3) + 3 = 2x_1 + 9$. Dabei muß diese Vorschrift allerdings so formuliert sein, daß für jedes $n \in \mathbb{N}$ das $(n+1)$-te Folgenglied durch Rekursion (recurrere: zurückgehen) aus dem n-ten Folgenglied erzeugt werden kann, das heißt, die Vorschrift muß lauten: $x_{n+1} = 2x_n + 3$, für alle $n > 1$.

Eine genaue, insbesondere genügend allgemeine Definition dieses Verfahrens wäre einerseits sehr aufwendig, andererseits für die hier behandelten Beispiele auch unangemessen. Daher beschreibt die folgende Definition nur einfache, dafür aber leicht durchschaubare Fälle rekursiv definierter Folgen.

2.010.1 Definition

Eine Folge $x : \mathbb{N} \longrightarrow M$ hat eine *Rekursive Darstellung* durch zwei Einzelangaben, einen sogenannten *Rekursionsanfang* (RA) und einen sogenannten *Rekursionsschritt* (RS), nämlich:

Rekursionsanfang RA) Die Elemente $x(1), ..., x(k)$ sind vorgegeben.

Rekursionsschritt RS) Für jedes $n \in \mathbb{N}$ mit $n > k$ besitzt $x(n+1)$ eine Darstellung, in der einige oder alle Elemente $x(n), ..., x(n-k)$ enthalten sind.

2.010.2 Bemerkungen

1. Dem Begriff der Rekursiven Darstellung einer Folge stellt man den der *Expliziten Darstellung* (explicare: klarlegen) gegenüber. Damit ist eine endliche Anzahl von Einzelvorschriften gemeint, die zusammen die Zuordnungsvorschrift $x(n)$ einer Folge x ausmachen. Bei der Nennung dieser Einzelvorschriften $x(n)$ tritt die Funktion x jedoch nicht ein zweites Mal auf. Alle Beispiele in 2.001.3 sind Beispiele für solche expliziten Darstellungen von Folgen $x : \mathbb{N} \longrightarrow \mathbb{R}$.

2. Bei einfach gebauten Folgen kann man anhand einiger berechneter Folgenglieder leicht die rekursive Darstellung in eine zugehörige explizite Darstellung überführen und umgekehrt. Beispielsweise liefert die rekursive Darstellung einer Folge $x : \mathbb{N} \longrightarrow \mathbb{R}$,

a) $x(1) = 10$ und $x(n) = x(n-1) + 20$ für $n > 1$, mit den ersten fünf Folgengliedern 10, 30, 50, 70, 90, die explizite Darstellung durch $x(n) = 20n - 10 = 10(2n - 1)$, für alle $n \in \mathbb{N}$,

b) $x(1) = 2$ und $x(n) = 5 \cdot x(n-1)$ für $n > 1$, mit den ersten fünf Folgengliedern 2, 10, 50, 250, 1250, die explizite Darstellung durch $x(n) = 2 \cdot 5^{n-1}$, für alle $n \in \mathbb{N}$.

3. Die Beispiele in 2. lassen folgendes erkennen: Der Nutzen der expliziten Darstellung liegt darin, ein bestimmtes Folgenglied ohne Kenntnis der anderen Folgenglieder berechnen zu können. Hingegen zeigt die rekursive Darstellung eine bessere Einsicht in den Bau und die Konstruktionsstruktur einer Folge. Bei Beispiel a) ist sofort klar, daß es sich jeweils um eine Addition mit 20, bei Beispiel b) jeweils um eine Verfünffachung handelt.

Explizite und rekursive Darstellungen von Folgen beantworten gewissermaßen unterschiedliche Fragen: Die explizite Darstellung beantwortet die Frage nach dem *Was* (Was liefern die in 2. genannten Vermehrungsprozesse nach 20 Jahren?), die rekursive Darstellung die Frage nach dem *Wie* (Wie vermehren sich gewisse Objekte von Jahr zu Jahr?). Kurz: Je nach Fragestellung wird man die eine oder die andere Darstellung verwenden (sofern man sie kennt).

4. Schließlich sei noch erwähnt, daß Folgen weder explizite noch rekursive Darstellungen haben müssen:

a) *Euklid* hat gezeigt (Satz 1.840.5), daß die Menge der Primzahlen nicht endlich ist, in natürlicher Anordnung also eine Folge $p : \mathbb{N} \longrightarrow \mathbb{N}$ bildet (mit Anfang 2, 3, 5, 7, 11, 13, 17, ...), wofür jedoch weder eine explizite noch eine rekursive Darstellung bekannt ist.

b) Ebenso gibt es für die Folge $n : \mathbb{N} \longrightarrow [1, 9]$ der Nachkommastellen von $\sqrt{2}$ (mit Anfangselementen 4, 1, 4, 2, 1, 3, ...) weder eine explizite noch eine rekursive Darstellung.

2.010.3 Beispiele

Obgleich sich beweisen läßt, daß es zu jeder expliziten Darstellung einer Folge eine rekursive Darstellung gibt und umgekehrt, ist das lediglich eine Existenzaussage, die jedoch kein Verfahren zur Übersetzung von der einen in die andere Darstellung liefert. In konkreten Fällen einfacherer Art kann man sich aber an folgenden Beispielen orientieren:

1. Zu einer durch $x(n)$ gegebenen expliziten Darstellung einer Folge $x : \mathbb{N} \longrightarrow \mathbb{R}$ ist eine rekursive Darstellung zu ermitteln:

a) x mit $x(n) = 2n + 1$ hat die rekursive Darstellung mit dem Rekursionaanfang $x(1) = 2 \cdot 1 + 1 = 3$ und dem Rekursionsschritt $x(n + 1) = 2(n + 1) + 1 = 2n + 2 + 1 = 2n + 1 + 2 = x(n) + 2$.

b) x mit $x(n) = \sqrt{n}$ hat die rekursive Darstellung mit dem Rekursionsanfang $x(1) = \sqrt{1} = 1$ und dem Rekursionsschritt $x(n+1) = \sqrt{n+1} = \frac{\sqrt{n}\sqrt{n+1}}{\sqrt{n}} = x(n) \cdot \sqrt{1 + \frac{1}{n}}$.

2. Zu einer durch $x(1)$ und $x(n+1)$ gegebenen rekursiven Darstellung einer Folge $x : \mathbb{N} \longrightarrow \mathbb{R}$ ist eine explizite Darstellung zu ermitteln:

a) Die Funktion $f = id + s \cdot id = (1+s)id$ liefert mit $x(1) = (1+s)c$ und $x(n+1) = (f \circ x)(n) = (1+s) \cdot x(n)$ die explizite Darstellung der Folge x duch $x(n) = (1+s)^n \cdot c$.

b) Die Funktion $f = \frac{1}{2-id}$ liefert mit $x(1) = 0$ und $x(n+1) = (f \circ x)(n) = \frac{1}{2-x(n)}$ die explizite Darstellung der Folge x durch $x(n) = \frac{n-1}{n}$.

Ähnlich zu dem in Beispiel 2.001.2/5 genannten Prozeß, aus vorgegebenen Funktionen Folgen zu konstruieren, liefert der folgende, schon in Abschnitt 1.804 bewiesene *Rekursionssatz* ein sogenanntes *iteratives Verfahren* zur Erzeugung rekursiv definierter Folgen:

2.010.4 Satz und Definition   *(Rekursionssatz für Folgen)*

1. Zu jedem Paar (f, x_0) einer Funktion $f : M \longrightarrow M$ und einem Element $x_0 \in M = D(f)$ gibt es genau eine rekursiv definierte (eine *durch f iterativ erzeugte*) M-Folge $x : \mathbb{N}_0 \longrightarrow M$ mit

Rekursionsanfang RA) $x(0) = x_0$ und   Rekursionsschritt RS) $x(n+1) = (f \circ x)(n)$, für alle $n \in \mathbb{N}_0$.

2. In diesem Zusammenhang nennt man f die *Basis-Funktion*, das Element x_0 das *Startelement* und die erzeugte Folge x den *Orbit zu (f, x_0)* und schreibt $x = orb(f, x_0) : \mathbb{N}_0 \longrightarrow M$.

2.010.5 Bemerkungen und Beispiele

1. Analog erzeugen Paare (f, x_1) M-Folgen $x = orb(f, x_1) : \mathbb{N} \longrightarrow M$ mit Rekursionsanfang $x(1) = x_1$.

2. Man kann den Orbit $x = orb(f, x_0) : \mathbb{N}_0 \longrightarrow M$ zu (f, x_0) auch in (durch f iterierter) expliziter Form
$$x(n) = (f \circ ... \circ f)(x_0) = f^n(x_0) = (f \circ ... \circ f \circ x)(0) = (f^n \circ x)(0)$$
mit n Kompositionsfaktoren in der Komposition $f^n = f \circ ... \circ f$ darstellen. Man schreibt dann auch $x = orb(f, x_0) = (f^n(x_0))_{n \in \mathbb{N}_0}$, wobei allerdings $f^0 = id$ und $f^1 = f$ verwendet wird.

3. Paare (f, x_0) von Geraden der Form $f = id + c : \mathbb{R} \longrightarrow \mathbb{R}$ mit $c \in \mathbb{R}$ und beliebigen *Startzahlen* $x_0 \in \mathbb{R} = D(f)$ liefern als Orbit arithmetische Folgen $x = orb(f, x_0) : \mathbb{N}_0 \longrightarrow \mathbb{R}$ (siehe dazu die Darstellung in Lemma 2.011.3) mit dem Rekursionsanfang RA) $x(0) = x_0$ und dem Rekursionsschritt RS) $x(n+1) = ((id + c) \circ x)(n) = (id+c)(x(n)) = x(n) + c$, für alle $n \in \mathbb{N}_0$.

Die solchermaßen erzeugten Folgen x haben eine explizite Darstellung der Form $x(n) = x_0 + cn$, für alle $n \in \mathbb{N}_0$, und sind damit jeweils die Einschränkung auf $\mathbb{N}_0$ der durch die Vorschrift $N(z) = x_0 + cz$ definierten Funktion $N = N(f, x_0) : \mathbb{R} \longrightarrow \mathbb{R}$.

Anmerkung: Ist $c > 0$, so ist $x = orb(f, x_0)$ eine monotone Folge, ist $c < 0$, so ist $x = orb(f, x_0)$ eine antitone Folge, ist $c = 0$, so ist $x = orb(f, x_0)$ die konstante Folge mit $x(n) = x_0$, für alle $n \in \mathbb{N}_0$.

Beispiel: Das Paar $(f, 5)$ mit $f = id + 2 : \mathbb{R} \longrightarrow \mathbb{R}$ und der Startzahl $x_0 = 5$ erzeugt dann den Orbit

$x = orb(f, 5) : \mathbb{N}_0 \longrightarrow \mathbb{R}$ in rekursiver Darstellung durch den Rekursionsanfang $x(0) = 5$ und den Rekursionsschritt $x(n+1) = x(n) + 2$, für alle $n \in \mathbb{N}_0$. Diese Folge x hat die explizite Darstellung durch $x(n) = 2n + 5$, für alle $n \in \mathbb{N}_0$, und ist damit Einschränkung von $N = N(f, 5)$ mit $N(z) = 2z + 5$ auf $\mathbb{N}_0$.

4. Paare (g_a, x_0) von Geraden der Form $g_a = a \cdot id : \mathbb{R} \longrightarrow \mathbb{R}$ mit $a \in \mathbb{R}^+$ und beliebigen *Startzahlen* $x_0 \in \mathbb{R} = D(g_a)$ liefern als Orbit geometrische Folgen $x : \mathbb{N}_0 \longrightarrow \mathbb{R}$ (siehe dazu wieder die Darstellung in Lemma 2.011.3) mit dem Rekursionsanfang RA) $x(0) = x_0$ und dem Rekursionsschritt RS) $x(n+1) = ((a \cdot id) \circ x)(n) = a \cdot x(n)$, für alle $n \in \mathbb{N}_0$. Die solchermaßen erzeugten Folgen x haben eine explizite Darstellung durch $x(n) = x_0 \cdot a^n$, für alle $n \in \mathbb{N}_0$ (und sind damit Einschränkung auf $\mathbb{N}_0$ der durch $N(z) = x_0 \cdot a^z$ definierten Exponential-Funktion $N = x_0 \cdot exp_a : \mathbb{R} \longrightarrow \mathbb{R}$).

Beispiel: Die Gerade $g = (1+i) \cdot id : \mathbb{R} \longrightarrow \mathbb{R}$ mit Zinssatz i zusammen mit einem Anfangskapital $K_0 \in \mathbb{R}^+$ liefert als Orbit die Kapitalertrags-Folge $K : \mathbb{N}_0 \longrightarrow \mathbb{R}^+$ mit dem Rekursionsanfang RA) $K(0) = K_0$ und dem Rekursionsschritt RS) $K(n+1) = ((1+i) \cdot id) \circ K)(n) = (1+i) \cdot K(n)$, für alle $n \in \mathbb{N}_0$. Diese Folge hat die explizite Darstellung $K(n) = K_0(1+i)^n$, für alle $n \in \mathbb{N}_0$, ist also die Einschränkung auf $\mathbb{N}_0$ der Exponential-Funktion $K_0 \cdot exp_{1+i}$ (siehe dazu auch Abschnitt 1.256).

5. Paare (p_a, x_0) von Parabeln der Form $p_a = a \cdot id^2 : \mathbb{R} \longrightarrow \mathbb{R}$ mit $a \in \mathbb{R}$ und beliebigen *Startzahlen* $x_0 \in \mathbb{R} = D(p_a)$ liefern als Orbit Folgen $x : \mathbb{N}_0 \longrightarrow \mathbb{R}$ mit dem Rekursionsanfang RA) $x(0) = x_0$ und dem Rekursionsschritt RS) $x(n+1) = ((a \cdot id^2) \circ x)(n) = a \cdot x(n)^2$, für alle $n \in \mathbb{N}_0$. Die solchermaßen erzeugten Folgen x haben eine explizite Darstellung durch $x(n) = a^{2^n-1} \cdot x_0^{2^n}$, für alle $n \in \mathbb{N}_0$.

6. Besondere Verhaltensweisen der Orbits $x = orb(f, x_0)$ in Abhängigkeit der mit (f, x_0) verbundenen Daten werden in Bemerkung 2.044.6 noch näher untersucht (siehe aber zunächst auch Abschnitt 2.012).

2.010.6 Bemerkung *(Regula falsi)*

In Bemerkung 1.222.6/7 wurde die Untersuchung kubischer Funktionen hinsichtlich Nullstellen in bestimmten Fällen als Problem apostrophiert mit dem Hinweis, daß nötigenfalls Näherungsverfahren zu Rate zu ziehen seien. Im folgenden wird nun eines dieser Verfahren vorgestellt:

Ist schon bekannt, daß eine Funktion $f : D(f) \longrightarrow \mathbb{R}$ im Intervall $(a, b) \in \mathbb{R}$ genau eine Nullstelle x_0 besitzt, dann läßt sich diese Nullstelle x_0 nötigenfalls nach folgendem, *Regula falsi* genannten Verfahren näherungsweise berechnen:

Es gelte o.B.d.A. $f(a) < 0$ und $f(b) > 0$, dann hat die Sekante s_1 den Anstieg $a_1 = \frac{f(b)-f(a)}{b-a}$, die Zuordnungsvorschrift
$$s_1(x) = a_1(x - a) + f(a)$$
und die Nullstelle $x_1 = a - \frac{f(a)}{a_1}$.

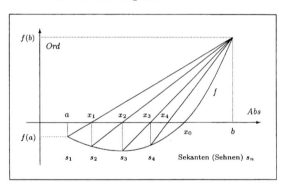

Setzt man nun x_1 an die Stelle von a, so erhält man eine Sekante s_2 mit dem Anstieg a_2 und der Nullstelle $x_2 = x_1 - \frac{f(x_1)}{a_2}$. Analoges Fortfahren liefert dann die rekursiv definierte Folge $x : \mathbb{N} \longrightarrow \mathbb{R}$ mit dem

Rekursionsanfang RA) $x(1) = a - \frac{1}{a_1} f(a)$ und dem

Rekursionsschritt RS) $x(n+1) = x_n - \frac{1}{a_{n+1}} f(x_n) = x(n) - \frac{1}{a_{n+1}} (f \circ x)(n)$

der Nullstellen von Sekanten s_n zu f bezüglich des Intervalls (a, b). Es sei allerdings darauf aufmerksam gemacht, daß der Nachweis dafür, daß sich die Folge $(x_n)_{n \in \mathbb{N}}$ der Nullstelle x_0 auch beliebig nähert – das ist der Sinn des ganzen Verfahrens – erst in Abschnitt 2.044 erbracht werden kann (siehe in diesem Zusammenhang auch Abschnitt 2.342).

A2.010.01: Berechnen Sie jeweils von der durch das n-te Folgenglied $x(n) = x_n$ angegebenen expliziten Darstellung einer Folge $x : \mathbb{N} \longrightarrow \mathbb{R}$ eine rekursive Darstellung:

1. $x(n) = n^2$
2. $x(n) = 2^n \cdot n$
3. $x(n) = \frac{n}{2}(3n + 1)$

A2.010.02: Im folgenden sind Folgen $x : \mathbb{N} \longrightarrow \mathbb{R}$ jeweils durch Angabe eines beliebigen Folgengliedes $x(n) = x_n$ angegeben (siehe dazu auch Aufgabe A2.002.02):

1. $x(n) = x_n = \frac{1}{n}$
2. $x(n) = x_n = -\frac{1}{n}$
3. $x(n) = x_n = \frac{6}{n}$
4. $x(n) = x_n = -\frac{a}{n}$, $a \in \mathbb{R}$
5. $x(n) = x_n = \frac{1}{n+1}$
6. $x(n) = x_n = \frac{1}{1-2n}$
7. $x(n) = x_n = \frac{1}{n^2}$
8. $x(n) = x_n = -\frac{1}{(n+1)^2}$
9. $x(n) = x_n = \frac{1}{\sqrt{n}}$
10. $x(n) = x_n = \frac{1}{\sqrt[3]{n^2}}$
11. $x(n) = x_n = 4711$
12. $x(n) = x_n = \frac{n^2}{2n+2}$

Versuchen Sie, jeweils eine rekursive Darstellung von x zu finden.

A2.010.03: Betrachten Sie die in den Beispielen 2.010.5/2/3 genannten Funktionen $\mathbb{R} \longrightarrow \mathbb{R}$ und erzeugen Sie wie dort weitere Folgen durch andere Wahlen von Anfangsgliedern. Wodurch unterscheiden sich die so erzeugten Folgen?

A2.010.04: Betrachten Sie lineare und quadratische Funktionen $\mathbb{R} \longrightarrow \mathbb{R}$ (nach Komplexität der Parameter geordnet, wie in den Beispielen 2.010.5/2/3) und erzeugen Sie damit Folgen unter Verwendung des Rekursionssatzes (Satz 2.010.4).

A2.010.05: Die Ausgangssituation: Zwei Gläser, das eine mit $V(R_0) = 100~cm^3$ Rotwein (R-Glas), das andere mit $V(W_0) = 100~cm^3$ Wasser (W-Glas) gefüllt. Es werden nun abwechselnd folgende Prozesse ausgeführt:
P_1) 10% der Flüssigkeit des R-Glases werden in das W-Glas gefüllt.
P_2) Von der Flüssigkeit im W-Glas wird soviel in das R-Glas gefüllt, so daß beide Gläser gleich voll sind.
Zur Formalisierung dieser Prozesse werden nun Paare $R_n = (a_n, b_n)$ und $W_n = (x_n, y_n)$ mit folgenden Einzeldaten betrachtet: Nach Ausführung von Prozeß P_n sei a_n/b_n die Menge von Rotwein/Wasser im R-Glas und x_n/y_n die Menge von Rotwein/Wasser im W-Glas.
Die Anfangsmengen (Anfangszustände) in beiden Gläsern sind also $R_0 = (a_0, b_0) = (100, 0)$ mit Volumen $V(R_0) = a_0 + b_0 = 100$ und $W_0 = (x_0, y_0) = (0, 100)$ mit Volumen $V(W_0) = x_0 + y_0 = 100$.
Wie entwickeln sich nun die beiden Folgen $R, W : \mathbb{N}_0 \longrightarrow \mathbb{R} \times \mathbb{R}$?

A2.010.06: Die zwischen ihren Nullstellen definierte Parabel $f : [0,1] \longrightarrow [0,1]$, definiert durch $f(z) = \frac{5}{2}z(1-z)$, liefert nach dem *Rekursionssatz* (Satz 2.010.4) einen eindeutig bestimmten rekursiv definierten Orbit $x = orb(f, x_1) : \mathbb{N} \longrightarrow \mathbb{R}$ mit $x(n+1) = (f \circ x)(n)$ und dem Startelement $x(1) = x_1 = 0, 1$.
a) Berechnen Sie die ersten fünf Folgenglieder von x.
b) Beschreiben Sie die Lage dieser Folgenglieder anhand einer graphischen Darstellung von f und id.

A2.010.09: Stellen Sie die erfragten Anzahlen als rekursiv und explizit definierte Folgen dar:
1. Durch wieviele Geraden können n verschiedene Punkte (einer Ebene) miteinander verbunden werden, wenn jede Gerade genau zwei Punkte enthalten darf?
2. Wieviele paarweise nicht-parallele Geraden (einer Ebene) liefern n verschiedene Schnittpunkte, wenn jeder Schnittpunkt Teil von genau zwei Geraden sein darf?

A2.010.10: Betrachten Sie die durch $x_n = \sqrt{24n+1}$ definierte Folge $x : \mathbb{N} \longrightarrow \mathbb{R}$.
a) Berechnen Sie die ersten zehn ganzzahligen Folgenglieder von x.
b) Nennen Sie dann die Indices derjenigen fünf unter den zehn Folgengliedern von a), die zu dem jeweils nächst kleineren ganzzahligen Folgenglied den Abstand 2 haben. Erweitern Sie diese Menge von Indices zu einer Folge $a : \mathbb{N} \longrightarrow \mathbb{N}$ sowohl in rekursiver als auch in expliziter Darstellung. Berechnen Sie dazu die Differenz $x_{a_n} - x_{a_n - n}$ für beliebiges $n \in \mathbb{N}$.
c) Nennen Sie entsprechend die Indices derjenigen vier unter den Folgengliedern von a), die zu dem jeweils

nächst kleineren ganzzahligen Folgenglied den Abstand 4 haben. Erweitern Sie diese Menge von Indices zu einer Folge $b : \mathbb{N} \longrightarrow \mathbb{N}$ sowohl in rekursiver als auch in expliziter Darstellung der Form $b_n = a_n + z_n$. Berechnen Sie dazu die Differenz $x_{b_n} - x_{a_n}$ für beliebiges $n \in \mathbb{N}$.

A2.010.12: Zum Verfahren *Regula falsi*:
1. Entwickeln Sie im einzelnen die in Bemerkung 2.010.6 zur *Regula falsi* genannte Zuordnungsvorschrift $s_1(x) = a_1(x - a) + f(a)$ der Sekante $s_1 : \mathbb{R} \longrightarrow \mathbb{R}$ sowie die Formel $x_1 = a - \frac{f(a)}{a_1}$ für die Nullstelle x_1 dieser Sekante s_1.
2. Geben Sie die der Folge $x : \mathbb{N} \longrightarrow \mathbb{R}$ der Sekanten-Nullstellen zugrunde liegende Folge $a : \mathbb{N} \longrightarrow \mathbb{R}$ der Sekanten-Anstiege an.
3. Weisen Sie nach, daß die Folge $x : \mathbb{N} \longrightarrow \mathbb{R}$ bezüglich der Daten in Bemerkung 2.010.6 streng monoton sowie nach unten und nach oben beschränkt ist.
4. In Bemerkung 2.010.6 wurde eine im Intervall $[a, b]$ (also teilweise) konvexe Funktion f, also eine Funktion mit Linkskrümmung in der Nähe der Nullstelle, sowie für das Intervall $[a, b]$ selbst o.B.d.A. der Fall $f(a) < 0$ und $f(b) > 0$ angenommen. Wie würde sich die Annahmen Konkavität (man sagt auch: Konvexität nach oben) und/oder $f(a) > 0$ und $f(b) < 0$ auf ein entsprechendes Verfahren auswirken?

A2.010.13: Zum Verfahren *Regula falsi*:
Bearbeiten Sie mit dem in Bemerkung 2.010.6 genannten Verfahren *Regula falsi* folgende Aufgaben:
1. Gesucht sind Näherungen für Nullstellen der folgendermaßen definierten Funktionen $f : \mathbb{R} \longrightarrow \mathbb{R}$:

    a) $f(x) = x^3 + x - 1$ b) $f(x) = x^3 + x + 1$

Beachten Sie dabei die in Aufgabe A2.010.12 zu untersuchenden Fallunterscheidungen.
2. Welche Zahlen können durch Funktionen $f : \mathbb{R} \longrightarrow \mathbb{R}$ der Form $f(x) = x^3 - a$ näherungsweise berechnet werden? Führen Sie ein solches Verfahren für $a = 5$ durch, wobei das Ergebnis auf drei Nachkommastellen genau sein soll.
Anmerkung: Für Aufgaben dieser Art werden in der Regel kleine Computer-Programme hergestellt, insbesondere auch solche, die rekursiv formulierte Prozeduren enthalten. In diesem Sinne dienen die Bearbeitungen hier als Kontrolle für die ersten Ausführungsschritte solcher Programme.

A2.010.14: Ein Körper habe die Form eines Zylinders mit zwei bei den Kreisflächen aufgesetzten Halbkugeln desselben Radius' (so eine Art Wurst also). Berechnen Sie eine Näherung (auf 10 LE genau) für den Radius, wobei die Zylinderhöhe $h = 20$ (LE) und das Volumen $V = 1200\pi$ (VE) vorgegeben seien.

A2.010.15: Geben Sie für die Anzahl d_n der Diagonalen eines ebenen konvexen n-Ecks eine rekursive und eine explizite Darstellung an.

A2.010.16: Betrachten Sie die Folge $x : \mathbb{N} \longrightarrow \mathbb{Z}$ mit den unten jeweils angegebenen ersten Folgengliedern und geben Sie sowohl eine explizite als auch eine rekursive Darstellung der Folge x an.

    a)   2, 5, 8, 11, 14, 17, ...   b)   3, 8, 13, 18, 23, 28, ...
    c)   5, 9, 13, 17, 21, 25, ...   d)   11, 15, 19, 23, 27, 31, ...
    e)   17, 25, 33, 41, 49, 57, ...   f)   7, 12, 17, 22, 27, 32, ...

A2.010.17: Betrachten Sie die Folge $x : \mathbb{N} \longrightarrow \mathbb{Z}$ mit den unten jeweils angegebenen ersten Folgengliedern und geben Sie sowohl eine explizite als auch eine rekursive Darstellung der Folge x an in der Form $x_{n+1} = x_n + z_n c + 1$ mit einer ebenfalls rekursiv (oder zumindest partiell rekursiv) darzustellenden Folge $z : \mathbb{N} \longrightarrow \mathbb{Z}$ und einem konstanten Faktor c.

    a)   2, 5, 10, 17, 26, 37, 50, ...   b) -2, 5, 24, 61, 122, 213, 340, ...

2.011 Arithmetische und Geometrische Folgen

> Wackere Vorsätze sind Schecks, bezogen auf eine Bank, bei der man kein Konto hat.
> *Oscar Wilde (1854 - 1900)*

Die in 2.010.5 genannten Beispiele sind einerseits Beispiele für den *Rekursionssatz* (Satz 2.010.4), andererseits auch Beispiele (siehe 2.011.3) für zwei sehr einfach gebaute Typen rekursiv definierter Folgen, die in diesem Abschnitt allgemeiner betrachtet werden sollen.

2.011.1 Definition

1. Folgen $x : \mathbb{N} \longrightarrow \mathbb{R}$ der Form $x = (x_1 + (n-1)d)_{n \in \mathbb{N}}$ mit vorgegebenem ersten Folgenglied x_1 und konstantem $d \in \mathbb{R}$ nennt man *Arithmetische Folgen*.
2. Folgen $x : \mathbb{N} \longrightarrow \mathbb{R}$ der Form $x = (x_1 \cdot a^{n-1})_{n \in \mathbb{N}}$ mit vorgegebenem ersten Folgenglied x_1 und konstantem $a \in \mathbb{R} \setminus \{0\}$ nennt man *Geometrische Folgen*.

2.011.2 Bemerkungen

1. Also kennzeichnend für den Bau
 - arithmetischer Folgen x ist die konstante Differenz $x_{n+1} - x_n = x_1 + nd - (x_1 + (n-1)d) = d$
 - geometrischer Folgen x ist der konstante Quotient $\frac{x_{n+1}}{x_n} = \frac{x_1 a^n}{x_1 a^{n-1}} = a$

je zweier aufeinander folgender Folgenglieder von x.

2. Gemäß Bemerkung 2.001.2/2 lassen sich beide Typen von Folgen etwas einfacher darstellen, wenn sie als Folgen $x : \mathbb{N}_0 \longrightarrow \mathbb{R}$ betrachtet werden. Jeweils mit dem ersten Folgenglied x_0 haben dann arithmetische Folgen die Form $x = (x_0 + nd)_{n \in \mathbb{N}}$ und geometrische Folgen die Form $x = (x_0 \cdot a^n)_{n \in \mathbb{N}}$.

3. Eine Polynom-Funktion $f : \mathbb{R} \longrightarrow \mathbb{R}$, $f = \sum_{0 \leq i \leq m} a_i id^i$ mit $grad(f) = m$, liefert eine rekursive Darstellung einer Folge $x : \mathbb{N} \longrightarrow \mathbb{R}$ durch einen Rekursionsanfang $x(1)$ und den Rekursionsschritt $x(n+1) = (f \circ x)(n)$. Für die durch $d_m(n) = x(n+1) - x(n)$ definierte Differenzen-Folge d_m gilt dann $grad(d_m) = m - 1$. Bildet man zu d_m wiederum die Differenzen-Folge d_{m-1} mit $d_{m-1}(n) = d_m(n+1) - d_m(n)$, so gilt $grad(d_{m-1}) = m - 2$. Dieses Verfahren fortgesetzt liefert dann m Differenzen-Folgen d_k mit $m \geq k \geq 1$, wobei d_2 eine arithmetische und $d_1 \neq 0$ eine konstante Folge ist. Beispielsweise liefert $f = a_0 + a_1 id + a_2 id^2$ mit $a_2 \neq 0$ die Differenzen-Folgen d_2 mit $d_2(n) = a_1 + a_2 + 2a_2 n$ und d_1 mit $d_1(n) = 2a_2$.

Das folgende Lemma zeigt für arithmetische und geometrische Folgen, die in Definition 2.011.1 in expliziter Darstellung beschrieben sind, den einfachen Übergang von der expliziten in die rekursive Darstellung und umgekehrt.

2.011.3 Lemma

1. Es sei eine arithmetische Folge $x : \mathbb{N} \longrightarrow \mathbb{R}$ mit erstem Folgenglied $x(1)$ vorgelegt. Es gibt dann ein Element $d \in \mathbb{R}$, für das die beiden folgenden Darstellungen äquivalent sind:
 a) rekursiv: $x(n+1) = x(n) + d$, b) explizit: $x(n+1) = x(1) + nd$.
2. Es sei eine geometrische Folge $x : \mathbb{N} \longrightarrow \mathbb{R}$ mit erstem Folgenglied $x(1)$ vorgelegt. Es gibt dann ein Element $a \in \mathbb{R} \setminus \{0\}$, für das die beiden folgenden Darstellungen äquivalent sind:
 a) rekursiv: $x(n+1) = a \cdot x(n)$, b) explizit: $x(n+1) = x(1) \cdot a^n$.

Beweis:

1. Aus der Darstellung in a) folgt die von b) vermöge des Induktionsschrittes von n zu $n+1$: Gilt $x(n) = x(1) + (n-1)d$, dann ist zunächst $d = x(1) + nd - x(n)$, woraus mit a) dann $x(n+1) = x(n) + d = x(n) + x(1) + nd - x(n) = x(1) + nd$ folgt.
Aus der Darstellung in b) folgt die von a) mit $x(n+1) = x(1) + nd = x(1) + (n-1)d + d = x(n) + d$.

2. Aus der Darstellung in a) folgt die von b) vermöge des Induktionsschrittes von n zu $n+1$: Gilt

$x(n) = x(1) \cdot a^{n-1}$, so ist mit a) dann $x(n+1) = a \cdot x(n) = a \cdot x(1) \cdot a^{n-1} = x(1) \cdot a^n$.
Aus der Darstellung in b) folgt die von a) mit $x(n+1) = x(1) \cdot a^n = a \cdot x(1) \cdot a^{n-1} = a \cdot x(n)$.

2.011.4 Bemerkungen

1. Noch einmal zurück zu den Beispielen 2.010.5/3/4, die besagen:

a) Paare (f, x_0) von Geraden der Form $f = id + c : \mathbb{R} \longrightarrow \mathbb{R}$ und Elementen $x_0 \in \mathbb{R}$ erzeugen nach dem Rekursionssatz (Satz 2.010.4) arithmetische Folgen $x : \mathbb{N}_0 \longrightarrow \mathbb{R}$
– in rekursiver Darstellung durch $x(0) = x_0$ (RA) und $x(n+1) = x(n) + c$, für alle $n \in \mathbb{N}_0$ (RS)
– in expliziter Darstellung durch $x(n) = x_0 + cn$, für alle $n \in \mathbb{N}_0$.
Diese Folgen x sind arithmetisch, denn es gilt $x(n+1) - x(n) = x(n) + c - x(n) = c$, für alle $n \in \mathbb{N}_0$.
Umgekehrt gilt nun: Jede arithmetische Folge $x : \mathbb{N}_0 \longrightarrow \mathbb{R}$ mit $x_n = x_0 + cn$ liefert eine zugehörige lineare Funktion $N_x : \mathbb{R} \longrightarrow \mathbb{R}$ mit $N_x(z) = x_0 + cz$, wobei Zugehörigkeit im Sinne der Einschränkung $N_x | \mathbb{N}_0 = x$ gemeint ist.

b) Paare (f, x_0) von Geraden der Form $f = a \cdot id : \mathbb{R} \longrightarrow \mathbb{R}$ mit $a > 0$ und Elementen $x_0 \in \mathbb{R}$ erzeugen nach dem Rekursionssatz (Satz 2.010.4) geometrische Folgen $x : \mathbb{N}_0 \longrightarrow \mathbb{R}$
– in rekursiver Darstellung durch $x(0) = x_0$ (RA) und $x(n+1) = a \cdot x(n)$, für alle $n \in \mathbb{N}_0$ (RS)
– in expliziter Darstellung durch $x(n) = x_0 \cdot a^n$, für alle $n \in \mathbb{N}_0$.
Die so erzeugten Folgen x sind geometrisch, denn es gilt $\frac{x(n+1)}{x(n)} = \frac{a \cdot x(n)}{x(n)} = a$, für alle $n \in \mathbb{N}$.
Umgekehrt gilt nun: Jede geometrische Folge $x : \mathbb{N}_0 \longrightarrow \mathbb{R}$ mit $x_n = x_0 \cdot a^n$ mit $a > 0$ liefert eine zugehörige Exponential-Funktion $N_x = x_0 \cdot exp_a : \mathbb{R} \longrightarrow \mathbb{R}$ mit $N_x(z) = x_0 \cdot a^z$, wobei Zugehörigkeit wieder im Sinne der Einschränkung $N_x | \mathbb{N}_0 = x$ gemeint ist.

Fazit: Der Rekursionssatz liefert mit den jeweils ersten Teilen in a) und b) zu jedem Element $x_0 \in \mathbb{R}$ jeweils injektive Funktionen $A(x_0) : id + \mathbb{R} \longrightarrow Ari(\mathbb{R})$ und $G(x_0) : \mathbb{R}^+ \cdot id \longrightarrow Geo(\mathbb{R})$, die aber, wie die jeweils zweiten Teile in a) und b) zeigen, nicht surjektiv, also nicht etwa bijektiv sind.

2. Ein anderer und vergleichsweise einfacher Zusammenhang zwischen Funktionen $f : \mathbb{R} \longrightarrow \mathbb{R}$ und Folgen $x : \mathbb{N}_0 \longrightarrow \mathbb{R}$ wird durch $x = f | \mathbb{N}_0$ geliefert, insbesondere:

a) Jede Gerade $f \in \mathbb{R} + \mathbb{R} \cdot id$, also $f = a + b \cdot id$, erzeugt eine arithmetische Folge $x = f | \mathbb{N}_0 : \mathbb{N}_0 \longrightarrow \mathbb{R}$, denn es gilt $x_{n+1} - x_n = f(n+1) - f(n) = a + b(n+1) - (a + bn) = a + bn + b - a - bn = b$ (als Anstieg der Geraden f).
Somit liegt eine Funktion $H : \mathbb{R} + \mathbb{R} \cdot id \longrightarrow Ari(\mathbb{R})$ vor, die bezüglich der Vektorraum-Struktur auf beiden Mengen (siehe Aufgabe A2.011.09) ein $\mathbb{R}$-Homomorphismus ist (siehe Abschnitt 1.712), denn es gilt $H(f+g) = (f+g) | \mathbb{N}_0 = f | \mathbb{N}_0 + g | \mathbb{N}_0 = H(f) + H(g)$ und $c \cdot H(f) = c(f | \mathbb{N}_0) = (cf) | \mathbb{N}_0 = H(cf)$.
Darüber hinaus ist H bijektiv bezüglich der zu H inversen Funktion $G : Ari(\mathbb{R}) \longrightarrow \mathbb{R} + \mathbb{R} \cdot id$, die jeder arithmetischen Folge x mit $x(n) = a + bn$ die Gerade f mit $f(x) = a + bx$ zuordnet.
Insgesamt ist H also ein $\mathbb{R}$-Isomorphismus. Dieser Sachverhalt ist anschaulich klar, wenn man beachtet, daß die von einer arithmetischen Folge erzeugten Punkte in einem üblichen Koordinaten-System stets Punkte einer Geraden sind.

b) Hier nur als Anregung: Es ist klar, daß jede Funktion $f : \mathbb{R} \longrightarrow \mathbb{R}$ durch Einschränkung auf $\mathbb{N}_0$ eine Folge $x = f | \mathbb{N}_0 : \mathbb{N}_0 \longrightarrow \mathbb{R}$ liefert. Lassen sich solche Folgen dann auch durch Folgen-spezifische Begriffe kennzeichnen?

2.011.5 Bemerkungen und Beispiele

1. Scharfes Hinsehen zeigt, daß die beiden Beispiele in der Bemerkung 2.010.2/2 ebenfalls eine arithmetische und eine geometrische Folge darstellen. In leichter Verallgemeinerung handelt es sich

a) um eine arithmetische Folge $x : \mathbb{N} \longrightarrow \mathbb{R}$ mit rekursiver Darstellung $x(1) = a$ und $x(n) = x(n-1) + b$ sowie mit expliziter Darstellung $x(n) = a + (n-1)b$, wobei die Differenzen $x(n+1) - x(n) = b$ noch einmal zeigen, daß tatsächlich eine arithmetische Folge vorliegt (mit Anfang a, $a+b$, $a+2b$, $a+3b$, ...),

b) um eine geometrische Folge $x : \mathbb{N} \longrightarrow \mathbb{R}$ mit rekursiver Darstellung $x(1) = a$ und $x(n) = b \cdot x(n-1)$ sowie mit expliziter Darstellung $x(n) = a \cdot b^{n-1}$, wobei die Quotienten $x(n+1) : x(n) = b$ noch einmal zeigen, daß tatsächlich eine geometrische Folge vorliegt (mit Anfang a, ab, ab^2, ab^3, ...).

2. Betrachtet man in der vorstehenden Bemerkung den Fall $a = b$, dann liefert die
a) rekursive Darstellung $x(1) = a$ und $x(n) = x(n-1) + a$ die explizite Darstellung $x(n) = na$,
b) rekursive Darstellung $x(1) = a$ und $x(n) = a \cdot x(n-1)$ die explizite Darstellung $x(n) = a^n$.

3. Konstante Folgen $x : \mathbb{N} \longrightarrow \mathbb{R}$ mit $x(n) = c$ sind stets arithmetisch (mit konstantem Summanden $d = x(n+1) - x(n) = c - c = 0$) und im Fall $c \neq 0$ auch geometrisch (mit konstantem Faktor $a = \frac{x(n+1)}{x(n)} = \frac{c}{c} = 1$).

4. Für arithmetische Folgen $x : \mathbb{N} \longrightarrow \mathbb{R}$ gilt stets $x(n) = \frac{1}{2}(x(n-1) + x(n+1))$ mit $n > 1$, das heißt, jedes Folgenglied (mit Ausnahme des ersten) ist das arithmetische Mittel seiner beiden benachbarten Folgenglieder.

5. Aus $x \in Ari(\mathbb{R})$ folgt $exp_a \circ x \in Geo(\mathbb{R})$. Im Klartext: Die von einer Exponential-Funktion exp_a mit einer arithmetischen Folge $x : \mathbb{N} \longrightarrow \mathbb{R}$ erzeugte Bildfolge $exp_a \circ x : \mathbb{N} \longrightarrow \mathbb{R}$ ist eine geometrische Folge.

6. Aus $x \in Geo(\mathbb{R}^+)$ folgt $log_a \circ x \in Ari(\mathbb{R})$. Im Klartext: Die von einer Logarithmus-Funktion log_a mit einer geometrischen Folge $x : \mathbb{N} \longrightarrow \mathbb{R}^+$ (mit positiven Folgengliedern) erzeugte Bildfolge $log_a \circ x : \mathbb{N} \longrightarrow \mathbb{R}$ ist eine arithmetische Folge.

7. In diesem Abschnitt wurden arithmetische und geometrische Folgen und die für sie geltenden Darstellungen und Sachverhalte durchweg parallel betrachtet. Das liegt in der technischen Natur beider Typen von Folgen begründet, entspricht aber keineswegs ihrer sehr unterschiedlichen Bedeutung. Während arithmetische Folgen naturgemäß von geringerem Interesse sind, können im Gegensatz dazu die geometrischen Folgen die ab Abschnitt 2.040 untersuchte Eigenschaft der Konvergenz haben und stellen dann innerhalb dieses Betrachtungsrahmens grundlegende Beispiele dar.

A2.011.01: Im folgenden sind Folgen $x : \mathbb{N} \longrightarrow \mathbb{R}$ jeweils durch Angabe eines beliebigen Folgengliedes $x(n) = x_n$ angegeben. Entscheiden Sie, ob die jeweilige Folge arithmetisch oder geometrisch ist; geben Sie im ersten Fall die konstante Differenz d und im zweiten Fall den konstanten Quotienten a je zweier aufeinander folgender Folgenglieder an. Geben Sie geeignete Beispiele an, falls die Folge weder arithmetisch noch geometrisch ist.

1. $x(n) = \frac{1}{100} 10^n$
2. $x(n) = 2^8 (\frac{1}{2})^n$
3. $x(n) = -2^n$
4. $x(n) = -(\frac{1}{2})^n$
5. $x(n) = (-2)^n$
6. $x(n) = n - 1$
7. $x(n) = n + (-1)^n$
8. $x(n) = -\frac{n}{4}$
9. $x(n) = 2^{-n}$
10. $x(n) = 4711$
11. $x(n) = 471 - n$
12. $x(n) = \frac{5}{6} n + 11$

A2.011.02: Der zweite Teil der Aufgabe ist eine Verallgemeinerung des ersten Teils.

1. Wie lauten die Folgenglieder x_1, x_2, x_3 sowie x_8 und x_9 einer arithmetischen (geometrischen) Folge $x : \mathbb{N} \longrightarrow \mathbb{R}$, wenn jeweils die Folgenglieder
  a) $x_4 = 6$ und $x_5 = 18$ b) $x_4 = 6$ und $x_6 = 54$ c) $x_4 = 6$ und $x_7 = 162$
vorgegeben sind?

2. Wie kann man eine arithmetische (geometrische) Folge $x : \mathbb{N} \longrightarrow \mathbb{R}$ aus der Vorgabe je zweier Folgenglieder der Form x_n und x_{n+k} (bei beliebig, aber fest gewähltem $n \in \mathbb{N}$) konstruieren? Bearbeiten Sie die Folge x mit $x_2 = 4$ und $x_6 = 16$ und geben Sie x in expliziter Darstellung an.

A2.011.03: Ein Kapital (Geldmenge) K_0 wird mit dem Zinssatz $i = p\%$ p.a. (jährlich) verzinst und ist nach einem Jahr auf den Betrag K_1 angewachsen. Fortgesetzte Verzinsung unter Zinses-Zins-Bedingungen liefert dann eine Folge $K : \mathbb{N} \longrightarrow \mathbb{R}$. Geben Sie K in rekursiver und in expliziter Darstellung an. Zeigen Sie, daß K eine geometrische Folge ist.

A2.011.04: Zwei Einzelaufgaben:

1. Geben Sie zu den beiden Folgen $x, y : \mathbb{N} \longrightarrow \mathbb{R}$ mit den expliziten Darstellungen $x(n) = x_n = 2n$ und $y(n) = y_n = \frac{1}{2^n}$ jeweils die ersten vier Folgenglieder und dann die zugehörigen rekursiven Darstellungen beider Folgen an.

2. Inwiefern sind die beiden Angaben $x(n+1) = 2 + x(n)$ und $y(n+2) = y(n+1) + y(n)$ zu zwei Folgen $x, y : \mathbb{N} \longrightarrow \mathbb{R}$ unvollständig? Ergänzen Sie beide Angaben um den jeweils fehlenden Teil (mit beliebigen, aber einfachen Zahlen).

A2.011.05: Beweisen Sie für eine geometrische Folge $x = (x_0 a^n)_{n \in \mathbb{N}}$ folgende Aussagen:
a) x alternierend $\Leftrightarrow a < 0$,
b) x streng monoton $\Leftrightarrow (x_0 > 0$ und $1 < a)$ oder $(x_0 < 0$ und $0 < a < 1)$,
c) x streng antiton $\Leftrightarrow (x_0 > 0$ und $a > 1)$ oder $(x_0 < 0$ und $0 < a < 1)$.

A2.011.06: Folgende Einzelaufgaben:
a) Geben Sie die nachstehend definierten Folgen $x : \mathbb{N} \longrightarrow \mathbb{Q}$ jeweils in einer rekursiven Darstellung an:
    1. $x(n) = \frac{1}{2} + \frac{1}{4}(n-1)$,   2. $x(n) = \frac{1}{4} \cdot (\frac{1}{2})^{n-1}$.

b) Ermitteln Sie zu den beiden in a) genannten Folgen x eine Rekursionsfunktion $f : \mathbb{Q} \longrightarrow \mathbb{Q}$, für die jeweils $x(n+1) = (f \circ x)(n)$ und $x(n) = (f^{n-1} \circ x)(1)$ gilt (wobei das Zeichen f^k die k-fache Komposition von f mit sich selbst bezeichne).

c) Es sei $x : \mathbb{N} \longrightarrow M$ eine M-Folge und $f : M \longrightarrow M$ eine beliebige Funktion. Beweisen Sie mit Hilfe des Induktionsprinzips für Natürliche Zahlen (siehe Abschnitt 1.811) die Äquivalenz der beiden folgenden Aussagen (wobei f^n wieder die n-fache Komposition von f bezeichne):
1. Die Folge x hat eine Darstellung durch $x(n+1) = (f \circ x)(n)$.
2. Die Folge x hat eine Darstellung durch $x(n+1) = (f^n \circ x)(1)$.

A2.011.07: Beweisen Sie die Aussagen in den Bemerkungen 2.011.5/4/5/6.

A2.011.08: Rechnen Sie nach: Das Podukt von je vier aufeinander folgenden Folgengliedern einer arithmetischen Folge läßt sich als Differenz zweier Quadrate (also in der Form $a^2 - b^2$) darstellen.

A2.011.09: Lassen sich auf den in Bemerkung 2.011.4 genannten Mengen $Ari(\mathbb{R})$ und $Geo(\mathbb{R})$ innere Kompositionen installieren, möglicherweise mit algebraischen Strukturen?

A2.011.10: Im Zusammenhang mit Bemerkung 2.011.4/2:
Beweisen Sie: Haben zwei Graden $f, g \in \mathbb{R} + \mathbb{R} \cdot id$, die beide nicht die Null-Funktion seien, dieselbe Nullstelle s, so gibt es eine Zahl u mit $f = u \cdot g$. Welche Zahl ist das?

2.012 LOGISTISCHES WACHSTUM (TEIL 1)

> Es gibt Dinge, Verhältnisse, Zustände und Berufsarten,
> gegen die der Mensch sich mit Händen und Füßen wehrt,
> wenn er hineingerät, und die er nachher ganz und gar für
> sich zugeschnitten findet, wenn er endlich drinsteckt.
> *Wilhelm Raabe* (1831 - 1910)

Der Begriff *Wachstum* beschreibt ganz allgemein die Änderung eines Volumens in Abhängigkeit von der Zeit, womit rein formal Zunahmen, Abnahmen oder Konstanz von Volumina gemeint sein können (man spricht ja auch in Bereichen, in denen diese Begriffe mehr psychologisch gefärbt sind (sein sollen), von Null- oder gar von Minuswachstum). Volumina sind in diesem Zusammenhang beispielsweise Anzahlen von Individuen (bei Populationen), Anzahlen produzierter Waren, Geldmengen (etwa bei Aktienkursen), allgemeiner Ausgaben (Kosten) und Einnahmen (Gewinne), jeweils in Währungseinheiten notiert, aber auch Volumina im gewöhnlichen geometrischen Sinne.

Im folgenden wird Wachstum als Funktion $N : T \longrightarrow \mathbb{R}$ mit $T \subset \mathbb{R}$ betrachtet (siehe dazu auch Abschnitt 2.810), wobei in diesem Abschnitt das Wachstum der in Satz 2.010.4 und Bemerkung 2.010.5 definierten Orbits $x = orb(f, x_0) : \mathbb{N}_0 \longrightarrow \mathbb{R}$ zu Basis-Funktionen f und Startzahlen $x_0 \in D(f)$ untersucht werden soll. Neben den schon in Bemerkung 2.010.5 betrachteten Beispielen sollen dabei ganz besondere Basis-Funktionen, die nach *Pierre-François Verhulst* (1804 - 1849) benannten, in Bemerkung 2.012.3 definierten *Verhulst-Parabeln* f_a untersucht werden, die dann zu dem Begriff des Logistischen Wachstums führen.

2.012.1 Bemerkung

Die folgenden Begriffe zusammen mit denen in Definition 2.010.4 zunächst in Zusammenhängen:

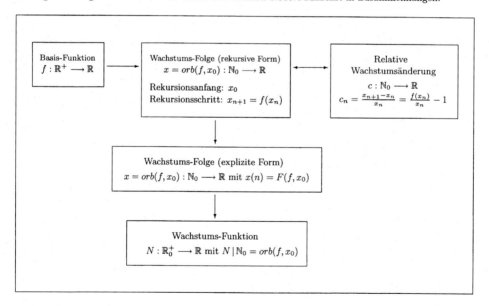

1. Eine Basis-Funktion $f : \mathbb{R}^+ \longrightarrow \mathbb{R}$ erzeugt zusammen mit einem Startelement $x_0 \in D(f) = \mathbb{R}^+$ auf iterative Weise den zugehörigen Orbit $x = orb(f, x_0) : \mathbb{N}_0 \longrightarrow \mathbb{R}$ in rekursiver Darstellung mit dem Rekursionsanfang x_0 und dem Rekursionsschritt $x_{n+1} = f(x_n)$.

2. Zu Folgen (Funktionen), die Wachstum beschreiben, wird als charakteristisches Datum häufig die sogenannte *Relative Wachstumsänderung* (siehe auch Definition 2.810.1) betrachtet. Für Folgen $x : \mathbb{N}_0 \longrightarrow \mathbb{R}^+$

ist dieser Begriff folgendermaßen definiert: Zu der Differenz $x_{n+1} - x_n$ als *Absoluter Wachstumsänderung von x bei n* nennt man den Quotienten $c_n = \frac{x_{n+1}-x_n}{x_n}$ die *Relative Wachstumsänderung von x bei n*. Wie man sieht, liefern die relative Wachstumsänderungen eine Folge $c = c_x : \mathbb{N}_0 \longrightarrow \mathbb{R}$, die als *Relative Wachstumsänderung von x* bezeichnet wird.

3. Neben dem Begriff der Wachstumsänderung wird auch der Begriff *Wachstumsrate von x bei n* als Quotient $r_n = \frac{x_{n+1}}{x_n}$ verwendet, womit ebenfalls eine Folge $r = r_x : \mathbb{N}_0 \longrightarrow \mathbb{R}$ von Wachstumsraten vorliegt. Beide Begriffe sind aber der Sache nach gleichwertig, denn es gilt offenbar $r_n = c_n - 1$ und $c_n = r_n + 1$.

4. Zu dem Orbit $x = orb(f, x_0)$ in rekursiver Darstellung existiert eine explizite Darstellung (wenn auch nicht immer leicht zu ermitteln), die Art/Typ des Wachstums angibt. Bei dieser expliziten Darstellung haben die Folgenglieder $x(n)$ eine Darstellung $x(n) = F(f, x_0)$ als Funktionswerte von (f, x_0).

5. Die von der expliziten Darstellung der Folge $x : \mathbb{N}_0 \longrightarrow \mathbb{R}^+$ (die wegen ihres Definitionsbereichs diskretes Wachstum repräsentiert) erzeugte *Wachstums-Funktion* ist eine (im allgemeinen nicht eindeutig bestimmte) stetige Funktion $N : T \longrightarrow \mathbb{R}$, mit $T \subset \mathbb{R}$, mit der Eigenschaft $x = N \,|\, \mathbb{N}_0$. (In der Praxis wird man häufig durch Zusatzforderungen eine jeweils eindeutige Funktion N festlegen.)

2.012.2 Beispiele

Zu den vorstehenden Begriffen und Verfahrensweisen hinsichtlich der Beispiele in Bemerkung 2.010.5:

1. Basis-Funktionen $g_a = a \cdot id : \mathbb{R}^+ \longrightarrow \mathbb{R}$ mit $a > 0$ liefern Wachstums-Folgen $x : \mathbb{N}_0 \longrightarrow \mathbb{R}^+$ mit rekursiver Darstellung $x_{n+1} = g_a(x_n) = ax_n$ und mit expliziter Darstellung $x(n) = x_n = x_0 \cdot a^n = x_0 \cdot exp_a(n)$ sowie der zugehörigen Wachstums-Funktion $N_a : \mathbb{R}_0^+ \longrightarrow \mathbb{R}$ mit $N_a(z) = x_0 \cdot exp_a$.

Die zugehörige Folge $c : \mathbb{N}_0 \longrightarrow \mathbb{R}$ der relativen Wachstumsänderungen $c_n = \frac{x_{n+1}-x_n}{x_n} = \frac{ax_n - x_n}{x_n} = a - 1$ ist dann offenbar eine konstante Folge. (Im Fall der Kapitalertrags-Folge in Bemerkung 2.010.5/4 ist die konstante relative Wachstumsänderung $c_n = 1 + i - 1 = i$ gerade der Zinssatz i.)

Wird umgekehrt eine konstante relative Wachstumsänderung $c_0 = \frac{x_{n+1}-x_n}{x_n}$, für alle $n \in \mathbb{N}_0$, angenommen, so liefert diese Beziehung die rekursive Darstellung $x_{n+1} = c_0 x_n + x_n = (c_0 + 1)x_n$ und daraus die explizite Darstellung $x_n = x_0 \cdot (c_0 + 1)^n$, jeweils für alle $n \in \mathbb{N}_0$. Das heißt, die Annahme einer konstanten relativen Wachstumsänderung liefert exponentielles Wachstum. (Beispielsweise: Die zugehörige, oben angesprochene eindeutig bestimmte Wachstums-Funktion $N : \mathbb{R}_0^+ \longrightarrow \mathbb{R}^+$ zur Kapitalertrags-Folge ist die Kapitalertrags-Funktion $K = K(0) \cdot exp_{c_0+1} = K(0) \cdot exp_{i+1}$ mit Zinssatz i oder im Fall kontinuierlicher Verzinsung $K = K(0) \cdot exp_{e^i}$ (siehe Abschnitt 1.256).

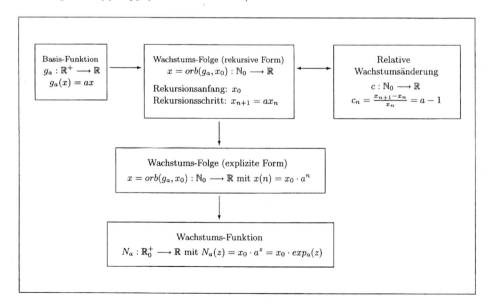

2. Basis-Funktionen $p_a = a \cdot id^2 : \mathbb{R}^+ \longrightarrow \mathbb{R}$ mit $a > 0$ liefern Wachstums-Folgen $x : \mathbb{N}_0 \longrightarrow \mathbb{R}^+$ mit rekursiver Darstellung $x_{n+1} = p_a(x_n) = ax_n^2$ und mit einer expliziten Darstellung definiert durch $x(n) = x_n = a^{(2^n-1)} \cdot x_0^{(2^n)} = \frac{1}{a} \cdot a^{(2^n)} \cdot x_0^{(2^n)} = \frac{1}{a} \cdot (ax_0)^{(2^n)}$ sowie der zugehörigen Wachstums-Funktion $N_a : \mathbb{R}_0^+ \longrightarrow \mathbb{R}$, definiert durch die Zuordnungsvorschrift $N_a(z) = \frac{1}{a} \cdot (ax_0)^{(2^z)}$

Die zugehörige Folge $c : \mathbb{N}_0 \longrightarrow \mathbb{R}$ der relativen Wachstumsänderungen ist dann definiert durch die Vorschrift $c_n = \frac{x_{n+1} - x_n}{x_n} = \frac{ax_n^2 - x_n}{x_n} = ax_n - 1$ und stellt offenbar eine lineare Folge dar.

Werden umgekehrt linear zunehmende relative Wachstumsänderungen $c_n = \frac{x_{n+1} - x_n}{x_n} = ax_n + c$, für alle $n \in \mathbb{N}_0$, angenommen, so liefert diese Beziehung die rekursive Darstellung $x_{n+1} = ax_n^2 + cx_n - x_n = ax_n^2 + (c-1)x_n$ und mit der Festsetzung $c = a + 1$ dann $x_{n+1} = ax_n^2 + ax_n = ax_n(1 + x_n)$ und im speziellen Fall $c = 1$ dann $x_{n+1} = ax_n^2$ mit der expliziten Darstellung $x_n = a^{2^n-1} \cdot x_0^{2^n}$, jeweils für alle $n \in \mathbb{N}_0$. Das heißt, die Annahme linear zunehmender relativer Wachstumsänderungen liefert eine Wachstums-Funktion N_a mit $N(z) = a^{2^z-1} \cdot x_0^{2^z} = \frac{1}{a} \cdot (ax_0)^{(2^n)}$.

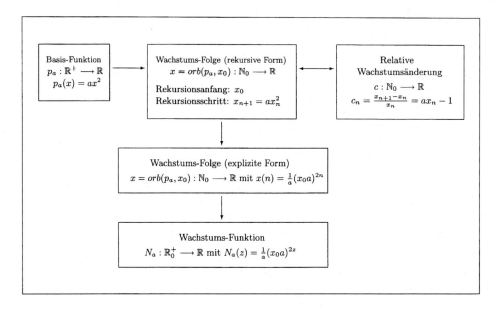

2.012.3 Bemerkungen *(Logistisches Wachstum)*

1. Den folgenden Betrachtungen liegen als Basis-Funktionen zugrunde die sogenannten *Verhulst-Parabeln*
$f_a : [0,1] \longrightarrow [0,1]$ mit Zuordnungsvorschriften der Form $f_a(x) = ax(1-x)$ mit $a \in (0,4]$.

2. Durch die verschiedenen Wachstumsfaktoren a wird damit also eine Familie $(f_a)_{a \in (0,4]}$ von Funktionen $f_a : [0,1] \longrightarrow \mathbb{R}$ erzeugt, wobei $Bild(f_a) = [0, \frac{1}{4}a]$ gilt. Insbesondere gilt $Bild(f_a) = [0,1]$ genau dann, wenn $a = 4$ gilt. Die Voraussetzung, die Wachstumsfaktoren a aus dem Bereich $(0,4]$ zu wählen, liefert also Funktionen $f_a : [0,1] \longrightarrow [0, \frac{1}{4}a] \subset [0,1]$, womit zugleich $Bild(f_a) \subset [0,1]$ geklärt ist.

3. Form und Lage der Funktion f_a sind klar: Zunächst besitzt die nach unten geöffnete Parabel f_a die beiden Nullstellen 0 und 1, ferner hat ihr Scheitelpunkt die Lage $(\frac{1}{2}, f_a(\frac{1}{2})) = (\frac{1}{2}, \frac{1}{4}a)$, wobei dieser Punkt zugleich das Maximum der Funktion f_a ist.

4. Die von Verhulst stammende Konstruktion dieses Funktionstyps basiert etwa auf folgender Idee – illustriert am Beispiel von Wachstumsprozessen, wie sie bei Populationen in begrenzten Lebensräumen (begrenzten Ressourcen) beobachtet werden können:

Während der (ein Wachstum) steuernde Faktor a (als konstantes Datum der Funktion f_a) ganz allgemein die biologischen Eigenarten (um im obigen Bilde zu bleiben) der jeweils betrachteten Population widerspiegelt (etwa die Fortpflanzungsgeschwindigkeit), zeigt das Produkt $x(1-x)$ zwei gewissermaßen konkurrierende Faktoren, die die Lebensraum-Situation repräsentieren: Einem *Impulsfaktor* x steht ein *Bremsfaktor* $1-x$ gegenüber, nimmt x zu, so nimmt $1-x$ ab und umgekehrt.

5. Den von f_a und einer Startzahl $x_0 \in D(f_a) = [0,1]$ erzeugten Orbit $x = orb(f_a, x_0) : \mathbb{N}_0 \longrightarrow [0,1]$ nennt man die Folge des sogenannten *Logistischen Wachstums*, die zu einem konstanten *Wachstumsfaktor* $a \in (0,4]$ rekursiv definiert ist durch den

   Rekursionsanfang RA) x_0 beliebig aus dem Intervall $(0,1)$ gewählt (Startzahl) und den
   Rekursionsschritt RS) $x_{n+1} = ax_n(1-x_n)$, für alle $n \in \mathbb{N}_0$, mit $a \in (0,4]$.

Diese Folge beschreibt am vorliegenden Beispiel einen allgemeinen Prozeß der *Steuerung dynamischer Systeme* (*Logistik* als (Lehre von der) Steuerung von Prozessen), im Sinne des eingangs genannten Wachstums von Volumina in Abhängigkeit von einzelnen Zeitpunkten, die hier als Indices der Folgenglieder auftreten.

6. Anders als bei den Beispielen 2.010.5 gestaltet sich eine explizite Darstellung der Folge $x = orb(f_a, x_0)$ besonders schwierig, wie man schon am Beispiel der Berechnung
$$x_2 = f_a(x_1) = f_a(f_a(x_0)) = f_a(ax_0(1-x_0)) = a(ax_0(1-x_0))(1-ax_0(1-x_0))$$
sehen kann, man wird also zur Berechnung der einzelnen Folgenglieder ein geeignetes Computerprogramm verwenden *müssen*, zumal man das Verhalten dieser Folgen in Abhängigkeit der Parameter a und x_0 gelegentlich erst bei großen Indices n studieren/erkennen kann.

7. Hinsichtlich Bemerkung 2.012.1 liegen folgende Sachverhalte vor:

a) Basis-Funktionen $f_a = a \cdot id(1-id) : [0,1] \longrightarrow [0,1]$ mit $a > 0$ liefern Orbit-Folgen $x : \mathbb{N}_0 \longrightarrow [0,1]$ mit linear abnehmenden relativen Wachstumsänderungen und mit linear abnehmenden Wachstumsraten
$$c_n = \frac{x_{n+1} - x_n}{x_n} = \frac{ax_n(1-x_n) - x_n}{x_n} = a(1-x_n) - 1 = -ax_n + (a-1),$$
$$r_n = \frac{x_{n+1}}{x_n} = \frac{ax_n(1-x_n)}{x_n} = a(1-x_n) = -ax_n + a,$$
wie insbesondere der darin enthaltene Bremsfaktor $1-x_n$ zeigt.

b) Werden umgekehrt linear abnehmende relative Wachstumsänderungen $c_n = \frac{x_{n+1}-x_n}{x_n} = -ax_n + c$, für alle $n \in \mathbb{N}_0$, angenommen, so liefert diese Beziehung die rekursive Darstellung $x_{n+1} = -ax_n^2 + cx_n - x_n = -ax_n^2 + (c-1)x_n$ und mit der Festsetzung $c = a+1$ dann $x_{n+1} = -ax_n^2 + ax_n = ax_n(1-x_n)$.

8. Zu weiteren Überlegungen betrachte man die Verhulst-Parabeln $f_a : [0,1] \longrightarrow \mathbb{R}$ mit der Vorschrift $f_a(x) = ax(1-x) = ax - ax^2$ in der Schreibweise von Funktionen, also $f_a = g_a - p_a = a \cdot id - a \cdot id^2$, mit den schon in Bemerkung 2.012.1 untersuchten Funktionen g_a und p_a. Wie die beiden folgenden Skizzen zeigen, beschreibt die Differenz $ax_n - ax_n^2$ bei der Folge x oder die Differenz $ax - ax^2$ bei der Funktion f_a den Abstand, den die beiden Funktionen g_a (als Gerade) und p_a (als Parabel) zu einem Element x_n bzw. x jeweils haben. Die Funktion $f_a = g_a - p_a$ ist also gerade die Funktion, deren Funktionswerte diese Abstände sind.

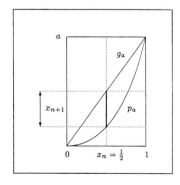
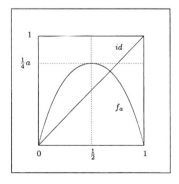

10. Weiterhin liefert diese Darstellung ein geometrisches Verfahren zur Konstruktion der Folge x aus den Ausgangsdaten a und x_0 (also den Steuerungsdaten zu x), das die folgende Skizze (als Ausschnitt der oben rechts stehenden Skizze) andeutet:

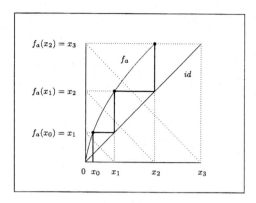

Es bleibt nun zu untersuchen, wie sich solche Folgen x logistischen Wachstums mit zunehmenden Indices verhalten, wobei schon vorweg gesagt sei, daß dabei mit einigen Überraschungen zu rechnen ist. Neben ersten Beispielen in folgenden Aufgaben werden diese Phänomene in Abschnitt 2.048 näher untersucht.

A2.012.01: Im folgenden werden zu den Verhulst-Funktionen f_a jeweils Paare (x_0, a) von Startzahlen x_0 und Wachstumsfaktoren a betrachtet. Zu untersuchen sind die zugehörigen Orbits $x = orb(f_a, x_0)$:

1. Zeigen Sie: Die Paare $(\frac{1}{2}, 2)$ und $(\frac{1}{3}, 3)$ liefern jeweils konstante Folgen $x : \mathbb{N} \longrightarrow [0, 1]$.
2. Verallgemeinern und kommentieren Sie den in Teil 1 genannten Sachverhalt.
3. Zeigen Sie: Die Paare $(\frac{1}{4}, \frac{1}{2})$ und $(\frac{3}{4}, \frac{1}{2})$ liefern dieselbe Folge $x : \mathbb{N} \longrightarrow [0, 1]$.
4. Liefern die Paare $(\frac{1}{4}, a)$ und $(\frac{3}{4}, a)$ für beliebiges $a \in (0, 4]$ dieselbe Folge $x : \mathbb{N} \longrightarrow [0, 1]$?
5. Liefern die Paare $(\frac{1}{5}, \frac{1}{2})$ und $(\frac{4}{5}, \frac{1}{2})$ dieselbe Folge $x : \mathbb{N} \longrightarrow [0, 1]$?
6. Verallgemeinern und kommentieren Sie die in den Teilen 3 bis 5 genannten/erfragten Sachverhalte.
7. Gibt es ein Paar (x_0, a), das die Null-Folge erzeugt?

A2.012.02: Welche Orbit-Folgen $x = orb(f_a, x_0) : \mathbb{N}_0 \longrightarrow [0, 1]$ liefern – in Erweiterung des Intervalls $(0, 1)$ in Bemerkung 2.012.2/5 – die Startzahlen $x_0 = 0$ und $x_0 = 1$?

A2.012.03: In Erweiterung der in Bemerkung 2.012/1 definierten Verhulst-Funktionen seien nun Basis-Funktionen $f_a : \mathbb{R} \longrightarrow \mathbb{R}$ mit gleicher Zuordnungsvorschrift $f_a(x) = ax(1-x)$ betrachtet. Ermitteln Sie anhand jeweils etwa der ersten sechs Folgenglieder einen Überblick über die von den folgenden Paaren (x_0, a) erzeugten Orbit-Folgen $x = orb(f_a, x_0) : \mathbb{N}_0 \longrightarrow \mathbb{R}$:

$$(\tfrac{1}{4}, 5), \quad (\tfrac{1}{2}, 5), \quad (-1, -1), \quad (-1, 5), \quad (5, -1), \quad (5, 5).$$

A2.012.04: Bestätigen Sie die Angabe zur expliziten Darstellung der Wachstums-Folge in Beispiel 2.012.2/1a und ermitteln Sie eine analoge Darstellung zu Beispiel 2.012.2/2a.

A2.012.05: Betrachten Sie noch einmal die Skizze in Bemerkung 2.012.1.
1. Wie kann man die rekursive Darstellung einer Wachstums-Folge $x : \mathbb{N}_0 \longrightarrow \mathbb{R}$ aus der Kenntnis einer vorgegebenen Folge $c : \mathbb{N}_0 \longrightarrow \mathbb{R}$ zugehöriger Wachstumsänderungen gewissermaßen zurückgewinnen?
2. Führen Sie das in Teil 1 zu nennende Verfahren jeweils für die drei Folgen $c : \mathbb{N}_0 \longrightarrow \mathbb{R}$ mit $c_n = a - 1$ sowie $c_n = ax_n - 1$ und $c_n = -ax_n + (a-1)$, jeweils für alle $n \in \mathbb{N}_0$, aus.

2.014 Rekursiv definierte Funktionen $\mathbb{N} \times \mathbb{N} \longrightarrow M$

> Die feinste Satire ist unstreitig die, deren Spott mit so weniger Bosheit und so vieler Überzeugung verbunden ist, daß er selbst diejenigen zum Lächeln nötigt, die er trifft.
> *Georg Christoph Lichtenberg* (1742 - 1799)

Konvention: Im folgenden bezeichne $\mathbb{N}$ stets die Menge der Natürlichen Zahlen *inclusive* Null.

In diesem Abschnitt sollen rekursive Darstellungen der in Bemerkung 2.008.1 betrachteten Funktionen der Form $A : \mathbb{N} \times \mathbb{N} \longrightarrow M$ über einer Menge M oder – wie man auch sagt – $(\mathbb{N}, \mathbb{N})$-*Matrizen* mit *Komponenten* aus einem Wertebereich (Komponentenbereich) M untersucht werden. Daneben wird in Bemerkung 2.014.3 ansatzweise gezeigt, wie die in Beispiel 2.014.1 behandelten Funktionen in der sogenannten *Rekursionstheorie* dargestellt werden.

2.014.1 Beispiel

1. Die in den Abschnitten 1.803 und 1.812 genannten Definitionen für die inneren Kompositionen Addition, Multiplikation und Potenzierung natürlicher Zahlen einschließlich Null lassen sich als Funktionen oder auch Matrizen $\mathbb{N} \times \mathbb{N} \longrightarrow \mathbb{N}$ auffassen, die für alle $m, n \in \mathbb{N}$ folgendermaßen definiert sind:

a) Die Addition $add : \mathbb{N} \times \mathbb{N} \longrightarrow \mathbb{N}$ natürlicher Zahlen ist rekursiv definiert durch den Rekursionsanfang $add(m, 0) = m$ und den Rekursionsschritt $add(m, n) = add(1, add(m, n - 1))$,

b) Die Multiplikation $mul : \mathbb{N} \times \mathbb{N} \longrightarrow \mathbb{N}$ natürlicher Zahlen ist rekursiv definiert durch den Rekursionsanfang $mul(m, 0) = 0$ und den Rekursionsschritt $mul(m, n) = add(m, mul(m, n - 1))$,

c) Die Potenzierung $pot : \mathbb{N} \times \mathbb{N} \longrightarrow \mathbb{N}$ natürlicher Zahlen ist rekursiv definiert durch den Rekursionsanfang $pot(m, 0) = 1$ und den Rekursionsschritt $pot(m, n) = mul(m, pot(m, n - 1))$.

2. Setzt man die in 1. genannte Kette von Operationen sinnvoll fort, so läßt sich beispielsweise eine Matrix $A : \mathbb{N} \times \mathbb{N} \longrightarrow \mathbb{N}$ folgendermaßen rekursiv definieren:

$$A(0, n) = 1, \qquad \text{für alle } n \in \mathbb{N}$$
$$A(m, 0) = A(m - 1, 1), \qquad \text{für alle } m \in \mathbb{N} \setminus \{0\}$$
$$A(m, n) = pot(m, A(m, n - 1)), \qquad \text{für alle } m, n \in \mathbb{N} \setminus \{0\}$$

3. Wie eine andeutungsweise Darstellung von A entsprechend der Tafel in Bemerkung 2.008.1 zeigt, lassen sich die Zeilen Z_i und die Spalten S_k von A selbst ebenfalls nur rekursiv darstellen (abgesehen von Z_0 und Z_1). Beispielsweise hat die Zeile $Z_2 : \mathbb{N} \longrightarrow \mathbb{N} \setminus \{0\}$ das Aussehen

$$2^0 = 1, \quad 2^1 = 2, \quad 2^2 = 4, \quad 2^{2^2} = 16, \quad 2^{2^{2^2}} = 2^{16} = 65536, \quad ....$$

und kann rekursiv dargestellt werden durch den Rekursionsanfang $Z_2(0) = 1$ und den Rekursionsschritt $Z_2(n) = 2^{Z_2(n-1)}$.

2.014.2 Bemerkung

Die nach *Wilhelm Ackermann* (1896 - 1926) benannte Ackermann-Funktion $ack : \mathbb{N} \times \mathbb{N} \longrightarrow \mathbb{N}$ ist die durch

$$ack(0, n) = 1 + n, \qquad \text{für alle } n \in \mathbb{N}$$
$$ack(m, 0) = ack(m - 1, 1), \qquad \text{für alle } m \in \mathbb{N} \setminus \{0\}$$
$$ack(m, n) = ack(m - 1, ack(m, n - 1)), \qquad \text{für alle } m, n \in \mathbb{N} \setminus \{0\}$$

rekursiv definierte $\mathbb{N}$-Matrix vom Typ $(\mathbb{N}, \mathbb{N})$. Mit dieser Funktion hat *Ackermann* übrigens gezeigt, daß es berechenbare Funktionen gibt, die jedoch nicht – wie zunächst vermutet wurde – primitiv rekursiv erzeugt sind (siehe dazu Bemerkung 2.014.3). Zu dieser Funktion ack lassen sich folgende Komponenten angeben (die offensichtlich sehr schnell anwachsen, weswegen diese Funktion häufig als Computer-Programm mit dem Ziel eingesetzt wird, Rechenkapazität und Rechengeschwindigkeit zu testen):

	S_0	S_1	S_2	S_3	S_4	S_5	.....
Z_0	1	2	3	4	5	6	.....
Z_1	2	3	4	5	6	7	.....
Z_2	3	5	7	9	11	13	.....
Z_3	5	13	29	61	125	253	.....
Z_4	13	65533	.....	.....	.....	.....	.....
Z_5	65533	.....	.....	.....	.....	.....	.....
...	.....	.....	.....	.....	.....	.....	

Versucht man nun, die Zeilen Z_i von ack selbst als Folgen $Z_i : \mathbb{N} \longrightarrow \mathbb{N}$ darzustellen, so lassen sich folgende Teilergebnisse finden: Die ersten vier Zeilen lassen sich sowohl rekursiv als auch explizit darstellen:

Zeile:	rekursiv:	explizit:
$Z_0 : \mathbb{N} \longrightarrow \mathbb{N}$	$ack(0,0) = 1$ $ack(0,n) = ack(0, n-1) + 1$	$ack(0,n) = 1 + n$
$Z_1 : \mathbb{N} \longrightarrow \mathbb{N}$	$ack(1,0) = 2$ $ack(1,n) = ack(1, n-1) + 1$	$ack(0,n) = 2 + n$
$Z_2 : \mathbb{N} \longrightarrow \mathbb{N}$	$ack(2,0) = 3$ $ack(2,n) = ack(2, n-1) + 2$	$ack(0,n) = 3 + 2n$
$Z_3 : \mathbb{N} \longrightarrow \mathbb{N}$	$ack(3,0) = 5$ $ack(3,n) = ack(3, n-1) + 2^{n+2}$	$ack(0,n) = 1 + \sum_{2 \leq k \leq n+2} 2^k = -3 + 2^{n+3}$

Für die fünfte Zeile $Z_4 : \mathbb{N} \longrightarrow \mathbb{N}$ konnte keine explizite, jedoch die folgende rekursive Darstellung gefunden werden: $ack(4,0) = 13$ und $ack(4,n) = -3 + Z_2(n+3)$, wobei Z_2 die in Beispiel 2.014.1/3 angegebene zweite Zeile $Z_2 : \mathbb{N} \longrightarrow \mathbb{N}$ ist. (Das schnelle Anwachsen der Funktion ack nennen auch Literaturangaben: So soll $Z_4(2) = ack(4,2)$ eine Zahl mit 9754 Dezimalstellen, nach anderen Angaben eine Zahl mit mehr als 19000 Dezimalstellen sein.)

2.014.3 Bemerkung

Die folgenden Betrachtungen geben auf der Basis von Beispiel 2.014.1 einen ersten Einblick in die sogenannte *Rekursionstheorie* als der *Theorie der rekursiv definierten Funktionen*. Dieser Einblick soll lediglich zeigen, wie dort die Grundlagen der algebraischen Strukturen auf $\mathbb{N}$ formuliert werden. Im folgenden bezeichne $\mathbb{N}$ weiterhin die Menge der natürlichen Zahlen inclusive der Zahl Null.

1. Es seien $h_1 : \mathbb{N} \longrightarrow \mathbb{N}$ und $h_3 : \mathbb{N}^3 \longrightarrow \mathbb{N}$ beliebige Funktionen. Eine Funktion $f : \mathbb{N}^2 \longrightarrow \mathbb{N}$ heißt durch das Paar (h_1, h_3) *primitiv rekursiv erzeugt*, man schreibt dann auch $f = prek(h_1, h_3)$, falls gilt:
   RA) $f(x, 0) = h_1(x)$ und
   RS) $f(x, F(z)) = h_3(x, z, f(x, z))$,
       wobei $F : \mathbb{N} \longrightarrow \mathbb{N}$ die in Bemerkung 1.811.2/3 genannte Nachfolger-Funktion bezeichne.

2. Wesentlich für die Theorie der primitiv rekursiv erzeugten Funktionen ist die Eindeutigkeit der so erzeugten Funktionen. Das sagt der *Satz von Dedekind* (benannt nach *Richard Dedekind* (1831 - 1916)): Zu jedem Paar (h_1, h_3) von Funktionen $h_1 : \mathbb{N} \longrightarrow \mathbb{N}$ und $h_3 : \mathbb{N}^3 \longrightarrow \mathbb{N}$ gibt es genau eine Funktion $f : \mathbb{N}^2 \longrightarrow \mathbb{N}$ mit $f = prek(h_1, h_3)$.

3. Im folgenden wird gezeigt, daß die grundlegenden algebraischen Strukturen auf $\mathbb{N}$, wie sie zum Teil in Beispiel 2.014.1 angegeben sind, sich in der Form primitiv rekursiv erzeugter Funktionen darstellen lassen. Dabei werden die Nullfunktionen $null_k : \mathbb{N}^k \longrightarrow \mathbb{N}$ mit $null_k(x) = 0$, insbesondere mit $null_1 = null$, sowie die Projektionen $pr_i : \mathbb{N}^k \longrightarrow \mathbb{N}$ und $pr_{ij} : \mathbb{N}^k \longrightarrow \mathbb{N}^2$ mit $k \geq 2$ mit den Zuordnungen $pr_i(x) = x_i$ und $pr_{ij}(x) = (x_i, x_j)$, für alle $x = (x_1, ..., x_k) \in \mathbb{N}^k$, verwendet:

Addition	$add : \mathbb{N}^2 \longrightarrow \mathbb{N}$	$add = prek(id_\mathbb{N}, F \circ pr_3)$
Multiplikation	$mul : \mathbb{N}^2 \longrightarrow \mathbb{N}$	$mul = prek(null, add \circ pr_{13})$
Potenzierung	$pot : \mathbb{N}^2 \longrightarrow \mathbb{N}$	$pot = prek(F \circ null, mul \circ pr_{13})$
Hyper-Potenzierung	$hyp : \mathbb{N}^2 \longrightarrow \mathbb{N}$	$hyp = prek(F \circ null, pot \circ pr_{13})$

4. Nachweise der Primitiven Rekursivität und übliche Schreibweisen im einzelnen:

RA) $\quad add(x, 0) = id_\mathbb{N}(x) = x$ $\hfill x + 0 = x,$

RS) $\quad add(x, F(z)) = (F \circ pr_3)(x, z, add(x, z)) = F(add(x, z))$ $\hfill x + (z + 1) = (x + 1) + z,$

RA) $\quad mul(x, 0) = null(x) = 0$ $\hfill x \cdot 0 = 0,$

RS) $\quad mul(x, F(z)) = (add \circ pr_{13})(x, z, mul(x, z)) = add(x, mul(x, z))$ $\hfill x \cdot (z + 1) = xz + x,$

RA) $\quad pot(x, 0) = (F \circ null)(x) = F(0) = 1$ $\hfill x^0 = 1,$

RS) $\quad pot(x, F(z)) = (mul \circ pr_{13})(x, z, pot(x, z)) = mul(x, pot(x, z))$ $\hfill x^{z+1} = x \cdot x^z,$

RA) $\quad hyp(x, 0) = (F \circ null)(x) = F(0) = 1$ $\hfill x^0 = 1$

RS) $\quad hyp(x, F(z)) = (pot \circ pr_{13})(x, z, hyp(x, z)) = pot(x, hyp(x, z))$ $\hfill hyp(x, z + 1) = x^{hyp(x,z)}.$

A2.014.01: Betrachten Sie die in Beispiel 2.014.1/2 genannte Matrix $A : \mathbb{N} \times \mathbb{N} \longrightarrow \mathbb{N}$, definiert durch:
$A(0, n) = 1,$ für alle $n \in \mathbb{N}$
$A(m, 0) = A(m - 1, 1),$ für alle $m \in \mathbb{N} \setminus \{0\}$
$A(m, n) = pot(m, A(m, n - 1)),$ für alle $m, n \in \mathbb{N} \setminus \{0\}$

und geben Sie – soweit möglich – einige Komponenten in der rechteckigen Form der Matrix (siehe Bemerkung 2.008.1) an. Ermitteln Sie dann eine rekursive Darstellung der Zeilen Z_i mit $i \in \mathbb{N}$ und $i > 1$ der Matrix A.

A2.014.02: Berechnen Sie die Zahlen $hyp(1, 1)$, $hyp(2, 1)$ und $hyp(x, 1)$, für alle $x \in \mathbb{N}$.

A2.014.03: Berechnen Sie die Zahlen $hyp(2, 0)$, $hyp(2,1)$, $hyp(2, 2)$, $hyp(2, 3)$, $hyp(2, 4)$ und geben Sie zusätzlich $hyp(2, x)$, für alle $x \in \mathbb{N}$, an.

A2.014.04: Zeigen Sie unter Verwendung der Funktion $null : \mathbb{N} \longrightarrow \mathbb{N}$ mit $null(x) = 0$, daß die Funktion $null_2 : \mathbb{N}^2 \longrightarrow \mathbb{N}$ mit $null_2(x) = 0$ primitiv rekursiv erzeugbar ist.

2.016   Die Spezielle Fibonacci-Folge $\mathbb{N} \longrightarrow \mathbb{R}$

> Wenn dir jemand Ästhetizismus und Formalismus zuruft, betrachte ihn mit Interesse: es ist der Höhlenmensch, aus ihm spricht der Schönheitssinn seiner Keulen und Schürze.
> *Gottfried Benn* (1886 -1956)

Die allmähliche Verbreitung der indischen Mathematik im mittelalterlichen Europa (über Arabien, Nordafrika und mit den Mauren in Südspanien) hatte insbesondere auch zur Folge, daß die bis dahin verwendeten römischen Zahlzeichen durch die arabischen Zahlziffern verdrängt wurden. Daß dieser scheinbar formale Unterschied das Rechnen mit Zahlen sehr vereinfacht, liegt auf der Hand und war sicherlich auch ein Grund für eine genauere, vielfältigere und auch auf allgemeinere Sachverhalte zielende Betrachtung im Umgang mit Zahlen (über die Verwendung im Handels- und Finanzwesen der Zeit hinaus).

Eine der ersten Zusammenfassungen der algebraischen Kenntnisse im mittelalterlichen Europa ist das *liber Abaci* (Buch von Abacus), das 1202 von *Leonardo von Pisa* (ca.1180 - ca. 1250), genannt *Fibonacci* (Sohn des *Bonacci*), veröffentlicht wurde. Die nach ihm benannten Zahlen, als Folge 1, 1, 2, 3, 5, 8, 13, 21, 34, 55, ..., sind insofern ein typisches Beispiel für die zahlentheoretischen Untersuchungen der damaligen Zeit, als sie einerseits auf Beobachtungen in der Natur (siehe Bemerkungen 2.016.2), andererseits in dem Wunsch beruhen, Deutungen natürlicher oder auch religiöser Phänomene durch Zahlen, Zahlenreihen und Zahlverhältnisse zu beschreiben (Zahlenmystik).

2.016.1   Definition

Die rekursiv durch den (zweifachen) Rekursionsanfang $x(1) = 1$ und $x(2) = 1$ sowie den Rekursionsschritt $x(n+2) = x(n+1) + x(n)$ definierte Folge $x : \mathbb{N} \longrightarrow \mathbb{N}$ heißt *Spezielle Fibonacci-Folge*.

2.016.2   Bemerkungen

1. Die Spezielle Fibonacci-Folge hat die ersten 15 Folgenglieder:

x_1	x_2	x_3	x_4	x_5	x_6	x_7	x_8	x_9	x_{10}	x_{11}	x_{12}	x_{13}	x_{14}	x_{15}
1	1	2	3	5	8	13	21	34	55	89	144	233	377	610

2. Ein Beispiel für das Auftreten der Speziellen Fibonacci-Folge in der Natur: Eine Drohne ist eine männliche Biene und entsteht aus einem unbefruchteten Ei, sie hat also eine Mutter. Hingegen entstehen weibliche Bienen (je nach Ernährung eine Königin oder eine sogenannte Arbeitsbiene) aus befruchteten Eiern, sie hatten also Mutter und Vater. Der Stammbaum einer Drohne hat somit folgendes Aussehen (zeitlich umgekehrt skizziert mit weiblichen Bienen B und Drohnen D):

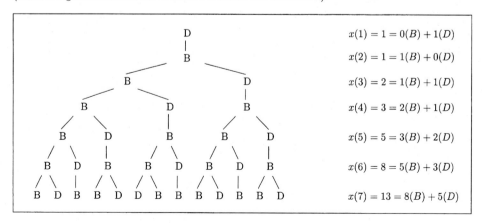

3. Nun noch eine volkstümliche Version der Speziellen Fibonacci-Folge: Zwei Monate nach der Geburt beginnt ein Kaninchenpaar mit der Fortpflanzung und erzeugt von da an monatlich ein weiteres Kaninchenpaar. Pflanzen sich diese Nachkommen in derselben Weise fort, so kann die in jedem Monat vorhandene Anzahl von Kaninchenpaaren wie folgt gezählt werden:

Zu einer Monatszahl n bezeichne $x(n)$ die Anzahl aller in diesem Monat existierenden Paare. Dann ist $x(1) = 1$ und ebenfalls $x(2) = 1$, jedoch $x(3) = 1 + 1 = 2$, da ein weiteres Paar geboren wurde. Im nächsten Monat erzeugt nur das ältere Paar ein weiteres Paar, also ist $x(4) = 2 + 1 = 3$. Im fünften Monat haben jedoch die beiden jüngeren Paare je ein weiteres Paar geboren, so daß nun $x(5) = 3 + 2$ Paare vorhanden sind. Die ersten zehn Anzahlen von Paaren sind also 1, 1, 2, 3, 5, 8, 13, 21, 34, 55, sofern kein Kaninchenpaar gestorben ist.

4. Eine weitere Illustration: Ein Ast eines Baumes erzeuge jährlich neue Triebe. Jeder neue Trieb wird im ersten und im zweiten Jahr von allen Seitentrieben befreit, hingegen wird allen älteren Trieben jeweils genau ein Seitentrieb belassen. Zählt man die Gesamtanzahl der Triebe in jedem Jahr, so entstehen gerade die Folgenglieder $x(n)$ der Speziellen Fibonacci-Folge für jedes n-te Jahr.

Es wurde schon in Abschnitt 2.010 darauf aufmerksam gemacht, daß jede Folge mit rekursiver Darstellung auch eine explizite Darstellung besitzt, es aber nicht immer ganz einfach ist, die eine Darstellung aus der jeweils anderen zu gewinnen. Im Fall der Speziellen Fibonacci-Folge hat es ziemlich lange gedauert, bis *Daniel Bernoulli* (1700 - 1782) eine explizite Darstellung dieser Folge angeben konnte:

2.016.3 Satz

Die Spezielle Fibonacci-Folge $x : \mathbb{N} \longrightarrow \mathbb{N}$ hat die explizite Darstellung
$$x(n) = \tfrac{1}{\sqrt{5}}((\tfrac{1}{2}(1+\sqrt{5}))^n - (\tfrac{1}{2}(1-\sqrt{5}))^n) \quad \text{oder} \quad x(n) = \tfrac{1}{2^n \sqrt{5}}((1+\sqrt{5})^n - (1-\sqrt{5})^n).$$

Beweis:

1. Zunächst sind die beiden angegebenen Darstellungen von $x(n)$ gleich, denn es gilt
$\tfrac{1}{2^n \sqrt{5}}((1+\sqrt{5})^n - (1-\sqrt{5})^n) = \tfrac{1}{\sqrt{5}}((\tfrac{1}{2})^n(1+\sqrt{5})^n - (\tfrac{1}{2})^n(1-\sqrt{5})^n)$.

2. Es wird nun gezeigt, daß für die zweite explizite Darstellung von x die Beziehungen der rekursiven Darstellung in Definition 2.016.1, also $x(1) = x(2) = 1$ und $x(n+1) = x(n) + x(n-1)$, gelten:

a) Es gilt $x(1) = x(2) = 1$, denn diese beiden ersten Folgenglieder sind mit der zweiten Version von $x(n)$:
$x(1) = \tfrac{1}{2\sqrt{5}}((1+\sqrt{5}) - (1-\sqrt{5})) = \tfrac{2\sqrt{5}}{2\sqrt{5}} = 1$ und
$x(2) = \tfrac{1}{2^2\sqrt{5}}((1+\sqrt{5})^2 - (1-\sqrt{5})^2) = \tfrac{1}{4\sqrt{5}}(1 + 2\sqrt{5} + 5 - 1 + 2\sqrt{5} - 5) = \tfrac{4\sqrt{5}}{4\sqrt{5}} = 1$.

b) Es ist $x(n) + x(n-1) = \tfrac{1}{2^n\sqrt{5}}((1+\sqrt{5})^n - (1-\sqrt{5})^n) + \tfrac{1}{2^{n-1}\sqrt{5}}((1+\sqrt{5})^{n-1} - (1-\sqrt{5})^{n-1})$
$= \tfrac{1}{2^n\sqrt{5}}((1+\sqrt{5})^{n-1}(1+\sqrt{5}) - (1-\sqrt{5})^{n-1}(1-\sqrt{5}) + 2(1+\sqrt{5})^{n-1} - 2(1-\sqrt{5})^{n-1})$
$= \tfrac{1}{2^n\sqrt{5}}((1+\sqrt{5})^{n-1}(3+\sqrt{5}) - (1-\sqrt{5})^{n-1}(3-\sqrt{5}))$
$= \tfrac{1}{2\cdot 2^n\sqrt{5}}((1+\sqrt{5})^{n-1}2(3+\sqrt{5}) - (1-\sqrt{5})^{n-1}2(3-\sqrt{5}))$
$= \tfrac{1}{2^{n+1}\sqrt{5}}((1+\sqrt{5})^{n-1}(1+\sqrt{5})^2 - (1-\sqrt{5})^{n-1}(1-\sqrt{5})^2)$
$= \tfrac{1}{2^{n+1}\sqrt{5}}((1+\sqrt{5})^{n+1} - (1-\sqrt{5})^{n+1}) = x(n+1)$.

2.016.4 Lemma

Für die Spezielle Fibonacci-Folge $x : \mathbb{N} \longrightarrow \mathbb{N}$ gelten unter Verwendung der rekursiven Darstellung die folgenden Formeln:

1. $\sum\limits_{1 \leq i \leq n} x_i = x_{n+2} - 1$, für alle $n \in \mathbb{N}$,

2. $x_{n+1}^2 - x_{n+1}x_n - x_n^2 = (-1)^n$, für alle $n \in \mathbb{N}$,

3. $x_n^2 - x_{n-1}x_{n+1} = (-1)^{n+1}$, für alle $n \in \mathbb{N}, n > 1$.

Beweis:

1. $x_{i+2} = x_{i+1} + x_i$ bedeutet $x_i = x_{i+2} - x_{i+1}$, womit dann folgt: $\sum\limits_{1 \leq i \leq n} x_i = \sum\limits_{1 \leq i \leq n}(x_{i+2} - x_{i+1})$
$= \sum\limits_{3 \leq k \leq n+2} x_k - \sum\limits_{2 \leq k \leq n+1} x_k = x_{n+2} - x_2 + \sum\limits_{2 \leq k \leq n+1} x_k - \sum\limits_{2 \leq k \leq n+1} x_k = x_{n+2} - x_2 = x_{n+2} - 1$.

2. Nach dem Induktionsprinzip für Natürliche Zahlen (siehe etwa Abschnitt 1.811) gilt:

IA) Für $n = 1$ gilt $x_2^2 - x_2 x_1 - x_1^2 = -1 = (-1)^1$.

IS) Gilt die Behauptung für n, so gilt sie auch für $n+1$, denn es ist $x_{n+2}^2 - x_{n+2} x_{n+1} - x_{n+1}^2 = (x_{n+1} + x_n)^2 - (x_{n+1} + x_n)x_{n+1} - x_{n+1}^2 = x_{n+2}^2 + 2x_n x_{n+1} + x_n^2 - x_{n+1}^2 - x_n x_{n+1} - x_{n+1}^2 = -x_{n+1}^2 + x_n x_{n+1} + x_n^2 = (-1)(x_{n+1}^2 - x_n x_{n+1} - x_n^2) = (-1)(-1)^n = (-1)^{n+1}$.

3. Wieder nach dem Induktionsprinzip für Natürliche Zahlen gilt:

IA) Für $n = 2$ gilt $x_2^2 - x_1 x_3 = 1^2 - 1 \cdot 2 = (-1)^3$.

IS) Gilt die Behauptung für $n > 1$, so gilt sie auch für $n+1$, denn es ist
$x_{n+1}^2 - x_n x_{n+2} = x_{n+1}^2 - x_n(x_{n+1} + x_n) = x_{n+1}^2 + x_n x_{n+1} - x_n^2 = -x_n^2 + x_{n+1}(x_{n+1} - x_n)$
$= -x_n^2 + x_{n+1}(x_{n+1} - x_{n+1} + x_{n-1}) = -x_n^2 + x_{n+1} x_{n-1} = (-1)(x_n^2 - x_{n+1} x_{n-1})$
$= (-1)(-1)^{n+1} = (-1)^{n+2}$.

2.016.5 Bemerkung

Klaus Deppermann, sogenannter technischer Analyst bei einer Bank, hat am 13.07.2005 in der Zeitung DIE WELT für den Aktien-Index Euro-Stoxx-50 anhand folgender Daten die anschließenden vier Berechnungen angestellt:

	07.03.2000	12.03.2003	08.03.2004	16.08.2004	07.03.2005	29.04.2005
	5522,42	1847,62	2965,15	2559,88	3117,77	2911,48
	h_1 (Hoch)	t_1 (Tief)	h_2 (Hoch)	t_2 (Tief)	h_3 (Hoch)	t_3 (Tief)

(1) $(h_1 - t_1) \cdot 0,382 + t_1 = 3251,39$ (3) $(h_3 - t_2) \cdot 0,618 + t_3 = 3256,26$

(2) $(h_2 - t_1) \cdot 0,618 + t_2 = 3250,51$ (4) $(h_3 - t_3) \cdot 1,618 + t_3 = 3245,26$

Des Autors „Fazit: Die seltene Übereinstimmung von vier Berechnungsmethoden bei rund 3251 Punkten spricht für einen wichtigen oberen Wendepunkt des Euro Stoxx 50 in der Nähe dieses Punktestands. Sollte das Niveau wider Erwarten deutlich übertroffen werden (um ein bis zwei Prozent), so wäre das für die weitere Entwicklung europäischer Aktien positiv zu bewerten."

Bleibt noch die Überschrift des Artikels zu nennen: *Die Magie der Fibonacci-Formel*. Wie der Autor nämlich sagt, sind die bei diesen Berechnungen verwendeten Faktoren 0,382 sowie 1,618 und 0,618 Zahlen, die auf folgende Weise aus der *Speziellen Fibonacci-Folge* $(x_n)_{n \in \mathbb{N}}$ gewonnen werden: Für (nicht allzu) hohe Indices n gilt $\frac{x_n}{x_{n+2}} = \frac{x_n}{x_n + x_{n+1}} \approx 0,382$ sowie $\frac{x_{n+1}}{x_n} = \frac{x_{n-1} + x_n}{x_n} = \frac{x_{n-1}}{x_n} + 1 \approx 0,618 + 1 = 1,618$.

Anmerkung: Tatsächlich liefern bei Berechnungen mit 6 Nachkommastellen die Folge $(\frac{x_n}{x_{n+2}})_{n \in \mathbb{N}}$ schon ab $n = 8$ die konstanten Folgenglieder $0,381966$ und die Folge $(\frac{x_{n+1}}{x_n})_{n \in \mathbb{N}}$ schon ab $n = 15$ die konstanten Folgenglieder $1,618034$. In der Sprache von Abschnitt 2.040 bedeutet das: Beide Folgen konvergieren gegen Zahlen, die etwa mit diesen Angaben übereinstimmen (siehe auch Beispiel 2.045.4/3).

2.017 ALLGEMEINE FIBONACCI-FOLGEN $\mathbb{N} \longrightarrow \mathbb{C}$

> Nichts schmerzt so sehr wie fehlgeschlagene Erwartungen, aber gewiß wird ein zum Nachdenken fähiger Geist auch durch nichts so lebhaft wie durch sie erweckt.
> *Benjamin Franklin* (1706 -1790)

Vorweg nur eine Bemerkung mehr syntaktischer Natur: Alle wesentlichen Begriffe und Sachverhalte in diesem Abschnitt werden bezüglich des Körpers $\mathbb{C}$ der komplexen Zahlen formuliert. Der Grund dafür ist, daß häufig quadratische Funktionen betrachtet werden. Bekanntlich haben quadratische Funktionen $\mathbb{R} \longrightarrow \mathbb{R}$ nicht immer Nullstellen (siehe Abschnitt 1.221), hingegen haben aber quadratische Funktionen des Typs $\mathbb{C} \longrightarrow \mathbb{C}$ stets zwei (nicht immer voneinander verschiedene) Nullstellen (siehe Abschnitt 1.886). Für die meisten Anwendungen und Beispiele wird allerdings nur $\mathbb{R}$ benötigt und ohne weiteren Kommentar dann auch verwendet.

2.017.1 Definition

1. Rekursiv definierte Folgen $x : \mathbb{N} \longrightarrow \mathbb{C}$ mit einem Rekursionsanfang $x(1)$ und $x(2)$ sowie einem Rekursionsschritt der Form $x(n+2) = a \cdot x(n+1) + b \cdot x(n)$, $n \in \mathbb{N}$, mit konstanten Zahlen $a, b \in \mathbb{C}$, heißen *Fibonacci-Folgen*.

2. Zu jedem Zahlenpaar $(a, b) \in \mathbb{C} \times \mathbb{C}$ bezeichne $FF(a, b)$ die Menge aller Fibonacci-Folgen mit beliebigem Rekursionsanfang und dem Rekursionsschritt $x(n+2) = a \cdot x(n+1) + b \cdot x(n)$, $n \in \mathbb{N}$.

3. Funktionen $f : \mathbb{C} \longrightarrow \mathbb{C}$ der Form $f = id^2 - a \cdot id - b$ nennt man *Fibonacci-Funktionen*. Die Menge aller Fibonacci-Funktionen $\mathbb{C} \longrightarrow \mathbb{C}$ mit beliebigen Zahlen $a, b \in \mathbb{C}$ sei mit $Fib(\mathbb{C}, \mathbb{C})$ bezeichnet. Dabei ist $Fib(\mathbb{C}, \mathbb{C}) = id^2 - \mathbb{C} \cdot id - \mathbb{C}$.

2.017.2 Bemerkungen

1. Im Hinblick auf Definition 2.010.1 und Bemerkung 2.017.9 werden die oben definierten Fibonacci-Folgen genauer vom *Rekursionsgrad* 2 genannt (sofern der Zusammenhang das erfordert).

2. Zur besseren Übersicht und um den Zusammenhang der anschließenden Überlegungen nicht zu unterbrechen, seien zunächst einige formale Beziehungen zwischen den oben definierten Gegenständen genannt:

a) Man nennt zwei Fibonacci-Folgen x und y *äquivalent* (in Zeichen: $x R y$), wenn ihre Rekursionsschritte mit denselben konstanten Zahlen definiert sind, also $x(n+2) = a \cdot x(n+1) + b \cdot x(n)$ und $y(n+2) = a \cdot y(n+1) + b \cdot y(n)$, aber ihre Rekursionsanfänge verschieden voneinander sein können.

b) Bezeichnet man mit RFF_2 die Menge aller Fibonacci-Folgen vom Rekursionsgrad 2, also mit beliebigen Rekursionsanfängen und beliebigen Zahlen a und b, dann ist die Relation R offenbar eine Äquivalenz-Relation auf RFF_2 mit den Äquivalenzklassen $FF(a, b)$. Nach dem 1. Abbildungssatz (Satz 1.142.1) liegt dann mit der surjektiven Funktion z eine bijektive Funktion $z^* : RFF_2/R \longrightarrow \mathbb{C} \times \mathbb{C}$ vor:

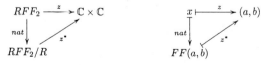

c) Naheliegenderweise ist $\mathbb{C} \times \mathbb{C} \longrightarrow Fib(\mathbb{C}, \mathbb{C}) = id^2 - \mathbb{C} \cdot id - \mathbb{C}$ mit $(a, b) \longmapsto f = id^2 - a \cdot id - b$ eine bijektive Funktion. Mit a) und b) ist dann die Komposition $RFF_2/R \longrightarrow Fib(\mathbb{C}, \mathbb{C})$ mit der Vorschrift $FF(a, b) \longmapsto f = id^2 - a \cdot id - b$ eine bijektive Funktion, die jeder Äquivalenzklasse $FF(a, b)$ die zugehörige Fibonacci-Funktion $f = id^2 - a \cdot id - b$ bijektiv zuordnet.

3. Einige der weiteren Überlegungen lassen sich schon am Beispiel der Menge $FF(1, 1)$ illustrieren: Für Fibonacci-Folgen x aus $FF(1, 1)$, das bedeutet also $a = 1$ und $b = 1$, liefert der Rekursionsanfang

a) $x(1) = 1, x(2) = 1$ die Folge   1   1   2   3   5   8   13   21   34   55   ....
b) $x(1) = 1, x(2) = 2$ die Folge   1   2   3   5   8   13   21   34   55   89   ....
c) $x(1) = 1, x(2) = 0$ die Folge   1   0   1   1   2   3   5   8   13   21   ....
d) $x(1) = 2, x(2) = 1$ die Folge   2   1   3   4   7   11   18   29   47   76   ....
e) $x(1) = 2, x(2) = 2$ die Folge   2   2   4   6   10   16   26   42   68   110   ....
f) $x(1) = 2, x(2) = 0$ die Folge   2   0   2   2   4   6   10   16   26   42   ....

4. Nach Bemerkung 2c) korrespondiert zu der Menge $FF(1,1)$ die Fibonacci-Funktion $f : \mathbb{C} \longrightarrow \mathbb{C}$ mit $f(z) = z^2 - z - 1$. Betrachtet man nun die Beispiele in 3., so wird man fragen, was die – neben dem generellen Zusammenhang von 2c) – mit dieser Funktion zu tun haben. Diese Frage wird durch folgende Beobachtung für die Nullstellen von f geklärt: Ist t eine der beiden Nullstellen der Funktion f, dann lassen sich die Potenzen $t^1, t^2, t^3, \ldots$ von t auf folgende Weise linearisieren. Wegen $t^2 - t - 1 = 0$, also $t^2 = t + 1$, gilt:

a) t^1 $\qquad\qquad\qquad\qquad\qquad\qquad\qquad\qquad = 1t + 0$
b) $t^2 \quad = \quad t + 1 \qquad\qquad\qquad\qquad\qquad\qquad = 1t + 1$
c) $t^3 \quad = \quad t^2 + t \quad = \quad (t+1) + t \qquad\qquad = 2t + 1$
d) $t^4 \quad = \quad t^3 + t^2 \quad = \quad (2t+1) + (1t+1) \quad = 3t + 2$
e) $t^5 \quad = \quad t^4 + t^3 \quad = \quad (3t+2) + (2t+1) \quad = 5t + 3, \ldots$

Betrachtet man dabei die Folge 1, 1, 2, 3, 5, ... der jeweiligen Koeffizienten von t, dann ist diese Folge offenbar gerade die in 3a) genannte Folge x aus $FF(1,1)$ mit dem Rekursionsanfang $x(1) = x(2) = 1$. Fazit: Durch *Linearisierung* der Potenzen einer Nullstelle von f wird die sogenannte *Spezielle Fibonacci-Folge* aus $FF(1,1)$ erzeugt (siehe auch Abschnitt 2.016).

5. Entsprechende Linearisierungen der Potenzen $t^1, t^2, t^3, \ldots$ einer Nullstelle t einer beliebigen Fibonacci-Funktion $f : \mathbb{C} \longrightarrow \mathbb{C}$, definiert durch $f(z) = z^2 - az - b$ (wobei $t^2 - at - b = 0$ gilt),

a) $t^1 \qquad\qquad\qquad\qquad\qquad\qquad\qquad\qquad\qquad = 1t + 0$
b) $t^2 \qquad\qquad\qquad\qquad\qquad\qquad\qquad\qquad\qquad = at + b$
c) $t^3 \quad = \quad at^2 + bt \quad = \quad a(at+b) + bt \qquad\qquad = (a^2+b)t + ab$
d) $t^4 \quad = \quad at^3 + bt^2 \quad = \quad a(a^2+b)t + a^2b + b(at+b)$
$\qquad\qquad\qquad\qquad\quad = \quad (a(a^2+b) + ba)t + aab + bb \quad = (a^3 + 2ab)t + b(a^2+b)$

liefern die Folge $1, a, a^2 + b, a^3 + 2ab, \ldots$ der Koeffizienten von t. Betrachtet man die vorletzte Darstellung von t^4 in d) genauer, so wird man feststellen, daß der Koeffizient von t die Form $ax + bx'$ mit $x = a^2 + b$ und $x' = a$ hat, wobei diese Zahlen gerade die Koeffizienten von t bei t^3 bzw. von t bei t^2 sind, das heißt, $ax + bx'$ läßt sich rekursiv gewinnen.

2.017.3   Satz

Es sei t eine Nullstelle einer Fibonacci-Funktion $f : \mathbb{C} \longrightarrow \mathbb{C}$ (also der Form $f(z) = z^2 - az - b$ mit konstanten Zahlen a und b).
a) Jede Potenz t^n von t mit $n \in \mathbb{N}$ hat eine sogenannte *linearisierte Darstellung* der Form $t^n = x_n t + b x_{n-1}$ mit $x_1 = 1$ und $x_0 = 0$.
b) Die in a) auftretende Folge $x : \mathbb{N} \longrightarrow \mathbb{C}$ ist eine Fibonacci-Folge.

Beweis:
a) Die Konstruktion der Folge x wird induktiv durchgeführt: Betrachtet man $t^1 = t = 1 \cdot t + 0$, so liefern die Festlegungen $x_1 = 1$ und $x_0 = 0$ die Darstellung $t^1 = x_1 t + b x_0$. Hat nun t^n die Darstellung $t^n = x_n t + b x_{n-1}$, so liefert $t^{n+1} = t^n t = x_n t^2 + b x_{n-1} t = x_n (at + b) + b x_{n-1} t = (ax_n + bx_{n-1})t + bx_n$ mit der Festlegung $x_{n+1} = ax_n + bx_{n-1}$ die Darstellung $t^{n-1} = x_{n+1} t + bx_n$.
b) Daß x eine Fibonacci-Folge ist, zeigt der Rekursionsanfang $x_1 = 1$ und $x_2 = a$ (folgt aus $t^2 = at + b = x_2 t + bx_1$) sowie als Rekursionsschritt die in a) getroffene Festlegung $x_{n+2} = ax_{n+1} + bx_n$.

2.017.4   Bemerkung

Man beachte, daß die im obigen Satz erzeugte Fibonacci-Folge x unabhängig von der Nullstelle t ist. Das bedeutet, daß
a) für eine weitere Nullstelle s von f ebenfalls $s^n = x_n s + bx_{n-1}$ mit derselben Folge x gilt,
b) diese Folge x also lediglich von den Daten a und b abhängt,

c) man also von der durch $f : \mathbb{C} \longrightarrow \mathbb{C}$, $f(z) = z^2 - az - b$, erzeugten Fibonacci-Folge $x : \mathbb{N} \longrightarrow \mathbb{C}$ sprechen kann, die stets den Rekursionsanfang $x(1) = 1$ und $x(2) = a$ hat.

Die Bedeutung des folgenden Satzes und seines Beweises liegt in der Verfahrensweise, wie man zu einer rekursiv dargestellten Fibonacci-Folge (mit beliebigem Rekursionsanfang) eine zugehörige explizite Darstellung konstruieren kann. Dazu bezeichne wieder
$$RFF_2 = \{x : \mathbb{N} \longrightarrow \mathbb{C} \mid x(1), x(2) \in \mathbb{C}, x(n+2) = a \cdot x(n+1) + b \cdot x(n), a, b \in \mathbb{C}\}$$
die Menge aller rekursiv dargestellten Fibonacci-Folgen mit Rekursionsgrad 2 gemäß Definition 2.017.1 und Bemerkung 2.017.2/2), ferner
$$EFF_2 = \{x : \mathbb{N} \longrightarrow \mathbb{C} \mid x(n) = u \cdot s^n + v \cdot t^n, u, v, s, t \in \mathbb{C}\}$$
die Menge aller sogenannten Linearkombinationen zu je zwei geometrischen Folgen $(s^n)_{n \in \mathbb{N}}$ und $(t^n)_{n \in \mathbb{N}}$ der $\mathbb{N}$-Potenzen beliebiger Zahlen s und t. Die Darstellung der Folgen in EFF_2 wird nach *Jaques Binet* (1786 - 1856) die *Binet-Darstellung* genannt (obgleich sie schon *Daniel Bernoulli* (1700 - 1782) bekannt war).

2.017.5 Satz

Es gibt eine bijektive Funktion $RFF_2 \longrightarrow EFF_2$.

Beweis:
1. Konstruktion einer Funktion $RFF_2 \longrightarrow EFF_2$ mit $x \longmapsto \overline{x}$: Es sei eine Folge $x \in RFF_2$ mit beliebigem Rekursionsanfang x_1 und x_2 sowie einem Rekursionsschritt $x_{n+2} = ax_{n+1} + bx_n$ vorgelegt.
a) Konstruktion der Zahlen s und t in der Binet-Darstellung: Betrachtet man zu dem Zahlenpaar (a, b) die zugehörige Fibonacci-Funktion $f : \mathbb{C} \longrightarrow \mathbb{C}$, $f(z) = z^2 - az - b$, dann seien die beiden Nullstellen von f als Zahlen s und t $(s \neq t)$ gewählt.
b) Konstruktion der Faktoren u und v in der Binet-Darstellung: Das Zahlenpaar (u, v) wird als Lösung des Gleichungssystems
$$\text{I:} \quad us + vt = x_1 \qquad \qquad \text{II:} \quad us^2 + vt^2 = x_2$$
mit den gegebenen Daten x_1 und x_2 konstruiert: Wegen $x_2 = us^2 + vtt = us^2 + (x_1 - us)t = us(s-t) + tx_1$ ist $u = \frac{x_2 - tx_1}{s(s-t)}$. Entsprechend liefert $x_2 = uss + vt^2 = (x_1 - vt)s + vt^2 = vt(t-s) + sx_1$ dann $v = \frac{x_2 - sx_1}{t(t-s)}$.
c) Mit den in a) und b) zu x konstruierten Daten sei nun die Folge $\overline{x}$ durch $\overline{x}(n) = us^n + vt^n$ $(n \in \mathbb{N})$ definiert, die naheliegenderweise ein Element von EFF_2 ist.
2. Konstruktion einer Funktion $EFF_2 \longrightarrow RFF_2$ mit $x \longmapsto \tilde{x}$: Es sei eine Folge $x \in EFF_2$, also der Form $x(n) = us^n + vt^n$ vorgelegt.
a) Als Rekursionsanfang $\tilde{x}(1)$ und $\tilde{x}(2)$ von $\tilde{x}$ sei $\tilde{x}(1) = x(1)$ und $\tilde{x}(2) = x(2)$ festgelegt.
b) Für alle $n \in \mathbb{N}$ gilt der Rekursionsschritt $x_{n+2} = (s+t)x_{n+1} + (-st)x_n$, denn es ist
$(s+t)x_{n+1} - (st)x_n = sx_{n+1} + tx_{n+1} - stx_n = s(us^{n+1} + vt^{n+1}) + t(us^{n+1} + vt^{n+1}) - st(us^n + vt^n)$
$= us^{n+2} + svt^{n+1} + tus^{n+1} + vt^{n+2} - tus^{n+1} - svt^{n+1} = us^{n+2} + vt^{n+2} = x_{n+2}$.
c) Definiert man zusätzlich zu a) noch $\tilde{x}(n) = x(n)$ für $n > 2$, dann ist $x = \tilde{x} \in RFF_2$ (die durch die Vorschrift $x \longmapsto \tilde{x}$ definierte Funktion ist also die Inklusion).
3. Die Bijektivität der Funktion $RFF_2 \longrightarrow EFF_2$ folgt aus der Gültigkeit der beiden Beziehungen
a) $\tilde{\overline{x}} = x$, denn für $x \in RFF_2$ ist $\tilde{\overline{x_1}} = \overline{x_1} = us + vt = x_1$ und $\tilde{\overline{x_2}} = \overline{x_2} = us^2 + vt^2 = x_2$, ferner ist $\overline{x_{n+2}} = \overline{x_2} = (s+t)x_{n+1} + (-st)x_n = ax_{n+1} + bx_n = x_{n+2}$, denn nach dem Satz von Vieta (Bemerkung 1.221.6/8) gilt $s + t = a$ und $-st = b$ für $N(f) = \{s, t\}$ der Fibonacci-Funktion $f : \mathbb{C} \longrightarrow \mathbb{C}$ mit der Zuordnungsvorschrift $f(z) = z^2 - az - b$,
b) $\overline{\tilde{x}} = x$, denn für $x \in EFF_2$ ist zunächst $\tilde{x} = x$, ferner $\overline{\tilde{x}} = \overline{x} = x$ nach Konstruktion von s und t in $\overline{x}$.

2.017.6 Bemerkungen

1. Stellt man an den Anfang der Betrachtung die von einer Fibonacci-Funktion $f : \mathbb{C} \longrightarrow \mathbb{C}$, $f(z) = z^2 - az - b$, erzeugte Fibonacci-Folge x, dann läßt sich die zu x zugehörige explizite Binet-Darstellung auch auf kürzerem Wege ermitteln: Betrachtet man zu den beiden Nullstellen s und t $(s \neq t)$ von f die linearisierten Darstellungen $s^n = x_n s + bx_{n-1}$ und $t^n = x_n t + bx_{n-1}$, dann ist deren Differenz $t^n - s^n = x_n(t-s)$, woraus dann $x_n = \frac{1}{t-s}(t^n - s^n)$ folgt.
Dieses Ergebnis liefert natürlich auch der obige Satz 2.017.5 für den vorliegenden Fall des Rekursionsanfangs $x_1 = 1$ und $x_2 = a$ sowie die Beziehung $a = s + t$, denn es ist $u = \frac{x_2 - tx_1}{s(s-t)} = \frac{s+t-t}{s(s-t)} = \frac{1}{s-t}$ und

$v = \frac{x_2 - sx_1}{t(t-s)} = \frac{s+t-t}{t(t-s)} = \frac{1}{t-s} = -u$, womit dann $x_n = us^n + vt^n = vt^n - (-u)s^n = \frac{1}{t-s}(t^n - s^n)$ ist.

2. Die Spezielle Fibonacci-Folge $x : \mathbb{N} \longrightarrow \mathbb{N}$ (siehe Abschnitt 2.016) hat mit den Nullstellen $s = \frac{1}{2}(1-\sqrt{5})$ und $t = \frac{1}{2}(1+\sqrt{5})$ der Speziellen Fibonacci-Funktion $f : \mathbb{R} \longrightarrow \mathbb{R}$, $f(z) = z^2 - z - 1$, sowie mit $t - s = \sqrt{5}$ die Binet-Darstellung
$$x(n) = \tfrac{1}{\sqrt{5}}((\tfrac{1}{2}(1+\sqrt{5}))^n - (\tfrac{1}{2}(1-\sqrt{5}))^n).$$

3. Die bisherigen Überlegungen in diesem Abschnitt seien noch einmal im Zusammenhang dargestellt, wobei die einzelnen Konstruktionsschritte in folgender Skizze durch Pfeile angegeben sind:

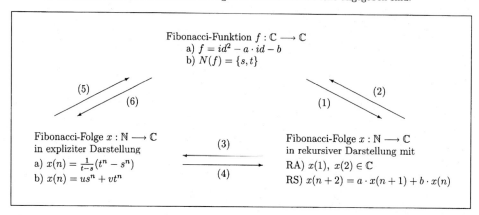

Zu den angegebenen Pfeilen im einzelnen:
(1)(a): Ist f mit a und b vorgelegt, dann liefert Satz 2.017.3 $x(1) = 1$ und $x(2) = a$ sowie $x(n+2) = a \cdot x(n+1) + b \cdot x(n)$.
(1)(b): Ist f durch die Nullstellen s und t gegeben, so liefert (a) mit dem Satz von Vieta: $x(1) = 1$, $x(2) = s + t$ und $x(n+2) = (s+t) \cdot x(n+1) + (-st) \cdot x(n)$.
(2): Diese Form von f ist Definition 2.017.1/3.
(3): Die Form (b) $x(n) = us^n + vt^n$ liefert Satz 2.017.5.
(4): Sind in $x(n) = us^n + vt^n$ die Zahlen s und t die Nullstellen von f, so gilt mit den Linearisierungen $s^2 = as + b$ und $t^2 = at + b$ dann $x(2) = us^2 + vt^2 = u(as+b) + v(at+b) = a(us+vt) + b(u+v) = a \cdot x(1) + b \cdot (u+v)$. Für den Rekursionsschritt gilt dann $x(n+2) = us^{n+2} + vt^{n+2} = us^n s^2 + vt^n t^2 = us^n(as+b) + vt^n(at+b) = u(as^{n+1} + bs^n) + v(at^{n+1} + bt^n) = a(us^{n+1} + vt^{n+1}) + b(us^n + vt^n) = a \cdot x(n+1) + b \cdot x(n)$.
(5): (a) liefert $N(f)$ und damit f oder: $f(z) = (z-s)(z-t) = z^2 - (s+t)z - (-st)$.
(6): liefert Bemerkung 2.017.7/1 mit $a = s + t$.

4. Gelten für die beiden Nullstellen s und t einer Fibonacci-Funktion $f : \mathbb{R} \longrightarrow \mathbb{R}$ die Lagebeziehungen $t > 1$ und $|s| < 1$, dann gilt für hinreichend große Zahlen n die Näherung $x(n) \approx \frac{1}{t-s} t^n$.

5. Hat eine Fibonacci-Funktion $f : \mathbb{R} \longrightarrow \mathbb{R}$ nur die eine Nullstelle $t \neq 0$, dann hat die zugehörige Fibonacci-Folge x die Form $x(n) = \frac{1}{t} t^n = t^{n-1}$; für den Fall $t = 0$ ist x die konstante Folge $x = 0$.

6. Wählt man neben der in 2. betrachteten Speziellen Fibonacci-Folge x ein weiteres Element $\bar{x}$ aus $FF(1,1)$ mit dem Rekursionsanfang $\bar{x}(1) = c$ und $\bar{x}(2) = d$, dann hat $\bar{x}$ den Rekursionsschritt $\bar{x}(n+2) = c \cdot x(n+1) + d \cdot x(n)$ sowie die explizite Binet-Darstellung $\bar{x}(n) = \frac{1}{\sqrt{5}}((ct+d)t^{n-2} - (cs+d)s^{n-2})$ mit den beiden Nullstellen s und t der Speziellen Fibonacci-Funktion (siehe Bemerkung 2).

7. Eine Fibonacci-Folge x aus $FF(1,1)$ ist genau dann eine geometrische Folge der Form $x(n) = aq^n$, falls q eine der beiden Nullstellen der Speziellen Fibonacci-Funktion ist (siehe Bemerkung 2), denn:
a) Hat $x \in FF(1,1)$ die Form $x(n) = aq^n$, dann ist $aq^{n+2} = x(n+2) = x(n+1) + x(n) = aq^{n+1} + aq^n$, woraus $q^2 = q + 1$ folgt.
b) Die Umkehrung der Behauptung zeigt Bemerkung 5.

Während die Binet-Darstellung der von einer quadratischen Funktion $f : \mathbb{R} \longrightarrow \mathbb{R}$ mit der Vorschrift $f(z) = z^2 - az - b$ erzeugten Fibonacci-Folge x die Nullstelle(n) von f verwendet, soll im folgenden eine weitere explizite Darstellung von x entwickelt werden, die lediglich die f definierenden Daten a und b verwendet. Man betrachte dazu die folgende Übersicht mit den ersten acht Folgengliedern von x und die jeweiligen Koeffizientensummen im Pascal-Stifelschen Dreieck (siehe Abschnitt 1.810), das in der folgenden Skizze leicht nach rechts gedreht angegeben ist:

```
x₁ = 1                                                        1       1
x₂ = a                                                1       1
x₃ = a² + b                                   1       1       1 + 1 = 2
x₄ = a³ + 2ab                         1       2       1 + 2 = 3
x₅ = a⁴ + 3a²b + b²           1       3       1       1 + 3 + 1 = 5
x₆ = a⁵ + 4a³b + 3ab²     1   4       3                       1 + 4 + 3 = 8
x₇ = a⁶ + 5a⁴b + 6a²b² + b³   1   5   6       1               1 + 5 + 6 + 1 = 13
x₈ = a⁷ + 6a⁵b + 10a²b² + 4ab³   1   6   10   4               1 + 6 + 10 + 4 = 21
                              1   7   15  10  1
                          1   8  21   20   5
..................
```

Die angegebenen Koeffizientensummen stellen offenbar die ersten acht Folgenglieder der Fibonacci-Folge x für den Fall $a = b = 1$ und $x(1) = x(2) = 1$, also der Speziellen Fibonacci-Folge dar. Diese Konstruktion in dem oben angegebenen Pascal-Stifelschen Dreieck liefert dann den folgenden allgemeinen Sachverhalt:

2.017.7 Satz

Eine rekursiv durch $x(1) = 1$, $x(2) = a$ und $x(n+2) = a \cdot x(n+1) + b \cdot x(n)$ dargestellte Fibonacci-Folge $x : \mathbb{N} \longrightarrow \mathbb{R}$ besitzt die explizite Darstellung

$$x(n+1) = \sum_{0 \leq i \leq n^*} \binom{n-i}{i} a^{n-2i} b^i$$

für alle $n \geq 0$ und der Abkürzung $n^* = [\frac{n}{2}] = max\{z \in \mathbb{Z} \mid z \leq \frac{n}{2}\}$.

Beweis: Der Beweis wird nach dem Induktionsprinzip für Natürliche Zahlen geführt:

IA) Für $n = 0$ enthält die oben genannte Summe nur den einen Summanden $x(1) = \binom{0-0}{0}a^{0-2\cdot 0}b^0 = 1 \cdot a^0 b^0 = 1$. Für $n = 1$ liegt ebenfalls nur ein Summand vor (denn $1^* = [\frac{1}{2}] = 0$), also ist $x(2) = \binom{1-0}{0}a^{1-2\cdot 0}b^0 = 1 \cdot ab^0 = a$.

IS) Die oben angegebene Formel gelte für eine Zahl $n > 0$, dann gilt sie auch für $n + 1$, denn es ist
$x(n+2) = a \cdot \sum_{0 \leq i \leq n^*} \binom{n-i}{i} a^{n-2i} b^i + b \cdot \sum_{0 \leq i \leq (n-1)^*} \binom{n-1-i}{i} a^{n-1-2i} b^i = \sum_{0 \leq i \leq (n+1)^*} \binom{n+1-i}{i} a^{n+1-2i} b^i = x(n+2)$.

2.017.8 Beispiele und Bemerkungen

1. Im folgenden wird die Fibonacci-Funktion $f : \mathbb{R} \longrightarrow \mathbb{R}$ mit $f(z) = z^2 - 2z - 1$ betrachtet:
a) Für die positive Nullstelle $t = 1 + \sqrt{2}$ von f hat t^k, $1 \leq k \leq 5$, die folgenden linearisierten Darstellungen: $t^1 = t$, $t^2 = 2t + 1$, $t^3 = 5t + 2$, $t^4 = 12t + 5$, $t^5 = 29t + 12$.
b) Die von f erzeugte Fibonacci-Folge $x : \mathbb{N} \longrightarrow \mathbb{R}$ ist rekursiv durch den Rekursionsanfang $x_1 = 1$ und $x_2 = 2$ sowie den Rekursionsschritt $x_{n+2} = 2x_{n+1} + x_n$ definiert. Ferner hat x die Binet-Darstellung $x_n = \frac{1}{2\sqrt{2}}((1+\sqrt{2})^n - (1+\sqrt{2})^n)$.
c) Die ersten fünf Folgenglieder sind $x_1 = 1$, $x_2 = 2$, $x_3 = 5$, $x_4 = 12$, $x_5 = 29$.

2. Im folgenden wird die Fibonacci-Funktion $f : \mathbb{R} \longrightarrow \mathbb{R}$ mit $f(z) = z^2 - z - 6$ betrachtet:
a) Für den Rekursionsanfang $x_1 = 1$ und $x_2 = 1$ hat die Fibonacci-Folge $x : \mathbb{N} \longrightarrow \mathbb{R}$, also $x \in FF(1,6)$, die folgenden ersten acht Folgenglieder:
$$x_1 = 1, \ x_2 = 1, \ x_3 = 7, \ x_4 = 13, \ x_5 = 35, \ x_6 = 133, \ x_7 = 463, \ x_8 = 1261.$$
b) Für den Rekursionsanfang $x_1 = \frac{1}{2}$ und $x_2 = -1$ hat die Fibonacci-Folge $x : \mathbb{N} \longrightarrow \mathbb{R}$, also auch wieder $x \in FF(1,6)$, die folgenden ersten acht Folgenglieder:

$x_1 = \frac{1}{2}$, $x_2 = -1$, $x_3 = 2$, $x_4 = -4$, $x_5 = 8$, $x_6 = -16$, $x_7 = 32$, $x_8 = -64$.
Diese Folge ist eine geometrische Folge, definiert durch $x(n) = -\frac{1}{4}(-2)^n$.

3. Die nebenstehende kleine Skizze zeigt durch t erzeugte Teilverhältnisse einer Strecke der Länge a. Unter diesen Teilverhältnissen ist eines besonders beliebt (und seit der Renaissance auch häufig in Architektur und Malerei verwendet), nämlich der sogenannte *Goldene Schnitt*. Er definiert die Länge t derjenigen Teilstrecke, für die das Verhältnis $(a-t) : t = t : a$ gilt.

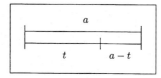

Dieses Verhältnis hat als Gleichung mit der gesuchten Zahl t die äquivalenten Darstellungen $\frac{a-t}{t} = \frac{t}{a}$ oder $t^2 + at - a^2 = 0$. Das bedeutet, daß t eine Nullstelle der durch $g(z) = z^2 + az - a^2$ definierten Funktion $g : \mathbb{R} \longrightarrow \mathbb{R}$ ist. Diese Funktion hat wegen $a \neq 0$ die beiden Nullstellen $s = \frac{a}{2}(-1 - \sqrt{5})$ und $t = \frac{a}{2}(-1 + \sqrt{5})$.

Betrachtet man nun die zu g ordinatensymmetrische Funktion $f : \mathbb{R} \longrightarrow \mathbb{R}$, definiert durch die Zuordnungsvorschrift $f(z) = z^2 - az - a^2$, dann ist f eine Fibonacci-Funktion mit den beiden Nullstellen $-s = \frac{a}{2}(1 + \sqrt{5})$ und $-t = \frac{a}{2}(1 - \sqrt{5})$. (Nebenbei: f und g haben den Schnittpunkt $(0, -a^2)$, g hat den Scheitelpunkt $(-\frac{1}{2}a, -\frac{5}{4}a^2)$ und f hat den Scheitelpunkt $(\frac{1}{2}a, -\frac{5}{4}a^2)$.)

Die Fibonacci-Funktion f liefert damit die zugehörige Fibonacci-Folge $x : \mathbb{N} \longrightarrow \mathbb{R}$ mit $x(1) = 1$ und $x(2) = a$ als Rekursionsanfang sowie $x(n+2) = a \cdot x(n+1) + a^2 \cdot x(n)$ als Rekursionsschritt.

2.017.9 Bemerkungen

Alle bislang betrachteten Fibonacci-Folgen und Fibonacci-Funktionen sind vom Rekursionsgrad 2 bzw. als Polynom-Funktionen vom Grad 2. Grundsätzlich lassen sich alle Betrachtungen auch für höhere Grade anstellen. Dazu im einzelnen:

1. Fibonacci-Folgen $x : \mathbb{N} \longrightarrow \mathbb{C}$ vom Rekursionsgrad $k \geq 2$ haben einen Rekursionsanfang $x(1), ..., x(k)$ sowie den Rekursionsschritt $x(n+k) = \sum_{k-1 \geq i \geq 0} a_i x(n+i)$ für $n \in \mathbb{N}$.

2. Funktionen $f : \mathbb{C} \longrightarrow \mathbb{C}$ des Typs $f = id^k - \sum_{k-1 \geq i \geq 0} a_i id^i$ mit $grad(f) = k \geq 2$ werden Fibonacci-Funktionen genannt.

3. Satz 2.017.5 läßt sich für Rekursionsgrade $k \geq 2$ in gleicher Weise formulieren: Es gibt eine bijektive Funktion $RFF_k \longrightarrow EFF_k$. Bei dem dortigen Beweisteil werden die k Nullstellen $t_1, ..., t_k$ einer Fibonacci-Funktion betrachtet und die explizite Binet-Darstellung $x(n) = \sum_{0 \leq i \leq k} u_i t_i{}^n$ mit Koeffizienten $u_1, ..., u_k$ gebildet, die ihrerseits als Lösung des Gleichungssystems $(u_1 t_1{}^i + ... + u_k t_k{}^i)_{1 \leq i \leq k}$ gewonnen werden.

2.030 KONGRUENZ-GENERATOREN

> Das Amt des Dichters ist nicht das Zeigen der Wege,
> sondern vor allem das Wecken der Sehnsucht.
> *Hermann Hesse* (1877 - 1962)

Monte-Carlo-Simulationen (siehe Abschnitte 6.10) wie auch die Erzeugung anderer numerisch zufälliger Ergebnisse bei stochastischen Prozessen erfordern Zufallszahlen in großem Umfang, die zudem schnell erzeugt werden müssen. Es liegt also nahe, zu diesem Zweck Computer einzusetzen – und tatsächlich gehörte das zu den ersten Anwendungen der Computer-Technik, als in den vierziger Jahren die ersten leistungsfähigen Rechner konstruiert wurden.

Da Computer wegen der algorithmischen Natur ihrer Programme prinzipiell nicht nach dem Zufallsprinzip arbeiten, sind die von ihnen erzeugten Zufallszahlen auch keine wirklichen Zufallszahlen. Allerdings lassen sich Zahlenfolgen erzeugen, die praktisch, also etwa im Rahmen von Simulationen, den gleichen Zweck erfüllen. Das bedeutet, daß der Erforschung zur Erzeugung dieser *Pseudozufallszahlen* große Aufmerksamkeit gewidmet wurde und immer noch wird (siehe auch Abschnitt 6.024).

Unter den vielfältigen Versuchen und daraus resultierenden Methoden zur Erzeugung von Pseudozufallszahlen (beispielsweise die Ziffernfolge der Kreiszahl π) hat sich die 1948 von *D. H. Lehmer* vorgestellte *Kongruenz-Methode* insbesondere wegen ihrer formalen Einfachheit und leichten Implementierbarkeit durchgesetzt. Sie soll in diesem Abschnitt untersucht und angewendet werden.

2.030.1 Bemerkung

Bei den folgenden Überlegungen spielt eine der beiden in Abschnitt 1.837 betrachteten Euklidischen Funktionen eine wichtige Rolle. Gemeint ist die Funktion $mod(-, m) : \mathbb{Z} \longrightarrow \mathbb{Z}$, die bei der Euklidischen Division von Zahlen a durch m die Reste $mod(a, m)$ liefert.

Beliebige Folgen $F : \mathbb{N} \longrightarrow \mathbb{Z}$ lassen sich mit dieser Euklidischen Funktion $mod(-, m) : \mathbb{Z} \longrightarrow \mathbb{Z}$ in der Form $X = mod(-, m) \circ F : \mathbb{N} \longrightarrow \mathbb{Z}$ komponieren. Dabei hat die so erzeugte Folge X die Zuordnungsvorschrift $X(n) = (mod(-, m) \circ F)(n) = mod(F(n), m)$, für alle $n \in \mathbb{N}$ und fest gewähltem Modul $m \in \mathbb{N}$. Die Funktionswerte der Folge $X = mod(-, m) \circ F$ werden meist auch in der Schreibweise $X_n = X(n)$ angegeben.

Auch für diese Folgen $X = mod(-, m) \circ F$ ist, wie auch schon bei $mod(-, m)$ selbst, der Bildbereich wichtig: Für jede Folge $F : \mathbb{N} \longrightarrow \mathbb{Z}$ ist $Bild(X)$ stets eine Teilmenge des abgeschlossenen $\mathbb{Z}$-Intervalls $[0, m-1] = Bild(mod(-, m))$. (Das folgt aus dem generellen Sachverhalt: Für beliebige Funktionen f und g, die sich in der Form $f \circ g$ komponieren lassen, gilt stets $Bild(f \circ g) \subset Bild(f)$.)

2.030.2 Definition

Zusammen mit einer beliebig wählbaren *Startzahl* s aus $\mathbb{N}$ lassen sich Folgen der Form $X = mod(-, m) \circ F : \mathbb{N} \longrightarrow [0, m-1]$ rekursiv erzeugen durch
$$X_1 = mod(F(s), m) \quad \text{und} \quad X_{n+1} = mod(F(X_n), m), \text{ für } n \geq 1.$$
Solche Folgen heißen *Kongruenz-Generatoren* über F oder kurz *F-Kongruenz-Generatoren*.

2.030.3 Bemerkungen

1. Für F-Kongruenz-Generatoren $X = mod(-, m) \circ F$ mit Startzahl s wird häufig die Kurzschreibweise $X = X(s, F, m)$ verwendet, da X durch die Vorgabe der Parameter (s, F, m) eindeutig festgelegt ist. Allerdings hat die Startzahl s keinen Einfluß auf die Bildmenge $Bild(X) \subset [0, m-1]$ der im allgemeinen nicht-surjektiven Funktion $X : \mathbb{N} \longrightarrow [0, m-1]$.

2. Es gibt modifizierte Definitionen von Kongruenz-Generatoren, bei denen die Startzahl s als erstes Folgenglied mit einbezogen und auf diese Weise $X : \mathbb{N}_0 \longrightarrow \mathbb{Z}$ durch
$$X_0 = s \quad \text{und} \quad X_{n+1} = mod(F(X_n), m), \text{ für } n \geq 0.$$
definiert wird. Darauf ist in jeweiligen anderen Darstellungen zu achten.

3. Man nennt einen F-Kongruenz-Generator X *linearen F-Kongruenz-Generator*, wenn $F : \mathbb{N} \longrightarrow \mathbb{Z}$ die Form $F(z) = az + b$ mit $a \in \mathbb{N}_0$ und $b \in \mathbb{N}$, also $b > 0$, hat, und schreibt in entsprechender Kurzform $X = X(s, a, b, m)$.

4. Ein F-Kongruenz-Generator X heißt *multiplikativer F-Kongruenz-Generator*, wenn $F : \mathbb{N} \longrightarrow \mathbb{Z}$ die Form $F(z) = az$ mit $a \in \mathbb{N}_0$ hat, und schreibt in entsprechender Kurzform $X = X(s, a, m)$ (gelegentlich auch $X(s, a, 0, m)$).

5. In diesem Abschnitt werden ausschließlich lineare und multiplikative Generatoren betrachtet (und der Einfachheit halber auch in dieser Kurzform so genannt). Das sind Generatoren X, deren Folgenglieder mit möglichst gleicher Verteilung in $Bild(X)$ auftreten (sollen) und die man deswegen auch *gleich-verteilte Generatoren* nennt. Man kann sich aber vorstellen, daß Generatoren auch mit Funktionen anderen Typs gebildet werden können, etwa auf $\mathbb{N}$ definierten Polynom-Funktionen f mit $grad(f) > 1$ oder Exponential-Funktionen. Solche Generatoren nennt man dann entsprechend der verwendeten Funktionen etwa *quadratisch-verteilte, exponential-verteilte, binomial-verteilte Generatoren*.

6. Zur geeigneten Wahl von Kongruenz-Generatoren im Rahmen von Anwendungen ist ein genauerer Blick auf Zusammenhänge zwischen den definierenden 4-Tupeln (s, a, b, m) von Parametern und den daraus erzeugten Generatoren $X(s, a, b, m)$ erforderlich. Wie die in folgendem Lemma genannten Beobachtungen zeigen, ist die durch die Zuordnung $(s, a, b, m) \longmapsto X(s, a, b, m)$ definierte Funktion $X : P \longrightarrow KG$ (mit den naheliegenden Abkürzungen $P = \mathbb{N} \times \mathbb{N}_0 \times \mathbb{N}_0 \times \mathbb{N}$ und $KG \subset Abb(\mathbb{N}, \mathbb{Z})$) nicht injektiv.

7. Man kann die aus der Nicht-Injektivität der Funktion $X : P \longrightarrow KG$ folgende Situation etwas globaler als die Frage nach den Äquivalenzklassen in P/X formulieren, wobei P/X die Quotientenmenge in dem kommutativen Diagramm

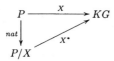

bezeichnet, das der erste Abbildungssatz (Satz 1.142.1) auf X angewendet liefert.

2.030.4 Lemma

1. Die multiplikativen Generatoren $X(s, a, m)$ und $X(mod(s, m), a, m)$ sind gleich. (Das bedeutet, daß die Startzahlen s und $mod(s, m)$ bei multiplikativen Generatoren dieselben Folgen liefern.)

2. Die Generatoren $X = X(s, a, b, m)$ und $Y = X(s, a, b + zm, m)$ mit $b \in \mathbb{N}_0$ und $z \in \mathbb{N}_0$ sind gleich. (Wegen $b \in \mathbb{N}_0$ gilt insbesondere $X(s, a, m) = X(s, a, zm, m)$.)

Beweis:

1. Mit der Funktion $F : \mathbb{N} \longrightarrow \mathbb{Z}$, $F(z) = az$, gilt $mod(F(s), m) = mod(F(mod(s, m), m)$, denn:

a) Gilt $s < m$, dann folgt die Behauptung aus $s = mod(s, m)$, da hierbei $div(s, m) = 0$ gilt.

b) Es gelte $s \geq m$, so gilt unter Verwendung der Formel $mod(x + zm, m) = mod(x, m)$ von Lemma 1.837.3/2 dann $mod(F(mod(s, m), m) = mod(F(s - div(s, m)m), m)$
$= mod(a(s - div(s, m)m), m) = mod(as - a \cdot div(s, m)m), m) = mod(as, m) = mod(F(s), m)$.

2. Die Behauptung folgt wieder mit Hilfe der Formel $mod(x + zm, m) = mod(x, m)$ von Lemma 1.837.3/2 durch sukzessives Ausrechnen unter Verwendung der durch die Vorschriften $F(z) = ax + b$ und $G(x) = ax + b + zm$ definierten Funktionen $F, G : \mathbb{Z} \longrightarrow \mathbb{Z}$, nämlich:
$Y_1 = mod(G(s), m) = mod(as + b + zm, m) = mod((as + b) + zm, m) = mod(as + b, m) = mod(F(s), m) = X_1$,
$Y_2 = mod(G(X_1), m) = mod(aX_1 + b + zm, m) = mod((aX_1 + b) + zm, m) = mod(aX_1 + b, m) = mod(F(X_1), m) = X_2$,
entsprechend gilt dann $Y_n = X_n$ unter Verwendung von X_{n-1}.

2.030.5 Lemma

Für Generatoren $X = (s, a, b, m)$ mit $b \in \mathbb{N}_0$ gilt:
1. $s, b \in m\mathbb{N}_0$ oder $a, b \in m\mathbb{N}_0 \Rightarrow X = 0$
2. $X = 0 \Rightarrow as \in m\mathbb{N}_0$ und $b \in m\mathbb{N}_0$
3. Ist m prim, dann gilt auch die Umkehrung von 1.

Beweis:

1a) Sind $s, b \in m\mathbb{N}_0$, so hat $F(s)$ die Form $F(s) = as + b = amz_1 + mz_2 = (az_1 + z_2)m = z_3 m$ mit $z_3 = az_1 + z_2$ und $z_1, z_2 \in m\mathbb{N}_0$. Somit ist $X_1 = mod(F(s), m) = mod(z_3 m, m) = 0$ und $X_2 = mod(F(X_1), m) = mod(0 + b, m) = mod(b, m) = mod(z_2 m, m) = 0$, woraus dann $X_n = 0$ für alle $n \in \mathbb{N}$ folgt.

1b) folgt analog zu 1a), denn die Tatsache, daß a und b in $m\mathbb{N}_0$ liegen, liefert $F(s) = as + b = mz_1 s + mz_2 = (z_1 s + z_2)m = z_3 m$.

2. Ist $X = 0$, so ist insbesondere $X_1 = 0$, also ist $mod(F(s), m) = 0$, woraus folgt, daß $F(s) = div(F(s), m)m = as + b$ in $m\mathbb{N}_0$ und somit auch as und b in $m\mathbb{N}_0$ enthalten sind.

3. Ist m prim, dann folgt im Beweis von 2. aus der Tatsache, daß $as \in m\mathbb{N}_0$ ist, daß dann $a \in m\mathbb{N}_0$ oder $s \in m\mathbb{N}_0$ gilt (das heißt, die Primzahl m muß als Primfaktor in a oder auch in s enthalten sein).

2.030.6 Bemerkung

Die Definition der Kongruenz-Generatoren macht eine häufig zu findende explizite Bezugnahme auf die (historisch) namensgebenden Kongruenz-Relationen (siehe Abschnitt 1.843) der Form $x \equiv y \pmod{m}$ auf $\mathbb{Z}$ entbehrlich. Gleichwohl sei darauf noch mit folgenden Bemerkungen eingegangen:

In der Sprache der Kongruenz-Relationen werden F-Kongruenz-Generatoren durch die Beziehungen

$$X_1 \equiv F(s) \pmod{m} \quad \text{mit} \quad 0 \leq X_1 < m$$
$$X_{n+1} \equiv F(X_n) \pmod{m} \quad \text{mit} \quad 0 \leq X_{n+1} < m$$

angegeben, wobei allerdings erst der Zusatz $0 \leq X_{n+1} < m$ die Eindeutigkeit von X_{n+1}, also die tatsächlich konstruktive Komponente dieses Verfahrens liefert. Dabei ist dann der Hinweis auf die kleinsten nicht-negativen Repräsentanten $0, ..., m-1$ in den Darstellungen $K_m(0) = m\mathbb{Z} + 0, ..., K_m(m-1) = m\mathbb{Z} + (m-1)$ der zugehörigen Kongruenzklassen wichtig, der zu der Beziehung $Bild(X) \subset [0, m-1]$ führt.

Daß beide Erzeugungsverfahren für Kongruenz-Generatoren tatsächlich gleichwertig sind, zeigen die folgenden Äquivalenzen:

$$X_{n+1} = mod(F(X_n), m)$$
$$\Leftrightarrow F(X_n) = div(F(X_n), m) \cdot m + X_{n+1}$$
$$\Leftrightarrow F(X_n) - X_{n+1} = div(F(X_n), m) \cdot m$$
$$\Leftrightarrow m \text{ teilt } F(X_n) - X_{n+1} \quad \text{mit} \quad 0 \leq X_{n+1} < m$$
$$\Leftrightarrow X_{n+1} \equiv F(X_n) \pmod{m} \quad \text{mit} \quad 0 \leq X_{n+1} < m$$

Betrachten wir dazu ein Beispiel mit konkreten Zahlen: Für den multiplikativen F-Kongruenz-Generator $X = X(13, 3, 5)$ über der durch $F(z) = 3z$ definierten Funktion $F : \mathbb{N} \longrightarrow \mathbb{Z}$ gilt:

$$4 = mod(F(13), 5) = mod(3 \cdot 13, 5)$$
$$\Leftrightarrow 3 \cdot 13 = div(3 \cdot 13, 5) \cdot 5 + 4$$
$$\Leftrightarrow 3 \cdot 13 - 4 = div(3 \cdot 13, 5) \cdot 5$$
$$\Leftrightarrow 5 \text{ teilt } 3 \cdot 13 - 4 \quad \text{mit} \quad 0 \leq 4 < 5$$
$$\Leftrightarrow 3 \cdot 13 \equiv 4 \pmod{5} \quad \text{mit} \quad 0 \leq 4 < 5$$
$$\Leftrightarrow 39 \equiv 4 \pmod{5} \quad \text{mit} \quad 0 \leq 4 < 5$$

Die erste von diesem Generator erzeugte Pseudozufallszahl ist $X_1 = 4$. Sie liefert auf rekursivem Wege

mit $\quad 3 \cdot 4 = 12 = 2 \cdot 5 + 2 \quad$ den Rest $X_2 = 2$,
mit $\quad 3 \cdot 2 = 6 = 1 \cdot 5 + 1 \quad$ den Rest $X_3 = 1$,
mit $\quad 3 \cdot 1 = 3 = 0 \cdot 5 + 3 \quad$ den Rest $X_4 = 3$,
mit $\quad 3 \cdot 3 = 9 = 1 \cdot 5 + 4 \quad$ den Rest $X_5 = 4 = X_1$.

Einen weiteren Zusammenhang zwischen der Theorie der Kongruenz-Relationen und der der F-Kongruenz-Generatoren liefert in vorstehendem Beispiel die Beobachtung $Bild(X) \subset [0, 4]$, wobei es sich bei $[0, 4]$ gerade um die Kongruenzklasse $K_5(0)$ handelt. Allgemein ist also $Bild(X) \subset [0, m-1] = K_m(0)$.

2.030.7 Bemerkung

Die Verwendung von Pseudozufallszahlen etwa bei Monte-Carlo-Simulationen erfordert Zahlen innerhalb bestimmter Intervalle. Beispielsweise erfordern
- Simulationen für Näherungen für Flächeninhalte oder Volumina offene $\mathbb{R}$-Intervalle (c,d) mit $0 \leq c < d$
- Simulationen von Würfeln abgeschlossene $\mathbb{Z}$-Intervalle $[u,v]$ mit $0 \leq u < v$, beispielsweise:

Tetraeder	(gebildet aus 4 gleichseitigen Dreiecken)	das Intervall $[1,4]$,
Hexaeder	(gebildet aus 6 gleichseitigen Vierecken)	das Intervall $[1,6]$,
Oktaeder	(gebildet aus 8 gleichseitigen Dreiecken)	das Intervall $[1,8]$,
Dodekaeder	(gebildet aus 12 gleichseitigen Fünfecken)	das Intervall $[1,12]$,
Ikosaeder	(gebildet aus 20 gleichseitigen Dreiecken)	das Intervall $[1,20]$,

womit alle fünf sogenannten *regelmäßigen Körper* genannt sind.

Zusammen mit der Erzeugung von Pseudozufallszahlen durch einen Kongruenz-Generator ist also eine Einbettung (Transformation) dieser Zahlen in den jeweils gewünschten Bereich nötig. Im folgenden sind einige Beispiele solcher Einbettungen $E : T \longrightarrow \mathbb{R}$, $T \subset \mathbb{Z}$, (Beispiele 1 bis 3) und $E : T \longrightarrow \mathbb{Z}$, $T \subset \mathbb{Z}$, (Beispiele 4 und 5) genannt, die dann mit der Folge X in der Form $E \circ X$ zu komponieren sind: (Man beachte: In 5. bedeute $[a] = max\{z \in \mathbb{Z} \mid z \leq a\}$.)

1. $E : [1, m-1] \longrightarrow (0,1), \quad E(z) = \frac{z}{m}$,
2. $E : [1, m-1] \longrightarrow (c,d), \quad E(z) = (d-c)\frac{z}{m} + c$,
3. $E : [0, m-1] \longrightarrow [0,1], \quad E(z) = \frac{z}{m-1}$,
4. $E : [1, m-1] \longrightarrow [u,v], \quad E(z) = u + mod(z, v-u+1)$,
5. $E : [0, m-1] \longrightarrow [u,v], \quad E(z) = [(v-u+1)\frac{z}{m} + u]$.

A2.030.01: Berechnen Sie – mit kurzen Kommentaren – die ersten fünf Folgenglieder des Kongruenz-Generators $X = (s, F, m) = (13, F, 5)$ mit der durch $F(z) = 3z$ definierten Folge $F : \mathbb{N} \longrightarrow \mathbb{Z}$. Kommentieren Sie dann das Aussehen von X_5 hinsichtlich der gesamten Folge X.

A2.030.02: Berechnen und nennen Sie tabellarisch jeweils die ersten zehn Folgenglieder der Kongruenz-Generatoren $X_a = (13, F, 6)$, $X_b = (13, F, 7)$, $X_c = (13, F, 8)$, $X_d = (13, F, 9)$, $X_e = (13, F, 10)$, $X_f = (13, F, 11)$ mit der durch $F(z) = 3z$ definierten Folge $F : \mathbb{N} \longrightarrow \mathbb{Z}$.

A2.030.03: Führen Sie den Beweis von Lemma 2.030.4/2 für den Fall $b = 0$.

A2.030.04: Führen Sie zu Lemma 2.030.4/2 einen Beweis nach dem Induktionsprinzip für natürliche Zahlen (siehe Abschnitte 1.802 und 1.811).

A2.030.05: Weisen Sie nach, daß für die in Bemerkung 2.030.7 genannten Funktionen E tatsächlich $Bild(E)$ in dem jeweils angegebenen Wertebereich $W(E)$ enthalten ist.

A2.030.06: Betrachten Sie die rekursiv definierte Folge $x : \mathbb{N} \longrightarrow \mathbb{R}$ mit dem beliebig wählbaren Rekursionsanfang $x_1, x_2 > 0$ und dem Rekursionsschritt $x_{n+2} = \frac{1+x_{n+1}}{x_n}$. Geben Sie zunächst tabellarisch die ersten zwölf Folgenglieder mit $x_1 = 1$ und $x_2 = 2$ an. Zeigen Sie dann allgemein, daß $x_{n+5} = x_n$, für alle $n \in \mathbb{N}$, gilt, daß die Folge x also eine 5-periodische Funktion ist (siehe auch die 2π-Periodizität der Funktionen *sin* und *cos* in Bemerkung 1.240.2/2).

Beschreiben Sie die Struktur der Folge x mit den Begriffen in Definition 2.031.1.

2.031 BLOCKLÄNGEN VON KONGRUENZ-GENERATOREN

> Der Mensch kann nur Mensch
> werden durch Erziehung.
> *Immanuel Kant* (1724 - 1804)

Betrachtet man die Folgenglieder $X_1, X_2, X_3, ...$ eines Kongruenz-Generators X der Reihe nach, so treten wegen $Bild(X) \subset [0, m-1]$ und der rekursiven Erzeugung von X ab einem bestimmten Index dieselben Zahlen in gleicher Reihenfolge als sogenannte *Blöcke* von X auf, wie etwa das folgende Beispiel zeigt:

Für den multiplikativen F-Kongruenz-Generator $X = X(13, 3, 5)$ über der durch $F(z) = 3z$ definierten Funktion $F : \mathbb{N} \longrightarrow \mathbb{Z}$ (siehe Bemerkung 2.030.6) gilt:

$$X_1 = X_5 = X_9 = ... = 4 \quad\text{allgemein:}\quad X_1 = X_{k+1} = X_{2k+1} = X_{3k+1} = ...$$
$$X_2 = X_6 = X_{10} = ... = 2 \qquad\qquad\qquad X_2 = X_{k+2} = X_{2k+2} = X_{3k+2} = ...$$
$$X_3 = X_7 = X_{11} = ... = 1 \qquad\qquad\qquad X_3 = X_{k+3} = X_{2k+3} = X_{3k+3} = ...$$
$$X_4 = X_8 = X_{12} = ... = 3 \qquad\qquad\qquad X_4 = X_{k+4} = X_{2k+4} = X_{3k+4} = ...$$
$$................................$$
$$X_k = X_{k+k} = X_{2k+k} = X_{3k+k} = ...$$

Man nennt die endlichen Teilfolgen $(X_1, ..., X_k)$, $(X_{k+1}, ..., X_{k+k})$, $(X_{2k+1}, ..., X_{2k+k}), ...$ die *Blöcke* von X und den Index k die *Blocklänge* $bl(X) = 4 = card(Bild(X))$ von X.

Dieses Beispiel zeigt einen günstigen Fall in dem Sinne, daß die Blöcke schon mit dem ersten Folgenglied beginnen. Es kann jedoch der Fall eintreten, daß vor dem ersten der wiederkehrenden Blöcke eine andere endliche Folge von Folgengliedern auftritt, der sogenannte *Vorblock*, die mit den anderen Folgengliedern nichts zu tun hat. Ein Beispiel dafür ist etwa die Folge $X = (2\ 6\ 5\ 3\ 4\ 3\ 4\ 3\ 4\ 3\ 4\ ...)$ mit dem Vorblock $(2\ 6\ 5)$.

2.031.1 Satz und Definition

Zu jedem Kongruenz-Generator X gibt es eindeutig bestimmte Zahlen $v \in \mathbb{N}_0$ und $i \in \mathbb{N}$ mit
$$X_{v+j} = X_{v+ni+j}, \text{ für alle } j \text{ mit } 1 \leq j \leq v \text{ und für alle } n \in \mathbb{N}_0.$$

1. Man nennt v die *Vorblocklänge* von X und schreibt $v = vbl(X)$.
2. Man nennt i die *interne Blocklänge* von X und schreibt $i = ibl(X)$.
3. Im Fall $v = vbl(X) = 0$ nennt man i die *Blocklänge* von X und schreibt $i = bl(X)$.

2.031.2 Bemerkungen

1. Zum leichteren Überblick seien die sechs möglichen Fälle des Auftretens von Blocklängentypen, wie sie auch bei den folgenden Betrachtungen unterschieden werden, an einfachen Beispielen illustriert:

Fall 1:	2 6 5 0 0 0 0 0 0 0 0 0 0 0	$ibl(X) = 1$	$vbl(X) > 0$
Fall 2:	2 6 5 4 4 4 4 4 4 4 4 4 4 4	$ibl(X) = 1$	$vbl(X) > 0$
Fall 3:	2 6 5 3 4 3 4 3 4 3 4 3 4 3	$ibl(X) > 1$	$vbl(X) > 0$
Fall 4:	0 0 0 0 0 0 0 0 0 0 0 0 0 0	$ibl(X) = 1$	$vbl(X) = 0$
Fall 5:	4 4 4 4 4 4 4 4 4 4 4 4 4 4	$ibl(X) = 1$	$vbl(X) = 0$
Fall 6:	3 4 3 4 3 4 3 4 3 4 3 4 3 4	$ibl(X) > 1$	$vbl(X) = 0$

2. Die Elemente in einem (internen) Block $(X_{v+ni+1}, ..., X_{v+(n+1)i})$ sind paarweise voneinander verschieden. Dasselbe gilt auch für den Vorblock $(X_1, ..., X_v)$.

3. Für die Menge V der Elemente des Vorblocks und die Menge B der Elemente eines (internen) Blocks gilt $B \cap V = \emptyset$.

4. Ist m der Modul des Kongruenz-Generators $X = mod(-, m) \circ F$, dann gilt $vbl(X) + ibl(X) = card(Bild(X)) \leq m$ und im speziellen Fall $vbl(X) = 0$ folglich $bl(X) \leq m$.

5. Für multiplikative Generatoren gilt: Eine Null erzeugt stets wieder nur Nullen als weitere Fol-

genglieder. Gibt es also ein $k \in \mathbb{N}$ mit $X_k = 0$, so folgt $X_i = 0$, für alle $i \geq k$. Dieser Sachverhalt ist klar, denn in der Erzeugung von X_{n+1} durch die Rekursion $X_{n+1} = mod(aX_n, m)$ liefert $X_k = 0$ dann $X_{k+1} = mod(0, m) = 0$. Damit ist der in 1. genannte Fall 1 und durch Lemma 2.030.5 auch sein Spezialfall, Fall 4, beschrieben.

6. Insbesondere sagt 4., daß bei multiplikativen Generatoren X mit $vbl(X) = 0$ und $bl(X) > 1$ stets $bl(X) \leq m - 1$ gilt, da in jedem Block dann die Zahl Null nicht mehr auftreten kann. Im Gegensatz dazu kann bei linearen Generatoren auch der Fall $bl(X) = m$ auftreten.

7. Eine weitere Frage, die hier nur genannt sein soll, ist die nach dem Verhalten von Kompositionen $E \circ X$ von Generatoren X mit den in Bemerkung 2.030.7 besprochenen Einbettungen hinsichtlich der drei Blocklängenzahlen.

Die Tatsache, daß Kongruenz-Generatoren notwendigerweise solche Blöcke erzeugen, scheint zunächst dagegen zu sprechen, die so erzeugten Zahlen anstelle tatsächlicher Zufallszahlen zu verwenden. Es hat sich in der Praxis aber gezeigt, daß die Kongruenz-Generatoren der Zufälligkeit tatsächlicher Zufallszahlen sehr nahe kommen können. Nebenbei: Soweit man weiß, ist die Folge der Ziffern der Kreiszahl π eine Pseudozufallsfolge von hoher Zufallsqualität, aber erstens viel mühsamer zu erzeugen und, zweitens, nicht manipulierbar im Sinne gewünschter Abweichungen von der Gleichverteilung. (Man spricht von Zufallsfolgen, wenn die Folgenglieder unabhängig von anderen Folgengliedern erzeugt werden (Würfel), hingegen von Pseudozufallsfolgen, wenn die Folgenglieder auf irgendeine Weise algorithmisch erzeugt werden.)

Ein in diesem Sinne wesentliches Gütemerkmal eines Kongruenz-Generators (wie jedes anderen Generators auch) ist sicherlich seine Blocklänge. Nur ein Generator mit sehr großer Blocklänge (vielleicht so ab 2^{20} aufwärts) kann in den Verdacht des Attributs *gut* kommen. Große Blocklänge ist allerdings nur ein notwendiges, beileibe kein hinreichendes Qualitätsmerkmal für Generatoren. Das ist aber ein eigenes (umfangreiches) Thema.

2.031.3 Bemerkung

Alle in den weiteren Betrachtungen untersuchten Fragen lassen sich auf einen Blick durch das kommutative Diagramm

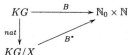

des auf die durch $X \mapsto (vbl(X), ibl(X))$ definierte Funktion B angewendeten Abbildungssatzes (Satz 1.142.1) illustrieren, nämlich: Welche Kongruenz-Generatoren in KG haben die gleiche Kennzeichnung durch Vorblocklänge und (interne) Blocklänge (sind also bezüglich B äquivalent, also in derselben Äquivalenzklasse in KG/B enthalten)?

Da diese Frage zwar den Kern, aber die gerade bei experimentellem Vorgehen im Vordergrund stehenden Parameter nur indirekt berücksichtigt, wird dieses Diagramm mit dem in Bemerkung 2.030.2/7 genannten Diagramm kombiniert:

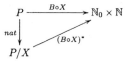

Damit läßt sich die obige Frage weiterhin präzisieren: Läßt sich zu der Vorgabe $(vbl(X), ibl(X))$ bzw. $(0, bl(X))$ die Klasse aller zugehörigen (oder zumindest einige) Parameter-Tupel (s, a, b, m) konstruieren? Die Theorie der Kongruenz-Generatoren wäre komplett, wenn es also gelänge, zu jedem Element aus $\mathbb{N}_0 \times \mathbb{N}$ sein Urbild in P/X anzugeben.

2.032 BLOCKLÄNGEN LINEARER KONGRUENZ-GENERATOREN

> Wer nicht auf's Kleine schaut, scheitert am Großen. Weil der Weise unbefangen das Ende am Anfang sieht, das Große im Kleinen, wird auch das Verfänglichste und Schwerste ihm leicht.
> *Lao-Tse* (um -400)

Vermutlich gibt es bislang keine Theorie, die die am Ende von Abschnitt 2.031 gestellten Fragen vollständig beantworten könnte, dafür ist die Angelegenheit doch schon ziemlich komplex. Allerdings gibt es schon – insbesondere im Hinblick auf Anwendungen – wichtige Teilantworten zu der Frage: Wie lassen sich Parameter (s, a, b, m) so einrichten, daß der zugehörige Generator eine gewünschte *maximale* Blocklänge besitzt. Diese Frage steht im Mittelpunkt der Abschnitte 2.032 und 2.033. Ausgangspunkt zu Antworten auf diese Frage sind die Sätze 2.032.1 und 2.033.1, die in ähnlicher Formulierung in der einschlägigen Literatur zu finden sind, etwa im zweiten Band des Standardwerks *The Art of Computer Programming* von D. E. Knuth (Addison-Wesley, 1981). Auf die Angabe der langwierigen Beweise sei hier verzichtet.

2.032.1 Satz

Ein linearer Kongruenz-Generator $X = X(s, a, b, m)$ hat genau dann die Blocklänge $bl(X) = m$, wenn er die drei folgenden Eigenschaften hat:
1. $ggT(b, m) = 1$,
2. $mod(a, p) = 1$, für alle Primfaktoren p von m, und
3. $mod(a, 4) = 1$, sofern m ein Vielfaches von 4 ist.

Es bietet sich an, diesen Satz mit seinem Analogon für multiplikative Generatoren zu vergleichen: Die Sätze 2.032.1 und 2.033.1 unterscheiden sich zunächst bezüglich ihrer logischen Struktur, im ersten ist eine Äquivalenz, im zweiten nur eine Implikation genannt. Insofern kann man Satz 2.032.1 vielleicht als den stabileren Fall betrachten, weswegen er hier zuerst behandelt werden soll.

Eine Äquivalenz von Aussagen bedeutet trivialerweise, daß man in zwei Richtungen schließen (und dementsprechend handeln) kann. Bezüglich einer der beiden Richtungen in Satz 2.032.1 bedeutet das, zu vorgegebenen Generatoren $X = X(s, a, b, m)$ mit bekannter Blocklänge die drei Bedingungen in Satz 2.032.1 zu verifizieren oder zu falsifizieren. In 2.032.2 sind einige (zufällig konstruierte) Beispiele für den Fall $bl(X) = m$ angegeben. Dabei ist auch folgendes zu beachten: Bei Satz 2.032.1 sind die Bedingungen für das Vorliegen von $bl(X) = m$ unabhängig von der Startzahl s formuliert, das heißt, daß unter den genannten Bedingungen offenbar jede Startzahl $s \geq 1$ zugelassen ist.

2.032.2 Beispiele

Beispiele für Generatoren $X = X(s, a, b, m)$, die den Bedingungen in Satz 2.032.1 genügen und folglich die Blocklänge $bl(X) = m$ liefern:

a) ohne Bedingung 3:

$(s, a, b, m) = (s, 31, 11, 90)$ mit $90 = 2 \cdot 3^2 \cdot 5$
$(s, a, b, m) = (s, 22, 10, 63)$ mit $63 = 3^2 \cdot 7$
$(s, a, b, m) = (s, 11, 3, 50)$ mit $50 = 2 \cdot 5^2$
$(s, a, b, m) = (s, 7, 11, 6)$ mit $6 = 2 \cdot 3$
$(s, a, b, m) = (s, 7, 25, 54)$ mit $54 = 2^2 \cdot 3$
$(s, a, b, m) = (s, 15, 5, 14)$ mit $14 = 2 \cdot 7$
$(s, a, b, m) = (s, 34, 14, 99)$ mit $99 = 3^2 \cdot 11$
$(s, a, b, m) = (s, 16, 2, 135)$ mit $135 = 3^3 \cdot 5$

b) mit Bedingung 3:

$(s, a, b, m) = (s, 5, 3, 4)$ mit $4 = 2^2$
$(s, a, b, m) = (s, 13, 35, 192)$ mit $192 = 3 \cdot 2^6$
$(s, a, b, m) = (s, 69, 5, 136)$ mit $136 = 2^3 \cdot 17$
$(s, a, b, m) = (s, 141, 27, 140)$ mit $140 = 2^2 \cdot 5 \cdot 7$
$(s, a, b, m) = (s, 13, 5, 144)$ mit $144 = 3^2 \cdot 4^2$
$(s, a, b, m) = (s, 9, 45, 44)$ mit $44 = 2^2 \cdot 11$
$(s, a, b, m) = (s, 5, 1, 8)$ mit $8 = 2^2 \cdot 2$
$(s, a, b, m) = (s, 21, 21, 200)$ mit $200 = 2^3 \cdot 5^2$

Die umgekehrte Implikation in Satz 2.032.1 ist jedoch der konstruktive und somit interessantere Teil. Der wesentliche Hinweis, wie denn nun Parameter (a, b, m) auf systematische Weise zu konstruieren seien, ist der Bedingung 2 zu entnehmen und bedeutet, den Modul m aus Primzahlen sukzessive zu erzeugen. Die Frage, für welche Zahlen m die Bedingung $mod(a, p) = 1$ auf einfache Weise zu handhaben ist, kann man dann durch die Wahlen $m = p_1$, $m = p_1 p_2$, $m = p_1 p_2 p_3, \ldots$ mit (verschiedenen oder gleichen) Primzahlen p_i beantworten.

Dazu kommt, daß die Formulierung von Satz 2.032.1 zwar gut geeignet ist, mit Beispielen nach dem Muster von 2.032.2 zu hantieren, für die Konstruktion von (a,b) zu m aber nicht so sehr, will sagen, sie gibt nur indirekt die Mengen an, aus denen a und b gewählt werden können. Dieser Nachteil ist in der Beschreibung von Satz 2.032.4 gleich mit beseitigt. Der Einfachheit halber sind die Aussagen des folgenden vorbereitenden Lemmas so konstruiert, daß die Bedingung 3 in Satz 2.032.1 entfällt.

2.032.3 Lemma

Die zu folgenden Parametern jeweils erzeugten linearen Generatoren $X = X(s,a,b,m)$ haben gemäß Satz 2.032.1 die Eigenschaft $bl(X) = m$:

1. Es sei m eine Primzahl, dann gilt:
   a) $ggT(b,m) = 1 \Leftrightarrow b \in \mathbb{N} \setminus m\mathbb{N}$
   b) $mod(a,m) = 1 \Leftrightarrow a \in m\mathbb{N}_0 + 1$

2. Es sei $m = pq$ mit verschiedenen Primzahlen p und q, dann gilt:
   a) $ggT(b, pq) = 1$
   $\Leftrightarrow b \in \mathbb{N} \setminus p\mathbb{N}$ und $b \in \mathbb{N} \setminus q\mathbb{N}$
   $\Leftrightarrow (b \in \mathbb{N} \setminus p\mathbb{N}) \cap b \in \mathbb{N} \setminus q\mathbb{N}$
   $\Leftrightarrow b \in \mathbb{N} \setminus (p\mathbb{N} \cup q\mathbb{N})$
   b) $mod(a,p) = 1$ und $mod(a,q) = 1$
   $\Leftrightarrow a \in p\mathbb{N}_0 + 1$ und $a \in q\mathbb{N}_0 + 1$
   $\Leftrightarrow (a \in p\mathbb{N}_0 + 1) \cap a \in q\mathbb{N}_0 + 1$
   $\Leftrightarrow a \in (pq)\mathbb{N}_0 + 1$.

3. Es sei $m = p^2$ mit Primzahl $p \neq 2$, dann gilt:
   a) $ggT(b,m) = 1 \Leftrightarrow b \in \mathbb{N} \setminus p\mathbb{N}$
   b) $mod(a,m) = 1 \Leftrightarrow a \in p\mathbb{N}_0 + 1$

Beweis der letzten in 2b) genannten Äquivalenz:

i) Mit der Inklusion $q\mathbb{N}_0 \subset \mathbb{N}_0$ gilt $(pq)\mathbb{N}_0 \subset p\mathbb{N}_0$ und somit $(pq)\mathbb{N}_0 + 1 \subset p\mathbb{N}_0 + 1$, analog ist ebenso $(pq)\mathbb{N}_0 + 1 \subset q\mathbb{N}_0 + 1$, also ist $(pq)\mathbb{N}_0 + 1 \subset (p\mathbb{N}_0 + 1) \cap (q\mathbb{N}_0 + 1)$, wobei diese Inklusion auch für den Fall $p = q$ mit $(p,q) \neq (2,2)$ gilt.

ii) Ein Element x aus $(p\mathbb{N}_0 + 1) \cap (q\mathbb{N}_0 + 1)$ hat die Darstellungen $x = py + 1$ und $x = qz + 1$ (mit $y, z \in \mathbb{N}_0$), woraus $py = qz$ folgt. Da q Primzahl mit $p \neq q$ ist, muß in $py = qz$ die Zahl z die Form $z = pn$ mit $n \in \mathbb{N}_0$ haben (woraus auch $y = qn$ folgt). Somit ist dann $x = qz + 1 = pqn + 1 \in (pq)\mathbb{N}_0 + 1$.

Es ist nun klar, wie die Bedingungen 1 und 2 in Satz 2.032.1 für den Fall $m = p_1 p_2 p_3$ mit drei paarweise verschiedenen Primzahlen p_i in entsprechender Form auszusehen haben. Allerdings ist dabei gleichfalls zu beachten, daß mit größer werdender Zahl m auch die zugehörige zweitkleinste Zahl a, nämlich $a = m+1$, im gleichen Maße größer wird. Wie das zu vermeiden ist, zeigt die Nummer 3 in vorstehendem Lemma.

Durch Kombination der drei Teile des Lemmas lassen sich nun die Mengen der Parameter a und b in $X = X(s,a,b,m)$ für alle Zahlen m anhand ihrer (eindeutigen) Primfaktorzerlegung konstruktiv beschreiben und liefern die folgende Version von Satz 2.032.1:

2.032.4 Satz

Ein Modul m habe die Primfaktorzerlegung $m = p_1^{k_1} \cdot \ldots \cdot p_n^{k_n}$, in der die Zahl 2 höchstens einmal vorkommt. Ein linearer Kongruenz-Generator $X = X(s,a,b,m)$ hat genau dann die Blocklänge $bl(X) = m$, wenn er die folgenden Eigenschaften hat:

a) b ist Element von $\mathbb{N} \setminus \bigcup_{1 \leq i \leq n} (p_i \mathbb{N})$
b) a ist Element von $(\prod_{1 \leq i \leq n} p_i) \cdot \mathbb{N}_0 + 1$

Falls in obiger Zerlegung von m der Faktor 2 geradzahlig oft auftreten sollte, dann muß a zusätzlich die Bedingung $a \in 4\mathbb{N}_0 + 1$ erfüllen (gemäß Bedingung 3 in Satz 2.032.1).

2.032.5 Bemerkung

Zu den in Lemma 2.032.3 genannten Einzelaussagen lassen sich jeweils weitere, auf das Aussehen der Blöcke hinzielende Detailuntersuchungen anstellen, die an einem (verallgemeinerungsfähigen) Beispiel zum Teil 2 angedeutet seien:

Es sei $m = pq$ mit Primzahlen p und q sowie $(p,q) \neq (2,2)$ vorgelegt. Der Kongruenz-Generator $X = X(s, m+1, m+2, m)$ hat dann die Blocklänge $bl(X) = m$, denn das folgt aus:

1. $ggT(b, m) = ggT(m + 2, m) = ggT(pq + 2, pq) = 1$,
2. $mod(a, p) = mod(m + 1, p) = mod(pq + 1, p) = 1$ (entsprechend für q)
3. und der Tatsache, daß pq kein Vielfaches von 4 sein kann.

Alle die dadurch beschriebenen Generatoren X beginnen mit dem ersten Folgenglied $X_1 = mod(s + 2, m)$ (mit Startzahl s). Ferner ist $X_n = mod(X_{n-1} + 2, m)$, wobei diese Bedingung äquivalent ist zu

$$X_n = \begin{cases} X_{n-1} + 2, & \text{falls } X_{n-1} < m - 1 \\ X_{n-1} + 2 - m, & \text{falls } X_{n-1} = m - 1 \end{cases}$$

Was das im einzelnen bedeutet und wie gut dieser Generatortyp damit beschrieben ist, zeigen die folgenden Beispiele:

a_1) $X = X(2, 16, 17, 15)$ hat den ersten Block: 4 6 8 10 12 14 1 3 5 7 9 11 13 0 2,

a_2) $X = X(20, 16, 17, 15)$ hat den ersten Block: 7 9 11 13 0 2 4 6 8 10 12 14 1 3 5.

b_1) $X = X(17, 22, 23, 21)$ hat den ersten Block: 19 0 2 4 6 8 10 12 14 16 18 20 1 3 5 7 9 11 13 15 17,

b_2) $X = X(30, 22, 23, 21)$ hat den ersten Block: 11 13 15 17 19 0 2 4 6 8 10 12 14 16 18 20 1 3 5 7 9.

2.032.6 Bemerkung (Experimentelle Untersuchung der Generatoren $X(3, 3, 3, m)$)

Auf der Suche nach irgendwie erkennbar systematischen Phänomenen in der Struktur von Generatoren bietet sich an, solche Tupel (s, a, b, m) zu betrachten, bei denen jeweils einer der vier Parameter alle natürlichen Zahlen durchläuft, die jeweils restlichen drei Parameter hingegen konstant gehalten werden. Prototypisch für den Fall (z, z, z, m) wird nun der Fall $z = 3$ genauer untersucht.

Die im folgenden genannten Beobachtungen sind entweder experimentell gesicherte Ergebnisse (man kann das im Sinne von „immerhin" oder von „lediglich" betrachten) oder als Wegweiser für weitere Experimente hinsichtlich der zentralen Fragen in Abschnitt 2.031 gedacht.

Um die Ergebnisse möglichst übersichtlich darzustellen, wird eine Funktion $b : \mathbb{N} \longrightarrow \mathbb{N}_0 \times \mathbb{N}$ verwendet, die jedem Modul m aus $\mathbb{N}$ in den Parameter-Tupeln $(3, 3, 3, m)$ das Längenpaar $(vbl(X), bl(X))$ oder $(0, bl(X))$ des jeweils von $(3, 3, 3, m)$ erzeugten Generators $X = X(3, 3, 3, m)$ zuordnet. (Die Funktion b ist die 4. Projektion der in Bemerkung 2.031.3 genannten, hier auf $\{3\}^3 \times \mathbb{N}$ eingeschränkten Funktion $B \circ X$.)

Die Untersuchungsergebnisse gestatten, systematisch für alle Paare $b(m) = (v, i)$ mit $i = 1, 2, 3, ...$, wobei hier nur Auszüge angegeben sind, die jeweilige Menge der Moduln m anzugeben (alle abgeschlossenen Intervalle sind wieder als $\mathbb{Z}$-Intervalle zu lesen).

1. Für einige ungerade Zahlen i gilt:
   1a) Für alle k aus $[0, 3]$ gilt: $m = 3^k \Leftrightarrow b(m) = (0, 1)$.
   1b) Für alle $k \geq 4$ gilt: $m = 3^k \Leftrightarrow b(m) = (k - 3, 1)$.
   2a) Für alle k aus $[0, 3]$ gilt: $m = 3^k \cdot 13 \Leftrightarrow b(m) = (0, 3)$.
   2b) Für alle $k \geq 4$ gilt: $m = 3^k \cdot 13 \Leftrightarrow b(m) = (k - 3, 3)$.
   3a) Für alle k_1 aus $[0, 3]$ und k_2 aus $[1, 2]$ gilt: $m = 3^{k_1} \cdot 11^{k_2} \Leftrightarrow b(m) = (0, 5)$.
   3b) Für alle $k_1 \geq 4$ und $k_2 = 0$ gilt: $m = 3^{k_1} \cdot 11^{k_2} \Leftrightarrow b(m) = (k_1 - 3, 1)$.
        Für alle $k_1 \geq 4$ und $k_2 = 1$ gilt: $m = 3^{k_1} \cdot 11^{k_2} \Leftrightarrow b(m) = (k_1 - 3, 5)$.
        Für alle $k_1 \geq 4$ und $k_2 \geq 2$ gilt: $m = 3^{k_1} \cdot 11^{k_2} \Leftrightarrow b(m) = (k_1 - 3, 5 \cdot 11^{k_2 - 2})$.
   4a) Für alle k aus $[0, 3]$ gilt: $m = 3^k \cdot 1093 \Leftrightarrow b(m) = (0, 7)$.
   4b) Für alle $k \geq 4$ gilt: $m = 3^k \cdot 1093 \Leftrightarrow b(m) = (k - 3, 7)$.
   5a) Für alle k aus $[0, 3]$ gilt: $m = 3^k \cdot 757 \Leftrightarrow b(m) = (0, 9)$.
   5b) Für alle $k \geq 4$ gilt: $m = 3^k \cdot 757 \Leftrightarrow b(m) = (k - 3, 9)$.
   6a) Für alle k aus $[0, 3]$ gilt: $m = 3^k \cdot 23 \Leftrightarrow b(m) = (0, 11)$.
   6b) Für alle $k \geq 4$ gilt: $m = 3^k \cdot 23 \Leftrightarrow b(m) = (k - 3, 11)$.

2. Von den untersuchten geraden Zahlen i sei der Kürze halber nur der Fall $i = 6$ genannt: Für alle in folgender Tabelle genannten 4-Tupel (k_1, k_2, k_3, k_4) gilt: $m = 2^{k_1} \cdot 3^{k_2} \cdot 7^{k_3} \cdot 13^{k_4} \Leftrightarrow b(m) = (0, 6)$.

$$\begin{array}{llccc}
k_1 \text{ aus:} & [0,2] & [1,2] & [0,2] \\
k_2 \text{ aus:} & [0,3] & [0,3] & [0,3] \\
k_3: & 1 & 0 & 1 \\
k_4: & 0 & 1 & 1
\end{array}$$

Mit anderen Exponenten-Tabellen lassen sich folgende Fälle $b(m) = (0,i)$ vollständig kennzeichnen:

$$\begin{array}{lll}
i = 2 & \text{mit} & m = 2^{k_1} \cdot 3^{k_2} \\
i = 4 & \text{mit} & m = 2^{k_1} \cdot 3^{k_2} \cdot 5^{k_3} \\
i = 8 & \text{mit} & m = 2^{k_1} \cdot 3^{k_2} \cdot 5^{k_3} \cdot 41^{k_4} \\
i = 10 & \text{mit} & m = 2^{k_1} \cdot 3^{k_2} \cdot 11^{k_3} \cdot 61^{k_4} \\
i = 12 & \text{mit} & m = 2^{k_1} \cdot 3^{k_2} \cdot 5^{k_3} \cdot 7^{k_4} \cdot 13^{k_5} \cdot 73^{k_6}
\end{array}$$

3. Weitere Untersuchungen zu Punkt 2 – allerdings weniger unter dem Blickwinkel der vorgegebenen Blocklänge $i = bl(X) = 6$, sondern unter den systematisch erhöhten Exponenten k_1, k_2, k_3, k_4 – haben für $m = 2^{k_1} \cdot 3^{k_2} \cdot 7^{k_3} \cdot 13^{k_4}$ folgendes ergeben:

$$\begin{array}{lccccc}
k_1: & 0 & [0,2] & [1,2] & [0,2] & [0,2] \\
k_2: & [0,2] & [0,2] & [0,2] & [0,2] & [0,2] \\
k_3: & 0 & 2 & 0 & 1 & 2 \\
k_4: & 2 & [0,1] & 2 & 2 & 2 \\
b(m): & (0,39) & (0,42) & (0,78) & (0,78) & (0,546)
\end{array}$$

Betrachtet man die dabei auftretenden Blocklängen $bl(X)$ genauer, so wird man feststellen, daß sie sich in der gleichen Weise durch Primfaktoren darstellen lassen, wie der hier verwendete Modul $m = 2^{k_1} \cdot 3^{k_2} \cdot 7^{k_3} \cdot 13^{k_4}$, beispielsweise ist $78 = 2^1 \cdot 3^1 \cdot 7^0 \cdot 13^1$ und $546 = 2^1 \cdot 3^1 \cdot 7^1 \cdot 13^1$. Diese Beobachtung legt den Versuch nahe, eine Funktion $e : \mathbb{N} \longrightarrow \mathbb{N}$ zu finden, die einen Zusammenhang der Form $m = 2^{k_1} \cdot 3^{k_2} \cdot 7^{k_3} \cdot 13^{k_4} \Leftrightarrow bl(X) = 2^{e(k_1)} \cdot 3^{e(k_2)} \cdot 7^{e(k_3)} \cdot 13^{e(k_4)}$ anzugeben gestattet.

Die Frage nach einer solchen Funktion e (sowie nach der Rolle, die die Zahl 3 in diesem Zusammenhang spielt) konnte auf Anhieb nicht beantwortet werden. Aber man sieht immerhin, welche Bedeutung diese Frage für die in Abschnitt 2.031 gesteckten Ziele hat.

Eine weitere, auch noch genauer zu untersuchende Frage im Hinblick auf die Größe von Blocklängen (maximale Blocklängen), die bei $X = X(3,3,m)$ auftreten können, folgt aus den Beobachtungen in folgender Tabelle, wobei es darauf ankommt, die Verteilung der Primzahlen auf die einzelnen Mengen zu klären:

$$\begin{array}{lll}
bl(X) = m & \Leftrightarrow & m \in \{1,2\} \\
bl(X) = m-1 & \Leftrightarrow & m \in \{5,7,17,19,29,31,45,...\} \\
bl(X) = \tfrac{1}{2}(m-1) & \Leftrightarrow & m \in \{3,11,23,37,47,...\} \\
bl(X) = \tfrac{1}{4}(m-1) & \Leftrightarrow & m \in \{13,...\} \\
bl(X) = \tfrac{1}{5}(m-1) & \Leftrightarrow & m \in \{41,...\}
\end{array}$$

A2.032.01: Begründen Sie die in Lemma 2.032.3 genannten Sachverhalte.

2.033 BLOCKLÄNGEN MULTIPLIKATIVER KONGRUENZ-GENERATOREN

> Die Literatur ist der Ausdruck der Gesellschaft, wie das Wort der Ausdruck des Menschen ist.
> *Ambroise de Bonald* (1754 - 1840)

Die folgenden Betrachtungen bilden ein Analogon zu denen über lineare Generatoren, wobei auf die Fragestellungen und Nuancierung der Antworten in Abschnitt 2.032 aufmerksam gemacht wurde.

2.033.1 Satz

Ein multiplikativer Kongruenz-Generator $X = X(s, a, m)$ mit den Eigenschaften

1. $mod(a, 8) = 3$ oder $mod(a, 8) = 5$,
2. $m = 2^t$, für beliebiges t aus $\mathbb{N}$ mit $t \geq 3$

hat die Blocklänge $bl(X) = 2^u$ mit

a) $u = t - 2$, falls s ungerade,

b) $0 \leq u < t - 2$, falls s gerade ist.

Die maximal erreichbare Blocklänge multiplikativer Generatoren mit Modul $m = 2^t$ ist also $bl(X) = 2^{t-2}$. Obgleich sie rein numerisch betrachtet lediglich ein Viertel von der in Satz 2.032.1 erhaltenen Blocklänge ($bl(X) = m$) darstellt, liegt die praktische Bedeutung von Satz 2.033.1 in der Kennzeichnung von Moduln als Zweierpotenzen (den sogenannten Computer-Zahlen).

Man beachte ferner: Während in Satz 2.032.1 mit $bl(X) = m$ zugleich die Bildmenge $Bild(X) = [0, m-1]$ der dort beschriebenen linearen Generatoren charakterisiert ist, ist das in Satz 2.033.1 ja nicht der Fall.

2.033.2 Bemerkungen und Beispiele

Mit den Daten aus Satz 2.033.1 für den Fall $mod(a, 8) = 5$ und *ungeraden Startzahlen* gilt:

1. Ist $mod(s, 4) = 1$ oder $mod(s, 4) = 3$, dann ist $Bild(X) = \{mod(s, 4) + 4k \mid 0 \leq k \leq 2^{t-2} - 1\}$.

Ein Beispiel für den Fall $mod(s, 4) = 1$ ist der Generator $X = X(13, 5, 16)$, denn dabei ist $mod(5, 8) = 5$, $mod(13, 4) = 1$ und $m = 16 = 2^4 = 2^t$ mit $t = 4 \geq 3$. Die Elemente der Bildmenge $Bild(X) = \{1, 5, 9, 13\}$ haben tatsächlich die Form $1 + 4k = mod(s, 4) + 4k$ für $0 \leq k \leq 3 = 2^2 - 1 = 2^{t-2} - 1$.

2. Entsprechend wie in 1. kann man nachprüfen, daß der Generator $X = X(11, 5, 16)$ mit $Bild(X) = \{3, 7, 11, 15\}$ ein Beispiel für den Fall $mod(s, 4) = 3$ mit $t = 4$ ist. Weitere Beispiele lassen sich leicht angeben, wenn man im Fall $mod(s, 4) = 1$ die Startzahl s aus der Äquivalenzklasse $4\mathbb{Z} + 1$, im Fall $mod(s, 4) = 3$ die Startzahl s aus der Äquivalenzklasse $4\mathbb{Z} + 3$ wählt.

2.033.3 Bemerkungen und Beispiele

Die folgenden Bemerkungen beziehen sich auf den Fall gerader Startzahlen s in Satz 2.033.1 mit der Zielrichtung, die dort nur bereichsweise angegebene Zahl u und die entsprechende Blocklänge $bl(X) = 2^u$ sowie zugehörige Bildmengen $Bild(X)$ genauer zu beschreiben.

Mit den Daten aus Satz 2.033.1 für den Fall $mod(a, 8) = 5$ und *geraden Startzahlen* gilt:

1. Es sei k mit $1 \leq k < t - 2$ vorgegeben.

a) Zu jeder Startzahl aus $S_k = \{s_{ki} = 2^k(1 + 2i) \mid i \geq 0\}$ hat der Generator $X = X(s_{ki}, a, 2^t)$ die Blocklänge $bl(X) = 2^{t-2-k}$.

b) Die von je zwei Startzahlen s_{ki_1} und s_{ki_2} aus $U_k = \{s_{ki} = 2^k(1 + 4i) \mid i \geq 0\} \subset S_k$ erzeugten Generatoren $X_1 = X(s_{ki_1}, a, 2^t)$ und $X_2 = X(s_{ki_2}, a, 2^t)$ haben dieselbe Bildmenge, es ist also $Bild(X_1) = Bild(X_2)$. Insbesondere gilt: Betrachtet man die Zahlen i in aufsteigender Folge, also $i = 0, 1, 2, ...$, dann sind die Blöcke der Folgen $X_0, X_1, X_2, ...$ zyklische Permutationen des Blocks von X_0.

c) Für die von je zwei Startzahlen aus $V_k = \{s_{ki} = 2^k(3 + 4i) \mid i \geq 0\} \subset S_k$ erzeugten Generatoren gilt die Aussage in b) in gleicher Weise.

2. Es sei $k = t - 2$.

a) Zu jeder Startzahl aus $S_k = \{s_{ki} = 2^k(1 + 2i) \mid i \geq 0\}$ hat der Generator $X = X(s_{ki}, a, 2^t)$ die Blocklänge $bl(X) = 2^{t-2-k} = 1$.

b) Die Bildmengen der in a) genannten Generatoren sind $Bild(X) = \{s_{ki}\}$. Für den Sonderfall $s_{ki} = m$ ist $Bild(X) = \{0\}$, also $X = 0$.

3. Zur näheren Erläuterung der Angaben von 1. und 2. sind zu den Generatoren $X = X(s_{ki}, 5, 2^6)$ mit $t = 6$ alle Startzahlen s_{ki} in der folgenden Tabelle dargestellt. (Diese Tabelle kann man sich für beliebig große Startzahlen auch als Matrix aus $Mat(t-2, \mathbb{N}_0)$ vorstellen.)

Zeilen	Startzahlen s_{ki} mit $i = 0, 1, 2, \ldots$	$bl(X)$
$s_{1i} = 2^1(1+2i)$	2 6 10 14 18 22 26 30 34 38 42 46 50 54 58 62 66 70 74 ...	$8 = 2^{t-2-1}$
$s_{2i} = 2^2(1+2i)$	4 12 20 28 36 44 52 60 68 76 ...	$4 = 2^{t-2-2}$
$s_{3i} = 2^3(1+2i)$	8 24 40 56 72 ...	$2 = 2^{t-2-3}$
$s_{4i} = 2^4(1+i)$	16 32 48 64 80 ...	$1 = 2^{t-2-4}$

4. Für die in vorstehender Tabelle dargestellten Startzahlen s werden Folgen geliefert, deren erste Blöcke in folgender Tabelle genannt sind:

s	$=$	2:	(10	50	58	34	42	18	26	2)
s	$=$	6:	(30	22	46	38	62	54	14	6)
s	$=$	10:	(50	58	34	42	18	26	2	10)
s	$=$	14:	(6	30	22	46	38	62	54	14)
s	$=$	18:	(26	2	10	50	58	34	42	18)
s	$=$	22:	(46	38	62	54	14	6	30	22)
s	$=$	26:	(2	10	50	58	34	42	18	26)
s	$=$	30:	(22	46	38	62	54	14	6	30)
s	$=$	34:	(42	18	26	2	10	50	58	34)
s	$=$	38:	(62	54	14	6	30	22	46	38)
s	$=$	42:	(18	26	2	10	50	58	34	42)
s	$=$	46:	(38	62	54	14	6	30	22	46)
s	$=$	50:	(58	34	42	18	26	2	10	50)
s	$=$	54:	(14	6	30	22	46	38	62	54)
s	$=$	58:	(34	42	18	26	2	10	50	58)
s	$=$	62:	(54	14	6	30	22	46	38	62)
s	$=$	66:	(10	50	58	34	42	18	26	2)

s	$=$	4:	(20	36	52	4)
s	$=$	12:	(60	44	28	12)
s	$=$	20:	(36	52	4	20)
s	$=$	28:	(12	60	44	28)
s	$=$	36:	(52	4	20	36)
s	$=$	44:	(28	12	60	44)
s	$=$	52:	(4	20	36	52)
s	$=$	60:	(44	28	12	60)

s	$=$	8:	(40		8)
s	$=$	24:	(56		24)
s	$=$	40:	(8		40)
s	$=$	56:	(24		56)

s	$=$	16:	(16)
s	$=$	32:	(32)
s	$=$	48:	(48)
s	$=$	64:	(0)

5. Die vorstehende Liste der ersten Blöcke der Folgen X legt folgende Vermutungen nahe:

a) Eine (gerade oder ungerade) Startzahl s, die größer als der Modul $m = 2^t$ ist, liefert dieselbe Folge

wie die Startzahl $mod(s, m)$; es genügen also die Startzahlen $s \in [1, m]$.
b) Mit Ausnahme der Startzahl $s = 16 \cdot i$ (mit $i \geq 0$), also der letzten der vier Tabellen, treten in den ersten drei Tabellen nur Permutationen zweier verschiedener Blöcke auf.

A2.033.01: Welche Blocklängen entstehen, wenn bezüglich Satz 2.033.1 die Zahlen $mod(a, 8) = 0, 1, 2, 4, 6, 7, ...$ gewählt werden? Untersuchen Sie das Beispiel $mod(a, 8) = 4$ für $X = X(5, 100, 64)$.

A2.033.02: Geben Sie als Beispiele zu Bemerkung 2.033.2/1 jeweils $Bild(X)$ an für $t = 3, 4, ..., 7$, getrennt nach den Fällen $mod(s, 4) = 1$ und $mod(s, 4) = 3$.

A2.033.03: Legen Sie Tabellen nach dem Muster von Bemerkung 2.033.3/3 jeweils für die Generatoren $X = X(s_{ki}, 5, 2^5)$ mit $t = 5$ sowie für $X = X(s_{ki}, 5, 2^7)$ mit $t = 7$ an.

2.040 Konvergente Folgen $\mathbb{N} \longrightarrow T \subset \mathbb{R}$ (Teil 1)

> Der Mathematiker betrachtet das aus Abstraktion Hervorgegangene ..., indem er nämlich alles Sinnliche, z.B. Schwere und Leichtigkeit, Härte und das Gegenteil, ferner Wärme und Kälte und die anderen Gegensätze der sinnlichen Wahrnehmung wegläßt und nur das Quantitative und das nach einer oder zwei Richtungen Kontinuierliche übrigläßt.
> *Aristoteles von Stagira (384 - 322)*

In diesem Abschnitt beginnt die Untersuchung einer Eigenschaft von Folgen $\mathbb{N} \longrightarrow T$, $T \subset \mathbb{R}$, die für alle Gebiete der Analysis von grundlegender Bedeutung ist. Diese Eigenschaft läßt sich andeutungsweise, gleichwohl intuitiv sehr gut an den beiden folgenden graphischen Darstellungen erkennen:

1. Graphische Darstellung der antitonen Folge $x : \mathbb{N} \longrightarrow [0,1]$ mit $x_n = \frac{1}{n}$:

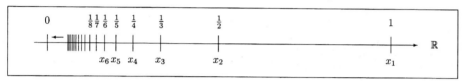

2. Graphische Darstellung der zugehörigen alternierenden Folge $x : \mathbb{N} \longrightarrow [-1,1]$ mit $x_n = (-1)^n \cdot \frac{1}{n}$:

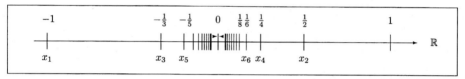

(Man beachte, daß bei diesem Verfahren die angegebenen graphischen Darstellungen gerade die Projektionen auf die Ordinate von den Punkten $(n, x(n))$, $n \in \mathbb{N}$, der zweidimensionalen Darstellungen der Funktionen x sind.)

Dieses Verhalten beider Folgen läßt sich allgemeinsprachlich etwa so beschreiben: Mit zunehmendem Index n *nähern sich die Folgenglieder $x(n)$ immer mehr einer bestimmten Zahl*, in den beiden dargestellten Beispielen ist das jeweils die Zahl 0. Wichtig bei dieser Kennzeichnung ist, daß das für alle (mindestens für *fast alle*, i.e. *bis auf endlich viele*) Folgenglieder gilt, sowie die daraus folgende Tatsache, daß die Zahl, der sich die Folgenglieder nähern, eindeutig bestimmt (bestimmbar) ist.

Die folgende Definition beschreibt diese Eigenschaft, die Folgen $x : \mathbb{N} \longrightarrow T$, $T \subset \mathbb{R}$, haben oder nicht haben können, in genauerer Weise, das bedeutet, sie enthält zugleich eine Methode, eine Anleitung, diese *Eigenschaft auf rechnerischem Wege* ermitteln bzw. nachprüfen zu können.

2.040.1 Definition

1. Eine Folge $x : \mathbb{N} \longrightarrow T$, $T \subset \mathbb{R}$, heißt *konvergent in T gegen $x_0 \in T$*, falls es zu jedem $\epsilon \in \mathbb{R}^+$ einen Folgenindex *(Grenzindex)* $n(\epsilon) \in \mathbb{N}$ gibt mit
$$|x_n - x_0| < \epsilon, \text{ für alle } n \geq n(\epsilon).$$
2. Konvergiert eine Folge $x : \mathbb{N} \longrightarrow T$, $T \subset \mathbb{R}$, in T gegen $x_0 \in T$, so nennt man x_0 den *Grenzwert* oder *Limes* der Folge x und schreibt $lim(x) = x_0$ oder auch $lim(x_n)_{n \in \mathbb{N}} = x_0$.
3. Eine Folge $x : \mathbb{N} \longrightarrow T$, $T \subset \mathbb{R}$, die in T nicht konvergiert, heißt *divergent in T*.
4. Die Menge aller in $T \subset \mathbb{R}$ konvergenten Folgen $x : \mathbb{N} \longrightarrow T$ wird mit $Kon(T)$ bezeichnet.

2.040.2 Bemerkungen

1. Wie auch die folgenden Beispiele zeigen, setzt die Anwendung des in obiger Definition angegebenen Konvergenz-Kriteriums die Kenntnis des Grenzwertes voraus. Anders gesagt, es dient dazu, in konkreten Situationen das Konvergenz-Verhalten einer Folge bezüglich eines mindestens vermuteten Grenzwertes entweder zu verifizieren oder zu falsifizieren. Im weiteren Verlauf der Untersuchungen zur Konvergenz von Folgen werden jedoch noch andere Kriterien betrachtet, die ohne vorherige Kenntnis des Grenzwertes Konvergenz zu prüfen gestatten. Dabei werden sogar Fälle auftreten, bei denen man zwar die Konvergenz einer bestimmten Folge beweisen, nicht aber ihren Grenwert numerisch genau angeben kann.

Man beachte dabei: Die Behauptung der Konvergenz einer Folge ist eine *qualitative Aussage*, die Angabe des Grenzwertes einer konvergenten Folge, also eine numerische Angabe, ist eine *quantitative Aussage*.

2. Die in obiger Definition genannte Teilmenge T von $\mathbb{R}$ ist in vielen, aber nicht in allen Anwendungen von Bedeutung. Genau genommen ist die Menge $Bild(x) \cup \{lim(x)\}$ die kleinste Menge, in der eine in $\mathbb{R}$ konvergente Folge $x : \mathbb{N} \longrightarrow \mathbb{R}$ konvergiert. Analog zu Bemerkung 2.001.2/4 gilt: Ist $x : \mathbb{N} \longrightarrow T$, $T \subset \mathbb{R}$, eine in T konvergente Folge, dann ist für jede Menge S mit $Bild(x) \cup \{lim(x)\} \subset S \subset \mathbb{R}$ die Folge $x : \mathbb{N} \longrightarrow S$ eine in S konvergente Folge.

Oft erlaubt es der Betrachtungszusammenhang aber, T von vornherein genügend groß anzulegen, so daß $lim(x) \in T$ gilt, x also in T konvergiert. Beispielsweise wird man die Folge $(\frac{1}{n})_{n \in \mathbb{N}}$ nur in Ausnahmefällen als divergente $\mathbb{R}^+$-Folge, sondern in aller Regel als $\mathbb{R}$-Folge und damit als konvergente Folge ansehen.

3. Eine genauere Betrachtung von Teil 2 in obiger Definition verlangt den Nachweis, daß die durch Teil 1 charakterisierte Zahl x_0 eindeutig bestimmt ist. Erst dann sind der bestimmte Artikel und die Bezeichnung $lim(x) = x_0$ erlaubt.

In der Tat ist x_0 durch die in Teil 1 genannte Bedingung eindeutig bestimmt, denn angenommen, eine konvergente Folge x hätte die beiden Grenzwerte x_0 und z mit $x_0 \neq z$, dann gäbe es zu $\epsilon = \frac{1}{2}|x_0 - z|$ Grenzindices $n_1(\epsilon)$ und $n_2(\epsilon)$ mit $|x_n - x_0| < \epsilon$, für alle $n \geq n_1(\epsilon)$, und $|x_n - z| < \epsilon$, für alle $n \geq n_2(\epsilon)$. Da für $n(\epsilon) = max(n_1(\epsilon), n_2(\epsilon))$ beide Abschätzungen gelten, also $|x_n - x_0| < \epsilon$ und $|x_n - z| < \epsilon$, für alle $n \geq n(\epsilon)$, folgt der Widerspruch $|x_0 - z| = |x_0 - x_n + x_n - z| \leq |x_0 - x_n| + |x_n - z| < 2\epsilon = |x_0 - z|$.

4. In den folgenden Beispielen wird von den jeweils genannten Folgen die Konvergenz gegen eine bestimmte Zahl nachgerechnet. Dabei erfordert das Konvergenz-Kriterium von Definition 2.040.1, das ja eine Existenzaussage für den Grenzindex $n(\epsilon)$ ist, folgende generell einzuhaltende Verfahrensweise: Ein beliebig, aber fest gewähltes Element $\epsilon \in \mathbb{R}^+$ wird vorgegeben, dazu ist dann der zugehörige Grenzindex $n(\epsilon) \in \mathbb{N}$ zu berechnen, für den die Bedingung gilt: Für alle $n \geq n(\epsilon)$ ist $|x_n - x_0| < \epsilon$. Dieser Grenzindex $n(\epsilon)$ ist somit der kleinste derjenigen Indices n, für die $|x_n - x_0| < \epsilon$ gilt, also ist $n(\epsilon) = min\{n \in \mathbb{N} \mid |x_n - x_0| < \epsilon\}$. Der Grenzindex ist durch diese Kennzeichnung eindeutig bestimmt, das heißt, zu jeder gegen x_0 konvergenten Folge x gibt es eine zugehörige Funktion $n(-) : \mathbb{R}^+ \longrightarrow \mathbb{N}$ mit $\epsilon \longmapsto n(\epsilon)$.

2.040.3 Beispiele

Bei den folgenden Beweisen wird zur einfacheren Bezeichnung die Funktion $[-] : \mathbb{R} \longrightarrow \mathbb{N}$, definiert durch $[z] = min\{k \in \mathbb{N} \mid k > z\}$, verwendet, wobei insbesondere $[k] = k+1$ für $k \in \mathbb{N}$ ist. Diese Funktion wird häufig als Gauß- oder als Integer-Funktion (bezüglich $\mathbb{N}$) bezeichnet.

1. Die zu Anfang des Abschnitts schon betrachtete (streng antitone) $\mathbb{Q}$-Folge $x : \mathbb{N} \longrightarrow \mathbb{Q}$, $x = (\frac{1}{n})_{n \in \mathbb{N}}$, ist konvergent gegen $x_0 = lim(x) = 0$.

Beweis: (sollte zum besseren Überblick in kleinere Einzelschritte zerlegt sein)
a) Es sei ein beliebig, aber fest gewähltes Element $\epsilon \in \mathbb{R}^+$ vorgelegt.
b) Gesucht ist ein Grenzindex $n(\epsilon) \in \mathbb{N}$, für den gilt: Für alle $n \geq n(\epsilon)$ ist $|x_n - x_0| < \epsilon$.
c) Berechnung des Betrages (Abstandes) $|x_n - x_0|$: Es gilt $|x_n - x_0| = |x_n - 0| = |\frac{1}{n} - 0| = |\frac{1}{n}| = \frac{1}{n}$ wegen $n > 0$.
d) Konstruktion von $n(\epsilon)$: Es gelten die Äquivalenzen $|x_n - x_0| < \epsilon \Leftrightarrow \frac{1}{n} < \epsilon \Leftrightarrow \frac{1}{\epsilon} < n$, folglich ist $n(\epsilon) = [\frac{1}{\epsilon}]$ der gesuchte Grenzindex.

2. Beispiel 1 illustrierend zeigt die folgende Skizze einige Beispiele für ϵ sowie die Lage einiger Folgenglieder und die der jeweils zu ϵ zugehörigen Grenzindices $n(\epsilon)$:

a) Für $\epsilon_1 = 0,1$ ist $n(\epsilon_1) = [10] = 11$, also gilt $\frac{1}{n} < \epsilon_1 = 0,1$, falls $n \geq n(\epsilon_1) = 11$ ist.

b) Für $\epsilon_1 = 0,014$ ist $n(\epsilon_2) = [\frac{1000}{14}] = [74,72] = 75$, also gilt $\frac{1}{n} < \epsilon_2 = 0,014$, falls $n \geq n(\epsilon_2) = 75$ ist.

c) Für $\epsilon_3 = 0,01$ ist $n(\epsilon_3) = [100] = 101$, also gilt $\frac{1}{n} < \epsilon_3 = 0,01$, falls $n \geq n(\epsilon_3) = 101$ ist.

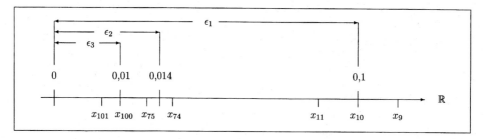

3. Die ebenfalls zu Anfang des Abschnitts schon betrachtete alternierende $[-1,1]$-Folge $x : \mathbb{N} \longrightarrow [-1,1]$, $x = ((-1)^n \frac{1}{n})_{n \in \mathbb{N}}$, ist konvergent gegen $x_0 = lim(x) = 0$.

Beweis (wieder zum besseren Überblick in kleinere Einzelschritte zerlegt):

a) Es sei ein beliebig, aber fest gewähltes Element $\epsilon \in \mathbb{R}^+$ vorgelegt.

b) Gesucht ist ein Grenzindex $n(\epsilon) \in \mathbb{N}$, für den gilt: Für alle $n \geq n(\epsilon)$ ist $|x_n - x_0| < \epsilon$.

c) Berechnung des Betrages (Abstandes) $|x_n - x_0|$: Es gilt $|x_n - x_0| = |x_n - 0| = |(-1)^n \frac{1}{n} - 0| = |(-1)^n \frac{1}{n}| = |(-1)^n| \cdot |\frac{1}{n}| = \frac{1}{n}$ wegen $n > 0$.

d) Konstruktion von $n(\epsilon)$: Es gelten die Äquivalenzen $|x_n - x_0| < \epsilon \Leftrightarrow \frac{1}{n} < \epsilon \Leftrightarrow \frac{1}{\epsilon} < n$, folglich ist $n(\epsilon) = [\frac{1}{\epsilon}]$ der gesuchte Grenzindex.

4. Folgen $x : \mathbb{N} \longrightarrow T$, $T \subset \mathbb{R}$, die gegen $0 \in T$ konvergieren, heißen *nullkonvergente Folgen*. Die Menge der in in T gegen $0 \in T$ konvergenten Folgen wird mit $Kon(T, 0)$ bezeichnet. Man beachte den begrifflichen Unterschied (der woanders nicht immer gemacht wird) zu der in Bemerkung 2.006.2/2 genannten konstanten Nullfolge (die, wie Bemerkung 2.040.4/1 zeigt, auch gegen 0 konvergiert).

5. Die nachstehend durch $x(n)$ jeweils definierten Folgen $x : \mathbb{N} \longrightarrow \mathbb{R}$ sind nullkonvergent:

a) $x(n) = -\frac{1}{n}$ b) $x(n) = \frac{6}{n}$ c) $x(n) = \frac{a}{n}$, $a \in \mathbb{R}$

d) $x(n) = \frac{1}{n+1}$ e) $x(n) = \frac{1}{1-2n}$ f) $x(n) = \frac{1}{(-1)^n n}$

g) $x(n) = \frac{1}{n^2}$ h) $x(n) = \frac{1}{2n^2-1}$ i) $x(n) = -\frac{1}{(n-1)^2}$

k) $x(n) = \frac{n}{n(n+1)}$ l) $x(n) = \frac{n+3}{(n-9)^2}$ m) $x(n) = \frac{n^2+2n+1}{n(n+1)^2}$

n) $x(n) = \frac{1}{\sqrt{n}}$ o) $x(n) = \frac{1}{\sqrt{n^2+1}}$ p) $x(n) = \frac{1}{\sqrt[3]{n^2}}$

Zum Beweis einiger der Beispiele wird jeweils ein beliebig, aber fest gewähltes Element $\epsilon \in \mathbb{R}^+$ betrachtet und dann der Betrag $|x_n - x_0| = |x_n - 0| = |x_n|$ durch ϵ abgeschätzt. Aus dieser Abschätzung wird dann durch Äquivalenzumformungen der zugehörige Grenzindex $n(\epsilon)$ ermittelt. In Kurzform:

c) $|x_n| = |a \cdot \frac{1}{n}| = |a| \cdot \frac{1}{n}$ liefert $|x_n| < \epsilon \Leftrightarrow |a| \cdot \frac{1}{n} < \epsilon \Leftrightarrow \frac{|a|}{\epsilon} < n$ somit ist $n(\epsilon) = [\frac{|a|}{\epsilon}]$.

h) $|x_n| = \frac{1}{2n^2-1}$ (denn $2n^2 - 1 > 0$) liefert $|x_n| < \epsilon \Leftrightarrow \frac{1}{2n^2-1} < \epsilon \Leftrightarrow \frac{1}{\epsilon} < 2n^2 - 1 \Leftrightarrow \frac{1}{\epsilon} + 1 < 2n^2 \Leftrightarrow \sqrt{\frac{1}{2}(\frac{1}{\epsilon}+1)} < n$, somit ist $n(\epsilon) = [\sqrt{\frac{1}{2}(\frac{1}{\epsilon}+1)}]$.

m) Nach Kürzen ist $|x_n| = \frac{1}{n}$, woraus $n(\epsilon) = [\frac{1}{\epsilon}]$ folgt.

n) $|x_n| = \frac{1}{\sqrt{n}}$ liefert $|x_n| < \epsilon \Leftrightarrow \frac{1}{\sqrt{n}} < \epsilon \Leftrightarrow \frac{1}{n} < \epsilon^2 \Leftrightarrow \frac{1}{\epsilon^2} < n$, somit ist $n(\epsilon) = [\frac{1}{\epsilon^2}]$.

o) $|x_n| = \frac{1}{\sqrt{n^2+1}}$ liefert $|x_n| < \epsilon \Leftrightarrow \frac{1}{\sqrt{n^2+1}} < \epsilon \Leftrightarrow \frac{1}{\epsilon} < \sqrt{n^2+1} \Leftrightarrow \frac{1}{\epsilon^2} < n^2 + 1 \Leftrightarrow \sqrt{\frac{1}{\epsilon^2}-1} < n$, somit ist $n(\epsilon) = [\sqrt{\frac{1}{\epsilon^2}-1}]$ (im Fall $\frac{1}{\epsilon^2} - 1 < 0$ ist $n(\epsilon) = 1$).

6. Die nachstehend genannten Folgen $x : \mathbb{N} \longrightarrow \mathbb{R}$ konvergieren gegen die jeweils angegebenen Grenzwerte:

a) $lim(a + \frac{1}{n})_{n \in \mathbb{N}} = a$ b) $lim(a - \frac{1}{n})_{n \in \mathbb{N}} = a$ c) $lim(\frac{1}{n} - a)_{n \in \mathbb{N}} = -a$

d) $lim(\frac{n}{n+1})_{n \in \mathbb{N}} = 1$ e) $lim(\frac{n+1}{n})_{n \in \mathbb{N}} = 1$ f) $lim((-1)^n \cdot \frac{1}{n+1})_{n \in \mathbb{N}} = 0$

Analog zu den Beweisen in 5 wird jeweils ein beliebig, aber fest gewähltes Element $\epsilon \in \mathbb{R}^+$ betrachtet und dann der Betrag $|x_n - x_0|$ berechnet. Anschließend wird durch Äquivalenzumformungen zu der Abschätzung $|x_n - x_0| < \epsilon$ der zu ϵ gehörende Grenzindex $n(\epsilon)$ ermittelt. Wieder in Kurzform:

a) Mit $|x_n - a| = |a + \frac{1}{n} - a| = \frac{1}{n}$ ist $n(\epsilon) = [\frac{1}{\epsilon}]$ nach Beispiel 2.040.3/1.

b) Mit $|x_n - a| = |a - \frac{1}{n} - a| = \frac{1}{n}$ ist $n(\epsilon) = [\frac{1}{\epsilon}]$ wie in a).

d) Mit $|x_n - 1| = |\frac{n}{n+1} - 1| = |\frac{-1}{n+1}| = \frac{1}{n+1}$ gelten die Äquivalenzen $|x_n - 1| < \epsilon \Leftrightarrow \frac{1}{n+1} < \epsilon \Leftrightarrow \frac{1}{\epsilon} - 1 < n$, somit ist $n(\epsilon) = [\frac{1}{\epsilon} - 1]$.

f) Mit $|x_n - 0| = |(-1)^n \frac{1}{n+1}| = |\frac{1}{n+1}| = \frac{1}{n+1}$ ist $n(\epsilon) = [\frac{1}{\epsilon} - 1]$ wie in d).

2.040.4 Bemerkungen

1. Konstante Folgen $a : \mathbb{N} \longrightarrow \mathbb{R}, n \longmapsto a$ oder $(a)_{n \in \mathbb{N}}$ geschrieben, sind konvergent gegen $lim(a) = a$.

Beweis: Obgleich konstante Folgen nicht der Näherungs-Idee entsprechen, genügen sie doch dem Konvergenz-Kriterium von Definition 2.040.1: Es sei ein beliebig, aber fest gewähltes Element $\epsilon \in \mathbb{R}^+$ vorgelegt. Dann gilt $|x_n - a| = |a - a| = 0 < \epsilon$, für alle $n \in \mathbb{N}$, folglich ist $n(\epsilon) = 1$ der zugehörige Grenzindex.

2. Noch einmal zu der eingangs diskutierten Idee der Konvergenz als einer Idee des Sich-Näherns von Zahlen. Diese Vorstellung basiert auf Entfernungen oder Abständen von Gegenständen und wird, da sie weder mit rein algebraischen Begriffen noch mit Mitteln von Ordnungs-Strukturen beschrieben werden kann, als eigenständige Idee behandelt und mit dem Begriff *Topologische Struktur* belegt (siehe dazu die breiteren Ausführungen in Abschnitt 1.300).

Wie die Definition und die Beispiele für konvergente Folgen $x : \mathbb{N} \longrightarrow T \subset \mathbb{R}$, zeigen, bedeutet die Bedingung $|x_n - x_0| < \epsilon$ das *Messen und Vergleichen von Abständen*. Das ist sozusagen die technische Idee, die im Rahmen der reichhaltigen Strukturen auf $\mathbb{R}$ beispielsweise durch die Hilfsmittel der algebraischen Operation Addition, die Kleiner-Gleich-Beziehung als Ordnungs-Relation und die Betrags-Funktion formuliert werden kann.

Man kann nun umgekehrt sagen: In solchen mathematischen Theorien, die diese technische Idee auf irgend eine vergleichbare Weise zu realisieren gestatten, kann man Konvergenz installieren. In der Tat gibt es solche Theorien, die auch an späterer Stelle noch besprochen werden (siehe Abschnitte 2.07x und 2.08x sowie die Abschnitte 2.4x).

A2.040.01: Die folgende Tabelle zeigt zu drei Folgen $x : \mathbb{N} \longrightarrow \mathbb{R}$ und zu dem Abstand $\epsilon = \frac{1}{10}$ das kleinste Folgenglied, das *nicht innerhalb* des Abstandes ϵ liegt (erste Zeile), sowie den Grenzindex (zweite Zeile) und das zu dem Grenzindex gehörende Folgenglied, das als erstes Folgenglied *innerhalb* des Abstandes ϵ liegt (dritte Zeile).

		$x(n) = \frac{1}{n}$	$x(n) = \frac{1}{n^2}$	$x(n) = \frac{1}{\sqrt{n}}$
$\epsilon = \frac{1}{10}$:		$x(10) = \frac{1}{10}$	$x(3) = \frac{1}{9}$	$x(100) = \frac{1}{10}$
	$n(\epsilon)$	$[10] = 11$	$[3] = 4$	$[100] = 101$
	$x_{n(\epsilon)}$	$x(11) = \frac{1}{11}$	$x(4) = \frac{1}{16}$	$x(101) = \frac{1}{\sqrt{101}}$

Ergänzen Sie diese Tabelle jeweils um Dreizeiler für die Abstände $\epsilon = \frac{1}{30}$, $\epsilon = \frac{1}{75}$, $\epsilon = \frac{1}{100}$ und $\epsilon = \frac{1}{10^6}$.

A2.040.02: Führen Sie alle Beweise zu den Beispielen 2.040.3/5/6 nach dem Muster der ausführlichen Darstellung in den Beispielen 2.040.3/1/3 (Gegenstände, Ziel, Ausführung).

A2.040.03: Einige Einzelaufgaben:

1. Betrachten Sie die Folge $x : \mathbb{N} \longrightarrow \mathbb{R}$, definiert durch $x_n = \frac{-10n-13}{5n+6}$. Berechnen Sie zu einer vorgegebenen Zahl $\epsilon > 0$ eine möglichst kleine Zahl $n(\epsilon) \in \mathbb{N}$ mit $|2 + x_n| < \epsilon$, für alle $n \geq n(\epsilon)$. Geben Sie $n(\frac{1}{500})$ an. Begründen Sie die Konvergenz von x mit $lim(x) = 2$.

2. Analoge Aufgabenstellung mit den Daten $x_n = \frac{3+16n}{-2-4n}$, $|4 + x_n| < \epsilon$, $n(\frac{1}{200})$ und $lim(x) = -4$.

3. Analoge Aufgabenstellung mit den Daten $x_n = \frac{-25n-1}{1+50n}$, $|\frac{1}{2} + x_n| < \epsilon$, $n(100)$ und $lim(x) = -\frac{1}{2}$.

4. Analoge Aufgabenstellung mit den Daten $x_n = \frac{30-3n}{4n}$, $|\frac{3}{4} + x_n| < \epsilon$, $n(2)$ und $lim(x) = -\frac{3}{4}$.

A2.040.04: Zeigen Sie: Für $a \in \mathbb{R}$ gilt: Die Folge $(an)_{n\in\mathbb{N}}$ konvergiert genau dann, wenn $a = 0$ gilt.

A2.040.05: Beweisen Sie: Für alle reellen Zahlen $a > 1$ gilt $lim(a^{\frac{1}{n}})_{n\in\mathbb{N}} = 1$.

A2.040.06: Beweisen Sie $lim(n^{\frac{1}{n}})_{n\in\mathbb{N}} = 1$. Analogisieren Sie dabei eine Bearbeitung von A2.040.04, die die Bernoullische Ungleichung benutzt, und verwenden Sie eine ähnliche Ungleichung, die ebenfalls aus der Binomischen Formel abgeleitet werden kann (siehe A1.820.03).

A2.040.07: Zeigen Sie noch einmal ausführlicher Bemerkung 2.040.2/3, die in Kurzform besagt:
$$lim(x_n)_{n\in\mathbb{N}} = x_0 \text{ und } lim(x_n)_{n\in\mathbb{N}} = z \Rightarrow x_0 = z.$$

A2.040.08: Betrachten Sie für einige beliebig, aber jeweils fest gewählte Zahlen $k \in \{1, 2, 3, ...\}$ die Funktion $f_k : \mathbb{R}^+ \longrightarrow \mathbb{R}$, definiert durch $f_k(x) = \frac{1}{x^k}$. Betrachten Sie zu f_k ferner die Folge $(R_k(n))_{n\in\mathbb{N}}$ von Rechtecken, die die beiden gegenüberliegenden Eckpunkte $(0,0)$ und $(n, f_k(n))$ haben.

1. Untersuchen Sie die Folge $A_k : \mathbb{N} \longrightarrow \mathbb{R}$ der Flächeninhalte der Rechtecke $R_k(n)$ hinsichtlich Monotonie und Konvergenz.

2. Jedes Rechteck R_{kn} erzeugt durch Rotation um die Abszisse einen Zylinder. Untersuchen Sie die Folge $V_x : \mathbb{N} \longrightarrow \mathbb{R}$ der Zylindervolumina $V_x(n)$ hinsichtlich Monotonie und Konvergenz.

3. Wie Aufgabenteil 2, jedoch seien die Zylinder durch Rotation um die Ordinate erzeugt.

4. Bearbeiten Sie die Aufgabenteile 1 bis 3 für die Folge $(R_k(n))_{n\in\mathbb{N}}$ von Rechtecken, die die beiden gegenüberliegenden Eckpunkte $(0,0)$ und $(n, f_k(\frac{1}{n}))$ haben.

5. Ergänzen Sie die Zuordnung $x \longmapsto A_k(R_k(x))$ (Flächeninhalt im Sinne von Aufgabenteil 1) zu einer Funktion A_k und nennen Sie Eigenschaften dieser Funktion. Bilden Sie ferner zu den Aufgabenteilen 2 bis 4 entsprechende Funktionen und nennen Sie dann deren Eigenschaften.

2.041 KONVERGENTE FOLGEN $\mathbb{N} \longrightarrow T \subset \mathbb{R}$ (TEIL 2)

> Sobald sich an dem bisher Festgestellten ein Mangel zeigt, darf man begründeterweise an allem Übrigen, das sich darauf aufbaut, Zweifel hegen.
> *Galileo Galilei* (1564 - 1642)

Die in Abschnitt 2.040 angegebenen Beweise für die Konvergenz konkreter Folgen $\mathbb{N} \longrightarrow T$, $T \subset \mathbb{R}$, folgen zwar alle demselben Schema, das unmittelbar auf der Definition des Begriffs der Konvergenz beruht (Definition 2.040.1), sind bei den genannten Beispielen allein deswegen noch ganz gut überblickbar, weil die betrachteten Folgen sehr einfach gebaut sind. Man kann sich leicht komplexer gebaute Folgen x vorstellen, bei denen die Berechnung der Abstände $|x_n - x_0|$ numerische Schwierigkeiten macht. Man wird also versuchen – und das ist ja auch schon ein Gebot der Ökonomie – die Konvergenz komplexer gebauter Folgen auf die Konvergenz einfach gebauter Folgen zurückzuführen. Anders gesagt: Man versucht, die Kenntnis der Konvergenz der schon untersuchten Folgen für andere Folgen nutzbar zu machen. Diese Idee, die insbesondere auch in Abschnitt 2.046 verfolgt wird, soll in diesem Abschnitt an ersten Beispielen ausgeführt werden.

Im folgenden Lemma wird festgestellt, daß man konvergente Folgen und ihren jeweiligen Grenzwert naheliegenderweise gewissermaßen beliebig in Abszissen-Richtung verschieben kann, ohne daß das Konvergenz-Verhalten der Folge in irgendeiner Weise davon berührt wird (wie das auch schon die in 2.040.3/5 genannten Beispiele $lim(a + \frac{1}{n})_{n \in \mathbb{N}} = a$ und $lim(a - \frac{1}{n})_{n \in \mathbb{N}} = a$ zeigen):

2.041.1 Lemma

Konvergiert eine Folge $x : \mathbb{N} \longrightarrow \mathbb{R}$ gegen x_0, dann konvergieren auch für alle $a \in \mathbb{R}$ auch die beiden Folgen $x - a, x + a : \mathbb{N} \longrightarrow \mathbb{R}$ und es gilt $lim(x - a) = x_0 - a$ und $lim(x + a) = x_0 + a$.

Beweis: Die Konvergenz von x gegen x_0 liefert zu jedem beliebig, aber fest gewählten Element $\epsilon \in \mathbb{R}^+$ einen Grenzindex $n(\epsilon)$ mit der Abschätzung $|x_n - x_0| < \epsilon$, für alle $n \geq n(\epsilon)$. Dieselbe Abschätzung gilt aber auch für die Folgen $x - a$ und $x + a$, denn es gilt $|(x_n - a) - (x_0 - a)| = |x_n - x_0|$ und $|(x_n + a) - (x_0 + a)| = |x_n - x_0|$.

2.041.2 Lemma

Für beliebige konvergente Folgen $x : \mathbb{N} \longrightarrow T$, wobei $T \subset \mathbb{R}$ geeignet zu wählen ist, gilt:

1. $lim(x) = x_0 \Rightarrow lim(-x) = -x_0$
2. $lim(x) = x_0 \Rightarrow lim(\sqrt{x}) = \sqrt{x_0}$
3. $lim(x) = x_0 \Rightarrow lim(|x|) = |x_0|$
4. $lim(|x|) = 0 \Rightarrow lim(x) = 0$
5. $lim(x) = 0 \Rightarrow lim(x^k) = 0 \ (k \in \mathbb{N})$

Beweis: Analog zu den Beweisen der Beispiele 2.040.3 wird jeweils ein beliebig, aber fest gewähltes Element $\epsilon \in \mathbb{R}^+$ betrachtet. Im einzelnen gilt in Kurzform dann:

1. $|-x_n - (-x_0)| = |-(x_n - x_0)| = |x_n - x_0| < \epsilon$, für alle $n \geq n(\epsilon)$.

2. Für den Fall $x_0 \neq 0$ ist $|\sqrt{x_n} - \sqrt{x_0}| = |\frac{(\sqrt{x_n} - \sqrt{x_0})(\sqrt{x_n} + \sqrt{x_0})}{\sqrt{x_n} + \sqrt{x_0}}| = |\frac{x_n - x_0}{\sqrt{x_n} + \sqrt{x_0}}| = \frac{1}{\sqrt{x_n} + \sqrt{x_0}}|x_n - x_0| \leq \frac{1}{\sqrt{x_0}}|x_n - x_0|$. Wegen $lim(x) = x_0$ gibt es zu $\epsilon_1 = \epsilon \cdot \sqrt{x_0}$ ein $n(\epsilon_1)$ mit $|x_n - x_0| < \epsilon_1$, für alle $n \geq n(\epsilon)$. Damit gilt dann $|\sqrt{x_n} - \sqrt{x_0}| = \frac{1}{\sqrt{x_0}}|x_n - x_0| < \frac{1}{\sqrt{x_0}} \cdot \epsilon_1 = \epsilon$, für alle $n \geq n(\epsilon_1) = n(\epsilon)$.
Für den Fall $x_0 = 0$ gibt es zu ϵ ein $n(\epsilon)$ mit $x_n < \epsilon^2$, für alle $n \geq n(\epsilon)$, also gilt $\sqrt{x_n} < \epsilon$, für alle $n \geq n(\epsilon)$.

3. Eine der sogenannten Dreiecksungleichungen in Satz 1.616.4 und die Konvergenz von x gegen x_0 liefern einen Grenzindex $n(\epsilon) \in \mathbb{N}$ mit $||x_n| - |x_0|| = |x_n - x_0| < \epsilon$, für alle $n \geq n(\epsilon)$.

4. Mit $|x_n - 0| = |x_n| = ||x_n| - 0|$ liefert die Konvergenz von $|x|$ gegen 0 einen Grenzindex $n(\epsilon) \in \mathbb{N}$ mit $|x_n - 0| = ||x_n| - 0| < \epsilon$, für alle $n \geq n(\epsilon)$.

5. Wegen $lim(x) = 0$ gibt es zu $\epsilon_1 = \sqrt[k]{\epsilon} > 0$ ein $n(\epsilon_1)$ mit $|x_n - 0| = |x_n| < \epsilon_1$, für alle $n \geq n(\epsilon_1)$. Damit gilt dann $|x_n^k - 0| = |x_n^k| = |x_n|^k < \epsilon_1^k = \epsilon$, für alle $n \geq n(\epsilon_1)$. Somit ist $n(\epsilon) = n(\epsilon_1)$.

In Abschnitt 2.002 wurden die von streng monotonen Funktionen $k : \mathbb{N} \longrightarrow \mathbb{N}$ erzeugten Teilfolgen $t = x \circ k : \mathbb{N} \longrightarrow T$ vorgegebener Folgen $x : \mathbb{N} \longrightarrow T$, $T \subset \mathbb{R}$, betrachtet. Im folgenden Lemma wird nun untersucht, wie sich dieser Begriff zu dem der Konvergenz verhält. (Nebenbei: Der Zusammenhang zwischen den ebenfalls in Abschnitt 2.002 betrachteten Bildfolgen und Konvergenz initiiert die umfangreichere Theorie der Stetigen Funktionen (siehe Abschnitte 2.2x).)

2.041.3 Lemma

1. Alle Teilfolgen $t = x \circ k$ konvergenter Folgen $x : \mathbb{N} \longrightarrow T$, $T \subset \mathbb{R}$, sind konvergent mit $lim(t) = lim(x)$.
Anmerkung: Folgen, die konvergente Teilfolgen mit unterschiedlichen Grenzwerten haben, sind divergent.
2. Es sei (t_1, t_2) eine 2-Zerlegung einer Folge $x : \mathbb{N} \longrightarrow T$, $T \subset \mathbb{R}$ (siehe Bemerkung 2.002.4/4). Sind die beiden Teilfolgen $t_1, t_2 : \mathbb{N} \longrightarrow T$ konvergent, dann ist auch die (wieder zusammengesetzte) Folge $x : \mathbb{N} \longrightarrow T$ konvergent und es gilt $lim(x) = lim(t_1) = lim(t_2)$.
3. Es seien $y_1, y_2 : \mathbb{N} \longrightarrow T$, $T \subset \mathbb{R}$ konvergente Folgen mit $lim(y_1) = lim(y_2)$. Die von y_1 und y_2 erzeugte 2-Mischfolge $x : \mathbb{N} \longrightarrow T$, definiert durch

$$x(n) = \begin{cases} y_1(\frac{n+1}{2}), & \text{falls } n \text{ ungerade} \\ y_2(\frac{n}{2}), & \text{falls } n \text{ gerade,} \end{cases}$$

(siehe Bemerkung 2.002.4/5) ist konvergent und es gilt $lim(x) = lim(y_1) = lim(y_2)$.

Beweis:
1. Da x gegen x_0 konvergent ist, gibt es zu beliebig gewähltem $\epsilon \in \mathbb{R}^+$ einen Grenzindex $n(\epsilon)$ mit $|x_n - x_0| < \epsilon$, für alle $n \geq n(\epsilon)$. Es bezeichne nun $cf(\epsilon) = \{n \in \mathbb{N} \mid n \geq n(\epsilon)\}$, das ist das sogenannte durch $n(\epsilon)$ erzeugte cofinale Teil von $\mathbb{N}$, dann hat der Index $min(cf(\epsilon) \cap Bild(k))$ die Form $k(m)$ für ein eindeutig bestimmtes $m \in \mathbb{N}$, das für die Folge t die Rolle des Grenzindex' spielt und mit $m(\epsilon)$ bezeichnet sei. Damit gilt dann $|t_m - x_0| = |x_{k(m)} - x_0| \leq |x_n - x_0| < \epsilon$, für alle $n \geq n(\epsilon)$ und für alle $m \geq m(\epsilon)$. Somit konvergiert t ebenfalls gegen x_0.
2. Zu beliebig vorgegebenem $\epsilon \in \mathbb{R}^+$ gilt mit $x_0 = lim(t_1) = lim(t_2)$ dann $|x_n - x_0| < \epsilon$, für alle $n \geq n(\epsilon) = max(n(\epsilon_1), n(\epsilon_2))$, wobei $n(\epsilon_1)$ und $n(\epsilon_2)$ die Grenzindices zu ϵ bezüglich t_1 und t_2 seien.
3. y_1 und y_2 haben die Darstellungen $y_1 = x \circ k_1$ und $y_2 = x \circ k_2$ durch $k_1, k_2 : \mathbb{N} \longrightarrow \mathbb{N}$ mit $k_1(n) = 2n-1$ und $k_2(n) = 2n$. Somit sind y_1 und y_2 konvergente Teilfolgen von x mit $Bild(x) = Bild(y_1) \cup Bild(y_2)$, woraus nach 2. die Behauptung folgt.

2.041.4 Bemerkung

1. Da Kugeln $K(M,r)$ einerseits durch Paare $(M,r) \in \mathbb{R}^3 \times \mathbb{R}$ eindeutig bestimmt und andererseits Teilmengen von $\mathbb{R}^3$, also Elemente von $Pot(\mathbb{R}^3)$ sind, kann man die Erzeugung von Kugeln als Funktion $K : \mathbb{R}^3 \times \mathbb{R} \longrightarrow Pot(\mathbb{R}^3)$ mit der Zuordnung $(M,r) \longmapsto K(M,r)$ beschreiben. Diese Funktion ist naheliegenderweise injektiv, so daß man solche Paare (M,r) mit den von ihnen erzeugten Kugeln $K(M,r)$ in gewisser Weise identifizieren kann. Ein analoger Sachverhalt läßt sich auch für Kreise in $\mathbb{R}^2$ formulieren.
2. Folgen $C : \mathbb{N} \longrightarrow Pot(\mathbb{R}^3)$ von Kugelsphären C_n sind Paare $C = (M,r)$ von Folgen $M : \mathbb{N} \longrightarrow \mathbb{R}^3$ der Mittelpunkte M_n von C_n und Folgen $r : \mathbb{N} \longrightarrow \mathbb{R}$ der Radien r_n von C_n im Sinne des folgenden kommutativen Diagramms mit injektiver Funktion K:

3. Folgen $C : \mathbb{N} \longrightarrow Pot(\mathbb{R}^3)$ von Kugelsphären C_n sind genau dann konvergent, wenn die Folgen M und r in der Darstellung $C = (M,r)$ konvergent sind. Es wird dann $lim(C) = (lim(M), lim(r))$ definiert.
4. Bezüglich der Folge M gilt allgemein: Eine Folge $x : \mathbb{N} \longrightarrow \mathbb{R}^3$ von Punkten $x_n \in \mathbb{R}^3$ ist genau dann konvergent, wenn die drei Folgen der Komponenten konvergent sind, das heißt, wenn für $k \in \{1,2,3\}$ die drei Folgen $x_{(k,-)} : \mathbb{N} \longrightarrow \mathbb{R}$ mit $x_{(k,-)}(n) = x_{kn}$ konvergent sind.
5. Man kann die Konvergenz von Folgen $C : \mathbb{N} \longrightarrow Pot(\mathbb{R}^3)$ von Kugelsphären auch als Konvergenz

der Kugel-Relationen $C_n = \{(x_1, x_2, x_3) \in \mathbb{R}^3 \mid (m_{1n} - x_1)^2 + (m_{2n} - x_2)^2 + (m_{3n} - x_3)^2 = r_n^2\}$ mit Mittelpunkten $M_n = (m_{1n}, m_{2n}, m_{3n})$ definieren: C ist genau dann konvergent gegen $C_0 = K(M_0, r_0)$, wenn die Folgen $((m_{1n} - x_1)^2 + (m_{2n} - x_2)^2 + (m_{3n} - x_3)^2)_{n \in \mathbb{N}}$ und $(r_n^2)_{n \in \mathbb{N}}$ konvergieren. Ihre Grenzwerte liefern dann die definierende Gleichung von C_0.

6. Diese Begriffe werden analog für Folgen $C : \mathbb{N} \longrightarrow Pot(\mathbb{R}^2)$ von Kreissphären C_n in $\mathbb{R}^2$ definiert.

A2.041.01: Nennen Sie Beispiele zu den Aussagen von Lemma 1.041.2: Für beliebige konvergente Folgen $x : \mathbb{N} \longrightarrow T$, wobei $T \subset \mathbb{R}$ geeignet zu wählen ist, gilt:

1. $lim(x) = x_0 \Rightarrow lim(-x) = -x_0$
2. $lim(x) = x_0 \Rightarrow lim(\sqrt{x}) = \sqrt{x_0}$
3. $lim(x) = x_0 \Rightarrow lim(|x|) = |x_0|$
4. $lim(|x|) = 0 \Rightarrow lim(x) = 0$
5. $lim(x) = 0 \Rightarrow lim(x^k) = 0 \ (k \in \mathbb{N})$

A2.041.02: Prüfen Sie die umgekehrten Implikationen zu den Aussagen von Lemma 1.041.2. Geben Sie dazu – je nachdem – jeweils einen Beweis oder ein Gegenbeispiel an.

A2.041.03: Betrachten Sie die Folge $k : \mathbb{N} \longrightarrow Pot(\mathbb{R}^2)$ von Kreislinien (Kreissphären) $k_n = K(M_n, r_n)$ mit Mittelpunkten $M_n = (\frac{1}{n}, 0)$ und Radien $r_n = \frac{1}{n}$.

1a) Geben Sie die Folgenglieder der Folge $k : \mathbb{N} \longrightarrow Pot(\mathbb{R}^2)$ als Relationen k_n in $\mathbb{R}^2$ an.
1b) Geben Sie die zugehörigen Folgen $U, A : \mathbb{N} \longrightarrow \mathbb{R}$ der Umfänge $U_n = U(k_n)$ und Flächeninhalte $A_n = A(k_n)$ an. Wogegen konvergieren beide Folgen naheliegenderweise?
2. Ändern Sie die Daten von k_n in mehreren Varianten so ab, daß die Folgen U und V entweder gegen Zahlen ungleich Null konvergieren oder nicht konvergieren.
3. Wie man geometrisch leicht sehen kann, besitzt die Folge $k : \mathbb{N} \longrightarrow Pot(\mathbb{R}^2)$ der Kreispären k_n ebenfalls Konvergenz-Eigenschaft. Ermitteln Sie $lim(k)$.

A2.041.04: Untersuchen Sie (analog zu Aufgabe A2.041.03) jeweils die Folgen $U, A : \mathbb{N} \longrightarrow \mathbb{R}$ von Kreisumfängen und Kreisflächeninhalten sowie die Folgen $k : \mathbb{N} \longrightarrow Pot(\mathbb{R}^2)$ von Kreislinien (Kreissphären) k_n hinsichtlich Konvergenz für die Daten

1. $M_n = (\frac{1}{n}, \frac{1}{n})$ und $r_n = 1$
2. $M_n = (\frac{1}{n}, \frac{1}{n})$ und $r_n = n$
3. $M_n = (\frac{1}{n}, n)$ und $r_n = \frac{1}{2}$
4. $M_n = (2n, \frac{1}{n})$ und $r_n^2 = \frac{1}{4n}$

Fertigen Sie zu 1. eine (genügend große) Skizze mit den Kreislinien k_1, k_2, k_3 und k_4 an.

A2.041.05: Untersuchen Sie (analog zu Aufgabe A2.041.04) jeweils die Folge $k : \mathbb{N} \longrightarrow Pot(\mathbb{R}^2)$ von Kreislinien (Kreissphären) k_n hinsichtlich Konvergenz für die Daten

1. $M_n = (\frac{1}{n}, 1 + \frac{1}{n})$ und $r_n = 1$
2. $M_n = (\frac{1}{n}, \frac{1}{n^2})$ und $r_n = 2n$
3. $M_n = (\frac{1}{n}, \frac{1}{n^2})$ und $r_n = \frac{1}{2n}$
4. $M_n = (1 - \frac{1}{n}, 1)$ und $r_n^2 = \frac{n+4}{4n}$
5. $M_n = (\frac{1}{n}, \frac{1}{n})$ und $r_n = \frac{n^2}{2n+2}$
6. $M_n = (1 + \frac{1}{n}, 0)$ und $r_n^2 = \frac{2n+4}{4n^2}$

A2.041.06: Nennen Sie Beispiele zu der Anmerkung zu Lemma 2.041.3/1.

2.043   Konvergenz und Divergenz von Folgen (Logische Notiz)

> Ordnungsbeziehungen anzuschauen
> ist doch schließlich das Beste.
> *Thomas Mann* (1875 - 1955)

Die mit Abschnitt 2.040 begonnene Betrachtung der Konvergenz von Folgen $\mathbb{N} \longrightarrow T$, $T \subset \mathbb{R}$, hat den Begriff der Divergenz bislang nur als sprachliche Negation der Konvergenz behandelt, jedoch selbst nicht näher untersucht. Da der Begriff der Konvergenz von Folgen von grundlegender Bedeutung für die gesamte Analysis ist und in darauf basierenden Abstraktionsprozessen in verschiedenen anderen Darstellungen auftritt (Abschnitte 2.4x), ist es unerläßlich, die *logische Struktur* dieses Begriffs und seiner Negation genauer zu analysieren. Generell kann man sagen, daß bei der logischen Analyse von Aussagen stets auch die Untersuchung der zugehörigen Negationen sinnvoll und notwendig ist. (Bei vielen gedruckten allgemeinsprachlichen Aussagen ist es durchaus nicht abwegig zu fragen: Was ist eine Aussage wert, wenn ihre Negation keinen Sinn hat?)

In den Abschnitten 2.04x sind neben anderen die drei folgenden Kriterien für das Vorliegen von Konvergenz einer Folge behandelt, die den weiteren Betrachtungen als Leitlinie dienen und an dieser Stelle zusammengefaßt genannt sein sollen (dabei bezeichne stets $T \subset \mathbb{R}$):

1a) Nach Definition 2.040.1, Teil 1, ist eine Folge $x : \mathbb{N} \longrightarrow T$ konvergent in T gegen $x_0 \in T$, falls es zu jedem $\epsilon \in \mathbb{R}^+$ einen Folgenindex *(Grenzindex)* $n(\epsilon) \in \mathbb{N}$ gibt mit $|x_n - x_0| < \epsilon$, für alle $n \geq n(\epsilon)$.

1b) Nach Definition 2.040.1, Teil 3, ist eine Folge $x : \mathbb{N} \longrightarrow T$ konvergent in T, falls sie einen Grenzwert $x_0 \in T$ besitzt, sonst divergent in T.

2. Nach Satz 2.044.1 gilt: Eine monotone (antitone) und in T nach oben (nach unten) beschränkte Folge $x : \mathbb{N} \longrightarrow T$ ist konvergent in T. (Siehe dazu Satz 2.044.7 und Bemerkungen 2.044.8.)

3. Nach Corollar 2.048.6 gilt: Eine beschränkte Folge $x : \mathbb{N} \longrightarrow T$, die genau einen Häufungspunkt in T besitzt, ist konvergent in T.

Als erstes sei die oben genannte Definition der Konvergenz untersucht: Betrachtet man unter logischen Gesichtspunkten die Teile 1 und 3 in Definition 2.040.1, dann erkennt man leicht, daß Teil 3 zwar etwas mit der Negation von Teil 1 zu tun hat, aber nicht genau die Negation von Teil 1 ist. Das rührt einfach daher, daß in Teil 1 eine spezielle Zahl x_0, in Teil 3 jedoch lediglich ein Bereich $T \subset \mathbb{R}$ genannt ist.

Grundlage genauerer Untersuchungen ist die folgende Konvention als Übersetzung der halbtextlichen Konvergenz-Definition in Definition 2.040.1, nun auf der Basis der Abschnitte 1.01x, wobei insbesondere die Konstruktion der quantifizierten Aussagen und Sätze in Abschnitt 1.014 herangezogen wird.

2.043.1   Definition

Für Folgen $x : \mathbb{N} \longrightarrow T$, $T \subset \mathbb{R}$, und Elemente $x_0 \in T$ werden die beiden Aussagen $kon(x, x_0)$ und $div(x, x_0) = \neg kon(x, x_0)$ abkürzend festgelegt durch:

$$kon(x, x_0) \quad : \quad (\forall \epsilon \in \mathbb{R})(\exists n(\epsilon) \in \mathbb{N})(\forall n \leq n(\epsilon))(|x_n - x_0| < \epsilon),$$
$$div(x, x_0) \quad : \quad (\exists \epsilon \in \mathbb{R})(\forall n(\epsilon) \in \mathbb{N})(\exists n > n(\epsilon))(|x_n - x_0| \geq \epsilon).$$

2.043.2   Bemerkungen

1. Konvergenz und Divergenz bezüglich einer *Zahl* x_0 werden dann folgendermaßen beschrieben:

$$kon(x, x_0) \quad : \quad \text{Die Folge } x : \mathbb{N} \longrightarrow T, T \subset \mathbb{R}, \text{ konvergiert gegen } x_0,$$
$$div(x, x_0) \quad : \quad \text{Die Folge } x : \mathbb{N} \longrightarrow T, T \subset \mathbb{R}, \text{ divergiert bezüglich } x_0.$$

2. Konvergenz und Divergenz bezüglich einer *Teilmenge* $T \subset \mathbb{R}$ werden dann folgendermaßen beschrieben:

$$(\exists x_0 \in T) \, kon(x, x_0) \quad : \quad \text{Die Folge } x : \mathbb{N} \longrightarrow T, T \subset \mathbb{R}, \text{ konvergiert in } T,$$
$$(\forall x_0 \in T) \, div(x, x_0) \quad : \quad \text{Die Folge } x : \mathbb{N} \longrightarrow T, T \subset \mathbb{R}, \text{ divergiert in } T.$$

3. Mit den Bezeichnungen
$$Kon(T) = \{x \in Abb(\mathbb{N},T) \mid (\exists x_0 \in T)\, kon(x,x_0)\}$$
$$Div(T) = \{x \in Abb(\mathbb{N},T) \mid (\forall x_0 \in T)\, div(x,x_0)\}$$
für die Mengen aller konvergenten bzw. aller divergenten Folgen $x: \mathbb{N} \longrightarrow T$, $T \subset \mathbb{R}$, gilt:
$$Kon(T) \cup Div(T) = Abb(\mathbb{N},T) \quad \text{und} \quad Kon(T) \cap Div(T) = \emptyset.$$

4. Es gelten folgende Implikationen, wobei $T \subset \mathbb{R}$ bezeichne:

a) $kon(x,x_0) \wedge z \neq x_0 \;\Rightarrow\; div(x,z)$,

b) $kon(x,x_0) \wedge x_0 \in T \;\Rightarrow\; x \in Div(T)$,

c) $x \in Kon(T) \;\Rightarrow\; ((\forall S)(T \subset S \subset \mathbb{R} \;\Rightarrow\; x \in Kon(S)))$,

d) $((\exists S)(T \subset S \subset \mathbb{R} \wedge x \in Div(S))) \;\Rightarrow\; x \in Div(T)$.

2.043.3 Beispiele

1. Dieses erste Beispiel bezieht sich auf Bemerkung 2.043.2/1, also auf die Konvergenz oder Divergenz bezüglich einer bestimmten Zahl, das heißt auf die Gültigkeit von $kon(x,x_0)$ oder $div(x,x_0)$. Dazu werde die Folge $x: \mathbb{N} \longrightarrow \mathbb{R}$ mit $x(n) = \frac{2n}{n+1}$ betrachtet, die, wie man anhand einiger ausgerechneter Folgenglieder leicht sehen kann, vermutlich gegen 2 konvergiert:

a) Es gilt $kon(x,2)$, denn: Zu einem beliebig, aber fest gewählten Element $\epsilon \in \mathbb{R}^+$ gibt es wegen der Äquivalenzen $|x_n - 2| < \epsilon \Leftrightarrow |\frac{2n1}{n+1} - 2| < \epsilon \Leftrightarrow \frac{2}{n+1} < \epsilon \Leftrightarrow \frac{2}{\epsilon} - 1 < n$ den Grenzindex $n(\epsilon) = [\frac{2}{\epsilon} - 1]$, der die Formel $kon(x,x_0)$ zu der wahren Aussage $kon(x,2)$ macht.

b) Es gilt $div(x,1) = \neg kon(x,1)$, das heißt, die Aussage $kon(x,1)$ ist falsch, denn:

Beweis 1: folgt aus Bemerkung 2.043.2/4a.

Beweis 2: Zu einem beliebig, aber fest gewählten Element $\epsilon \in \mathbb{R}^+$, $\epsilon \neq 1$, gelten die Äquivalenzen $|x_n - 1| < \epsilon \Leftrightarrow |\frac{2n1}{n+1} - 1| < \epsilon \Leftrightarrow \frac{n-1}{n+1} < \epsilon \Leftrightarrow n < \frac{1+\epsilon}{1-\epsilon}$. Sie zeigen, daß die Abschätzung $|x_n - 1| < \epsilon$ nicht für fast alle $n \in \mathbb{N}$ gilt. Beispielsweise: Die Wahl $\epsilon = \frac{1}{2}$ widerspricht $kon(x,1)$, denn dafür gilt $|x_n - 1| < \epsilon = \frac{1}{2} \Leftrightarrow n < 3$, das heißt, für alle $n \geq 3$ ist $|x_n - 1| \geq \frac{1}{2}$. Somit gilt $div(x,1)$, eine Aussage, die auf die Zahl 1 bezogen ist, denn wie Teil a) zeigt, ist mit $kon(x,2)$ auch $x \in Kon(\mathbb{R})$.

2. Ein Beispiel für $x \in Div(\mathbb{R})$ ist die Folge $x: \mathbb{N} \longrightarrow \mathbb{R}$ mit $x(n) = (-1)^n$, wofür gezeigt wird, daß $div(x,x_0)$ für alle $x_0 \in \mathbb{R}$ gilt, das heißt, daß es keine Zahl $x_0 \in \mathbb{R}$ mit $kon(x,x_0)$ gibt. Die Annahme, es gebe eine solche Zahl $x_0 \in \mathbb{R}$, führt in jedem der drei folgenden Fälle zu einem Widerspruch:

a) Ist $x_0 = 1$, dann gibt es zu $\epsilon = \frac{1}{2}$ keinen zugehörigen Grenzindex $n(\epsilon)$, denn für alle ungeraden Zahlen $n \in \mathbb{N}$ gilt $|(-1)^n - 1| = 2 \geq \epsilon = \frac{1}{2}$.

b) Ist $x_0 = -1$, dann gibt es zu $\epsilon = \frac{1}{2}$ ebenfalls keinen zugehörigen Grenzindex $n(\epsilon)$, denn für alle geraden Zahlen $n \in \mathbb{N}$ gilt $|(-1)^n + 1| = 2 \geq \epsilon = \frac{1}{2}$.

c) Gilt $x_0 \neq -1$ und $x_0 \neq 1$, dann gibt es zu $\epsilon = min(|1-x_0|, |1+x_0|)$ ebenfalls keinen zugehörigen Grenzindex $n(\epsilon)$, denn für alle Zahlen $n \in \mathbb{N}$ gilt $|x_n - 1| = |(-1)^n - 1| \geq \epsilon$.

3. Ein weiteres Beispiel für $x \in Div(\mathbb{R})$ ist die Folge $x: \mathbb{N} \longrightarrow \mathbb{R}$ mit $x(n) = (-1)^n n^2$, wofür gezeigt wird, daß $div(x,x_0)$ für alle $x_0 \in \mathbb{R}$ gilt, das heißt, daß es keine Zahl $x_0 \in \mathbb{R}$ mit $kon(x,x_0)$ gibt. Die Annahme $kon(x,x_0)$ liefert zu $\epsilon = 2$ einen Grenzindex $n(\epsilon)$ mit $n^2 - |x_0| = |n^2| - |x_0| = |(-1)^n n^2| - |x_0| \leq |(-1)^n n^2 - x_0| = |x_n - x_0| < \epsilon = 2$ für alle $n \geq n(\epsilon)$. Jedoch ist $n^2 - |x_0| < 2$ äquivalent zu $n < \sqrt{2 + |x_0|}$, das heißt, $|x_n - x_0| < 2$ gilt nur für natürliche Zahlen n mit $n < \sqrt{2 + |x_0|}$.

2.044 BESCHRÄNKTE FOLGEN $\mathbb{N} \longrightarrow T \subset \mathbb{R}$

> Es ist eigentlich merkwürdig, daß die Menschen meist taub sind gegenüber den stärksten Argumenten, während sie stets dazu neigen, Meßgenauigkeiten zu überschätzen.
> *Albert Einstein* (1879 - 1955)

In diesem Abschnitt werden zweierlei Aspekte angesprochen: Zum einen ist das die generelle Frage, wie sich Konvergenz zu Ordnungs-Eigenschaften verhält, zum anderen liefern die Antworten zu dieser Frage auch Kriterien für Konvergenz. So werden in den folgenden Sätzen Konvergenz-Kriterien genannt, die Konvergenz ohne Rückgriff auf Definition 2.040.1 nachzuweisen gestatten. Diese Sätze verlangen also nicht die explizite Kenntnis des möglichen Grenzwertes der jeweils zu untersuchenden Folge, allerdings sind solche Grenzwerte in den Voraussetzungen der Sätze schon implizit enthalten (wenngleich im Fall irrationaler Zahlen auch nur näherungsweise angebbar).

Die begrifflichen Grundlagen aus der Theorie der geordneten Mengen und Ordnungs-Strukturen, die im folgenden benötigt werden, sind insbesondere in den Abschnitten 1.320 (Beschränkte Mengen), 1.321 (Beschränkte Funktionen) und 1.772 (Strukturen auf $BF(M,N)$) zu finden.

Es sei vorweg bemerkt, daß die Teile 2 und 3 im folgenden Satz 2.044.1 für $\mathbb{Q}$-Folgen im allgemeinen nicht gelten, denn beschränkte Teilmengen von $\mathbb{Q}$ oder beschränkte Funktionen f mit $W(f) = \mathbb{Q}$ haben nicht immer ein Infimum oder ein Supremum in $\mathbb{Q}$. Da diese besonderen Elemente unter den genannten Voraussetzungen in $\mathbb{R}$ stets existieren, gilt Satz 2.044.1 für Folgen $\mathbb{N} \longrightarrow \mathbb{R}$ uneingeschränkt.

2.044.1 Satz

1. Konvergente Folgen $x : \mathbb{N} \longrightarrow T$, $T \subset \mathbb{R}$, sind beschränkt. Für die Menge $BF(\mathbb{N},T)$ der beschränkten Folgen $\mathbb{N} \longrightarrow T$ gilt also $Kon(T) \subset BF(\mathbb{N},T)$.
2. Hat eine monotone und nach oben beschränkte Folge $x : \mathbb{N} \longrightarrow T$, $T \subset \mathbb{R}$, die Eigenschaft $sup(x) \in T$, dann ist sie konvergent mit $lim(x) = sup(x)$.
3. Hat eine antitone und nach unten beschränkte Folge $x : \mathbb{N} \longrightarrow T$, $T \subset \mathbb{R}$, die Eigenschaft $inf(x) \in T$, dann ist sie konvergent mit $lim(x) = inf(x)$.

Beweis:
1. x sei konvergent mit $lim(x) = x_0$. Somit gibt es zu 1 den Grenzindex $n(1)$ mit $|x_n - x_0| < 1$, für alle $n \geq n(1)$. Nach der in Satz 1.616.4a genannten Ungleichung ist dann $|x_n| = |x_n - x_0 + x_0| \leq |x_n - x_0| + |x_0| < 1 + |x_0|$, für alle $n \geq n(1)$. Somit ist schließlich mit $|x_n| < 1 + |x_0| + \sum_{1 \leq i \leq n(1)} |x_i|$, für alle $n \in \mathbb{N}$, eine symmetrische Schranke zu x gefunden.
2. Nach Voraussetzung existiert $s = sup(T)$ in T. Ist nun $\epsilon \in \mathbb{R}^+$ vorgelegt, dann gibt es ein $n(\epsilon) \in \mathbb{N}$ mit $s - \epsilon < x_{n(\epsilon)} \leq s$. Denn angenommen, ein solches Folgenglied $x_{n(\epsilon)}$ existierte nicht, dann wäre das ein Widerspruch zu $s = sup(x)$, da in diesem Falle alle Elemente des Intervalls $(s - \epsilon, \epsilon)$ ebenfalls obere Schranken von x wären. Aus $s - \epsilon < x_{n(\epsilon)} \leq s$ folgt dann $|x_n - s| < \epsilon$, für alle $n \geq n(\epsilon)$.
3. Der Beweis wird analog zu dem von Teil 2 geführt.

2.044.2 Beispiele

1. Gemäß dem in Bemerkung 2.001.2/5 betrachteten Verfahren, durch Einschränkungen von Funktionen $f : T \longrightarrow \mathbb{R}$, $\mathbb{R}^+ \subset T \subset \mathbb{R}$, Folgen $x = f|\mathbb{N} : \mathbb{N} \longrightarrow \mathbb{R}$ zu erzeugen, gilt folgendes: Jede monotone oder antitone Funktion $f : T \longrightarrow \mathbb{R}$, die eine waagerechte Asymptote mit Ordinatenabschnitt c (also die konstante Funktion $c : T \longrightarrow \mathbb{R}$, $x \longmapsto c$, als asymptotische Funktion) besitzt, liefert durch Einschränkung eine gegen c konvergente Folge $x = f|\mathbb{N} : \mathbb{N} \longrightarrow \mathbb{R}$.
Beispiele dafür liefern etwa die Hyperbelteile $f_1, f_2 : \mathbb{R}^+ \longrightarrow \mathbb{R}$ mit $f_1(x) = \frac{1}{x}$ und $f_2(z) = 1 - \frac{1}{z} = \frac{z-1}{z}$, deren Einschränkungen auf $\mathbb{N}$ gegen 0 bzw. gegen 1 konvergieren.

2. Für alle $a \in \mathbb{R}$, $a > 1$, konvergiert die Folge $x = (\frac{n}{a^n})_{n \in \mathbb{N}}$ gegen 0, denn:
Die Folge x ist ab einem bestimmten, von a abhängigen Index m antiton, ferner ist $inf(x) = 0$, also

gilt $lim(x) = lim(\frac{n}{a^n})_{n \in \mathbb{N}} = 0$. Zur Antitonie von x beachte man die Äquivalenzen $\frac{m}{a^m} > \frac{m+1}{a^{m+1}}$ ⇔ $\frac{a^{m+1}}{a^m} > \frac{m+1}{m}$ ⇔ $a > 1 + \frac{1}{m}$. Ist m derjenige Index, ab dem die zuletzt genannte Aussage gilt, dann ist $(x_n)_{n \in \mathbb{N}, n \geq m}$ antiton. Für $a > 2$ ist $m = 1$.

3. Die nach *Leonhard Euler* (1707 - 1789) benannte Folge $x = ((1 + \frac{1}{n})^n)_{n \in \mathbb{N}}$ ist konvergent in $\mathbb{R}$; ihr Grenzwert wird *Eulersche Zahl* genannt und mit $e = lim((1 + \frac{1}{n})^n)_{n \in \mathbb{N}}$ bezeichnet. (e ist eine irrationale Zahl mit der Näherunng $e \approx 2,718282$.) Zum Nachweis der Konvergenz von x wird gezeigt, daß diese Folge monoton und nach oben beschränkt ist, woraus nach Satz 2.044.1/2 ihre Konvergenz folgt:

a) Mit $x_n = (1 + \frac{1}{n})^n = \frac{(n+1)^n}{n^n}$ ist dann $\frac{x_n}{x_{n-1}} = \frac{(n+1)^n (n-1)^{n-1}}{n^n n^{n-1}} = \frac{((n+1)(n-1))^n}{n^n n^n (n-1)} \cdot \frac{n}{n-1} = \frac{(n^2-1)^n}{n^{2n}} \cdot \frac{n}{n-1} = (\frac{n^2-1}{n^2})^n \cdot \frac{n}{n-1} = (1 - \frac{1}{n^2})^n \cdot \frac{n}{n-1} > (1 - \frac{1}{n^2}n) \cdot \frac{n}{n-1} = (1 - \frac{1}{n}) \cdot \frac{n}{n-1} = 1$, für alle $n > 1$. Somit gilt $x_{n-1} < x_n$, für alle $n > 1$, also ist x monoton.

(Beachte: Bei der Abschätzung $>$ im vorstehenden wie auch im folgenden Beweisteil wird die *Bernoullische Ungleichung* (siehe Beispiel 1.803.2/2) benutzt.)

b) Um nachzuweisen, daß x nach oben beschränkt ist, wird zunächst gezeigt, daß die Folge $y = ((1 + \frac{1}{n})^{n+1})_{n \in \mathbb{N}}$ antiton ist: Mit $y_n = (1 + \frac{1}{n})^{n+1} = (\frac{n+1}{n})^{n+1}$ ist dann $\frac{y_{n-1}}{y_n} = (\frac{n}{n+1})^n (\frac{n}{n-1})^{n+1}$
$= \frac{n-1}{n}(\frac{n}{n+1})^{n+1}(\frac{n}{n-1})^{n+1} = \frac{n-1}{n}(\frac{n^2}{n^2-1})^{n+1} = \frac{n-1}{n}(1 + \frac{1}{n^2-1})^{n+1} > \frac{n-1}{n}(1 + (n+1)\frac{1}{n^2-1}) = \frac{n-1}{n}(1 + \frac{1}{n-1}) =$
1, für alle $n > 1$. Somit ist $y_n < y_{n-1}$, für alle $n > 1$, also ist y antiton.

Unter Verwendung der Folge y wird nun gezeigt, daß x nach oben beschränkt ist: Es gilt nämlich $0 < x_n = (1 + \frac{1}{n})^n < (1 + \frac{1}{n})^n (1 + (\frac{1}{n})) = (1 + \frac{1}{n})^{n+1} = y_n \leq y_1 = (1 + \frac{1}{1})^{1+1} = 4$, für alle $n \in \mathbb{N}$.

4. Für jede beliebig, aber fest gewählte Zahl $z \in \mathbb{R}$ ist die Folge $(b_n(z))_{n \in \mathbb{N}}$ mit den einzelnen Folgengliedern $b_n(z) = \sum\limits_{0 \leq k \leq n} \frac{1}{k!} \cdot z^k$ konvergent. Insbesondere gilt $lim(b_n(1))_{n \in \mathbb{N}} = e$.

Anmerkung: Dieses Beispiel liefert also wesentlich mehr als Beispiel 3, nämlich durch die Zuordnung $z \longmapsto (b_n(z))_{n \in \mathbb{N}}$ eine vollständige Funktion, die sogenannte *Exponential-Funktion* $exp_e : \mathbb{R} \longrightarrow \mathbb{R}$. Man beachte insbesondere zu den beiden Darstellungen von e (hier und in Beispiel 3) Lemma 2.066.7 und die beiden Abschnitte 2.162 und 2.172.

Zum Nachweis der angegebenen Konvergenz sind drei Fälle zu unterscheiden:

Fall $z = 0$: In diesem Fall gilt $b_n(0) = n \cdot 0 = 0$, für alle $n \in \mathbb{N}$, folglich ist $(b_n(0))_{n \in \mathbb{N}}$ die konstante Nullfolge, die naheliegenderweise gegen 0 konvergiert.

Fall $z > 0$: In diesem Fall ist die Folge $(b_n(z))_{n \in \mathbb{N}}$ streng monoton und nach oben beschränkt, denn:

a) Die Folge $(b_n(z))_{n \in \mathbb{N}}$ ist in der Tat streng monoton, denn für alle $n \in \mathbb{N}$ gilt die Beziehung $b_{n+1}(z) = \sum\limits_{0 \leq k \leq n+1} \frac{z^k}{k!} = (\sum\limits_{0 \leq k \leq n} \frac{z^k}{k!}) + \frac{z^{n+1}}{(n+1)!} > \sum\limits_{0 \leq k \leq n} \frac{z^k}{k!} = b_n(z)$, wobei $\frac{z^{n+1}}{(n+1)!} > 0$ wegen $z > 0$ gilt.

b) Die Folge $(b_n(z))_{n \in \mathbb{N}}$ ist nach oben beschränkt. Die Idee zum Nachweis dieser Behauptung: Zunächst wird zu der Zahl z ein Index $m = m(z)$ festgelegt durch die Eigenschaft: m soll der kleinste ungerade Index sein, für den $m > (2z)^2$ gilt. (Der Grund für diese Wahl wird noch erläutert.) Dieser Index m erlaubt dann eine Zerlegung $b_n(z) = b_m(z) + a_n(z) = \sum\limits_{0 \leq k \leq m} \frac{z^k}{k!} + \sum\limits_{m+1 \leq k \leq n} \frac{z^k}{k!}$, wobei der erste Summand $b_m(z) = \sum\limits_{0 \leq k \leq m} \frac{z^k}{k!}$ ein konstanter Summand ist. Im folgenden wird nun gezeigt, daß die Folge $(a_n(z))_{n \in \mathbb{N}}$ mit $a_n(z) = \sum\limits_{m+1 \leq k \leq n} \frac{z^k}{k!}$ durch die Zahl 2 beschränkt ist, womit dann die Folge $(b_n(z))_{n \in \mathbb{N}}$ durch die Zahl $b_m(z) + 2$ beschränkt ist. Nun zu den dazu nötigen technischen Einzelheiten:

(i) Es gilt $m! > (2z)^{m-1}$, denn: Die Darstellung $m! = m(m-1)(m-2) \cdot \ldots \cdot 3 \cdot 2 \cdot 1$ wird umgeordnet zu der Darstellung $m! = (1 \cdot m) \cdot (2(m-1)) \cdot (3(m-2)) \cdot \ldots \cdot ((\frac{m-1}{2}) \cdot (\frac{m+3}{2})) \cdot (\frac{m+1}{2})$. (Beispielsweise ist $9! = 9 \cdot 8 \cdot 7 \cdot \ldots \cdot 3 \cdot 2 \cdot 1 = (1 \cdot 9) \cdot (2 \cdot 8) \cdot (3 \cdot 7) \cdot (4 \cdot 6) \cdot 5$.) In dieser Darstellung sind mit Ausnahme des letzten Faktors $\frac{m+1}{2}$ alle $\frac{m-1}{2}$ Faktoren, $(1 \cdot m), 2(m-1),..., (\frac{m-1}{2}) \cdot (\frac{m+3}{2})$, kleiner als $(2z)^2$, denn beachtet man für $a < b$, also $a \leq b - 1$, die allgemeine Beziehung $(a+1)(b-1) = ab - a + (b-1) \geq ab$, so liegt folgende rekursive Konstruktion vor:

Schritt 1: Nach Voraussetzung gilt $1 \cdot m = m > (2z)^2$ (als Rekursionsanfang),

Schritt 2: mit Schritt 1 gilt $2(m-1) = (1+1)(m-1) \geq 1 \cdot m > (2z)^2$ (als 1. Rekursionsschritt),

Schritt 3: mit Schritt 2 gilt $3(m-2) = (2+1)((m-1)-1) \geq 2(m-1) > (2z)^2$ (als 2. Rekursionsschritt),

letzter Schritt: mit dem vorletzten Schritt gilt $(\frac{m-1}{2}) \cdot (\frac{m+3}{2}) = (\frac{m-3}{2}+1) \cdot (\frac{m+5}{2}-1) > (2z)^2$.
Mit diesen $\frac{m-1}{2}$ Abschätzungen gilt dann $m! > (1 \cdot m) \cdot (2(m-1)) \cdot (3(m-2)) \cdot \ldots \cdot ((\frac{m-1}{2}) \cdot (\frac{m+3}{2})) > ((2z)^2)^{\frac{m-1}{2}} = (2z)^{m-1}$.

(ii) Es gilt $(m+1)! > (2z)^{m+1}$, denn mit (i) und $m+1 > m > (2z)^2$ gilt dann die Beziehung $(m+1)! = m! \cdot (m+1) > (2z)^{m-1}(2z)^2 = (2z)^{m+1}$.

(iii) Für alle Indices k mit $m+1 \leq k \leq n$ gilt $k! > (2z)^k$, denn: $k = (m+1)! \cdot (m+2) \cdot (m+3) \cdot \ldots \cdot k > (2z)^{m+1} \cdot (2z)^{2(k-(m+1))} = (2z)^{m+1+2k-2m-2} = (2z)^{2k-m-1} = (2z)^{2k-(m+1)} > (2z)^{2k-k} = (2z)^k$, falls $2z > 1$ gilt. (Ist $2z \leq 1$, so gilt $(2z)^k \leq 1 \leq k!$.)

(iv) Nach (iii) gilt $\frac{z^k}{k!} < \frac{z^k}{(2z)^k} = \frac{1}{2^k}$, für alle k mit $m+1 \leq k \leq n$.

(v) Nach (iv) und (vi) ist schließlich $b_n(z) = b_m(z) + a_n(z) = b_m(z) + \sum_{m+1 \leq k \leq n} \frac{z^k}{k!} < b_m(z) + \sum_{m+1 \leq k \leq n} \frac{1}{2^k} < b_m(z) + \sum_{0 \leq k \leq n} \frac{1}{2^k} < b_m(z) + 2$, für alle $n \in \mathbb{N}$, also $(b_n(z))_{n \in \mathbb{N}}$ durch $b_m(z) + 2$ nach oben beschränkt.

(vi) Die Folge $(\sum_{0 \leq k \leq n} \frac{1}{2^k})_{n \in \mathbb{N}}$ konvergiert monoton gegen die Zahl 2.

Fall $z < 0$: Dieser Fall wird auf $(\sum_{0 \leq k \leq n} \frac{|z|^k}{k!})_{n \in \mathbb{N}}$ zurückgeführt: Wegen $\frac{|z|^{k+1}}{(k+1)!} : \frac{|z|^k}{k!} = \frac{|z|^{k+1}}{(k+1)!} \cdot \frac{k!}{|z|^k} = \frac{|z|}{k+1} \leq \frac{1}{2}$, für $k+1 \geq 2|z|$, gilt $\frac{|z|^{k+1}}{(k+1)!} \leq \frac{1}{2} \cdot \frac{|z|^k}{k!} < \frac{|z|^k}{k!}$, folglich ist die Folge $(b_n(|z|))_{n \in \mathbb{N}}$ in den Beträgen antiton, also ist die Folge $(b_n(z))_{n \in \mathbb{N}}$ monoton.

2.044.3 Bemerkung *(Regula falsi)*

In Bemerkung 2.010.6 wurde das Verfahren *Regula falsi* als rekursiv definierte Folge vorgestellt:

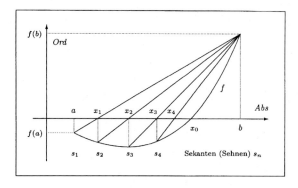

Ist schon bekannt, daß eine Funktion $f : D(f) \longrightarrow \mathbb{R}$ im Intervall $(a,b) \in \mathbb{R}$ genau eine Nullstelle x_0 besitzt, dann läßt sich diese Nullstelle x_0 nötigenfalls nach folgendem, *Regula falsi* genannten Verfahren näherungsweise berechnen:

Es gelte o.B.d.A. $f(a) < 0$ und $f(b) > 0$, dann hat die Sekante s_1 den Anstieg $a_1 = \frac{f(b)-f(a)}{b-a}$, die Zuordnungsvorschrift
$$s_1(x) = a_1(x-a) + f(a)$$
und die Nullstelle $x_1 = a - \frac{f(a)}{a_1}$.

Setzt man nun x_1 an die Stelle von a, so erhält man eine Sekante s_2 mit dem Anstieg a_2 und der Nullstelle $x_2 = x_1 - \frac{f(x_1)}{a_2}$. Analoges Fortfahren liefert dann die rekursiv definierte Folge $x : \mathbb{N} \longrightarrow \mathbb{R}$ mit dem

Rekursionsanfang RA) $\quad x(1) = a - \frac{1}{a_1} f(a)$ und dem

Rekursionsschritt RS) $\quad x(n+1) = x_n - \frac{1}{a_{n+1}} f(x_n) = x(n) - \frac{1}{a_{n+1}} (f \circ x)(n)$

der Nullstellen von Sekanten s_n zu f bezüglich des Intervalls (a,b). Der Zweck dieser Folge, eine Näherung beliebiger Genauigkeit für die Nullstelle x_0 zu liefern, ist aber erst dann erreicht, wenn diese Folge tatsächlich gegen x_0 konvergiert. Dazu ein Beweis, der mit den oben verwendeten Daten, $f(a) < 0$ und $f(b) > 0$ sowie $f \,|\, [a, x_0) < 0$, hantiert:

1. Die Folge $x : \mathbb{N} \longrightarrow \mathbb{R}$ ist streng monoton, denn:

a) Zunächst gilt $a < x(1)$, denn wegen $f(a) < 0$ und $a_1 > 0$ ist $x(1) - a = -\frac{f(a)}{a_1} > 0$.

b) Wie die folgenden Implikationen zeigen, gilt für alle $n \in \mathbb{N}$ stets $x(n) < x(n+1)$, wobei der nach Voraussetzung positive Anstieg a_{n+1} der Sekante s_{n+1} verwendet wird:

$f(x_n) < 0$ und $a_{n+1} > 0$ $\Rightarrow$ $f(x_n) < 0$ und $\frac{1}{a_{n+1}} > 0$ $\Rightarrow$ $\frac{1}{a_{n+1}} \cdot f(x_n) < 0$ $\Rightarrow$ $-\frac{1}{a_{n+1}} \cdot f(x_n) > 0$ $\Rightarrow$ $x(n+1) - x(n) > 0$ $\Rightarrow$ $x(n+1) > x(n)$.

2. Die Folge $x : \mathbb{N} \longrightarrow \mathbb{R}$ ist schließlich nach unten durch a und nach oben durch b beschränkt, denn für alle Folgenglieder $x(n)$ gilt $x(n) \in (a, b)$.

Funktionen können nicht nur durch Zahlen (also konstante Funktionen), sondern auch durch geeignete andere Funktionen beschränkt sein. Beispielsweise ist, wie man sich anhand einer Skizze leicht vorstellen kann, die Funktion $\frac{1}{2} \cdot sin$ durch die Funktion sin (symmetrisch) beschränkt. In diesem Sinne gestattet der folgende Satz, die Konvergenz einer Folge durch Vergleich mit geeigneten anderen konvergenten Folgen nachzuweisen.

2.044.4 Satz

Für zwei konvergente Folgen $x, z : \mathbb{N} \longrightarrow T$, $T \subset \mathbb{R}$, gelte $x \leq z$ sowie $lim(x) = lim(z)$. Hat eine weitere Folge $y : \mathbb{N} \longrightarrow T$ die Eigenschaft $x \leq y \leq z$, so ist sie ebenfalls konvergent mit $lim(x) = lim(y) = lim(z)$.
Anmerkung 1: Es genügt, $x(n) \leq y(n) \leq z(n)$ für fast alle $n \in \mathbb{N}$ zu fordern.
Anmerkung 2: Dieser Satz wird auch als Verfahren der *Intervallschachtelung* bezeichnet. Dieser Name stammt von der Darstellung $y(n) \in [x(n), z(n)]$ für (fast) alle $n \in \mathbb{N}$.
Beweis: Es bezeichne $x_0 = lim(x) = lim(z)$. Die Bedingung $x \leq y \leq z$ bedeutet dann $x_n \leq y_n \leq z_n$ und damit $x_n - x_0 \leq y_n - x_0 \leq z_n - x_0$, für (fast) alle $n \in \mathbb{N}$. Wegen der Konvergenz von x und z gegen x_0 folgt daraus entweder die Beziehung $|y_n - x_0| \leq |z_n - x_0| < \epsilon_z$, für alle $n \geq n(\epsilon_z)$, oder die Beziehung $|y_n - x_0| \leq |x_n - x_0| < \epsilon_x$, für alle $n \geq n(\epsilon_x)$, für alle $n \geq n(\epsilon_z)$, wobei $\epsilon_z, \epsilon_x \in \mathbb{R}^+$ beliebig vorgegeben seien.

2.044.5 Beispiele

Unter Verwendung des vorstehenden Satzes und geeigneter Schranken $x, z : \mathbb{N} \longrightarrow \mathbb{R}$ lassen sich für Folgen $y : \mathbb{N} \longrightarrow \mathbb{R}$ die folgenden Aussagen (Konvergenz und Angabe des Grenzwertes) beweisen:

1. $lim(\frac{1}{\sum_{1 \leq k \leq n} k})_{n \in \mathbb{N}} = 0$
2. $lim(\frac{1}{n!})_{n \in \mathbb{N}} = 0$
3. $lim(\sqrt{n+1} - \sqrt{n})_{n \in \mathbb{N}} = 0$
4. $lim(\frac{1}{2^n})_{n \in \mathbb{N}} = 0$
5. $lim(\frac{sin(n)}{n})_{n \in \mathbb{N}} = 0$
6. $lim(a^n)_{n \in \mathbb{N}} = 0$, für $|a| < 1$
7. $lim(\frac{a^n}{n!})_{n \in \mathbb{N}} = 0$, für $a \in \mathbb{R}_0^+$
8. $lim((1 - \frac{1}{n^2})^n)_{n \in \mathbb{N}} = 1$
9. $lim(n(\sqrt[n]{1 + \frac{1}{n^2}} - 1))_{n \in \mathbb{N}} = 0$

Die Beweise für 1. bis 4. werden nach dem Muster $0 \leq y \leq z$ geführt, wobei eine nullkonvergente Folge z und die konstante nullkonvergente Folge 0 verwendet werden. Nach obigem Satz 2.044.3 genügt dann jeweils der Nachweis von $0 \leq y_n \leq z_n$, für (fast) alle $n \in \mathbb{N}$:

1. Es gilt: $0 \leq \sum_{1 \leq k \leq n-1} k$ $\Rightarrow$ $n \leq \sum_{1 \leq k \leq n} k$ $\Rightarrow$ $0 < \frac{1}{\sum_{1 \leq k \leq n} k} \leq \frac{1}{n}$, für (fast) alle $n \in \mathbb{N}$.

2. Es gilt: $1 \leq (n-1)!$ $\Rightarrow$ $n \leq n!$ $\Rightarrow$ $0 < \frac{1}{n!} \leq \frac{1}{n}$, für (fast) alle $n \in \mathbb{N}$.

3. Es gilt: $0 < \sqrt{n+1} - \sqrt{n} = \frac{(\sqrt{n+1} - \sqrt{n})(\sqrt{n+1} + \sqrt{n})}{\sqrt{n+1} + \sqrt{n}} = \frac{1}{\sqrt{n+1} + \sqrt{n}} < \frac{1}{\sqrt{n}}$, für (fast) alle $n \in \mathbb{N}$.

4. Wegen $n < 2^n$ für alle $n \in \mathbb{N}$ (siehe Abschnitt 1.808) ist $0 < \frac{1}{2^n} < \frac{1}{n}$, für alle $n \in \mathbb{N}$.

Die Beweise für 5. und 6. werden nach dem Muster $-z \leq y \leq z$ geführt, wobei eine nullkonvergente Folge z und die nach Lemma 2.041.2/1 ebenfalls nullkonvergente Folge $-z$ verwendet werden. Nach obigem Satz 2.044.3 genügt dann jeweils der Nachweis von $-z_n \leq y_n \leq z_n$, für (fast) alle $n \in \mathbb{N}$:

5. Es gilt: $-1 \leq sin(n) \leq 1$ $\Rightarrow$ $\frac{1}{n}(-1) \leq \frac{1}{n}sin(n) \leq \frac{1}{n}$ $\Rightarrow$ $-\frac{1}{n} \leq \frac{sin(n)}{n} \leq \frac{1}{n}$, für alle $n \in \mathbb{N}$.

6. Für die Konvergenz der Folge $(a^n)_{n \in \mathbb{N}}$, $|a| < 1$, einer Folge, die als Vergleichsfolge selbst in den Abschnitten 2.1x eine gewichtige Rolle spielen wird, werden zwei in ihrer Struktur sehr unterschiedliche Beweise vorgestellt:

Beweis 1: Zunächst gilt: $|a| < 1$ $\Rightarrow$ $\frac{1}{|a|} > 1$ $\Rightarrow$ $\frac{1}{|a|} - 1 > 0$. Mit $b = \frac{1}{|a|} - 1 > 0$ liefert die *Bernoullische*

Ungleichung (siehe Beispiel 1.803.2/2) dann $(1+b)^n \geq 1 + nb$, woraus $|a^n| = |a|^n = \frac{1}{(1+b)^n} \leq \frac{1}{1+nb} < \frac{1}{nb}$, also $-\frac{1}{b}\frac{1}{n} \leq a^n \leq \frac{1}{b}\frac{1}{n}$ folgt (Beispiel 2.040.3/5c).

Beweis 2: Sei $\epsilon \in \mathbb{R}^+$ vorgegeben. Mit obiger Festlegung von b liefert die Archimedizität von $\mathbb{R}$ (siehe Abschnitt 1.321) ein $n(\epsilon) \in \mathbb{N}$ mit $\frac{1}{\epsilon \cdot b} < n(\epsilon)$, also $\frac{1}{n(\epsilon) \cdot b} < \epsilon$, woraus $\frac{1}{nb} < \epsilon$, für alle $n \geq n(\epsilon)$ folgt. Damit ist $|a^n| = |a|^n < \frac{1}{nb}$, für alle $n \geq n(\epsilon)$, also $(|a^n|)_{n \in \mathbb{N}}$ eine nullkonvergente Folge, nach Lemma 2.041.2/4 also auch $(a^n)_{n \in \mathbb{N}}$ eine nullkonvergente Folge.

7. Es sei m eine fest gewählte Zahl mit $m > 2a$. Aus dieser Festsetzung folgt zunächst $\frac{a}{m+k} < \frac{a}{2a} = \frac{1}{2}$, für alle $k \in \mathbb{N}$. Für beliebige Indices n mit $n \geq m$ gilt dann $0 \leq \frac{a^{n+1}}{(n+1)!} = \frac{a^m}{m!} \cdot \frac{a}{m+1} \cdot \frac{a}{m+2} \cdot \ldots \cdot \frac{a}{n+1} < \frac{a^m}{m!} \cdot (\frac{1}{2})^{n-m+1} = \frac{a^m}{m!} \cdot 2^{m-1} \cdot (\frac{1}{2})^n = c\frac{1}{2^n}$ mit der zu m konstanten Zahl $c = \frac{a^m}{m!} \cdot 2^{m-1}$. Für genügend große Indices n gilt dann $0 \leq \frac{a^{n+1}}{(n+1)!} < c \cdot \frac{1}{2^n}$, woraus schließlich $0 \leq lim(x) \leq lim(c \cdot \frac{1}{2^n})_{n \in \mathbb{N}} = 0$, also $lim(x) = 0$ folgt.

8. Für alle $n \in \mathbb{N}$ gilt mit der *Bernoullischen Ungleichung* (siehe Beispiel 1.803.2/2) die Beziehung $1 = 1^n > (1 - \frac{1}{n^2})^n > 1 - \frac{1}{n^2} \cdot n = 1 - \frac{1}{n}$. Satz 2.044.4 liefert aus dieser Abschätzung die Behauptung.

9. Es gelten folgende Implikationen: $1 + \frac{1}{n^2} > 1 \Rightarrow 0 \leq \sqrt[n]{1 + \frac{1}{n^2}} < 1 + \frac{1}{n^2} \Rightarrow 0 \leq \sqrt[n]{1 + \frac{1}{n^2}} - 1 < \frac{1}{n^2}$ $\Rightarrow 0 \leq n(\sqrt[n]{1 + \frac{1}{n^2}} - 1) < \frac{1}{n}$. Satz 2.044.4 liefert aus dieser Abschätzung die Behauptung.

2.044.6 Bemerkung

Im folgenden sollen Folgen, die nach dem *Rekursionssatz für Folgen* (Satz 2.010.4 mit anschließenden Bemerkungen 2.010.5) aus Paaren (f, x_0) von Funktionen f und Startzahlen x_0 iterativ erzeugt werden, hinsichtlich ihres Monotonie- und Konvergenzverhaltens untersucht werden. Dabei soll insbesondere untersucht werden, ob und wie dieses Verhalten durch die Wahl der Startzahl x_0 beeinflußt wird.

1. Paare (f, x_0) mit der Funktion $f = id + c : \mathbb{R} \longrightarrow \mathbb{R}$ mit beliebig, aber fest gewähltem Summanden $c \in \mathbb{R}$ und beliebigen Startzahlen $x_0 \in \mathbb{R}$ erzeugen im Fall $c > 0$ ($c < 0$) monotone (antitone) divergente Folgen $x : \mathbb{N}_0 \longrightarrow \mathbb{R}$.

2. Paare (f, x_0) mit der Funktion $f = a \cdot id : \mathbb{R}^+ \longrightarrow \mathbb{R}$ mit beliebig, aber fest gewähltem Faktor $a \in \mathbb{R}^+$ und beliebigen Startzahlen $x_0 \in \mathbb{R}^+$ erzeugen im Fall

a) $a = 1$ die konstante und somit konvergente Folge $x : \mathbb{N}_0 \longrightarrow \mathbb{R}^+$ mit $x_n = x_0$, für alle $n \in \mathbb{N}_0$, denn mit dem Rekursionsanfang x_0 gilt im Rekursionsschritt $x_{n+1} = f(x_n) = x_n$, für alle $n \in \mathbb{N}_0$,

b) $a < 1$ eine antitone und gegen Null konvergente Folge $x : \mathbb{N}_0 \longrightarrow \mathbb{R}^+$, denn mit dem Rekursionsanfang x_0 gilt im Rekursionsschritt $0 < x_{n+1} = f(x_n) = ax_n < x_n = a^n x_0 < x_0$, für alle $n \in \mathbb{N}_0$ (siehe zur Begründung der Konvergenz Beispiel 2.044.5/6),

c) $a > 1$ eine monotone divergente Folge $x : \mathbb{N}_0 \longrightarrow \mathbb{R}^+$, denn mit dem Rekursionsanfang x_0 gilt im Rekursionsschritt $x_0 < a^n x_0 = x_n < ax_n = f(x_n) = x_{n+1}$, für alle $n \in \mathbb{N}_0$.

Anmerkung: Für Faktoren $a \leq |1|$ und $a > |1|$ liegen analoge Konvergenz/Divergenz-Situationen vor.

3. Paare (f, x_0) mit der Funktion $f = id^2 : \mathbb{R} \longrightarrow \mathbb{R}$ und Startzahlen x_0 erzeugen im Fall einer Startzahl

a) $x_0 \in (0, 1)$ eine antitone und gegen Null konvergente Folge $x : \mathbb{N}_0 \longrightarrow \mathbb{R}$, denn mit dem Rekursionsanfang x_0 gilt im Rekursionsschritt $0 < x_{n+1} = f(x_n) = x_n^2 < x_n$, für alle $n \in \mathbb{N}_0$,

b) $x_0 \in (-1, 0)$ eine ab x_1 antitone und gegen Null konvergente Folge $x : \mathbb{N}_0 \longrightarrow \mathbb{R}$, denn mit dem Rekursionsanfang x_0 gilt im Rekursionsschritt $0 < x_{n+1} = f(x_n) = x_n^2 < x_n$, für alle $n \in \mathbb{N}_0$,

c) $x_0 = 1$ die konstante und folglich konvergente Eins-Folge $x : \mathbb{N}_0 \longrightarrow \mathbb{R}$,

d) $x_0 = -1$ die ab x_1 konstante und folglich konvergente Eins-Folge $x : \mathbb{N}_0 \longrightarrow \mathbb{R}$,

e) $x_0 > 1$ ($x_0 < -1$) die (ab x_1) monotone divergente Folge $x : \mathbb{N}_0 \longrightarrow \mathbb{R}$.

Anmerkung 1: In der Formulierung von Bemerkung 2.010.5/2 ist die Folge $(f^n(x_0))_{n \in \mathbb{N}}$ für Startzahlen x_0 mit $|x_0| > 1$ divergent, in den anderen Fällen konvergent, genauer gilt dabei

$$lim(f^n(x_0))_{n \in \mathbb{N}} = \begin{cases} 0, & \text{für Startzahlen } x_0 \text{ mit } |x_0| < 1, \\ 1, & \text{für Startzahlen } x_0 \text{ mit } |x_0| = 1. \end{cases}$$

Anmerkung 2: Die vorstehenden Sachverhalte gelten auch für Funktionen $f = a \cdot id^2$ mit $a > 0$.

Der folgende Satz schließt an die Logische Notiz in Abschnitt 2.043 an und untersucht Divergenz als Negation des Konvergenz-Kriteriums in Satz 2.044.1 Bei seiner Formulierung entsteht der jeweilige Teil b) aus dem Teil a) durch Verwendung der Tautologie $(p \Leftrightarrow q) \Leftrightarrow (\neg q \Leftrightarrow \neg p)$ für quantifizierte Aussagen p und q (siehe Abschnitt 1.016).

2.044.7 Satz

1. Für streng monotone Folgen $x : \mathbb{N} \longrightarrow T$, $T \subset \mathbb{R}$, gilt:
a) $x \in Kon(T) \Leftrightarrow (\exists x_0 \in T)\, kon(x, x_0) \Leftrightarrow (\exists c \in T)(\forall n \in \mathbb{N})(x_n \leq c)$
b) $x \in Div(T) \Leftrightarrow (\forall x_0 \in T)\, div(x, x_0) \Leftrightarrow (\forall c \in T)(\exists n \in \mathbb{N})(x_n > c)$

2. Für streng antitone Folgen $x : \mathbb{N} \longrightarrow T$, $T \subset \mathbb{R}$, gilt:
a) $x \in Kon(T) \Leftrightarrow (\exists x_0 \in T)\, kon(x, x_0) \Leftrightarrow (\exists c \in T)(\forall n \in \mathbb{N})(x_n \geq c)$
b) $x \in Div(T) \Leftrightarrow (\forall x_0 \in T)\, div(x, x_0) \Leftrightarrow (\forall c \in T)(\exists n \in \mathbb{N})(x_n < c)$

Beweis von Teil 1 (der für Teil 2 wird analog geführt): Man beachte zunächst folgende logische Formen:
bei Teil a): $p \Leftrightarrow q$ ist äquivalent zu $(p \Rightarrow q) \wedge (q \Rightarrow p)$,
bei Teil b): $\neg p \Leftrightarrow \neg q$ ist äquivalent zu $(\neg p \Rightarrow \neg q) \wedge (\neg q \Rightarrow \neg p)$.
Der gesamte Beweis von a) oder b) besteht also aus den Nachweisen der beiden Implikationen $q \Rightarrow p$ (das ist Satz 2.044.1/2) und $\neg q \Rightarrow \neg p$, die in Teil b) in der Richtung $\Leftarrow$ genannt ist, und nun bewiesen wird:
Fall 1: Für ein beliebig gewähltes Element $x_0 \in T$ gelte $x_0 \neq x_n$, für alle $n \in \mathbb{N}$. Nach den Voraussetzungen gibt es dann ein bestimmtes, von x_0 abhängiges $m \in \mathbb{N}$ mit $x_m < x_0 < x_{m+1}$. Betrachtet man dazu nun $\epsilon = \frac{1}{2} \cdot min(|x_0 - x_m|, |x_{m+1} - x_0|)$, dann gilt $|x_n - x_0| < \epsilon$ für kein $n \in \mathbb{N}$, das bedeutet, es gilt nicht $kon(x, x_0)$, sondern $div(x, x_0)$.
Fall 2: Für ein beliebig gewähltes Element $x_0 \in T$ gelte $x_0 = x_m$, für ein $m \in \mathbb{N}$. Nach den Voraussetzungen gilt dann $x_{m-1} < x_0 = x_m < x_{m+1}$. Betrachtet man dazu nun $\epsilon = \frac{1}{2} \cdot min(|x_0 - x_{m-1}|, |x_{m+1} - x_0|)$, dann gilt $|x_n - x_0| < \epsilon$ lediglich für m, für alle anderen $n \in \mathbb{N}$ dagegen nicht. Das bedeutet ebenfalls, daß nicht $kon(x, x_0)$, sondern $div(x, x_0)$ gilt.

2.044.8 Bemerkungen und Beispiele

1. Betrachtet man die jeweiligen Beispiele zu den drei behandelten Divergenz-Kriterien, dann lassen sie sich etwa nach folgenden Mustern klassifizieren: Die Folge $x : \mathbb{N} \longrightarrow \mathbb{R}$ mit
a) $x(n) = (-1)^n$ ist beschränkt, aber weder monoton noch antiton, also divergent,
b) $x(n) = (-1)^n n^2$ ist unbeschränkt, weder monoton noch antiton, also divergent,
c) $x(n) = n$ ist unbeschränkt, aber (streng) monoton, also divergent.

2. Die in c) genannte Folge hat hinsichtlich ihrer Monotonie ein anderes Divergenz-Verhalten als die in a) und b) genannten (oszillierenden) Folgen. Dieser Unterschied führt zu folgender Sprechweise:
Streng monotone (streng antitone) Folgen $x : \mathbb{N} \longrightarrow \mathbb{R}$, die nach oben (nach unten) nicht beschränkt und damit als $\mathbb{R}$-Folgen divergent sind, werden $\mathbb{R}^\star$-konvergent genannt, sind also Folgen in der Menge $Kon(\mathbb{R}^\star \subset Div(\mathbb{R})$. (Zur Definiton der Erweiterung $\mathbb{R}^\star$ von $\mathbb{R}$ siehe Abschnitt 1.869.) Dieser besondere Fall von Divergenz sollte bei konkreten Folgen gegebenenfalls auch stets genannt werden, insbesondere wegen folgender Bemerkung 3:

3. Für Folgen $x : \mathbb{N} \longrightarrow \mathbb{R}$ mit $x_n \neq 0$, für fast alle $n \in \mathbb{N}$, gilt das oft verwendete Kriterium zur Feststellung von $\mathbb{R}^\star$-Konvergenz oder Null-Konvergenz in $\mathbb{R}$ (siehe auch folgende Beispiele):
$$x \in Kon(\mathbb{R}^\star) \Leftrightarrow \tfrac{1}{x} \in Kon(\mathbb{R}, 0).$$
Anmerkung: Zu den Elementen von $Kon(\mathbb{R}^\star)$ gehören auch solche Folgen x, die für fast alle Folgenglieder streng monoton (streng antiton) und nach oben (nach unten) nicht beschränkt sind, das heißt, es können für endlich viele Folgenglieder auch die jeweils gegenteilige Ordnung oder Gleichheit vorliegen („Zick-Zack-Verhalten").

4. Die Folge $id : \mathbb{N} \longrightarrow \mathbb{N}$ ist $\mathbb{R}^\star$-konvergent, denn sie ist einerseits streng monoton, andererseits nach oben unbeschränkt. Das bedeutet dann, daß die Folge $\frac{1}{id}$ nullkonvergent ist. (Dasselbe gilt natürlich, wenn diese Folge mit Wertebereich $\mathbb{R}$ betrachtet wird.)

5. Die Folge $x : \mathbb{N} \longrightarrow \mathbb{N}$ mit $x_n = \frac{n!}{3^n}$ ist $\mathbb{R}^*$-konvergent, denn x ist streng monoton und nach oben unbeschränkt, wie der folgende Induktions-Beweis für die Aussage $\frac{n!}{3^n} > n$, für alle $n \geq 9$, zeigt:

Induktionsanfang: Für $n = 9$ gilt $\frac{9!}{3^9} \approx 18,4 > 9$.

Induktionsschritt von n nach $n+1$: Für alle $n \geq 9$ gilt $\frac{(n+1)!}{3^{n+1}} = \frac{n!(n+1)}{3^n \cdot 3} > n \cdot \frac{n+1}{3} = \frac{n}{3}(n+1) \geq n+1$.

Mit Bemerkung 3 kann die obige Aussage auch folgendermaßen gezeigt werden: Es liegt der Grenzwert $lim(\frac{1}{x}) = lim(\frac{3^n}{n!})_{n \in \mathbb{N}} = 0$ vor, denn es gilt $\frac{3^n}{n!} = \frac{3 \cdot 3 \cdot 3}{1 \cdot 2 \cdot 3} \cdot (\frac{3}{4} \cdot \frac{3}{5} \cdot \ldots \cdot \frac{3}{n-1}) \cdot \frac{3}{n}$. Nennt man den eingeklammerten Faktor c, für den aber $c < 1$ gilt, so folgt $\frac{3^n}{n!} = \frac{9}{2} \cdot c \cdot \frac{3}{n}$, also gilt $0 < \frac{3^n}{n!} < \frac{9}{2} \cdot \frac{3}{n} = \frac{27}{2} \cdot \frac{1}{n}$. Satz 2.044.4 liefert aus dieser Abschätzung dann die Behauptung.

2.044.9 Lemma

Die beiden Folgen $x, y : \mathbb{N} \longrightarrow \mathbb{R}$, rekursiv definiert durch den Rekursionsanfang $x_1 > y_1 > 0$ sowie den Rekursionsschritt $x_{n+1} = \frac{1}{2}(x_n + y_n)$ und $y_{n+1} = \sqrt{x_n y_n}$ (die Folgenglieder x_{n+1} sind jeweils das arithmetische Mittel von x_n und y_n, die Folgenglieder y_{n+1} sind jeweils das geometrische Mittel von x_n und y_n) konvergieren gegen denselben Grenzwert $lim(x) = lim(y)$ (siehe auch Lemma 2.045.8).

Vorbemerkung: Zunächst ein kleines Beispiel mit je vier Folgengliedern mit konkreten Zahlen:

$x_1 = 4 \quad x_2 = \frac{1}{2}(4+1) = \frac{5}{2} \quad x_3 = \frac{1}{2}(\frac{5}{2} + 2) = \frac{9}{4} = 2,2500 \quad x_4 = \frac{1}{2}(\frac{9}{4} + \sqrt{5}) \approx 2,243034$

$y_1 = 1 \quad y_2 = \sqrt{4 \cdot 1} = 2 \quad y_3 = \sqrt{\frac{5}{2} \cdot 2} = \sqrt{5} \approx 2,2361 \quad y_4 = \sqrt{\frac{9}{4} \cdot \sqrt{5}} = \frac{3}{2} \cdot \sqrt[4]{5} \approx 2,243023$

Beweis: wird durch folgende Einzelschritte erbracht:

a) Für alle $n \in \mathbb{N}$ gilt $x_n > y_n$, wie der folgende Beweis mit Vollständiger Induktion zeigt:

a_1) Der Induktionsanfang ist unmittelbar durch die Voraussetzung $x_1 > y_1$ gegeben.

a_2) Gilt die Behauptung für n, dann gilt sie auch für $n+1$, wie die folgenden Implikationen zeigen:
$x_n > y_n \Rightarrow x_n - y_n > 0 \Rightarrow \frac{1}{2}(x_n - y_n) \Rightarrow \frac{1}{2}x_n - \frac{1}{2}y_n > 0 \Rightarrow (\frac{1}{2}x_n - \frac{1}{2}y_n)^2 > 0 \Rightarrow \frac{1}{4}x_n^2 - \frac{1}{2}x_n y_n + \frac{1}{4}y_n^2 > 0 \Rightarrow \frac{1}{4}x_n^2 + \frac{1}{2}x_n y_n + \frac{1}{4}y_n^2 > x_n y_n \Rightarrow \frac{1}{4}(x_n + y_n)^2 > x_n y_n \Rightarrow x_{n+1} = \frac{1}{2}(x_n + y_n) > \sqrt{x_n y_n} = y_{n+1}$.

b) Die Folge x ist streng antiton, denn für alle $n \in \mathbb{N}$ gilt $x_{n+1} = \frac{1}{2}x_n + \frac{1}{2}y_n < \frac{1}{2}x_n + \frac{1}{2}x_n = x_n$.

c) Die Folge y ist streng monoton, denn für alle $n \in \mathbb{N}$ gilt $y_{n+1} = \sqrt{x_n y_n} > \sqrt{y_n y_n} = y_n$.

d) Die Folgen x und y konvergieren, denn x ist streng antiton und nach unten durch y_1 beschränkt, ferner ist y streng monoton und durch x_1 nach oben beschränkt.

e) Es gilt $lim(x) = lim(y)$, denn mit $x_0 = lim(x)$ und $y_0 = lim(y)$ gilt $x_0 = lim(x) = lim(\frac{1}{2}x_n)_{n \in \mathbb{N}} + (\frac{1}{2}y_n)_{n \in \mathbb{N}} = \frac{1}{2}x_0 + \frac{1}{2}y_0$, folglich gilt $x_0 - \frac{1}{2}x_0 = \frac{1}{2}y_0$, also $\frac{1}{2}x_0 = \frac{1}{2}y_0$ und somit $x_0 = y_0$.

2.044.10 Lemma

Für Zahlen $x_1, \ldots, x_n \in \mathbb{R}$ gilt $lim(\sqrt[m]{|x_1|^m + \ldots + |x_n|^m})_{m \in \mathbb{N}} = max(|x_1|, \ldots, |x_n|)$.

Anmerkung: Für beschränkte Folgen $(x_n)_{n \in \mathbb{N}}$ gilt $lim(\sqrt[m]{|x_1|^m + \ldots + |x_m|^m})_{m \in \mathbb{N}} = sup\{|x_k| \mid k \in \mathbb{N}\}$.

Beweis: Es werden o.B.d.A. Zahlen $x_1, \ldots, x_n \in \mathbb{R}_0^+$ betrachtet. Dann gilt:

Fall 1: Das n-Tupel $(x_1, \ldots, x_n) = (0, \ldots, 0)$ liefert die Folge $(0)_{m \in \mathbb{N}}$ mit $lim(0)_{n \in \mathbb{N}} = 0 = max(x_1, \ldots, x_n)$.

Fall 2: Es gelte $(x_1, \ldots, x_n) \neq (0, \ldots, 0)$, ferner gelte o.B.d.A. $x_1 = max(x_1, \ldots, x_n)$, womit dann auch $x_1 \neq 0$ gilt. Nun ist $\sqrt[m]{x_1^m + \ldots + x_n^m} = x_1 \cdot \sqrt[m]{z_m}$ mit $z_m = 1 + (\frac{x_2}{x_1})^m + \ldots + (\frac{x_n}{x_1})^m$. Wegen $\frac{x_k}{x_1} \leq 1$, für alle $2 \leq k \leq n$, konvergieren zu jedem k die Folgen $((\frac{x_k}{x_1})^m)_{m \in \mathbb{N}}$ antiton gegen 0, somit konvergiert $(z_m)_{m \in \mathbb{N}}$ antitom gegen 1. Folglich konvergiert auch die Folge $(\sqrt[m]{z_m})_{m \in \mathbb{N}}$ gegen 1, denn wegen $z_m > 1$ gilt $1 < \sqrt[m]{z_m} < z_m$, für alle $m \in \mathbb{N}$, woraus Satz 2.044.4 dann diese Behauptung liefert.

A2.044.01: Beweisen Sie, daß die nachstehend durch $x(n)$ angegebenen Folgen $x : \mathbb{N} \longrightarrow \mathbb{R}$ nullkonvergent sind:

1. $x(n) = \sqrt{n+2} - \sqrt{n+1}$
2. $x(n) = \sqrt{n^2+1} - \sqrt{n^2+2}$
3. $x(n) = \sqrt{4+n^2} - \sqrt{2+n^2}$
4. $x(n) = \sqrt{3+n^2} - \sqrt{4+n^2}$
5. $x(n) = sin(\frac{1}{n})$
6. $x(n) = \frac{cn}{a^{cn}}$ mit $a, c \in \mathbb{R}$ und $a^c > 1$

A2.044.02: Von einem Liter Wein wird $\frac{1}{4}$ Liter abgegossen und durch Wasser ersetzt. Von dieser Mischung ($\frac{3}{4}$ Liter Wein, $\frac{1}{4}$ Liter Wasser) wird wieder $\frac{1}{4}$ Liter abgegossen und nun durch Wein ersetzt. Auf diese Weise wird nun fortgefahren, wobei der abgegossene $\frac{1}{4}$ Liter alternierend durch Wasser und Wein ersetzt wird. Welches Mischungsverhältnis ergibt sich nach beliebig vielen solchen Vorgängen des Abgießens und Ersetzens?

A2.044.03: In Bemerkung 2.044.3 zur *Regula falsi* wurde eine im Intervall $[a, b]$ (also zumindest teilweise) konvexe Funktion f, also eine Funktion mit Linkskrümmung in der Nähe der Nullstelle, sowie für das Intervall $[a, b]$ selbst o.B.d.A. der Fall $f(a) < 0$ und $f(b) > 0$ angenommen. Wie würde sich die Annahmen Konkavität (man sagt auch: Konvexität nach oben) und/oder $f(a) > 0$ und $f(b) < 0$ auf ein entsprechendes Verfahren und den Nachweis der Konvergenz auswirken?

A2.044.04: Beweisen Sie, daß die durch $x(1) = 1$ und $x(n+1) = \frac{1}{1+x(n)}$ rekursiv definierte und konvergente Folge $x : \mathbb{N} \longrightarrow \mathbb{R}$ den Grenzwert $\frac{1}{2}(\sqrt{5}-1)$ besitzt. (Hinweis: Berechnen Sie den Grenzwert als Fixpunkt der Folge.) Geben Sie aber zunächst einige Folgenglieder an.

A2.044.05: Betrachten Sie die durch $x(1) = \frac{3}{2}$ und $x(n+1) = 3 - \frac{2}{x(n)}$ rekursiv definierte Folge $x : \mathbb{N} \longrightarrow \mathbb{R}$.
1. Zeigen Sie (mit Vollständiger Induktion), daß x streng monoton mit allen Folgengliedern in $\mathbb{R}^+$ ist.
2. Zeigen Sie, daß x nach oben beschränkt ist, und begründen Sie die Konvergenz von x.
3. Berechnen Sie den Grenzwert von x (als Fixpunkt von x).

A2.044.06: Betrachten Sie die durch $x(n) = 2^{-n}$ definierte Folge $x : \mathbb{N} \longrightarrow \mathbb{R}$.
1. Geben Sie x in rekursiver Darstellung an und zeigen Sie, daß x streng antiton und beschränkt ist.
2. Zeigen Sie ohne Rückgriff auf Teil 1 oder andere Verfahren, daß x gegen Null konvergiert.

A2.044.07: Beweisen Sie:
1. Ist $x : \mathbb{N} \longrightarrow \mathbb{R}_*$ eine nullkonvergente Folge, dann konvergiert die Folge $z : \mathbb{N} \longrightarrow \mathbb{R}$ mit $z_n = \frac{sin(x_n)}{x_n}$ gegen 1. (Argumentieren Sie anschaulich am Einheitskreis, verwenden Sie dabei auch *cos*.)
2. Ist $x : \mathbb{N} \longrightarrow \mathbb{R} \setminus \{\frac{\pi}{2}\}$ eine gegen $\frac{\pi}{2}$ konvergente Folge, dann konvergiert die Folge $z : \mathbb{N} \longrightarrow \mathbb{R}$ mit $z_n = \frac{cos(x_n)}{x_n - \frac{\pi}{2}}$ gegen -1. (Verwenden Sie Aufgabenteil 1.)
3. Ist $x : \mathbb{N} \longrightarrow \mathbb{R}_*$ eine nullkonvergente Folge, dann konvergiert $z : \mathbb{N} \longrightarrow \mathbb{R}$ mit $z_n = sin(\frac{1}{x_n})$ nicht.

A2.044.08: Spielen Sie mit dem Taschenrechner und erzeugen Sie damit Folgen x, wie sie in Bemerkung 2.044.6 beschrieben sind, für Wurzel-Funktionen und die trigonometrischen Grund-Funktionen *sin* und *cos*. Beobachten Sie das Konvergenz/Divergenz-Verhalten solcher Folgen in Abhängigkeit der Startzahlen.

2.045 STRUKTUREN AUF $Kon(\mathbb{Q})$ UND $Kon(\mathbb{R})$ (TEIL 1)

> Oh, laß es die Weisen doch verständlich sagen,
> mir das Hirn nicht mit Erkenntnis plagen.
> *George Crabbe* (1754 - 1832)

Auf der Basis der Untersuchungen in Abschnitt 1.770 wurden in Satz 2.006.1 alle algebraischen und Ordnungs-Strukturen zusammengestellt, die auf der Menge $Abb(\mathbb{N}, \mathbb{R})$ aller Folgen $\mathbb{N} \longrightarrow \mathbb{R}$ definiert sind oder als Aussagen für diese Strukturen gelten. Die Frage, die in diesem und im nächsten Abschnitt untersucht werden soll, zielt darauf festzustellen, ob und inwieweit die auf $Abb(\mathbb{N}, \mathbb{R})$ vorliegenden Struktureigenschaften auf die Teilmenge $Kon(\mathbb{R}) \subset Abb(\mathbb{N}, \mathbb{R})$ der konvergenten $\mathbb{R}$-Folgen vererbt werden, also auch für $Kon(\mathbb{R})$ gültig sind.

Die Antwort wird im Hinblick auf einzelne Folgen zunächst in Satz 2.045.1 gegeben. Auf Mengen bezogen wird sie dann zusammenfassend in Satz 2.046.1 formuliert und basiert auf der Reihe von Einzelnachweisen in Satz 2.045.1 (die vom Standpunkt jenes Satzes aus betrachtet aber eher technischen Charakter haben).

2.045.1 Satz

Sind $x, z : \mathbb{N} \longrightarrow \mathbb{R}$ konvergente Folgen, dann ist
1. die Summe $x + z : \mathbb{N} \longrightarrow \mathbb{R}$ konvergent und es gilt $\quad lim(x + z) = lim(x) + lim(z)$,
2. die Differenz $x - z : \mathbb{N} \longrightarrow \mathbb{R}$ konvergent und es gilt $\quad lim(x - z) = lim(x) - lim(z)$,
3. jedes $\mathbb{R}$-Produkt $ax : \mathbb{N} \longrightarrow \mathbb{R}$ konvergent und es gilt $\quad lim(ax) = a \cdot lim(x)$,
4. das Produkt $xz : \mathbb{N} \longrightarrow \mathbb{R}$ konvergent und es gilt $\quad lim(xz) = lim(x) \cdot lim(z)$.

Unter den zusätzlichen Voraussetzungen $lim(z) \neq 0$ und $0 \notin Bild(z)$ ist

5. der Kehrwert $\frac{1}{z} : \mathbb{N} \longrightarrow \mathbb{R} \setminus \{0\}$ konvergent und es gilt $\quad lim(\frac{1}{z}) = \frac{1}{lim(z)}$,
6. der Quotient $\frac{x}{z} : \mathbb{N} \longrightarrow \mathbb{R} \setminus \{0\}$ konvergent und es gilt $\quad lim(\frac{x}{z}) = \frac{lim(x)}{lim(z)}$.

Beweis: Die folgenden Einzelbeweise werden möglichst ökonomisch miteinander verflochten; sie sollten zur Übung zusätzlich auch unabhängig voneinander geführt werden. Zur Abkürzung wird im folgenden wie üblich $x_0 = lim(x)$ und $z_0 = lim(z)$ geschrieben. Ferner sei gemäß Definition 2.040.1 ein beliebiges, aber fest gewähltes Element $\epsilon \in \mathbb{R}^+$ vorgegeben, zu dem dann jeweils ein Grenzindex $n(\epsilon)$ mit der verlangten Abschätzung berechnet wird:

1. Gesucht ist $n(\epsilon)$ mit $|(x_n + z_n) - (x_0 + z_0)| < \epsilon$, für alle $n \geq n(\epsilon)$. Zunächst liefert die Konvergenz von x und z gegen die angegebenen Grenzwerte x_0 und z_0 zu $\frac{\epsilon}{2}$ Grenzindices $n(\frac{\epsilon}{2})$ und $m(\frac{\epsilon}{2})$ mit $|x_n - x_0| < \frac{\epsilon}{2}$, für alle $n \geq n(\frac{\epsilon}{2})$ und $|z_n - z_0| < \frac{\epsilon}{2}$, für alle $n \geq m(\frac{\epsilon}{2})$. Folglich gilt unter Verwendung einer der sogenannten Dreiecksungleichungen (Satz 1.632.4a) dann $|(x_n + z_n) - (x_0 + z_0)| = |(x_n - x_0) + (z_n - z_0)| \leq |x_n - x_0| + |z_n - z_0| < \frac{\epsilon}{2} + \frac{\epsilon}{2} = \epsilon$, für alle $n \geq max(n(\frac{\epsilon}{2}), m(\frac{\epsilon}{2}))$. Damit ist $n(\epsilon) = max(n(\frac{\epsilon}{2}), m(\frac{\epsilon}{2}))$ der gesuchte Grenzindex.

4. Gesucht ist $n(\epsilon)$ mit $|(x_n z_n) - (x_0 z_0)| < \epsilon$, für alle $n \geq n(\epsilon)$. Zunächst gilt $|(x_n z_n) - (x_0 z_0)| = |z_n x_n + x_n z_0 - x_n z_0 - x_0 z_0| = |x_n z_0 - x_0 z_0 + z_n x_n - z_0 x_n| = |(x_n - x_0) z_0 + (z_n - z_0) x_n| \leq |(x_n - x_0) z_0| + |(z_n - z_0) x_n| = |x_n - x_0||z_0| + |z_n - z_0||x_n|$, wobei wieder eine der Dreiecksungleichungen (Satz 1.632.4a) sowie die Homomorphie der Betragsfunktion bezüglich Multiplikation (Satz 1.632.3) verwendet wurde. Da die Folge x konvergent und somit beschränkt ist (Satz 2.044.1/1), gibt es eine gemeinsame obere Schranke $c \in \mathbb{N}$ mit $x_n \leq c$, für alle $n \in \mathbb{N}$, und $|z_0| \leq c$. Somit ist dann $|z_n - z_0||x_n| \leq |z_n - z_0| c$ und $|x_n - x_0||z_0| \leq |x_n - x_0| c$, woraus nach der eingangs angestellten Berechnung $|(x_n z_n) - (x_0 z_0)| = |x_n - x_0||z_0| + |z_n - z_0||x_n| \leq |x_n - x_0| c + |z_n - z_0| c$, für alle $n \in \mathbb{N}$ folgt. Die Konvergenz der Folgen x und z gegen die Grenzwerte x_0 und z_0 liefert nun zu $\epsilon_1 = \frac{\epsilon}{2c}$ Grenzindices $n(\epsilon_1)$ und $m(\epsilon_1)$ mit $|x_n - x_0| < \epsilon_1$, für alle $n \geq n(\epsilon_1)$ und $|z_n - z_0| < \epsilon_1$, für alle $n \geq m(\epsilon_1)$. Folglich ist $|x_n - x_0| c < \frac{\epsilon}{2}$, für alle $n \geq n(\epsilon_1)$ und $|z_n - z_0| c < \frac{\epsilon}{2}$, für alle $n \geq m(\epsilon_1)$, woraus dann schließlich folgt: $|(x_n z_n) - (x_0 z_0)| \leq |x_n - x_0| c + |z_n - z_0| c < \frac{\epsilon}{2} + \frac{\epsilon}{2} = \epsilon$, für alle Indices $n \geq max(n(\epsilon_1), m(\epsilon_1))$. Damit ist $n(\epsilon) = max(n(\epsilon_1), m(\epsilon_1))$ der gesuchte Grenzindex.

3. Die Behauptung folgt aus Teil 4, wenn man die konstante Folge $(a)_{n \in \mathbb{N}}$ mit $lim(a)_{n \in \mathbb{N}} = a$ betrachtet.

2. Nach Teil 3 ist zunächst die Folge $-z = (-1)z$ konvergent mit $lim(-z) = -lim(z)$. Nach Teil 1 ist

dann auch $x - z = x + (-z)$ konvergent mit $lim(x - z) = lim(x) + (-lim(z)) = lim(x) - lim(z)$.

5. Gesucht ist $n(\epsilon)$ mit $|\frac{1}{z_n} - \frac{1}{z_0}| < \epsilon$, für alle $n \geq n(\epsilon)$. Zunächst gilt $|\frac{1}{z_n} - \frac{1}{z_0}| = |\frac{z_0 - z_n}{z_0 z_n}| = \frac{1}{|z_0||z_n|}|z_n - z_0|$. Die Konvergenz der Folge z gegen z_0 liefert wegen $z_0 \neq 0$ zu $0 < \epsilon_1 < |z_0|$ ein $n(\epsilon_1) \in \mathbb{N}$ mit $|z_n - z_0| < \epsilon_1$, für alle $n \geq n(\epsilon_1)$. Damit und mit der in Satz 1.632.4d genannten Dreiecksungleichung ist dann $|z_0| - |z_n| \leq |z_0 - z_n| = |z_n - z_0| < \epsilon_1$, woraus $0 < |z_0| - \epsilon_1 < |z_n|$, also $\frac{1}{|z_n|} < \frac{1}{|z_n| - \epsilon_1}$, für alle $n \geq n(\epsilon_1)$ folgt. Weiterhin gibt es zu $\epsilon_2 = \epsilon \cdot |z_0| \cdot (|z_0| - \epsilon_1)$ ein $n(\epsilon_2) \in \mathbb{N}$ mit $|z_n - z_0| < \epsilon_2$, für alle $n \geq n(\epsilon_2)$. Damit ist dann schließlich $|\frac{1}{z_n} - \frac{1}{z_0}| = \frac{1}{|z_0||z_n|}|z_n - z_0| < \frac{1}{|z_0|(|z_0| - \epsilon_1)}|z_n - z_0| < \frac{1}{|z_0|(|z_0| - \epsilon_1)} \cdot \epsilon_2 = \epsilon$, für alle $n \geq max(n(\epsilon_1), n(\epsilon_2))$. Also ist $n(\epsilon) = max(n(\epsilon_1), n(\epsilon_2))$ der gesuchte Grenzindex.

6. Die Behauptung folgt aus den Teilen 4 und 5 mit $\frac{x}{z} = x \cdot \frac{1}{z}$.

2.045.2 Bemerkungen

1. Man beachte, daß die Aussagen des obigen Satzes jeweils eine *qualitative Aussage* darstellen, indem sie die Konvergenz erzeugter Folgen als qualitative Eigenschaft behaupten, und daneben eine *quantitative Aussage* treffen, indem sie sagen, wie der jeweilige Grenzwert der erzeugten Folge berechnet, also numerisch erzeugt wird.

2. Bei Aussagen wie denen im obigen Satz wird deutlich, daß nicht nur Konditionalsätze logische Implikationen darstellen, die deutsche Sprache kann Implikationen häufig elegant, aber logisch eher versteckt formulieren. Beispiele dafür sind etwa Formulierungen der Art: Die Summe $x + z$ konvergenter Folgen x und z ist wieder konvergent. Der zugehörige Konditionalsatz lautet: *Wenn x und z konvergente Folgen sind, dann ist auch die Summe $x + z$ konvergent.* Mit logischen Zeichen geschrieben, lautet dann Teil 1 des obigen Satzes: (x konvergent $\wedge$ z konvergent) $\Rightarrow$ $x + z$ konvergent. Entsprechend kann man die anderen Teile des Satzes übersetzen.

3. Man beachte, daß die Umkehrungen zu den Teilen 1 bis 6 im vorstehenden Satz im allgemeinen nicht gelten. Wie die Zerlegungen $(0)_{n \in \mathbb{N}} = (n)_{n \in \mathbb{N}} + (-n)_{n \in \mathbb{N}}$, $(0)_{n \in \mathbb{N}} = 0 \cdot (0)_{n \in \mathbb{N}}$ und $(\frac{1}{n})_{n \in \mathbb{N}} = (n)_{n \in \mathbb{N}} \cdot (\frac{1}{n^2})_{n \in \mathbb{N}}$ zeigen, folgt aus der Konvergenz einer Summe, eines $\mathbb{R}$-Produkts oder eines Produkts von Folgen nicht notwendigerweise die Konvergenz der Summanden oder Faktoren.
Man kann diesen Sachverhalt auch etwa so beschreiben: Während beispielsweise die algebraische Formel $a(b + c) = ab + ac$ für die Distributivität sowohl von links nach rechts gelesen *Ausmultiplizieren* als auch von rechts nach links gelesen *Ausklammern* eine richtige Anwendung darstellt, ist das bei den Formeln im obigen Satz nicht der Fall: Beispielsweise darf $lim(x + z) = lim(x) + lim(z)$ nur von rechts nach links gelesen verwendet werden. Die Angabe dieser Formeln allein ohne Nennung des qualitativen Sachverhalts (siehe 1.) kann also zu Mißverständnissen führen.

4. Das Produkt $xz : \mathbb{N} \longrightarrow T$ aus einer nullkonvergenten Folge $x : \mathbb{N} \longrightarrow T$ mit $0 \in T \subset \mathbb{R}$ und einer beschränkten Folge $z : \mathbb{N} \longrightarrow T$ ist eine nullkonvergente Folge.
Beweis: Ist c eine (symmetrische) Schranke von z, dann ist $|z_n| \leq c$, für alle $n \in \mathbb{N}$. Die Konvergenz von x gegen 0 liefert zu jedem $\epsilon \in \mathbb{R}^+$ einen Grenzindex $n(\epsilon) \in \mathbb{N}$ mit $|x_n| < \frac{\epsilon}{c}$, für alle $n \geq n(\epsilon)$. Somit ist $|x_n z_n| = |x_n||z_n| < \frac{\epsilon}{c} \cdot c = \epsilon$, für alle $n \geq n(\epsilon)$, also ist $lim(xz) = 0$. Dazu ein Beispiel:
Es gilt $lim(\frac{sin(n)}{n})_{n \in \mathbb{N}} = 0$, denn diese Folge ist das Produkt aus der nullkonvergenten Folge $(\frac{1}{n})_{n \in \mathbb{N}}$ und der beschränkten Folge $(sin(n))_{n \in \mathbb{N}}$ (siehe dazu auch Beispiel 1.321.3/2).

2.045.3 Beispiele

Satz 2.045.1 liefert eine weitere Methode zum Nachweis der Konvergenz von Folgen $x : \mathbb{N} \longrightarrow \mathbb{R}$, die man als *Zerlegungsmethode* bezeichnen kann. Die Idee dieser Methode liegt in folgenden Schritten:

a) Zunächst wird versucht, x auf algebraischem Wege in einfachere Bausteine zu zerlegen, also als Summe, Produkt, Quotient oder auch als entsprechende Kombination davon darzustellen, mit dem Ziel, x in solche Bausteine zu zerlegen, die selbst konvergent sind und deren Konvergenz dann schon nachgewiesen ist.

b) Sind alle Bausteine konvergent und gegebenenfalls auch die einschränkenden Bedingungen von Satz 2.045.1/5/6 erfüllt, werden die Grenzwerte der einzelnen Bausteine festgestellt und gemäß den quantitativen Angaben in Satz 2.045.1 miteinander verrechnet.

Diese generelle Methode läßt sich in verschiedenen Weisen anwenden, entweder durch scharfes Hinsehen oder durch systematisches Vorgehen. Dazu einige Beispiele:

1. Bei den nachfolgend genannten Folgen $x: \mathbb{N} \longrightarrow \mathbb{R}$ und ihren Grenzwerten wird jeweils durch einfaches Ausrechnen von $x(n)$ eine Zerlegung von x in einfachere Bausteine angegeben, deren Konvergenz in den Beispielen 2.040.3 bewiesen worden ist:

a) $lim(\frac{n!+n}{n!})_{n \in \mathbb{N}} = 1$, denn: $\frac{n!+n}{n!} = 1 + \frac{1}{(n-1)!}$,

b) $lim(\frac{n^2-1}{n(n+1)^2})_{n \in \mathbb{N}} = 0$, denn: $\frac{n^2-1}{n(n+1)^2} = \frac{1}{n+1} - \frac{1}{n} \cdot \frac{1}{n+1}$,

c) $lim(\frac{3+n^3}{n^3})_{n \in \mathbb{N}} = 1$, denn: $\frac{3+n^3}{n^3} = 3 \cdot \frac{1}{n} \cdot \frac{1}{n} \cdot \frac{1}{n} + 1$,

d) $lim(\frac{n+n^2}{n^k})_{n \in \mathbb{N}} = 0$ (mit $k \in \mathbb{N}$, $k > 1$), denn: $\frac{n+n^2}{n^k} = \frac{1}{n^{k-1}} + \frac{1}{n^{k-2}}$,

e) $lim(\frac{c}{b^n})_{n \in \mathbb{N}} = 0$ falls $|b| > 1$, denn: $\frac{c}{b^n} = c \cdot (\frac{1}{b})^n$ und $0 < \frac{1}{|b|} < 1$,

2. Zu der sogenannten *Erweiterungsmethode* zunächst drei typische Beispiele, die anschließend noch einmal in allgemeinerer Form besprochen werden:

a) Die Folge $x = (\frac{n^2+3n^3-n-1}{n+n^2+5n^3})_{n \in \mathbb{N}}$ wird mit dem Bruch $\frac{1}{n^3}$ erweitert, genauer gesagt, jedes Folgenglied wird mit diesem Bruch erweitert, und hat dann die Form

$$x = (\frac{n^2+3n^3-n-1}{n+n^2+5n^3})_{n \in \mathbb{N}} = (\frac{\frac{n^2}{n^3}+3\frac{n^3}{n^3}-\frac{n}{n^3}-\frac{1}{n^3}}{\frac{n}{n^3}+\frac{n^2}{n^3}+5\frac{n^3}{n^3}})_{n \in \mathbb{N}} = (\frac{\frac{1}{n}+3-\frac{1}{n^2}-\frac{1}{n^3}}{\frac{1}{n^2}+\frac{1}{n}+5})_{n \in \mathbb{N}}.$$

Die letzte dieser Darstellungen enthält, wenn man die Summanden von Zähler und Nenner selbst als Einzelfolgen betrachtet, offenbar nur konvergente Summanden. Dabei konvergiert nach Satz 2.045.1/1 die Summe der Einzelfolgen im Zähler gegen $0+3-0-0 = 3$ und die Summe der Einzelfolgen im Nenner gegen $0+0+5 = 5$. Darüber hinaus konvergiert der Nenner (lax gesagt) gegen eine Zahl ungleich Null, somit kann Satz 2.045.1/6 angewendet werden und liefert die Konvergenz der gesamten Folge x mit dem Grenzwert

$$lim(x) = lim(\frac{n^2+3n^3-n-1}{n+n^2+5n^3})_{n \in \mathbb{N}} = lim(\frac{\frac{1}{n}+3-\frac{1}{n^2}-\frac{1}{n^3}}{\frac{1}{n^2}+\frac{1}{n}+5})_{n \in \mathbb{N}} = \frac{0+3-0-0}{0+0+5} = \frac{3}{5}.$$

b) Die Folge $x = (\frac{n^2+3n^3-n-1}{n+2n^4+5n^3})_{n \in \mathbb{N}}$ wird mit dem Bruch $\frac{1}{n^4}$ erweitert und hat dann die Form

$$x = (\frac{n^2+3n^3-n-1}{n+2n^4+5n^3})_{n \in \mathbb{N}} = (\frac{\frac{n^2}{n^4}+3\frac{n^3}{n^4}-\frac{n}{n^4}-\frac{1}{n^4}}{\frac{n}{n^4}+2\frac{n^4}{n^4}+5\frac{n^3}{n^4}})_{n \in \mathbb{N}} = (\frac{\frac{1}{n^2}+3\frac{1}{n}-\frac{1}{n^3}-\frac{1}{n^4}}{\frac{1}{n^3}+2+5\frac{1}{n}})_{n \in \mathbb{N}}.$$

Die letzte dieser Darstellungen enthält offenbar wieder nur konvergente Summanden. Dabei konvergiert nach Satz 2.045.1/1 die Summe der Einzelfolgen im Zähler gegen $0+0-0-0 = 0$ und die Summe der Einzelfolgen im Nenner gegen $0+2+0 = 2$. Darüber hinaus konvergiert der Nenner gegen eine Zahl ungleich Null, somit kann wieder Satz 2.045.1/6 angewendet werden und liefert die Konvergenz der gesamten Folge x mit dem Grenzwert

$$lim(x) = lim(\frac{n^2+3n^3-n-1}{n+2n^4+5n^3})_{n \in \mathbb{N}} = lim(\frac{\frac{1}{n^2}+3\frac{1}{n}-\frac{1}{n^3}-\frac{1}{n^4}}{\frac{1}{n^3}+2+5\frac{1}{n}})_{n \in \mathbb{N}} = \frac{0+0-0-0}{0+2+0} = \frac{0}{2} = 0.$$

c) Schließlich: Die Folge $x = (\frac{n^2+3n^3-n-1}{1+n+2n^2})_{n \in \mathbb{N}}$ wird mit dem Bruch $\frac{1}{n^3}$ erweitert und hat dann die Form

$$x = (\frac{n^2+3n^3-n-1}{1+n+2n^2})_{n \in \mathbb{N}} = (\frac{\frac{n^2}{n^3}+3\frac{n^3}{n^3}-\frac{n}{n^3}-\frac{1}{n^3}}{\frac{1}{n^3}+\frac{n}{n^3}+2\frac{n^2}{n^3}})_{n \in \mathbb{N}} = (\frac{\frac{1}{n}+3-\frac{1}{n^2}-\frac{1}{n^3}}{\frac{1}{n^3}+\frac{1}{n^2}+2\frac{1}{n}})_{n \in \mathbb{N}}.$$

Die letzte dieser Darstellungen enthält offenbar wieder nur konvergente Summanden. Dabei konvergiert nach Satz 2.045.1/1 die Summe der Einzelfolgen im Zähler gegen $0+3-0-0 = 3$ und die Summe der Einzelfolgen im Nenner gegen $0+0+0 = 0$. Damit kann Satz 2.045.1/6 nicht angewendet werden und liefert die Divergenz der gesamten Folge x.

3. Die drei vorstehenden Beispiele können in folgender Weise in allgemeinerer Form dargestellt werden: Hat eine Folge $x: \mathbb{N} \longrightarrow \mathbb{R}$ die Form $x = \frac{u}{v}$ mit Polynom-Funktionen $u, v: \mathbb{N} \longrightarrow \mathbb{R}$, das bedeutet, daß jedes Folgenglied von x die Form $x(n) = \frac{u(n)}{v(n)}$ hat, in Index-Schreibweise also $(x_n)_{n \in \mathbb{N}} = (\frac{u_n}{v_n})_{n \in \mathbb{N}}$, dann gilt im einzelnen:

a) Im Fall $grad(u) = grad(v)$ ist $x = \frac{u}{v}$ konvergent und konvergiert (nach der Methode der Erweiterung mit der Zahl $\frac{1}{n^{grad(u)}} = \frac{1}{n^{grad(v)}}$) gegen den Quotienten der Koeffizienten der Potenzen mit dem höchsten Exponenten (der also gerade $k = grad(u) = grad(v)$ ist).

b) Im Fall $grad(u) < grad(v)$ ist $x = \frac{u}{v}$ konvergent und konvergiert (nach der Methode der Erweiterung mit der Zahl $\frac{1}{n^{grad(v)}}$) gegen Null (als dem Quotienten aus Null und dem Koeffizienten der Potenz mit dem höchsten Exponenten im Nenner (der also gerade $k = grad(v)$ ist)).

c) Im Fall $grad(u) > grad(v)$ ist $x = \frac{u}{v}$ divergent.

4. Bei den nachstehend genannten Folgen x wird die Erweiterungsmethode in etwas nuancierter Form verwendet, indem anstelle des Erweiterns mit $\frac{1}{n^k}$ zunächst n^k aus Zähler und Nenner ausgeklammert und dann gekürzt wird:

a) $lim(\frac{2n+1}{n+5})_{n\in\mathbb{N}} = 2$,   denn: $\frac{2n+1}{n+5} = \frac{n(2+\frac{1}{n})}{n(1+\frac{5}{n})} = \frac{2+\frac{1}{n}}{1+\frac{5}{n}}$,

b) $lim(\frac{3n^3+1}{(n+1)^3+2n-1})_{n\in\mathbb{N}} = 3$,   denn: $\frac{3n^3+1}{(n+1)^3+2n-1} = \frac{n^3(3+(\frac{1}{n})^3)}{n^3((1+\frac{1}{n})^3+\frac{2}{n^2}-\frac{1}{n^3})} = \frac{3+(\frac{1}{n})^3}{(1+\frac{1}{n})^3+\frac{2}{n^2}-\frac{1}{n^3}}$.

5. Die Folge $z: \mathbb{N} \setminus \{1\} \longrightarrow \mathbb{R}$ mit $z_n = \prod_{2 \leq k \leq n} \frac{k^3-1}{k^3+1}$ konvergiert gegen gilt $lim(z) = \frac{2}{3}$. Zum Nachweis:

Vorbemerkung: Bei der Darstellung der einzelnen Folgenglieder z_n wird die für alle $k \geq 2$ gültige Formel $\frac{k^3-1}{(k+1)^3+1} = \frac{k-1}{k+2}$ verwendet. Die Gültigkeit dieser Formel kann man zunächst anhand der Beispiele für $k \in \{2,3,4\}$ illustrieren, nämlich $\frac{2^3-1}{3^3+1} = \frac{1 \cdot 7}{4 \cdot 7} = \frac{1}{4}$ mit $7 = 2 \cdot 3 + 1$ sowie $\frac{3^3-1}{4^3+1} = \frac{2 \cdot 13}{5 \cdot 13} = \frac{2}{5}$ mit $13 = 3 \cdot 4 + 1$ und $\frac{4^3-1}{5^3+1} = \frac{3 \cdot 21}{6 \cdot 21} = \frac{1}{2}$ mit $21 = 4 \cdot 5 + 1$. Scharfes Hinsehen liefert dann folgende allgemeine Beziehung:
$\frac{k-1}{k+2} = \frac{k-1}{k+2} \cdot \frac{k(k+1)+1}{k(k+1)+1} = \frac{k(k^2-1)+k-1}{(k+2)(k+1)k+k+2} = \frac{k^3-k+k-1}{k^3+2k^2+k^2+2k+k+2} = \frac{k^3-1}{k^3+3k^2+3k+1+1} = \frac{k^3-1}{(k+1)^3+1}$.

Mit dieser Vorbetrachtung lassen sich die Folgenglieder z_n nun in folgender Weise darstellen:
$z_n = \frac{2^3-1}{2^3+1} \cdot \frac{3^3-1}{3^3+1} \cdot \frac{4^3-1}{4^3+1} \cdot \ldots \cdot \frac{(n-1)^3-1}{(n-1)^3+1} \cdot \frac{n^3-1}{n^3+1} = \frac{1}{2^3+1} \cdot \frac{2^3-1}{3^3+1} \cdot \frac{3^3-1}{4^3+1} \cdot \ldots \cdot \frac{(n-1)^3-1}{n^3+1} \cdot (n^3-1)$
$= \frac{n^3-1}{9} \cdot (\frac{2-1}{2+2} \cdot \frac{3-1}{3+2} \cdot \ldots \cdot \frac{(n-1)-1}{(n-1)+2}) = \frac{n^3-1}{9} \cdot (\frac{1}{4} \cdot \frac{2}{5} \cdot \frac{3}{6} \cdot \ldots \cdot \frac{n-2}{n+1}) = \frac{n^3-1}{9} \cdot \frac{3!(n-2)!}{(n+1)!} = \frac{n^3-1}{9} \cdot \frac{6}{(n-1)n(n+1)} = \frac{2}{3} \cdot \frac{n^3-1}{n^3-n}$.

Damit ist die Folge z das Produkt der konstanten Folge $\frac{2}{3}$ mit einer Folge, die nach der oben angegebenen Erweiterungsmethode gegen 1 konvergiert. Insgesamt konvergiert die Folge z also gegen $\frac{2}{3}$.

6. Zu untersuchen ist die Folge $x: \mathbb{N} \longrightarrow \mathbb{R}$ mit $x_n = n(1 - \sqrt{1 - \frac{a}{n}})$ in Abhängigkeit von $a \in \mathbb{R}$. Dazu wird zunächst die folgende Darstellung von x_n betrachtet: Es gilt $x_n = n(1 - \sqrt{1-\frac{a}{n}}) = n - n\sqrt{\frac{n-a}{n}} =$
$n - \sqrt{n(n-a)} \cdot \frac{n+\sqrt{n(n-a)}}{n+\sqrt{n(n-a)}} = \frac{n^2-(n^2-an)}{n+\sqrt{n(n-a)}} = \frac{an}{n+\sqrt{n(n-a)}} = \frac{a}{1+\frac{1}{n}\sqrt{n(n-a)}} = \frac{a}{1+\sqrt{1-\frac{a}{n}}}$.

Diese Darstellung zeigt, daß die Folge z mit $z_n = (\sqrt{1-\frac{a}{n}})_{n\in\mathbb{N}}$ genauer zu untersuchen ist, wobei die Annahme, daß z gegen eine Zahl c konvergiert, dann nach Satz 2.045.1 auch $lim(x) = \frac{a}{1+c}$ nach sich zieht. Also zur Untersuchung der Folge z:

a) Es gelte $a = 0$. In diesem Fall konvergiert z gegen 1, folglich konvergiert dann x gegen $\frac{0}{1+1} = 0$.

b) Es gelte $a < 0$. In diesem Fall ist z_n und damit x_n für alle $n \in \mathbb{N}$ definiert. Dabei gilt $lim(z) = 1$, denn ist $\epsilon > 0$ beliebig vorgegeben, so liefern die Äquivalenzen $|z_n - 1| < \epsilon \Leftrightarrow |\sqrt{1-\frac{a}{n}} - 1| < \epsilon \Leftrightarrow \sqrt{1-\frac{a}{n}} - 1 \Leftrightarrow \sqrt{1-\frac{a}{n}} < 1+\epsilon \Leftrightarrow 1-\frac{a}{n} < (1+\epsilon)^2 \Leftrightarrow -\frac{a}{n} < (1+\epsilon)^2 - 1 \Leftrightarrow \frac{|a|}{n} < \epsilon(2+\epsilon) \Leftrightarrow n > \frac{|a|}{\epsilon(2+\epsilon)}$
den gesuchten Grenzindex $n(\epsilon) = [\frac{|a|}{\epsilon(2+\epsilon)}]$.

c) Es gelte $a > 0$. In diesem Fall ist z_n und damit x_n nur für diejenigen $n \in \mathbb{N}$ mit $n \geq a$ definiert. Dabei gilt aber, wenn man die endlich vielen Indices n mit $n < a$ wegläßt, ebenfalls $lim(z) = 1$, denn ist $\epsilon > 0$ beliebig vorgegeben, so liefern die Äquivalenzen $|z_n - 1| < \epsilon \Leftrightarrow |\sqrt{1-\frac{a}{n}} - 1| < \epsilon \Leftrightarrow 1 - \sqrt{1-\frac{a}{n}} \Leftrightarrow$
$-\sqrt{1-\frac{a}{n}} < \epsilon - 1 \Leftrightarrow \sqrt{1-\frac{a}{n}} > 1-\epsilon \Leftrightarrow 1-\frac{a}{n} > (1-\epsilon)^2 \Leftrightarrow -\frac{a}{n} > (1-\epsilon)^2 - 1 \Leftrightarrow \frac{a}{n} < \epsilon(2-\epsilon) \Leftrightarrow$
$n > \frac{a}{\epsilon(2-\epsilon)}$ den gesuchten Grenzindex $n(\epsilon) = [\frac{|a|}{\epsilon(2-\epsilon)}]$.

2.045.4 Beispiele

1. Für die durch $x_1 = \sqrt{2}$ und $x_{n+1} = \sqrt{2 + x_n}$ rekursiv definierte Folge $x: \mathbb{N} \longrightarrow \mathbb{R}$ gilt $lim(x) = 2$. Der Nachweis erfolgt durch folgende Einzelschritte:

a) x ist durch 2 nach oben beschränkt, wie nach dem Induktionsprinzip für Natürliche Zahlen (siehe Abschnitte 1.81x):

   IA)   Für $n = 1$ ist $x_1 = \sqrt{2} \leq 2$.

   IS)   Gilt $x_n < 2$, so gilt auch $x_{n+1} = \sqrt{2+x_n} < \sqrt{2+2} = 2$.

b) x ist monoton, denn mit $x_{n+1} = \sqrt{2+x_n}$ ist $x_{n+1}^2 = 2 + x_n$, woraus mit $x_{n+1} < 2$ dann $2x_n = x_n + x_n < 2 + x_n = x_{n+1}^2 = x_{n+1}x_{n+1} < 2x_{n+1}$, also $x_n < x_{n+1}$ für alle $n \in \mathbb{N}$ folgt.

c) Nach Satz 2.044.1/2 liefern a) und b) die Konvergenz von x, also die Existenz eines Grenzwertes

$x_0 = lim(x)$. Wegen $lim(2)_{n \in \mathbb{N}} = 2$ ist dann $lim(2+x_n)_{n \in \mathbb{N}} = 2+x_0$. Wegen $2+x_n = x_{n+1}{}^2$ ist ferner $lim(2+x) = lim(x^2) = x_0{}^2$, somit folgt aus $2+x_0 = x_0{}^2$ dann $x_0 = 2$ (wobei die Lösung -1 dieser Gleichung wegen $x_0 > 0$ nicht in Betracht kommt).

2. In Satz 2.017.3 wurde gezeigt, daß Nullstellen t quadratischer Funktionen $f: \mathbb{R} \longrightarrow \mathbb{R}$ der Form $f(z) = z^2 - az - b$ zugehörige Fibonacci-Folgen $x: \mathbb{N} \longrightarrow \mathbb{R}$ liefern. Umgekehrt liefern Fibonacci-Folgen x auch Nullstellen solcher Funktionen, denn: Ist x eine gemäß Definition 2.017.1 rekursiv vorgelegte Fibonacci-Folge und $c: \mathbb{N} \longrightarrow \mathbb{R}$ die durch $\frac{x_{n+1}}{x_n}$ definierte Quotientenfolge ($x_n \neq 0$), dann hat c die rekursive Darstellung $c_1 = \frac{x_2}{x_1} = \frac{a}{1} = a$ und $c_{n+1} = \frac{x_{n+2}}{x_{n+1}} = \frac{ax_{n+1}+bx_n}{x_{n+1}} = a + b \cdot \frac{1}{c_n}$.
Falls $lim(c)$ existiert und $lim(c) \neq 0$ gilt (wie etwa im Fall $a = b = 1$), dann ist $lim(c) = a + b \cdot \frac{1}{lim(c)}$ und somit $(lim(c))^2 - a \cdot lim(c) - b = 0$, das heißt, $lim(c)$ ist eine Nullstelle der oben genannten Funktion f.

3. Im Zusammenhang mit der Speziellen Fibonacci-Folge $(x_n)_{n \in \mathbb{N}}$ seien noch einmal die Folgen $y = (\frac{x_n}{x_{n+1}})_{n \in \mathbb{N}}$ und $z = (\frac{x_n}{x_{n+2}})_{n \in \mathbb{N}}$ betrachtet. Tatsächlich sind beide Folgen konvergent und es gilt nach den dortigen Angaben $lim(y) \approx 0,618034$ und $lim(z) \approx 0,381966$. Dazu kann man folgendes überlegen:

a) Zunächst gilt $0 < y_n < 1$, für alle $n > 1$. Ferner ist y eine um $lim(y)$ alternierende Folge, sie besitzt zwei konvergente Teilfolgen mit demselben Grenzwert.

b) Hinsichtlich der Folge z gilt $\frac{1}{z_n} = \frac{x_{n+2}}{x_n} = \frac{x_n + x_{n+1}}{x_n} = 1 + \frac{x_{n+1}}{x_n} = 1 + \frac{1}{y_n}$, folglich ist dann zunächst $lim(\frac{1}{z}) = 1 + \frac{1}{lim(y)} = u_0$, woraus dann aber $lim(z) = \frac{1}{u_0}$ folgt. Die Folge z ist streng antiton.

2.045.5 Satz

Für konvergente Folgen $x, z: \mathbb{N} \longrightarrow \mathbb{R}$ gilt:

1. Die Implikation $x \leq z \Rightarrow lim(x) \leq lim(z)$,
2. wobei aus $x < z$ aber auch $lim(x) = lim(z)$ folgen kann,
3. die Implikation $lim(x) < lim(z) \Rightarrow x_n < z_n$, für fast alle $n \in \mathbb{N}$.

Beweis:
1. Die Behauptung von Teil 1 ist mit $y = z - x$ und $y_0 = lim(y) = lim(z-x) = lim(z) - lim(x)$ äquivalent zu der Implikation: $y \geq 0 \Rightarrow y_0 \geq 0$, die nun gezeigt wird: Angenommen $y_0 < 0$, dann gibt es wegen der Konvergenz von y zu $\epsilon = \frac{1}{2}|y_0| > 0$ einen Grenzindex $n(\epsilon) \in \mathbb{N}$ mit $|y_n - y_0| < \epsilon$, für alle $n \geq n(\epsilon)$. Wegen $y_0 < 0$ und $y_n = z_n - x_n \geq 0$ ist $y_0 - y_n \leq y_0 < 0$, also $0 < |y_0| \leq |y_0 - y_n| < \epsilon = \frac{1}{2}|y_0|$, für alle $n \geq n(\epsilon)$. Der Widerspruch $|y_0| < \frac{1}{2}|y_0|$ liefert somit $y_0 \geq 0$.
2. Für $x_n = -\frac{1}{n}$ und $z_n = \frac{1}{n}$ gilt $x < z$, jedoch ist $lim(x) = lim(z) = 0$.
3. Die Behauptung von Teil 3 ist äquivalent zu der Implikation:
$$y_0 = lim(y) = lim(z-x) = lim(z) - lim(x) > 0 \Rightarrow y_n = z_n - x_n > 0, \text{ für fast alle } n \in \mathbb{N},$$
die nun gezeigt wird: Da y konvergent ist, gibt es zu $\epsilon = \frac{1}{2}y_0 > 0$ einen Grenzindex $n(\epsilon) \in \mathbb{N}$ mit der Eigenschaft $|y_n - y_0| < \epsilon$, für fast alle $n \geq n(\epsilon)$. Wegen $y > 0$ folgt daraus $y_n > \frac{1}{2}y_0 > 0$, für alle $n \geq n(\epsilon)$.

2.045.6 Bemerkung

Satz 2.045.1 und die Bemerkungen 2.045.2 gelten in gleicher Weise, wenn man anstelle der Menge $\mathbb{R}$ die Menge $\mathbb{Q}$ mit den analogen Strukturen, also anstelle von (konvergenten) Folgen $\mathbb{N} \longrightarrow \mathbb{R}$ (konvergente) Folgen $\mathbb{N} \longrightarrow \mathbb{Q}$ betrachtet.

2.045.7 Beispiele

Im folgenden wird noch einmal Beispiel 2.044.2/2 mit $lim(\frac{n}{a^n})_{n \in \mathbb{N}} = 0$ für $a > 1$ aufgegriffen und unter Verwendung von Satz 2.045.1 erweitert. Anstelle einer solchen Zahl a wird wegen der häufigen Anwendung die nach *Leonhard Euler* (1707 - 1789) benannte *Eulersche Zahl* $e \approx 2,718282$ verwendet (wobei aber alle folgenden Aussagen auch für Zahlen $a > 1$ gelten). Im einzelnen:

1. Für jeden beliebigen, aber fest gewählten Exponenten $k \in \mathbb{N}$ ist die Folge $(\frac{n^k}{e^n})_{n \in \mathbb{N}}$ nullkonvergent.
2. Es sei $u: \mathbb{R} \longrightarrow \mathbb{R}$ eine Polynom-Funktion mit beliebig, aber fest gewähltem Grad $grad(u) = k$ und der Vorschrift $u(x) = u_0 + u_1 x + u_2 x^2 + ... + u_k x^k$. Dann ist ist die Folge $(\frac{u(n)}{e^n})_{n \in \mathbb{N}}$ nullkonvergent.
3. Die Folge $(\frac{n}{e^{n^2}})_{n \in \mathbb{N}}$ ist nullkonvergent (auch für Zähler obiger Art und Nenner der Form e^{n^k}).

Anmerkung: Mit der Darstellung $\frac{n}{e^{n^2}} = \frac{1}{e^{n^2} \cdot \frac{1}{n}} = \frac{e^{-n^2}}{\frac{1}{n}}$ ist dann auch die Folge $(\frac{e^{-n^2}}{\frac{1}{n}})_{n \in \mathbb{N}}$ nullkonvergent.

Beweis:

1. Die Folge $x = (\frac{n^k}{e^n})_{n \in \mathbb{N}}$ ist nach unten beschränkt durch $inf(x) = 0$, ferner für fast alle n antiton, wie die folgenden Äquivalenzen zeigen: $\frac{n^k}{e^n} > \frac{(n+1)^k}{e^{n+1}} \Leftrightarrow \frac{e^{n+1}}{e^n} > \frac{(n+1)^k}{n^k} \Leftrightarrow e > (\frac{n+1}{n})^k = (1+\frac{1}{n})^k \Leftrightarrow \sqrt[k]{e} > 1 + \frac{1}{n} \Leftrightarrow \sqrt[k]{e} - 1 > \frac{1}{n} \Leftrightarrow n > \frac{1}{\sqrt[k]{e}-1}$. Somit ist die Folge x nullkonvergent.

2. Mit der Darstellung $\frac{u(n)}{e^n} = u_0 \frac{1}{e^n} + u_1 \frac{n}{e^n} + u_2 \frac{n^2}{e^n} + ... + u_n \frac{n^k}{e^n}$ ist die zu untersuchende Folge eine Summe von $\mathbb{R}$-Produkten nullkonvergenter Folgen (nach Teil 1) und somit ebenfalls nullkonvergent (nach Satz 2.045.1/1/3).

3. Die Behauptung folgt mit Satz 2.044.4 und Teil 1 aus der Darstellung $0 < \frac{n}{e^{n^2}} = \frac{n}{(e^n)^n} < \frac{n}{e^n}$, für alle Exponenten n mit $n > 1$.

2.045.8 Lemma

Zu einer konvergenten Folge $x : \mathbb{N} \longrightarrow \mathbb{R}$ konvergiert auch die Folge $z : \mathbb{N} \longrightarrow \mathbb{R}$ der sukzssive gebildeten arithmetischen Mittelwerte $z_n = \frac{1}{n}(x_1 + ... + x_n)$ und es gilt $lim(z) = lim(x)$.

Zusatz: Die Umkehrung dieser Aussage gilt im allgemeinen nicht.

Anmerkung: Eine ähnlich aussehende, aber nicht gleiche Folge ist in Aufgabe A2.120.06 behandelt.

Beweis: Im einzelnen gilt:

a) Mit der Bezeichnung $x_0 = lim(x)$ ist die Folge $c : \mathbb{N} \longrightarrow \mathbb{R}$ mit $c_n = x_n - x_0$ nullkonvergent, folglich gibt es zu beliebig vorgegebenem $\epsilon > 0$ ein $n(\epsilon) \in \mathbb{N}$ mit $|c_n| < \epsilon$, für alle $n \geq n(\epsilon)$.

b) Im folgenden sei ein Index $n \geq n(\epsilon)$ beliebig, aber fest gewählt. Für jedes $m \in \mathbb{N}$ gilt dann $|c_{n+1} + ... + c_{n+m}| \leq |c_{n+1}| + ... + |c_{n+m}| < m\epsilon$, woraus die Beziehung $\frac{1}{n+m}|c_{n+1} + ... + c_{n+m}| \leq \frac{1}{m}|c_{n+1} + ... + c_{n+m}| < \epsilon$ folgt.

c) Mit der Abkürzung $d = c_1 + ... + c_n$ ist dann $\frac{1}{n+m}|c_1 + ... + c_{n+m}|$
$\leq \frac{1}{n+m}|c_1 + ... + c_n| + \frac{1}{n+m}|c_{n+1} + ... + c_{n+m}| = \frac{1}{n+m}|d| + \frac{1}{n+m}|c_{n+1} + ... + c_{n+m}| < \frac{1}{n+m}|d| + \epsilon$.

d) Da die Folge $(\frac{1}{n+m}|d|)_{n \in \mathbb{N}}$ gegen 0 konvergiert, muß die Folge $(\frac{1}{n+m}|c_1 + ... + c_{n+m}|)_{n \in \mathbb{N}}$ konvergieren und besitzt einen Grenzwert $g < \epsilon$, also den Grenzwert 0.

e) Damit hat die Folge $z - x_0$ den Grenzwert 0, denn es gilt $\frac{1}{k}(c_1 + ... + c_k) = \frac{1}{k}((x_1 - x_0) + ... + (x_k - x_0)) = \frac{1}{k}((x_1 + ... + x_k) - kx_0) = \frac{1}{k}(x_1 + ... + x_k) - x_0 = z_k - x_0$. Somit gilt $lim(z) = x_0$.

Beweis des Zusatzes: Dazu ein Gegenbeispiel: Die Folge $x : \mathbb{N} \longrightarrow \mathbb{R}$ mit $x_n = (-1)^n$ besitzt die beiden Häufungspunkte -1 und 1, ist also nicht konvergent. Hingegen ist die Folge $z : \mathbb{N} \longrightarrow \mathbb{R}$ mit $z_n = \frac{1}{n}(x_1 + ... + x_n)$ konvergent gegen 0, denn sie hat die Darstellung

$$z_n = \frac{1}{n}(-1 + 1 - 1 + 1 - ...) = \begin{cases} -\frac{1}{n}, & \text{falls } n \text{ ungerade,} \\ 0, & \text{falls } n \text{ gerade.} \end{cases}$$

A2.045.01: Beweisen Sie die Teile 2 und 3 von Satz 2.045.1, aber ohne dabei die anderen Beweisteile von Satz 2.045.1 zu verwenden: Sind $x, z : \mathbb{N} \longrightarrow \mathbb{R}$ konvergente Folgen, dann ist

2. die Differenz $x - z : \mathbb{N} \longrightarrow \mathbb{R}$ konvergent und es gilt $lim(x - z) = lim(x) - lim(z)$,

3. jedes $\mathbb{R}$-Produkt $ax : \mathbb{N} \longrightarrow \mathbb{R}$ konvergent und es gilt $lim(ax) = a \cdot lim(x)$.

A2.045.02: Begründen Sie die folgenden Konvergenz-Aussagen:

1. Es gilt: $lim((\frac{2^n}{n!} - \frac{n+2}{n+1})(1 + (-1)^n (\frac{2}{3})^n))_{n \in \mathbb{N}} = -1$.

2. Es gilt: $lim(\frac{n^2 + 10n^3 - 20n}{n + n^2 + 60n^3})_{n \in \mathbb{N}} = \frac{1}{6}$ und $lim(\frac{10n^2 + n^5 - 1}{n + 10n^6 - 1})_{n \in \mathbb{N}} = 0$.

A2.045.03: Es sei $x : \mathbb{N} \longrightarrow \mathbb{R}$ eine Folge der Form $x = \frac{u}{v}$ (siehe Beispiele 2.045.3/2). Welche Schlüsse kann man aus $lim(\frac{u}{v}) = \frac{3}{5}$ oder aus $lim(\frac{u}{v}) = 0$ für das Konvergenz-Verhalten von u, v und $\frac{v}{u}$ jeweils ziehen?

A2.045.04: Bekanntlich wird die reelle Zahl $\sqrt{2}$ durch eine Intervall-Schachtelung $([x_n, z_n])_{n \in \mathbb{N}}$ mit rationalen Zahlen $x_n, z_n \in \mathbb{Q}$ (mit $x_n = 1$ und $z_n = 2$) definiert. Konvergieren die Folgen $(x_n)_{n \in \mathbb{N}}$ und $(z_n)_{n \in \mathbb{N}}$ und kann man die Formel $lim(x - z) = lim(x) - lim(z)$ anwenden?

A2.045.05: Berechnen Sie das Volumen $V(r)$ der Halbkugel mit Radius r als Grenzwert einer Folge, deren Folgenglieder Summen von Zylindervolumina gemäß einer der beiden folgenden Skizzen (Außenzylinder und Innenzylinder) sind. (Es soll hier nicht die in Abschnitt 2.652 genannte Methode der Riemann-Integration verwendet werden.)

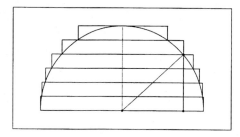
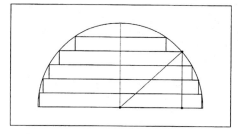

A2.045.06: Mit welchen Verfahren läßt sich wie die Aussage $lim(\frac{1}{n^2})_{n \in \mathbb{N}} = 0$ begründen?

A2.045.07: Was hat die Hyperbel $h : \mathbb{R}^+ \longrightarrow \mathbb{R}$ mit $h(z) = \frac{1}{z}$ mit der Folge $(\frac{1}{n})_{n \in \mathbb{N}}$ zu tun? Geben Sie weitere solche Verwandtschaftsverhältnisse zwischen Funktionen und (konvergenten) Folgen an und kommentieren Sie deren Nutzen.

A2.045.08: Berechnen Sie die Grenzwerte der Folgen $x, z : \mathbb{N} \longrightarrow \mathbb{R}$ mit Darstellungen der Form
$$x = ((\tfrac{n+2}{n+1})^{3n-1})_{n \in \mathbb{N}} \quad \text{und} \quad z = ((\tfrac{n+4}{n+5})^{2n+4})_{n \in \mathbb{N}}.$$
Hinweis: Beachten Sie – neben Satz 2.045.1 – auch Beispiel 2.044.2/3.

A2.045.09: Berechnen Sie die Grenzwerte der Folgen $x, z : \mathbb{N}_0 \longrightarrow \mathbb{R}$ mit Darstellungen der Form
$$x = (\sum_{0 \leq k \leq n} \tfrac{1}{(2k+1)(2k+3)})_{n \in \mathbb{N}} \quad \text{und} \quad z = (1 + \sum_{0 \leq k \leq n} \tfrac{2}{(3k+2)(3k+5)})_{n \in \mathbb{N}}.$$
Hinweis: Stellen Sie (mit Beweis) die Folgenglieder x_n und z_n jeweils in der Form $\frac{p(n)}{q(n)}$ dar.

A2.045.10: Betrachten Sie die Folge $x : \mathbb{N} \longrightarrow \mathbb{R}$ mit $x_n = (1 + \frac{1}{n})(1 + \frac{1}{n+1})(1 + \frac{1}{n+2}) \cdot \ldots \cdot (1 + \frac{1}{2n-1})$.
a) Einerseits liefert jeder Faktor eine gegen 1 konvergierende Folge, folglich ist
$lim(x_n)_{n \in \mathbb{N}} = lim(1 + \frac{1}{n})_{n \in \mathbb{N}} \cdot lim(1 + \frac{1}{n+1})_{n \in \mathbb{N}} \cdot lim(1 + \frac{1}{n+2})_{n \in \mathbb{N}} \cdot \ldots \cdot lim(1 + \frac{1}{2n-1})_{n \in \mathbb{N}} = 1 \cdot \ldots \cdot 1 = 1$.
b) Andererseits gilt $x_n = \frac{n+1}{n} \cdot \frac{n+2}{n+1} \cdot \frac{n+3}{n+2} \cdot \ldots \cdot \frac{2n}{2n-1} = \frac{2n}{n} = 2$, folglich ist $lim(x_n)_{n \in \mathbb{N}} = 2$.
Da kann offenbar etwas nicht stimmen. Was ist faul an dieser Argumentation?

A2.045.11: Zeigen Sie für die Folge $x : \mathbb{N} \longrightarrow \mathbb{R}$ mit $x_n = \binom{n}{k} \cdot n^{-k}$ den Grenzwert $lim(x) = \frac{1}{k!}$.

A2.045.12: Geben Sie zu den drei (beispielhaft gewählten) Folgen $u, v, w : \mathbb{N} \longrightarrow \mathbb{R}$ mit den konkreten Darstellungen $u_n = n^{-100} \cdot (-0,9)^n$ sowie $v_n = n^0 \cdot 0^n$ und $w_n = n^{100} \cdot 0,9^n$ eine allgemeine Version $x : \mathbb{N} \longrightarrow \mathbb{R}$ an und beweisen Sie (unter Verwendung von Aufgabe A2.045.11) dann $lim(x) = 0$.

A2.045.13: Zeigen Sie für eine Folge $x : \mathbb{N} \longrightarrow \mathbb{R}$ und eine Zahl $a \in \mathbb{R}$ mit $x_n \neq -a$, für fast alle $n \in \mathbb{N}$: Ist die Folge $y : \mathbb{N} \longrightarrow \mathbb{R}$ mit $y_n = \frac{x_n - a}{x_n + a}$ nullkonvergent, dann ist x konvergent mit $lim(x) = a$.

A2.045.14: Für eine konvergente Folge $x : \mathbb{N} \longrightarrow \mathbb{R}$ gelte $x_n < c$, für alle $n \in \mathbb{N}$. Zeigen Sie, daß dann stets $lim(x) \leq c$, im allgemeinen aber nicht $lim(x) < c$ gilt.

2.046 STRUKTUREN AUF $Kon(\mathbb{Q})$ UND $Kon(\mathbb{R})$ (TEIL 2)

> Enthusiasmus suchst du bei den deutschen Lesern? Du Armer, glücklich, könntest du auch rechnen auf Höflichkeit.
> *Johann Wolfgang von Goethe* (1749 - 1832)

Auf der Basis der Untersuchungen in Abschnitt 1.770 wurden in Satz 2.006.1 alle algebraischen und Ordnungs-Strukturen zusammengestellt, die auf der Menge $Abb(\mathbb{N},\mathbb{R})$ aller Folgen $\mathbb{N} \longrightarrow \mathbb{R}$ definiert sind oder als Aussagen für diese Strukturen gelten. Die Frage, die in diesem Abschnitt untersucht werden soll, zielt darauf festzustellen, ob und inwieweit die auf $Abb(\mathbb{N},\mathbb{R})$ vorliegenden Struktureigenschaften auf die Teilmenge $Kon(\mathbb{R}) \subset Abb(\mathbb{N},\mathbb{R})$ der konvergenten $\mathbb{R}$-Folgen vererbt werden, also auch für $Kon(\mathbb{R})$ gültig sind.

Die Antwort wird zusammenfassend in Satz 2.046.1 formuliert. Seinen Beweis kann man mit dem gleichen Argument wie im Beweis von Satz 1.772.3 für die dort betrachtete Menge $BF(T,\mathbb{R})$ führen: Da $Kon(\mathbb{R})$ mindestens die konstanten Folgen $a : \mathbb{N} \longrightarrow \mathbb{R}$, $n \longmapsto a$, mit $n \in \mathbb{N}$ enthält, gilt zusammen mit den Sätzen 1.772.1 und 2.045.1: $Kon(\mathbb{R})$ ist bezüglich aller genannten Strukturen jeweils eine Unterstruktur von $Abb(\mathbb{N},\mathbb{R})$. Daß die beiden algebraischen Operationen, Addition und Multiplikation, innere Kompositionen auf $Kon(\mathbb{R})$ und die $\mathbb{R}$-Multiplikation eine äußere Komposition auf $Kon(\mathbb{R})$ ist, ist gerade der qualitative Teil von Satz 2.045.1.

2.046.1 Satz

1. Die Menge $Kon(\mathbb{R})$ bildet zusammen mit der argumentweise definierten Addition $(x+z)(n) = x(n) + z(n)$, für alle $n \in \mathbb{N}$, eine abelsche Gruppe.

2. Die in 1. genannte abelsche Gruppe $Kon(\mathbb{R})$ bildet zusammen mit der argumentweise definierten $\mathbb{R}$-Multiplikation $(a \cdot x)(n) = a \cdot x(n)$, für alle $a \in \mathbb{R}$ und für alle $n \in \mathbb{N}$, einen $\mathbb{R}$-Vektorraum.

3. Die in 1. genannte abelsche Gruppe $Kon(\mathbb{R})$ bildet zusammen mit der argumentweise definierten Multiplikation $(x \cdot z)(n) = x(n) \cdot z(n)$, für alle $n \in \mathbb{N}$, einen kommutativen Ring mit Einselement.

4. Der in 2. genannte $\mathbb{R}$-Vektorraum $Kon(\mathbb{R})$ bildet zusammen mit dem in 3. genannten Ring eine $\mathbb{R}$-Algebra.

5. Die Menge $Kon(\mathbb{R})$ bildet zusammen mit der argumentweise definierten Ordnungsrelation $x \leq z \Leftrightarrow x(n) \leq z(n)$, für alle $n \in \mathbb{N}$, eine geordnete (aber nicht linear geordnete) Menge.

6. Der in 3. genannte Ring $Kon(\mathbb{R})$ bildet zusammen mit der in 5. genannten geordneten Menge einen (nicht linear) angeordneten Ring.

2.046.2 Bemerkungen

1. Die in Satz 2.045.1 genannten drei Formeln zur Berechnung des Grenzwertes einer Summe, eines $\mathbb{R}$-Produkts und eines Produkts konvergenter Einzelfolgen bedeuten insbesondere, daß die *Limes-Funktion* $lim : Kon(\mathbb{R}) \longrightarrow \mathbb{R}$ mit der Zuordnung $x \longmapsto lim(x)$ ein

a) Gruppen-Homomorphismus bezüglich der Additionen auf $Kon(\mathbb{R})$ und $\mathbb{R}$ ist,

b) ein $\mathbb{R}$-Homomorphismus bezüglich der Additionen und der $\mathbb{R}$-Multiplikationen auf $Kon(\mathbb{R})$ und $\mathbb{R}$ ist,

c) Ring-Homomorphismus bezüglich der Additionen und der Multiplikationen auf $Kon(\mathbb{R})$ und $\mathbb{R}$ ist.

2. Nach Satz 2.045.5 ist die Limes-Funktion $lim : Kon(\mathbb{R}) \longrightarrow \mathbb{R}$ monoton, aber nicht streng monoton.

3. Der Satz 2.046.1 sowie die vorstehenden Bemerkungen gelten insbesondere auch für die Teilmenge $Kon(\mathbb{Q}) \subset Abb(\mathbb{N},\mathbb{Q})$ und den im Satz genannten Strukturen. Das heißt im einzelnen: $Kon(\mathbb{Q})$ bildet eine additive abelsche Gruppe, einen $\mathbb{Q}$-Vektorraum, einen kommutativen Ring mit Einselement, eine $\mathbb{Q}$-Algebra sowie einen (nicht linear) angeordneten Ring.

A2.046.01: Es bezeichne $Kon(\mathbb{R}, a) \subset Kon(\mathbb{R})$ zu einer fest gewählten Zahl $a \in \mathbb{R}$ die Menge aller gegen a konvergenten $\mathbb{R}$-Folgen.
a) Bildet $Kon(\mathbb{R}, a)$ bezüglich der Strukturen auf $Kon(\mathbb{R})$ eine Gruppe bzw. einen $\mathbb{R}$-Vektorraum?
b) Zeigen Sie, daß für $x \in Kon(\mathbb{R}, a)$ und die Funktionen $id^2 : \mathbb{R} \longrightarrow \mathbb{R}$ sowie $\frac{1}{id} : \mathbb{R}^+ \longrightarrow \mathbb{R}$ jeweils die Bildfolgen $id^2 \circ x$ bzw. $\frac{1}{id} \circ x$ konvergieren mit $lim(id^2 \circ x) = a^2$ bzw. $lim(\frac{1}{id} \circ x) = \frac{1}{a}$ für $a \neq 0$ und $x \neq 0$.
c) Betrachten Sie die Funktion $h : \mathbb{R} \longrightarrow \mathbb{R}$, definiert durch $h(z) = \begin{cases} z, & \text{falls } z > 2, \\ z^2, & \text{falls } z \leq 2. \end{cases}$
Welche Monotonie-Eigenschaften müssen Folgen $x \in Kon(\mathbb{R}, 2)$ haben, so daß die Folgen $h \circ x$ konvergieren? Untersuchen Sie ferner $h \circ x$ hinsichtlich Konvergenz bezüglich einer Folge $x \in Kon(\mathbb{R}, 2)$ ohne solche Monotonie-Eigenschaften.
d) Wie läßt sich Teil c) für Folgen $f \circ x$ mit beliebigen Funktionen $f : \mathbb{R} \longrightarrow \mathbb{R}$ verallgemeinern?

A2.046.02: Es bezeichne $Kon(T, L) = \{x : \mathbb{N} \longrightarrow T \mid x \text{ konvergent mit } lim(x) \in L\}$ für beliebige Teilmengen T und L von $\mathbb{R}$. Insbesondere sei $Kon(T) = Kon(T, T)$ und S ein Unterring von $\mathbb{R}$.
1. Beweisen Sie: Ist S ein Unterring von $\mathbb{R}$, dann ist $Kon(\mathbb{R}, S)$ ein Unterring von $Kon(\mathbb{R})$.
2. Geben Sie Ketten $U_1 \subset U_2 \subset ... \subset \mathbb{R}$ von Unterringen von $\mathbb{R}$ an.
3. Beweisen Sie: Ist $\underline{a}$ ein Ideal in $\mathbb{R}$, dann ist $Kon(\mathbb{R}, \underline{a})$ ein Ideal in $Kon(\mathbb{R})$. Geben Sie alle Ideale von $\mathbb{R}$ an.
4. Definieren Sie einen naheliegenden injektiven Ring-Homomorphismus $S \longrightarrow Kon(\mathbb{R}, S)$, den man als Einbettung von S in $Kon(\mathbb{R}, S)$ ansehen kann.
5. Definieren Sie einen naheliegenden surjektiven Ring-Homomorphismus $Kon(\mathbb{R}, S) \longrightarrow S$.
6. Zeigen Sie, daß $Kon(\mathbb{R}, 0)$ ein Ideal in $Kon(\mathbb{R}, S)$ ist. Warum ist $Kon(\mathbb{R}, 0)$ kein Unterring von $Kon(\mathbb{R}, S)$?
7. Zeigen Sie, daß $Kon(\mathbb{R}, 0)$ ein Ideal in $BF(\mathbb{N}, \mathbb{R})$ ist.
8. Geben Sie ein Ideal $\underline{a} \subset Kon(\mathbb{R}, S)$ mit einem Ring-Isomorphismus $Kon(\mathbb{R}, S)/\underline{a} \longrightarrow S$ an. Beschreiben Sie die Elemente von $Kon(\mathbb{R}, S)/\underline{a}$ und geben Sie die zugehörige Äquivalenz-Relation R an. Welche zusätzliche Struktur trägt $Kon(\mathbb{R})/Kon(\mathbb{R}, 0)$?

A2.046.03: Bearbeiten Sie Aufgabe A2.046.02 für $\mathbb{Q}$ anstelle von $\mathbb{R}$. Weiterhin: Welche Aufgabenteile sind für beliebige Ringe mit 1 sinnvoll und zu welchen Ergebnissen führen sie?

A2.046.04: Zeigen Sie, daß die Folge $x : \mathbb{N} \longrightarrow \mathbb{R}$ mit $x(n) = \sqrt{n^2 + 2an + 1} - \sqrt{n^2 + 5}$ mit $a \in \mathbb{R}^+$ gegen a konvergiert.

A2.046.05: Zeigen Sie unter Verwendung von $lim(\sqrt[n]{a})_{n \in \mathbb{N}} = 1$ (mit $a > 0$) sowie $lim(\sqrt[n]{n})_{n \in \mathbb{N}} = 1$ und $lim((1 + \frac{1}{n})^n)_{n \in \mathbb{N}} = e$ die Konvergenz der Folge $x : \mathbb{N} \longrightarrow \mathbb{R}$ mit $x(n) = \frac{(n+1)^n}{\sqrt[n]{3n^2}} \cdot (\frac{n+\sqrt[n]{2^n}}{n^n} - \frac{4n^2}{n^{2n}})$.

A2.046.06: Wogegen konvergiert die Folge $x : \mathbb{N} \longrightarrow \mathbb{R}$ mit $x(n) = \frac{n^n - n}{(1+n)^n}$? (Siehe auch A2.046.05.)

A2.046.07: Betrachten Sie die durch $x(1) = 1$ (Rekursionsanfang RA) und $x(n+1) = 2x(n) - (-1)^n$ (Rekursionsschritt RS) rekursiv definierte Folge $x : \mathbb{N} \longrightarrow \mathbb{R}$.
1. Berechnen Sie die ersten zehn Folgenglieder der Folge x.
2. Zeigen Sie, daß x die explizite Darstellung $x(n) = \frac{1}{3}(2^n - (-1)^n)$, für alle $n \in \mathbb{N}$ besitzt.
3. Zeigen Sie daß die durch $y(n) = \frac{1}{3}(2^n - (-1)^n)^{-1}$ definierte Folge $y : \mathbb{N} \longrightarrow \mathbb{R}$ konvergiert.
4. Konvergiert auch die durch $z(n) = \frac{1}{3}(2^{-n} - (-1)^{-n})$ definierte Folge $z : \mathbb{N} \longrightarrow \mathbb{R}$?

A2.046.08: Zeigen Sie, daß die Folge $x : \mathbb{N} \longrightarrow \mathbb{R}$ mit $x = ((\frac{n+(-1)^n}{n})^{2n})_{n \in \mathbb{N}}$ Mischfolge zweier konvergenter Teilfolgen ist. Ist x selbst konvergent?

A2.046.09: Zwei Einzelaufgaben:

1. Betrachten Sie zu einer Folge $x : \mathbb{N} \longrightarrow \mathbb{R}$ die Folge $x - a : \mathbb{N} \longrightarrow \mathbb{R}$ mit konstant gewählter Zahl $a \in \mathbb{R}$ und zeigen Sie dann: Ist $x - a$ konvergent mit $lim(x - a) = 0$, so ist x konvergent mit $lim(x) = a$. Beschreiben Sie den anschaulichen Zusammenhang zwischen den beiden Folgen x und $x - a$.

2. Zeigen Sie, daß die Folge $z = (\frac{an^2-1}{bn^2+1} - \frac{a}{b})_{n \in \mathbb{N}}$ mit $b \geq 1$ nullkonvergent ist. Welchen Schluß kann man daraus für die Folge $(\frac{an^2-1}{bn^2+1})_{n \in \mathbb{N}}$ ziehen? Welche andere Methode liefert dasselbe Ergebnis?

A2.046.10: Weisen Sie nach, daß die rekursiv definierte Folge $x : \mathbb{N} \longrightarrow \mathbb{R}$ mit beliebig wählbarem Rekursionsanfang $x_1 > 0$ und dem Rekursionsschritt $x_{n+1} = \frac{1}{c \cdot x_n^{c-1}}((c-1)x_n^c + a)$ mit Zahlen $c \in \mathbb{N}$ und $a > 0$ gegen den Grenzwert $a^{\frac{1}{c}}$ konvergiert. Geben Sie zur Illustration dieses Sachverhalts einige erste Elemente der Folge x mit den Daten $x_1 = 10$ sowie $c = 2$ und $a = 2$ an (also Daten für den Fall $\sqrt{2}$).

A2.046.11: Untersuchen Sie folgende rekursiv definierten Folgen hinsichtlich Konvergenz: Die

1. Folge $x : \mathbb{N}_0 \longrightarrow \mathbb{R}$ mit Rekursionsanfang (RA) $x_0 = 1$ und Rekursionsschritt (RS) $x_{n+1} = x_n + \frac{1}{x_n}$,

2. Folge $x : \mathbb{N} \longrightarrow \mathbb{R}$ mit (RA) $x_1, x_2 > 0$ beliebig und (RS) $x_{n+2} = \frac{1+x_{n+1}}{x_n}$ (siehe Aufgabe A2.030.06).

A2.046.12: Hinsichtlich der Erzeugung neuer Folgen aus einer vorgegebenen Folge spielt die Summenbildung von Folgengliedern eine bedeutende Rolle (Kapitel 2.1 über sogenannte *Reihen*), in begrenztem Maße aber auch die entsprechende Produktbildung, zu der hier ein Beispiel betrachtet werden soll: Untersuchen Sie zu der konvergenten Folge $x : \mathbb{N} \longrightarrow \mathbb{R}$ mit $x_n = 1 + \frac{1}{n}$ die beiden folgenden Folgen hinsichtlich Konvergenz, wobei zunächst jeweils eine kleine Tabelle der ersten Folgenglieder anzulegen ist:

a) $y : \mathbb{N} \longrightarrow \mathbb{R}$ mit $y_m = \prod\limits_{1 \leq n \leq m} x_n$, b) $z : \mathbb{N} \longrightarrow \mathbb{R}$ mit $z_1 = 1$ und $z_m = \prod\limits_{2 \leq n \leq m} x_n$.

A2.046.13: Zeigen Sie: Alle Folgen $x : \mathbb{N} \longrightarrow \mathbb{R}$, die den Bedingungen $x_n < 2$ und $(2 - x_n)x_{n+1} > 1$, für alle $n \in \mathbb{N}$, genügen, sind konvergent mit $lim(x) = 1$.

A2.046.14: Zeigen Sie: Konvergiert $(x_n)_{n \in \mathbb{N}}$ mit $x_n \geq 0$ gegen x_0, so konvergiert $(x_n^{\frac{1}{k}})_{n \in \mathbb{N}}$ gegen $x_0^{\frac{1}{k}}$. *Hinweis:* Verwenden Sie im Beweis die Formel $u^k - v^k = (u-v) \cdot (u^{k-1}v^0 + u^{k-2}v^1 + ... + u^1v^{k-2} + u^0v^{k-1})$. *Anmerkung:* Man beachte in diesem Zusammenhang auch die Aussage von Aufgabe 2.206.04.

2.047 Untersuchung physikalischer Funktionen mit Folgen

> Ich schreibe kaum, doch wähn' ich mich schon weit,
> Du siehst, mein Sohn, zum Traum wird hier die Zeit.
> *Richard Wagner (1813 - 1883)*

Beispiele aus der Physik sollen zeigen, daß und wie die Mathematisierung physikalischer Sachverhalte zu mathematischen Beobachtungen führen kann, denen dann auch wieder physikalische Einsichten entsprechen. Zur Vorgehensweise: Funktionale Zusammenhänge zwischen physikalischen Größen (siehe Abschnitt 1.270) werden zu Funktionen $f : S \longrightarrow T$ mit $S, T \subset \mathbb{R}$ abstrahiert, das heißt, es wird jeweils nur der numerische Teil der eigentlichen physikalischen Funktion betrachtet.

In dieser Situation sollen dann bestimmte Zahlen x_0, die als physikalische Grenzen auftreten, nun als Grenzen von $S = D(f)$ oder hinsichtlich möglicher Erweiterungen von $S = D(f)$ um x_0 untersucht werden. Dazu werden anhand konvergenter Folgen $z : \mathbb{N} \longrightarrow S$ mit $lim(z) = x_0$ die zugehörigen Bildfolgen $f \circ z$ untersucht, wobei es aber genügt, anstelle solcher Folgen z sogenannte *Testfolgen*, etwa $z = (\frac{1}{n})_{n \in \mathbb{N}}$ mit $lim(z) = lim(\frac{1}{n})_{n \in \mathbb{N}} = 0$, zu verwenden.

2.047.1 Beispiel *(Widerstände in Stromkreisen)*

Bekanntlich gilt nach dem *Satz von Ohm* (benannt nach *Georg Simon Ohm* (1789 - 1854)): Besteht ein Schaltbaustein in einem Stromkreis aus zwei parallel geschalteten Widerständen R_1 und R_2, so gilt $\frac{1}{R} = \frac{1}{R_1} + \frac{1}{R_2}$ für den Gesamtwiderstand R des Bausteins. (Eine entsprechende Beziehung gilt für die Parallelschaltung mehrerer Widerstände $R_1, ..., R_n$.) Eine physikalische (und auch technische) Frage kann dann etwa lauten: Wie verhält sich der Gesamtwiderstand R, wenn einer der Einzelwiderstände konstant ist, etwa R_1, der andere aber variiert werden kann?
Dabei legt diese Frage nach R auch die Darstellung $R = \frac{1}{\frac{1}{R_1} + \frac{1}{R_2}}$ nahe. Dazu nun folgende Überlegungen:

1. Entkleidet man den genannten *Satz von Ohm* zunächst seines physikalischen Inhalts (die Abhängigkeit von R von R_2), so kann man den zu beschreibenden Sachverhalt mit den Bezeichnungen $R_1 = a$ (als konstantes Datum) und $R_2 = x$ (als variables Datum) als Funktion f_a mit der Vorschrift $f_a(x) = \frac{1}{\frac{1}{a} + \frac{1}{x}}$ kennzeichnen, wobei $x > 0$ zunächst die Beschreibung $f_a : \mathbb{R}^+ \longrightarrow \mathbb{R}$ liefert.

2. Als erstes nun eine mathematische Frage: Kann man auf sinnvolle Weise $f_a(0)$ definieren, den Definitionsbereich von f_a also zu $\mathbb{R}_0^+$ erweitern? Zu dieser Frage werden nun als eine sogenannte Testfolge $z = (\frac{1}{n})_{n \in \mathbb{N}}$ mit $lim(z) = lim(\frac{1}{n})_{n \in \mathbb{N}} = 0$ sowie die von f_a und z erzeugte Bildfolge $f_a \circ z = (f_a(\frac{1}{n}))_{n \in \mathbb{N}}$ betrachtet. Die obige Frage lautet dann: Ist auch diese Bildfolge konvergent und, wenn ja, wogegen?
In der Tat ist $f_a \circ z$ konvergent und es gilt $lim(f_a \circ z) = lim(f_a(\frac{1}{n}))_{n \in \mathbb{N}} = 0$. Der Beweis dazu kann auf verschiedene Art geführt werden, etwa:

a) Mit Definition 2.040.1 als Handlungsanleitung betrachtet: Zu einem beliebig gewählten $\epsilon > 0$ ist ein Grenzindex $n(\epsilon)$ gesucht mit $f_a(\frac{1}{n}) = \frac{1}{\frac{1}{a} + n}$, für alle $n \geq n(\epsilon)$. Wie man leicht sieht, ist diese Bedingung äquivalent zu $n > \frac{1}{\epsilon} - \frac{1}{a}$, für alle $n \geq n(\epsilon)$, also ist $n(\epsilon) = [\frac{1}{\epsilon} - \frac{1}{a}]$ der gesuchte Grenzindex.

b) Wendet man Satz 2.044.4 an, so zeigt, die für alle $n \in \mathbb{N}$ geltende Beziehung $0 < f_a(\frac{1}{n}) = \frac{1}{\frac{1}{a} + n} < \frac{1}{n}$ unmittelbar, daß $f_a \circ z$ nullkonvergent ist.

c) Wendet man die in Beispiel 2.045.3/2 genannte Erweiterungsmethode an, so zeigt die Darstellung $f_a(\frac{1}{n}) = \frac{1}{\frac{1}{a} + n} = \frac{\frac{a}{n}}{\frac{1+an}{n}} = \frac{a}{1+an} = \frac{\frac{a}{n}}{\frac{1}{n}+a}$ dann $lim(f_a \circ z) = lim(f_a(\frac{1}{n}))_{n \in \mathbb{N}} = \frac{0}{0+a} = 0$.

Anmerkung: In der Sprache von Abschnitt 2.250 liefert $f_a(0) = 0$ die stetige Fortsetzung von f_a auf $\mathbb{R}_0^+$.

3. Als zweite mathematische Frage: Wie verhält sich die Funktion f_a für beliebig große Zahlen x? Auch dazu wird wieder eine Testfolge verwendet, diesmal die Folge $z = (n)_{n \in \mathbb{N}}$ (die in $\mathbb{R}$ divergent, aber in $\mathbb{R}^*$ konvergent ist), und geprüft, wie sich die zugehörige Bildfolge $f_a \circ z = (f_a(n))_{n \in \mathbb{N}}$ verhält:
Beachtet man die Darstellung $f_a(n) = \frac{1}{\frac{1}{a} + \frac{1}{n}} = \frac{1}{\frac{a+n}{an}} = \frac{an}{a+n}$ und verwendet wieder etwa die Erweiterungsmethode (siehe oben c)), so konvergiert $f_a \circ z$ gegen $lim(f_a \circ z) = lim(\frac{an}{a+n})_{n \in \mathbb{N}} = \frac{a}{0+1} = a$.
Was bedeutet das nun für die Fuktion f_a? Die Antwort: Die konstante Funktion zu a ist die asymptoti-

sche Funktion zu f_a. Das zeigt noch einmal mit der Berechnng $a - f_a(n) = a - \frac{an}{a+n} = \frac{a(a+n)-an}{a+n} = \frac{a^2}{a+n}$ die Folge $a - f_a(n))_{n \in \mathbb{N}} = (\frac{a^2}{a+n})_{n \in \mathbb{N}}$, die gegen Null konvergiert. Diese Folge, die offenbar streng antiton ist, zeigt im übrigen auch, daß die Folge $(f_a(n))_{n \in \mathbb{N}}$ streng monoton ist.

4. Weitere Auskünfte/Fragen zu den Eigenschaften der Funktion f_a sind im einzelnen:

a) Wie muß der Widerstand $R_2 = x$ beschaffen sein, wenn mit vorgegebenem Baustein $R_1 = a$ ein Gesamtwiderstand $R = c$ erreicht werden soll? Die Antwort auf diese Frage ist die Lösung der Gleichung (f_a, c), die, wie man leicht nachrechnet, gerade $x = \frac{ac}{a-c}$ ist.

b) Die Funktion $f_a : \mathbb{R}^+ \longrightarrow (0, a)$ ist bijektiv, wobei die Äquivalenz $\frac{ax}{a+x} = y \Leftrightarrow x = \frac{ay}{a-y}$ die Zuordnungsvorschrift $f_a^{-1}(y) = \frac{ay}{a-y}$ der inversen Funktion $f_a^{-1} : (0, a) \longrightarrow \mathbb{R}^+$ liefert. (Hinsichtlich Punkt 2 gilt: Die zu $f_a(0) = 0$ entsprechende Beziehung ist dann gleichfalls $f_a^{-1}(0) = 0$.)

c) Ferner gilt $f_a < id$ für die Funktion $f_a : \mathbb{R}^+ \longrightarrow \mathbb{R}$ (also ohne 0), denn die Gleichung $f_a(x) = x$ besitzt keine Lösung. Das bedeutet also, daß f_a keine Fixpunkte besitzt.

5. Schließlich noch: Die bisherigen Betrachtungen haben die zu einem fest gewählten Widerstand $R_1 = a$ zum Gegenstand, legen aber nahe, gleiche Untersuchungen auch für andere Zahlen a vorzunehmen, das heißt dann, anstelle der einen Funktion f_a die Familie $(f_a)_{a \in \mathbb{R}^+}$ zu betrachten.

Hinweis: Eine grobe Skizze zu f_a ist nach Beispiel 2.047.2 (links) angegeben.

2.047.2 Beispiel *(Relativität der Zeit)*

Eine sogenannte *Lichtuhr L* besteht aus einem (sehr langen) Zylinder (mit Längsschnitt in folgender Skizze), an dessen Boden und Deckel innen Spiegel angebracht sind. Ein Lichtpuls wird vom Boden ausgesendet und dann fortlaufend an Deckel und Boden reflektiert. Mit der Lichtgeschwindigkeit $c \approx 3 \cdot 10^8 \, ms^{-1}$ und der Zeit t_0 für einen Weg zwischen Boden und Deckel (als Länge des Zylinders, allgemein $s = vt$) ist dann ct_0 die Länges des Weges. Die Lichtuhr L soll jeweils nach der Zeit t_0 ticken.

Ein Beobachter B betrachtet nun zwei solche Lichtuhren L_0 und L_i. Dabei befinde sich L_0 im selben Bewegungszustand wie B (oder beide in Ruhe), das heißt, B nimmt L_0 im Ruhezustand wahr. Demgegenüber bewege sich L_i mit der Geschwindigkeit v_i an B vorbei, wobei dann B in der Entfernung $v_i t_i$ einen längeren Lichtweg ct_i wahrnimmt. Für den Beobachter B tickt die Lichtuhr L_i langsamer als L_0.

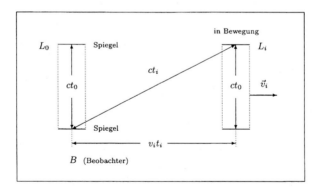

Die vorstehende Skizze liefert nach dem *Satz des Pythagoras* die Beziehung $(ct_i)^2 = (v_i t_i)^2 + (ct_0)^2$, woraus leichte Umformungen $t_i = \frac{t_0}{\sqrt{1-\frac{v_i^2}{c^2}}} = t_0 \cdot (1 - \frac{v_i^2}{c^2})^{-\frac{1}{2}}$ liefern. Diese Beziehung stellt nun einen funktionalen Zusammenhang, genauer eine Funktion $t_v : v \longrightarrow t$ mit der Vorschrift $t_v(v_i) = t_i$ dar. Diese Funktion zeigt, daß für den Beobachter B die Lichtuhr L_i mit größer werdender Geschwindigkeit v_i im selben Maße langsamer tickt als L_0. Nun zu einer mathematischen Abstraktion der Funktion t_v:

1. Abstrahiert man in $t_v(v_i)$ von den konstanten Faktoren t_0 und $\frac{1}{c^2}$, so liegt eine Funktion f mit der Zuordnungsvorschrift $f(x) = \frac{1}{\sqrt{1-x^2}} = (1-x^2)^{-\frac{1}{2}}$ vor.

2. Bei der Bestimmung eines sinnvollen Definitionsbereichs von f ist zunächst klar, daß positive Zahlen x in Frage kommen. Darüber hinaus ist auch $x = 0$ zulässig, denn die oben genannte Vorschrift liefert $f(0) = (1 - 0^2)^{-\frac{1}{2}} = 1^{-\frac{1}{2}} = 1$. Bleibt also noch, eine mögliche obere Grenze von $D(f)$ zu klären: Auch das zeigt die Zuordnungsvorschrift mit der in ihr enthaltenen Wurzel, es muß also $x < 1$ gelten. Insgesamt liegt also die Funktion $f : [0, 1) \longrightarrow \mathbb{R}$ vor.

3. Wie verhält sich nun f in der Nähe von 1? Zu dieser Frage wird die Testfolge $z : \mathbb{N} \longrightarrow [0, 1)$ mit $z = (1 - \frac{1}{n})_{n \in \mathbb{N}}$ mit $lim(z) = 1$ verwendet und ihre Bildfolge $f \circ z$ untersucht: Betrachtet man aber zunächst die Folge (im Nenner) $y : \mathbb{N} \longrightarrow [0, 1)$ mit $y(n) = \sqrt{1 - z^2(n)} = \sqrt{1 - (1 - \frac{1}{n})^2} = \sqrt{\frac{2}{n} - \frac{1}{n^2}}$, die offensichtlich antiton und nullkonvergent ist, so gilt mit der Beziehung $f(1 - \frac{1}{n}) = \frac{1}{y(n)}$, für alle $n \in \mathbb{N}$, dann $lim(f \circ z) = lim(\frac{1}{y(n)})_{n \in \mathbb{N}} = \star$ in $\mathbb{R}^\star$ für die monotone Bildfolge $f \circ z$. Das bedeutet dann im übrigen, daß die Ordinatenparallele durch 1 die senkrechte Asymptote zu f ist.

Fazit: Der numerische Teil der Funktion $t_v : v \longrightarrow t$ hat wegen $v_i < c$ den Definitionsbereich $[0, c)$, ist streng monoton und besitzt die Ordinatenparallele durch c als senkrechte Asymptote.

Anmerkung: Da der bei t_i angegebene Faktor $(1 - \frac{v_i^2}{c^2})^{-\frac{1}{2}}$ in der Relativitätstheorie öfter auftritt, werden die ihm zugrunde liegende Funktion auch mit $\gamma : v \longrightarrow [0, 1)$, die zugehörigen Funktionswerte dann mit $\gamma(v_i) = (1 - \frac{v_i^2}{c^2})^{-\frac{1}{2}}$ abkürzend bezeichnet. Damit gilt dann $t_v = \gamma \cdot t_0$ sowie $t_v(v_i) = \gamma(v_i) \cdot t_0$.

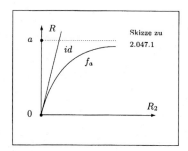

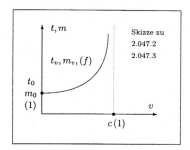

.2.047.3   **Beispiel**   *(Relativität der Masse)*

Die Relativitätstheorie besagt (unter anderem natürlich), daß die bewegte Masse m_i eines Körpers größer als seine Masse m_0 im Ruhezustand ist. Genauer wird dieser Sachverhalt durch die Funktion $m_v : v \longrightarrow m$ mit der Zuordnungsvorschrift $m_v(v_i) = m_i = \gamma(v_i) \cdot m_0$ mit der in vorstehender Anmerkung genannten Funktion γ beschrieben.

Das heißt dann auch, daß der Funktion m_v dieselbe Abstraktion f wie in Beispiel 2.047.2 zugeordnet werden kann, daß also alle dort angestellten Überlegungen auch hier zutreffen.

2.048   Folgen $\mathbb{N} \longrightarrow T \subset \mathbb{R}$ mit Häufungspunkten

> Ein Mathematiker, der nicht etwas Poet ist,
> wird nie ein vollkommener Mathematiker sein.
> *Karl Weierstraß* (1815 - 1897)

Es gibt Folgen, die sogenannte Häufungspunkte haben. Worin der kleine, aber wesentliche Unterschied zu Grenzwerten liegt, und wie sich beide Begriffe zueinander verhalten, soll in diesem Abschnitt untersucht werden. Daß dieser neue Begriff überhaupt von Interesse ist, zeigt insbesondere Corollar 2.048.6.

2.048.1   Definition

Es sei $x : \mathbb{N} \longrightarrow T$, $T \subset \mathbb{R}$, eine Folge. Eine Zahl $h_0 \in T$ heißt *Häufungspunkt* von x, falls gilt: Zu jedem $\epsilon \in \mathbb{R}^+$ gibt es einen Grenzindex $n(\epsilon) \in \mathbb{N}$ mit $|x_n - h_0| < \epsilon$ für unendlich viele $n \in \mathbb{N}$ mit $n \geq n(\epsilon)$.

2.048.2   Bemerkungen

1. Vergleicht man die Definitionen der Begriffe *Häufungspunkt* und *Grenzwert* von Folgen, dann liegt der begrifflich einzige Unterschied in den jeweiligen Index-Bedingungen; sie lautet für Grenzwerte *für alle n gilt ...*, bei Häufungspunkten dagegen *für unendlich viele n gilt ...*. Die Qualität dieses Unterschieds liegt darin, daß $\mathbb{N}$ in unzählig viele zu $\mathbb{N}$ gleich-mächtige Teilmengen zerlegt werden kann.

2. Der Grenzwert einer Folge kann auch als Häufungspunkt dieser Folge betrachtet werden, denn eine Eigenschaft, die für alle Elemente $n \in \mathbb{N}$ mit $n \geq n(\epsilon)$ zutrifft, trifft natürlich auch für jede Teilmenge $S \subset \{n \in \mathbb{N} \mid n \geq n(\epsilon)\}$ zu.

3. In Verschärfung von 2. gelten die beiden folgenden äquivalenten Sachverhalte:
a) Wenn eine Folge $\mathbb{N} \longrightarrow T$, $T \subset \mathbb{R}$, konvergent ist, dann hat sie genau einen Häufungspunkt.
b) Wenn eine Folge $\mathbb{N} \longrightarrow T$, $T \subset \mathbb{R}$, mindestens zwei Häufungspunkte hat, dann ist sie divergent.
Man beachte jedoch, daß die Umkehrungen zu a) oder b) im allgemeinen nicht gelten: Wie Beispiel 2.048.3/3 zeigt, braucht eine Folge mit genau einem Häufungspunkt nicht konvergent zu sein. Dieser Sachverhalt zeigt dann auch die Bedeutung des Corollars 2.048.6.

2.048.3   Beispiele

1. Die $\mathbb{Q}$-Folgen $((-1)^n)_{n \in \mathbb{N}}$ und $((-1)^n + \frac{1}{n})_{n \in \mathbb{N}}$ sind nicht konvergent, sie besitzen aber jeweils die beiden Häufungspunkte -1 und 1.
2. Die $\mathbb{Q}$-Folge $(-\frac{1}{2}(1 - (-1)^n))_{n \in \mathbb{N}}$ ist nicht konvergent, besitzt aber die Häufungspunkte 0 und 1.
3. Die $\mathbb{Q}$-Folge x, definiert durch

$$x(n) = \begin{cases} \frac{1}{n}, & \text{falls } n = 1, 4, 7, 10, ..., \\ -n, & \text{falls } n = 2, 5, 8, 11, ..., \\ n, & \text{falls } n = 3, 6, 9, 12, ..., \end{cases}$$

ist nicht konvergent, besitzt aber den Häufungspunkt 0.

4. Sind x und z konvergente $\mathbb{R}$-Folgen mit $lim(x) \neq lim(z)$, dann ist die Folge y, definiert durch

$$y(n) = \begin{cases} x(n), & \text{falls } n \text{ ungerade}, \\ z(n), & \text{falls } n \text{ gerade}, \end{cases}$$

zwar nicht konvergent, besitzt aber die beiden Häufungspunkte $lim(x)$ und $lim(z)$. Ein Beispiel dafür sind die beiden konstanten Teilfolgen x und z mit $x(n) = -1$ und $z(n) = 1$ in Beispiel 1.

Eine Umkehrung des im obigen Beispiel 2.048.3/3 genannten Sachverhalts in dem Sinne, daß x und z als Teilfolgen von y betrachtet werden, beschreibt der folgende Satz. Zu diesem Satz ist ferner zu bemerken, daß er zunächst eine bloße Existenzaussage darstellt, also kein Konstruktionsverfahren zur Erzeugung einer bestimmten Teilfolge, die gegen einen vorgegebenen Häufungspunkt konvergiert.

2.048.4 Satz

Ist h_0 ein Häufungspunkt einer $\mathbb{Q}$-Folge oder einer $\mathbb{R}$-Folge x, dann gibt es (mindestens) eine konvergente Teilfolge $h = x \circ k$ von x mit $lim(h) = h_0$.

Beweis:

1. Eine entsprechende monotone Funktion $k : \mathbb{N} \longrightarrow \mathbb{N}$ wird rekursiv auf folgende Weise konstruiert:
RA): Da h_0 Häufungspunkt von x ist, gilt $B_1 = \{n \in \mathbb{N} \mid |x_n - h_0| < 1\} \neq \emptyset$. Das Element $k(1)$ sei nun beliebig aus B_1 gewählt.
RS): Der Index $k(m)$ sei bereits definiert. Betrachtet man die beiden Mengen $A_{m+1} = \{n \in \mathbb{N} \mid n > k(m)\}$ und $B_{m+1} = \{n \in \mathbb{N} \mid |x_n - h_0| < \frac{1}{m+1}\}$, dann hat B_{m+1} unendlich viele Elemente (da h_0 Häufungspunkt von x ist), folglich gilt $A_{m+1} \cap B_{m+1} \neq \emptyset$. Der Index $k(m+1)$ wird nun beliebig aus $A_{m+1} \cap B_{m+1}$ ausgewählt, wobei $k(m+1) \in A_{m+1}$ die Monotonie von k, $k(m+1) \in B_{m+1}$ die in 2. benötigte Eigenschaft garantiert.
Damit liegt eine monotone Funktion $k : \mathbb{N} \longrightarrow \mathbb{N}$, folglich eine Teilfolge $h = x \circ k$ von x vor.

2. Die Teilfolge $h = x \circ k$ ist konvergent mit $lim(h) = h_0$, denn: Ist $\epsilon \in \mathbb{R}^+$ beliebig vorgegeben, dann gibt es wegen der Archimedizität von $\mathbb{Q}$ bzw. $\mathbb{R}$ (siehe Abschnitt 1.732) ein $n(\epsilon) \in \mathbb{N}$ mit $\frac{1}{n(\epsilon)} < \epsilon$, also $\frac{1}{m} \leq \frac{1}{n(\epsilon)} < \epsilon$, für alle $m \geq n(\epsilon)$, woraus nach der Konstruktion von $k(m) \in B_m$ dann $|x_{k(m)} - h_0| < \frac{1}{m} < \frac{1}{n(\epsilon)} < \epsilon$, für alle $m \geq n(\epsilon)$, folgt.

Der folgende, nach *Bernard Bolzano* (1781 - 1848) und *Karl Weierstraß* (1815 - 1897) benannte Satz liefert die zentrale Aussage über die Existenz von Häufungspunkten von Folgen und liefert damit ein Kriterium für Konvergenz. Es sei allerdings deutlich darauf aufmerksam gemacht, daß dieser Satz nur für $\mathbb{R}$-Folgen (genauer: für K-Folgen, wobei K ein Dedekind-Körper ist (siehe Abschnitt 1.735)), nicht aber für $\mathbb{Q}$-Folgen gilt.

2.048.5 Satz *(Satz von Bolzano-Weierstraß)*

Jede beschränkte Folge $x : \mathbb{N} \longrightarrow \mathbb{R}$ besitzt (mindestens) einen Häufungspunkt.

Beweis: Besitzt x eine konstante Teilfolge t mit $t(n) = c$ (wie das beispielsweise für konstante Folgen x selbst der Fall ist), dann ist c ein Häufungspunkt von x.
Es bleibt also der Fall, daß x keine konstante Teilfolge enthält, zu untersuchen. dazu im einzelnen:

1. Zunächst wird nötigenfalls anstelle von x eine Teilfolge t von x betrachtet, deren Folgenglieder paarweise voneinander verschieden sind. Diese Bedingung an t garantiert, daß $Bild(t)$ nicht endlich ist.

2. Es sei x beschränkt durch $c_1 \leq x(n) \leq d_1$, für alle $n \in \mathbb{N}$. Wird das Intervall $I_1 = [c_1, d_1]$ halbiert zu $[c_1, a] \cup [a, d_1]$ mit $a = c_1 + \frac{1}{2}(d_1 - c_1)$, so liegen in mindestens einem dieser beiden Halbierungsintervalle unendlich viele Folgenglieder aus $Bild(t)$. Dieses Intervall sei nun mit $I_2 = [c_2, d_2]$ bezeichnet.

3. Das in 2. angegebene Halbierungsverfahren wird nun induktiv fortgesetzt, wobei in dem aus I_n erzeugten Halbierungsintervall I_{n+1} wieder unendlich viele Folgenglieder aus $Bild(t)$ liegen sollen. Dieses Verfahren liefert dann eine Folge $I = (I_n)_{n \in \mathbb{N}}$ von Intervallen $I_n = [c_n, d_n]$ mit $I_{n+1} \subset I_n$, für alle $n \in \mathbb{N}$.

4. Mit der Konstruktion von I wird zugleich die Folge h der Intervalllängen $h(n)$ von I_n durch $h(1) = d_1 - c_1$ und $h(n+1) = \frac{1}{2}h(n)$ rekursiv erzeugt. h ist offenbar eine geometrische Folge mit expliziter Darstellung $h(n) = h(1) \cdot (\frac{1}{2})^{n-1} = \frac{1}{2^{n-1}}h(1) = \frac{1}{2^{n-1}}(d_1 - c_1)$ (siehe Beispiel 2.011.3/2) und nach Beispiel 2.044.4/4 konvergent mit $lim(h) = 0$.

5. Da $\mathbb{R}$ ein Dedekind-Körper ist (siehe Abschnitt 1.860), gibt es nach dem Zusammenhangs-Axiom zu den beiden (nicht-leeren) Mengen $C = \{c_n \mid n \in \mathbb{N}\}$ und $C = \{d_n \mid n \in \mathbb{N}\}$ mit $C \leq D$ ein $h_0 \in \mathbb{R}$ mit $C \leq h_0 \leq D$.

6. Die Konvergenz von h liefert zu beliebigem $\epsilon \in \mathbb{R}^+$ einen Grenzindex $n(\epsilon) \in \mathbb{N}$ mit $|d_n - h_0| = \frac{1}{2} \cdot h(n) < \epsilon$, für alle $n \geq n(\epsilon)$. Da in jedem Intervall $I_n = [c_n, d_n]$ unendlich viele Elemente aus $Bild(t)$ enthalten sind, gilt ferner $|t_m - h_0| = |d_n - h_0| < \epsilon$, für unendlich viele $m \in \mathbb{N}$ mit $m \geq n(\epsilon)$. Da $t = x \circ k$ als Teilfolge von x gewählt wurde, gilt somit auch die Abschätzung $|x_{k(m)} - h_0| = |t_m - h_0| < \epsilon$, für unendlich viele $m \in \mathbb{N}$ mit $m \geq n(\epsilon)$. Somit ist h_0 ein Häufungspunkt von x.

In Bemerkung 2.048.2/3 wurde der Zusammenhang zwischen Konvergenz und Anzahlen von Häufungspunkten diskutiert. Betrachtet man den Beweis zu vorstehendem *Satz von Bolzano-Weierstraß* im Hin-

blick auf die mögliche Konvergenz der dort behandelten ℝ-Folgen x, dann lieferte die zusätzliche Voraussetzung, daß x genau einen Häufungspunkt besitzen soll, folgendes:
Bei der Konstruktion der Folge I können in jedem Intervall I_n fast alle (!) Folgenglieder von t angesiedelt sein. Das hätte dann zur Konsequenz, daß im Beweisteil 6 die Abschätzung $|x_{k(m)} - h_0| = |t_m - h_0| = |d_n - h_0| < \epsilon$, für alle (!) $m \in \mathbb{N}$ mit $m \geq n(\epsilon)$ gelten würde, die Folge x also konvergent wäre. Somit gilt:

2.048.6 Corollar

Jede beschränkte ℝ-Folge $\mathbb{N} \longrightarrow \mathbb{R}$, die genau einen Häufungspunkt besitzt, konvergiert gegen diesen Häufungspunkt.

2.048.7 Bemerkung *(Logistisches Wachstum)*

Im folgenden soll die in Bemerkung 2.012.5/2 betrachtete Folge $x : \mathbb{N}_0 \longrightarrow [0,1]$ des sogenannten *Logistischen Wachstums*, die zu einem konstanten *Wachstumsfaktor* $a \in (0,4]$ rekursiv definiert ist durch den

Rekursionsanfang RA) x_0 beliebig aus dem Intervall $(0,1)$ gewählt (Startzahl) und den
Rekursionsschritt RS) $x_{n+1} = a x_n (1 - x_n)$, für alle $n \in \mathbb{N}$.

hinsichtlich möglichen Konvergenz-Verhaltens näher untersucht werden. Im einzelnen kann man zeigen:

1. Für Wachstumsfaktoren $a \in (0,1]$ und für beliebige Startzahlen $x_0 \in (0,1)$ ist die Folge x konvergent mit $lim(x) = 0$. (Beweis: Wegen $x_n < 1 \Leftrightarrow 1 - x_n < 1 \Leftrightarrow a(1-x_n) < 1 \Leftrightarrow x_{n+1} = ax_n(1-x_n) < x_n$ ist x antiton.) Dabei ist insbesondere zu beobachten: Alle diese Folgen sind antiton, zeigen aber ein in Abhängigkeit von a unterschiedlich schnelles Konvergenzverhalten. Die folgende Tabelle gibt jeweils den kleinsten Index n an, ab dem bei 8 Nachkommastellen nur noch Folgenglieder 0,00000000 auftreten:

a	0,1	0,2	0,3	0,4	0,5	0,6	0,7	0,8	0,9	0,95	1,0
n	8	11	15	20	26	35	49	77	157	311	> 10000

Die angegebenen Indices n beziehen sich auf $x_0 = \frac{1}{2}$, da für diese Startzahl ein geringfügig größerer Index als bei benachbarten Startzahlen auftritt.

2. Für Wachstumsfaktoren $a \in (1,3]$ und für beliebige Startzahlen $x_0 \in (0,1)$ ist die Folge x konvergent mit $lim(x) = \frac{a-1}{a}$. Dabei ist insbesondere zu beobachten: Alle diese Folgen sind alternierend und zeigen wieder ein in Abhängigkeit von a unterschiedlich schnelles Konvergenzverhalten. Die folgende Tabelle gibt jeweils den kleinsten Index n an, ab dem bei 8 Nachkommastellen keine Veränderung mehr auftritt:

a	1,1	1,2	1,3	1,4	1,5	1,6	1,7	1,8	1,9	2,0
n	157	72	47	31	25	17	14	10	8	4

Die angegebenen Indices n beziehen sich auf $x_0 = \frac{6}{10}$, da für diese Startzahl ein geringfügig größerer Index als bei benachbarten Startzahlen auftritt.

3. Für Wachstumsfaktoren $a \in (3,00 / \approx 3,44)$ und für beliebige Startzahlen $x_0 \in (0,1)$ besitzt die Folge x genau zwei Häufungspunkte. Dabei kann man beobachten: Die Folge x liefert zwei konvergente Teilfolgen $s : 2\mathbb{N} \longrightarrow (0,1)$ mit $s_{2n} = x_{2n}$ und $t : 2\mathbb{N}+1 \longrightarrow (0,1)$ mit $s_{2n+1} = x_{2n+1}$, zu denen es eine konvergente Folge $z : 2\mathbb{N} \longrightarrow (0,1)$ gibt mit $s < z < t$. Darüber hinaus kann man beobachten, daß $lim(z)$ offenbar genau in der Mitte von $lim(s)$ und $lim(t)$ liegt, beispielsweise für $x_0 = \frac{1}{2}$ (mit Näherungen):

a	3,1	3,2	3,3	3,4
$lim(t)$	0,76456652	0,79945549	0,82360328	0,84215440
$lim(t) - lim(z)$	0,10327620	0,14320549	0,17208813	0,19509558
$lim(z)$	0,66129032	0,65625000	0,65151515	0,64705882
$lim(z) - lim(s)$	0,10327619	0,14320549	0,17208813	0,19509557
$lim(s)$	0,55801413	0,51304451	0,47942702	0,45196325

Man kann zunächst $lim(z) = \frac{a+1}{2a}$ beobachten, die Grenzwerte $lim(s)$ und $lim(t)$ werden aber erst in Abschnitt 2.372 berechnet. Die folgende Tabelle zeigt das seltsame Verhalten der Folge x für Wachstumsfaktoren $a \in (3,4]$: Man kann dieses Intervall vermöge Grenzzahlen $3 < g_1 < g_2 < g_3 < ... < g^* \leq 4$ offenbar in Teilintervalle zerlegen, wobei Wachstumsfaktoren a aus diesen Teilintervallen Folgen mit 2, 4, 8, 16, ... Häufungspunkten oder Folgen mit sogenanntem *chaotischen, also nicht prognostizierbarem Verhalten* erzeugen. (Der Übergang von geordnetem zu chaotischem Verhalten wird mit $a > g^* \approx 3,56999$ angegeben.) Weitere Betrachtungen zur Folge des *Logistischen Wachstums* und der ihr als Basis-Funktion zugrunde liegenden *Verhulst-Parabel* enthält Abschnitt 2.370.

$x_0: 0.50000000$	$x_0: 0.50000000$	$x_0: 0.50000000$	$x_0: 0.50000000$	$x_0: 0.60000000$
$a: 3.42000000$	$a: 3.46000000$	$a: 3.55000000$	$a: 3.58000000$	$a: 4.00000000$
$x_{451}: 0.84539440$	$x_{451}: 0.83895190$	$x_{451}: 0.81265567$	$x_{451}: 0.81992502$	$x_{451}: 0.58389079$
$x_{452}: 0.44700326$	$x_{452}: 0.46748618$	$x_{452}: 0.54047483$	$x_{452}: 0.52857976$	$x_{452}: 0.97184934$
$x_{453}: 0.84539440$	$x_{453}: 0.86134227$	$x_{453}: 0.88168435$	$x_{453}: 0.89207585$	$x_{453}: 0.10943280$
$x_{454}: 0.44700326$	$x_{454}: 0.41323391$	$x_{454}: 0.37032556$	$x_{454}: 0.34466998$	$x_{454}: 0.38982904$
$x_{455}: 0.84539440$	$x_{455}: 0.83895190$	$x_{455}: 0.82780512$	$x_{455}: 0.80862386$	$x_{455}: 0.95144944$
$x_{456}: 0.44700326$	$x_{456}: 0.46748618$	$x_{456}: 0.50603051$	$x_{456}: 0.55400971$	$x_{456}: 0.18477363$
$x_{457}: 0.84539440$	$x_{457}: 0.86134227$	$x_{457}: 0.88737090$	$x_{457}: 0.88455697$	$x_{457}: 0.60252934$
$x_{458}: 0.44700326$	$x_{458}: 0.41323391$	$x_{458}: 0.35480045$	$x_{458}: 0.36557507$	$x_{458}: 0.95795094$
$x_{459}: 0.84539440$	$x_{459}: 0.83895190$	$x_{459}: 0.81265567$	$x_{459}: 0.83030918$	$x_{459}: 0.16112375$
$x_{460}: 0.44700326$	$x_{460}: 0.46748618$	$x_{460}: 0.54047483$	$x_{460}: 0.50440714$	$x_{460}: 0.54065154$
$x_{461}: 0.84539440$	$x_{461}: 0.86134227$	$x_{461}: 0.88168435$	$x_{461}: 0.89493047$	$x_{461}: 0.99338981$
$x_{462}: 0.44700326$	$x_{462}: 0.41323391$	$x_{462}: 0.37032556$	$x_{462}: 0.33662714$	$x_{462}: 0.02626598$
$x_{463}: 0.84539440$	$x_{463}: 0.83895190$	$x_{463}: 0.82780512$	$x_{463}: 0.79944732$	$x_{463}: 0.10230431$
$x_{464}: 0.44700326$	$x_{464}: 0.46748618$	$x_{464}: 0.50603051$	$x_{464}: 0.57398606$	$x_{464}: 0.36735256$
$x_{465}: 0.84539440$	$x_{465}: 0.86134227$	$x_{465}: 0.88737090$	$x_{465}: 0.87540331$	$x_{465}: 0.92961863$
$x_{466}: 0.44700326$	$x_{466}: 0.41323391$	$x_{466}: 0.35480045$	$x_{466}: 0.39047904$	$x_{466}: 0.26171133$
$x_{467}: 0.84539440$	$x_{467}: 0.83895190$	$x_{467}: 0.81265567$	$x_{467}: 0.85205847$	$x_{467}: 0.77287403$
$x_{468}: 0.44700326$	$x_{468}: 0.46748618$	$x_{468}: 0.54047483$	$x_{468}: 0.45127631$	$x_{468}: 0.70215905$
$x_{469}: 0.84539440$	$x_{469}: 0.86134227$	$x_{469}: 0.88168435$	$x_{469}: 0.88650109$	$x_{469}: 0.83652688$
$x_{470}: 0.44700326$	$x_{470}: 0.41323391$	$x_{470}: 0.37032556$	$x_{470}: 0.36020854$	$x_{470}: 0.54699864$
$x_{471}: 0.84539440$	$x_{471}: 0.83895190$	$x_{471}: 0.82780512$	$x_{471}: 0.82504088$	$x_{471}: 0.99116451$
$x_{472}: 0.44700326$	$x_{472}: 0.46748618$	$x_{472}: 0.50603051$	$x_{472}: 0.51676736$	$x_{472}: 0.03502970$
$x_{473}: 0.84539440$	$x_{473}: 0.86134227$	$x_{473}: 0.88737090$	$x_{473}: 0.89399350$	$x_{473}: 0.13521047$
$x_{474}: 0.44700326$	$x_{474}: 0.41323391$	$x_{474}: 0.35480045$	$x_{474}: 0.33927345$	$x_{474}: 0.46771439$
$x_{475}: 0.84539440$	$x_{475}: 0.83895190$	$x_{475}: 0.81265567$	$x_{475}: 0.80251777$	$x_{475}: 0.99583056$
$x_{476}: 0.44700326$	$x_{476}: 0.46748618$	$x_{476}: 0.54047483$	$x_{476}: 0.56736913$	$x_{476}: 0.01660824$
$x_{477}: 0.84539440$	$x_{477}: 0.86134227$	$x_{477}: 0.88168435$	$x_{477}: 0.87875181$	$x_{477}: 0.06532961$
$x_{478}: 0.44700326$	$x_{478}: 0.41323391$	$x_{478}: 0.37032556$	$x_{478}: 0.38143850$	$x_{478}: 0.24424662$
$x_{479}: 0.84539440$	$x_{479}: 0.83895190$	$x_{479}: 0.82780512$	$x_{479}: 0.84467655$	$x_{479}: 0.73836084$
$x_{480}: 0.44700326$	$x_{480}: 0.46748618$	$x_{480}: 0.50603051$	$x_{480}: 0.46968912$	$x_{480}: 0.77273644$
$x_{481}: 0.84539440$	$x_{481}: 0.86134227$	$x_{481}: 0.88737090$	$x_{481}: 0.89171088$	$x_{481}: 0.70245933$
$x_{482}: 0.44700326$	$x_{482}: 0.41323391$	$x_{482}: 0.35480045$	$x_{482}: 0.34569407$	$x_{482}: 0.83604087$
$x_{483}: 0.84539440$	$x_{483}: 0.83895190$	$x_{483}: 0.81265567$	$x_{483}: 0.80975905$	$x_{483}: 0.54830612$
$x_{484}: 0.44700326$	$x_{484}: 0.46748618$	$x_{484}: 0.54047483$	$x_{484}: 0.55149660$	$x_{484}: 0.99066607$
$x_{485}: 0.84539440$	$x_{485}: 0.86134227$	$x_{485}: 0.88168435$	$x_{485}: 0.88550620$	$x_{485}: 0.03698721$
$x_{486}: 0.44700326$	$x_{486}: 0.41323391$	$x_{486}: 0.37032556$	$x_{486}: 0.36295819$	$x_{486}: 0.14247664$
$x_{487}: 0.84539440$	$x_{487}: 0.83895190$	$x_{487}: 0.82780512$	$x_{487}: 0.82776597$	$x_{487}: 0.48870818$
$x_{488}: 0.44700326$	$x_{488}: 0.46748618$	$x_{488}: 0.50603051$	$x_{488}: 0.51039871$	$x_{488}: 0.99948998$
$x_{489}: 0.84539440$	$x_{489}: 0.86134227$	$x_{489}: 0.88737090$	$x_{489}: 0.89461288$	$x_{489}: 0.00203904$
$x_{490}: 0.44700326$	$x_{490}: 0.41323391$	$x_{490}: 0.35480045$	$x_{490}: 0.33752481$	$x_{490}: 0.00813953$
$x_{491}: 0.84539440$	$x_{491}: 0.83895190$	$x_{491}: 0.81265567$	$x_{491}: 0.80049449$	$x_{491}: 0.03229312$
$x_{492}: 0.44700326$	$x_{492}: 0.46748618$	$x_{492}: 0.54047483$	$x_{492}: 0.57173697$	$x_{492}: 0.12500111$
$x_{493}: 0.84539440$	$x_{493}: 0.86134227$	$x_{493}: 0.88168435$	$x_{493}: 0.87657663$	$x_{493}: 0.43750334$
$x_{494}: 0.44700326$	$x_{494}: 0.41323391$	$x_{494}: 0.37032556$	$x_{494}: 0.38732035$	$x_{494}: 0.98437667$
$x_{495}: 0.84539440$	$x_{495}: 0.83895190$	$x_{495}: 0.82780512$	$x_{495}: 0.84954580$	$x_{495}: 0.06151696$
$x_{496}: 0.44700326$	$x_{496}: 0.46748618$	$x_{496}: 0.50603051$	$x_{496}: 0.45758748$	$x_{496}: 0.23093049$
$x_{497}: 0.84539440$	$x_{497}: 0.86134227$	$x_{497}: 0.88737090$	$x_{497}: 0.88856022$	$x_{497}: 0.71040640$
$x_{498}: 0.44700326$	$x_{498}: 0.41323391$	$x_{498}: 0.35480045$	$x_{498}: 0.35449502$	$x_{498}: 0.82291658$
$x_{499}: 0.84539440$	$x_{499}: 0.83895190$	$x_{499}: 0.81265567$	$x_{499}: 0.81920532$	$x_{499}: 0.58289952$
$x_{500}: 0.44700326$	$x_{500}: 0.46748618$	$x_{500}: 0.54047483$	$x_{500}: 0.53022651$	$x_{500}: 0.97251068$

2.048.8 Bemerkung

Es gibt Folgen $x, y : \mathbb{N} \longrightarrow \mathbb{R}$, die jeweils zwei Häufungspunkte besitzen (also nicht konvergent sind), deren Produkt $xy : \mathbb{N} \longrightarrow \mathbb{R}$ aber konvergiert.

Anmerkung: Dieser Sachverhalt ist zugleich wieder ein Beispiel zu Bemerkung 2.045.2/3.

Beweis: Zu $a \neq 0$ haben die Folgen $x_a : \mathbb{N} \longrightarrow \mathbb{R}$ mit $x_a(n) = (-1)^n (a + \frac{1}{n})$ jeweils die beiden Häufungspunkte $-a$ und a. Für $a, b \in \mathbb{R}_*$ ist dann das Produkt $x_a x_b : \mathbb{N} \longrightarrow \mathbb{R}$ mit der Vorschrift $x_a x_b(n) = (-1)^n (a + \frac{1}{n})(-1)^n(b + \frac{1}{n}) = (-1)^{2n}(ab + \frac{a+b}{n} + \frac{1}{n^2})$ konvergent gegen ab, denn es gilt $(-1)^{2n} = 1$, für alle $n \in \mathbb{N}$.

2.048.9 Bemerkung *(Häufungspunkte zu Mengen)*

Es wurde schon öfter auf den sachlichen und demgemäß auch begrifflichen Unterschied zwischen einer Folge $x : \mathbb{N} \longrightarrow T$ mit $T \subset \mathbb{R}$ und ihrer Bildmenge $Bild(x)$ aufmerksam gemacht (wie das ja auch für beliebige Funktionen und ihre Bildmengen gilt). Dieser Unterschied soll nun hinsichtlich des Begriffs *Häufungspunkt* näher betrachtet werden. Dazu im einzelnen:

1. Es sei S eine nicht-leere Teilmenge von $\mathbb{R}$. Ein Element $h \in \mathbb{R}$ heißt *Häufungspunkt* bezüglich S, falls zu jedem $\epsilon > 0$ das Intervall $(h - \epsilon, h + \epsilon)$ Elemente $s \in S$ mit $s \neq h$ enthält. (Anstelle solcher Intervalle spricht man allgemeiner auch kurz von offenen Umgebungen $U(h)$ zu h.)

2. Ist h ein Häufungspunkt zu $S \subset \mathbb{R}$, dann gibt es in jedem Intervall der Form $(h - \epsilon, h + \epsilon)$ (also jeder offenen Umgebung zu h) stets unendlich viele Elemente von S.

3. Die Menge aller Häufungspunkte zu $S \subset \mathbb{R}$ wird mit $HP(S)$ bezeichnet. Entsprechend wird die Menge aller Häufungspunkte einer Folge $x : \mathbb{N} \longrightarrow T$ mit $T \subset \mathbb{R}$ mit $HP(x)$ bezeichnet.

4. Endliche Mengen $E \subset \mathbb{R}$ besitzen keine Häufungspunkte (es gilt also $HP(E) = \emptyset$).

5. Beispiele zu Häufungspunkten zu Mengen (und zu Folgen x hinsichtlich $Bild(x)$):

a) Die Menge $S = \{2 + \frac{1}{n} \mid n \in \mathbb{N}\}$ besitzt den (einzigen) Häufungspunkt 2, für den aber $2 \notin S$ gilt. Die Zahl 2 ist zugleich der Häufungspunkt der Folge $x : \mathbb{N} \longrightarrow \mathbb{R}$ mit $x_n = 2 + \frac{1}{n}$. In diesem Fall gilt also $HP(S) = HP(Bild(x)) = HP(x) = \{2\}$.

b) Für die Folge $x : \mathbb{N} \longrightarrow \mathbb{R}$ mit $x_n = (-1)^n$ gilt $HP(x) = \{-1, 1\}$, hingegen aber $HP(Bild(x)) = \emptyset$.

c) Jede rationale Zahl ist Häufungspunkt der Menge der irrationalen Zahlen.

d) Jede reelle Zahl ist Häufungspunkt der Menge der rationalen Zahlen.

6. Als Analogon zu Satz 2.048.5 gilt der folgende *Satz von Bolzano-Weierstraß* für Mengen:

Jede beschränkte Menge $S \subset \mathbb{R}$ besitzt (mindestens) einen Häufungspunkt.

Beweis: Es sei S eine nicht-endliche beschränkte Teilmenge von $\mathbb{R}$. Aus S seien nun abzählbar viele und voneinander verschiedene Elemente s ausgewählt, die beliebig numeriert eine Folge $x : \mathbb{N} \longrightarrow S$ mit $x_n \in S$ liefern, womit dann auch $Bild(x) \subset S$ beschränkt ist. Nach dem *Satz von Bolzano-Weierstraß* für Folgen (Satz 2.048.5) besitzt die Folge x einen Häufungspunkt h mit der Eigenschaft, daß in jedem Intervall der Form $(h - \epsilon, h + \epsilon)$ unendlich viele und voneinander verschiedene Elemente enthalten sind, folglich gibt es zu jedem solchen Intervall $(h - \epsilon, h + \epsilon)$ ein Element von S, das heißt, h ist Häufungspunkt der Menge S.

7. Die beiden Versionen des *Satzes von Bolzano-Weierstraß* (für Mengen / für Folgen) sind äquivalent:

Beweis: Es bleibt zu zeigen, daß aus vorstehendem Satz dann Satz 2.048.5 folgt. Dazu sei eine beschränkte Folge $x : \mathbb{N} \longrightarrow \mathbb{R}$ betrachtet:

Fall 1: Ist $Bild(x)$ endlich, so sind unendlich viele Folgenglieder untereinander gleich, die dann jeweils Häufungspunkte der Folge x sind.

Fall 2: Ist $Bild(x)$ nicht endlich, so hat die beschränkte Menge $Bild(x)$ nach vorstehendem Satz einen Häufungspunkt $h_0 \in \mathbb{R}$. Nach Satz 2.048.4 gibt es dann eine Teilfolge h von x mit $lim(h) = h_0$, das heißt, zu jedem $\epsilon > 0$ gibt es einen Grenzindex $n(\epsilon) \in \mathbb{N}$ mit $|h_n - h_0| < \epsilon$, für alle $n \geq n(\epsilon)$, also für unendlich viele Indices $n \in \mathbb{N}$. Folglich ist h_0 Häufungspunkt der Folge x.

2.049 Limes inferior / Limes superior

> Was soll die Kunst, was haben wir davon?
> *Jörg Immendorff (Maler)*

Nach Satz 2.048.4 gibt es zu jedem Häufungspunkt einer Folge $x : \mathbb{N} \longrightarrow \mathbb{R}$ stets eine Teilfolge, die gegen einen solchen Häufungspunkt konvergiert. Das bedeutet, daß eine Übersicht über die Menge $HP(x)$ der Häufungspunkte einer Folge $x : \mathbb{N} \longrightarrow \mathbb{R}$ zugleich eine Auskunft über die Struktur der Folge selbst liefert. Wegen $HP(x) \subset \mathbb{R}$ ist $HP(x)$ eine bezüglich $\leq$ linear geordnete Menge, das heißt, man kann die einzelnen Häufungspunkte von x – sofern es solche gibt, also $HP(x) \neq \emptyset$ gilt – der Größe nach untereinander vergleichen. Das ist Inhalt dieses Abschnitts.

2.049.1 Definition

Es sei $x : \mathbb{N} \longrightarrow T$ mit $T \subset \mathbb{R}$ eine Folge und $HP(x) \subset \mathbb{R}$ die Menge ihrer Häufungspunkte.
1. Das kleinste Element in $HP(x)$ heißt *Limes inferior von x* und wird mit $liminf(x)$ bezeichnet.
2. Das größte Element in $HP(x)$ heißt *Limes superior von x* und wird mit $limsup(x)$ bezeichnet.

Anmerkung 1: Im Fall $HP(x) \neq \emptyset$ gilt definitionsgemäß stets $liminf(x) \leq limsup(x)$.

Anmerkung 2: Ist $HP(x) \neq \emptyset$ und beschränkt, dann existieren hinsichtlich Abschnitt 1.320 (etwa Übersicht 1.320.6/1) Infimum und Supremum der linear geordneten Menge $HP(x)$, die als solche beide eindeutig bestimmt sind. Es gilt also $inf(HP(x)) = liminf(x)$ und $sup(HP(x)) = limsup(x)$.

Anmerkung 3: Häufig findet man auch die folgende Kennzeichnung von $liminf(x)$ und $limsup(x)$, die ohne explizite Verwendung des Begriffs Häufungspunkt formuliert ist:

a) $liminf(x)$ ist die Zahl mit der Eigenschaft (siehe erste Skizze): Zu jedem $\epsilon > 0$ gibt es
(i) unendlich viele Folgenglieder x_n mit $x_n < liminf(x) + \epsilon$
(ii) und höchstens endlich viele Folgenglieder x_n mit $x_n < liminf(x) - \epsilon$.

b) $limsup(x)$ ist die Zahl mit der Eigenschaft (siehe zweite Skizze): Zu jedem $\epsilon > 0$ gibt es
(i) unendlich viele Folgenglieder x_n mit $x_n > limsup(x) - \epsilon$
(ii) und höchstens endlich viele Folgenglieder x_n mit $x_n > limsup(x) + \epsilon$.

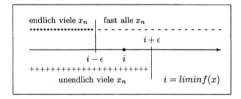
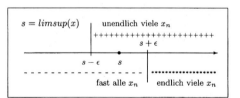

Die Voraussetzung $HP(x) \neq \emptyset$ in den obigen Anmerkungen 1 und 2 legt natürlich die Frage nahe, wann das der Fall ist, anders gefragt, wann $liminf(x)$ und $limsup(x)$ in $\mathbb{R}$ existieren. Bevor diese wichtige Frage diskutiert wird, seien zunächst einige Beispiele genannt, bei denen auch immer ein Vergleich der jeweiligen Limites mit $inf(Bild(x))$ und/oder mit $sup(Bild(x))$ sinnvoll ist (wobei man den Fall beachte, daß Häufungspunkte auch außerhalb von $Bild(x)$ liegen können, also $Bild(x) \cap HP(x) = \emptyset$ gelten kann).

2.049.2 Beispiele

1a) Für $x : \mathbb{N} \longrightarrow \mathbb{R}$ mit $x_n = n$ existiert mit $HP(x) = \emptyset$ weder $liminf(x)$ noch $limsup(x)$.
1b) Für $x : \mathbb{N} \longrightarrow \mathbb{R}$ mit $x_n = \frac{1}{n}$ mit $HP(x) = \{0\}$ existiert $liminf(x) = limsup(x) = lim(x) = 0$.
1c) Für $x : \mathbb{N} \longrightarrow \mathbb{R}$ mit $x_n = \frac{n+1}{n}$ mit $HP(x) = \{1\}$ existiert $liminf(x) = limsup(x) = lim(x) = 1$.
2a) Für Folgen $x : \mathbb{N} \longrightarrow \mathbb{R}$ mit $x_n = a + (-1)^n$ mit $a \in \mathbb{R}$ gilt $liminf(x) = a - 1$ und $limsup(x) = a + 1$.
2b) Für $x : \mathbb{N} \longrightarrow \mathbb{R}$ mit $x_n = (-1)^n \cdot n$ existiert mit $HP(x) = \emptyset$ weder $liminf(x)$ noch $limsup(x)$.

2c) Für $x : \mathbb{N} \longrightarrow \mathbb{R}$ mit $x_n = (-1)^n$ gilt mit $HP(x) = \{-1, 1\}$ $liminf(x) = -1$ und $limsup(x) = 1$.

2d) Für $x : \mathbb{N} \longrightarrow \mathbb{R}$ mit $x_n = (-1)^n + \frac{1}{n}$ gilt mit $HP(x) = \{-1, 1\}$ $liminf(x) = -1$ und $limsup(x) = 1$.

2e) Für $x : \mathbb{N} \longrightarrow \mathbb{R}$ mit $x_n = \frac{1}{n} + ((-1)^n + 1)n$ mit $HP(x) = \{0\}$ gilt $liminf(x) = 0$, hingegen existiert $limsup(x)$ nicht. (Die Folge mit $1, \frac{1}{2} + 4, \frac{1}{3}, \frac{1}{4} + 8, \frac{1}{5}, \frac{1}{6} + 12, \frac{1}{7}, \ldots$ ist nach oben unbeschränkt.)

2f) Für die Folge $x : \mathbb{N} \longrightarrow \mathbb{R}$ mit $x_n = (-1)^n \cdot \frac{n+1}{n}$ gilt $liminf(x) = -1$ und $limsup(x) = 1$.

3. Zu Folgen $x : \mathbb{N} \longrightarrow \mathbb{R}$ mit $x_n = a + (-n)$ mit $a \in \mathbb{R}$ existiert weder $liminf(x)$ noch $limsup(x)$.

4. Für die anschließend definierte Folge $x : \mathbb{N} \longrightarrow \mathbb{R}$ gilt $liminf(x) = 0$ und $limsup(x) = 1$:

$$x_n = \begin{cases} 0, & \text{falls } n \text{ ungerade,} \\ 1, & \text{falls } n \text{ gerade.} \end{cases}$$

5. Für $x : \mathbb{N} \longrightarrow \mathbb{R}$ mit $x_n = a + n^{(-1)^n}$ gilt $liminf(x) = a$, hingegen existiert $limsup(x)$ nicht in $\mathbb{R}$.

6. Für $x : \mathbb{N} \longrightarrow \mathbb{R}$ mit $x_n = a - n^{(-1)^n}$ gilt $limsup(x) = a$, hingegen existiert $liminf(x)$ nicht in $\mathbb{R}$.

7. Die Folge $x : \mathbb{N} \longrightarrow \mathbb{R}$, definiert durch

$$x_n = \begin{cases} 1 - \frac{1}{n}, & \text{falls } n \text{ ungerade,} \\ 1 + \frac{1}{n}, & \text{falls } n \text{ gerade, aber } n \neq 2^k, \\ 2 - \frac{1}{n}, & \text{falls } n \text{ gerade mit } n = 2^k, \end{cases}$$

besitzt zwei gegen 1 konvergente Teilfolgen und eine gegen 2 konvergente Teilfolge, womit dann also $liminf(x) = 1$ und $limsup(x) = 2$ gilt. Ferner ist $inf(Bild(x)) = min(Bild(x)) = 0$ (für $n = 1$), weiterhin ist $sup(Bild(x)) = 2$, hingegen existiert $max(Bild(x))$ wegen $2 \notin Bild(x)$ nicht.

8. Die Folge $x : \mathbb{N} \longrightarrow \mathbb{R}$, definiert durch $x_n = (1 + (-1)^n)(1 + \frac{1}{n}) + \frac{1}{n^2}$, besitzt die Darstellung

$$x_n = \begin{cases} \frac{1}{n^2}, & \text{falls } n \text{ ungerade,} \\ 2(1 + \frac{1}{n}) + \frac{1}{n^2}, & \text{falls } n \text{ gerade,} \end{cases}$$

also eine gegen 0 und eine gegen 2 konvergente Teilfolge, womit $liminf(x) = 0$ und $limsup(x) = 2$ gilt. Ferner ist $sup(Bild(x)) = max(Bild(x)) = \frac{13}{4}$ (für $n = 2$), denn beide Teilfolgen sind antiton. Weiterhin ist $inf(Bild(x)) = 0$, denn x ist antiton und die erste Teilfolge konvergiert gegen 0, hingegen existiert $min(Bild(x))$ wegen $0 \notin Bild(x)$ nicht.

9. Die Folge $x : \mathbb{N} \longrightarrow \mathbb{R}$, definiert durch

$$x_n = \begin{cases} n, & \text{falls } n \in 3\mathbb{N} - 2, \\ -n, & \text{falls } n \in 3\mathbb{N} - 1, \\ \frac{1}{n}, & \text{falls } n \in 3\mathbb{N}, \end{cases}$$

besitzt lediglich eine gegen 0 $\mathbb{R}$-konvergente Teilfolge, die beiden anderen Teilfolgen sind $\mathbb{R}^*$-konvergente Folgen, über die in Bemerkung 2.049.13 noch gesprochen wird. Somit gilt $HP(x) = \{0\}$, $liminf(x)$ und $limsup(x)$ existieren nicht in $\mathbb{R}$. Ferner existieren in $\mathbb{R}$ weder $inf(Bild(x))$ noch $sup(Bild(x))$.

10. Die Folge $x : \mathbb{N} \longrightarrow \mathbb{R}$, definiert durch

$$x_n = \begin{cases} 1 - 2^{-n}, & \text{falls } n \text{ ungerade,} \\ 1 + 2^{-n}, & \text{falls } n \text{ gerade, aber } n \neq 2^k, \\ 3, & \text{falls } n = 2^k \text{ und } k \text{ ungerade,} \\ 2 - 2^{-n}, & \text{falls } n = 2^k \text{ und } k \text{ gerade,} \end{cases}$$

besitzt die vier konvergenten Teilfolgen t, u, v und w mit

$t_n = 1 - 2^{-n}$	$x_1, x_3, x_5, x_7, \ldots$	$HP(t) = \{1\}$	$inf(Bild(t)) = \frac{1}{2}$	$sup(Bild(t)) = 1$	$lim(t) = 1$
$u_n = 1 + 2^{-n}$	$x_6, x_{10}, x_{12}, x_{14}, \ldots$	$HP(u) = \{1\}$	$inf(Bild(u)) = 1$	$sup(Bild(u)) = \frac{65}{64}$	$lim(u) = 1$
$v_n = 3$	$x_2, x_8, x_{32}, x_{128}, \ldots$	$HP(v) = \{3\}$	$inf(Bild(v)) = 3$	$sup(Bild(v)) = 3$	$lim(v) = 3$
$w_n = 2 - 2^{-n}$	$x_4, x_{16}, x_{64}, x_{256}, \ldots$	$HP(w) = \{2\}$	$inf(Bild(w)) = \frac{31}{16}$	$sup(Bild(w)) = 2$	$lim(w) = 2$

Damit gilt für x dann $inf(Bild(x)) = min(inf(Bild(t)), \ldots, inf(Bild(w))) = min(\frac{1}{2}, 1, 3, 2 - \frac{1}{64}) = \frac{1}{2}$ sowie $sup(Bild(x)) = max(sup(Bild(t)), \ldots, sup(Bild(w))) = max(1, 1 + \frac{1}{64}, 3, 2) = 3$. Weiterhin ist dann $HP(x) = \{1, 2, 3\}$, denn alle Teilfolgen von t, u, v und w konvergieren ebenfalls gegen die jeweils genannten Grenzwerte, folglich gilt $liminf(x) = 1$ und $limsup(x) = 3$.

11. Die Folge $x : \mathbb{N} \longrightarrow \mathbb{R}$ mit $x_n = a + (-1)^n$ mit $a \neq 0$ besteht aus den beiden konstanten Teilfolgen $x^-, x^+ : \mathbb{N} \longrightarrow \mathbb{R}$ mit $lim(x^-) = a - 1 = liminf(x)$ und $lim(x^+) = a + 1 = limsup(x)$ (die erste Teilfolge wird aus x durch die ungeraden, die zweite durch die geraden Indices erzeugt).

Betrachtet man nun zu $a, b > 1$ zwei solche Folgen $x, y : \mathbb{N} \longrightarrow \mathbb{R}$, dann besitzt die Produkt-Folge $xy : \mathbb{N} \longrightarrow \mathbb{R}$ die beiden Teilfolgen $x^- y^-, x^+ y^+ : \mathbb{N} \longrightarrow \mathbb{R}$, wie man folgendermaßen erkennen kann:

Die Produkt-Folge xy ist definiert durch die Vorschrift $(xy)(n) = x_n y_n = (a + (-1)^n)(b + (-1)^n) = ab + a(-1)^n + b(-1)^n + (-1)^{2n} = ab + (a+b)(-1)^n + 1$. Sie besitzt die beiden konstanten Teilfolgen $(xy)^-, (xy)^+ : \mathbb{N} \longrightarrow \mathbb{R}$ mit

$$lim((xy)^-) = ab - (a+b) + 1 = liminf(xy) \quad \text{und} \quad lim((xy)^+) = ab + (a+b) + 1 = limsup(xy)$$

(die erste Teilfolge wird aus xy durch die ungeraden, die zweite durch die geraden Indices erzeugt).

Dabei gelten nun die beiden Beziehungen:

a) $x^- y^- = (xy)^-$, denn $lim(x^- y^-) = lim(x^-) \cdot lim(y^-) = (a-1)(b-1) = ab - (a+b) + 1 = lim((xy)^-)$,

b) $x^+ y^+ = (xy)^+$, denn $lim(x^+ y^+) = lim(x^+) \cdot lim(y^+) = (a+1)(b+1) = ab + (a+b) + 1 = lim((xy)^+)$.

Anmerkung: Die beiden Produkte $x^- y^+$ und $x^+ y^-$ bilden keine Teilfolgen von xy, wie sich an konkreten Beispielen sofort erkennen läßt. Für $a = 2$ und $b = 3$ ist xy durch $(xy)(n) = 7 + 5(-1)^n$ definiert und besteht aus den beiden konstanten Teilfolgen $(xy)^-$ mit $lim((xy)^-) = 2$ und $(xy)^+$ mit $lim((xy)^+) = 12$. Demgegenüber gilt für die Produkte $x^- y^+$ und $x^+ y^-$ aber $lim(x^- y^+) = lim(x^-) \cdot lim(y^+) = 1 \cdot 4 = 4$ und $lim(x^+ y^-) = lim(x^+) \cdot lim(y^-) = 3 \cdot 2 = 6$.

Hinweis: In der ersten Zeile von Definition 2.049.1 bedeutet die Voraussetzung $HP(x) \subset \mathbb{R}$, daß tatsächlich nur Häufungspunkte in $\mathbb{R}$ gemeint sind (wie das auch im gesamten Abschnitt so gemeint ist). Man kann den Begriff des Häufungspunktes auf die Erweiterung $\mathbb{R}^\star = \mathbb{R} \cup \{-\star, \star\}$ (siehe Abschnitt 1.869) ausdehnen (analog zu der in Bemerkung 2.044.8 angesprochenen $\mathbb{R}^\star$-Konvergenz). Hinsichtlich dieser Erweiterung folgende Beobachtungen, die in Bemerkung 2.049.13 noch einmal aufgegriffen werden:

a) in Beispiel 2.049.2/5 dann $HP(x) = \{a, \star\}$ mit $liminf(x) = a$ und $limsup(x) = \star$,

b) in Beispiel 2.049.2/6 dann $HP(x) = \{-\star, a\}$ mit $liminf(x) = -\star$ und $limsup(x) = a$,

c) für die Folge $x = (n(-1)^n)_{n \in \mathbb{N}}$ dann $HP(x) = \{-\star, \star\}$ mit $liminf(x) = -\star$ und $limsup(x) = \star$.

Nun wieder zurück zur Frage der Existenz von Häufungspunkten: Betrachtet man noch einmal den Beweis zu *Satz von Bolzano-Weierstraß* (Satz 2.048.5), so wird deutlich, daß darin eigentlich kein Verfahren enthalten ist, wie ein Häufungspunkt zu konstruieren ist. Demgegenüber wird nun ein Verfahren betrachtet, das auf tatsächlich konstruktivem Wege den kleinsten und den größten Häufungspunkt zu konstruieren gestattet. Der Grund für diese Diskrepanz liegt einfach darin, daß der Begriff des Häufungspunktes nicht zu *einem* Objekt führt (eine Folge kann ja mehrere Häufungspunkte haben), wie das bei kleinstem und größtem Häufungspunkt – Existenz einmal angenommen – naturgemäß der Fall ist.

Die Untersuchung von Häufungspunkten wird also sozusagen neu aufgerollt, wobei hinsichtlich Satz 2.049.5 die sogenannten *cofinalen Abschnitte* einer Folge sowie die Konstruktionen *Infimum* und *Supremum* bezüglich einer geordneten Menge die zentralen technischen Werkzeuge sein werden:

2.049.3 Definition

Zu einer Folge $x : \mathbb{N} \longrightarrow M$ in eine (geordnete) Menge M und zu beliebigen, aber jeweils fest gewählten Indices $k \in \mathbb{N}$ werden sogenannte *Cofinale Abschnitte* $ca(x, k) = \{x(n) \mid n \geq k\}$ der Folge x definiert.

Zum Beweis der ersten Beobachtung in Satz 2.049.5 zunächst folgendes Lemma 2.049.4, das für den Archimedes-Körper $\mathbb{R}$ schon mit Lemma 1.321.6 bewiesen ist (wobei der Beweis aber von der Natur reeller Zahlen keinen Gebrauch macht):

2.049.4 Lemma

Es sei K ein Archimedes-Körper (siehe Bemerkung 2.060.3), ferner $T \subset K$ und $x_0 \in K$. Dann gilt:

a) $\quad x_0 = inf(T) \Leftrightarrow \begin{cases} x_0 \leq T \text{ (x_0 ist untere Schrenke von T) und} \\ \text{zu jedem } \epsilon > 0 \text{ gibt es } x \in T \text{ mit } x_0 \leq x < x_0 + \epsilon, \end{cases}$

b) $x_0 = sup(T) \Leftrightarrow \begin{cases} T \leq x_0 \ (x_0 \text{ ist obere Schrenke von } T) \text{ und} \\ \text{zu jedem } \epsilon > 0 \text{ gibt es } x \in T \text{ mit } x_0 - \epsilon < x \leq x_0. \end{cases}$

2.049.5 Satz

Für Folgen $x : \mathbb{N} \longrightarrow K$ in einen Archimedes-Körper K gelten folgende Sachverhalte:
1. Existiert $x_0 = inf\{sup(ca(x,k)) \mid k \in \mathbb{N}\}$, so ist x_0 größter Häufungspunkt der Folge x in K.
2. Existiert $x_0 = sup\{inf(ca(x,k)) \mid k \in \mathbb{N}\}$, so ist x_0 kleinster Häufungspunkt der Folge x in K.

Beweis: Es wird Teil 1 gezeigt (Teil 2 wird analog bewiesen). Dazu sei angenommen, daß zu jeder Menge $ca(x,k)$ das Supremum $s_k = sup(ca(x,k))$ sowie $x_0 = inf\{sup(ca(x,k)) \mid k \in \mathbb{N}\}$ existiere. Zu zeigen sind dann zu x_0 die beiden folgenden Eigenschaften:

a) Elemente $z \in K$ mit $z > x_0$ sind nicht Häufungspunkte von x in K.

b) x_0 ist ein Häufungspunkt von x in K (nach a) dann also der größte Häufungspunkt von x).

Zu a): Nach Lemma 2.049.4/b) gilt: Zu jedem $\epsilon > 0$ gibt es $k \in \mathbb{N}$ mit $x_0 \leq s_k < x_0 + \epsilon$, das heißt wegen $s_k = sup(ca(x,k))$ dann $ca(x,k) < x_0 + \epsilon$, also können nur höchstens endlich viele Folgenglieder (das sind dann Folgenglieder aus $\{x_1, ..., x_{k-1}\}$) größer als $x_0 + \epsilon$ sein.

Wird nun ein Element $z \in K$ mit $z > x_0$ betrachtet und dazu $\epsilon = \frac{z-x_0}{2}$ festgelegt, so gilt: $z > x_0 \Rightarrow z - x_0 > 0 \Rightarrow \epsilon > 0 \Rightarrow z - \epsilon = \frac{2z-z+x_0}{2} = \frac{z+x_0}{2} = \frac{2x_0+z-x_0}{2} = x_0 + \frac{z-x_0}{2} = x_0 + \epsilon$. Wegen $z - \epsilon = x_0 + \epsilon < (z-\epsilon, z+\epsilon)$ enthält das Intervall $(z-\epsilon, z+\epsilon)$ nach obiger Betrachtung nur höchstens endlich viele Folgenglieder, folglich kann z kein Häufungspunkt zu x sein.

Zu b) Es sei $\epsilon > 0$ beliebig vorgegeben. Zu konstruieren ist dann eine Teilfolge $h = (h_n)_{n \in \mathbb{N}}$ von x, die in dem Intervall $(x_0 - \epsilon, x_0 + \epsilon)$ enthalten ist (also gegen x_0 konvergiert). Zur Konstruktion von h nun:

b$_1$) Wegen $x_0 = inf\{s_k = sup(ca(x,k)) \mid k \in \mathbb{N}\}$ gibt es nach Lemma 2.049.4/a ein $k_1 \in \mathbb{N}$ mit $x_0 - \epsilon < x_0 \leq s_{k_1} < x_0 + \epsilon$. Legt man $\epsilon_1 = x_0 + \epsilon - s_{k_1}$ fest, so ist $\epsilon_1 > 0$ und es gilt $\epsilon_1 = \epsilon - (s_{k_1} - x_0) \leq \epsilon$, denn es ist $s_{k_1} - x_0 \geq 0$. Folglich gilt $s_{k_1} - \epsilon_1 > x_0 - \epsilon$.
Wegen $s_{k_1} = sup(ca(x,k_1))$ gibt es nach Lemma 2.049.4/b ein $x_{n_1} \in ca(x,k_1)$ mit $s_{k_1} - \epsilon_1 < x_{n_1} \leq s_{k_1}$, folglich liegt mit den vorstehenden Bausteinen dann die Kette $x_0 - \epsilon < s_{k_1} - \epsilon_1 < x_{n_1} \leq s_{k_1} < x_0 + \epsilon$ vor und somit ist $h_1 = x_{n_1}$ als erstes Folgenglied von h in dem Intervall $(x_0 - \epsilon, x_0 + \epsilon)$ enthalten.

b$_2$) Es sei $k_2 > max(k_1, n_1)$. Wegen $s_{k_2} = sup(ca(x,k_2))$ gibt es analog zu der Konstruktion in b$_1$) ein Element $x_{n_2} \in ca(x,k_2)$ mit der Kette $x_0 - \epsilon < s_{k_2} - \epsilon_2 < x_{n_2} \leq s_{k_2} < x_0 + \epsilon$ vor und somit ist $h_2 = x_{n_2}$ als zweites Folgenglied von h in dem Intervall $(x_0 - \epsilon, x_0 + \epsilon)$ enthalten. Dabei gilt $n_2 \neq n_1$, denn mit $x_{n_2} \in ca(x,k_2)$ gilt $n_2 \geq k_2 > n_1$.

b$_3$) Das Verfahren wird nun wie in b$_2$) induktiv fortgesetzt (wobei $n_3 = n_1$ wegen der Anordnug $n_3 > n_2 > n_1$ nach Konstruktion der Indices n_i aber nicht auftreten kann). Somit ist dann insgesamt eine Teilfolge $h = (h_n)_{n \in \mathbb{N}}$ von x hergestellt, die in dem Intervall $(x_0 - \epsilon, x_0 + \epsilon)$ enthalten ist.

Satz 2.049.5 zieht sofort die Frage nach der Existenz der Elemente $x_0 = sup\{inf(ca(x,k)) \mid k \in \mathbb{N}\}$ und $y_0 = inf\{sup(ca(x,k)) \mid k \in \mathbb{N}\}$ nach sich. Eine Antwort ist im folgenden Satz für Folgen $\mathbb{N} \longrightarrow \mathbb{R}$ formuliert, man beachte aber, daß das wesentliche Beweisargument auf Lemma 1.325.3/3 beruht, der Satz also etwas allgemeiner für Folgen $\mathbb{N} \longrightarrow K$ in einen Dedekind-Körper K (der dann auch Archimedes-Körper ist) formuliert werden könnte.

2.049.6 Satz

Ist $x : \mathbb{N} \longrightarrow \mathbb{R}$ eine in der Form $-c \leq Bild(x) \leq c$ beschränkte Folge, dann existieren die Zahlen $x_0 = sup\{inf(ca(x,k)) \mid k \in \mathbb{N}\}$ sowie $y_0 = inf\{sup(ca(x,k)) \mid k \in \mathbb{N}\}$ und es gilt $-c \leq x_0 \leq y_0 \leq c$.

Anmerkung: Mit den Bezeichnungen von Definition 2.049.1 existiert also die folgende Beziehung:
$$-c \leq liminf(x) \leq limsup(x) \leq c.$$

Beweis: Liegt zu der Folge x die Beschränkung $-c \leq Bild(x) \leq c$ vor, dann gilt, wenn man $ca(x,1) = Bild(x)$ beachtet, die Beschränkung $-c \leq ca(x,1) \leq c$. Da aber $ca(x,k) \subset ca(x,1)$ für alle $k \in \mathbb{N}$ gilt, gilt $-c \leq ca(x,k) \leq c$, für alle $k \in \mathbb{N}$, alle diese cofinalen Abschnitte $ca(x,k)$ sind also nach unten und nach oben beschränkt.

Nach Lemma 1.325.3/3 existieren damit zu jedem $k \in \mathbb{N}$ das Infimum $r_k = inf(ca(x,k))$ und das Supremum $s_k = sup(ca(x,k))$, wobei die Beziehungen $-c \leq r_k \leq c$ und $-c \leq s_k \leq c$, für alle $k \in \mathbb{N}$ gelten, denn r_k ist ja die größte untere und s_k die kleinste obere Schranke zu $ca(x,k)$. Folglich gelten auch auch die beiden Beziehungen $-c \leq \{r_k \mid k \in \mathbb{N}\} \leq c$ und $-c \leq \{s_k \mid k \in \mathbb{N}\} \leq c$.

Wiederum nach Lemma 1.325.3/3 existieren dann das Supremum $x_0 = sup\{r_k \mid k \in \mathbb{N}\}$ sowie das Infimum $y_0 = inf\{r_k \mid k \in \mathbb{N}\}$ mit den Schranken $-c \leq x_0 \leq c$ und $-c \leq y_0 \leq c$. Da nach Satz 2.049.5 aber x_0 der kleinste und y_0 der größte Häufungspunkt von x ist, also $x_0 \leq y_0$ gilt, gilt dann insgesamt die behauptete Beschränkung $-c \leq x_0 \leq y_0 \leq c$.

2.049.7 Bemerkungen

1. Um mit Satz 2.049.6 die Existenz von $liminf(x)$ oder von $limsup(x)$ nachzuweisen, genügt es nicht, von der Folge x nur die Beschränktheit nach unten oder nach oben vorauszusetzen. Tatsächlich muß x nach unten *und* nach oben beschränkt sein, wie das folgende Beispiel zeigt:

Die Folge $x = (-n)_{n \in \mathbb{N}}$ ist nach oben beschränkt, etwa durch 0. Die cofinalen Abschnitte $ca(x,k) = \{-k, -(k+1), -(k+2), ...\} = \{-(k+i) \mid i \in \mathbb{N}_0\}$ sind jeweils nach oben beschränkt und haben das Supremum $sup(ca(x,k)) = -k$. Die Menge $\{sup(ca(x,k)) \mid k \in \mathbb{N}\} = \{-k \mid k \in \mathbb{N}\}$ ist zwar nach oben, aber nicht nach unten beschränkt, sie besitzt damit nach Lemma 1.325.3/2 kein Infimum. Das heißt, man kann mit obigem Satz *nicht* die Existenz von $limsup(x) = inf\{sup(ca(x,k)) \mid k \in \mathbb{N}\}$ nachweisen, die Anwendung des Satzes erfordert also die Beschränktheit von x nach unten und nach oben.

2. Satz 2.049.6 liefert zu $T \subset \mathbb{R}$ Funktionen $liminf : BF(\mathbb{N}, T) \longrightarrow \mathbb{R}$ und $limsup : BF(\mathbb{N}, T) \longrightarrow \mathbb{R}$. Eigenschaften dieser Funktionen im Zusammenhang mit den Strukturen auf der Menge $BF(\mathbb{N}, T)$ der beschränkten Folgen $\mathbb{N} \longrightarrow T$ sind in Satz 2.049.12 enthalten.

2.049.8 Corollar *(Satz von Bolzano-Weierstraß)*

Jede beschränkte Folge $x : \mathbb{N} \longrightarrow \mathbb{R}$ besitzt (mindestens) einen Häufungspunkt.

Beweis: Besitzt eine Folge einen kleinsten und einen (davon nicht notwendigerweise verschiedenen) größten Häufungspunkt, dann ist klar, daß sie überhaupt (mindestens) einen Häufungspunkt besitzt.

2.049.9 Bemerkung

Satz 2.049.6 erweist sich schon aus dem Grund als zentraler Satz, da aus ihm mit obigem Corollar direkt der *Satz von Bolzano-Weierstraß* folgt. Man hätte aber auch umgekehrt verfahren können, nämlich den *Satz von Bolzano-Weierstraß*, der mit anderen Methoden in Abschnitt 2.048 bewiesen ist, als Voraussetzung verwenden und damit dann die Aussage von Satz 2.049.6 folgern. Ein solches Vorgehen hätte dann folgenden Beweis zu Satz 2.049.6 erforderlich gemacht:

Beweis: wird für $liminf(x)$ geführt (der für $limsup(x)$ lautet dann ganz analog):

Ist die Folge x beschränkt, dann besitzt sie nach dem *Satz von Bolzano-Weierstraß* (Satz 2.048.5) mindestens einen Häufungspunkt, es gilt also $HP(x) \neq \emptyset$. Da x beschränkt ist, ist auch $HP(x)$ beschränkt. Da nun $\mathbb{R}$ eine Dedekind-Menge ist, existiert (siehe etwa Lemma 1.325.3) eine größte untere Schranke s, also $s = inf(HP(x))$. Wie gleich gezeigt wird, gilt $s \in HP(x)$, folglich ist s der kleinste Häufungspunkt von x, es ist also $s = liminf(HP(x))$.

Tatsächlich gilt $s \in HP(x)$, denn: Nimmt man $s \notin HP(x)$ an, so gibt es $\epsilon > 0$, so daß das Intervall $I = (s - \epsilon, s + \epsilon)$ nur höchstens endlich viele Folgenglieder von x enthält. Das bedeutet, daß zu jedem Element $z \in I$ auch in dem Intervall $(z - \frac{\epsilon}{2}, z + \frac{\epsilon}{2})$ ebenfalls nur höchstens endlich viele Folgenglieder von x enthalten sein können und somit jedes $z \in I$ kein Häufungspunkt von x sein kann. Das heißt aber, daß $s + \frac{\epsilon}{2}$ mit $s + \frac{\epsilon}{2} > s$ ebenfalls untere Schranke von $HP(x)$ ist – im Widerspruch zu $s = inf(HP(x))$.

2.049.10 Corollar

Jede beschränkte Folgen $x : \mathbb{N} \longrightarrow T$ mit $T \subset \mathbb{R}$, die in $\mathbb{R}$ genau einen Häufungspunkt x_0 besitzt, konvergiert gegen x_0.

Corollar: Für beschränkte Folgen $x : \mathbb{N} \longrightarrow T$ mit $T \subset \mathbb{R}$ gilt: x konvergent $\Leftrightarrow liminf(x) = limsup(x)$.

Beweis: Die Beschränktheit von x liefert die Existenz von $liminf(x)$ und $limsup(x)$. Die vorausgesetzte

Eindeutigkeit des Häufungspunktes x_0 liefert dann zunächst $liminf(x) = limsup(x) = x_0$.

Die Folge x konvergiert gegen x_0, denn ist $\epsilon > 0$ beliebig vorgegeben, gilt $x_0 - \epsilon < x_0 + \epsilon$, wobei es wegen $x_0 = liminf(x)$ nur endlich viele Folgenglieder x_n mit $x_n < x_0 - \epsilon$ geben kann. Aus analogem Grund gibt es wiederum nur endlich viele Folgenglieder x_n mit $x_0 + \epsilon < x_n$. Das bedeutet also, daß fast alle Folgenglieder von x in dem Intervall $(x_0 - \epsilon, x_0 + \epsilon)$ enthalten sind, die Folge x also gegen x_0 konvergiert.

2.049.11   Corollar

Noch einmal Satz 2.048.4 in diesem Zusammenhang: Zu jedem Häufungspunkt x_0 einer Folge $x : \mathbb{N} \longrightarrow \mathbb{R}$ gibt es eine gegen x_0 konvergente Teilfolge $h : \mathbb{N} \longrightarrow \mathbb{R}$ von x.

Anmerkung: Existieren $liminf(x)$ und $limsup(x)$, so gilt $liminf(x) \leq lim(h) \leq limsup(x)$, für jede konvergente Teilfolge h von x.

Beweis: erfolgt in zwei Einzelschritten:

1. Induktive Konstruktion der Folge h: Da x_0 Häufungspunkt der Folge x sein soll, also stets unendlich viele Folgenglieder den folgenden Abschätzungen genügen, kann man h_n wie folgt konstruieren:
Induktionsanfang: Es gibt $n_1 \in ca(x,1)$ mit $|x_0 - x_{n_1}| < 1$, man kann damit $h_1 = x_{n_1}$ wählen, entsprechend gibt es $n_2 \in ca(x, n_1)$ mit $|x_0 - x_{n_2}| < \frac{1}{2}$, man kann damit $h_2 = x_{n_2}$ wählen.
Induktionsschritt: Es gibt $n_{k+1} \in ca(x, n_k)$ mit $|x_0 - x_{n_{k+1}}| < \frac{1}{k+1}$, man kann also $h_{k_1} = x_{n_{k+2}}$ wählen.
2. Konvergenz von h gegen x_0: Ist $\epsilon > 0$ beliebig vorgegeben, so liefert die Archimedizität von $\mathbb{R}$ (siehe Bemerkung 1.321.2/1b) ein Element $n_0 \in \mathbb{N}$ mit $\frac{1}{n_0} < \epsilon$. Damit gilt dann $|x_0 - h_k| = |x_0 - x_{n_k}| < \frac{1}{k} < \frac{1}{n_0} < \epsilon$, für alle $k \geq n_0$. Folglich konvergiert h gegen x_0.

Beweis der Anmerkung: In jeder Umgebung von $lim(h)$ sind fast alle Folgenglieder von h, also unendlich viele Folgenglieder von x enthalten, folglich ist $lim(h)$ ein Häufungspunkt der Folge x.

Der folgende Satz stellt in seinen ersten Teilen ein gewisses Analogon zu Satz 2.045.1 dar und zwar insofern, als Zusammenhänge zwischen den algebraischen Operationen auf $Abb(\mathbb{N}, \mathbb{R})$, also Addition und Mltiplikation, sowie den Konstruktionen $liminf(-)$ und $limsup(-)$ genannt werden. Der letzte Teil des Satzes analogisiert im entsprechenden Sinne Satz 2.045.5/1, also den Zusammenhang zwischen der Ordnung auf $Abb(\mathbb{N}, \mathbb{R})$ und entsprechenden Ordnungsbeziehungen für $liminf(-)$ und $limsup(-)$:

2.049.12   Satz

Existieren für Folgen $x, y : \mathbb{N} \longrightarrow T$ mit $T \subset \mathbb{R}$ die jeweils angegebenen Limites, also $liminf(x)$ und $liminf(y)$ sowie $limsup(x)$ und $limsup(y)$ in $\mathbb{R}$, dann existieren auch die entsprechenden Limites für Summen $x + y$ und Produkte $x \cdot y$ und es liegen folgende Sachverhalte vor:

1. Für Summen gilt $liminf(x) + liminf(y) \leq liminf(x+y) \leq limsup(x+y) \leq limsup(x) + limsup(y)$.
2. Hinsichtlich Differenzen gilt $liminf(-x) = -limsup(x)$ und $limsup(-x) = -liminf(x)$.
3. Für $T \subset \mathbb{R}_0^+$ gilt für Produkte $limsup(x \cdot y) \leq limsup(x) \cdot limsup(y)$.
4. Ist in Teil 3 eine der beiden Folgen konvergent, dann gilt $limsup(x \cdot y) = limsup(x) \cdot limsup(y)$.
5. Gilt $x \leq y$, so gilt $limsup(x) \leq limsup(y)$ und $liminf(x) \leq liminf(x)$.

Anmerkung 1 zu Teil 5: Es genügt natürlich, $x_n \leq y_n$, für fast alle $n \in \mathbb{N}$, vorauszusetzen.

Anmerkung 2 zu Teil 5: Die in Bemerkung 2.049.7/2 genannten Funktionen $liminf : BF(\mathbb{N}, T) \longrightarrow \mathbb{R}$ und $limsup : BF(\mathbb{N}, T) \longrightarrow \mathbb{R}$ sind monoton.

Beispiel zu Teil 1: mit den anschließend definierten Folgen $x, y, x+y : \mathbb{N} \longrightarrow \mathbb{R}$:

$$x_n = \begin{cases} -1, & \text{falls } n \text{ ungerade,} \\ 1, & \text{falls } n \text{ gerade.} \end{cases} \quad y_n = \begin{cases} 2, & \text{falls } n \text{ ungerade,} \\ 1, & \text{falls } n \text{ gerade.} \end{cases} \quad x_n + y_n = \begin{cases} 1, & \text{falls } n \text{ ungerade,} \\ 2, & \text{falls } n \text{ gerade.} \end{cases}$$

$$liminf(x) = -1 \qquad liminf(y) = 1 \qquad liminf(x+y) = 1$$
$$limsup(x) = 1 \qquad limsup(y) = 2 \qquad limsup(x+y) = 2$$

Damit gilt $liminf(x) + liminf(y) = -1 + 1 = 0 < 1 = liminf(x+y)$
und $limsup(x+y) = 2 < 3 = 1 + 2 = limsup(x) + limsup(y)$.

Beispiel zu Teil 5: Für die Folgen $x, y : \mathbb{N} \longrightarrow \mathbb{R}$ mit $x_n = 2 + (-1)^2$ und $y_n = 5 + (-1)^n$ gilt $x < y$:

Damit gilt $liminf(x) = 2 + 1 = 3 < 6 = 5 + 1 = liminf(y)$
und $limsup(x) = 2 - 1 = 1 < 4 = 5 - 1 = limsup(y)$.

Beweis zu Teil 1: Es wird die erste Beziehung gezeigt (die zweite wird analog bewiesen): Es gilt
$liminf(x) + liminf(y) = sup\{inf(ca(x,k)) \mid k \in \mathbb{N}\} + sup\{inf(ca(y,k)) \mid k \in \mathbb{N}\} =$
$sup(\{inf(ca(x,k)) \mid k \in \mathbb{N}\} + \{inf(ca(y,k)) \mid k \in \mathbb{N}\}) = sup(inf(\{ca(x,k) \mid k \in \mathbb{N}\} + \{ca(y,k) \mid k \in \mathbb{N}\}))$
$\leq sup(\{inf(ca(x+y,k)) \mid k \in \mathbb{N}\}) = liminf(x+y)$ unter Verwendung von Lemma 1.510.4/6.

Beweis zu Teil 2: analog wie der zu Teil 1 unter Verwendung von Lemma 1.510.4/7.

Beweis zu Teil 4: Es sei die Folge y konvergent mit $lim(y) = y_0$, ferner bezeichne $x_0 = limsup(x)$. Ist nun $\epsilon > 0$ beliebig vorgegeben, dann ist ein Grenzindex $n(\epsilon)$ gesucht mit $|x_n y_n - x_0 y_0| < \epsilon$, für unendlich viele $n \geq n(\epsilon)$. Zur Konstruktion eines solchen Index' $n(\epsilon)$ nun im einzelnen:

a) Zunächst gilt $|x_n y_n - x_0 y_0| = |x_n y_n - x_0 y_n + x_0 y_n - x_n y_n| = |(x_n - x_0)y_n + (y_n - y_0)x_0|$
$\leq |(x_n - x_0)y_n| + |(y_n - y_0)x_0| = |x_n - x_0| \cdot |y_n| + |y_n - y_0| \cdot |x_0|$.

b) Da y als konvergent vorausgesetzt ist, ist y beschränkt, es gibt also ein $c \in \mathbb{N}$ mit $y_n \leq c$, für alle $n \in \mathbb{N}$, und $|x_0| \leq c$. Folglich gilt $|x_n - x_0| \cdot |y_n| \leq |x_n - x_0| \cdot c$ sowie $|y_n - y_0| \cdot |x_0| \leq |y_n - y_0| \cdot c$. Damit ist dann $|x_n y_n - x_0 y_0| \leq |x_n - x_0| \cdot c + |y_n - y_0| \cdot c$, für alle $n \in \mathbb{N}$.

c) Die Existenz von $limsup(x) = x_0$ liefert nun zu der Festsetzung $\epsilon_1 = \frac{\epsilon}{2c}$ Grenzindices $n(\epsilon_1)$ und $m(\epsilon_1)$ mit $|x_n - x_0| < \epsilon_1$, für unendlich viele $n \geq n(\epsilon_1)$, und $|y_n - y_0| < \epsilon_1$, für alle $n \geq m(\epsilon_1)$, woraus dann schließlich die Abschätzung $|x_n y_n - x_0 y_0| \leq |x_n - x_0| \cdot c + |y_n - y_0| \cdot c < \frac{\epsilon}{2} + \frac{\epsilon}{2} = \epsilon$ für unendlich viele Indices $n \geq n(\epsilon) = max(n(\epsilon_1), m(\epsilon_1))$ folgt.

Beweis zu Teil 5: Es wird die erste Beziehung gezeigt (die zweite wird analog bewiesen): Es gelte $x_n \leq y_n$, für alle $n \in \mathbb{N}$. Damit gilt $ca(x,k) = \{x_n \mid n \geq k\} \leq \{y_n \mid n \geq k\} = ca(y,k)$, folglich gilt $sup(ca(x,k)) \leq sup(ca(y,k))$, für alle $n \in \mathbb{N}$, denn jede obere Schranke von $ca(y,k)$ ist auch obere Schranke von $ca(x,k)$. Also gilt dann insgesamt die Beziehung
$$limsup(x) = inf\{sup(ca(x,k)) \mid k \in \mathbb{N}\} \leq inf\{sup(ca(y,k)) \mid k \in \mathbb{N}\} = limsup(y).$$

2.049.13 Bemerkung

Hinsichtlich des Hinweises am Ende der Beispiele 2.049.2 lassen sich nun folgende Sachverhalte nennen:
1. Jede Folge $x : \mathbb{N} \longrightarrow T$ mit $T \subset \mathbb{R}$ ist in $\mathbb{R}^\star$ beschränkt durch $-\star < Bild(x) < \star$.
2. Jede Folge $x : \mathbb{N} \longrightarrow T$ mit $T \subset \mathbb{R}$ besitzt $liminf(x)$ und $limsup(x)$ in $\mathbb{R}^\star$.
3. Jede Folge $x : \mathbb{N} \longrightarrow T$ mit $T \subset \mathbb{R}$ besitzt in $\mathbb{R}^\star$ einen Häufungspunkt, also $HP(x) \neq \emptyset$.
4. Für jede Folge $x : \mathbb{N} \longrightarrow T$ mit $T \subset \mathbb{R}$ gilt: x in $\mathbb{R}$ nach oben beschränkt $\Leftrightarrow limsup(x) \neq \star$.

Beweis zu 4.:

$\Rightarrow$) Ist x nach oben beschränkt durch $c \in \mathbb{R}$, dann gilt $\{sup(ca(x,k)) \mid k \in \mathbb{N}\} < c$. Da x zugleich eine Folge in $\mathbb{R}^\star$ ist, existiert $limsup(x)$, wofür aber $limsup(x) \leq c < \star$ gelten muß.

$\Leftarrow$) Existiert $limsup(x) = x_0 < \star$ in $\mathbb{R}^\star$, so existiert zunächst ein Element $a \in \mathbb{R}$ mit $x_0 < a < \star$. Wegen $x_0 < a$ existiert weiterhin ein Index $n_0 \in \mathbb{N}$ mit $x_n < a$, für alle $n > n_0$. Wegen $a < \star$, also $a \in \mathbb{R}$, ist dann die Menge $S = \{x_n \mid n \leq n_0\} \cup \{a\}$ eine endliche Teilmenge von $\mathbb{R}$, die somit ein Maximum $max(S)$ besitzt. Legt man nun $c = max(S) + 1$ fest, dann ist c eine obere Schranke von x in $\mathbb{R}$, denn: Einerseits gilt $x_n \leq max(S) < c$, für alle $n \leq n_0$, andererseits gilt wegen $a \in S$ auch $x_n < a \leq max(S) < c$, für alle $n > n_0$. Somit gilt $x_n \leq c$, für alle $n \in \mathbb{N}$.

2.050 Cauchy-Konvergente Folgen $\mathbb{N} \longrightarrow T \subset \mathbb{R}$

> Die Grundlage aller Erkenntnis ist also die Intuition. Der Abstraktion und der Phantasietätigkeit fällt die Hauptarbeit bei der Auffindung neuer Erkenntnisse zu. Erst wenn die Hauptsache gefunden ist, kann ordnend und feilend die Methode eingreifen.
>
> *Ernst Mach* (1838 - 1916)

Kennzeichnend für den bisher betrachteten Konvergenz-Begriff ist der direkte oder indirekte Bezug zu einem Grenzwert, daß also zum Nachweis der Konvergenz einer Folge x entweder schon ein in Frage kommender Grenzwert x_0 vorgegeben sein muß oder dadurch festgelegt wird. Das gilt indirekt auch dann, wenn x auf algebraischem Wege zerlegt werden kann, dann nämlich für die einzelnen Bausteine (siehe Satz 2.046.1). Diese Bezugnahme der Konvergenz einer Folge x auf die Existenz eines Grenzwertes x_0 wird in Definition 2.040.1 durch den Vergleich der Abstände $|x_n - x_0|$ und $\epsilon = |\epsilon - 0| \in \mathbb{R}^+$ formalisiert, wobei also das Verhalten der einzelnen Folgenglieder x_n zu x_0 gemessen wird.

Demgegenüber beschreibt die nach *Augustin Louis Cauchy* (1789 - 1857) benannte Cauchy-Konvergenz in der folgenden Definition ein Konvergenz-Verhalten von Folgen, das allein auf der Abstandsmessung $|x_n - x_m|$ für Folgenglieder untereinander beruht.

2.050.1 Definition

1. Eine Folge $x : \mathbb{N} \longrightarrow T$, $T \subset \mathbb{R}$, heißt *Cauchy-konvergent in T* oder kurz *Cauchy-Folge in T*, falls es zu jedem $\epsilon \in \mathbb{R}^+$ einen Folgenindex *(Grenzindex)* $n(\epsilon) \in \mathbb{N}$ gibt mit
$$|x_n - x_m| < \epsilon, \text{ für alle } n, m \geq n(\epsilon).$$
2. Die Menge aller Cauchy-konvergenten Folgen $\mathbb{N} \longrightarrow T$ mit $T \subset \mathbb{R}$ wird mit $CF(T)$ bezeichnet.

2.050.2 Bemerkungen

1. Bevor die Hauptfrage nach dem Zusammenhang zwischen Konvergenz gemäß Definition 2.040.1 und Cauchy-Konvergenz, also die Frage nach dem Grad ihrer Gleichwertigkeit in Angriff genommen wird (in Abschnitt 2.053), soll auf einen wesentlichen Aspekt ihres formalen Unterschieds aufmerksam gemacht werden, zumal er für die weiteren Betrachtungen wichtig ist:

Definition 2.040.1 beschreibt die Konvergenz bezüglich der Wertemenge $W(x) = T \subset \mathbb{R}$ einer Folge $x : \mathbb{N} \longrightarrow T$, wobei die Frage, ob $x_0 \in T$ gilt oder nicht, dann von entscheidender Bedeutung für die Konvergenz von x ist, wenn T aus Gründen, die der Betrachtungsrahmen gegebenenfalls erfordert, nicht vergrößert werden darf (siehe Bemerkung 2.040.2/2).

Anders dagegen verfährt die Beschreibung der Cauchy-Konvergenz: Hier ist zwar auch ein auf $T \subset \mathbb{R}$ eingeschränkter Wertebereich $W(x) = T$ möglich, er gibt aber lediglich die Herkunft der Folgenglieder, nämlich $x_n \in T$, an, auf den Abstandsvergleich $|x_n - x_m| < \epsilon$ selbst hat er jedoch keinerlei Einfluß. Das bedeutet, daß die Eigenschaft der Cauchy-Konvergenz unabhängig von $W(x)$ ist. Anders gesagt: Eine Cauchy-konvergente Folge $x : \mathbb{N} \longrightarrow T$, $T \subset \mathbb{R}$, behält diese Eigenschaft, auch wenn der Wertebereich $W(x) = T$ beliebig zwischen $Bild(x) \subset T \subset \mathbb{R}$ variiert wird (siehe dazu die für die weiteren Betrachtungen wichtigen Beispiele 2.051.2/1/2).

2. Konstante Folgen $x : \mathbb{N} \longrightarrow T$, $T \subset \mathbb{R}$, sind Cauchy-konvergent, denn zu $\epsilon \in \mathbb{R}^+$ gilt die Beziehung $|x_n - x_m| = |x_n - x_n| = 0 < \epsilon$, für alle $n \in \mathbb{N}$.

3. Anstelle der in Definition 2.050.1/1 genannten Bedingung wird auch die Bedingung
$$|x_{n+k} - x_n| < \epsilon, \text{ für alle } n, n+k \geq n(\epsilon) \text{ mit } k \in \mathbb{N}$$
verwendet. Es ist klar, daß beide Versionen der Cauchy-Bedingung denselben Sachverhalt beschreiben (denn gilt etwa $m > n$, dann ist $k = m - n$).

4. Eine Folge $x : \mathbb{N} \longrightarrow \mathbb{Q}$ heißt *Cauchy-konvergent* oder kurz *Cauchy-Folge in $\mathbb{Q}$*, falls es zu jedem $\epsilon \in \mathbb{Q}^+$ einen Folgenindex *(Grenzindex)* $n(\epsilon) \in \mathbb{N}$ gibt mit $|x_n - x_m| < \epsilon$, für alle $n, m \geq n(\epsilon)$.

2.051 CAUCHY-KONVERGENTE FOLGEN $\mathbb{N} \longrightarrow \mathbb{Q}$

> Die, welche mittels Streben und Hoffen nur in der Zukunft leben, ... inzwischen aber die Gegenwart unbeachtet und ungenossen vorbeiziehen lassen, sind trotz ihrer altklugen Mienen jenen Eseln in Italien zu vergleichen, deren Schritt dadurch beschleunigt wird, daß an einem ihrem Kopf angehefteten Stock ein Bündel Heu hängt, welches sie daher stets dicht vor sich sehn und zu erreichen hoffen.
> *Arthur Schopenhauer (1788 - 1860)*

Das Beispiel 2.051.1/1 soll zunächst nur die Technik zum Nachweis von Cauchy-Konvergenz zeigen. Interessanter sind Beispiele 2.051.1/2 und die beiden Beispiele in 2.051.2, denn sie zeigen im Hinblick auf den nächsten Abschnitt den bezüglich Konvergenz und Cauchy-Konvergenz wesentlichen Unterschied zwischen $\mathbb{Q}$-Folgen und den $\mathbb{R}$-Folgen.

2.051.1 Beispiele

1. Die konvergente $\mathbb{Q}$-Folge $x : \mathbb{N} \longrightarrow \mathbb{Q}$, $x = (\frac{1}{n})_{n \in \mathbb{N}}$, ist Cauchy-konvergent, denn: Zu beliebig vorgegebenem Element $\epsilon \in \mathbb{Q}^+$ gibt es wegen der Archimedizität von $\mathbb{Q}$ (siehe Abschnitt 1.732) einen Grenzindex $n(\epsilon)$ mit $\frac{1}{n(\epsilon)} < \epsilon$. Somit ist $\frac{1}{n} < \epsilon$ für alle $n \geq n(\epsilon)$, woraus mit der Abkürzung $m = n + k$ dann die Abschätzung $|x_n - x_m| = |\frac{1}{n} - \frac{1}{m}| = \frac{1}{n} - \frac{1}{n+k} = \frac{k}{n(n+k)} = \frac{1}{n} \cdot \frac{k}{n+k} < \frac{1}{n} < \epsilon$, für alle $n, m \geq n(\epsilon)$, folgt.

2. Die rekursiv definierte $\mathbb{Q}$-Folge $x : \mathbb{N}_0 \longrightarrow \mathbb{Q}$, definiert durch $x_0 = 1$ und $x_{n+1} = 1 + \frac{1}{1+x_n}$, für alle $n \in \mathbb{N}_0$, ist Cauchy-konvergent (aber wegen $lim(x) = \frac{1}{2}(1+\sqrt{5}) \in \mathbb{R} \setminus \mathbb{Q}$ nicht in $\mathbb{Q}$ konvergent), denn:

a) Zunächst gilt $|x_{n+1} - x_n| < \frac{1}{2}|x_n - x_{n-1}|$, denn aus $x_{n+1} - x_n = 1 + \frac{1}{1+x_n} - (1 + \frac{1}{1+x_{n-1}}) = \frac{1}{1+x_n} - \frac{1}{1+x_{n-1}} = \frac{x_{n-1} - x_n}{(1+x_n)(1+x_{n-1})}$ folgt die Beziehung $|x_{n+1} - x_n| = \frac{1}{(1+x_n)(1+x_{n-1})}|x_n - x_{n-1}| < \frac{1}{2}|x_n - x_{n-1}|$, denn wegen $1 + x_n \geq 2$ und $1 + x_{n-1} \geq 2$ ist $(1+x_n)(1+x_{n-1}) \geq 4$ und somit $\frac{1}{(1+x_n)(1+x_{n-1})} \leq \frac{1}{4} < \frac{1}{2}$.

b) Die in a) nachgewiesene Beziehung wird im Induktionsschritt des folgenden Beweises der Formel $|x_{n+1} - x_n| < \frac{1}{2^{n+1}}$, für alle $n \in \mathbb{N}$, benötigt. Induktionsanfang: Die Formel gilt für $n = 1$, denn es ist $|x_2 - x_1| = \frac{1}{10} < \frac{1}{2}$. Induktionsschritt: Es gilt $|x_{n+2} - x_{n+1}| < \frac{1}{2}|x_{n+1} - x_n| < \frac{1}{2} \cdot \frac{1}{2^{n+1}} = \frac{1}{2^{n+2}}$.

c) Es sei nun $|x_n - x_m|$ betrachtet, ferner sei dabei $n = m + k$, dann gilt $|x_n - x_m| = |x_{m+k} - x_m| \leq |x_{m+k} - x_{m+k-1}| + |x_{m+k-1} - x_{m+k-2}| + ... + |x_{m+1} - x_m| < \frac{1}{2^{m+k}} + \frac{1}{2^{m+k-1}} + ... + \frac{1}{2^{m+1}} < \frac{1}{2^m}$.

d) Es sei nun $\epsilon \in \mathbb{Q}^+$ vorgegeben, dann wähle man $p \in \mathbb{N}$ mit $\frac{1}{2^p} \leq \epsilon$. Für alle $p \geq 1$ und für alle $k \in \mathbb{N}$ gilt dann $|x_{p+k} - x_p| < \frac{1}{2^p} \leq \epsilon$.

2.051.2 Beispiele

1. Die ersten acht Folgenglieder der in diesem Beispiel betrachteten Folge $x : \mathbb{N} \longrightarrow W(x)$ sind

x_1	=	1	=	$1 \cdot 10^0$	= x_1
x_2	=	1,4	=	$1 \cdot 10^0 + 4 \cdot 10^{-1}$	= $x_1 + 4 \cdot 10^{-1}$
x_3	=	1,41	=	$1 \cdot 10^0 + 4 \cdot 10^{-1} + 1 \cdot 10^{-2}$	= $x_2 + 1 \cdot 10^{-2}$
x_4	=	1,414	=	$1 \cdot 10^0 + 4 \cdot 10^{-1} + 1 \cdot 10^{-2} + 4 \cdot 10^{-3}$	= $x_3 + 4 \cdot 10^{-3}$
x_5	=	1,4142	=	$1 \cdot 10^0 + 4 \cdot 10^{-1} + 1 \cdot 10^{-2} + 4 \cdot 10^{-3} + 2 \cdot 10^{-4}$	= $x_4 + 2 \cdot 10^{-4}$
x_6	=	1,41421	=	$1 \cdot 10^0 + 4 \cdot 10^{-1} + 1 \cdot 10^{-2} + 4 \cdot 10^{-3} + 2 \cdot 10^{-4} + ...$	= $x_5 + 1 \cdot 10^{-5}$
x_7	=	1,414213	=	$1 \cdot 10^0 + 4 \cdot 10^{-1} + 1 \cdot 10^{-2} + 4 \cdot 10^{-3} + 2 \cdot 10^{-4} + ...$	= $x_6 + 3 \cdot 10^{-6}$
x_8	=	1,4142135	=	$1 \cdot 10^0 + 4 \cdot 10^{-1} + 1 \cdot 10^{-2} + 4 \cdot 10^{-3} + 2 \cdot 10^{-4} + ...$	= $x_7 + 5 \cdot 10^{-7}$

Gemäß diesen Mustern wird die Folge $x : \mathbb{N} \longrightarrow W(x)$ rekursiv definiert durch den Rekursionsanfang $x_1 = 1$ und den Rekursionsschritt $x_{n+1} = x_n + a_n \cdot 10^{-n}$ mit $a_n = max\{a \in \mathbb{N} \mid 1 \leq a \leq 9$ und $x_{n+1}^2 < 2\}$.

Betrachtet man die Folge x als $\mathbb{R}$-Folge, dann ist sie

a) konvergent, wobei diese Eigenschaft durch die Monotonie von x (wegen $a_n \cdot 10^{-n} > 0$) und der durch die Bedingung $x_n^2 < 2$ gelieferten oberen Schranke $x < \sqrt{2}$ mit Satz 2.044.1/2 gegeben wird,

b) Cauchy-konvergent, denn: Ist $\epsilon \in \mathbb{R}^+$ beliebig vorgegeben, dann gibt es wegen der Archimedizität von

$\mathbb{R}$ (siehe Abschnitt 1.732) ein $m = n(\epsilon) \in \mathbb{N}$ mit $10^{-(m-1)} < \epsilon$. Damit gilt zunächst
$$|x_{m+k} - x_m| = x_m + \sum_{m \leq i \leq m+k-1} (a_i \cdot 10^{-i}) - x_m$$
$$= \sum_{m \leq i \leq m+k-1} (a_i \cdot 10^{-i}) < \sum_{m \leq i \leq m+k-1} (9 \cdot 10^{-i}) < 10 \cdot 10^{-m} = 10^{-(m-1)} < \epsilon,$$
für alle $n \geq m = n(\epsilon)$, denn mit $i \geq j$ ist $a_i \cdot 10^{-i} \leq a_j \cdot 10^{-j}$, woraus dann schließlich
$$|x_{n+k} - x_n| = \sum_{n \leq i \leq n+k-1} (a_i \cdot 10^{-i}) \leq \sum_{m \leq i \leq m+k-1} (a_j \cdot 10^{-j}) = |x_{m+k} - x_m| \text{ folgt.}$$

Betrachtet man die Folge x jedoch als $\mathbb{Q}$-Folge, dann ist sie zwar Cauchy-konvergent, aber nicht konvergent in $\mathbb{Q}$ (denn gäbe es ein Element $q \in \mathbb{Q}$ mit $lim(x) = q$, dann wäre $\sqrt{2} = q \in \mathbb{Q}$).

2. In engem Zusammenhang mit Beispiel 1 steht das folgende Beispiel, das wegen gleichartiger Konstruktionsschritte nur in seinen Ergebnissen dargestellt ist. Die Ausführung der Einzelbeweise sei als Übung empfohlen.

Die ersten acht Folgenglieder der in diesem Beispiel betrachteten Folge $y : \mathbb{N} \longrightarrow W(y)$ sind

y_1	=	2	=	$2 \cdot 10^0$	= y_1
y_2	=	1,5	=	$2 \cdot 10^0 - 5 \cdot 10^{-1}$	= $y_1 - 5 \cdot 10^{-1}$
y_3	=	1,42	=	$2 \cdot 10^0 - 5 \cdot 10^{-1} - 8 \cdot 10^{-2}$	= $y_2 - 8 \cdot 10^{-2}$
y_4	=	1,415	=	$2 \cdot 10^0 - 5 \cdot 10^{-1} - 8 \cdot 10^{-2} - 5 \cdot 10^{-3}$	= $y_3 - 5 \cdot 10^{-3}$
y_5	=	1,4143	=	$2 \cdot 10^0 - 5 \cdot 10^{-1} - 8 \cdot 10^{-2} - 5 \cdot 10^{-3} - 7 \cdot 10^{-4}$	= $y_4 - 7 \cdot 10^{-4}$
y_6	=	1,41422	=	$2 \cdot 10^0 - 5 \cdot 10^{-1} - 8 \cdot 10^{-2} - 5 \cdot 10^{-3} - 7 \cdot 10^{-4} + \ldots$	= $y_5 - 8 \cdot 10^{-5}$
y_7	=	1,414214	=	$2 \cdot 10^0 - 5 \cdot 10^{-1} - 8 \cdot 10^{-2} - 5 \cdot 10^{-3} - 7 \cdot 10^{-4} + \ldots$	= $y_6 - 6 \cdot 10^{-6}$
y_8	=	1,4142136	=	$2 \cdot 10^0 - 5 \cdot 10^{-1} - 8 \cdot 10^{-2} - 5 \cdot 10^{-3} - 7 \cdot 10^{-4} + \ldots$	= $y_7 - 4 \cdot 10^{-7}$

Gemäß diesen Mustern wird die Folge $y : \mathbb{N} \longrightarrow W(y)$ rekursiv definiert durch den Rekursionsanfang $y_1 = 2$ und den Rekursionsschritt $y_{n+1} = y_n - b_n \cdot 10^{-n}$ mit $b_n = min\{b \in \mathbb{N} \mid 1 \leq b \leq 9$ und $y_{n+1}^2 > 2\}$.

Die Folge y hat die gleichen Eigenschaften wie die in Beispiel 2 betrachtete Folge x. Im einzelnen ist die
a) $\mathbb{R}$-Folge y konvergent und Cauchy-konvergent,
b) $\mathbb{Q}$-Folge y zwar Cauchy-konvergent, jedoch nicht konvergent in $\mathbb{Q}$.

2.051.3 Bemerkungen

1. Die Konstruktion der Folgen x und y in vorstehenden Beispielen 2 und 3 zeigen, daß die $\mathbb{Q}$-Folge $y - x$ eine nullkonvergente Folge, also eine in $\mathbb{Q}$ konvergente Folge mit $lim(y - x) = 0$ ist. Dieser Sachverhalt ergibt sich aus den beiden folgenden Beobachtungen:
a) Es ist $y_n - x_n = 10^{-(n-1)}$, für alle $n \in \mathbb{N}$, wobei die Beziehung $y_n = x_n + 10^{-(n-1)}$ nach dem Induktionsprinzip für Natürliche Zahlen (siehe Abschnitte 1.803/11) gezeigt wird:
IA): Für $n = 1$ ist $y_1 = 2 = 1 + 1 = x_1 + 1 = x_1 + 10^0$.
IS): Die angegebene Beziehung gelte für n, dann gilt sie auch für $n+1$, denn es ist $y_{n+1} = y_n - b_n \cdot 10^{-n} = x_n + 10^{-(n-1)} - b_n \cdot 10^{-n} = x_n + 10 \cdot 10^{-n} - b_n \cdot 10^{-n} = x_n + (10 - b_n) \cdot 10^{-n} = x_n + (10 - 9 + a_n) \cdot 10^{-n} = x_n + (a_n + 1) \cdot 10^{-n} = x_n + a_n \cdot 10^{-n} + 10^{-n} = x_{n+1} + 10^{-n}$, wobei der Zusammenhang $a_n + b_n = 9$ (für alle $n > 1$) verwendet wurde.
b) Die Folge $y - x$ hat nach a) die Form $y_n - x_n = 10^{-(n-1)} = 10 \cdot (\frac{1}{10})^n$ und ist nach Beispiel 2.044.4/6 eine nullkonvergente Folge.

2. Zu $a \in \mathbb{Q}$ mit $a > 1$ ist die rekursiv durch den Rekursionsanfang $z_1 = \frac{1}{2}(a+1)$ und den Rekursionsschritt $z_{n+1} = \frac{1}{2}(z_n + \frac{a}{z_n})$, für alle $n \in \mathbb{N}$, definierte Folge $z : \mathbb{N} \longrightarrow \mathbb{Q}$ antiton und die Folge $x : \mathbb{N} \longrightarrow \mathbb{Q}$ mit $x_n = \frac{a}{z_n}$ monoton. Ferner gilt $lim(z - x) = 0$. Beide Folgen sind Cauchy-konvergent, aber in $\mathbb{Q}$ nicht konvergent. Sie konvergieren jedoch in $\mathbb{R}$ und zwar gegen $\sqrt{a}$.

A2.051.01: Beweisen Sie, daß die durch $x(n) = -\frac{1}{n}$ definierte konvergente Folge $x : \mathbb{N} \longrightarrow \mathbb{Q}$ auch Cauchy-konvergent ist.

A2.051.02: Beweisen Sie die Aussagen in Bemerkung 2.051.3/2 für den Fall $a = 2$.

A2.051.03: Beweisen Sie: Teilfolgen, Mischfolgen und Umordnungen zu Cauchy-Folgen $\mathbb{N} \longrightarrow \mathbb{R}$ sind Cauchy-konvergent und konvergieren gegen die naheliegenden Grenzwerte.

2.053 Konvergenz und Cauchy-Konvergenz

> ... wie der Satz ... wohl einmal je für sich bewiesen wird, für Zahlen, Linien, Körper und Zeiten, während es doch möglich ist, ihn für alles durch einen einzigen Beweis zu erhärten. Aber weil es für alles dieses: Zahlen, Längen, Zeit, Körper, keinen gemeinsamen Namen gibt und diese Dinge spezifisch verschieden sind, wird jedes für sich vorgenommen. Nun aber wird der Satz allgemein bewiesen.
>
> *Aristoteles von Stagira* (384 - 322)

Die in den Beispielen 2.051.2/1/2 schon auftretende unterschiedliche Qualität der Körper $\mathbb{Q}$ und $\mathbb{R}$ in bezug auf das Konvergenz-Verhalten von $\mathbb{Q}$-Folgen bzw. $\mathbb{R}$-Folgen soll nun genauer untersucht werden. Als Ergebnis wird sich folgendes zeigen:

2.053.1 Satz

1. Bezüglich $\mathbb{R}$ sind die Begriffe *Konvergenz* und *Cauchy-Konvergenz* gleichwertig, das heißt, es gilt $Kon(\mathbb{R}) = CF(\mathbb{R})$. Das ist eine Folgerung aus
a) $Kon(\mathbb{R}) \subset CF(\mathbb{R})$ nach Satz 2.053.2, das heißt, jede konvergente $\mathbb{R}$-Folge ist Cauchy-konvergent, und
b) $CF(\mathbb{R}) \subset Kon(\mathbb{R})$ nach Satz 2.053.3, das heißt, jede Cauchy-Folge in $\mathbb{R}$ ist auch konvergent in $\mathbb{R}$.
2. Bezüglich $\mathbb{Q}$ sind die Begriffe *Konvergenz* und *Cauchy-Konvergenz* nicht gleichwertig,
a) zwar gilt $Kon(\mathbb{Q}) \subset CF(\mathbb{Q})$ nach Satz 2.053.2, das heißt, jede konvergente $\mathbb{Q}$-Folge ist Cauchy-konvergent,
b) hingegen gilt $CF(\mathbb{Q}) \not\subset Kon(\mathbb{Q})$, denn wie die Beispiele 2.051.2/1/2 zeigen, gibt es Cauchy-konvergente Folgen in $\mathbb{Q}$, die nicht konvergent in $\mathbb{Q}$ sind.

Daß Konvergenz gegenüber der Cauchy-Konvergenz offenbar der stärkere Begriff ist, zeigt sich schon daran, daß sich die in 1a) und 2a) genannten Sachverhalte auch auf vergleichsweise einfache Weise beweisen lassen:

2.053.2 Satz

Jede konvergente $\mathbb{Q}$-Folge oder $\mathbb{R}$-Folge x ist Cauchy-konvergent.

Beweis: Die Konvergenz von x gegen $x_0 = lim(x)$ liefert zu jedem Element $\epsilon \in \mathbb{R}^+$ einen Grenzindex $n(\epsilon) \in \mathbb{N}$ mit $|x_n - x_0| < \frac{\epsilon}{2}$, für alle $n \geq n(\epsilon)$. Für jeden Index $m \in \mathbb{N}$ mit $m \geq n(\epsilon)$ gilt dann mit der in Satz 1.632.4a genannten Dreiecksungleichung $|x_n - x_m| = |(x_n - x_0) + (x_0 - x_m)| \leq |x_m - x_0| + |x_m - x_0| < \frac{\epsilon}{2} + \frac{\epsilon}{2} = \epsilon$, für alle $n, m \geq n(\epsilon)$. Somit ist x Cauchy-konvergent.

Die in Satz 2.053.1b genannte Inklusion $CF(\mathbb{R}) \subset Kon(\mathbb{R})$ soll nun bewiesen werden. Die Beweisführung selbst basiert auf einer Reihe von separat betrachteten Sachverhalten, von denen die wichtigsten wegen ihrer eigenständigen Bedeutung schon in Abschnitt 2.048 untersucht worden sind.

2.053.3 Satz

Jede Cauchy-konvergente $\mathbb{R}$-Folge x ist konvergent in $\mathbb{R}$.

Beweis: Zunächst ist eine Cauchy-Folge x beschränkt (nach folgendem Lemma 2.053.4), womit sie nach dem Satz von *Bolzano-Weierstraß* (Satz 2.048.5) einen Häufungspunkt h_0 besitzt. Zu diesem Häufungspunkt h_0 gibt es dann eine konvergente Teilfolge t von x mit $lim(t) = h_0$ (nach Satz 2.048.4). Da x Cauchy-konvergent ist, konvergiert schließlich auch x gegen $lim(t) = h_0$ (nach dem übernächsten Lemma 2.053.5).

2.053.4 Lemma

Jede Cauchy-konvergente $\mathbb{Q}$-Folge oder $\mathbb{R}$-Folge x ist beschränkt.

Beweis: Da x Cauchy-konvergent ist, gibt es zu beliebig vorgelegtem Element $\epsilon \in \mathbb{R}^+$ einen Grenzindex $n(\epsilon) \in \mathbb{N}$ mit $|x_n - x_{n(\epsilon)}| < \epsilon$, für alle $n \geq n(\epsilon)$. Die in Satz 1.632.4c genannte Dreiecksungleichung liefert dann $|x_n| - |x_{n(\epsilon)}| \leq |x_n - x_{n(\epsilon)}| < \epsilon$, also die Beschränkung $|x_n| < |x_{n(\epsilon)}| + \epsilon$, für alle $n \geq n(\epsilon)$. Die Menge der endlich vielen Folgenglieder x_n mit $n < n(\epsilon)$ ist ebenfalls beschränkt. Die größere der beiden Schranken ist dann eine Schranke für x.

2.053.5 Lemma

Besitzt eine Cauchy-konvergente $\mathbb{Q}$-Folge oder $\mathbb{R}$-Folge x eine konvergente Teilfolge $t = x \circ k$, dann konvergiert auch x mit $lim(x) = lim(t)$.

Beweis: Da x Cauchy-konvergent ist, gibt es zu beliebig vorgelegtem Element $\epsilon \in \mathbb{R}^+$ einen Grenzindex $n(\epsilon) \in \mathbb{N}$ mit $|x_n - x_m| < \frac{\epsilon}{2}$, für alle $n, m \geq n(\epsilon)$. Da t konvergent ist, gibt es zu obigem Element ϵ einen Grenzindex $n'(\epsilon) \in \mathbb{N}$ mit $|x_{k(n)} - t_0| < \frac{\epsilon}{2}$, für alle $n \geq n'(\epsilon)$, wobei t_0 den Grenzwert von t bezeichne. Wählt man nun $n^*(\epsilon) > max(n(\epsilon), n'(\epsilon))$, dann gilt mit der in Satz 1.632.4a genannten Dreiecksungleichung die Beziehung $|x_n - t_0| = |(x_n - x_{k(n)}) + (x_{k(n)} - t_0)| \leq |x_n - x_{k(n)}| + |x_{k(n)} - t_0| < \frac{\epsilon}{2} + \frac{\epsilon}{2} = \epsilon$, für alle $n \geq n^*(\epsilon)$.

2.053.6 Bemerkungen

1. Betrachtet man im Beweis von Satz 2.053.3 sozusagen die Zutaten, also die dabei verwendeten Einzelsachverhalte, dann zeigt sich: Alle benutzten Sätze und Lemmata – mit Ausnahme des Satzes von *Bolzano-Weierstraß* – gelten sowohl für $\mathbb{Q}$-Folgen als auch für $\mathbb{R}$-Folgen. Der Satz von *Bolzano-Weierstraß* gilt jedoch – worauf im Abschnitt 2.048 schon hingewiesen wurde – nicht für $\mathbb{Q}$-Folgen, denn in seinem Beweisteil 5 wird von der Dedekind-Eigenschaft von $\mathbb{R}$ Gebrauch gemacht, die aber in $\mathbb{Q}$ nicht gilt.

2. Bei der Formulierung und beim Beweis von Satz 2.044.1 spielt die Bedingung $sup(x) \in T$ eine ausschlaggebende Rolle für die Konvergenz der dort betrachteten Folgen $x : \mathbb{N} \longrightarrow T \subset \mathbb{R}$. Stellt man diese Bedingung nicht, so gilt der folgende abgeschwächte Sachverhalt: Jede monotone (antitone) und nach oben (nach unten) beschränkte Folge $x : \mathbb{N} \longrightarrow \mathbb{Q}$ ist Cauchy-konvergent.

3. Nach Lemma 2.053.4 ist jede Cauchy-konvergente Folge $x : \mathbb{N} \longrightarrow \mathbb{Q}$ beschränkt, etwa durch $c, d \in \mathbb{Q}$ mit $c \leq x \leq d$. Mit Hilfe dieser Schranken lassen sich zu x stets monotone Folgen $x' : \mathbb{N} \longrightarrow \mathbb{Q}$ und antitone Folgen $x'' : \mathbb{N} \longrightarrow \mathbb{Q}$ konstruieren, für die $lim(x' - x) = 0$ und $lim(x'' - x) = 0$ gilt.

2.055   STRUKTUREN AUF $CF(\mathbb{Q})$ UND $CF(\mathbb{R})$

> Hüte dich vor denen, die Mathematik um des
> Kaufens und Verkaufens willen wie Handels-
> leute und Krämer betreiben.
> *Platon (427 - 347)*

Betrachtet man noch einmal die in Satz 2.053.1 zusammengefaßten Ergebnisse über die Verhältnisse zwischen den Mengen $Kon(\mathbb{R})$ und $CF(\mathbb{R})$ bzw. zwischen den Mengen $Kon(\mathbb{Q})$ und $CF(\mathbb{Q})$, dann ist die Frage nach den Strukturen auf $CF(\mathbb{R})$ vollständig beantwortet durch die Beziehung $CF(\mathbb{R}) = Kon(\mathbb{R})$; sie besagt insbesondere, daß $CF(\mathbb{R})$ die in Abschnitt 2.046 für $Kon(\mathbb{R})$ genannten Strukturen trägt.

Es bleibt wegen der echten Inklusionen $Kon(\mathbb{Q}) \subset CF(\mathbb{Q}) \subset Abb(\mathbb{N}, \mathbb{Q})$ also die Frage nach analogen Strukturen auf $CF(\mathbb{Q})$ zu untersuchen. Betrachtet man die Einzelbeweise von Satz 2.046.1 genauer, so wird man feststellen, daß dort von der Dedekind-Eigenschaft von $\mathbb{R}$ kein Gebrauch gemacht wurde. Das bedeutet, daß diese Beweise fast wortwörtlich auf die Beweise der folgenden Sätze übertragen werden können. Umgekehrt ist natürlich klar, daß die folgenden Sätze auch für $CF(\mathbb{R})$ gelten.

2.055.1   Satz

Sind $x, z : \mathbb{N} \longrightarrow \mathbb{Q}$ Cauchy-konvergente Folgen, dann ist

1. die Summe $x + z : \mathbb{N} \longrightarrow \mathbb{Q}$ Cauchy-konvergent,
2. die Differenz $x - z : \mathbb{N} \longrightarrow \mathbb{Q}$ Cauchy-konvergent,
3. jedes $\mathbb{Q}$-Produkt $ax : \mathbb{N} \longrightarrow \mathbb{Q}$ Cauchy-konvergent,
4. das Produkt $xz : \mathbb{N} \longrightarrow \mathbb{Q}$ Cauchy-konvergent.

Unter der zusätzlichen Voraussetzung, daß z als $\mathbb{R}$-Folge nicht gegen 0 konvergiert, sowie $0 \notin Bild(z)$ ist

5. der Kehrwert $\frac{1}{z} : \mathbb{N} \longrightarrow \mathbb{Q} \setminus \{0\}$ Cauchy-konvergent,
6. der Quotient $\frac{x}{z} : \mathbb{N} \longrightarrow \mathbb{Q} \setminus \{0\}$ Cauchy-konvergent.

Beweis: Die folgenden Einzelbeweise werden möglichst ökonomisch miteinander verflochten; sie sollten zur Übung zusätzlich auch unabhängig voneinander geführt werden. Gemäß Definition 2.050.1 sei ein beliebiges, aber fest gewähltes Element $\epsilon \in \mathbb{Q}^+$ vorgegeben, zu dem dann jeweils ein Grenzindex $n(\epsilon) \in \mathbb{N}$ mit der verlangten Abschätzung berechnet wird:

1. Gesucht ist $n(\epsilon)$ mit $|(x_n + z_n) - (x_m + z_m)| < \epsilon$, für alle $n, m \geq n(\epsilon)$. Zunächst liefert die Cauchy-Konvergenz von x und z zu $\frac{\epsilon}{2}$ Grenzindices $n_x(\frac{\epsilon}{2})$ und $n_z(\frac{\epsilon}{2})$ mit $|x_n - x_m| < \frac{\epsilon}{2}$, für alle $n, m \geq n_x(\frac{\epsilon}{2})$ und $|z_n - z_m| < \frac{\epsilon}{2}$, für alle $n, m \geq n_z(\frac{\epsilon}{2})$. Folglich gilt dann unter Verwendung einer der sogenannten Dreiecksungleichungen (Satz 1.632.4a) die Beziehung $|(x_n + z_n) - (x_m + z_m)| = |(x_n - x_m) + (z_n - z_m)| \leq |x_n - x_m| + |z_n - z_m| < \frac{\epsilon}{2} + \frac{\epsilon}{2} = \epsilon$, für alle $n, m \geq max(n_x(\frac{\epsilon}{2}), n_z(\frac{\epsilon}{2}))$. Damit ist $n(\epsilon) = max(n_x(\frac{\epsilon}{2}), n_z(\frac{\epsilon}{2}))$ der gesuchte Grenzindex.

4. Gesucht ist $n(\epsilon)$ mit $|(x_n z_n) - (x_m z_m)| < \epsilon$, für alle $n, m \geq n(\epsilon)$. Zunächst gilt $|(x_n z_n) - (x_m 0 z_m)| = |z_n x_n + x_n z_m - x_n z_m - x_m z_m| = |x_n z_n - x_m z_m + z_n x_n - z_m x_n| = |(x_n - x_0) z_0 + (z_n - z_0) x_n| \leq |(x_n - x_m) z_m| + |(z_n - z_m) x_n| = |x_n - x_m||z_m| + |z_n - z_m||x_n|$, wobei wieder eine der Dreiecksungleichungen (Satz 1.632.4a) sowie die Homomorphie der Betragsfunktion bezüglich Multiplikation (Satz 1.632.3) verwendet wurde. Analog zu Lemma 2.052.4 sind die Cauchy-Folgen x und z beschränkt, es gibt also $c, d \in \mathbb{Q}$ mit $|x| \leq c$ und $|z| \leq d$. legt man zusätzlich $a = max(c, d)$ fest, so gilt $|z_n - z_m||x_n| \leq |z_n - z_m|a$ und $|x_n - x_m||z_m| \leq |x_n - x_0|a$, woraus nach der eingangs angestellten Berechnung $|(x_n z_n) - (x_m z_m)| = |x_n - x_m||z_m| + |z_n - z_m||x_n| \leq |x_n - x_m|a + |z_n - z_m|a$, für alle $n, m \in \mathbb{N}$ folgt. Die Cauchy-Konvergenz der Folgen x und z liefert nun zu $\epsilon_1 = \frac{\epsilon}{2a}$ Grenzindices $n_x(\epsilon_1)$ und $n_z(\epsilon_1)$ mit $|x_n - x_m| < \epsilon_1$, für alle $n, m \geq n(\epsilon_1)$ und $|z_n - z_m| < \epsilon_1$, für alle $n, m \geq m(\epsilon_1)$. Folglich ist $|x_n - x_m|a < \frac{\epsilon}{2a}$, für alle $n, m \geq n(\epsilon_1)$ und $|z_n - z_m|a < \frac{\epsilon}{2a}$, für alle $n, m \geq m(\epsilon_1)$, woraus dann schließlich folgt: $|(x_n z_n) - (x_m z_m)| \leq |x_n - x_m|a + |z_n - z_m|a < \frac{\epsilon}{2} + \frac{\epsilon}{2} = \epsilon$, für alle Indices $n, m \geq max(n_x(\epsilon_1), n_z(\epsilon_1))$. Damit ist $n(\epsilon) = max(n_x(\epsilon_1), n_z(\epsilon_1))$ der gesuchte Grenzindex.

3. Die Behauptung folgt aus Teil 4, wenn man die konstante Folge $(a)_{n \in \mathbb{N}}$ betrachtet.

2. Nach Teil 3 ist zunächst die Folge $-z = (-1)z$ Cauchy-konvergent. Nach Teil 1 ist dann auch

$x - z = x + (-z)$ Cauchy-konvergent.

5. Gesucht ist $n(\epsilon)$ mit $|\frac{1}{z_n} - \frac{1}{z_m}| < \epsilon$, für alle $n, m \geq n(\epsilon)$. Zunächst gilt $|\frac{1}{z_n} - \frac{1}{z_m}| = |\frac{z_m - z_n}{z_n z_m}| = \frac{1}{|z_n||z_m|}|z_n - z_m|$. Da z als $\mathbb{R}$-Folge nicht gegen 0 konvergieren soll, gibt es zu $\epsilon_1 > 0$ einen Grenzindex $n(\epsilon_1)$ mit $\epsilon_1 < |z_n|$ und $\epsilon_1 < |z_m|$, für alle $n, m \geq n(\epsilon_1)$, woraus $\frac{1}{|z_n|} < \frac{1}{\epsilon_1}$ und $\frac{1}{|z_m|} < \frac{1}{\epsilon_1}$, also $\frac{1}{|z_n||z_m|} < \frac{1}{\epsilon_1^2}$, für alle $n, m \geq n(\epsilon_1)$, folgt. Da z Cauchy-konvergent ist, gibt es zu $0 < \epsilon_2 = \epsilon_1^2 \cdot \epsilon$ einen Grenzindex $n(\epsilon_2)$ mit $|z_n - z_m| < \epsilon_2$, für alle $n, m \geq n(\epsilon_2)$. Damit ist dann schließlich $|\frac{1}{z_n} - \frac{1}{z_m}| = \frac{1}{|z_n||z_m|}|z_n - z_m| < \frac{1}{\epsilon_1^2} \cdot \epsilon_2 = \epsilon$, für alle $n, m \geq max(n(\epsilon_1), n(\epsilon_2))$. Also ist $n(\epsilon) = max(n(\epsilon_1), n(\epsilon_2))$ der gesuchte Grenzindex.

6. Die Behauptung folgt aus den Teilen 4 und 5 mit $\frac{x}{z} = x \cdot \frac{1}{z}$.

2.055.2   Bemerkungen

1. Bei Aussagen wie denen im obigen Satz wird deutlich, daß nicht nur Konditionalsätze logische Implikationen darstellen, die deutsche Sprache kann Implikationen häufig elegant, aber logisch eher versteckt formulieren. Beispiele dafür sind etwa Formulierungen der Art: Die Summe $x + z$ Cauchy-konvergenter Folgen x und z ist wieder Cauchy-konvergent. Der zugehörige Konditionalsatz lautet: *Wenn* x und z Cauchy-konvergente Folgen sind, *dann* ist auch die Summe $x + z$ Cauchy-konvergent. Mit logischen Zeichen geschrieben, lautet dann Teil 1 des obigen Satzes (und entsprechend kann man die anderen Teile übersetzen): (x Cauchy-konvergent $\wedge$ z Cauchy-konvergent) $\Rightarrow$ $x + z$ Cauchy-konvergent.

2. Man beachte, daß die Umkehrungen zu den Teilen 1 bis 6 im vorstehenden Satz im allgemeinen nicht gelten. Wie die Zerlegungen $(0)_{n \in \mathbb{N}} = (n)_{n \in \mathbb{N}} + (-n)_{n \in \mathbb{N}}$, $(0)_{n \in \mathbb{N}} = 0 \cdot (0)_{n \in \mathbb{N}}$ und $(\frac{1}{n})_{n \in \mathbb{N}} = (n)_{n \in \mathbb{N}} \cdot (\frac{1}{n^2})_{n \in \mathbb{N}}$ zeigen, folgt aus der Cauchy-Konvergenz einer Summe, eines $\mathbb{Q}$-Produkts oder eines Produkts von Folgen nicht notwendigerweise die Cauchy-Konvergenz der Summanden oder Faktoren. (Man beachte dabei, daß die Folgen $(n)_{n \in \mathbb{N}}$ und $(-n)_{n \in \mathbb{N}}$ weder als $\mathbb{Q}$-Folgen noch als $\mathbb{R}$-Folgen Cauchy-konvergent sind.)

4. Das Produkt $xz : \mathbb{N} \longrightarrow T$ aus einer nullkonvergenten Folge $x : \mathbb{N} \longrightarrow T$ mit $0 \in T \subset \mathbb{R}$ und einer Cauchy-konvergenten Folge $z : \mathbb{N} \longrightarrow T$ ist eine nullkonvergente Folge.
Beweis: Nach Bemerkung 2.046.2/4 ist zunächst das Produkt xz einer nullkonvergenten Folge x und einer beschränkten Folge z ebenfalls nullkonvergent. Die Behauptung folgt dann aus Lemma 2.053.4, nach dem jede Cauchy-konvergente Folge beschränkt ist.

Der folgende Satz beantwortet die Frage nach den von $Abb(\mathbb{N}, \mathbb{Q})$ auf $CF(\mathbb{Q})$ vererbten Strukturen. Seinen Beweis kann man mit dem gleichen Argument wie im Beweis von Satz 1.772.3 für die dort betrachtete Menge $BF(T, \mathbb{R})$ führen:
Da $CF(\mathbb{Q})$ mindestens die konstanten Folgen $a : \mathbb{N} \longrightarrow \mathbb{Q}$, $n \longmapsto a$, mit $n \in \mathbb{N}$ enthält, gilt zusammen mit den Sätzen 1.772.1 und 2.055.1: $CF(\mathbb{Q})$ ist bezüglich aller genannten Strukturen jeweils eine Unterstruktur von $Abb(\mathbb{N}, \mathbb{Q})$. Daß die beiden algebraischen Operationen, Addition und Multiplikation, innere Kompositionen auf $CF(\mathbb{Q})$ und die $\mathbb{Q}$-Multiplikation eine äußere Komposition auf $CF(\mathbb{Q})$ ist, zeigt gerade Satz 2.055.1.

2.055.3   Satz

1. Die Menge $CF(\mathbb{Q})$ bildet zusammen mit der argumentweise definierten Addition $(x + z)(n) = x(n) + z(n)$, für alle $n \in \mathbb{N}$, eine abelsche Gruppe.
2. Die in 1. genannte abelsche Gruppe $CF(\mathbb{Q})$ bildet zusammen mit der argumentweise definierten $\mathbb{Q}$-Multiplikation $(a \cdot x)(n) = a \cdot x(n)$, für alle $a \in \mathbb{Q}$ und für alle $n \in \mathbb{N}$, einen $\mathbb{Q}$-Vektorraum.
3. Die in 1. genannte abelsche Gruppe $CF(\mathbb{Q})$ bildet zusammen mit der argumentweise definierten Multiplikation $(x \cdot z)(n) = x(n) \cdot z(n)$, für alle $n \in \mathbb{N}$, einen kommutativen Ring mit Einselement.
4. Der in 2. genannte $\mathbb{Q}$-Vektorraum $CF(\mathbb{Q})$ bildet zusammen mit dem in 3. genannten Ring eine $\mathbb{Q}$-Algebra.
5. Die Menge $CF(\mathbb{Q})$ bildet zusammen mit der argumentweise definierten Ordnungsrelation $x \leq z \Leftrightarrow x(n) \leq z(n)$, für alle $n \in \mathbb{N}$, eine geordnete (aber nicht linear geordnete) Menge.
6. Der in 3. genannte Ring $CF(\mathbb{Q})$ bildet zusammen mit der in 5. genannten geordneten Menge einen angeordneten Ring.

2.055.4 Bemerkung

Es sei noch einmal ausdrücklich darauf aufmerksam gemacht, daß die Sätze 2.055.1 und 2.055.3 wortwörtlich auch für $CF(\mathbb{R})$ gelten. Bei der Durchsicht der Beweise wird man feststellen, daß an keiner Stelle von den Unterschieden zwischen $\mathbb{Q}$ und $\mathbb{R}$ Gebrauch gemacht wurde.

2.055.5 Lemma

Die Menge $Kon(\mathbb{Q}, 0)$ der nullkonvergenten Folgen in $\mathbb{Q}$ ist ein Ideal in dem Ring $CF(\mathbb{Q})$.

Beweis:

1. Nach Satz 2.046.1/1 ist $Kon(\mathbb{Q}, 0) + Kon(\mathbb{Q}, 0) \subset Kon(\mathbb{Q}, 0)$.
2. Nach Bemerkung 2.055.2/4 ist $CF(\mathbb{Q}) \cdot Kon(\mathbb{Q}, 0) \subset Kon(\mathbb{Q}, 0)$.

A2.055.01: Beweisen Sie die Teile 2 und 3 von Satz 2.055.1, ohne dabei die anderen Beweisteile von Satz 2.055.2 zu verwenden: Sind $x, z : \mathbb{N} \longrightarrow \mathbb{Q}$ Cauchy-konvergente Folgen, dann ist

2. die Differenz $x - z : \mathbb{N} \longrightarrow \mathbb{Q}$ Cauchy-konvergent,

3. jedes $\mathbb{Q}$-Produkt $ax : \mathbb{N} \longrightarrow \mathbb{Q}$ Cauchy-konvergent.

A2.055.02: Skizzieren Sie die wesentlichen Beweisschritte zu folgendem Sachverhalt: Eine Funktion $f : [a, b] \longrightarrow [a, b]$ besitzt einen eindeutig bestimmten Fixpunkt, falls sie die folgende Eigenschaft hat: Es existiert ein Element $c \in (0, 1)$ mit $|f(y) - f(z)| \leq c|y - z|$, für alle Elemente $y, z \in [a, b]$.

Hinweis: Verwenden Sie hinsichtlich des Nachweises der Existenz die zu (f, x_1) mit beliebig gewähltem Element $x_1 \in [a, b]$ rekursiv definierte Folge $x : \mathbb{N} \longrightarrow [a, b]$ mit dem Rekursionsanfang x_1 und dem Rekursionsschritt $x_{n+1} = f(x_n)$, für alle $n \in \mathbb{N}$.

A2.055.03: Beweisen Sie: Cauchy-konvergente Folgen $x : \mathbb{N} \longrightarrow \mathbb{R}$ sind beschränkt.

2.060   Konstruktionen von $\mathbb{R}$

> Ein zusätzlicher Reiz vieler arithmetischer Theorien liegt in der Eigentümlichkeit, daß wichtige Sätze, die den Stempel der Einfachheit tragen, oft durch Induktion leicht zu entdecken und doch von solcher Tiefe sind, daß wir ihren Beweis erst nach vielen vergeblichen Versuchen finden.
> *Carl Friedrich Gauß* (1777 - 1855)

Vorbemerkung: Die wesentlichen Ideen zur Konstruktion von $\mathbb{R}$ aus $\mathbb{Q}$ sind in den Abschnitten 2.064 und 2.066 zusammengefaßt. Man kann sich notfalls oder beim ersten Lesen auf das Studium dieser beiden Abschnitte (und Abschnitt 2.051) beschränken.

In den Abschnitten 1.735 und 1.860 bis 1.864 wurde die sogenannte *Dedekind-Linie* zur Konstruktion von $\mathbb{R}$ aus $\mathbb{Q}$ vorgestellt. Dieser Konstruktion (1872 veröffentlicht) liegen die seit altersher gestellten Fragen nach dem Zusammenhang zwischen Zahlen und Strecken(längen) zugrunde, der durch die Dedekindsche Idee der sogenannten *Schnitte* (basierend auf der Ordnungs-Struktur von $\mathbb{Q}$) geklärt und beschrieben ist. Diese Idee ist der Kern der Konstruktion des Dedekind-Körpers $\mathbb{R}$ als Dedekind-Komplettierung $\mathbb{R}_D = Dkom(\mathbb{R})$ des Körpers $\mathbb{Q}$ mit Einbettung $\mathbb{Q} \longrightarrow \mathbb{R}$.

In den folgenden Abschnitten sollen nun zwei weitere Verfahren zur Konstruktion von $\mathbb{R}$ aus $\mathbb{Q}$ vorgestellt werden, die beide im wesentlichen auf der Konvergenz-Struktur von $\mathbb{Q}$ (Konvergenz und Cauchy-Konvergenz von Folgen $\mathbb{N} \longrightarrow \mathbb{Q}$) basieren (und aus diesem Grund nicht in BUCH^{MAT} 1.C (Zahlen) enthalten sind). Diese Konstruktionen werden im folgenden als *Cantor-Komplettierung* $\mathbb{R}_C = Ckom(\mathbb{R})$ und als *Weierstraß-Komplettierung* $\mathbb{R}_W = Wkom(\mathbb{R})$ entwickelt und wegen der Verwendung von Konvergenz als topologischem Begriff auch *topologische Konstruktionen von $\mathbb{R}$* genannt. Dabei ist natürlich zu erwarten, daß bezüglich aller algebraischen und Ordnungs-Strukturen Isomorphien $\mathbb{R}_D \cong \mathbb{R}_C \cong \mathbb{R}_W$ vorliegen.

Wie schon bei der Entwicklung der Dedekind-Linie werden auch bei der Darstellung der Cantor-Linie (von 1883) und der Weierstraß-Linie (um 1880) wesentliche Teile der Konstruktionen im Rahmen allgemeiner angeordneter Körper durchgeführt. Das zeigt genauer die begrifflichen Grundlagen sowie die Stellung von $\mathbb{R}$ im Rahmen der allgemeinen Theorie, zum Beispiel in dem folgenden Überblick, zu dem die Details dann später entwickelt werden.

Zur Erinnerung (siehe Bemerkungen 1.730.2): Ein Körper, der zusätzlich eine *lineare* und mit den beiden inneren Kompositionen verträgliche Ordnung besitzt, heißt *Angeordneter Körper*. Auf einem angeordneten Körper K läßt sich stets die Betrags-Funktion $K \longrightarrow K_0^+$ mit $a \longmapsto |a| = max\{-a,a\}$ definieren (siehe Abschnitt 1.632).

2.060.1   Bemerkungen

1. Im folgenden sei K ein angeordneter Körper (wobei das Attribut *angeordnet* die Linearität der Ordnung schon beinhalte). Zusätzliche Eigenschaften, die ein solcher Körper K haben kann, seien durch die folgenden Axiome formuliert:

Dedekind-Axiom: Jede nach unten beschränkte Teilmenge von K besitzt ein Infimum in K.

Cantor-Axiom: Jede Cauchy-konvergente Folge $\mathbb{N} \longrightarrow K$ ist konvergent in K.

Weierstraß-Axiom: Jede Intervallschachtelung (x,z) in K enthält genau ein Element s aus K.

2. Ausgangspunkt aller Konstruktionen von $\mathbb{R}$ ist die Feststellung: In dem angeordneten Körper $\mathbb{Q}$ gilt weder das Dedekind-Axiom noch das Cantor-Axiom noch das Weierstraß-Axiom. Nun jedoch: Zu $\mathbb{Q}$ lassen sich $\mathbb{Q}$ (via Einbettung) umfassende Körper konstruieren,

$\mathbb{R}_D = Dkom(\mathbb{R})$, die Dedekind-Komplettierung von $\mathbb{Q}$, in der das Dedekind-Axiom gilt,

$\mathbb{R}_C = Ckom(\mathbb{R})$, die Cantor-Komplettierung von $\mathbb{Q}$, in der das Cantor-Axiom gilt,

$\mathbb{R}_W = Wkom(\mathbb{R})$, die Weierstraß-Komplettierung von $\mathbb{Q}$, in der das Weierstraß-Axiom gilt,

die bis auf Isomorphie übereinstimmen und insoweit auch die einzigen Körper dieser Art sind, nämlich das in mittleren Schulstufen schon angedeutete und ohne alle Skrupel weiterhin verwendete Gebilde $\mathbb{R}$ der *Reellen Zahlen*, es gilt also tatsächlich $\mathbb{R} = \mathbb{R}_D = \mathbb{R}_C = \mathbb{R}_W$.

3. Bei den Konstruktionen von $\mathbb{R}_C$ und $\mathbb{R}_W$ wird die Archimedizität von $\mathbb{Q}$ verwendet. Will man entsprechende Konstruktionen in allgemeinen angeordneten Körpern vornehmen, muß sie als zusätzliche Eigenschaft hinzugenommen werden – und zwar auf folgendem Wege: Der Körper $\mathbb{Q}$ läßt sich in jeden angeordneten Körper K einbetten. Wie das gemacht wird, zeigt der folgende Satz. Bezogen auf Archimedes-Körper (folgende Bemerkungen) stellen die drei oben genannten Axiome dann äquivalente Eigenschaften dar (siehe Abschnitt 2.068).

2.060.2 Satz (Zusammenfassung der Sätze 1.731.1 und 1.731.2)

Es bezeichne K einen angeordneten Körper mit $1 \neq 0$.

1. Die Funktion $em_{\mathbb{N}_0} : \mathbb{N}_0 \longrightarrow K$, definiert durch $em_{\mathbb{N}_0}(n) = \begin{cases} n \cdot 1, & \text{falls } n \neq 0 \\ 0, & \text{falls } n = 0, \end{cases}$ ist ein injektiver und monotoner Homomorphismus bezüglich Addition und Multiplikation.

2. Zu $em_{\mathbb{N}_0} : \mathbb{N}_0 \longrightarrow K$ gibt es genau einen injektiven und monotonen Homomorphismus $em_{\mathbb{Z}} : \mathbb{Z} \longrightarrow K$, so daß das nebenstehende Diagramm kommutativ ist:

3. Zu $em_{\mathbb{Z}} : \mathbb{Z} \longrightarrow K$ gibt es genau einen injektiven und monotonen Homomorphismus $em_{\mathbb{Q}} : \mathbb{Q} \longrightarrow K$, so daß das nebenstehende Diagramm kommutativ ist:

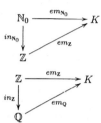

2.060.3 Bemerkungen (siehe Definition 1.732.1 sowie Sätze 1.732.3 und 1.732.6)

1. Ein angeordneter Körper K heißt *Archimedes-Körper*, falls $\mathbb{Q}$ *dicht in* K bezüglich $em_{\mathbb{Q}}$ eingebettet werden kann, worunter man die Eigenschaft versteht: Zu jedem Element $x \in K$ gibt es $n \in \mathbb{N}_0$ mit $x \leq em_{\mathbb{Q}}(n)$.

2. *Konvention:* Im folgenden werden für $Z \in \{\mathbb{N}_0, \mathbb{Z}, \mathbb{Q}\}$ die Funktionswerte der Einbettungen em_Z mit $x = em_Z(x)$ abgekürzt. (Das heißt: Anstelle der genaueren Formulierung, K enthalte ein isomorphes Bild von Z, wird Z einfach als Unterstruktur von K angesehen.)

3. Die Bedeutung des Begriffs *Archimedizität* wird allerdings erst aus den folgenden Eigenschaften klar, die zugleich den in diesem Zusammenhang verwendeten Begriff *dicht* näher kennzeichnen. In Archimedes-Körpern K gelten die folgenden (äquivalenten) Sachverhalte:

a) Zu je zwei Elementen $x, z \in K^+$ gibt es $n \in \mathbb{N}$ mit $nx > z$.

b) Zu je zwei Elementen $x, z \in K$ mit $x < z$ gibt es $q \in \mathbb{Q}$ mit $x < q < z$.

Beweis der Äquivalenz:

a) $\Rightarrow$ b): Zu $x, z \in K$ mit $x < z$ liefern $a = 1$ und $b = (z-x)^{-1}$, wofür nach a) dann $n > (z-x)^{-1}$ und folglich $\frac{1}{n} < z - x$ gilt. Ferner gibt es $m \in \mathbb{Z}$ mit $\frac{m}{n} \leq x < \frac{m+1}{n}$, woraus dann schließlich die Beziehung $x < \frac{m+1}{n} = \frac{m}{n} + \frac{1}{n} \leq x + \frac{1}{n} < x + (z-x) = z$ folgt.

b) $\Rightarrow$ a): Zu $x, z \in K^+$ gibt es Elemente $a, b \in \mathbb{Q}$ mit $0 < a < x$ und $z < b$. Da $\mathbb{Q}$ archimedisch angeordnet ist, gibt es zu a und b ein $n \in \mathbb{Q}$ mit $na > b$, folglich gilt $nx \geq na > b > z$.

2.061 Konvergente Folgen $\mathbb{N} \longrightarrow K$

> Bei jedem Streit ziehe die Versöhnung selbst
> dem leichtesten Siege vor!
> *Georg Christoph Lichtenberg* (1742 - 1799)

Die in Abschnitt 2.053 betrachtete Situation $Kon(\mathbb{R}) = CF(\mathbb{R}) \subset Abb(\mathbb{N}, \mathbb{R})$ und die echten Inklusionen $Kon(\mathbb{Q}) \subset CF(\mathbb{Q}) \subset Abb(\mathbb{N}, \mathbb{Q})$ geben Anlaß, diesbezügliche allgemeinere Überlegungen für beliebige angeordnete Körper K anzustellen. Dazu werden in den Abschnitten 2.061 und 2.062 die beiden Konvergenz-Begriffe auf angeordnete Körper K übertragen (es wird ihnen dadurch eine gewissermaßen natürliche *topologische Struktur* aufgeprägt, die hier aber allein mit den strukturellen Bestandteilen angeordneter Körper formuliert wird). Es werden dann jeweils diejenigen Sachverhalte genannt, die in den Abschnitten 2.050 bis 2.055 ohne Verwendung der Dedekind-Eigenschaft von $\mathbb{R}$ gezeigt wurden.

2.061.1 Definition

Es bezeichne K einen angeordneten Körper.

1. Eine Folge $x : \mathbb{N} \longrightarrow K$ heißt *konvergent in K gegen* $x_0 \in K$, falls gilt: Zu jedem $\epsilon \in K^+$ gibt es einen Grenzindex $n(\epsilon) \in \mathbb{N}$ mit $|x_0 - x_n| < \epsilon$, für alle $n \geq n(\epsilon)$.
2. Konvergiert $x : \mathbb{N} \longrightarrow K$ gegen x_0, so nennt man das (damit eindeutig bestimmte) Element x_0 den *Grenzwert* von x und schreibt $lim(x) = x_0$.
3. Die Menge der konvergenten Folgen : $\mathbb{N} \longrightarrow K$ wird mit $Kon(K)$ bezeichnet.

Ohne den Wortlaut im einzelnen zu nennen, ist klar, daß der Begriff der Beschränktheit von Folgen ebenfalls auf beliebige angeordnete Körper K übertragen werden kann. Dabei bezeichne $BF(\mathbb{N}, K)$ die Menge der beschränkten K-Folgen.

Die beiden folgenden Sätze sind unmittelbare Kopien der Sätze 2.045.1 und 2.046.1, deren Beweise sich wortwörtlich analogisieren lassen, da in ihnen lediglich Eigenschaften angeordneter Körper verwendet wurden, also keine speziellen Eigenschaften von $\mathbb{Q}$ oder $\mathbb{R}$.

2.061.2 Satz

Es sei K ein angeordneter Körper. Sind $x, z : \mathbb{N} \longrightarrow K$ konvergente Folgen, dann ist
1. die Summe $x + z : \mathbb{N} \longrightarrow K$ konvergent und es gilt $lim(x + z) = lim(x) + lim(z)$,
2. die Differenz $x - z : \mathbb{N} \longrightarrow K$ konvergent und es gilt $lim(x - z) = lim(x) - lim(z)$,
3. jedes K-Produkt $ax : \mathbb{N} \longrightarrow K$ konvergent und es gilt $lim(ax) = a \cdot lim(x)$,
4. das Produkt $xz : \mathbb{N} \longrightarrow K$ konvergent und es gilt $lim(xz) = lim(x) \cdot lim(z)$.

Unter den zusätzlichen Voraussetzungen $lim(z) \neq 0$ und $0 \notin Bild(z)$ ist

5. der Kehrwert $\frac{1}{z} : \mathbb{N} \longrightarrow K \setminus \{0\}$ konvergent und es gilt $lim(\frac{1}{z}) = \frac{1}{lim(z)}$,
6. der Quotient $\frac{x}{z} : \mathbb{N} \longrightarrow K \setminus \{0\}$ konvergent und es gilt $lim(\frac{x}{z}) = \frac{lim(x)}{lim(z)}$.

2.061.3 Satz

Es bezeichne K einen angeordneten Körper.

1. Die Menge $Kon(K)$ bildet zusammen mit der argumentweise definierten Addition $(x + z)(n) = x(n) + z(n)$, für alle $n \in \mathbb{N}$, eine abelsche Gruppe.
2. Die in 1. genannte abelsche Gruppe $Kon(K)$ bildet zusammen mit der argumentweise definierten K-Multiplikation $(a \cdot x)(n) = a \cdot x(n)$, für alle $a \in K$ und für alle $n \in \mathbb{N}$, einen K-Vektorraum.
3. Die in 1. genannte abelsche Gruppe $Kon(K)$ bildet zusammen mit der argumentweise definierten Multiplikation $(x \cdot z)(n) = x(n) \cdot z(n)$, für alle $n \in \mathbb{N}$, einen kommutativen Ring mit Einselement.
4. Der in 2. genannte K-Vektorraum $Kon(K)$ bildet zusammen mit dem in 3. genannten Ring eine K-Algebra.

5. Die Menge $Kon(K)$ bildet zusammen mit der argumentweise definierten Ordnungsrelation $x \leq z \Leftrightarrow x(n) \leq z(n)$, für alle $n \in \mathbb{N}$, eine geordnete (aber nicht linear geordnete) Menge.

6. Der in 3. genannte Ring $Kon(K)$ bildet zusammen mit der in 5. genannten geordneten Menge einen (nicht linear) geordneten Ring.

7. Die Funktion $lim : Kon(K) \longrightarrow K$ ist insbesondere ein surjektiver Ring-Homomorphismus. Er ist surjektiv, denn für jedes Element $u \in K$ wird die konstante Folge $(u)_{n\in\mathbb{N}}$ auf u abgebildet.

Die weiteren Betrachtungen in diesem Abschnitt beschäftigen sich insbesondere mit der Struktur der Ideale in dem Ring $Kon(K)$. Dazu die folgenden Beobachtungen:

2.061.4 Lemma

Es sei A ein angeordneter kommutativer Ring mit 1 und I eine Teilmenge von A. Ferner bezeichne $Kon(A, I) = \{x \in Kon(A) \mid lim(x) \in I\}$ die Menge aller konvergenten A-Folgen x mit $lim(x) \in I$. Dann gilt: $I \subset A$ ist Ideal genau dann, wenn $Kon(A, I) \subset Kon(A)$ Ideal ist.

Beweis:

1. Es sei $I \subset A$ Ideal, dann ist $Kon(A, I) \subset Kon(A)$ Ideal, denn:
a) $Kon(A, I)$ ist eine (additive) abelsche Gruppe, denn diese Menge ist nicht leer (denn wegen $0 \in I$ ist die Nullfolge in $Kon(A, I)$ enthalten), ferner ist mit $x, z \in Kon(A, I)$ auch $x - z \in Kon(A, I)$, denn es gilt $lim(x - z) = lim(x) - lim(z) \in I - I \subset I$.
b) Mit $x \in Kon(A)$ und $z \in Kon(A, I)$ gilt auch $xz \in Kon(A, I)$, denn für Produkte gilt analog $lim(xz) = lim(x) \cdot lim(z) \in AI \subset I$, somit ist $Kon(A) \cdot Kon(A, I) \subset Kon(A, I)$.

2. Es sei $Kon(A, I) \subset Kon(A)$ Ideal, dann ist $I \subset A$ Ideal, denn:
a) Zunächst ist $(I, +)$ eine (abelsche) Untergruppe von $(A, +)$, denn diese Menge ist nicht leer (denn $Kon(A, I)$ enthält die konstante Folge 0, also ist $lim(0) = 0$ in I enthalten), ferner ist mit $x, z \in I$ auch $x, z \in Kon(A, I)$ als konstante Folgen, somit gilt $x - z = lim(x) - lim(z) = lim(x - z) \in I$.
b) Mit $x \in A$ und $z \in I$ ist auch $xz \in I$, denn betrachtet man x und z wieder als konstante Folgen, dann gilt mit $Kon(A) \cdot Kon(A, I) \subset Kon(A, I)$ dann $xz = lim(x) \cdot lim(z) = lim(xz) \in I$.

2.061.5 Satz

Es sei K ein angeordneter Körper.

1. $Kon(K)$ besitzt genau die Ideale 0, $Kon(K, 0) = \{x \in Kon(K) \mid lim(x) = 0\}$ und $Kon(K)$ selbst.
Anmerkung: $Kon(K, 0)$ ist kein Unterring von $Kon(K)$, denn $(1)_{n\in\mathbb{N}} \notin Kon(K, 0)$.

2. Mit dem Ideal $Kon(K, 0)$ korrespondiert die Äquivalenz-Relation R, definiert durch
$$x \, R \, z \Leftrightarrow x - z : \mathbb{N} \longrightarrow K \text{ ist nullkonvergent} \Leftrightarrow x - z \in Kon(K, 0).$$
Die zu R bzw. zu $Kon(K, 0)$ gehörenden Äquivalenzklassen sind die Mengen $[x] = x + Kon(K, 0)$
$= \{z \in Kon(K) \mid lim(x) = lim(z)\} = \{z \in Kon(K) \mid lim(x - z) = 0\}$.
Anmerkung: $Kon(K, 0)$ ist auch ein Ideal in $BF(\mathbb{N}, K)$. Das folgt mit Bemerkung 2.045.2/4, die besagt, daß Produkte beschränkter Folgen mit nullkonvergenten Folgen wieder nullkonvergente Folgen sind.

3. $Kon(K, 0)$ ist ein maximales Ideal in $Kon(K)$, anders gesagt bedeutet das, daß der Quotientenring $Kon(K)/Kon(K, 0)$ ein Körper ist.

Beweis:

1. Da ein Körper K genau die beiden Ideale 0 und K besitzt (Satz 1.701.2), besitzt $Kon(K)$ nach Lemma 2.061.4 die beiden Ideale $Kon(K, 0)$ und $Kon(K)$; ferner besitzt $Kon(K)$ das Nullideal 0.

3. Der surjektive Ring-Homomorphismus $lim : Kon(K) \longrightarrow K$ besitzt den Kern $Kern(lim) = Kon(K, 0)$ der nullkonvergenten K-Folgen. Der Homomorphiesatz der Ringtheorie (Satz 1.607.2) liefert dann einen Ring-Isomorphismus $lim^* : Kon(K)/Kon(K, 0) \longrightarrow K$ mit folgendem kommutativen Diagramm:

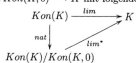

Die Isomorphie $Kon(K)/Kon(K,0) \cong K$ zeigt insbesondere, daß der kommutative Ring mit Einselement $Kon(K)/Kon(K,0)$ ein Körper ist. Nach Satz 1.701.4 ist $Kon(K,0)$ maximales Ideal in $Kon(K)$.

2.061.6   Bemerkungen

Im Hinblick auf den folgenden Abschnitt sind die folgenden Beobachtungen ganz nützlich. Es bezeichne K weiterhin einen angeordneten Körper.

1. Daß $Kon(K,0)$ ein maximales Ideal in $Kon(K)$ und folglich $Kon(K)/Kon(K,0)$ ein Körper ist, kann man auch so einsehen: Angenommen, es gibt ein Ideal I in $Kon(K)$ mit $Kon(K,0) \subset I \subset Kon(K)$, dann muß I die Form $I = Kon(K,\underline{a})$ mit Ideal $\underline{a}$ in K haben (siehe Lemma 2.061.4). Da K als Körper jedoch nur die beiden Ideale 0 und K besitzt, muß $I = Kon(K,0)$ oder $I = Kon(K)$ gelten, $Kon(K,0)$ also maximal in $Kon(K)$ sein.

2. Die Zuordnung $u \longmapsto e(u)$ mit der konstanten Folge $e(u) : \mathbb{N} \longrightarrow K$, $e(u)(n) = u$ (es ist dann also $e(u) = (u)_{n \in \mathbb{N}}$), liefert einen injektiven Ring-Homomorphismus (Einbettung) $e : K \longrightarrow Kon(K)$.

3. Zunächst noch einmal zu der Isomorphie $Kon(K)/Kon(K,0) \cong K$ und dem erzeugenden Isomorphismus $lim^* : Kon(K)/Kon(K,0) \longrightarrow K$, der durch $lim^*([z]) = lim(z)$ für jeden Repräsentanten z aus $[x]$ definiert ist. Ist $x \in Kon(K)$ mit $lim(x) = x_0$, dann ist die konstante Folge $e(x_0)$ eine Folge, für die $lim(x) = lim(e(x_0))$ gilt, das heißt, es gilt $[x] = [e(x_0)]$. Das wiederum besagt, daß jede Klasse $[x]$ eine konstante Folge als Repräsentanten enthält. Der Isomorphismus lim^* ist also durch $lim^*([x]) = lim^*([e(x_0)]) = lim(x_0) = x_0$ definiert.

4. Zusammen mit der natürlichen Funktion $nat : Kon(K) \longrightarrow Kon(K)/Kon(K,0)$ liefert die Einbettung $e : K \longrightarrow Kon(K)$ einen injektiven Ring-Homomorphismus $in_K : K \longrightarrow Kon(K)/Kon(K,0)$, der zunächst als *Einbettung* von K in den Quotientenring $Kon(K)/Kon(K,0)$ bezeichnet werden kann.

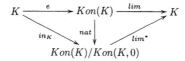

a) Es gilt $lim \circ e = id_K$, hingegen ist $e \circ lim \neq id_{Kon(K)}$.

b) Die Funktion in_K ist durch $in_K(u) = (nat \circ e)(u) = [e(u)]$ definiert.

c) Als Komposition von Ring-Homomorphismen ist $in_K = nat \circ e$ wieder ein Ring-Homomorphismus.

d) in_K ist injektiv, denn für alle $u, v \in K$ gilt: Aus $[e(u)] = [e(v)]$ folgt $lim(e(u) - e(v)) = 0$ und damit $lim(e(u) - e(v)) = lim(e(u)) - lim(e(v)) = u - v = 0$, also ist $u = v$ und in_K damit injektiv. Das heißt in anderen Worten: Die auf den Unterring $e(K) \subset Kon(K)$ eingeschränkte natürliche Funktion $nat|e(K)$ ist injektiv, somit ist auch die Komposition $in_K = nat \circ e$ injektiv.

5. in_K ist aber gerade der zu lim^* inverse Isomorphismus, denn betrachtet man

$$K \xrightarrow{in_K} Kon(K)/Kon(K,0) \xrightarrow{lim^*} K$$

$$Kon(K)/Kon(K,0) \xrightarrow{lim^*} K \xrightarrow{in_K} Kon(K)/Kon(K,0)$$

dann gilt einerseits $(lim^* \circ in_K)(u) = lim^*([e(u)]) = lim(e(u))) = u$, für alle $u \in K$, und andererseits $(in_K \circ lim^*)([x]) = in_K(lim(x)) = [e(lim(x))] = [x]$, für alle $[x] \in Kon(K)/Kon(K,0)$.

2.062 Cauchy-Konvergente Folgen $\mathbb{N} \longrightarrow K$

> Ein guter Maler ist inwendig voller Figur.
> *Albrecht Dürer* (1471 - 1528)
>
> Der Maler malt eigentlich mit dem Auge: Seine Kunst ist die Kunst, regelmäßig und schön zu sehen.
> *Novalis* (1772 - 1801)

Im Anschluß an Abschnitt 2.061 sollen nun dazu analoge Betrachtungen über Cauchy-konvergente Folgen $\mathbb{N} \longrightarrow K$ für angeordnete Körper K angestellt werden. Nach der folgenden Definition werden die strukturellen Aspekte direkt aus Abschnitt 2.055 übernommen und ohne Beweis (der jeweils direkt übertragen werden kann) genannt.

2.062.1 Definition

Es bezeichne K einen angeordneten Körper.
1. Eine Folge $x : \mathbb{N} \longrightarrow K$ heißt *Cauchy-konvergent* oder kurz *Cauchy-Folge* in K, falls gilt: Zu jedem $\epsilon \in K^+$ gibt es einen Grenzindex $n(\epsilon) \in \mathbb{N}$ mit $|x_n - x_m| < \epsilon$, für alle $n, m \geq n(\epsilon)$.
2. Die Menge aller Cauchy-konvergenten Folgen $\mathbb{N} \longrightarrow K$ wird mit $CF(K)$ bezeichnet.

2.062.2 Satz

Es sei K ein angeordneter Körper. Sind $x, z : \mathbb{N} \longrightarrow K$ Cauchy-konvergente Folgen, dann ist
1. die Summe $x + z : \mathbb{N} \longrightarrow K$ und die Differenz $x - z : \mathbb{N} \longrightarrow K$ Cauchy-konvergent,
2. jedes $\mathbb{R}$-Produkt $ax : \mathbb{N} \longrightarrow K$ und das Produkt $xz : \mathbb{N} \longrightarrow K$ Cauchy-konvergent.

Unter der zusätzlichen Voraussetzung $0 \notin Bild(z)$ sind
3. der Kehrwert $\frac{1}{z} : \mathbb{N} \longrightarrow K \setminus \{0\}$ und der Quotient $\frac{x}{z} : \mathbb{N} \longrightarrow K \setminus \{0\}$ Cauchy-konvergent.

2.062.3 Satz

Es bezeichne K einen angeordneten Körper.
1. Die Menge $CF(K)$ bildet zusammen mit der argumentweise definierten Addition $(x + z)(n) = x(n) + z(n)$, für alle $n \in \mathbb{N}$, eine abelsche Gruppe.
2. Die in 1. genannte abelsche Gruppe $CF(K)$ bildet zusammen mit der argumentweise definierten K-Multiplikation $(a \cdot x)(n) = a \cdot x(n)$, für alle $a \in K$ und für alle $n \in \mathbb{N}$, einen K-Vektorraum.
3. Die in 1. genannte abelsche Gruppe $CF(K)$ bildet zusammen mit der argumentweise definierten Multiplikation $(x \cdot z)(n) = x(n) \cdot z(n)$, für alle $n \in \mathbb{N}$, einen kommutativen Ring mit Einselement.
4. Der in 2. genannte K-Vektorraum $CF(K)$ bildet zusammen mit dem in 3. genannten Ring eine K-Algebra.
5. Die Menge $CF(K)$ bildet zusammen mit der argumentweise definierten Ordnungsrelation $x \leq z \Leftrightarrow x(n) \leq z(n)$, für alle $n \in \mathbb{N}$, eine geordnete (aber nicht linear geordnete) Menge.
6. Der in 3. genannte Ring $CF(K)$ bildet zusammen mit der in 5. genannten geordneten Menge einen angeordneten Ring.

2.062.4 Satz

Für jeden angeordneten Körper K gilt $Kon(K) \subset CF(K)$ als echte Inklusion von Ringen.

Beweis: Die Konvergenz von x gegen $x_0 = lim(x)$ liefert zu jedem Element $\epsilon \in K^+$ einen Grenzindex $n(\epsilon) \in \mathbb{N}$ mit $|x_n - x_0| < \frac{\epsilon}{2}$, für alle $n \geq n(\epsilon)$. Für jeden Index $m \in \mathbb{N}$ mit $m \geq n(\epsilon)$ gilt dann mit der in Satz 1.632.4a genannten Dreiecksungleichung $|x_n - x_m| = |(x_n - x_0) + (x_0 - x_m)| \leq |x_m - x_0| + |x_m - x_0| < \frac{\epsilon}{2} + \frac{\epsilon}{2} = \epsilon$, für alle $n, m \geq n(\epsilon)$. Somit ist x Cauchy-konvergent.

2.062.5 Lemma

Für jeden angeordneten Körper K ist $Kon(K, 0)$ ein Ideal in $CF(K)$.

Beweis: Wie schon in Lemma 2.061.4 gezeigt wurde, ist $Kon, K, 0)$ eine Untergruppe von $Kon(K)$, also auch von $CF(K)$. Wie in Lemma 2.055.5 kann man leicht $CF(K) \cdot Kon(K, 0) \subset Kon(K, 0)$ nachweisen.

Anmerkung: Mit diesem Beweis (wenn er vollständig ausgeführt ist), ist zugleich gezeigt, daß $Kon(K, 0)$ auch Ideal in $Kon(K)$ ist, denn allgemeiner gilt:

Es sei A ein Ring mit 1. Ist $\underline{a}$ ein Ideal in A und S ein Unterring von A mit $\underline{a} \subset S \subset A$, dann ist $\underline{a}$ auch Ideal in S.

2.062.6 Satz

Es bezeichne K einen angeordneten Körper. Analog wie für $Kon(K)/Kon(K, 0)$ gilt dann: Der Quotientenring $CF(K)/Kon(K, 0)$ von $CF(K)$ nach dem Ideal $Kon(K, 0)$ ist ein Körper.

Anmerkung: Die Elemente von $CF(K)/Kon(K, 0)$ haben für $x \in CF(K)$ die Darstellungen
$$[x] = \{z \in CF(K) \mid x - z \in Kon(K, 0)\} = x + Kon(K, 0) = \{x + y \mid y \in Kon(K, 0)\}$$
bezüglich der durch $x \mathrel{R} z \Leftrightarrow x - z \in Kon(K, 0) \Leftrightarrow z \in x + Kon(K, 0)$ definierten Äquivalenz-Relation auf $CF(K)$.

Beweis:

a) Es sei $[x] = x + Kon(K, 0) \in CF(K)/Kon(K, 0)$ und $x \neq 0$. Für den Fall, daß x Folgenglieder $x_n = 0$ enthält (das können wegen $x \neq 0$ aber nur endlich viele sein), ersetze man diese Folgenglieder durch $x_n = 1$. Dadurch wird die Äquivalenzklasse $[x]$ nicht verändert.

b) Zu der Folge $x : \mathbb{N} \longrightarrow K$ bilde man die Folge $x^{-1} : \mathbb{N} \longrightarrow K$ mit $x^{-1}(n) = x(n)^{-1}$. Diese Folge ist dann ebenfalls Cauchy-konvergent, wie noch einmal (siehe Satz 2.055.1/5) gezeigt wird:
Es sei $\epsilon \in K^+$ beliebig vorgegeben. Wegen $x \notin Kon(K, 0)$ und $x_n \neq 0$, für alle $n \in \mathbb{N}$, gibt es ein $\epsilon_1 \in K^+$ mit $\epsilon_1 < |x_n|$, für alle $n \in \mathbb{N}$. Da nun x Cauchy-konvergent ist, gibt es zu ϵ_1, ϵ ein $n(\epsilon_1, \epsilon) \in \mathbb{N}$ mit $|x_n - x_m| < \epsilon_1^2 \epsilon$, für alle $n, m \geq n(\epsilon_1, \epsilon)$. Damit ist dann $|x_n^{-1} - x_m^{-1}| = |x_m^{-1} x_n^{-1} x_m - x_n^{-1} x_m^{-1} x_n| = |x_n^{-1} x_m^{-1}||x_m - x_n| = |x_n^{-1}||x_m^{-1}||x_n - x_m| < \epsilon_1^{-2} \epsilon_1^2 \epsilon = \epsilon$, für alle $n, m \geq n(\epsilon_1, \epsilon) = n(\epsilon)$.

c) Schließlich ist $[x][x^{-1}] = [xx^{-1}] = [1]$, also der kommutative Ring $CF(K)/Kon(K, 0)$ ein Körper.

2.062.7 Bemerkungen

1. Aus Satz 2.062.6 folgt im übrigen, daß $Kon(K, 0)$ auch in $CF(K)$ ein maximales Ideal ist.

2. Es bezeichne K einen angeordneten Körper. Im Anschluß an die Bemerkungen 2.061.6 zeigt das folgende kommutative Diagramm (siehe auch Satz 1.607.7) die Zusammenhänge zwischen den darin genannten Ringen und den vermöge in_K isomorphen Körpern K und $Kon(K)/Kon(K, 0)$ sowie die Art und Weise, wie K in den Körper $CF(K)/Kon(K, 0)$ eingebettet werden kann:

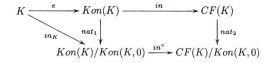

2.063 CANTOR-KÖRPER UND CANTOR-KOMPLETTIERUNGEN

> Wer fragt, ist ein Narr für fünf Minuten.
> Wer nicht fragt, bleibt ein Narr für immer.
> *Alte chinesische Weisheit*

Es geht – die Abschnitte 2.06x fortsetzend – immer noch um den Unterschied zwischen der Gleichheit $Kon(\mathbb{R}) = CF(\mathbb{R})$ und der echten Inklusion $Kon(\mathbb{Q}) \subset CF(\mathbb{Q})$, die in gleicher Weise für beliebige angeordnete Körper K gilt, also $Kon(K) \subset CF(K)$. Die nun zu untersuchende Frage ist: Kann man aus K einen Körper K' konstruieren, für den die Gleichheit $Kon(K') = CF(K')$ gilt? Dazu zunächst die folgenden vorbereitenden Untersuchungen:

2.063.1 Definition und Satz

Es bezeichne K einen angeordneten Körper.

1. Eine Folge $x : \mathbb{N} \longrightarrow K$ aus $CF(K)$ heißt *positiv*, wenn es ein $\epsilon \in K^+$ gibt mit $x(n) > \epsilon$, für fast alle $n \in \mathbb{N}$.

2. Bezeichnet man mit P die Menge aller positiven Cauchy-Folgen $\mathbb{N} \longrightarrow K$ zusammen mit der Nullfolge $0 : \mathbb{N} \longrightarrow K$, dann bildet P einen Positivitätsbereich des Ringes $CF(K)$ im Sinne von Definition 1.630.1 und liefert eine Ordnung auf $CF(K)$, definiert durch die Vorschrift $x \leq z \Leftrightarrow z - x \in P$.

Anmerkung: Diese Ordnung ist nicht linear, denn beispielsweise ist die Folge $((-1)^n \frac{1}{n})_{n \in \mathbb{N}}$ nicht Element von $P \cup -P$, folglich gilt nicht $P \cup -P = CF(K)$.

3. Die Ordnung auf $CF(K)$ läßt sich nun vermöge der Vorschrift $[x] \leq [z] \Leftrightarrow z - x \in P \cup Kon(K,0)$ zu einer linearen Ordnung auf dem Körper $CF(K)/Kon(K,0)$ erweitern, so daß $CF(K)/Kon(K,0)$ ein angeordneter Körper ist.

4. Die Einbettung $in_K : K \longrightarrow CF(K)/Kon(K,0)$ ist injektiver monotoner Körper-Homomorphismus mit dem folgenden kommutativen Diagramm (siehe Diagramm in Bemerkung 2.062.7/2):

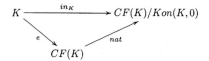

Beweis:

2. Gemäß Definition 1.630.1 sind die drei Eigenschaften $P + P \subset P$, $P \cdot P \subset P$ und $P \cap -P = \{0\}$ zu zeigen: Zu Folgen $x, z \in P$ gibt es $\epsilon_x, \epsilon_z \in K_0^+$ mit $x(n) > \epsilon_x$ und $z(m) > \epsilon_z$, für fast alle $n, m \in \mathbb{N}$. Für alle $k \geq max(n,m)$ gilt dann $(x+z)(k) = x(k) + z(k) > \epsilon_x + \epsilon_z = \epsilon_{x+z}$. Somit gilt $P + P \subset P$, und auf analoge Weise wird dann $P \cdot P \subset P$ gezeigt. Schließlich gilt $P \cap -P = \{0\}$, denn für Folgen x aus $P \setminus \{0\}$ oder $-P \setminus \{0\}$ gilt stets $x \neq 0$.

3. Die Menge $P^* = \{[e(u)] \mid u \in P\} = \{[x] \in CF(K)/Kon(K,0) \mid \text{es gibt } x' \in [x] \text{ mit } x' \in P\}$, die nach Definition von P auch das Element $[e(0)] = [0] = Kon(K,0)$ enthält, bildet einen Positivitätsbereich in $CF(K)/Kon(K,0)$, das heißt dann, daß die Ordnung definiert ist durch
$$[x] \leq [z] \Leftrightarrow z - x \in P \cup Kon(K,0) \Leftrightarrow [z] - [x] = [z-x] \in P^*.$$
In der Tat gelten die vier Eigenschaften $P^* + P^* \subset P^*$, $P^* \cdot P^* \subset P^*$, $P^* \cap -P^* = \{0\}$ sowie $P^* \cup -P^* = CF(K)/Kon(K,0)$, denn

a) mit $[e(u)], [e(v)] \in P^*$ ist auch $[e(u)] + [e(v)] = [e(u) + e(v)] = [e(u+v)] \in P^*$,
b) mit $[e(u)], [e(v)] \in P^*$ ist auch $[e(u)] \cdot [e(v)] = [e(u) \cdot e(v)] = [e(uv)] \in P^*$,
c) $P^* \cap -P^* = \{0\}$ folgt unmittelbar aus $P \cap -P = \{0\}$ und $-P^* = (-P)^*$.
d) $P^* \cup -P^* = CF(K)/Kon(K,0)$ folgt unmittelbar aus $P \cup -P = CF(K)$.

Anmerkung: Zu jedem Element $[x] \in CF(K)/Kon(K,0)$ gibt es ein Element $u \in K$ mit $[x] \leq [e(u)]$. Das ist klar für Elemente $[x] < [0]$; sonst wähle man $v \in K$ mit $[0] < [e(v)] \leq [x]^{-1}$ und verwende $e(u) = e(v)^{-1}$.

2.063.2 Satz

Ist K ein Archimedes-Körper, dann ist auch $CF(K)/Kon(K,0)$ ein Archimedes-Körper.

Beweis: Zu zeigen ist, daß es zu jedem Element $[x] \in CF(K)/Kon(K,0)$ ein $n \in \mathbb{N}_0$ gibt mit $[x] \leq in_K(n)$ (siehe Definition 2.060.3). Da nun K ein Archimedes-Körper ist, gibt es zu jedem $u \in K$ ein $n \in \mathbb{N}_0$ mit $u \leq n$. Wählt man zu $[x]$ nun ein $u \in K$ mit $[x] \leq [e(u)] = in_K(u)$, so gilt mit der Monotonie von in_K dann $[x] \leq in_K(u) \leq in_K(n)$.

Anmerkung: Aus der Gültigkeit des Cantor-Axioms (siehe Bemerkung 2.060.1) folgt im allgemeinen nicht die Archimedizität (in Definition 2.063.3 werden also beide Eigenschaften gefordert), denn es gilt generell: Ein angeordneter Körper K ist genau dann archimedisch, wenn $(K,+)$ isomorph zu einer Untergruppe von $(\mathbb{R},+)$ ist. Zur Erinnerung (Satz 1.735.2): Jeder Dedekind-Körper ist auch Archimedes-Körper (aber nicht umgekehrt).

2.063.3 Definition

Ein Archimedes-Körper K mit der Eigenschaft $Kon(K) = CF(K)$ heißt *Cantor-Körper* (da die in Satz 2.063.1 dazu angegebene Konstruktion von *Georg Cantor* (1845 - 1918) stammt).

2.063.4 Beispiele und Bemerkungen

1. Der Körper $\mathbb{R}$ ist ein Cantor-Körper. (Man beachte bei Satz 2.053.3, daß bei dem Beweis der Gleichheit $CF(\mathbb{R}) = Kon(\mathbb{R})$ der Satz von *Bolzano-Weierstraß* (Satz 2.048.5) und die dabei benötigte Dedekind-Eigenschaft von $\mathbb{R}$ verwendet wurde.)

2. Der Körper $\mathbb{Q}$ ist kein Cantor-Körper (siehe Abschnitt 2.051).

3. Zu jedem Folgenglied x_n einer Folge $x : \mathbb{N} \longrightarrow K$ sei die zugehörige Folge $\overline{x}_n : \mathbb{N} \longrightarrow K$ mit $\overline{x}_n(i) = x_n$ betrachtet. Die Zuordnung $x_n \longmapsto \overline{x}_n$ ist Teil der Einbettung $K \longrightarrow Kon(K) \subset CF(K)$.

a) Konvergenz in K wird unmittelbar auf Konvergenz in $Kon(K)$ und in $CF(K)/Kon(K,0)$ gewissermaßen vererbt, denn: Ist $x : \mathbb{N} \longrightarrow K$ konvergent in K mit $lim(x) = x_0$, dann ist auch die Folge $\overline{x} : \mathbb{N} \longrightarrow Kon(K)$ mit $\overline{x}(n) = \overline{x}_n$ konvergent mit $lim(\overline{x}) = \overline{x}_0$. Darüber hinaus ist dann auch die Folge $\overline{\overline{x}} : \mathbb{N} \longrightarrow CF(K)/Kon(K,0)$ mit $\overline{\overline{x}}(n) = [\overline{x}_n] = \overline{x}_n + Kon(K,0)$ konvergent mit $lim(\overline{\overline{x}}) = [\overline{x}_0] = \overline{x}_0 + Kon(K,0)$. (In den Abschnitten 2.060 bis 2.062 wurden $\overline{x}$ und $\overline{\overline{x}}$ mit $\overline{x}_n = e(x_n)$ und $[\overline{x}_n] = (nat \circ e)(\overline{x}_n)$ bezeichnet.)

b) Analog zu 1. gilt: Ist x Cauchy-konvergent, dann sind auch $\overline{x}$ und $\overline{\overline{x}}$ Cauchy-konvergent. Darüber hinaus – das zeigt der folgende Satz 2.063.5 – ist $\overline{\overline{x}}$ sogar konvergent.

c) Zu jeder Cauchy-konvergenten Folge $x : \mathbb{N} \longrightarrow K$ ist die Äquivalenzklasse $[x] = x + Kon(K,0)$ Grenzwert einer konvergenten Folge $\overline{\overline{x}} = (\overline{x}_n)_{n \in \mathbb{N}} : \mathbb{N} \longrightarrow K$ von konstanten Folgen $\overline{x}_n : \mathbb{N} \longrightarrow K$.

d) Jede Folge $(z_n + Kon(K,0))_{n \in \mathbb{N}}$ in $CF(K)/Kon(K,0)$ mit konstanten Folgen z_n ist konvergent.

2.063.5 Satz und Definition

Es bezeichne K einen Archimedes-Körper.

1. Der Körper $CF(K)/Kon(K,0)$ ist ein Cantor-Körper. Man nennt ihn die *Cantor-Komplettierung* von K und bezeichnet ihn mit $Ckom(K) = CF(K)/Kon(K,0)$.

2. Die Einbettung $in_K : K \longrightarrow Ckom(K)$ ist ein injektiver monotoner Körper-Homomorphismus mit dem folgenden kommutativen Diagramm (siehe Diagramm in Satz 2.063.1/2):

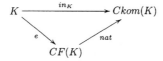

Anmerkung: Zu jedem $[x] \in Ckom(K)$ mit $[0] < [x]$ gibt es ein Element $[e(u)]$ mit $[0] < [e(u)] < [x]$. Folglich ist es bei der Definition der Konvergenz in $Ckom(K)$ gleichgültig, ob dabei Elemente $\epsilon \in Ckom(K)^+$ oder Elemente $\epsilon \in K^+$ betrachtet werden.

Beweis: Zu zeigen ist: Jede Cauchy-konvergente Folge in $Ckom(K)$ ist konvergent.

Es sei eine beliebige Folge $([y_n])_{n \in \mathbb{N}} = (y_n + Kon(K,0))_{n \in \mathbb{N}}$ mit Cauchy-konvergenten Repräsentanten-Folgen $y_n : \mathbb{N} \longrightarrow K$ betrachtet. Nach Bemerkung 2.063.4/3 gibt es zu jeder Klasse $[y_n]$ eine Klasse $[\bar{z}_n]$ mit $|[y_n] - [\bar{z}_n]| < \frac{1}{n}$. Es seien nun $\epsilon \in K^+$ beliebig, dazu ferner Indices m und n mit $\frac{1}{m} < \frac{1}{3}\epsilon$ und $\frac{1}{n} < \frac{1}{3}\epsilon$ gewählt. Für solche Indices gilt dann zunächst $|[\bar{z}_m] - [\bar{z}_n]| = |[\bar{z}_m] - [y_m] + [y_m] - [y_n] + [y_n] - [\bar{z}_n]| \leq |[\bar{z}_m] - [y_m]| + |[y_m] - [y_n]| + |[\bar{z}_n] - [y_n]| < \frac{1}{m} + \frac{1}{3}\epsilon + \frac{1}{n} < \epsilon$. Damit ist $\bar{\bar{z}} = ([\bar{z}_n])_{n \in \mathbb{N}}$ eine Cauchy-konvergente Folge.

Nach Bemerkung 2.063.4/3 konvergiert $\bar{\bar{z}} = ([\bar{z}_n])_{n \in \mathbb{N}}$ gegen ein Element $[x_0] = x_0 + Kon(K,0)$. Gegen dieses Element konvergiert aber auch die Folge $([y_n])_{n \in \mathbb{N}}$, denn wählt man zu vorgegebenem $\epsilon \in K^+$ Indices k mit $\frac{1}{k} < \frac{1}{2}\epsilon$ und $|[x_0]-[\bar{z}_n]| < \frac{1}{2}\epsilon$, für alle $n \geq k$, dann gilt $|[x_0]-[y_n]| = |[x_0]-[\bar{z}_n]+[\bar{z}_m]-[y_m]| \leq |[x_0] - [\bar{z}_n]| + |[\bar{z}_n] - [y_n]| < \frac{1}{2}\epsilon + \frac{1}{n} < \frac{1}{2}\epsilon + \frac{1}{2}\epsilon = \epsilon$.

Anmerkung: Etwas anschaulicher: Ist $y = ([y_n])_{n \in \mathbb{N}}$ eine Folge von Klassen von Folgen $y_n = (y_{nk})_{k \in \mathbb{N}}$ und betrachtet man in jeder Klasse $[y_n]$ einen solchen Repräsentanten y_n, dann konvergiert y gegen diejenige Klasse, die die sogenannte Diagonalfolge $d_y = (y_{kk})_{k \in \mathbb{N}}$ enthält.

2.063.6 Satz

Zu jedem injektiven und monotonen Körper-Homomorphismus $f : K \longrightarrow L$ von einem angeordneten Körper K in einen Cantor-Körper L gibt es genau einen injektiven und monotonen Körper-Homomorphismus $f^* : Ckom(K) \longrightarrow L$, so daß das nebenstehende Diagramm kommutativ ist:

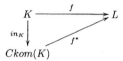

Beweis:

1. Zur Definition von f^*: Ist $[x] = x + Kon(K,0)$ ein Element aus $Ckom(K)$, dann wird zu der Cauchy-konvergenten Folge $x : \mathbb{N} \longrightarrow K$ die ebenfalls Cauchy-konvergente Bildfolge $f \circ x : \mathbb{N} \longrightarrow L$ betrachtet, die in dem Cantor-Körper L aber auch konvergent ist und somit einen Grenzwert $lim(f \circ x)$ besitzt. Damit sei dann $f^*([x]) = lim(f \circ x)$ definiert. Diese Definition von f^* ist unabhängig von dem Repräsentanten von $[x]$, f^* also wohldefiniert, denn ist $z \in [x]$, dann existieren die Limites $lim(f \circ x)$ und $lim(f \circ z)$ und es gilt mit $lim(x - z) = 0$ dann $lim(f \circ x) - lim(f \circ z) = lim((f \circ x) - (f \circ z)) = lim(f \circ (x - z)) = f(lim(x - z)) = f(0) = 0$.

2. Das Diagramm ist kommutativ, denn zu $a \in K$ ist $in_K(a) = [\bar{a}]$ mit der konstanten Folge $\bar{a} : \mathbb{N} \longrightarrow K$, $n \longmapsto a$. Damit ist dann $(f^* \circ in_K)(a) = f^*([\bar{a}]) = lim(f \circ \bar{a}) = f(a)$, für alle $a \in K$.

3. Die Injektivität von f^* folgt aus der Injektivität von $f = f^* \circ in_K$ und der Injektivität von in_K.

4. f^* ist ein additiver Homomorphismus, denn für alle $[x], [z] \in Ckom(K)$ gilt $f^*([x]+[z]) = f^*([x+z]) = lim(f \circ (x + z)) = lim((f \circ x) + (f \circ z)) = lim(f \circ x) + lim(f \circ z) = f^*([x]) + f^*([z])$, da f ein additiver Homomorphismus ist.

5. f^* ist ein multiplikativer Homomorphismus, denn für alle $[x], [z] \in Ckom(K)$ gilt $f^*([x][z]) = f^*([xz]) = lim(f \circ (xz)) = lim((f \circ x) \cdot (f \circ z)) = lim(f \circ x) \cdot lim(f \circ z) = f^*([x]) \cdot f^*([z])$, da f ein multiplikativer Homomorphismus ist.

6. Es gilt $f^*([1]) = 1$, wie die Kommutativität des Diagramms für $a = 1$ und $f(1) = 1$ zeigt.

7. f^* ist monoton, denn zu allen $[x], [z] \in Ckom(K)$ mit $[x] \leq [z]$ gibt es $x' \in [x]$ und $z' \in [z]$ mit $x' \leq z'$, woraus die Monotonie von f dann $f^*([x]) = lim(f \circ x) = lim(f \circ x') \leq lim(f \circ z') = lim(f \circ z) = f^*([z])$ liefert.

2.063.7 Corollar

Es gibt (bis auf Isomorphie) nur einen Cantor-Körper – und das ist $\mathbb{R} = Ckom(\mathbb{Q})$.

Beweis: Zu zeigen ist, daß die in Satz 2.063.6 angegebene Funktion f^* eine inverse Funktion besitzt:

1. Zu jedem $z_0 \in L$ gibt es eine konvergente Folge $z : \mathbb{N} \longrightarrow L$ mit $lim(z) = z_0$ und gestattet somit, eine Funktion $h : L \longrightarrow Ckom(\mathbb{Q})$ durch $h(z_0) = [z] = z + Kon(K,0)$ zu definieren. Die Funktion h ist dadurch wohldefiniert, denn ist $y : \mathbb{N} \longrightarrow L$ eine zweite Folge mit $lim(y) = z_0$, dann ist $lim(y - z) = lim(y) - lim(z) = z_0 - z_0 = 0$, also $[z] = z + Kon(K,0) = y + Kon(K,0) = [y]$.

2. Die Funktion h ist homomorph bezüglich Addition und Multiplikation, denn für alle $x_0, y_0 \in L$ mit Darstellungen $x_0 = lim(x)$ und $y_0 = lim(y)$ gilt $h(x_0 + y_0) = h(lim(x) + lim(y)) = h(lim(x + y)) = [x + y] = [x] + [y] = h(x_0) + h(y_0)$ sowie $h(x_0 y_0) = h(lim(x) \cdot lim(y)) = h(lim(xy)) = [xy] = [x] \cdot [y] = h(x_0) \cdot h(y_0)$ und $h(1) = [\overline{1}]$ mit der Eins-Folge $\overline{1} : \mathbb{N} \longrightarrow L$ mit $n \longmapsto 1$.

3. h ist injektiv, denn es gilt $Kern(h) = 0$: Angenommen $0 \neq x_0 \in Kern(h)$, so gilt $h(x_0) = [0]$, also $[x] = [0]$ für $x : \mathbb{N} \longrightarrow L$ mit $lim(x) = x_0$, woraus aber $0 = lim(x - 0) = lim(x)$ im Widerspruch zur Annahme folgt.

4. h ist surjektiv, denn für $[x] \in Ckom(\mathbb{Q})$ ist $x : \mathbb{N} \longrightarrow \mathbb{Q}$ eine Cauchy-konvergente Folge, in L jedoch konvergent. Ist $x_0 = lim(x)$ in L, dann ist $h(x_0) = [x]$.

5. Schließlich: Jeder Körper-Isomorphismus f zwischen angeordneten Körpern ist monoton, denn:
$x \leq y \Rightarrow y - x \geq 0 \Rightarrow$ es gibt z mit $z^2 = y - x \Rightarrow f(z^2) = f(y - x) \Rightarrow f(z^2) = f(y) - f(x) \Rightarrow f(y) = f(x) + f(z^2) \Rightarrow f(x) \leq f(y)$, denn es ist $f(z^2) \geq 0$.

Die im vorstehenden Satz 2.063.6 konstruierte Funktion f^* ist der einzige solche Isomorphismus, das folgt aus dem nächsten Satz:

2.063.8 Satz

Ein Cantor-Körper L besitzt nur einen Körper-Automorphismus – und das ist die Identität $id_L : L \longrightarrow L$.

Beweis: Ist $h : L \longrightarrow L$ ein solcher Automorphismus, dann gilt im einzelnen:

a) Zunächst ist $h \, | \, \mathbb{N}_0 = id_{\mathbb{N}_0}$, denn nach dem Prinzip der Vollständigen Induktion (siehe Abschnitte 1.802 und 1.811) liefert die Homomorphie von h den Induktionsanfang $h(0) = 0$ und $h(1) = 1$ sowie mit der Induktionsvoraussetzung $h(n) = n$ den Induktionsschritt $h(n+1) = h(n) + h(1) = n + 1$ als Schritt von n nach $n + 1$.

b) Ferner gilt $h \, | \, \mathbb{Q} = id_{\mathbb{Q}}$, denn für die Darstellungen $q = \frac{k}{m} - \frac{n}{m}$ rationaler Zahlen q mit $k, n \in \mathbb{N}_0$ liefert Teil a) die Behauptung.

c) Die Funktion h hat die Eigenschaft, daß für konvergente Folgen $z : \mathbb{N}_0 \longrightarrow L$ aus $lim(z) = z_0$ stets $lim(h \circ z) = h(z_0)$ folgt (in der Sprache von Abschnitt 2.203 heißt das: h ist stetig), denn h ist monoton (siehe Teil 5 im vorstehenden Beweis) und erhält also alle Ordnungsbeziehungen zwischen den Elementen aus L, also auch zwischen den Folgengliedern x_n in L.

d) Jedes Element $x_0 \in L$ ist Grenzwert einer Folge $x : \mathbb{N} \longrightarrow \mathbb{Q}$ (denn $\mathbb{Q}$ ist in L dicht eingebettet). Damit ist $x_0 = lim(x) = lim(h \circ x) = h(lim(x)) = h(x_0)$ (denn nach Teil b) ist $x = h \circ x$) und somit gilt schließlich $h = id_L$.

Anmerkung: Man beachte in diesem Zusammenhng: Während nach vorstehendem Satz $Aut(\mathbb{R}) = \{id_{\mathbb{R}}\}$ für die Menge der Körper-Automorphismen $\mathbb{R} \longrightarrow \mathbb{R}$ gilt, ist $Aut_{\mathbb{R}}(\mathbb{R}) = (\mathbb{R} \setminus \{0\}) \cdot id_{\mathbb{R}}$ (als Menge aller Geraden $a \cdot id_{\mathbb{R}}$ durch den Nullpunkt mit Anstieg a ungleich Null) die Menge der $\mathbb{R}$-Automorphismen $\mathbb{R} \longrightarrow \mathbb{R}$.

2.065 Die Cantor-Komplettierung $\mathbb{R}_C = Ckom(\mathbb{Q})$

> Du mußt klein sein, willst Du kleinen Menschen gefallen.
> *Ludwig Börne* (1786 - 1837)

In diesem Abschnitt wird eine zweite Version zur Konstruktion des Körpers $\mathbb{R}$ der reellen Zahlen aus dem Körper $\mathbb{Q}$ der rationalen Zahlen beschrieben. Während die erste Version in Abschnitt 1.860 auf der Basis der Dedekindschen Schnitte sich bei der Konstruktion der Dedekind-Komplettierung $\mathbb{R}_D = Dkom(\mathbb{Q})$ vorwiegend auf Ordnungs-Strukturen stützt (siehe Abschnitt 1.735), liegt der folgenden Konstruktion der Begriff der Cauchy-Konvergenz zugrunde. In Abschnitt 2.068 wird dann noch gezeigt, daß die folgende Konstruktion isomorph zur Dedekind-Komplettierung ist.

2.065.1 Satz und Definition

1. Die auf der Menge $CF(\mathbb{Q})$ der Cauchy-konvergenten Folgen $\mathbb{N} \longrightarrow \mathbb{Q}$ durch die Vorschrift
$$x \, R \, z \;\Leftrightarrow\; x - z : \mathbb{N} \longrightarrow \mathbb{Q} \text{ ist nullkonvergent} \;\Leftrightarrow\; x - z \in Kon(\mathbb{Q}, 0)$$
definierte Relation R ist eine Äquivalenz-Relation.

2. Die Menge $CF(\mathbb{Q})/R$ bildet zusammen mit den durch $[x] + [z] = [x+z]$ und $[x] \cdot [z] = [xz]$ definierten (inneren) Kompositionen einen Körper.

3. Der Körper $CF(\mathbb{Q})/R$ bildet zusammen mit der durch
$$[x] \leq [z] \;\Leftrightarrow\; \text{es gibt } x' \in [x] \text{ und } z' \in [z] \text{ mit } x' \leq z'$$
definierten Relation $\leq$ einen Archimedes-Körper.

Anmerkung: Man kann die Relation $\leq$ auch durch die beiden Festlegungen
  a) $[x] \geq [0] \;\Leftrightarrow\;$ es gibt $x' \in [x]$ mit $x' \geq 0$ b) $[x] < [0] \;\Leftrightarrow\; [-x] > 0$
(mit der Null-Folge $0 : \mathbb{N} \longrightarrow \mathbb{Q}$ mit $n \longmapsto 0$) definieren, womit die allgemeinere Darstellung von $\leq$ durch die Positivitätsbereiche
$$P = \{x \in CF(\mathbb{Q}) \mid x \geq 0\} \subset CF(\mathbb{Q}) \text{ und } P^* = \{[x] \in CF(\mathbb{Q})/Kon(\mathbb{Q},0) \mid \text{ es gibt } x' \in [x] \text{ mit } x' \in P\}$$
in Abschnitt 2.063 konkretisiert ist.

4. Der Körper $CF(\mathbb{Q})/R$ wird als *Cantor-Komplettierung* $\mathbb{R}_C = Ckom(\mathbb{Q})$ von $\mathbb{Q}$ *Körper der Reellen Zahlen* genannt und kurz mit $\mathbb{R}$ bezeichnet. In dem Cantor-Körper $\mathbb{R}$ gilt $CF(\mathbb{R}) = Kon(\mathbb{R})$.

2.065.3 Bemerkung

Die Elemente von $\mathbb{R} = CF(\mathbb{Q})/R$ sind Äquivalenzklassen mit der Darstellung
$$[x] = \{z \in CF(\mathbb{Q}) \mid x - z \in Kon(\mathbb{Q}, 0)\}.$$
Dabei gibt es zwei Typen solcher Äquivalenzklassen:

a) $[x]$ enthält nur solche Cauchy-konvergenten Folgen, die in $\mathbb{Q}$ auch konvergent sind und gegen denselben Grenzwert konvergieren, denn: Enthält $[x]$ die gegen $q_0 \in \mathbb{Q}$ konvergente $\mathbb{Q}$-Folge x, ist ferner $z \in [x]$, dann gibt es zu vorgelegtem $\epsilon \in \mathbb{Q}^+$ einen Grenzindex $n(\epsilon) \in \mathbb{N}$ mit $|x_n - z_n| < \frac{\epsilon}{2}$ und $|x_n - q_0| < \frac{\epsilon}{2}$, für alle $n \geq n(\epsilon)$. Somit gilt auch $|z_n - q_0| = |(z_n - x_n) + (x_n - q_0)| \leq |z_n - x_n| + |x_n - q_0| < \frac{\epsilon}{2} + \frac{\epsilon}{2} = \epsilon$, für alle $n \geq n(\epsilon)$; also ist auch $lim(z) = q_0 \in \mathbb{Q}$. Dieser Typ von Äquivalenzklassen $[x]$ repräsentiert wegen $lim(z) = q_0 \in \mathbb{Q}$, für alle $z \in [x]$, gerade die rationalen Zahlen $q_0 \in \mathbb{Q}$.

b) $[x]$ enthält nur solche Cauchy-konvergenten Folgen, die in $\mathbb{Q}$ nicht konvergent sind, denn enthielte $[x]$ eine in $\mathbb{Q}$ konvergente Folge, dann wären nach dem Beweis in a) auch alle anderen Folgen in $[x]$ in $\mathbb{Q}$ konvergent. Dieser Typ von Äquivalenzklassen $[x]$ repräsentiert gerade die sogenannten *Irrationalen Zahlen*, also die Menge $\mathbb{R} \setminus \mathbb{Q}$. Beispielsweise wird die Äquivalenzklasse, in der die beiden in den Beispielen 2.051.2/1/2 betrachteten Folgen x und y enthalten sind, nach der dortigen Konstruktion nun mit $\sqrt{2}$ bezeichnet.

Anmerkung: Jede der in a) beschriebenen Äquivalenzklassen enthält (genau) eine konstante Folge, die in b) beschrieben Äquivalenzklassen enthalten keine konstanten Folgen.

A2.065.01: Beweisen Sie die Teile 1 bis 3 in Satz 2.065.1 ohne Rückgriff auf Abschnitt 2.063.

2.066 Die Weierstrass-Komplettierung $\mathbb{R}_W = Wkom(\mathbb{Q})$

> Der Himmel hilft niemals solchen,
> die nicht handeln wollen.
> *Sophokles* (496 - 406)

Nach den Konstruktionen von $\mathbb{R}$ aus $\mathbb{Q}$, die hier als Dedekind-Linie und als Cantor-Linie vorgestellt wurden, soll schließlich die Konstruktion von $\mathbb{R}$ nach *Weierstraß* zumindest angedeutet werden (im wesentlichen ohne Beweise). Da aus der Gültigkeit des in Abschnitt 2.060 genannten Weierstraß-Axioms im Rahmen allgemeiner angeordneter Körper nicht die Archimedizität folgt (im Gegensatz zu Dedekind-Körpern, siehe Satz 1.735.2), werden im folgenden grundsätzlich Archimedes-Körper K betrachtet.

2.066.1 Definition

Eine *K-Intervallschachtelung* ist ein Paar (x,z) einer monotonen Folge $x : \mathbb{N} \longrightarrow K$ und einer antitonen Folge $z : \mathbb{N} \longrightarrow K$, wobei $x \leq z$ gelte und die Differenz $z - x : \mathbb{N} \longrightarrow K$ nullkonvergent sei.

2.066.2 Bemerkungen und Beispiele

1. Man beschreibt K-Intervallschachtelungen auch als Folgen $(x,z) : \mathbb{N} \longrightarrow Pot(K)$ abgeschlossener K-Intervalle $(x,z)(n) = [x_n, z_n]$. Etwas anschaulicher ist dabei $[x_1, z_1] \supset [x_2, z_2] \supset [x_3, z_3] \supset ...$.

2. Intervallschachtelungen haben gegenüber Dedekind-Schnitten oder Cauchy-konvergenten Folgen den Vorteil, bei Näherungen für irrationale Zahlen a jeweils eine untere und eine obere rationale Grenze zu liefern, zwischen denen a sich befindet, entweder in der Form $x_n < a < z_n$ oder in Intervallschreibweise $a \in [x_n, z_n]$. Dabei kann man durch die Wahl eines geeigneten Index' n eine (fast) beliebige Genauigkeit als Näherung erreichen.

3. Im folgenden wird die Menge der K-Intervallschachtelungen mit $Is(K)$ bezeichnet. Damit ist zugleich die Einbettung $K \longrightarrow Is(K)$, definiert durch $a \longmapsto (\bar{a}, \bar{a})$ mit der konstanten Folge $\bar{a} : \mathbb{N} \longrightarrow K$ mit der Zuordnung $n \longmapsto a$ verbunden.

4. Eine Intervallschachtelung (x', z') heißt *feiner* als eine Intervallschachtelung (x, z), falls in Intervallschreibweise $[x'_n, z'_n] \subset [x_n, z_n]$ für alle $n \in \mathbb{N}$ gilt. Man nennt (x', z') in diesem Fall eine *Verfeinerung* von (x, z).

5. Intervallschachtelungen werden zumeist in folgenden Zusammenhängen betrachtet:

a) Zur Beschreibung von Wurzeln $\sqrt{a}$ mit $a \in \mathbb{Q}$ und $a > 1$ werden (hinsichtlich Bemerkung 2 schon in der Schule) $\mathbb{Q}$-Intervallschachtelungen (x, z) der rekursiven Form

$$x_n = \frac{a}{z_n} \quad < \quad \sqrt{a} \quad < \quad \tfrac{1}{2}(z_n + \tfrac{a}{z_n}) = z_{n+1}, \quad \text{für alle } n \in \mathbb{N},$$

mit Rekursionsanfang $z_1 = \tfrac{1}{2}(a+1)$ verwendet (siehe auch Abschnitt 2.051).

b) Zur Beschreibung der Exponential- und Logarithmus-Funktionen, exp_e und log_e, insbesondere auch zur Beschreibung der Eulerschen Zahl $e = exp_e(1)$ (siehe dazu Lemma 2.066.7, aber auch Beispiel 2.044.2/3), werden $\mathbb{R}$- oder $\mathbb{Q}$-Intervallschachtelungen (x, z) folgender Formen betrachtet:

(1) $x_n = (1 + \tfrac{t}{n})^n \quad \leq \quad exp_e(t) \quad \leq \quad (1 - \tfrac{t}{n})^{-n} = z_n,$ für alle $t \in \mathbb{R}$ und $n > |t|$,

(2) $x_n = (1 + \tfrac{t}{n})^n \quad \leq \quad exp_e(t) \quad \leq \quad (1 + \tfrac{t}{n})^{n+1} = z_n,$ für $0 \leq t \leq 1$ und ggf. $n > 1$,

(3) $x_n = n(1 - \tfrac{1}{\sqrt[n]{t}}) \quad \leq \quad log_e(t) \quad \leq \quad n(\sqrt[n]{t} - 1) = z_n,$ für alle $t \in \mathbb{R}^+$ und $n > |t|$.

Solche Kennzeichnungen von e^t bzw. von e basieren auf Beobachtungen in Anwendungssituationen (etwa dem Übergang von diskreten Verzinsungen zur kontinuierlichen Verzinsung bei Kapitalanlagen, siehe Abschnitt 1.256), haben aber – etwa im Gegensatz zu der Beschreibung durch Potenz-Reihen (Abschnitt 2.172) – den Nachteil einer sozusagen schwerfälligen Konvergenz (gute Näherungen werden erst mit großen Indices n erreicht), wie etwa zu (2) das Beispiel $t = 1$ und $n \in \mathbb{N}$ mit Intervallen $[(\tfrac{n+1}{n})^n, (\tfrac{n+1}{n})^{n+1}]$ zeigt:

$$[2/4] \supset [2, 25/3, 37] \supset [2, 37/3, 16] \supset [2, 44/3, 05] \supset [2, 49/2, 98] \supset ... \text{ mit } e \approx 2,71828....$$

2.066.3 Bemerkung

Auf der Menge $Is(K)$ lassen sich eine Addition durch $(x,z)+(x',z')=(x+x',z+z')$ und eine Multiplikation durch $(x,z)\cdot(x',z')=(xx',zz')$ definieren. Zusammen mit diesen inneren Kompositionen bildet $Is(K)$ einen kommutativen Ring mit Einselement.

Zum Beweis sei hier nur die jeweilige Nullkonvergenz gezeigt:

a) Aus $lim(z-x)=0$ und $lim(z'-x')=0$ folgt mit $0=(-1)\cdot lim(z'-x')=lim(x'-z')$ dann $0=lim(z-x-(x'-z'))=lim((z+z')-(x+x'))$.

b) Aus $lim(z-x)=0$ und $lim(z'-x')=0$ folgt $0=lim(z'(z-x))=lim(zz'-xz')$ und $0=lim(x(z'-x'))=lim(xz'-xx')$, damit ist dann auch $0=lim(zz'-xz'+xz'-xx'))=lim(zz'-xx')$.

Die weiteren Betrachtungen – analog zu den entsprechenden Überlegungen bei Cauchy-konvergenten Folgen – basieren auf dem Umstand, daß Zahlen in $\mathbb{R}$ ja nicht nur durch *eine* Intervallschachtelung beschrieben werden. (Beispielsweise kennzeichnet die Intervallschachtelung $(x-u, z-u)$ mit $u_n=\frac{1}{n}$ dieselbe Zahl wie die Intervallschachtelung (x,z), denn es gilt $0=lim(z-x)=lim(z-x-u+u)=lim((z-u)-(x-u))$.) Man muß also alle diejenigen Intervallschachtelungen, die dieselbe (reelle) Zahl beschreiben sollen, zu entsprechenden Äquivalenzklassen zusammenfassen. Dazu:

2.066.4 Satz

Die folgendermaßen definierte Relation R auf $Is(K)$ ist eine Äquivalenz-Relation:

$(x',z')\,R\,(x,z)\quad\leftrightarrow\quad$ es gibt eine gemeinsame Verfeinerung (x'',z'') von (x',z') und (x,z).

Anmerkung: (x'',z'') als gemeinsame Verfeinerung von (x',z') und (x,z) bedeutet $x''_n\geq max(x_n,x'_n)$ und $z''_n\leq min(z_n,z'_n)$ sowie $x''_n\leq z''_n$, für alle $n\in\mathbb{N}$.

Beweis:
1. Für alle $(x,z)\in Is(K)$ gilt $(x,z)\,R\,(x,z)$ mit der gemeinsamen Verfeinerung (x,z).
2. Gilt $(x,z)\,R\,(x',z')$, so gibt es eine gemeinsame Verfeinerung (x'',z''), womit dann $(x',z')\,R\,(x,z)$ gilt.
3. Gilt $(x,z)\,R\,(x',z')$ und $(x',z')\,R\,(x'',z'')$, so gibt es zwei entsprechende jeweils gemeinsame Verfeinerungen und dazu wieder eine entsprechende gemeinsame Verfeinerung, die dann $(x,z)\,R\,(x'',z'')$ liefert.

2.066.5 Satz

Die Quotientenmenge $Is(K)/R$ bildet zusammen mit den beiden wohldefinierten inneren Kompositionen, definiert durch $[(x,z)]+[(x',z')]=[(x+x',z+z')]$ und $[(x,z)]\cdot[(x',z')]=[(xx',zz')]$, sowie einer mit diesen Operationen verträglichen Ordnung (die hier nicht näher beschrieben sei) einen angeordneten Körper, der unter der Voraussetzung der Archimedizität von K ebenfalls ein Archimedes-Körper ist.

2.066.6 Satz und Definition

Man nennt den Körper $Is(\mathbb{Q})/R$ die *Weierstraß-Komplettierung* von $\mathbb{Q}$ und bezeichnet ihn auch mit $\mathbb{R}_W = Wkom(\mathbb{Q})$. In $\mathbb{R}_W$ gilt das Weierstraß-Axiom, das heißt, zu jeder Intervallschachtelung (x,z) in $\mathbb{R}_W$ gibt es genau ein $s\in\mathbb{R}_W$ mit $x\leq s\leq z$.

2.066.7 Lemma

Bezüglich Beispiel 2.066./5b(1) ist für den Fall $t=1$ das Paar (x,z) von Folgen $x,z:\mathbb{N}\setminus\{1\}\longrightarrow\mathbb{Q}$ mit den Folgengliedern $x_n=(1+\frac{1}{n})^n$ und $z_n=(1-\frac{1}{n})^{-n}$ eine $\mathbb{Q}$-Intervallschachtelung (wobei die dadurch eindeutig bestimmte reelle Zahl als *Eulersche Zahl* $e=exp_e(1)$ bezeichnet wird).

Zusatz: Für die Folge $y:\mathbb{N}\setminus\{1\}\longrightarrow\mathbb{Q}$ mit $y_n=\sum_{0\leq k\leq n}\frac{1}{k!}$ gilt $x_n\leq y_n\leq z_n$ (im Sinne von Satz 2.044.4).

Anmerkung: Die Folge y wurde schon in Beispiel 2.044.2/4 untersucht, dort unter der Bezeichnung $(b_n(1))_{n\in\mathbb{N}}$. Zusammen mit Beispiel 2.044.2/3, in dem $e=lim((1+\frac{1}{n})^n)_{n\in\mathbb{N}}$ definiert ist, zeigt dieses Lemma dann tatsächlich $e=lim(b_n(1))_{n\in\mathbb{N}}$.

Beweis: Gemäß Definition 2.066.1 besteht der Beweis aus folgenden Einzelschritten:

1. Die Folge $x : \mathbb{N} \setminus \{1\} \longrightarrow \mathbb{Q}$ mit $x_n = (1 + \frac{1}{n})^n$ ist monoton und die Folge $z : \mathbb{N} \setminus \{1\} \longrightarrow \mathbb{Q}$ mit $z_n = (1 - \frac{1}{n})^{-n}$ ist antiton. Obgleich zur Monotonie der Folge x schon ein Beweis in Bemerkung 2.044/2/3 vorliegt, soll hier ein zweiter (aber ähnlicher) Beweis angegeben werden, der in einem formalen Zusammenhang zum Nachweis der Antitonie der Folge z steht. Dazu zunächst die folgende

Vorbemerkung: Für alle natürlichen Zahlen $n \in \mathbb{N} \setminus \{1\}$ gilt $1 - \frac{1}{n} < (1 - \frac{1}{n^2})^n < 1 - \frac{1}{n+1}$.

Beweis der Vorbemerkung: Die erste der beiden Beziehungen folgt aus der etwas modifizierten *Bernoullischen Ungleichung* $(1 + x)^n > 1 + nx$ für $x > -1$ sowie $x \neq 0$ und $n > 1$ (siehe Beispiel 1.803.2/2), die mit der speziellen Festsetzung $x = -\frac{1}{n^2} > -1$ dann die Abschätzung $(1 - \frac{1}{n^2})^n > 1 - \frac{n}{n^2} = 1 - \frac{1}{n}$ liefert. Die zweite Beziehung beruht auf $\frac{1}{1 - \frac{1}{n^2}} = \frac{n^2}{n^2-1} = \frac{n^2-1+1}{n^2-1} = 1 + \frac{1}{n^2-1}$, woraus wieder mit der *Bernoullischen Ungleichung* zunächst $(\frac{1}{1-\frac{1}{n^2}})^2 = (1 + \frac{1}{n^2-1})^2 > 1 + \frac{n}{n^2-1}$, nach Übergang zum Kehrwert dann $(1 - \frac{1}{n^2})^n < \frac{1}{1 + \frac{n}{n^2-1}} = \frac{1}{\frac{n^2-1-n}{n^2-1}} = \frac{n^2-1}{n^2-1-n} = \frac{n^2-1+n-n}{n^2-1+n} = 1 - \frac{n}{n^2-1+n} < 1 - \frac{n}{n^2+n} = 1 - \frac{1}{n+1}$ folgt.

Unter Verwendung der Vorbemerkung liefern die folgenden Äquivalenzen (jeweils für $n > 1$) die Monotonie der Folge x sowie die Antitonie der Folge z. Es gilt jeweils:

a) $1 - \frac{1}{n} < (1 - \frac{1}{n^2})^n \Leftrightarrow \frac{n-1}{n} < \frac{(n^2-1)^n}{(n^2)^n} \Leftrightarrow \frac{n-1}{n} < \frac{(n+1)^n \cdot (n-1)^n}{n^{2n}} \Leftrightarrow \frac{n-1}{n} \cdot \frac{n^n}{(n-1)^n} < \frac{(n+1)^n}{n^n} \Leftrightarrow (\frac{n}{n-1})^{n-1} < (\frac{n+1}{n})^n \Leftrightarrow (\frac{n-1+1}{n-1})^{n-1} < (\frac{n+1}{n})^n \Leftrightarrow (1 + \frac{1}{n-1})^{n-1} < (1 + \frac{1}{n})^n$,

b) $(1 - \frac{1}{n^2})^n < 1 - \frac{1}{n+1} \Leftrightarrow \frac{n^2-1}{n^2} < \frac{n}{n+1} \Leftrightarrow \frac{(n+1)^n(n-1)^n}{n^n n^n} < \frac{n}{n+1} \Leftrightarrow \frac{(n+1)^n(n-1)^n}{n^n n^n} \cdot \frac{n^n}{(n+1)^n} < \frac{n^n}{n+1} \cdot \frac{n^n}{(n+1)^n} \Leftrightarrow \frac{(n+1)^n(n-1)^n n^n}{n^n n^n (n+1)^n} < \frac{n^n}{(n+1)^{n+1}} \Leftrightarrow \frac{(n-1)^n}{n^n} < \frac{n^n}{(n+1)^{n+1}} \Leftrightarrow (\frac{n-1}{n})^n < (\frac{n}{n+1})^{n+1} \Leftrightarrow (1 - \frac{1}{n})^n < (\frac{(n+1)-1}{n+1})^{n+1} \Leftrightarrow (1 - \frac{1}{n})^n < (1 - \frac{1}{n+1})^{n+1} \Leftrightarrow (1 - \frac{1}{n})^{-n} > (1 - \frac{1}{n+1})^{-(n+1)}$.

2. Es gilt $x_n \leq z_n$, für alle Indices $n \in \mathbb{N} \setminus \{1\}$, denn: Für alle $n > 1$ gilt nach der Vorbemerkung zunächst $(1 - \frac{1}{n^2})^n < 1 - \frac{1}{n+1}$, folglich gilt $(1 - \frac{1}{n^2})^n < 1$ und somit $(1 + \frac{1}{n})^n(1 - \frac{1}{n})^n < 1$, womit dann aber $(1 + \frac{1}{n})^n < \frac{1}{(1-\frac{1}{n})^n}$ und schließlich $x_n = (1 + \frac{1}{n})^n < (1 - \frac{1}{n})^{-n} = z_n$ gilt.

3. Die Folge $z - x : \mathbb{N} \setminus \{1\} \longrightarrow \mathbb{Q}$ ist nullkonvergent, denn: Zunächst liegt folgende Abschätzung vor: $z_n - x_n = (1 - \frac{1}{n})^{-n} - (1 + \frac{1}{n})^n = (\frac{n-1}{n})^{-n} - (\frac{n+1}{n})^n = (\frac{n}{n-1})^n - (\frac{n+1}{n})^n = \frac{n^n}{(n-1)^n} - \frac{(n+1)^n}{n^n} = \frac{n^n n^n - (n+1)^n(n-1)^n}{(n-1)^n n^n} < \frac{n^n n^n - n^n(n-1)^n}{(n-1)^n n^n} = \frac{n^{2n} - (n^2-n)^n}{(n^2-n)^n} = \frac{n^{2n}}{(n^2-n)^n} - 1 < \frac{n^{2n}}{(n^2-1)^n} - 1 = (\frac{n^2}{n^2-1})^n - 1 = (\frac{1}{1-\frac{1}{n^2}})^n - 1 = \frac{1}{(1-\frac{1}{n^2})^n} - 1 = u_n$. Da nun aber die Folge $(\frac{1}{(1-\frac{1}{n^2})^n})_{n \in \mathbb{N}}$ nach der Vorbemerkung (und Satz 2.044.4) gegen 1 konvergiert, konvergiert die Folge $(u_n)_{n \in \mathbb{N}}$ gegen 0, wegen $z_n - x_n < u_n$ konvergiert dann schließlich auch die Folge $(z_n - x_n)_{n \in \mathbb{N}}$ gegen 0.

Beweis des Zusatzes: Zu zeigen ist $x_n = (1 + \frac{1}{n})^n \leq \sum_{0 \leq k \leq n} \frac{1}{k!} \leq (1 - \frac{1}{n})^{-n} = z_n$. Die erste Beziehung liefert Satz 1.820.4 mit der Abschätzung $x_n = (1 + \frac{1}{n})^n = \sum_{0 \leq k \leq n} \binom{n}{k} \cdot 1^{n-k} \cdot (\frac{1}{n})^k = \sum_{0 \leq k \leq n} \frac{n!}{(n-k)! \cdot k!} \cdot \frac{1}{n^k} = \sum_{0 \leq k \leq n} \frac{n(n-1) \cdot \ldots \cdot (n-k-1)}{k! \cdot n^k} \leq \sum_{0 \leq k \leq n} \frac{n^k}{k! \cdot n^k} = \sum_{0 \leq k \leq n} \frac{1}{k!} = y_n$. Die zweite Beziehung folgt auf ähnliche Weise.

Die Ordnungsbeziehung zwischen den Folgen x, y und z zeigt noch einmal die folgende kleine Tabelle:

n	x_n	y_n	z_n
2	$(1+\frac{1}{2})^2 = (\frac{3}{2})^2 = 2,25$	$y_1 + \frac{1}{2!} = 2 + \frac{1}{2} = 2,50$	$(1-\frac{1}{2})^{-2} = (\frac{2}{1})^2 = 4,00$
3	$(1+\frac{1}{3})^3 = (\frac{4}{3})^3 \approx 2,37$	$y_2 + \frac{1}{3!} = \frac{5}{2} + \frac{1}{6} \approx 2,67$	$(1-\frac{1}{3})^{-3} = (\frac{3}{2})^3 \approx 3,38$
4	$(1+\frac{1}{4})^4 = (\frac{5}{4})^4 \approx 2,44$	$y_3 + \frac{1}{4!} = \frac{16}{6} + \frac{1}{24} \approx 2,71$	$(1-\frac{1}{4})^{-4} = (\frac{4}{3})^4 \approx 3,16$
5	$(1+\frac{1}{5})^5 = (\frac{6}{5})^5 \approx 2,49$	$y_4 + \frac{1}{5!} = \frac{65}{24} + \frac{1}{120} \approx 2,717$	$(1-\frac{1}{5})^{-5} = (\frac{5}{4})^5 \approx 3,05$

Diese wenigen Folgenglieder zeigen schon - wie auch Bemerkung 2.066.2/5 (letzter Satz) - daß die Folge y deutlich schneller als die beiden Folgen x und z konvergiert.

2.068 Die Komplettierungs-Axiome und ℝ

> Ich glaube mehr an die Kunst um ihrer selbst willen, als in
> Verbindung mit Religion, der sozialen Gerechtigkeit oder
> nationalem Ruhm; nichts ist mir fremder als eine Kunst,
> die anderen Zwecken dient als nur denen der Kunst selbst.
> *Giorgio Morandi* (1907 - 1964)

Der folgende Satz zeigt, daß die in Bemerkung 2.060.1 genannten drei Komplettierungs-Axiome, Dedekind-Axiom, Cantor-Axiom und Weierstraß-Axiom, im Rahmen von Archimedes-Körpern äquivalent sind. Das bedeutet, daß in den Sätzen 1.864.2 und 1.864.3 der Begriff *Dedekind-Körper* sowohl durch *Cantor-Körper* als auch durch *Weierstraß-Körper* zusammenhangsgemäß ersetzt werden kann. Es gibt also zu diesen Sätzen Analoga, die anhand der insgesamt drei folgenden kommutativen Diagramme (das erste von Satz 1.864.2) andeuten, daß jeweils dichte Einbettungen f in einen Dedekind-Körper, Cantor-Körper, Weierstraß-Körper K Isomophismen f^* liefern:

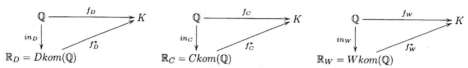

Satz 2.068.3 zeigt die Grundlage der Isomorphien $\mathbb{R}_D \cong \mathbb{R}_C \cong \mathbb{R}_W$. Man kann analog zu Bemerkung 1.864.4/2 also sagen: ℝ ist sowohl der einzige Dedekind-Körper als auch der einzige Cantor-Körper als auch der einzige Weierstraß-Körper.

2.068.1 Satz

Für angeordnete Körper K sind die folgenden Aussagen äquivalent:

a) In K gilt das Dedekind-Axiom.

b) K ist Archimedes-Körper und es gilt das Cantor-Axiom.

c) K ist Archimedes-Körper und es gilt das Weierstraß-Axiom.

Beweis:

a) ⇒ b): Zu zeigen ist einerseits die Archimedizität von K, andererseits $CF(K) \subset Kon(K)$. Im einzelnen:

1. K ist Archimedes-Körper, denn: Angenommen zu $a, b \in K^+$ gilt $na \leq b$, für alle $n \in \mathbb{N}$ (es gibt also kein $n \in \mathbb{N}$ mit $na > b$), dann ist $(na)_{n \in \mathbb{N}}$ eine monotone und nach oben (durch b) beschränkte Folge in K, die nach Lemma 2.068.2 gegen ein Element $s \in K$ konvergiert. Damit gilt $s - a < na < s$, für fast alle $n \in \mathbb{N}$, im Widerspruch zur Dedekind-Eigenschaft von K, nach der es zwischen $s - a$ und s nur höchstens ein solches Folgenglied na geben darf.

2. Es sei $x : \mathbb{N} \longrightarrow K$ eine Cauchy-konvergente Folge. Sie besitzt nach Bemerkung 2.003.2/4 eine monotone und beschränkte Teilfolge t, die nach Lemma 2.053.4 beschränkt und nach Lemma 2.068.2 gegen ein Element $s \in K$ konvergiert. Darüber hinaus ist dann auch x konvergent mit $lim(x) = s$, denn: Sei $\epsilon > 0$ beliebig vorgegeben, dann gibt es $n(\epsilon)$ mit $|x_m - x_n| < \frac{1}{2}\epsilon$, für alle $m, n \geq n(\epsilon)$, ferner gibt es $n_0 \geq n(\epsilon)$ mit $|x_{n_0} - s| < \frac{1}{2}\epsilon$, also gilt $|x_n - s| \leq |x_n - x_{n_0}| + |x_{n_0} - s| < \frac{1}{2}\epsilon + \frac{1}{2}\epsilon = \epsilon$, für alle $n \geq n(\epsilon)$.

b) ⇒ c): Ist (x, z) eine K-Intervallschachtelung, dann ist $x : \mathbb{N} \longrightarrow K$ eine Cauchy-konvergente Folge, denn zu beliebig gewähltem $\epsilon > 0$ gibt es einen Grenzindex $n(\epsilon)$ mit $|x_m - x_n| < z_{n(\epsilon)} - x_{n(\epsilon)} < \epsilon$, für alle $m, n \geq n(\epsilon)$, da $z - x$ nullkonvergent ist und $x_m, x_n \in [x_{n(\epsilon)}, z_{n(\epsilon)}]$ gilt. Nach Voraussetzung ist x konvergent mit einem Grenzwert $s = lim(x)$. Die Monotonie von x und die Antitonie von z zeigen dann $x \leq s \leq z$, woraus $lim(z - x) = 0$ die Eindeutigkeit von s mit $x \leq s \leq z$ liefert.

c) ⇒ a): Zu einer nicht-leeren und nach unten beschränkten Teilmenge $T \subset K$ wird eine K-Intervallschachtelung (x, z) konstruiert, zu der es nach Voraussetzung ein eindeutig bestimmtes Element $s \in K$ mit $x \leq s \leq z$ gibt. Für dieses Element wird dann $s = inf(T)$ gezeigt. Im einzelnen, wobei die Menge der unteren Schranken von T mit $us(T)$ bezeichnet sei:

1. Konstruktion von (x,z) auf rekursivem Wege: Als Rekursionsanfang sei ein Intervall $[x_1, z_1] \subset K$ mit $x_1 \in us(T)$ und $z_1 \notin us(T)$ beliebig gewählt. Der Rekursionsschritt sei vermöge $d_n = \frac{1}{2}(x_n + z_n)$ definiert durch

$$[x_{n+1}, z_{n+1}] = \begin{cases} [d_n, z_n], & \text{falls } d_n \in us(T), \\ [x_n, d_n], & \text{falls } d_n \notin us(T). \end{cases}$$

Diese Konstruktion von (x,z) ist also so angelegt, daß $x_n \in us(T)$ und $z_n \notin us(T)$, für alle $n \in \mathbb{N}$ gilt. Ferner ist x monoton und z antiton.

2. Nach obiger Konstruktion von (x,z) gilt $z_{n+1} - x_{n+1} = \frac{1}{2}(z_n - x_n)$, für alle $n \in \mathbb{N}$, und somit $z_n - x_n = \frac{1}{2^{n-1}}(z_1 - x_1)$, für alle $n \in \mathbb{N}$, woraus die Archimedizität von K aber $lim(z - x) = 0$ liefert.

3. Das oben genannte Element $s \in K$ ist eine untere Schranke von T, denn aus der Annahme $s \notin us(T)$ folgt die Existenz von $y \in T$ mit $y < s$ und wegen $x \leq s$ dann $z_n - x_n \geq s - x_n > s - y$ im Widerspruch zu $lim(z - x) = 0$.

4. Dieses Element s ist auch größte untere Schranke, denn: Für eine größere untere Schranke $y > s$ gilt $z > y$, also $z - x > y - x > y - s$, ebenfalls im Widerspruch zu $lim(z - x) = 0$.

2.068.2 Lemma

In einem Dedekind-Körper K gelten die beiden folgenden äquivalenten Aussagen:
a) Jede antitone und nach unten beschränkte Folge ist konvergent.
b) Jede monotone und nach oben beschränkte Folge ist konvergent.

Beweis: Eine antitone und nach unten beschränkte Folge $x : \mathbb{N} \longrightarrow K$ liefert einen Schnitt (S,T) durch $S = \{a \in K \mid a \leq x_n, \text{ für alle } n \in \mathbb{N}\}$ und $T = \{b \in K \mid \text{ es gibt } n \in \mathbb{N} \text{ mit } x_n < b\}$. Da K Dedekind-Körper ist, besitzt S ein Maximum $s = max(S)$, gegen das die Folge x konvergiert, denn: Ist $\epsilon > 0$ beliebig vorgegeben, dann liefert die Annahme $s + \epsilon \leq x_n$, für alle $n \in \mathbb{N}$, aber $s + \epsilon \in S$ im Widerspruch zur Maximalität von $s = max(S)$. Es muß also ein $n(\epsilon)$ geben mit $x_{n(\epsilon)} < s + \epsilon$ sowie $x_n \leq x_{n(\epsilon)} < s + \epsilon$, für alle $n \geq n(\epsilon)$. Nach Konstruktion von S gilt dann $s \leq x_n \leq x_{n(\epsilon)} < s + \epsilon$, für alle $n \geq n(\epsilon)$, also konvergiert x gegen s.

Wie zu erwarten ist, liefern die drei betrachteten Komplettierungen zu einem Archimedes-Körper K isomorphe angeordnete Körper $Dkom(K)$, $Ckom(K) = CF(K)/R_C$ und $Wkom(K) = Is(K)/R_W$. Im folgenden sollen zugehörige Funktionen auf den jeweiligen Quotientenmengen konstruiert werden, wobei im Hinblick auf das konkretere Ziel der Körper $K = \mathbb{Q}$ betrachtet wird.

2.068.3 Satz

Es gibt ein kommutatives Diagramm mit surjektiver Funktion v, woraus nach Corollar 1.142.2 die Bijektivität von v^* folgt:

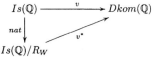

Beweis:
1. Definition der Funktion v: Zu einer Intervallschachtelung $(x,z) \in Is(\mathbb{Q})$ sei ein Dedekind-Schnitt $v(x,z) = (S,T)$ definiert durch $S = \{a \in \mathbb{Q} \mid a \leq x\}$ und $T = \{b \in \mathbb{Q} \mid b > z\} \setminus \{min(T)\}$.
2. Die so definierte Funktion v ist mit der Äquivalenz-Relation R_W auf $Is(\mathbb{Q})$ verträglich, denn gilt $(x,z) R_W (x', z')$, dann sind die nach vorstehender Konstruktion hergestellten Schnitte (S,T) und (S', T') gleich, da wegen $lim(z-x) = 0$ und $lim(z'-x') = 0$ auch $lim(x'-x) = 0$ und $lim(z'-z) = 0$ gilt. Umgekehrt bedeutet $v(x,z) = v(x', z')$ natürlich $(x,z) R_W (x', z')$.
3. Die Funktion v ist surjektiv: Zu einem Dedekind-Schnitt (S,T) wird eine Intervallschachtelung (x,z) mit $x : \mathbb{N} \longrightarrow S \subset \mathbb{Q}$ und $z : \mathbb{N} \longrightarrow T \subset \mathbb{Q}$ auf folgende Weise rekursiv definiert: Ein Rekursionsanfang $x_1 \in S$ und $z_1 \in T$ sei beliebig gewählt. Der Rekursionsschritt sei dann vermöge $d_n = \frac{1}{2}(x_n + z_n)$ definiert durch

$$(x_{n+1}, z_{n+1}) = \begin{cases} (d_n, z_n), & \text{falls } d_n \in S \text{ gilt}, \\ (x_n, d_n), & \text{falls } d_n \in T \text{ gilt}. \end{cases}$$

2.068.4 Satz

In den beiden folgenden kommutativen Diagrammen sind wohldefinierte und zueinander inverse Funktionen u und v enthalten, die nach Satz 1.142.3 zueinander inverse Funktionen u^* und v^* liefern:

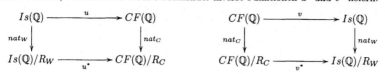

Beweis:

1. Die Funktion u sei durch die Zuordnung $(x,z) \longmapsto x$ definiert, womit x (wie auch z) eine Cauchy-konvergente Folge ist. Ferner ist u eine mit den Äquivalenz-Relationen R_W und R_C verträgliche Funktion, denn $(x,z)\, R_W\, (x',z')$ bedeutet die Existenz einer gemeinsamen Verfeinerung (x'',z'') mit $lim(x''-x) = 0$ und $lim(x''-x') = 0$, woraus $0 = lim(x''-x) - lim(x''-x') = lim(x''-x-x''+x') = lim(x'-x) = 0$ und damit $x\,R_C\,x'$ folgt.

2. Die Funktion v sei durch die Zuordnung $x \longmapsto (x'-x, x''-x)$ definiert, wobei x' und x'' gemäß Bemerkung 2.053.6/3 beliebig gewählt seien (also x' monoton und x'' antiton sowie $lim(x'-x) = 0$ und $lim(x''-x) = 0$). Ferner ist v eine mit den Äquivalenz-Relationen R_C und R_W verträgliche Funktion, denn aus $x\,R_C\,z$ folgt die Existenz zweier Intervallschachtelungen $x'-x, x''-x$ zu x und $(z'-z, z''-z)$ zu z, zu denen aber (x,z) eine gemeinsame Verfeinerung ist, also gilt $(x'-x, x''-x)\,R_W\,(z'-z, z''-z)$.

3. Es gilt $v \circ u = id$ und $u \circ v = id$, denn bezüglich $(v \circ u)(x,z) = v(x)$ kann $x' = 2x$ und $x'' = x+z$ gewählt werden, womit dann $v(x) = (2x-x, x+z-x) = (x,z)$ ist. Dieselbe Wahl liefert $(u \circ v)(x) = u(v(x)) = u(2x-x, x+z) = x$.

2.070 Folgen $\mathbb{N} \longrightarrow \mathbb{C}$

> Eine vollkommene Ordnung wäre der Ruin
> allen Fortschritts und Vergnügens.
> *Robert Musil* (1880 - 1942)

In den Abschnitten 2.07x sollen Folgen $\mathbb{N} \longrightarrow \mathbb{C}$ zunächst definiert und dann insbesondere hinsichtlich einer diesen Folgen aufgeprägten Konvergenz-Struktur untersucht werden. Die Vorgehensweise soll im wesentlichen dem Gang der Handlung bei der Untersuchung von Folgen $\mathbb{N} \longrightarrow \mathbb{R}$ angepaßt werden, allerdings werden gleichlautende Sachverhalte, sofern sich ihr Beweis unmittelbar übertragen läßt, nur in kurzer Form genannt.

Bei der folgenden Konkretion des allgemeinen Folgen-Begriffs in Abschnitt 2.001 für die Menge $\mathbb{C}$ werden wegen der Gleichheit $\mathbb{C} = \mathbb{R}^2$ als Mengen zunächst $\mathbb{R}^2$-Folgen betrachtet. Das entspricht auch der Vorgehensweise bei der Einführung der komplexen Zahlen in den Abschnitten 1.880 und 1.881. Im übrigen wird bei allen Betrachtungen zu $\mathbb{C}$-Folgen die *Hamilton-Darstellung* von $\mathbb{C}$ (siehe Abschnitt 1.881) wegen ihrer besonders klaren Form im Vordergrund stehen.

2.070.1 Bemerkungen

1. Folgen in $\mathbb{R}^2$ sind Funktionen $z : \mathbb{N} \longrightarrow \mathbb{R}^2$; die Menge aller $\mathbb{R}^2$-Folgen ist $Abb(\mathbb{N}, \mathbb{R}^2)$.

2. Für die Funktionswerte von Folgen, also die einzelnen Folgenglieder, steht bekanntlich neben der Funktionsschreibweise $z(n) = (a, a')$ auch die Indexschreibweise $z_n = (a, a')_n$ zur Verfügung. Auf die gesamte Folge übertragen lautet die Indexschreibweise dann $z = ((a, a')_n)_{n \in \mathbb{N}}$.

3. Zur Durchschaubarkeit der Theorie der $\mathbb{R}^2$-Folgen trägt maßgeblich bei: Jede Folge $z : \mathbb{N} \longrightarrow \mathbb{R}^2$ kann man sich gewissermaßen zusammengesetzt vorstellen aus zwei Folgen $x, x' : \mathbb{N} \longrightarrow \mathbb{R}$. Genauer gilt: Zu jeder Folge $z : \mathbb{N} \longrightarrow \mathbb{R}^2$ gibt es genau ein Paar (x, x') von Folgen $x, x' : \mathbb{N} \longrightarrow \mathbb{R}$ mit $z = (x, x')$. Das wird besonders in der Indexschreibweise $z_n = (x_n, x'_n)$, für die einzelnen Folgenglieder, oder $(z_n)_{n \in \mathbb{N}} = (x_n, x'_n)_{n \in \mathbb{N}}$, für die gesamte Folge (mit einfachem Klammernpaar geschrieben), deutlich.

4. Die vorstehende Bemerkung beruht auf dem Sachverhalt: Die Funktion $Abb(\mathbb{N}, \mathbb{R}^2) \overset{u}{\longrightarrow} Abb(\mathbb{N}, \mathbb{R})^2$ mit der Zuordnungsvorschrift $z \longmapsto (pr_1 \circ z, pr_2 \circ z)$ ist bijektiv.

5. Bezüglich des $\mathbb{R}$-Vektorraums $\mathbb{R}^2$ bildet die Menge $Abb(\mathbb{N}, \mathbb{R}^2)$ der $\mathbb{R}^2$-Folgen einen $\mathbb{R}$-Vektorraum bezüglich der Addition

   in Funktionsschreibweise: $\quad z_1 + z_2 = (x, x') + (y, y') = (x + y, x' + y')$
   in Indexschreibweise: $\quad (x_n, x'_n)_{n \in \mathbb{N}} + (y_n, y'_n)_{n \in \mathbb{N}} = (x_n + y_n, x'_n + y'_n)_{n \in \mathbb{N}}$

   und der $\mathbb{R}$-Multiplikation

   in Funktionsschreibweise: $\quad a \cdot z = a(x, x') = (ax, ax')$
   in Indexschreibweise: $\quad a \cdot (x_n, x'_n)_{n \in \mathbb{N}} = (ax_n, ax'_n)_{n \in \mathbb{N}}$

6. Der $\mathbb{R}$-Vektorraum $Abb(\mathbb{N}, \mathbb{R}^2)$ bildet zusammen mit der Ringmultiplikation

   in Funktionsschreibweise: $\quad z_1 \cdot z_2 = (x, x') \cdot (y, y') = (xy, x'y')$
   in Indexschreibweise: $\quad (x_n, x'_n)_{n \in \mathbb{N}} \cdot (y_n, y'_n)_{n \in \mathbb{N}} = (x_n y_n, x'_n y'_n)_{n \in \mathbb{N}}$

   eine (assoziative und kommutative) $\mathbb{R}$-Algebra mit Einselement $(1, 1)_{n \in \mathbb{N}}$.

2.070.2 Bemerkungen

1. Spricht man von $\mathbb{C}$-Folgen $\mathbb{N} \longrightarrow \mathbb{C}$ anstelle von $\mathbb{R}^2$-Folgen $\mathbb{N} \longrightarrow \mathbb{R}^2$, dann soll damit ausgedrückt werden, daß die komplexe Multiplikation von $\mathbb{C}$ auf Folgen $\mathbb{N} \longrightarrow \mathbb{C}$ übertragen wird. Sie hat in $Abb(\mathbb{N}, \mathbb{C})$ dann die Form $(x_n, x'_n)_{n \in \mathbb{N}} \cdot (y_n, y'_n)_{n \in \mathbb{N}} = ((x_n, x'_n) \cdot (y_n, y'_n))_{n \in \mathbb{N}} = (x_n y_n - x'_n y'_n, \; x_n y'_n + x'_n y_n)_{n \in \mathbb{N}}$.

2. Der $\mathbb{R}$-Vektorraum $Abb(\mathbb{N}, \mathbb{C})$ bildet zusammen mit der komplexen Multiplikation eine (assoziative und kommutative) $\mathbb{R}$-Algebra mit Einselement $(1, 0)_{n \in \mathbb{N}}$.

2.071 KONVERGENTE FOLGEN $\mathbb{N} \longrightarrow \mathbb{C}$

> Klarheit. Einfachheit. Verständlichkeit.
> *Andreas Feininger* (1907 - 1999)

Zunächst eine allgemeine Bemerkung vorweg: In Abschnitt 2.040 wurde durch die Definition der Konvergenz von $\mathbb{N} \longrightarrow \mathbb{R}$ auf $\mathbb{R}$ eine Konvergenz-Struktur installiert, die nun auf $\mathbb{C}$ übertragen werden soll. Dabei kann man das Wort Übertragung auf unterschiedliche Weisen und ganz allgemein betrachten:

a) Man kann durch Analyse der zu übertragenden Struktur versuchen, eine entsprechende abstrakte Struktur zu gewinnen, die gerade so zugeschnitten ist, daß sie (nur) die notwendigen Bestandteile der als Beispiel betrachteten Ausgangsstruktur enthält. Dieser Weg, der dem in Abschnitt 1.300 ausführlich geschilderten Abstraktionsverfahren zur Gewinnung mathematischer Strukturen entspricht, führt im Fall der Konvergenz-Struktur zu dem Begriff des *Metrischen Raums* als dem natürlichen abstrakten Rahmen, der dem Begriff Konvergenz entspricht. Hat man einen solchen Rahmen geschaffen, sieht man nach, welche anderen konkreten Objekte sich diesem Rahmen unterordnen lassen, und kann dann leicht und vor allem umfasend entscheiden, welche Beispiele außer dem Ausgangsbeispiel noch vorliegen, in unserem Fall also, wo überall Konvergenz sich installieren läßt. Dieses Vorgehen ist natürlich vom Prinzip her elegant und hat insbesondere vor allem ordnenden Charakter. Dieser Weg zur Untersuchung allgemeiner Konvergenz-Strukturen wird in den Abschnitten 2.40x eingeschlagen, allerdings, und das hat dieser Weg eben auch an sich, erfordert das breiter und infolgedessen länger angelegte Betrachtungen, die, wenn man nur ein bestimmtes Anwendungsfeld anvisiert, vielleicht nicht immer angemessen sind.

b) Man kann die Analyse des Ausgangsbeispiels auch gezielt auf die Eigenschaften und Möglichkeiten des Zielbeispiels ausrichten und im Gegensatz zu der Vorgehensweise in a) nach konkreten Realisierungsmöglichkeiten Ausschau halten.

Im folgenden soll – unabhängig von den Abschnitten 2.40x – nach der Methode b) vorgegangen werden, es ist also folgendes zu überlegen: Die Definition der Folgen-Konvergenz in $\mathbb{R}$ (Definition 2.040.1) erfordert eine Addition für die Bildung von Differenzen der Form $x_n - x_0$, eine Betrags-Funktion zur Bildung von Beträgen der Form $|x_n - x_0|$ und schließlich eine Möglichkeit der Abschätzung, die Vergleiche der Form $|x_n - x_0| < \epsilon$ zu entscheiden gestattet. Man wird also sehen müssen, ob diese drei Elemente, mit deren Hilfe Konvergenz in $\mathbb{R}$ (oder auch in $\mathbb{Q}$) definiert ist, auch in der Struktur von $\mathbb{C}$ vorliegen oder erzeugt werden können:

$\mathbb{C}$ verfügt zunächst über eine Addition, das heißt, Differenzen $z_n - z_0$ lassen sich für $\mathbb{C}$-Folgen $z = (z_n)_{n \in \mathbb{N}}$ stets bilden. Darüber hinaus ist auf $\mathbb{C}$ eine Betrags-Funktion mit der Vorschrift $a \longmapsto |a|$ definiert, deren Wertebereich – und das wird sich als entscheidend herausstellen – aber $\mathbb{R}$ ist. Diese Funktion $\mathbb{C} \longrightarrow \mathbb{R}$ gibt für $z = (x, x')$ den Abstand $d(z, 0) = \sqrt{x^2 + x'^2}$ einer komplexen Zahl $z = (x, x')$, als Punkt im Koordinaten-System betrachtet, zum Koordinatenursprung an.

Mit Hilfe dieser Betrags-Funktion lassen sich Abstände $d(z_1, z_2)$ zwischen komplexen Zahlen (Punkten) $z_1 = (x, x')$ und $z_2 = (y, y')$ gemäß nebenstehender Skizze darstellen:

$$d(z_1, z_2) = d(z_1 - z_2, 0) = |z_1 - z_2| = \sqrt{(x-y)^2 + (x'-y')^2}.$$

Anmerkung: Betrachtet man die genannten Punkte als Elemente von $\mathbb{R}^2$, so schreibt man aus Gründen – die hier nicht weiter erläutert sein sollen – $d(z_1, z_2) = \|z_1 - z_2\|$ für den oben genannten Abstand. Hier seien diese Schreibweisen zur Unterscheidung des Betrachtungsrahmens, also $\mathbb{C}$ oder $\mathbb{R}^2$, verwendet.

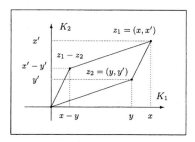

Das bedeutet also, daß Abschätzungen der Form $|z_n - z_0| < \epsilon$ für komplexe Zahlen z_n und z_0 tatsächlich Abschätzungen bezüglich der auf $\mathbb{R}$ definierten natürlichen Ordnung sind. Man beachte in diesem Zusammenhang, daß $\mathbb{R}$ ein angeordneter Körper ist, es auf $\mathbb{C}$ aber keine Ordnung gibt, so daß $\mathbb{C}$ damit ein angeordneter Körper wäre (Bemerkung 1.881.3/3). Diese Analyse erlaubt also, die folgende Definition analog zu Definition 2.040.1 zu formulieren:

2.071.1 Definition

1. Eine Folge $z : \mathbb{N} \longrightarrow T$, $T \subset \mathbb{C}$, heißt *konvergent in T gegen $z_0 \in T$*, falls es zu jedem $\epsilon \in \mathbb{R}^+$ einen Folgenindex *(Grenzindex)* $n(\epsilon) \in \mathbb{N}$ gibt mit
$$|z_n - z_0| < \epsilon, \text{ für alle } n \geq n(\epsilon).$$

2. Konvergiert eine Folge $z : \mathbb{N} \longrightarrow T$, $T \subset \mathbb{C}$, in T gegen $z_0 \in T$, so nennt man z_0 den *Grenzwert* oder *Limes* der Folge z und schreibt $lim(z) = z_0$ oder auch $lim(z_n)_{n \in \mathbb{N}} = z_0$.

3. Eine Folge $x : \mathbb{N} \longrightarrow T$, $T \subset \mathbb{C}$, die in T nicht konvergiert, heißt *divergent in T*.

4. Die Menge aller in $T \subset \mathbb{C}$ konvergenten Folgen $z : \mathbb{N} \longrightarrow T$ wird mit $Kon(T)$ bezeichnet.

Im Hinblick auf die Überlegungen in Abschnitt 2.070 liegt natürlich die Frage nach einem möglichen Zusammenhang zwischen Konvergenz in $\mathbb{C}$ und Konvergenz in $\mathbb{R}$ auf der Hand. Dazu sei noch einmal daran erinnert, daß sich jede $\mathbb{C}$-Folge $z : \mathbb{N} \longrightarrow \mathbb{C}$ auf genau eine Weise als Paar (x, x') zweier Folgen $x, x' : \mathbb{N} \longrightarrow \mathbb{R}$ darstellen läßt, man kann also $z = (x, x')$ identifizieren. Für alle Fragen der Konvergenz in $\mathbb{C}$ gilt nun der grundlegende Satz:

2.071.2 Satz

Eine Folge $z = (x, x') : \mathbb{N} \longrightarrow \mathbb{C}$ ist genau dann konvergent gegen $z_0 = (x_0, x'_0) \in \mathbb{C}$, falls $x : \mathbb{N} \longrightarrow \mathbb{R}$ gegen x_0 und $x' : \mathbb{N} \longrightarrow \mathbb{R}$ gegen x'_0 konvergent ist. Gilt eine der beiden vorstehenden äquivalenten Aussagen, dann gilt
$$lim(z) = lim(x, x') = (lim(x), lim(x')).$$

Beweis:

1. Es sei die Folge $z = (x, x') : \mathbb{N} \longrightarrow \mathbb{C}$ konvergent gegen $z_0 = (x_0, x'_0)$. Zu jedem $\epsilon \in \mathbb{R}^+$ gibt es dann einen Folgenindex *(Grenzindex)* $n(\epsilon) \in \mathbb{N}$, so daß für alle $n \geq n(\epsilon)$ die folgende Abschätzung gilt:
$$|z_n - z_0| = |(x_n, x'_n) - (x_0, x'_0)| = |(x_n - x_0, x'_n - x'_0)| = \sqrt{(x_n - x_0)^2 + (x'_n - x'_0)^2} < \epsilon.$$
Wegen $(x_n - x_0)^2 \geq 0$ und $(x'_n - x'_0)^2 \geq 0$, für alle $n \in \mathbb{N}$, gilt dann sowohl $|x_n - x_0| = \sqrt{(x_n - x_0)^2} \leq \sqrt{(x_n - x_0)^2 + (x'_n - x'_0)^2} < \epsilon$ als auch $|x'_n - x'_0| = \sqrt{(x'_n - x'_0)^2} \leq \sqrt{(x_n - x_0)^2 + (x'_n - x'_0)^2} < \epsilon$, folglich sind die Folgen x und x' konvergent mit $lim(x) = x_0$ und $lim(x') = x'_0$.

2. Die beiden Folgen $x, x' : \mathbb{N} \longrightarrow \mathbb{R}$ seien konvergent mit $lim(x) = x_0$ und $lim(x') = x'_0$. Zu jedem $\epsilon \in \mathbb{R}^+$ gibt es dann Folgenindices *(Grenzindices)* $n(\epsilon), n'(\epsilon) \in \mathbb{N}$ mit $|x_n - x_0| < \frac{\epsilon}{2}\sqrt{2}$, für alle $n \geq n(\epsilon)$, und $|x'_n - x'_0| < \frac{\epsilon}{2}\sqrt{2}$, für alle $n \geq n'(\epsilon)$. Damit gilt $(x_n - x_0)^2 < \frac{1}{2}\epsilon^2$, für alle $n \geq n(\epsilon)$, und $(x'_n - x'_0)^2 < \frac{1}{2}\epsilon^2$, für alle $n \geq n'(\epsilon)$, woraus zunächst $(x_n - x_0)^2 + (x'_n - x'_0)^2 < \frac{1}{2}\epsilon^2 + \frac{1}{2}\epsilon^2$, daraus dann schließlich $|z_n - z_0| = |(x_n, x'_n) - (x_0, x'_0)| = |(x_n - x_0, x'_n - x'_0)| = \sqrt{(x_n - x_0)^2 + (x'_n - x'_0)^2} < \sqrt{\frac{1}{2}\epsilon^2 + \frac{1}{2}\epsilon^2} = \epsilon$, für alle $n \geq max(n(\epsilon), n'(\epsilon))$, folgt.

2.071.3 Bemerkungen und Beispiele

1. Ohne darauf im einzelnen einzugehen, liefern alle Kriterien für Konvergenz von Folgen $\mathbb{N} \longrightarrow \mathbb{R}$ *mittelbar* ein Kriterium für Konvergenz von Folgen $\mathbb{N} \longrightarrow \mathbb{C}$. Das Wort *mittelbar* soll andeuten, daß es sich dabei eben nicht um direkte Übersetzungen solcher Kriterien handelt, die sich zum Teil auch nicht einfach übertragen lassen (wie beispielsweise Beschränktheit und Monotonie).

2. Negation der Aussage von Satz 2.071.2 liefert: Eine Folge $z = (x, x') : \mathbb{N} \longrightarrow \mathbb{C}$ ist genau dann divergent, falls (mindestens) eine der beiden Folgen $x, x' : \mathbb{N} \longrightarrow \mathbb{R}$ divergent ist.

3. Ein Kriterium für Divergenz ist beispielsweise: Eine Folge $z = (x, x') : \mathbb{N} \longrightarrow \mathbb{C}$ ist genau dann divergent, falls (mindestens) eine der beiden Folgen $x, x' : \mathbb{N} \longrightarrow \mathbb{R}$ mehr als einen Häufungspunkt hat.

4. Konstante Folgen $z = (x, x') : \mathbb{N} \longrightarrow \mathbb{C}$ mit $z(n) = (a, a')$, für alle $n \in \mathbb{N}$, sind konvergent und es gilt $lim(z) = (lim(x), lim(x')) = (a, a')$. Insbesondere gilt das für Punkte (a, a) in $diag(\mathbb{C})$.

5. Die Folge $z = (x, x') : \mathbb{N} \longrightarrow \mathbb{C}$ mit $z(n) = ((-1)^n, (-1)^n a)$, für alle $n \in \mathbb{N}$, ist divergent, da sogar beide Komponenten, die Folgen x und x' für $a \neq 0$, jeweils zwei Häufungspunkte haben.

6. Die folgende Skizze illustriert die Folge $x = (x_1, x_2) : \mathbb{N} \longrightarrow \mathbb{C}$, definiert durch die Vorschrift $x(m) = (x_1(m), x_2(m)) = (\frac{m-1}{m}, \frac{m+3}{m})$. Die Folge x hat die ersten vier Folgenglieder $x(1) = (0, 4)$, $x(2) = (\frac{1}{2}, \frac{5}{2})$,

$x(3) = (\frac{2}{3}, \frac{6}{3})$, $x(4) = (\frac{3}{4}, \frac{7}{4})$, die, wie alle anderen Folgenglieder von x auch, Punkte der durch $f(x) = -3x + 4$ definierten Geraden f bzw. Punkte der Relation $f = \{(x, y) \in \mathbb{C} \mid y = -3x + 4\}$ sind. Die Folge x konvergiert naheliegenderweise gegen den Grenzwert (Punkt) $x_0 = (x_{10}, x_{20}) = (1, 1)$.

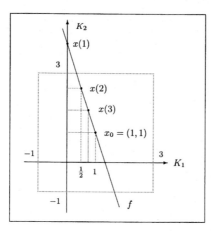

A2.071.01: Geben Sie die identische Folge, die Nullfolge sowie weitere Beispiele konstanter Folgen $\mathbb{N} \longrightarrow \mathbb{R}^2$ an. Wie kann man diese Folgen in einem zweidimensionalen Cartesischen Koordinaten-System (K_1, K_2) beschreiben?

A2.071.02: Beweisen Sie: Die in Bemerkung 2.070.1/4 genannte Funktion $Abb(\mathbb{N}, \mathbb{R}^2) \xrightarrow{u} Abb(\mathbb{N}, \mathbb{R})^2$ mit der Zuordnungsvorschrift $z \longmapsto (pr_1 \circ z, pr_2 \circ z)$ besitzt die inverse Funktion $Abb(\mathbb{N}, \mathbb{R})^2 \xrightarrow{v} Abb(\mathbb{N}, \mathbb{R}^2)$ mit der Zuordnungsvorschrift $(x, x') \longmapsto (in_1 \circ x) + (in_2 \circ x')$. Beide Funktionen sind also bijektiv.

A2.071.03: Nennen Sie die in Satz 2.071.2 genannte Formel $lim(z) = lim(x, x') = (lim(x), lim(x'))$ in Indexschreibweise in Gauß-Darstellung, in Hamilton-Darstellung und in trigonometrischer Darstellung.

A2.071.04: Betrachten Sie zu Satz 2.071.2 die konkreten Daten $x_n = \frac{1}{n}$ und $x'_n = \frac{1}{n^2}$, ferner sei $\epsilon = \frac{1}{100}$ vorgegeben. Nennen und erläutern (!) Sie den zugehörigen Grenzindex, der dann die Konvergenz der Folge (x, x') garantiert.

A2.071.05: Nennen Sie mehrere Paare konvergenter $\mathbb{C}$-Folgen und untersuchen Sie die jeweils zugehörigen Produktfolgen hinsichtlich Konvergenz, zum einen im Sinne des Ringprodukts, zum anderen im Sinne der komplexen Multiplikation.

A2.071.06: Untersuchen Sie die Mengen $Kon(\mathbb{R}^2)$ und $Kon(\mathbb{C})$ im Sinne der Sätze 2.045.1 und 2.046.1.

2.074 Konvergente Folgen $\mathbb{N} \longrightarrow \mathbb{R}^n$

> Die Philosophie ist eigentlich Heimweh
> – Trieb überall zu Hause zu sein.
> *Novalis* (1772 - 1801)

Es ist nicht schwer zu erraten, daß sich alle Begriffe und Sachverhalte, die in den Abschnitten 2.070 und 2.071 den $\mathbb{R}$-Vektorraum $\mathbb{R}^2$ sowie die (komponentenweise definierte) Ringmultiplikation in $\mathbb{R}^2$ betreffen, sich naturgetreu auf die Menge $\mathbb{R}^n$ zuzüglich der analogen Strukturen übetragen lassen. Die folgenden Betrachtungen liefern also keine Überraschungen und werden überhaupt nur der formal komplexeren Situationen halber genannt (und gelten im übrigen in Potenzen K^n beliebiger angeordneter Körper K). Es sei aber noch angemerkt, daß das Thema Konvergenz in $\mathbb{R}^n$ noch einmal in den Abschnitten 2.40x untersucht wird.

Ausgehend von dem in Abschnitt 2.071 schon verwendeten Abstands-Begriff in $\mathbb{R}^2$, der für zwei Punkte u und v in $\mathbb{R}^2$ in der Form $d(u,v) = \|u-v\| = \sqrt{(u_1-v_1)^2 + (u_2-v_2)^2}$ festgelegt wurde, wird ganz analog der Abstand zwischen zwei Punkten $u = (u_1, ..., v_n)$ und $v = (v_1, ..., v_n)$ in $\mathbb{R}^n$ durch $d(u,v) = \|u-v\| = \sqrt{\sum_{1 \leq k \leq n}(u_k - v_k)^2}$ definiert. Es sei noch einmal erwähnt, daß in $\mathbb{R}^1 = \mathbb{R}$ gerade $\|u-v\| = |u-v|$ ist. (In diesem Zusammenhang ist unerheblich, daß das Zeichen $\|u-v\|$ auf der sogenannten Norm $\|z\|$ beruht, die ihrerseits mit dem Skalaren Produkt definiert ist.)

2.074.1 Definition

Eine Folge $x : \mathbb{N} \longrightarrow \mathbb{R}^n$ ist ein n-Tupel $x = (x_1, ..., x_n)$ von Folgen $x_k : \mathbb{N} \longrightarrow \mathbb{R}$ mit $1 \leq k \leq n$. Das m-te Folgenglied von $x = (x_1, ..., x_n)$ ist dann das n-Tupel $x(m) = (x_1(m), ..., x_n(m)) = (x_{1m}, ..., x_{nm})$ aus $\mathbb{R}^n$.

2.074.2 Satz

Eine Folge $x = (x_1, ..., x_n) : \mathbb{N} \longrightarrow \mathbb{R}^n$ ist genau dann konvergent gegen $x_0 = (x_{10}, ..., x_{n0})$, wenn für alle $1 \leq k \leq n$ die Komponenten-Folgen $x_k : \mathbb{N} \longrightarrow \mathbb{R}$ konvergent gegen x_{0k} sind.

Beweis:

1. Konvergiert $x = (x_1, ..., x_n)$ gegen $x_0 = (x_{10}, ..., x_{n0})$, so gibt es ein zu jedem $\epsilon \in \mathbb{R}^+$ einen Grenzindex $n(\epsilon) \in \mathbb{N}$ mit $\|x(m) - x_0\| < \epsilon$, für alle $m \geq n(\epsilon)$. Wegen $|x_{km} - x_{k0}| \geq 0$, für alle $1 \leq k \leq m$, gilt dann $|x_{km} - x_{k0}| = \sqrt{(x_{km} - x_{k0})^2} \leq \sqrt{\sum_{1 \leq k \leq n}(x_{km} - x_{k0})^2} = \|x(m) - x_0\| < \epsilon$, für alle $1 \leq k \leq m$. Somit sind alle Folgen x_k mit $1 \leq k \leq n$ jeweils konvergent gegen x_{k0}.

2. Konvergieren für alle $1 \leq k \leq n$ die Komponenten-Folgen x_k gegen x_{k0}, dann gibt es zu jedem $\epsilon \in \mathbb{R}^+$ zu x_k gehörende Grenzindices $n_k(\epsilon) \in \mathbb{N}$ mit $|x_{km} - x_{k0}| < \frac{1}{n}\sqrt{n} \cdot \epsilon = \epsilon_*$, jeweils für alle $m \geq n_k(\epsilon)$. Somit ist $\|x(m) - x_0\| = \sqrt{\sum_{1 \leq k \leq n}(x_{km} - x_{k0})^2} < \sqrt{\sum_{1 \leq k \leq n}\epsilon_*^2} = \epsilon$, für alle $m \geq n(\epsilon) = max(n_1(\epsilon), ... n_n(\epsilon))$. Folglich konvergiert $x = (x_1, ..., x_n)$ gegen $x_0 = (x_{10}, ..., x_{n0})$.

2.074.3 Bemerkungen

1. Ist eine Folge $x = (x_1, ..., x_n) : \mathbb{N} \longrightarrow \mathbb{R}^n$ konvergent gegen $x_0 = (x_{10}, ..., x_{n0})$, dann gilt
$lim(x) = lim(x_1, ..., x_n) = (lim(x_1), ..., lim(x_n))$.

2. Betrachtet man die Darstellung von Folgen $x : \mathbb{N} \longrightarrow \mathbb{R}^n$ als n-Tupel $x = (x_1, ..., x_n)$ von Komponenten-Folgen x_k mit $1 \leq k \leq n$, dann ist $Abb(\mathbb{N}, \mathbb{R}^n) = (Abb(\mathbb{N}, \mathbb{R}))^n$ die Menge aller Folgen $\mathbb{N} \longrightarrow \mathbb{R}^n$. Der vorstehende Satz 2.074.4 zeigt dann: Die Menge $Kon(\mathbb{R}^n)$ der konvergenten Folgen $\mathbb{N} \longrightarrow \mathbb{R}^n$ hat die Darstellung $Kon(\mathbb{R}^n) = (Kon(\mathbb{R}))^n$.

3. Die Teilmenge $Kon(\mathbb{R}^n)$ von $Abb(\mathbb{N}, \mathbb{R}^n)$ der konvergenten Folgen $\mathbb{N} \longrightarrow \mathbb{R}^n$ bildet bezüglich der auf $Abb(\mathbb{N}, \mathbb{R}^n)$ definierten algebraischen Strukturen eine kommutative $\mathbb{R}$-Algebra.

2.080 FUNKTIONEN-FOLGEN $\mathbb{N} \longrightarrow Abb(T, \mathbb{R})$

> Poesie ist die Muttersprache des Menschengeschlechtes.
> *Johann Gottfried von Herder* (1744 - 1803)

Im bisherigen Verlauf der Untersuchungen von Folgen wurden stets Folgen von Zahlen, kurz Zahlenfolgen $\mathbb{N} \longrightarrow S$ mit $S \subset \mathbb{R}$ oder auch $S \subset \mathbb{C}$ betrachtet. Jedoch ist der Folgen-Begriff in Definition 2.001.1 so allgemein definiert, daß auch andere Objekte als lediglich Zahlen in Frage kommen können. (Die Numerierung von Objekten, die als Idee hinter dem Folgen-Begriff steht, hängt ja nicht von der Natur der zu numerierenden Gegenstände ab.)

2.080.1 Definition

Folgen der Form $f : \mathbb{N} \longrightarrow Abb(X, M)$ nennt man *Funktionen-Folgen*. Dabei ist jedes Folgenglied in der Folge $f = (f_n)_{n \in \mathbb{N}}$ eine Funktion $f_n : X \longrightarrow M$ mit beliebigen nicht-leeren Mengen X und M.

2.080.2 Beispiele und Bemerkungen

1. $\mathbb{N} \longrightarrow Abb(\mathbb{R}, \mathbb{R})$, definiert durch die Zuordnung $n \longmapsto n \cdot id + b$, ist in Index-Schreibweise die Folge $(n \cdot id + b)_{n \in \mathbb{N}}$ aller Geraden mit Anstieg n und konstantem Ordinatenabschnitt b.

2. $\mathbb{N} \longrightarrow Abb(\mathbb{R}, \mathbb{R})$, definiert durch die Zuordnung $n \longmapsto id^n$, ist in Index-Schreibweise die Folge $(id^n)_{n \in \mathbb{N}}$ aller Potenz-Funktionen $id^n : \mathbb{R} \longrightarrow \mathbb{R}$ mit natürlichen Exponenten.

3. $\mathbb{N} \longrightarrow Abb(\mathbb{R}, \mathbb{R})$, definiert durch die Zuordnung $n \longmapsto n \cdot sin$, ist in Index-Schreibweise die Folge $(n \cdot sin)_{n \in \mathbb{N}}$ einiger Sinus-Funktionen $n \cdot sin : \mathbb{R} \longrightarrow \mathbb{R}$ mit ganzzahliger Amplitude.

4. Die zu dem Begriff der Folge führende Indizierung mit natürlichen Zahlen läßt sich formal in gleicher Weise auch für andere nicht-leere Indexmengen I vornehmen (wobei allerdings nur dann ein analoger Anordnungs-Effekt erzielt wird, wenn $(I, \leq)$ eine (linear) geordnete Menge ist). In diesem allgemeinen Fall nennt man $x : I \longrightarrow M$, in Index-Schreibweise dann entsprechend $x = (x_i)_{i \in I}$, eine *Familie von Elementen* aus M oder kürzer eine *I-Familie über M*.

Insbesondere nennt man $f : I \longrightarrow Abb(X, M)$ eine *Familie von Funktionen* und schreibt $f = (f_i)_{i \in I}$. Solche Funktionen-Familien werden häufig dann betrachtet oder konstruiert, wenn gleichartig gebaute Zuordnungsvorschriften parametrisiert werden. Beispielsweise ist $f = (f_a)_{a \in \mathbb{R}}$ mit $f_a = a \cdot id$ die Familie aller Geraden $\mathbb{R} \longrightarrow \mathbb{R}$ durch den Ursprung.

Hat die Indexmenge I die Eigenschaft $\mathbb{R}^+ \subset I \subset \mathbb{R}$, dann liefert jede durch I indizierte Funktionen-Familie $(f_i)_{i \in I}$ eine Funktionen-Folge $f = (f_n)_{n \in \mathbb{N}}$ durch Einschränkung von I auf $\mathbb{N}$.

5. In den folgenden Abschnitten soll untersucht werden, wie sich der Konvergenz-Begriff der Definition 2.040.1 auf Funktionen-Folgen $f = (f_n)_{n \in \mathbb{N}}$ von Funktionen $f_n : T \longrightarrow \mathbb{R}$ mit $T \subset \mathbb{R}$ übertragen läßt. Bei einer wortwörtlichen Übertragung wird sofort deutlich, daß eine ϵ-Abschätzung der Form $|f_n - f_0| < \epsilon$ für eine zunächst intuitiv sinnvoll gewählte Grenzfunktion $f_0 : T \longrightarrow \mathbb{R}$ einer besonderen Deutung bzw. einer genaueren Formulierung bedarf, denn in dieser Form wird die Funktion $|f_n - f_0|$ mit der Zahl ϵ verglichen. Ein solcher Vergleich kann aber nur argumentweise sinnvoll sein, das heißt, entweder wird für ein $z \in T$ in der Form $|f_n - f_0|(z) = |(f_n - f_0)(z)| = |f_n(z) - f_0(z)| < \epsilon$ ein für z lokaler Vergleich oder in der Form $Bild(|f_n - f_0|) < \epsilon$ ein globaler Vergleich angestellt. Es treten bei diesen Abschätzungen also zwei prinzipiell verschiedene Fälle auf.

Nehmen wir an, daß eine Funktionen-Folge $f = (f_n)_{n \in \mathbb{N}}$ eine derartige Grenzfunktion f_0 besitzt, dann liegt folgende Frage (nach dem Nutzen) nahe: Lassen sich Eigenschaften der einzelnen Funktionen $f_n : T \longrightarrow \mathbb{R}$ auf $f_0 : T \longrightarrow \mathbb{R}$ gewissermaßen vererben? Fragen dieser Art richten sich vorwiegend an Eigenschaften wie *Stetigkeit*, *Differenzierbarkeit* oder *Integrierbarkeit* und werden in den entsprechenden Kapiteln dann auch eingehend untersucht (wobei sich die zweite Variante als die zugkräftigere erweisen wird).

2.082 Argumentweise Konvergente Folgen $\mathbb{N} \longrightarrow Abb(T, \mathbb{R})$

> Der größte Feind des Rechtes ist das Vorrecht.
> *Marie von Ebner-Eschenbach* (1830 - 1916)

Zu der Vorüberlegung in Bemerkung 2.080.2/5 zunächst ein Beispiel (weitere Beispiele folgen in Abschnitt 2.084) für die sogenannte lokale Untersuchung von Funktionen-Folgen hinsichtlich Konvergenz:

2.082.1 Beispiel

Betrachten wir die Funktionen-Folge $f = (f_n)_{n \in \mathbb{N}}$ von Funktionen $f_n = \frac{1}{n} id^2 + 1 : \mathbb{R} \longrightarrow \mathbb{R}$ und eine beliebig, aber fest gewählte Zahl z aus $D(f_n) = \mathbb{R}$. Gemäß nebenstehender Skizze nähern sich die einzelnen Funktionen f_n mit zunehmendem Index n offenbar der konstanten Funktion $f_0 = 1 : \mathbb{R} \longrightarrow \mathbb{R}$. Dabei hat die Zahlenfolge $(f_n(z))_{n \in \mathbb{N}} = (\frac{1}{n} z^2 + 1)_{n \in \mathbb{N}}$ offenbar den Grenzwert $1 = f_0(z)$. Das heißt, zu jedem $\epsilon \in \mathbb{R}^+$ gibt es wegen $|f_n(z) - f_0(z)| = |(\frac{1}{n} z^2 + 1) - 1| = |\frac{1}{n} z^2| = \frac{1}{n} z^2 < \epsilon \Leftrightarrow \frac{1}{\epsilon} z^2 < n$ und somit $[\frac{1}{\epsilon} z^2] = n$ einen von ϵ und z abhängigen Grenzindex $n(\epsilon, z)$ mit $|f_n(z) - f_0(z)| < \epsilon$, für alle $n \geq n(\epsilon, z) = [\frac{1}{\epsilon} z^2]$.

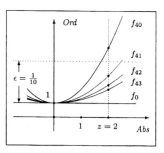

Die Abhängigkeit des Grenzindex' $n(\epsilon, z)$ von z illustrieren die folgenden Berechnungen: Mit $\epsilon = 0,1$ liefert $z = 1$ den Grenzindex $n(\epsilon, 1) = [10 \cdot 1] = 11$, ebenso liefert $z = 2$ (das ist der in der Skizze eingezeichnete Fall) den Grenzindex $n(\epsilon, 2) = [10 \cdot 4] = 41$ und entsprechend ist $n(\epsilon, 3) = 91$.

2.082.2 Definition

Eine Funktionen-Folge $f = (f_n)_{n \in \mathbb{N}} : \mathbb{N} \longrightarrow Abb(T, \mathbb{R})$ von Funktionen $f_n : T \longrightarrow \mathbb{R}$ mit $T \subset \mathbb{R}$ heißt *argumentweise konvergent* oder auch *punktweise konvergent* gegen eine *Grenzfunktion* $f_0 : T \longrightarrow \mathbb{R}$, falls für alle $z \in T$ die $\mathbb{R}$-Folgen $(f_n(z))_{n \in \mathbb{N}}$ gegen $f_0(z)$ konvergieren.

2.082.3 Bemerkungen

1. Die mit konstantem Element $z \in T$ gebildeten Folgenglieder $f_1(z), f_2(z), f_3(z), \ldots$ liefern also die $\mathbb{R}$-Folge $(f, z) = (f_n(z))_{n \in \mathbb{N}}$ mit der Zuordnung $n \longmapsto f_n(z) \in \mathbb{R}$.

2. Besonders im Hinblick auf den in Abschnitt 2.084 vorgestellten Konvergenz-Begriff für Funktionen-Folgen sei der der Argumentweisen Konvergenz auch in quantifizierter Form genannt. Die zugehörige Bedingung ist: $(\forall z \in T)(\forall \epsilon \in \mathbb{R}^+)(\exists n(\epsilon, z) \in \mathbb{N}) \; : \; n \geq n(\epsilon, z) \Rightarrow |f_n(z) - f_0(z)| < \epsilon$.

3. Konvergiert $f : \mathbb{N} \longrightarrow Abb(T, \mathbb{R})$ argumentweise gegen $f_0 : T \longrightarrow \mathbb{R}$, so schreibt man dafür auch $lim(f) = lim(f_n)_{n \in \mathbb{N}} = f_0$. Bei Verwendung dieser Schreibweise ist aber stets dazu zu sagen, ob es sich um Argumentweise Konvergenz oder um die später definierte Gleichmäßige Konvergenz handelt, denn diese Bezeichnung berücksichtigt nicht die Art der Konvergenz.
Gilt $lim(f) = f_0$, so hat $f_0 : T \longrightarrow \mathbb{R}$ die Zuordnungsvorschrift $z \longmapsto lim(f_n(z))_{n \in \mathbb{N}}$.

4. Konvergiert $f : \mathbb{N} \longrightarrow Abb(T, \mathbb{R})$ argumentweise gegen $f_0 : T \longrightarrow \mathbb{R}$, ist ferner $S \subset T$, dann konvergiert auch $g : \mathbb{N} \longrightarrow Abb(S, \mathbb{R})$ mit $g(n) = f(n)|S$ argumentweise gegen $g_0 = f_0|S$.

5. **Monotonie-Kriterium:** Eine monotone oder antitone Folge $f : \mathbb{N} \longrightarrow Abb(T, \mathbb{R})$, also $f = (f_n)_{n \in \mathbb{N}}$, ist genau dann argumentweise konvergent, wenn für alle $z \in T$ die $\mathbb{R}$-Folgen $(f_n(z))_{n \in \mathbb{N}}$ nach oben bzw. nach unten beschränkt sind (wie aus Satz 2.044.1/2/3 folgt).
Ist $f = (f_n)_{n \in \mathbb{N}}$ beispielsweise monoton und nach oben beschränkt, dann gilt für die Grenzfunktion f_0 also $f_0(z) = (lim(f_n)_{n \in \mathbb{N}})(z) = lim(f_n(z))_{n \in \mathbb{N}} = sup\{f_n(z) \mid n \in \mathbb{N}\} = (sup\{f_n \mid n \in \mathbb{N}\})(z) = (sup(f))(z)$, für alle $z \in T$.

6. **Cauchy-Kriterium:** Eine Folge $f : \mathbb{N} \longrightarrow Abb(T, \mathbb{R})$, also $f = (f_n)_{n \in \mathbb{N}}$, ist genau dann argumentweise konvergent, wenn gilt: Zu jedem $\epsilon > 0$ und zu jedem Element $z \in T$ existiert ein Grenzindex $n(\epsilon, z)$ mit der Beziehung $|f_n(z) - f_m(z)| < \epsilon$, für alle $n, m \geq n(\epsilon, z)$ (siehe Definition 2.050.1).

7. Es sei schon vorsorglich darauf aufmerksam gemacht, daß sich von den beiden vorstehenden Kriterien für Argumentweise Konvergenz nur das *Cauchy-Kriterium* auf Funktionen-Folgen $f : \mathbb{N} \longrightarrow Abb(T, \mathbb{R}^n)$ mit $n > 1$ übertragen läßt. (Der Grund dafür ist, daß auf $\mathbb{R}^n$ keine geeignete Ordnung definiert werden kann.)

A2.082.01: Betrachten Sie die Familien $(f_a)_{a \in \mathbb{R}^+}$ von Funktionen
a) $f_a : \mathbb{R} \longrightarrow \mathbb{R}$, definiert durch $f_a(x) = \frac{1}{a}x$,
b) $f_a : \mathbb{R} \longrightarrow \mathbb{R}$, definiert durch $f_a(x) = ax^2 + a$,
c) $f_a : \mathbb{R} \longrightarrow \mathbb{R}$, definiert durch $f_a(x) = ax^2 + ax$,
d) $f_a : \mathbb{R}^+ \longrightarrow \mathbb{R}$, definiert durch $f_a(x) = \frac{1}{ax}$.

Konstruieren Sie jeweils innerhalb dieser Familien eine Folge $f = (f_n)_{n \in \mathbb{N}}$, die gegen die Null-Funktion $D(f_a) \longrightarrow \mathbb{R}$ argumentweise konvergiert (mit rechnerischem Nachweis und einigermaßen genauen Skizzen von f_1 bis f_4).

Mit derselben Aufgabenstellung (natürlich jedoch ohne Skizze):
e) $f_a : \mathbb{R} \longrightarrow \mathbb{R}$, definiert durch $f_a(x) = ax^m + ... + ax$ mit $m \in \mathbb{N}$,
f) $f_a : \mathbb{R} \longrightarrow \mathbb{R}$, definiert durch $f_a(x) = ax^m + ... + ax + a$ mit $m \in \mathbb{N}$.

Schließlich: Wie kann man Familien $(f_{ab})_{a,b \in \mathbb{R}^+}$ von Funktionen $f_{ab} : \mathbb{R} \longrightarrow \mathbb{R}$ mit $f_{ab}(x) = ax + b$ (wobei ab als Doppelindex zu lesen ist) auf analoge Weise behandeln?

A2.082.02: Beweisen Sie die Aussage von Bemerkung 2.082.3/5.

2.084 GLEICHMÄSSIG KONVERGENTE FOLGEN $\mathbb{N} \longrightarrow Abb(T, \mathbb{R})$

> Wer scharfsinnig ist, der kann sich deutlich vorstellen, auch was in den Dingen verborgen ist und von andern übersehen wird.
> *Christian Wolff* (1679 - 1754)

Wie auch in Abschnitt 2.082 wieder ausgehend von der Vorüberlegung in Bemerkung 2.080.2/5 zunächst auch hier ein Beispiel für die sogenannte globale Untersuchung von Funktionen-Folgen hinsichtlich konvergenten Verhaltens. Bei diesem Beispiel wird wieder mit den Funktionen f_n aus Beispiel 2.082.1 hantiert, hier werden sie jedoch als Einschränkungen $f_n|[a,b]$ auf ein abgeschlossenes Intervall betrachtet:

2.084.1 Beispiele

1. Die nach Beispiel 2.082.1 und Bemerkung 2.082.3/3 zunächst argumentweise konvergente Funktionen-Folge $f = (f_n)_{n \in \mathbb{N}}$ von Funktionen $f_n = \frac{1}{n}id^2 + 1 : [0,2] \longrightarrow \mathbb{R}$ mit der Grenzfunktion $f_0 = 1 : [0,2] \longrightarrow \mathbb{R}$ hat folgende *zusätzliche* Eigenschaft:

Es sei z_s eine Zahl aus dem Intervall $[0,2]$ und n_s derjenige Index aus $\mathbb{N}$, für die $|f_{n_s}(z_s) - f_0(z_s)|$ unter diesen Abständen $|f_n(z) - f_0(z)|$ maximal ist. Für $[0,2]$ sind das $z_s = 2$ und $n_s = 1$. Wird nun gemäß untenstehender Skizze ein $\epsilon \in \mathbb{R}^+$ vorgegeben, so gilt nach Beispiel 2.082.1 dann $|f_{n_s}(z_s) - f_0(z_s)| < \epsilon$, für alle $n \geq n(\epsilon, z_s)$. Für $\epsilon = 0,1$ ist beispielsweise $n(\epsilon, 2) = 41$.

Nach der eben vorausgesetzten Maximalitätsbedingung gilt für alle $z \in [0,2]$ dann die Abschätzung $|f_n(z) - f_0(z)| \leq |f_{n_s}(z_s) - f_0(z_s)| < \epsilon$, für alle $n \geq n(\epsilon, z_s) = 41 \geq n(\epsilon, z)$. Für $z = 1$ ist beispielsweise $n \geq n(\epsilon, 2) = 41 \geq n(\epsilon, 1) = 11$.

Diese Betrachtung zeigt, daß der zu beliebig, aber fest gewähltem Abstand $\epsilon \in \mathbb{R}^+$ berechnete Grenzindex $n(\epsilon, z_s)$ maximal unter allen Grenzindices $n(\epsilon, z)$ mit $z \in D(f_n) = [0,2]$ ist. Das bedeutet, daß für alle $z \in D(f_n) = [0,2]$ und insofern auch unabhängig von z dann $|f_n(z) - f_0(z)| < \epsilon$, für alle $n \geq n(\epsilon, z_s)$ gilt. Dieser also global gültige Index wird dann mit $n(\epsilon)$ bezeichnet.

Wie das vorstehende Beispiel 1 nahelegt, kann für jede argumentweise konvergente Funktionen-Folge $f = (f_n)_{n \in \mathbb{N}}$ der Definitionsbereich so eingeschränkt werden, daß sich stets eine Zahl z_s mit der dort genannten Maximalitätseigenschaft und ein zugehöriger, bezüglich $z \in D(f_n)$ globaler Grenzindex $n(\epsilon) = n(\epsilon, z_s)$ finden lassen. Daß eine solche schwerwiegende Maßnahme jedoch nicht immer erforderlich ist, zeigt das folgende Beispiel 2:

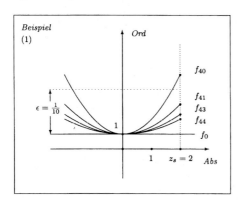
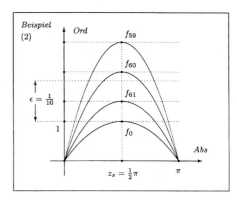

2. Die Funktionen-Folge $f = (f_n)_{n \in \mathbb{N}}$ von Funktionen $f_n = (1 + \frac{6}{n})sin : \mathbb{R} \longrightarrow \mathbb{R}$ nähert sich (gemäß obiger Skizze 2) mit zunehmendem Index n offenbar der Grenzfunktion $f_0 = sin : \mathbb{R} \longrightarrow \mathbb{R}$ an. Dabei ist $z_s = \frac{1}{2}\pi$ eine Zahl aus $D(f_n) = \mathbb{R}$ und $n_s = 1$ derjenige Index aus $\mathbb{N}$, für der der Betrag $|f_{n_s}(z_s) - f_0(z_s)|$ maximal ist.

Für alle $z \in \mathbb{R}$ gilt dann die Äquivalenz $|f_n(z) - f_0(z)| \leq |f_{n_s}(z_s) - f_0(z_s)| = |(1+\frac{6}{n})sin(\frac{1}{2}\pi) - sin(\frac{1}{2}\pi)| = \frac{6}{n}|sin(\frac{1}{2}\pi)| < \epsilon \Leftrightarrow \frac{6}{\epsilon}|sin(\frac{1}{2}\pi)| < n$, für alle $n \geq n(\epsilon, \frac{1}{2}\pi) = [\frac{6}{\epsilon}sin(\frac{1}{2}\pi)] = [\frac{6}{\epsilon}]$. Dabei ist der Grenzindex $n(\epsilon, \frac{1}{2}\pi)$ wie in Beispiel 1 wieder maximal und insofern unabhängig von z. Es gilt also $|f_n(z) - f_0(z)| < \epsilon$, für alle $n \geq n(\epsilon) = n(\epsilon, \frac{1}{2}\pi) = [\frac{6}{\epsilon}]$.

Beispielsweise ist für $\epsilon = 0,1$ dann $n(\epsilon) = n(\epsilon, \frac{1}{2}\pi) = [10 \cdot 6] = 61$, hingegen ist $n(\epsilon, \frac{3}{4}\pi) = [10 \cdot sin(\frac{3}{4}\pi)] = [10 \cdot \frac{1}{2}\sqrt{2}] = [5 \cdot \sqrt{2}] = 8$.

2.084.2 Definition

Eine Funktionen-Folge $f = (f_n)_{n \in \mathbb{N}} : \mathbb{N} \longrightarrow Abb(T, \mathbb{R})$ von Funktionen $f_n : T \longrightarrow \mathbb{R}$ mit $T \subset \mathbb{R}$ heißt *gleichmäßig konvergent* oder auch *global konvergent* gegen eine *Grenzfunktion* $f_0 : T \longrightarrow \mathbb{R}$, falls es zu jedem Abstand $\epsilon \in \mathbb{R}^+$ einen (von allen $z \in T$ unabhängigen) Grenzindex $n(\epsilon) \in \mathbb{N}$ gibt mit $|f_n(z) - f_0(z)| < \epsilon$, für alle $n \geq n(\epsilon)$ und für alle $z \in T$.

2.084.3 Bemerkungen

1. Noch einmal zum Vergleich von der in Abschnitt 2.084 vorgestellten Argumentweisen Konvergenz und der Gleichmäßigen Konvergenz für Funktionen-Folgen.

a) Bei Argumentweiser Konvergenz lautet die Konvergenz-Bedingung: Zu jedem $\epsilon \in \mathbb{R}^+$ und zu jedem $z \in D(f_n) = T$ gibt es einen (von z und ϵ abhängigen lokalen) Grenzindex $n(\epsilon, z)$ mit $|f_n(z) - f_0(z)| < \epsilon$, für alle $n \geq n(\epsilon, z)$.

b) Ist die Menge $\{|f_n(z) - f_0(z)| \mid z \in D(f_n), n \in \mathbb{N}\}$ durch eine Zahl c beschränkt, dann gibt es eine (im allgemeinen nicht eindeutig bestimmte) Zahl $z_s \in D(f_n) = T$ und einen Index $n_s \in \mathbb{N}$ mit der Abschätzung $|f_n(z) - f_0(z)| \leq |f_{n_s}(z_s) - f_0(z_s)| \leq c$, für alle $z \in D(f_n) = T$ und für alle $n \in \mathbb{N}$.

c) Unter der in b) genannten Voraussetzung ist die Funktion $n(\epsilon, -) : D(f_n) \longrightarrow \mathbb{R}$, die jedem $z \in D(f_n)$ den lokalen Grenzindex $n(\epsilon, z) \in \mathbb{N}$ zuordnet, nach oben durch $n(\epsilon, z_s)$ beschränkt. Liegt die in b) genannte Eigenschaft nicht vor, dann ist die Funktion $n(\epsilon, -)$ nicht beschränkt und infolgedessen die Folge f nicht gleichmäßig konvergent.

2. Noch einmal in einfachen Worten: Konvergiert eine Funktionen-Folge $f : \mathbb{N} \longrightarrow Abb(T, \mathbb{R})$ argumentweise gegen eine Funktion $f_0 : T \longrightarrow \mathbb{R}$, dann *kann* sie die *zusätzliche Eigenschaft* haben, gegen f_0 auch gleichmäßig zu konvergieren. Umgekehrt: Konvergiert f gegen f_0 gleichmäßig, dann natürlich auch argumentweise. Das bedeutet für konkrete Fälle, daß zunächst immer die Argumentweise Konvergenz, dann anschließend die Zusatzeigenschaft Gleichmäßige Konvergenz geprüft wird.

3. Konvergiert $f : \mathbb{N} \longrightarrow Abb(T, \mathbb{R})$ gleichmäßig gegen $f_0 : T \longrightarrow \mathbb{R}$, so schreibt man dafür auch $lim(f) = lim(f_n)_{n \in \mathbb{N}} = f_0$. Bei Verwendung dieser Schreibweise ist aber stets dazu zu sagen, ob es sich um Argumentweise Konvergenz (siehe Abschnitt 2.082) oder um Gleichmäßige Konvergenz handelt, denn diese Bezeichnung berücksichtigt nicht die Art der Konvergenz.
Gilt $lim(f) = f_0$, so hat $f_0 : T \longrightarrow \mathbb{R}$ die Zuordnungsvorschrift $z \longmapsto lim(f_n(z))_{n \in \mathbb{N}}$.

4. Zum Vergleich der beiden Konvergenz-Begriffe für Funktionen-Folgen quantifizierte Fassungen:
Argumentweise Konvergenz: $(\forall z \in T)(\forall \epsilon \in \mathbb{R}^+)(\exists n(\epsilon, z) \in \mathbb{N}) : n \geq n(\epsilon, z) \Rightarrow |f_n(z) - f_0(z)| < \epsilon$.
Gleichmäßige Konvergenz: $(\forall \epsilon \in \mathbb{R}^+)(\exists n(\epsilon) \in \mathbb{N})(\forall z \in T) : n \geq n(\epsilon, z) \Rightarrow |f_n(z) - f_0(z)| < \epsilon$.

Man kann aber auch noch weiter quantifizieren zu folgenden Fassungen:
Argumentweise Konvergenz: $(\forall z \in T)(\forall \epsilon \in \mathbb{R}^+)(\exists n(\epsilon, z) \in \mathbb{N})(\forall n \geq n(\epsilon, z)) : |f_n(z) - f_0(z)| < \epsilon$.
Gleichmäßige Konvergenz: $(\forall \epsilon \in \mathbb{R}^+)(\exists n(\epsilon) \in \mathbb{N})(\forall z \in T)(\forall n \geq n(\epsilon)) : |f_n(z) - f_0(z)| < \epsilon$.

5. *Hinweis:* Die eigentliche Bedeutung der gleichmäßig konvergenten Funktionen-Folgen gegenüber den (nur) argumentweise konvergenten Funktionen-Folgen wird sich erst in Satz 2.215.4 erweisen (wobei die diesbezüglichen Betrachtungen dann noch in Abschnitt 2.436 fortgesetzt werden).

2.086 BEISPIELE KONVERGENTER FOLGEN $\mathbb{N} \longrightarrow Abb(T, \mathbb{R})$

> Es schwinden jedes Kummers Falten,
> so lang des Liedes Zauber walten.
> *Friedrich von Schiller* (1759 - 1805)

In diesem Abschnitt ist eine Reihe von Funktionen-Folgen $f = (f_n)_{n \in \mathbb{N}} : \mathbb{N} \longrightarrow Abb(D(f_n), \mathbb{R})$ genannt, die alle argumentweise konvergent, aber nicht alle auch gleichmäßig konvergent sind.

2.086.1 Beispiel

Die Funktionen-Folge $f = (f_n)_{n \in \mathbb{N}} : \mathbb{N} \longrightarrow Abb([0,2], \mathbb{R})$ von Funktionen $f_n : [0,2] \longrightarrow \mathbb{R}$, definiert durch die Vorschrift $f_n(z) = \frac{1}{n} \cdot z^2 + 1$, ist gleichmäßig konvergent gegen die Grenzfunktion $f_0 = 1 : [0,2] \longrightarrow \mathbb{R}$ (siehe Beispiel 2.084.1/1).

2.086.2 Beispiel

Die Funktionen-Folge $f = (f_n)_{n \in \mathbb{N}} : \mathbb{N} \longrightarrow Abb(\mathbb{R}, \mathbb{R})$ von Funktionen $f_n : \mathbb{R} \longrightarrow \mathbb{R}$, definiert durch die Vorschrift $f_n(z) = (1 + \frac{6}{n}) sin(z)$, ist gleichmäßig konvergent gegen die Grenzfunktion $f_0 = sin : \mathbb{R} \longrightarrow \mathbb{R}$ (siehe Beispiel 2.084.1/2).

2.086.3 Beispiel

1. Die Funktionen-Folge $f = (f_n)_{n \in \mathbb{N}} : \mathbb{N} \longrightarrow Abb(\mathbb{R}, \mathbb{R})$ von Funktionen $f_n : \mathbb{R} \longrightarrow \mathbb{R}$, definiert durch die Vorschrift $f_n(z) = 1 - \frac{z^n}{n!}$, hat folgende Konvergenz-Eigenschaften:

a) Die Folge f ist argumentweise konvergent gegen die Funktion $f_0 = 1 : \mathbb{R} \longrightarrow \mathbb{R}$, denn: Sind $\epsilon \in \mathbb{R}^+$ und $z \in \mathbb{R}$ beliebig, aber fest vorgegeben, dann ist $|f_n(z) - f_0(z)| = |1 - \frac{z^n}{n!} - 1| = |\frac{z^n}{n!}| = \frac{|z^n|}{n!} = \frac{|z|^n}{n!} < \epsilon$, für alle $n \geq n(\epsilon, z)$, wobei $n(\epsilon, z)$ wegen der Konvergenz der Folge $(\frac{|z|^n}{n!})_{n \in \mathbb{N}}$ existiert (siehe Beispiel 2.044.4/7).

b) Die Folge f ist offenbar nicht gleichmäßig konvergent, denn mit zunehmendem $|z|$ muß auch $n(\epsilon, z)$ zunehmen. Betrachtet man jedoch etwa $D(f_n) = [-1, 1]$, für alle $n \in \mathbb{N}$, dann konvergiert f auch gleichmäßig gegen $f_0 = 1 : T \longrightarrow \mathbb{R}$, denn in diesem Fall ist $\frac{|z|^n}{n!} \leq \frac{1}{n!} < \epsilon$, für alle $z \in [-1, 1]$, falls $n! > \frac{1}{\epsilon}$ gilt. Damit ist $n(\epsilon) = 1 + max\{k \in \mathbb{N} \mid k = n! > \frac{1}{\epsilon}\}$ und unabhängig von der Zahl $z \in [-1, 1]$ bestimmt.

2.086.4 Beispiel

Die Funktionen-Folge $f = (f_n)_{n \in \mathbb{N}} : \mathbb{N} \longrightarrow Abb([0,1], \mathbb{R})$ der Potenz-Funktionen $f_n = id^n : [0,1] \longrightarrow \mathbb{R}$, definiert durch die Vorschrift $f_n(z) = z^n$, hat folgende Konvergenz-Eigenschaften:

a) Die Folge f ist argumentweise konvergent gegen die Funktion $f_0 : [0,1] \longrightarrow \mathbb{R}$, definiert durch die beiden Einzelvorschriften $f_0|[0,1) = 0$ und $f_0(1) = 1$ denn: Für $z \in [0,1)$ konvergiert die Folge $(id^n(z))_{n \in \mathbb{N}} = (z^n)_{n \in \mathbb{N}}$ gegen 0 (siehe Beispiel 2.044.4/6), für $z = 1$ konvergiert sie gegen 1.

b) Für die Einschränkungen $D(f_n) = [0,1)$ konvergiert die Folge f argumentweise gegen die Null-Funktion, also gegen $f_0 = 0 : [0,1) \longrightarrow \mathbb{R}$, es gilt also $lim(f) = 0$.

c) Die Folge f ist aber auch für den Fall $D(f_n) = [0,1)$ nicht gleichmäßig konvergent, denn: Für $\epsilon < 1$ gibt es keine Funktion f_n, die vollständig in dem ϵ-Band um die Null-Funktion (Abszisse) liegt. Anders gesagt: Für jede monotone Folge $z : \mathbb{N} \longrightarrow [0,1)$ mit $lim(z) = 1$ gilt für jedes $n \in \mathbb{N}$ dann $lim(f_n(z_k))_{k \in \mathbb{N}} = lim(z_k^n)_{k \in \mathbb{N}} = 1$.

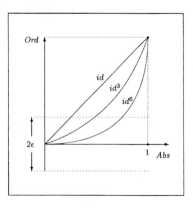

2.086.5 Beispiel

Die Funktionen-Folge $f = (f_n)_{n \in \mathbb{N}} : \mathbb{N} \longrightarrow Abb([0,1], \mathbb{R})$ von Funktionen $f_n : [0,1] \longrightarrow \mathbb{R}$, definiert durch die Vorschrift $f_n(z) = (1 + \frac{1}{n}z)^2$, hat folgende Konvergenz-Eigenschaften:

a) Die Folge f ist argumentweise konvergent gegen die Funktion $f_0 = 1 : [0,1] \longrightarrow \mathbb{R}$, denn: Ist $z \in [0,1]$ beliebig, aber fest vorgegeben, dann konvergiert die Folge $(f_n(z))_{n \in \mathbb{N}}$ wegen $f_n(z) = 1 + \frac{2}{n}z + \frac{1}{n^2}z^2$ gegen $1 + 0 \cdot z + 0 \cdot z^2 = 1$.

b) Die Folge f ist gleichmäßig konvergent gegen die Funktion $f_0 = 1 : [0,1] \longrightarrow \mathbb{R}$, denn: Zu untersuchen sind für alle $n \in \mathbb{N}$ die Funktionen $d_n = |f_n - f_0| = |f_n - 1| : [0,1] \longrightarrow \mathbb{R}$ mit $d_n(z) = \frac{2}{n}z + \frac{1}{n^2}z^2$. Wegen $N(d_n') = \emptyset$, $d_n(0) = 0$ und $d_n(1) = \frac{2}{n} + \frac{1}{n^2} > 0 = d_n(0)$ ist 1 die globale Maximalstelle von d_n.
Sei nun $\epsilon \in \mathbb{R}^+$ vorgelegt, dann gibt es einen Grenzindex $n_s = n(\epsilon)$ mit $d_{n_s}(1) = \frac{2}{n_s} + \frac{1}{n_s^2} < \epsilon$, für den gilt: $d_n(1) < \epsilon$, für alle $n \geq n(\epsilon)$.

2.086.6 Beispiel

Die Funktionen-Folge $f = (f_n)_{n \in \mathbb{N}} : \mathbb{N} \longrightarrow Abb(\mathbb{R}^+, \mathbb{R})$ von Funktionen $f_n : \mathbb{R}^+ \longrightarrow \mathbb{R}$, definiert durch die Vorschrift $f_n(z) = \frac{1}{n^2} \cdot z \cdot e^{-\frac{1}{n}z}$, hat folgende Konvergenz-Eigenschaften:

a) Die Folge f ist argumentweise konvergent gegen die Null-Funktion $f_0 = 0 : \mathbb{R}^+ \longrightarrow \mathbb{R}$, denn: Zu beliebig, aber fest gewähltem $z \in \mathbb{R}^+$ gilt zunächst $lim(e^{-\frac{1}{n}z})_{n \in \mathbb{N}} = e^{lim(-\frac{1}{n}z)_{n \in \mathbb{N}}} = e^0 = 1$ (wegen der Stetigkeit von exp_e oder mit $e^{-\frac{1}{n}z} = \sqrt[n]{e^z}$), somit konvergiert die Folge $(\frac{1}{n^2} \cdot z \cdot e^{-\frac{1}{n}z})_{n \in \mathbb{N}}$ gegen $0 \cdot z \cdot 1 = 0$.

b) Die Folge f ist gleichmäßig konvergent gegen die Null-Funktion $f_0 = 0 : \mathbb{R}^+ \longrightarrow \mathbb{R}$, denn: Zu untersuchen sind für alle $n \in \mathbb{N}$ die Funktionen $d_n = |f_n - f_0| = |f_n| = f_n : \mathbb{R}^+ \longrightarrow \mathbb{R}$. Mit $d_n'(z) = \frac{1}{n^2} \cdot e^{-\frac{1}{n}z}(1 - \frac{z}{n})$ ist $N(d_n') = \{n\}$ und, wie man weiter zeigen kann, n die Maximalstelle, also $(n, d_n(n)) = (n, \frac{1}{ne})$ das Maximum von $d_n = f_n$.
Sei nun $\epsilon \in \mathbb{R}^+$ vorgelegt, dann gibt es einen Grenzindex $n_s = n(\epsilon)$ mit $d_{n_s}(n_s) = \frac{1}{n_s e} < \epsilon$, nämlich $n(\epsilon) = [\frac{1}{e\epsilon}]$, für den gilt: $d_n(n) < \epsilon$, für alle $n \geq n(\epsilon)$.

A2.086.01: Zeigen Sie, daß die Funktionen-Folge $f = (f_n)_{n \in \mathbb{N}} : \mathbb{N} \longrightarrow Abb([0,1], \mathbb{R})$ von Funktionen $f_n : [0,1] \longrightarrow \mathbb{R}$, definiert durch die Vorschrift

  a) $f_n(z) = 1 + x^n(1-x)^n$ b) $f_n(z) = 1 - x^n(1-x^n)$

jeweils gegen die konstante Funktion $f_0 = 1 : [0,1] \longrightarrow \mathbb{R}$ argumentweise konvergiert, diese Konvergenz aber nur für die Folge f mit a) auch gleichmäßig ist.

A2.086.02: Zeigen Sie, daß die Funktionen-Folge $f = (f_n)_{n \in \mathbb{N}} : \mathbb{N} \longrightarrow Abb(\mathbb{R}_0^+, \mathbb{R})$ von Funktionen $f_n : \mathbb{R}_0^+ \longrightarrow \mathbb{R}$, definiert durch die Vorschrift $f_n(z) = nx \cdot e^{-nx}$ gegen die Null-Funktion $f_0 = 0 : \mathbb{R}_0^+ \longrightarrow \mathbb{R}$ argumentweise konvergiert. Was ist über den Fall $D(f_n) = \mathbb{R}^-$ zu sagen? Zeigen Sie ferner, daß f nicht gleichmäßig konvergiert.

A2.086.03: Zeigen Sie, daß die Funktionen-Folge $f = (f_n)_{n \in \mathbb{N}} : \mathbb{N} \longrightarrow Abb([0,1], \mathbb{R})$ von Funktionen $f_n : [0,1] \longrightarrow \mathbb{R}$, definiert durch die Vorschrift $f_n(z) = \frac{x}{1+n^2z^2}$ gleichmäßig konvergiert.

2.090   Grenzwerte von Funktionen

> In der Logik wie in der Grammatik spielt der Mensch keine Ausnahme.
> *Ludwig Wittgenstein* (1889 - 1951)

Wie in den Abschnitten 1.230, 1.231 und 1.770 schon gezeigt wurde, haben Quotienten $\frac{u}{v}$ von Funktionen $f : T \longrightarrow \mathbb{R}$ mit $T \subset \mathbb{R}$ stets den eingeschränkten Definitionsbereich $D(\frac{u}{v}) = T \setminus N(v)$ mit der Zerlegung $N(v) = L(f) \cup Pol(f)$ in Lücken und Pole. Wenn die Nullstellen von v nun einzelne Zahlen sind, ist es häufig von Interesse (wie die Abschnitte zu Stetigen und Differenzierbaren Funktionen, 2.2x und 2.3x, auch zeigen werden), die Funktion $f = \frac{u}{v}$ *in der Nähe* ihrer Lücken und Pole zu untersuchen. Zu diesem Zweck werden (geeignete) gegen diese Stellen konvergente Folgen x betrachtet und die zugehörigen Bildfolgen $f \circ x$ hinsichtlich ihres Konvergenzverhaltens (Konvergenz oder Divergenz) untersucht.

2.090.1   Beispiel

Zu der durch $f(z) = \frac{u(z)}{v(z)} = \frac{z^2-4}{z^2-5z+6} = \frac{(z-2)(z+2)}{(z-2)(z-3)}$ definierten Funkion $f : D(f) \setminus \{2,3\} \longrightarrow \mathbb{R}$ mit der Nullstellenmenge $N(v) = \{2,3\}$ von v liegen die Lücke $x_0 = 2$ und der Pol $y_0 = 3$ vor. Es soll nun das Verhalten von f in der Nähe dieser beiden Nullstellen von v genauer untersucht werden:

1. Zu der Lücke $x_0 = 2$ seien beliebige gegen x_0 konvergente Folgen $x : \mathbb{N} \longrightarrow D(f) = \mathbb{R} \setminus \{2,3\}$ vorgelegt. Zunächst kann man sehen, daß die Bildfolgen $u \circ x$ und $v \circ x$ mit dem Zähler und dem Nenner von f dazu ungeeignet sind, denn es ist $lim(u \circ x) = lim(x_n^2 - 4)_{n \in \mathbb{N}} = lim(x_n^2)_{n \in \mathbb{N}} - 4 = x_0^2 - 4 = 2^2 - 4 = 0$ sowie $lim(v \circ x) = lim(x_n^2 - 5x_n + 6)_{n \in \mathbb{N}} = lim(x_n^2)_{n \in \mathbb{N}} - 5 \cdot lim(x_n)_{n \in \mathbb{N}} + 6 = x_0^2 - x_0 + 6 = 2^2 - 5 \cdot 2 + 6 = 0$. Da nun aber $D(f) = \mathbb{R} \setminus \{2,3\}$ gilt, kann man anstelle von $f = \frac{u}{v}$ die Funktion $f^* = \frac{u^*}{v^*} : \mathbb{R} \setminus \{3\} \longrightarrow \mathbb{R}$ mit $f^*(z) = \frac{u^*(z)}{v^*(z)} = \frac{z+2}{z-3}$ betrachten, die mit f auf $\mathbb{R} \setminus \{2,3\}$ übereinstimmt (es gilt also $f^* | \mathbb{R} \setminus \{2,3\} = f$). Betrachtet man nun wieder gegen $x_0 = 2$ konvergente Folgen $x : \mathbb{N} \longrightarrow D(f) = \mathbb{R} \setminus \{2,3\}$ und die von u^* und v^* erzeugten Bildfolgen, dann sind diese Folgen konvergent mit $lim(u^* \circ x) = x_0 + 2 = 4$ und $lim(v^* \circ x) = x_0 - 3 = -1$. Damit existiert $lim(f^* \circ x) = lim(\frac{u^*}{v^*} \circ x) = lim(\frac{u^* \circ x}{v^* \circ x}) = \frac{lim(u^* \circ x)}{lim(v^* \circ x)} = \frac{4}{-1} = -4 = f^*(2)$. Man kann also sagen: Da die Folgen $f \circ x$ und $f^* \circ x$ wegen $W(f^* \circ x) = W(f \circ x) = \mathbb{R} \setminus \{2,3\}$ übereinstimmen, hat $f \circ x$ denselben Grenzwert wie $f^* \circ x$, es gilt also $lim(f \circ x) = lim(f^* \circ x)$, womit insbesondere die Existenz von $lim(f \circ x)$ gezeigt ist.

2. Es seien nun in analoger Weise der Pol $y_0 = 3$ und gegen 3 konvergente Folgen $x : \mathbb{N} \longrightarrow D(f) = \mathbb{R} \setminus \{2,3\}$ betrachtet: Mit den oben genannten Daten ist dann $lim(u^* \circ x) = y_0 + 2 = 5$ und $lim(v^* \circ x) = y_0 - 3 = 0$. Man kann wegen $lim(v^* \circ x) = 0$ also *nicht* die Beziehung $lim(\frac{u^* \circ x}{v^* \circ x}) = \frac{lim(u^* \circ x)}{lim(v^* \circ x)}$ verwenden.
In einem solchen Fall betrachtet man sogenannte Testfolgen $(y_0 - \frac{1}{n})_{n \in \mathbb{N}}$ und $(y_0 + \frac{1}{n})_{n \in \mathbb{N}}$, das sind also konkrete und einfach zu handhabende Folgen, die gegen y_0 konvergieren, und beobachtet dann das Konvergenz-Verhalten ihrer Bildfolgen: Beispielsweise haben für $y_0 = 3$ die beiden Testfolgen $(3 - \frac{1}{n})_{n \in \mathbb{N}}$ und $(3 + \frac{1}{n})_{n \in \mathbb{N}}$ die Bildfolgen $(f^*(3 - \frac{1}{n}))_{n \in \mathbb{N}} = (-5n+1)_{n \in \mathbb{N}}$ und $(f^*(3 + \frac{1}{n}))_{n \in \mathbb{N}} = (5n+1)_{n \in \mathbb{N}}$, sind also unbeschränkte Folgen, im ersten Fall antiton, im zweiten Fall monoton. Und das bedeutet, daß im Fall $y_0 = 3$ der Grenzwert der Folge $f^* \circ x$ nicht existiert.

2.090.2   Definition

Es seien eine Funktion $f : T \longrightarrow \mathbb{R}$ mit $T \subset \mathbb{R}$ und eine Zahl $x_0 \in \mathbb{R}$ vorgelegt. Existieren zu allen gegen x_0 konvergenten Folgen $x : \mathbb{N} \longrightarrow T$ (mit $x_n \neq x_0$) die Grenzwerte $lim(f \circ x)$ und sind diese Grenzwerte alle gleich, dann nennt man diesen Grenzwert den *Grenzwert von f bei x_0* und schreibt $lim(f, x_0) = lim(f \circ x)$.

2.090.3   Bemerkungen

1. Man beachte, daß im Fall $x_0 \notin D(f)$ natürlich $lim(f, x_0) \notin Bild(f)$ gilt.

2. In älterer Schreibweise wird auch das Zeichen $lim(f, x_0) = \lim\limits_{x \to x_0} f(x)$ verwendet.

3. Betrachtet man in vorstehender Definition nur *monotone* (nur *antitone*) gegen x_0 konvergente Folgen

x, so nennt man – falls existent – den gemeinsamen Grenzwert dieser Folgen den *linksseitigen Grenzwert* (den *rechtsseitigen Grenzwert*) von f bei x_0 und verwendet dafür die beiden entsprechend ergänzten Zeichen $lim(f, x_0, -)$ bzw. $lim(f, x_0, +)$. In älterer Schreibweise werden dafür auch die folgenden Zeichen verwendet: $lim(f, x_0, -) = \lim_{x \to x_0^-} f(x) = \lim_{x \to x_0, x < x_0} f(x)$ und $(f, x_0, +) = \lim_{x \to x_0^+} f(x) = \lim_{x \to x_0, x > x_0} f(x)$.

4. Existieren die beiden einzelnen Grenzwerte $lim(f, x_0, -)$ und $lim(f, x_0, +)$ und gilt $lim(f, x_0, -) = lim(f, x_0, +)$, dann ist diese Zahl gerade der Grenzwert $lim(f, x_0)$. Umgekehrt gesagt: Existiert einer der Grenzwerte $lim(f, x_0, -)$ und $lim(f, x_0, +)$ nicht oder sind sie, falls sie beide existieren, ungleich, dann existiert auch $lim(f, x_0)$ nicht.

5. Sind zu allen gegen x_0 konvergenten *monotonen* Folgen x die zugehörigen Bildfolgen $f \circ x$ unbeschränkt und monoton (antiton), also zwar nicht in $\mathbb{R}$, aber in $\mathbb{R}^\star = \mathbb{R} \cup \{-\star, \star\}$ konvergent, so schreibt man auch $lim(f, x_0, -) = \star$ (entsprechend $lim(f, x_0, -) = -\star$). In analoger Weise liefern die gegen x_0 konvergenten *antitonen* Folgen die Bezeichnungen $lim(f, x_0, +) = \star$ und $lim(f, x_0, +) = -\star$.

Da die Definition des Grenzwertes einer Funktion ja lediglich eine nuancierte Formulierung des Grenzwertes von Folgen darstellt, die sich nicht auf eine einzelne, sondern auf *alle* gegen eine Zahl konvergente Folgen bezieht, lassen sich die in Satz 2.045.1 genannten Sachverhalte unmittelbar übertragen und liefern im vorliegenden Zusammenhang folgende Formulierungen:

2.090.4 Satz

Es seien Funktionen $f, g : T \longrightarrow \mathbb{R}$ mit $T \subset \mathbb{R}$ und eine Zahl $x_0 \in \mathbb{R}$ vorgelegt. Existieren die Grenzwerte $lim(f, x_0)$ und $lim(g, x_0)$, dann existiert auch der Grenzwert

1. $lim(f + g, x_0)$ der Summe $f + g$ bei x_0 und es gilt $lim(f + g, x_0) = lim(f, x_0) + lim(g, x_0)$,
2. $lim(f - g, x_0)$ der Differenz $f - g$ bei x_0 und es gilt $lim(f - g, x_0) = lim(f, x_0) - lim(g, x_0)$,
3. $lim(af, x_0)$ des $\mathbb{R}$-Produkts af bei x_0 und es gilt $lim(af, x_0) = a \cdot lim(f, x_0)$,
4. $lim(f \cdot g, x_0)$ des Produkts $f \cdot g$ bei x_0 und es gilt $lim(f \cdot g, x_0) = lim(f, x_0) \cdot lim(g, x_0)$,
5. $lim(\frac{f}{g}, x_0)$ des Quotienten $\frac{f}{g}$ bei x_0 und es gilt $lim(\frac{f}{g}, x_0) = \frac{lim(f, x_0)}{lim(g, x_0)}$, sofern $lim(g, x_0) \neq 0$ ist.

A2.090.01: Untersuchen Sie jeweils die Existenz des Grenzwertes $lim(f, x_0)$ für $f : D(f) \longrightarrow \mathbb{R}$ mit

1. $f(x) = \frac{x^3 - x^2 + x - 6}{2x^4 - 4x^2 + x - 2}$ und $x_0 = 2$, 2. $f(x) = \frac{x^4 - 1}{x - 1}$ und $x_0 = 1$, 3. $f(x) = \frac{x+1}{x-4}$ und $x_0 = 4$.

Klassifizieren Sie Paare $(f = \frac{u}{v}, x_0)$ rationaler Funktionen $f = \frac{u}{v} : \mathbb{R} \setminus N(v) \longrightarrow \mathbb{R}$ und Zahlen $x_0 \in \mathbb{R}$ hinsichtlich der beiden möglichen Fälle $x_0 \notin N(v)$ oder $x_0 \in N(v) = L(f) \cup Pol(f)$.

A2.090.02: Geben Sie Funktionen $f : \mathbb{R} \longrightarrow \mathbb{R}$ und Zahlen $x_0 \in \mathbb{R}$ an, für die einerseits der Grenzwert $lim(f, x_0)$ zwar existiert, andererseits aber $lim(f, x_0) \neq f(x_0)$ gilt.

A2.090.03: Zu Satz 2.090.4: Man findet in Schulbüchern häufig Formulierungen nach dem Muster: Es gilt $lim(f + g, x_0) = lim(f, x_0) + lim(g, x_0)$.

1. Inwiefern ist diese Formulierung unvollständig? Warum *muß* dabei eine Implikation (sprachlich also ein Konditionalsatz) verwendet werden?
2. Geben Sie Funktionen $h = f + g : \mathbb{R} \longrightarrow \mathbb{R}$ und Zahlen $x_0 \in \mathbb{R}$ an, für die $lim(h, x_0)$ existiert, obwohl nicht auch beide Grenzwerte $lim(f, x_0)$ und $lim(g, x_0)$ existieren.

A2.090.04: Betrachten Sie die Funktion $f = \frac{\sin}{id} : \mathbb{R} \setminus \{0\} \longrightarrow \mathbb{R}$ und begründen Sie $lim(f, 0) = 1$.

A2.090.05: Berechnen Sie unter Verwendung von Aufgabe A2.090.04 den Grenzwert $lim(\frac{\cos - 1}{id}, 0)$.

2.100 Theorie der Reihen

> Des Jünglings Geist erstarkte immer mehr von Tag zu Tag
> (mit jedem Tag mehr). Besonders in der Mathematik hätte
> er es weit bringen können, hätte ihn nicht der Gedanke an
> das Fräulein Saint-Yves immer wieder abgelenkt.
> *François-Marie Voltaire* (1694 - 1778)

Die Überlegungen, die in den Abschnitten 2.0x über Bau, Art und Eigenschaften von Folgen angestellt worden sind, werden in den folgenden Abschnitten 2.1x auf sogenannte *Reihen* übertragen bzw. angewendet, denn *Reihen sind Folgen*. Allerdings sind Reihen Folgen besonderer Bauart: Ausgehend von einer Folge $x : \mathbb{N}_0 \longrightarrow \mathbb{R}$ werden die Glieder der von x erzeugten Reihe aus den Gliedern x_0, x_1, x_3, ... der Folge x nach folgendem Rezept hergestellt: Das erste Glied der Reihe sei x_0, das zweite $x_0 + x_1$, das dritte $x_0 + x_1 + x_2$, das m-te Reihenglied ist dann $x_0 + ... + x_{m-1}$. Auf diese Weise läßt sich zu jedem $m \in \mathbb{N}_0$ eine solche (stets endliche) Summe bilden, insgesamt wird also die Folge $sx : \mathbb{N}_0 \longrightarrow \mathbb{R}$ mit der Zuordnungsvorschrift $sx(m) = x_0 + ... + x_m$ erzeugt und die *von x erzeugte Reihe* genannt.

Naheliegenderweise stehen bei der Betrachtung von Reihen zwei Fragen im Vordergrund:
1. Wie kann man Konvergenz/Divergenz von Reihen erkennen und durch Berechnung entscheiden?
2. Zu welchen Zwecken werden konvergente Reihen verwendet?

Zur Frage 1 werden – nach genaueren begrifflichen Klärungen – in den dann folgenden Abschnitten die diesbezüglichen Standard-Verfahren vorgestellt. In dem damit mitunter verbundenen technischen Aufwand geht ein Hauptindiz für Konvergenz leicht etwas verloren, das bei allen konkreten Beispielen zunächst untersucht werden sollte: Eine Reihe sx kann überhaupt nur dann konvergieren, wenn die ihr zugrunde liegende Folge x nullkonvergent ist (also gegen Null konvergiert, siehe Corollar 2.112.3). Anders gesagt: Reihen, die von nicht-nullkonvergenten Folgen erzeugt werden, sind stets divergent.

Bei der Frage 2 beschränken wir uns im wesentlichen auf die klassischen Beispiele von Potenz-Reihen (ab Abschnitt 2.150), das sind die Reihen-definierten Zuordnungsvorschriften (oder auch Funktionen im ganzen) der Exponential- und Logarithmus-Funktionen, exp_a und log_a (siehe dazu eine ganz andere Definitionsversion in den Abschnitten 2.63x) sowie die beiden trigonometrischen Grundfunktionen sin und cos (womit tan und cot wie üblich als Quotienten definiert sind).

Damit ist etwa die Grenze der hier behandelten Theorie der Reihen markiert. Es sei allerdings nicht verheimlicht, daß diese Theorie in der Lieratur, die sich damit im engeren thematischen Rahmen befaßt, einen wesentlich größeren Umfang hat, hier werden also nur Grundzüge dargestellt.

2.101   Reihen $\mathbb{N}_0 \longrightarrow M$

> Ein sicheres Zeichen von einem guten Buche ist, wenn
> es einem immer besser gefällt, je älter man wird.
> *Georg Christoph Lichtenberg* (1742 - 1799)

Gemäß Bemerkung 2.001.2/2 werden bei den folgenden Untersuchungen über Reihen grundsätzlich Folgen $\mathbb{N}_0 \longrightarrow M$ mit Definitionsbereich $\mathbb{N}_0$ betrachtet. Diese Verfahrensweise erlaubt sowohl eine einheitliche Formulierung als auch die Darstellung einiger bedeutender Beispiele in der üblichen Form. Es sei noch angemerkt: Der Begriff *Reihe* taucht wohl zum ersten Mal in der Schrift *Paradoxien des Unendlichen* (posthum 1851 veröffentlicht) von *Bernard Bolzano* (1781 - 1848) auf.

2.101.1   Definition

Es sei $(M, +)$ eine Menge mit Addition als innerer Komposition. Jede M-Folge $x : \mathbb{N}_0 \longrightarrow M$ liefert eine weitere Folge $sx : \mathbb{N}_0 \longrightarrow M$, die jedem $m \in \mathbb{N}_0$ die *Partialsumme* $sx(m) = \sum\limits_{0 \leq n \leq m} x(n)$ zuordnet. Die so erzeugte M-Folge $sx : \mathbb{N}_0 \longrightarrow M$ wird die *Reihe über x* oder die *von x erzeugte Reihe* genannt.

2.101.2   Bemerkungen

1. Analog zu Bemerkung 2.001.2/1 wird das $(m+1)$-te *Reihenglied* der Reihe $sx : \mathbb{N}_0 \longrightarrow M$ auch in der Form $sx_m = sx(m)$, die gesamte Reihe dann in der Form $sx = (sx_m)_{m \in \mathbb{N}_0} = (\sum\limits_{0 \leq n \leq m} x_n)_{m \in \mathbb{N}_0}$ geschrieben. Der Index m wird der Reihenbezeichnung (hier sx) stets nachgestellt.

2. Die Erzeugung von Reihen aus Folgen läßt sich als Funktion $s : Abb(\mathbb{N}_0, M) \longrightarrow Abb(\mathbb{N}_0, M)$ mit der Zuordnung $x \longmapsto sx$, der *Reihen-Erzeugungs-Funktion*, auffassen (siehe dazu Abschnitt 2.103).

3. Da Reihen Folgen sind, lassen sich alle bislang (und künftig) formulierten Attribute für Folgen auch auf Reihen übertragen. Dabei ist bei den verschiedenen Bezeichnungen jedoch Vorsicht geboten und jeweils zu prüfen, ob das für sx verwendete Attribut tatsächlich eine für die Folge sx geltende Eigenschaft oder aber eine von x übertragene Namensgebung ist.

4. Im Hinblick auf die in Abschnitt 2.010 behandelte rekursive Darstellung von Folgen ist klar, daß Reihen $sx : \mathbb{N}_0 \longrightarrow M$ als Folgen die folgende rekursive Darstellung haben:

   RA) $sx_0 = x_0$,
   RS) $sx_m = sx_{m-1} + x_m$ (für $m > 0$).

   Wie das Beispiel 2.101.3/3 zeigt, ist diese Darstellung insbesondere dann von Wert, wenn sx_{m-1} schon bekannt ist, wenn also bei der Berechnung von sx_m nicht mehr auf die Folgenglieder $x_0, ..., x_{m-1}$ zurückgegriffen werden muß.

5. Vorzugsweise in älteren Büchern wird für die von einer Folge $x : \mathbb{N}_0 \longrightarrow M$ erzeugte Reihe sx auch das Summenzeichen in der Schreibweise $sx = \sum x_n$ oder $sx = \overset{\infty}{\sum} x_n$ oder $sx = \sum\limits_{n=0}^{\infty} x_n$ verwendet, die aber nicht etwa im Sinne einer „unendlichen Summe" zu verstehen ist.

2.101.3   Beispiele

1. Zunächst einige Beispiele sehr einfach erzeugter Reihen:
a) Die Nullfolge $x : \mathbb{N}_0 \longrightarrow \mathbb{R}$ mit $n \longmapsto 0$ kann als Reihe angesehen werden, denn es gilt $x = sx$.
b) Die Eins-Folge $x : \mathbb{N}_0 \longrightarrow \mathbb{R}$ mit $n \longmapsto 1$ erzeugt die Reihe sx mit $sx_m = m + 1$.

2a) Die Folge $x : \mathbb{N}_0 \longrightarrow \mathbb{R}$ mit $x_n = \frac{1}{2^n}$ liefert eine *geometrische Reihe* $1, 1 + \frac{1}{2}, 1 + \frac{1}{2} + \frac{1}{4}, ...$

2b) Die Folge $x : \mathbb{N}_0 \longrightarrow \mathbb{R}$ mit $x_n = \frac{1}{n+1}$ liefert die *harmonische Reihe* $1, 1 + \frac{1}{2}, 1 + \frac{1}{2} + \frac{1}{3}, ...$

2c) Die Folge $x : \mathbb{N}_0 \longrightarrow \mathbb{R}$ mit $x_n = \frac{1}{n!}$ liefert die zugehörige Reihe $1, 1 + 1, 1 + 1 + \frac{1}{2}, 1 + 1 + \frac{1}{2} + \frac{1}{6}, ...$

2d) Die Folge $x : \mathbb{N}_0 \longrightarrow \mathbb{R}$ mit $x_n = \frac{1}{n^n}$ liefert die zugehörige Reihe $1, 1 + \frac{1}{4}, 1 + \frac{1}{4} + \frac{1}{27}, ...$

3. Betrachtet man ein $(m-1)$-Tupel $(x_1, ..., x_{m-1})$ von Meßwerten eines physikalischen Experiments,

erweitert zu der Folge $x : \mathbb{N} \longrightarrow \mathbb{R}$, definiert durch $x(k) = \begin{cases} x_k, & \text{falls } 1 \leq k \leq m-1, \\ 0, & \text{falls } k \geq m, \end{cases}$ sowie den zugehörigen Mittelwert $E_{m-1} = \frac{1}{m-1} \cdot \sum_{1 \leq k \leq m-1} x_k = \frac{1}{m-1} \cdot sx_{m-1}$ (mit $m > 1$), so kann man den Mittelwert der um eine Messung x_m erweiterten Meßreihe darstellen als die Zahl $E_m = \frac{1}{m} \cdot sx_m = \frac{1}{m}((m-1)E_{m-1} + x_m) = \frac{m-1}{m} E_{m-1} + \frac{1}{m} x_m$. Diese Formel bildet den Rekursionsschritt der Folge $E : \mathbb{N} \longrightarrow \mathbb{R}$ mit $m \longmapsto E_m$, wobei der Rekursionsanfang mit $E(1) = x_1$ festgesetzt ist.

2.101.4 Bemerkung

Analog zur Verwendung von Partialsummen bei der Konstruktion von Reihen lassen sich auch Folgen von *Partialprodukten* bilden: Die durch eine Folge $x : \mathbb{N} \longrightarrow \mathbb{R}_*$ (man beachte $\mathbb{R}_* = \mathbb{R} \setminus \{0\}$) erzeugte Folge $px : \mathbb{N} \longrightarrow \mathbb{R}_*$ mit $px(m) = x_1 \cdot \ldots \cdot x_m = \prod_{1 \leq n \leq m} x_n$ nennt man *Folge von Partialprodukten* oder kurz *Produkt-Folge* (manchmal auch *Unendliches Produkt*).
Sollte die Ausgangsfolge doch endlich viele Folgenglieder Null haben, können diese Folgenglieder – sofern der Zusammenhang das zuläßt – einfach weggelassen werden.

Obgleich diese Produkt-Folgen in mancherlei Anwendungen nützliche Darstellungsformen darstellen und insofern von eigenständigem Wert sind, besteht doch ein wesentlicher Zusammenhang zu Folgen von Partialsummen, also den oben definierten Reihen: Es gilt nämlich $log_e \circ px = s(log_e \circ x)$, wie die Berechnung $(log_e \circ px)(m) = log_e(x_1 \cdot \ldots \cdot x_m) = log_e(x_1) + \ldots + log_e(x_m) = (log_e \circ x)(1) + \ldots + (log_e \circ x)(m) = s(log_e \circ x)(m)$ zeigt, wobei die Komposition $log_e \circ x$ allerdings Folgen $x : \mathbb{N} \longrightarrow \mathbb{R}^+$ verlangt.
Im Vorgriff auf den Begriff der konvergenten Reihe in Abschnitt 2.110 sei in diesem Zusammenhang schon folgender Sachverhalt genannt, der auf der Stetigkeit (Abschnitte 2.2x) der Funktion log_e beruht:

$$px \text{ konvergent} \Leftrightarrow log_e \circ px \text{ konvergent} \Leftrightarrow s(log_e \circ x) \text{ konvergent.}$$

Gibt man die Reihen explizit als Folgen in Indexschreibweise an, dann bedeutet das:

$$px = (\prod_{1 \leq n \leq m} x_n)_{m \in \mathbb{N}} \text{ konvergent} \Leftrightarrow s(log_e \circ x) = (\sum_{1 \leq n \leq m} log_e(x_n))_{m \in \mathbb{N}} \text{ konvergent.}$$

2.101.5 Bemerkungen

1. Oft werden Reihen sx auch über Folgen $x : \mathbb{N}_0 \longrightarrow \mathbb{R}$ mit Definitionsbereich $\mathbb{N}$ anstelle von $\mathbb{N}_0$ erzeugt. Man kann aber beide Versionen nach Belieben verwenden, wenn man beachtet, daß die beiden Folgen $x : \mathbb{N}_0 \longrightarrow \mathbb{R}$ und $z : \mathbb{N} \longrightarrow \mathbb{R}$ mit $x(n) = z(n-1)$ und $z(n) = x(n+1)$ dieselbe Reihe erzeugen.

2. Die häufig anzutreffende Pünktchenschreibweise $\sum_{n=0}^{\infty} x_n = x_0 + x_1 + x_2 + x_3 + \ldots$ hat ihre Tücken (und wird hier in aller Regel auch vermieden), wie etwa das folgende Beispiel zeigt: Für $\sum_{n=0}^{\infty} (-1)^n$ ist
$1 = 1 + (-1 + 1) + (-1 + 1) + (-1 + 1) + (-1 + 1) + \ldots = (1 - 1) + (1 - 1) + (1 - 1) + (1 - 1) + \ldots = 0$.
Eine genauere Betrachtung zeigt: Dieser Situation liegt offenbar die Folge

$$x : \mathbb{N}_0 \longrightarrow \mathbb{R}, \text{ definiert durch } x_n = \begin{cases} 1, & \text{falls } n \in 2\mathbb{N}_0, \\ -1, & \text{falls } n \in 2\mathbb{N}_0 + 1, \end{cases}$$

zugrunde, die dann die Reihe

$$sx : \mathbb{N}_0 \longrightarrow \mathbb{R}, \text{ definiert durch } sx_m = \begin{cases} 1, & \text{falls } m \in 2\mathbb{N}_0, \\ 0, & \text{falls } m \in 2\mathbb{N}_0 + 1, \end{cases}$$

erzeugt. Die unterschiedliche Klammersetzung liefert dazu aber die beiden unterschiedlichen Folgen

$$y, z : \mathbb{N}_0 \longrightarrow \mathbb{R}, \text{ definiert durch } y_n = \begin{cases} x_0 = 1, \\ x_{2n-1} + x_{2n} = 0, \end{cases} \text{ und } z_n = x_{2n} + x_{2n+1} = 0.$$

Damit ist klar, daß die beiden zugehörigen Reihen $sy, sz : \mathbb{N}_0 \longrightarrow \mathbb{R}$ konstante Folgen mit $sy_m = 1$ und $sz_m = 0$ sind.

A2.101.01: Die von einer Folge $x : \mathbb{N}_0 \longrightarrow \mathbb{R}$ erzeugte Reihe $sx : \mathbb{N}_0 \longrightarrow \mathbb{R}$ habe die Zuordnungsvorschrift $sx(m) = \frac{1}{6}m(m+1)(2m+1)$.

a) Berechnen Sie die ersten fünf Folgenglieder der Reihe sx und der Folge x.

b) Berechnen Sie die Zuordnungsvorschrift $x(m)$ der Folge x und zeigen Sie dann, daß sx tatsächlich die Form $sx(m) = \sum\limits_{0 \leq n \leq m} x(n)$ hat.

A2.101.02: Berechnen Sie jeweils die mit Fragezeichen versehenen Zahlen:

1. Für arithmetische Folgen $x : \mathbb{N}_0 \longrightarrow \mathbb{R}$ seien die beiden ersten Daten gegeben:

    a) $x_0 = \frac{1}{6}$, $d = \frac{1}{2}$, $x_{33} = ?$ $sx_{33} = ?$

    b) $d = 1$, $sx_{22} = 2409$, $x_1 = ?$ $sx_{22} = ?$

    c) $d = 2$, $sx_{100} = 10200$, $x_1 = ?$ $x_{100} = ?$

    d) $x_0 = 5$, $d = \frac{1}{3}$, $x_{65} = ?$ $sx_{65} = ?$

2. Für geometrische Folgen $x : \mathbb{N}_0 \longrightarrow \mathbb{R}$ seien die beiden ersten Daten gegeben:

    a) $x_0 = -\frac{1}{6}$, $a = \frac{1}{3}$, $x_5 = ?$ $sx_5 = ?$

    b) $a = 2$, $sx_5 = 31$, $x_1 = ?$ $x_5 = ?$

    c) $a = 3$, $sx_6 = 485$, $x_1 = ?$ $x_6 = ?$

    d) $x_0 = \frac{1}{2}$, $a = -\frac{1}{4}$, $x_4 = ?$ $sx_4 = ?$

A2.101.03: Betrachten Sie arithmetische Folgen $x : \mathbb{N}_0 \longrightarrow \mathbb{R}$ mit $x_n = x_0 + nd$.

1. Geben Sie zunächst die ersten sechs Glieder der Reihe sx an.

2. Beweisen Sie dann die Darstellung $sx_n = (n+1)(x_0 + \frac{1}{2}nd)$. Wie kommt sie zustande?

A2.101.04: Betrachten Sie geometrische Folgen $x : \mathbb{N}_0 \longrightarrow \mathbb{R}$ mit $x_n = x_0 a^n$.

1. Geben Sie zunächst die ersten fünf Glieder der Reihe sx an.

2. Beweisen Sie dann die Darstellung $sx_n = x_0 \cdot \frac{1-a^{n+1}}{1-a}$. Wie kommt sie zustande?

A2.101.05: Das in Beispiel 2.101.3/3 betrachtete m-Tupel $(x_1, ..., x_m)$ von Meßwerten wird im Rahmen der Wahrscheinlichkeitstheorie auch als eine Stichprobe mit dem im Beispiel genannten Stichproben-Mittelwert $E_m = E(m)$ bezeichnet. Einen Überblick über die Güte einer solchen Stichprobe liefert die sogenannte *Stichproben-Varianz* $V_m = \frac{1}{m-1} \cdot \sum\limits_{1 \leq k \leq m} (x_k - E_m)^2$, wobei aus hier nicht näher zu erläuternden Gründen der Faktor $\frac{1}{m-1}$ anstelle des eigentlich erwarteten Faktors $\frac{1}{m}$ gewählt wird.

Beweisen Sie die Rekursionsformel $V_m = \frac{m-2}{m-1} \cdot V_{m-1} + (E_m - E_{m-1})^2 + \frac{1}{m+1}(x_m - E_m)^2$ mit $m > 1$, die den Rekursionsschritt der Folge $V : \mathbb{N} \longrightarrow \mathbb{R}$ mit $m \longmapsto V_m$ bildet, wobei der Rekursionsanfang mit $V_1 = V(1) = 0$ festgesetzt ist.

Hinweis: Beweisen Sie zunächst $\sum\limits_{1 \leq k \leq m-1} (x_k - E_m)^2 = \sum\limits_{1 \leq k \leq m} (x_k - E_{m-1})^2 + \frac{m-1}{m}(E_{m-1} - x_m)^2$.

2.103 Eigenschaften der Reihen-Erzeugungs-Funktion

> Fernsehen ist Leben.
> *Sender-Werbung* (1997)

Gegenstand der Betrachtungen ist die Frage, ob und wie sich die auf $Abb(\mathbb{N}_0, \mathbb{R})$ definierte $\mathbb{R}$-Vektorraum-Struktur (siehe Abschnitt 2.046) auf den Umgang mit Reihen, insbesondere das gewöhnliche Rechnen mit Reihen auswirken. Diese Frage läßt sich am elegantesten, mit dem besten Überblick und mit einheitlichen Sachverhalts-Formulierungen beantworten, wenn man sie auf die Frage nach besonderen Eigenschaften der Reihen-Erzeugungs-Funktion $s : Abb(\mathbb{N}_0, \mathbb{R}) \longrightarrow Abb(\mathbb{N}_0, \mathbb{R})$ überträgt.

2.103.1 Satz

Die Reihen-Erzeugungs-Funktion $s : Abb(\mathbb{N}_0, \mathbb{R}) \longrightarrow Abb(\mathbb{N}_0, \mathbb{R})$ mit $x \longmapsto sx$ ist ein $\mathbb{R}$-Isomorphismus.

Beweis:

1a) s ist injektiv, denn aus $sx = sy$ folgt zunächst $x_0 = sx_0 = sy_0 = y_0$ und darüber hinaus $x_{m+1} = sx_{m+1} - sx_m = sy_{m+1} - sy_m = y_{m+1}$, für alle $m \in \mathbb{N}_0$.

1b) s ist surjektiv, denn jede Folge $x : \mathbb{N}_0 \longrightarrow M$ kann auch als Reihe sy dargestellt werden, wenn man vermöge der Beziehung $x_m = sx_m - sx_{m-1} = \sum_{0 \leq n \leq m} x_n - \sum_{0 \leq n \leq m-1} x_n = \sum_{0 \leq n \leq m} x_n - \sum_{1 \leq n \leq m} x_{n-1} = x_0 + \sum_{1 \leq n \leq m}(x_n - x_{n-1})$ für $m \geq 1$ dann y durch $y_0 = x_0$ und $y_n = x_n - x_{n-1}$, für $n \geq 1$ definiert. Damit ist dann $x = sy$.

2. Es wird nun gezeigt, daß bezüglich der auf der Menge $Abb(\mathbb{N}_0, \mathbb{R})$ aller Folgen $\mathbb{N}_0 \longrightarrow \mathbb{R}$ argumentweise definierten Addition und argumentweise definierten $\mathbb{R}$-Multiplikation die beiden Eigenschaften $s(x+z) = sx + sz$ (Gruppen-Homomorphie) und $s(ax) = a \cdot sx$ ($\mathbb{R}$-Homogenität) gelten, woraus mit der Bijektivität von s die Behauptung folgt. Für alle $x, z \in Abb(\mathbb{N}_0, \mathbb{R})$ und $a \in \mathbb{R}$ gilt:

$sx + sz = (sx_m)_{m \in \mathbb{N}_0} + (sz_m)_{m \in \mathbb{N}_0} = (\sum_{0 \leq n \leq m} x_n)_{m \in \mathbb{N}_0} + (\sum_{0 \leq n \leq m} z_n)_{m \in \mathbb{N}_0} = (\sum_{0 \leq n \leq m} x_n + \sum_{0 \leq n \leq m} z_n)_{m \in \mathbb{N}_0}$
$= (\sum_{0 \leq n \leq m}(x_n + z_n))_{m \in \mathbb{N}_0} = s((x+z)_m)_{m \in \mathbb{N}_0} = s(x+z)$ sowie $a \cdot sx = a(sx_m)_{m \in \mathbb{N}_0} =$
$= a \cdot (\sum_{0 \leq n \leq m} x_n)_{m \in \mathbb{N}_0} = (a \cdot \sum_{0 \leq n \leq m} x_n)_{m \in \mathbb{N}_0} = (\sum_{0 \leq n \leq m} ax_n)_{m \in \mathbb{N}_0} = s(ax_m)_{m \in \mathbb{N}_0} = s(ax)$.

Neben algebraischen Strukturen liegt auf der Menge $Abb(\mathbb{N}_0, \mathbb{R})$ die argumentweise definierte (nichtlineare) Ordnung als Ordnungs-Struktur vor. Zwar ist die Funktion $s : Abb(\mathbb{N}_0, \mathbb{R}) \longrightarrow Abb(\mathbb{N}_0, \mathbb{R})$ im allgemeinen nicht monoton, es lassen sich aber folgende Beobachtungen anstellen:

2.103.2 Lemma

1. Für jede Folge $x : \mathbb{N}_0 \longrightarrow \mathbb{R}$ ist die von $|x|$ erzeugte Reihe $s|x| : \mathbb{N}_0 \longrightarrow \mathbb{R}$ monoton.
2. Für jede Folge $x : \mathbb{N}_0 \longrightarrow \mathbb{R}_0^+$ ist die zugehörige Reihe $sx : \mathbb{N}_0 \longrightarrow \mathbb{R}_0^+$ monoton.
3. Die Einschränkung $s : Abb(\mathbb{N}_0, \mathbb{R}_0^+) \longrightarrow Abb(\mathbb{N}_0, \mathbb{R}_0^+)$ ist monoton, das heißt elementweise gesprochen: Für alle Folgen $x, z : \mathbb{N}_0 \longrightarrow \mathbb{R}_0^+$ gilt die Implikation $x \leq z \Rightarrow sx \leq sz$.

Beweis:
1. Für alle $m \in \mathbb{N}_0$ gilt $s|x|_m \leq s|x|_m + |x_{m+1}| = s|x|_{m+1}$.
2. Die Behauptung folgt aus Teil 1 mit $sx = s|x|$.
3. Die Behauptung ist lediglich eine andere Formulierung von Teil 2.

Es liegt nahe zu fragen, ob neben der in Satz 2.103.1 enthaltenen Homomorphie-Formel $s(x+z) = sx + sz$ eine analoge Beziehung für die argumentweise definierte Multiplikation gilt, das heißt, ob $s(x \cdot z) = sx \cdot sz$ gilt. Das ist aber nicht der Fall, wie man sich anhand einfach konstruierter Beispiele leicht klar machen kann. Das hat insofern Auswirkungen, wenn man nach sogenannten Vererbungs-Eigenschaften (eine bestimmte Eigenschaft einer Folge x wird auf die von x erzeugte Reihe sx vererbt) fragt, als dann die beiden Möglichkeiten $s(xz)$ und $sx \cdot sz$ getrennt untersucht werden müssen. In diesem Zusammenhang ist das sogenannte *Cauchy-Produkt* von Reihen von wesentlicher Bedeutung (Abschnitte 2.112 und 2.154):

2.103.3 Definition

1. Die von zwei Folgen $x, z : \mathbb{N}_0 \longrightarrow \mathbb{R}$ durch die Zuordnungsvorschrift $y_n = \sum_{0 \leq k \leq n} x_k z_{n-k}$ erzeugte Folge $y : \mathbb{N}_0 \longrightarrow \mathbb{R}$ nennt man das *Cauchy-Produkt* der Folgen x und z.
2. Die von dem Cauchy-Produkt y von x und z erzeugte Reihe $sy : \mathbb{N}_0 \longrightarrow \mathbb{R}$ nennt man das *Cauchy-Produkt* der beiden Reihen $sx, sz : \mathbb{N}_0 \longrightarrow \mathbb{R}$.

2.103.4 Bemerkung

Zur Funktionsweise des Cauchy-Produkts betrachte man (mit obigen Bezeichnungen) die Tabelle:

	z_0	z_1	z_2	z_3	z_4	....
x_0	$x_0 z_0$	$x_0 z_1$	$x_0 z_2$	$x_0 z_3$	$x_0 z_4$	....
x_1	$x_1 z_0$	$x_1 z_1$	$x_1 z_2$	$x_1 z_3$	$x_1 z_4$	....
x_2	$x_2 z_0$	$x_2 z_1$	$x_2 z_2$	$x_2 z_3$	$x_2 z_4$	....
x_3	$x_3 z_0$	$x_3 z_1$	$x_3 z_2$	$x_3 z_3$	$x_3 z_4$	....
x_4	$x_4 z_0$	$x_4 z_1$	$x_4 z_2$	$x_4 z_3$	$x_4 z_4$	....
...	...	...	...	...	...	

Die Folgenglieder y_n der Folge y sind in dieser Tabelle gerade die Summen der Einträge in den Diagonalen von links unten nach rechts oben, so ist $y_0 = x_0 z_0$ sowie $y_1 = x_0 z_1 + x_1 z_0$ und $y_2 = x_0 z_2 + x_1 z_1 + x_2 z_0$, allgemeiner dann $y_n = x_0 z_n + x_1 z_{n-1} + ... + x_{n-1} z_1 + x_n z_0$.

Demgemäß sind die ersten Glieder sy_m der Reihe sy dann $sy_0 = x_0 z_0$ sowie $sy_1 = x_0 z_0 + (x_0 z_1 + x_1 z_0)$ und $sy_2 = x_0 z_0 + (x_0 z_1 + x_1 z_0) + (x_0 z_2 + x_1 z_1 + x_2 z_0)$, allgemeiner dann
$$sy_m = x_0 z_0 + (x_0 z_1 + x_1 z_0) + (x_0 z_2 + x_1 z_1 + x_2 z_0) + ... + (x_0 z_m + x_1 z_{m-1} + ... + x_{m-1} z_1 + x_m z_0)$$
oder in (korrekter) Summenschreibweise dann $sy_m = \sum_{0 \leq n \leq m} (\sum_{0 \leq k \leq n} x_k z_{n-k})$.

Dazu ein Beispiel, das in Abschnitt 2.112 noch weiter untersucht wird: Das von den beiden Folgen $x, z : \mathbb{N}_0 \longrightarrow \mathbb{R}$ mit $x_n = \frac{a^n}{n!}$ und $z_n = \frac{b^n}{n!}$ zu $a, b \in \mathbb{R}$ erzeugte Cauchy-Produkt ist die Folge $y : \mathbb{N}_0 \longrightarrow \mathbb{R}$ mit den ersten drei Folgengliedern

$$y_0 = x_0 z_0 = \frac{a^0}{0!} \cdot \frac{b^n}{0!} = \frac{1}{1} \cdot \frac{1}{1} = 1,$$
$$y_1 = x_0 z_1 + x_1 z_0 = 1 \cdot \frac{b}{1} + \frac{a}{1} \cdot 1 = b + a = a + b = \frac{a+b}{1!},$$
$$y_2 = x_0 z_2 + x_1 z_1 + x_2 z_0 = 1 \cdot \frac{b^2}{2} + \frac{a}{1} \cdot \frac{b}{1} + \frac{a^2}{2} \cdot 1 = \frac{(a+b)^2}{2!}.$$

Wie diese Einzelberechnungen schon andeuten, gilt allgemeiner $y_n = \frac{(a+b)^n}{n!}$, für alle $n \in \mathbb{N}$, damit ist dann $sy_m = \sum_{0 \leq n \leq m} y_n = \sum_{0 \leq n \leq m} \frac{(a+b)^n}{n!}$.

A2.103.01: Bilden Sie einige möglichst einfache Beispiele, die zeigen, daß die Reihen-Erzeugungs-Funktion $s : Abb(\mathbb{N}_0, \mathbb{R}) \longrightarrow Abb(\mathbb{N}_0, \mathbb{R})$ im allgemeinen nicht monoton ist.

A2.103.02: Bilden Sie einige möglichst einfache Beispiele, die zeigen, daß die Reihen-Erzeugungs-Funktion $s : Abb(\mathbb{N}_0, \mathbb{R}) \longrightarrow Abb(\mathbb{N}_0, \mathbb{R})$ im allgemeinen nicht die Eigenschaft $s(x \cdot z) = sx \cdot sz$ hat.

A2.103.03: Bilden Sie einige möglichst einfache Beispiele für das Cauchy-Produkt zweier Folgen und der von ihnen erzeugten Reihen. Prüfen Sie anhand dieser Beispiele insbesondere, ob das Cauchy-Produkt kommutativ ist.

2.110 SUMMIERBARE FOLGEN (KONVERGENTE REIHEN)

> Durfte ich in dem Bisherigen so manche Annahme eines Unendlichen gegen ungerechte Bestreiter desselben vertheidigen: so muss ich gegenwärtig mit gleicher Offenheit bekennnen, dass viele Gelehrte, besonders aus der Klasse der Mathematiker, auf der entgegengesetzten Seite zu weit gegangen sind, indem sie bald ein unendlich Grosses, bald auch ein unendlich Kleines in Fällen angenommen haben, wo meiner innersten Überzeugung nach keines besteht.
>
> *Bernard Bolzano* (1781 - 1848)

Da Reihen Folgen (bestimmter Bauart) sind, hat es also einen vernünftigen Sinn, von konvergenten Reihen oder von divergenten Reihen zu sprechen. Bei der Frage nach der Konvergenz einer Reihe kann man zweierlei tun: Einerseits kann man die Reihe sozusagen als bloße Folge ansehen und die verschiedenen Konvergenz-Kriterien für Folgen sinngemäß zu übertragen suchen; beispielsweise ist eine beschränkte und monotone Reihe konvergent, da das für Folgen so gilt (siehe dazu auch Lemma 2.110.3). Andererseits kann man sich auch auf folgenden Standpunkt stellen: Maßgebend für die Konvergenz oder Divergenz einer Reihe sx ist die Natur der zugrunde liegenden Folge x. Manche Folgen liefern konvergente Reihen, manche, oft sehr ähnlich gebaute Folgen, nicht. So gesehen sind Konvergenz und Divergenz von Reihen Folgeerscheinungen, die auf gewissen, also noch näher zu untersuchenden Eigenschaften der zugrunde liegenden Folgen beruhen.

Insofern steht auch die Untersuchung solcher Eigenschaften von Folgen im Mittelpunkt der weiteren Betrachtung, die von den Begriffsbildungen in Definition 2.110.1 ausgehen. (Diese Begriffe zur Beschreibung von Folgen-Eigenschaften treten in der älteren Literatur kaum auf; dort werden im allgemeinen nur die resultierenden Begriffe, also konvergente oder divergente Reihen, genannt.)

2.110.1 Definition

1. Eine Folge $x : \mathbb{N}_0 \longrightarrow T$ mit $T \subset \mathbb{R}$ heißt *summierbar*, falls die von x erzeugte Reihe $sx : \mathbb{N}_0 \longrightarrow \mathbb{R}$ eine konvergente Folge ist. Die von einer summierbaren Folge x erzeugte Reihe sx nennt man auch eine *konvergente Reihe*.

2. Die Menge aller summierbaren T-Folgen $\mathbb{N}_0 \longrightarrow T$ wird mit $SF(T)$ bezeichnet.

3. Eine Folge $x : \mathbb{N}_0 \longrightarrow T$ mit $T \subset \mathbb{R}$ heißt *absolut-summierbar*, falls die Reihe $s|x| : \mathbb{N}_0 \longrightarrow \mathbb{R}_0^+$ der von x erzeugten Betrags-Folge $|x|$ konvergiert. Die von einer absolut-summierbaren Folge x erzeugte Reihe sx nennt man auch eine *absolut-konvergente Reihe*.

4. Die Menge aller absolut-summierbaren T-Folgen $\mathbb{N}_0 \longrightarrow T$ wird mit $ASF(T)$ bezeichnet.

2.110.2 Bemerkungen

1. Das Attribut *absolut* in obiger Definition ist sachlich nicht besonders geschickt gewählt (es stammt vermutlich von dem auch Absolutbetrag genannten Betrag in Teil 3), da es mit den qualitativen Unterschieden beider Summierbarkeitsbegriffe nichts zu tun hat. Jedoch ist dieses Attribut – wie viele Begriffe in der klassischen Analysis – so zementiert, daß sich in neueren Darstellungen entsprechende Revisionen nur mühsam durchsetzen.

2. Der wesentlichere Begriff ist der der Absoluten Summierbarkeit (bzw. der der Absoluten Konvergenz), der folglich besser Summierbarkeit (bzw. Konvergenz der Reihe) genannt werden sollte. Demgegenüber ist die oben mit Summierbarkeit beschriebene Eigenschaft eine abgeschwächte Eigenschaft, wofür etwa der Begriff Schwache Summierbarkeit (analog zu Begriffsbildungen in der Algebra) angemessen wäre. Diese Einschätzung ergibt sich aus folgendem Sachverhalt:

Betrachtet man (und das ist der häufigere Fall) Folgen $x : \mathbb{N}_0 \longrightarrow \mathbb{R}_0^+$, also Folgen mit nur nicht-negativen Folgengliedern x_n, dann gilt stets $x_n = |x_n|$, also $x = |x|$, und damit stets $sx_m = s|x|_m$, also $sx = |sx|$. Für Reihen sx über solchen Folgen x stimmen die Begriffe Summierbarkeit und Absolute Summierbarkeit von vornherein überein, das heißt, es gilt $ASF(\mathbb{R}_0^+) = SF(\mathbb{R}_0^+)$.

3. Tatsächlich stehen die Mengen $ASF(\mathbb{R})$ und $SF(\mathbb{R})$ beliebiger Folgen $x : \mathbb{N}_0 \longrightarrow \mathbb{R}$ mit entsprechenden Summierbarkeits-Eigenschaften, ebenfalls, allerdings in abgeschwächtem Zusammenhang: Wie Corollar 2.112.2 zeigen wird, gilt $ASF(\mathbb{R}) \subset SF(\mathbb{R})$, und wie Beispiel 2.126.2 zeigen wird, ist diese Inklusion eine echte Inklusion.

4. Gelegentlich findet man folgende Unterscheidung: Eine Reihe sx heißt im Fall $lim(sx) \in \mathbb{R}$ *eigentlich konvergent*, im Fall $lim(sx) \in \{-\star, \star\}$ (also divergent, aber in $\mathbb{R}^*$ konvergent) *uneigentlich konvergent*.

Das folgende Lemma enthält eine leichte Abschwächung der Bedingung für Absolute Summierbarkeit in Definition 2.110.1/3, indem der sozusagen selbstverständliche Teil der Monotonie herausgeommen wird:

2.110.3 Lemma

1. Eine Folge $x : \mathbb{N}_0 \longrightarrow \mathbb{R}$ ist genau dann absolut-summierbar, wenn die Reihe $s|x| : \mathbb{N}_0 \longrightarrow \mathbb{R}$ der von x erzeugten Betragsfolge $|x|$ beschränkt ist.

2. Eine Folge $x : \mathbb{N}_0 \longrightarrow \mathbb{R}_0^+$ ist genau dann absolut-summierbar, wenn die von x erzeugte zugehörige Reihe $sx : \mathbb{N}_0 \longrightarrow \mathbb{R}_0^+$ beschränkt ist.

Anmerkung: In der Sprache der konvergenten Reihen formuliert: Für Folgen $x : \mathbb{N}_0 \longrightarrow \mathbb{R}_0^+$, also Folgen mit nicht-negativen Folgengliedern, gilt: Die von x erzeugte Reihe $sx : \mathbb{N}_0 \longrightarrow \mathbb{R}_0^+$ ist genau dann konvergent, wenn sie (nach oben) beschränkt ist, kurz:

$$sx \text{ konvergent} \Leftrightarrow sx \text{ beschränkt}.$$

Beweis:
1. Ist die Folge $x : \mathbb{N}_0 \longrightarrow \mathbb{R}$ absolut-summierbar, dann ist $s|x| : \mathbb{N}_0 \longrightarrow \mathbb{R}$ als Folge konvergent und nach Satz 2.044.1/1 beschränkt. Ist umgekehrt die Reihe $s|x| : \mathbb{N}_0 \longrightarrow \mathbb{R}$ beschränkt, dann ist sie, da sie auch monoton ist, nach Satz 2.044.1/2 auch konvergent.

2. Ist die Folge $x : \mathbb{N}_0 \longrightarrow \mathbb{R}_0^+$ absolut-summierbar, dann ist wegen $sx = s|x|$ die zugehörige Reihe $sx : \mathbb{N}_0 \longrightarrow \mathbb{R}_0^+$ als Folge konvergent somit auch beschränkt. Ist umgekehrt die Reihe $sx : \mathbb{N}_0 \longrightarrow \mathbb{R}_0^+$ beschränkt, dann folgt daraus schon ihre Konvergenz, denn sie ist wegen ihres Wertebereiches auch monoton.

2.110.4 Bemerkung

Unter den Stichwörtern *Reihen-darstellbare Funktionen* und *Reihen-erzeugbare Funktionen*, allgemeiner auch *Reihen-basierte Funktionen*, sind die wohl wichtigsten Anwendungen der Theorie der Summierbaren Folgen, also der Theorie der Konvergenten Reihen, subsumiert. Was damit gemeint ist, sollen folgende Beispiele deutlich machen:

1. Für $a \in (-1, 1)$ ist nach Beispiel 2.114.3 die Folge $x : \mathbb{N}_0 \longrightarrow \mathbb{R}$ mit $x(n) = a^n$ summierbar, das heißt also, die von x erzeugte Reihe $sx : \mathbb{N}_0 \longrightarrow \mathbb{R}$ mit $sx(m) = x_0 + ... + x_m = 1 + a + ... + a^m$ ist konvergent mit $lim(sx) = \frac{1}{1-a}$. Das bedeutet nun, daß die Funktionswerte der Funktion $f : (-1, 1) \longrightarrow \mathbb{R}$ durch $f(a) = lim(sx)$ Reihen-darstellbar sind.

2. Die bislang nur geometrisch-anschaulich definierte Sinus-Funktion $sin : \mathbb{R} \longrightarrow \mathbb{R}$ ist – wie Abschnitt 2.174 zeigen wird – eine Reihen-erzeugbare Funktion, denn vermöge der summierbaren Folge $x : \mathbb{N}_0 \longrightarrow \mathbb{R}$ mit $x(n) = \frac{(-1)^n}{(2n+1)!} z^{2n+1}$ zu Zahlen $z \in \mathbb{R}$ ist $sin(z) = lim(sx)$.

3. Im Rahmen der Abschnitte 2.35x werden zu einer beliebig oft differenzierbaren Funktion $f : \mathbb{R} \longrightarrow \mathbb{R}$ (mit kleiner Zusatzeigenschaft) und zu Zahlen $z \in \mathbb{R}$ die summierbare Folge $x : \mathbb{N}_0 \longrightarrow \mathbb{R}$ mit $x(n) = \frac{f^{(n)}(0)}{n!} z^n$ zu Zahlen $z \in \mathbb{R}$ sowie die von ihr erzeugte *MacLaurin-Reihe* $sx : \mathbb{N}_0 \longrightarrow \mathbb{R}$ betrachtet. Für den speziellen Fall $f = exp_e$ haben die Folgenglieder von x die Form $x(n) = \frac{1}{n!} z^n$ und es gilt $exp_e(z) = lim(sx)$ als Reihen-erzeugbare Darstellung dieser Exponential-Funktion.

Diese Darstellung ist im übrigen dieselbe wie die in Abschnitt 2.172 angegebene Definition von exp_e (beruht aber auf einer mehr axiomatischen Beschreibung von exp_e durch die Eigenschaften $exp_e^{(n)} = exp_e$ und $exp_e(0) = 1$).

2.112 Cauchy-Kriterium für Summierbarkeit

> Cauchy ist extrem katholisch und bigott. Das ist eine
> sehr seltsame Sache bei einem Mathematiker.
> *Niels Henrik Abel* (1802 - 1829)

Zu Anfang von Abschnitt 2.110 wurden die beiden prinzipiellen Wege angedeutet, die zu Kriterien für die Summierbarkeit von Folgen führen. Der eine dieser Wege bedeutet, die Kriterien für Folgen-Konvergenz wörtlich auf Reihen zu übertragen. Das soll in diesem Abschnitt am Beispiel des Cauchy-Kriteriums dargestellt werden. Zur Erinnerung:

Wie in den Sätzen 2.053.2 und 2.053.3 gezeigt wurde, sind die Beschreibungen von Konvergenz und Cauchy-Konvergenz für Folgen $\mathbb{N}_0 \longrightarrow \mathbb{R}$ gleichwertig. Es gilt also die Gleichheit $Kon(\mathbb{R}) = CF(\mathbb{R})$ (die für $\mathbb{Q}$ nicht gilt). Wendet man nun das Cauchy-Kriterium für Folgen in Definition 2.050.1 auf Reihen $sx : \mathbb{N}_0 \longrightarrow \mathbb{R}$ an, so liegt damit ein Kriterium für die Konvergenz von solcher Reihen, also für die Summierbarkeit der jeweils zugrunde liegenden Folge $x : \mathbb{N}_0 \longrightarrow \mathbb{R}$ vor (Satz 2.112.1).

Betrachtet man den Beweis zu diesem Satz, der nur in einer Übertragung der Bedingung im Cauchy-Kriterium auf die Daten einer Reihe besteht, und wählt dort spezielle Fälle, dann folgen aus diesem Satz zwei wichtige Inklusionen:

a) Es gilt, wie ja auch zu vermuten ist, $ASF(\mathbb{R}) \subset SF(\mathbb{R})$, das bedeutet, daß jede absolut-summierbare Folge $\mathbb{N}_0 \longrightarrow \mathbb{R}$ auch die schwächere Eigenschaft der Summierbarkeit besitzt (Corollar 2.112.2).

b) Es gilt $SF(\mathbb{R}) \subset Kon(\mathbb{R}, 0)$, das bedeutet, daß jede summierbare Folge $\mathbb{N}_0 \longrightarrow \mathbb{R}$ eine nullkonvergente Folge ist (Corollar 2.112.3).

Die Bedeutung der Aussage in b) kann man etwa so formulieren: Auf der Suche nach summierbaren Folgen $\mathbb{N}_0 \longrightarrow \mathbb{R}$ kann man sich von vornherein auf die Menge $Kon(\mathbb{R}, 0)$ der nullkonvergenten Folgen beschränken, das heißt, außerhalb von $Kon(\mathbb{R}, 0)$ gibt es keine solchen summierbaren Folgen mehr. Denn betrachtet man die Aussage in b) als Implikation $x \in SF(\mathbb{R}) \Rightarrow x \in Kon(\mathbb{R}, 0)$, dann lautet ihre Negation $x \notin Kon(\mathbb{R}, 0) \Rightarrow x \notin SF(\mathbb{R})$. Im Klartext: Eine Folge, die nicht gegen 0 konvergiert, ist auf jeden Fall nicht summierbar, die von ihr erzeugte Reihe also stets divergent. (Man beachte die Analogie zu der Deutung der Inklusion $Ex(f) \subset N(f')$, die besagt, daß alle lokalen Extremstellen einer differenzierbaren Funktion stets Nullstellen der ersten Ableitungsfunktion sind.)

Im übrigen ist, wie Beispiel 2.114.5 zeigt, die Inklusion $SF(\mathbb{R}) \subset Kon(\mathbb{R}, 0)$ eine echte Inklusion, das heißt, es kann durchaus nullkonvergente Folgen geben, die nicht summierbar sind, also nicht zu konvergenten Reihen führen (sonst wäre die Theorie der Summierbaren Folgen ja doch zu einfach).

2.112.1 Satz *(Cauchy-Kriterium für Summierbarkeit)*

Eine Folge $x : \mathbb{N}_0 \longrightarrow \mathbb{R}$ ist genau dann summierbar, falls es zu jedem $\epsilon \in \mathbb{R}^+$ einen Index $n(\epsilon) \in \mathbb{N}$ gibt mit der Eigenschaft $|\sum_{m_1+1 \leq n \leq m_2} x_n| < \epsilon$, für alle $m_2 > m_1 \geq n(\epsilon)$.

Anmerkung 1: Man kann also sagen: x summierbar $\Leftrightarrow$ sx konvergent $\Leftrightarrow$ sx Cauchy-Folge.

Anmerkung 2: Eine leichte Modifikation zu Anmerkung 1: Die Reihe sx ist genau dann Cauchy-Folge, falls es zu jedem $\epsilon \in \mathbb{R}^+$ einen Index $n(\epsilon) \in \mathbb{N}$ gibt mit der Eigenschaft $|\sum_{m_1+1 \leq n \leq m_1+m_2} x_n| < \epsilon$, für alle $m_1 \geq n(\epsilon)$ und für alle $m_2 \in \mathbb{N}$.

Beweis: Die Behauptung ist lediglich eine Übertragung des Cauchy-Kriteriums für Folgen (Definition 2.050.1) auf die von x erzeugte Reihe sx. Dabei entsteht für Differenzen von Reihengliedern die Beziehung $|sx_{m_1} - sx_{m_2}| = |\sum_{0 \leq n \leq m_1} x_n - \sum_{0 \leq n \leq m_2} x_n| = |\sum_{m_1+1 \leq n \leq m_2} x_n|$, für Indices $m_2 > m_1$.

2.112.2 Corollar

Es gilt $ASF(\mathbb{R}) \subset SF(\mathbb{R})$, das heißt, jede absolut-summierbare Folge $x : \mathbb{N}_0 \longrightarrow \mathbb{R}$ ist summierbar. Für den Grenzwert der Reihe gilt dabei $|lim(sx)| \leq lim(s|x|)$.

Beweis: Der Beweis folgt unmittelbar aus Satz 2.112.1 unter Verwendung der im Zusatz zu Satz 1.616.4 angegebenen Dreiecksungleichung für Summen: Zu beliebig gewählter Zahl $\epsilon \in \mathbb{R}^+$ gibt es einen Index $n(\epsilon) \in \mathbb{N}$ gibt mit $|\sum_{m_1+1 \leq n \leq m_2} x_n| \leq |\sum_{m_1+1 \leq n \leq m_2} |x_n|| < \epsilon$, für alle $m_2 > m_1 \geq n(\epsilon)$.

2.112.3 Corollar

Es gilt $SF(\mathbb{R}) \subset Kon(\mathbb{R}, 0)$, das heißt, jede summierbare Folge $\mathbb{N}_0 \longrightarrow \mathbb{R}$ konvergiert gegen 0.

Zusatz: Diese Aussage stellt somit ein *Divergenz-Kriterium* dar: Ist eine Folge $\mathbb{N}_0 \longrightarrow \mathbb{R}$ entweder nicht konvergent oder nicht nullkonvergent, dann ist sie nicht summierbar, die von ihr erzeugte Reihe also nicht konvergent.

Beweis: Betrachtet man für eine summierbare Folge $x : \mathbb{N}_0 \longrightarrow \mathbb{R}$ im Beweis von Satz 2.112.1 den Sonderfall $m_2 - m_1 = 1$, so liefert die Konvergenz von sx in der dort dargestellten Form für beliebig gewähltes $\epsilon \in \mathbb{R}^+$ ein $n(\epsilon) \in \mathbb{N}$ mit der Abschätzung $|\sum_{m_1+1 \leq n \leq m_2} x_n| = |\sum_{m_2 \leq n \leq m_2} x_n| = |x_{m_2}| < \epsilon$, für alle $m_2 \geq n(\epsilon)$, also ist x konvergent mit $lim(x) = 0$.

2.112.4 Bemerkungen

1. Hat man eine Reihe hinsichtlich Konvergenz oder Divergenz zu untersuchen, dann ist gelegentlich nicht klar, nach welcher Methode das zu machen ist. Es soll also versucht werden, im weiteren Verlauf der diesbezüglichen Untersuchungen deutlich auf strategische Aspekte aufmerksam zu machen. Den ersten Hinweis dieser Art liefert unmittelbar Corollar 2.112.3, nämlich: Zuallererst versucht man festzustellen, ob die einer vorgelegten Reihe zugrunde liegende Folge nullkonvergent ist.

Ist diese Folge nicht nullkonvergent, endet die Untersuchung mit der Feststellung der Nicht-Summierbarkeit der Folge, also mit der Feststellung der Divergenz der zugehörigen Reihe. Im anderen Fall ist die Sache noch unentschieden und bedarf des Einsatzes weiterer Methoden (von denen die wichtigsten in den folgenden Abschnitten besprochen werden).

2. Man kann sich die Menge $Abb(\mathbb{N}_0, \mathbb{R})$ aller Folgen $\mathbb{N}_0 \longrightarrow \mathbb{R}$ in drei disjunkte Mengen zerlegt vorstellen: die Menge $Kon(\mathbb{R}, 0)$, die Menge $K = Kon(\mathbb{R}) \setminus Kon(\mathbb{R}, 0)$ und die Menge $A = Abb(\mathbb{N}_0, \mathbb{R}) \setminus Kon(\mathbb{R})$. Nun ist nach dem Bisherigen klar, daß alle Elemente aus den Mengen K und A stets divergente Reihen erzeugen. Allerdings kann man fragen, ob es verschiedene Arten von Divergenz gibt und ob solche Unterschiede mit der Herkunft hinsichtlich der Mengen K und A zu tun haben.

2.112.5 Corollar *(Satz von Olivier)*

Ist $x : \mathbb{N} \longrightarrow \mathbb{R}^+$ eine summierbare und antitone Folge, dann konvergiert die Folge $y : \mathbb{N} \longrightarrow \mathbb{R}^+$ mit $y(n) = n \cdot x(n)$ gegen 0, es gilt also $lim(n \cdot x_n)_{n \in \mathbb{N}} = 0$.

Beweis: Nach dem *Leibniz-Kriterium* gibt es für beliebig gewähltes $\epsilon \in \mathbb{R}^+$ einen Index $n(\epsilon) \in \mathbb{N}$ mit den Abschätzungen $\sum_{m+1 \leq n \leq 2m} x_n < \frac{\epsilon}{2}$ und $\sum_{m+1 \leq n \leq 2m+1} x_n < \frac{\epsilon}{2}$.

a) Die erste Summe enthält gerade m Summanden, woraus mit der Antitonie der Folge x (und $x > 0$) dann $0 \leq m \cdot x_{2m} = x_{2m} + ... + x_{2m} \leq x_{m+1} + x_{m+2} + ... + x_{2m} = \sum_{m+1 \leq n \leq 2m} x_n < \frac{\epsilon}{2}$, also $2m \cdot x_{2m} < \epsilon$ (für alle geraden Indices) folgt.

b) Entsprechend zeigt man nun für die Summe $\sum_{m+1 \leq n \leq 2m+1} x_n$ mit $m + 1$ Summanden die Beziehung $0 \leq (m+1) \cdot x_{2m+1} = x_{2m+1} + ... + x_{2m+1} \leq x_{m+1} + x_{m+2} + ... + x_{2m} + x_{2m+1} = \sum_{m+1 \leq n \leq 2m+1} x_n < \frac{\epsilon}{2}$, woraus $(2m+1)x_{2m+1} < (2m+2)x_{2m+1} = 2(m+1)x_{2m+1} < \epsilon$ (für alle ungeraden Indices) folgt.

c) Mit a) und b) gilt insgesamt also $nx_n < \epsilon$, für alle $n \geq n(\epsilon)$, und folglich $lim(nx_n)_{n \in \mathbb{N}} = 0$.

Der folgende, ebenfalls nach *Cauchy* benannte Satz gehört zu dem Kreis von Aussagen, die die Vererbung von Summierbarkeit bei Folgen bzw. die von Konvergenz bei Reihen untersuchen. Man kann nun also beispielsweise fragen, ob die Summe $x + z$ summierbarer Folgen x und z wieder summierbar ist, wobei bei dieser Frage die in Abschnitt 2.103 angegebene Homomorphie $s(x + z) = sx + sz$ der Reihen-Erzeugungs-Funktion s gewissermaßen gleich zwei solche Fragen beantwortet, leider mit negativem Ergebnis. Hinsichtlich der Multiplikation von Reihen, wobei allerdings im allgemeinen $s(x \cdot z) \neq sx \cdot sz$ gilt, liegt nun folgender Satz vor:

2.112.6 Satz *(Satz von Cauchy für Produkte von Reihen)*

Das Cauchy-Produkt sy zweier absolut-konvergenter Reihen $sx, sz : \mathbb{N}_0 \longrightarrow \mathbb{R}$ ist absolut-konvergent und es gilt $lim(sy) = lim(sx) \cdot lim(sz)$.

Anmerkung: Zur praktischen Bedeutung dieses Satzes: Kann man von einer Reihe sy zeigen, daß sie Cauchy-Produkt zweier absolut-konvergenter Reihen sx und sz mit bekannten Limites ist, so läßt sich sofort auf die Absolute Konvergenz von sy schließen und ihr Grenzwert $lim(sy) = lim(sx) \cdot lim(sz)$ angeben. Diese Überlegung wird insbesondere im Rahmen der Potenz-Reihen noch von Bedeutung sein (Abschnitt 2.154).

Beweis: Man beachte die Konstruktion des Cauchy-Produkts sy von sx und sz in Definition 2.103.3.

1. Man beachte bei der folgenden Abschätzung, daß die Reihen $s|x|$ und $s|z|$ jeweils monoton gegen $lim(s|x|)$ bzw. gegen $lim(s|z|)$ konvergieren.

Mit $sy_m = \sum_{0 \leq n \leq m} (\sum_{0 \leq k \leq n} x_k z_{n-k})$ ist dann $s|y|_m = \sum_{0 \leq n \leq m} |\sum_{0 \leq k \leq n} x_k z_{n-k}| \leq \sum_{0 \leq n \leq m} (\sum_{0 \leq k \leq n} |x_k z_{n-k}|)$
$= \sum_{0 \leq n \leq m} (\sum_{0 \leq k \leq n} |x_k| \cdot |z_{n-k}|) = (\sum_{0 \leq n \leq m} |x_n|) \cdot (\sum_{0 \leq n \leq m} |z_n|) \leq lim(s|x|) \cdot lim(s|z|)$.

Damit ist $s|y|$ beschränkt folglich konvergent, also ist auch sy konvergent (Lemma 2.110.3).

2. Im folgenden wird gezeigt, daß die Folge $(sx_{2n} sz_{2n} - sy_{2n})_{n \in \mathbb{N}_0}$ gegen Null konvergiert. Da $lim(sy)$ nach Teil 1 existiert, bedeutet das $lim(sx_{2n} sz_{2n} - sy_{2n})_{n \in \mathbb{N}_0} = lim(sx) \cdot lim(sz) - lim(sy) = 0$, woraus dann $lim(sx) \cdot lim(sz) = lim(sy)$ folgt.

Es gilt $|sx_{2n} sz_{2n} - sy_{2n}| = |(\sum_{0 \leq i \leq 2n} |x_i|) \cdot (\sum_{0 \leq k \leq 2n} |z_k|) - \sum_{0 \leq k \leq 2n} (\sum_{0 \leq i \leq k} x_i z_{k-i})| = |\sum_{1 \leq k,i \leq 2n, k+i > 2n} z_i b_k|$
$\leq \sum_{1 \leq k,i \leq 2n, k+i > 2n} |z_i| \cdot |b_k| \leq (\sum_{0 \leq i \leq 2n} |x_i|) \cdot (\sum_{n+1 \leq k \leq 2n} |z_k|) + (\sum_{0 \leq k \leq 2n} |z_k|) \cdot (\sum_{n+1 \leq i \leq 2n} |x_i|)$
$\leq lim(s|x|) \cdot (s|z|_{2n} - s|z|_n) + lim(s|z|) \cdot (s|x|_{2n} - s|x|_n)$. Da die Folgen $(s|x|_{2n})_{n \in \mathbb{N}_0}$ und $(s|x|_n)_{n \in \mathbb{N}_0}$ denselben Grenzwert haben, ferner auch die Folgen $(s|z|_{2n})_{n \in \mathbb{N}_0}$ und $(s|z|_n)_{n \in \mathbb{N}_0}$ denselben Grenzwert haben, ist die Folge $lim(sx_{2n} sz_{2n} - sy_{2n})_{n \in \mathbb{N}_0}$ durch die Nullfolge abgeschätzt und konvergiert also gegen Null.

2.112.7 Corollar *(Satz von Mertens)*

Das Cauchy-Produkt sy einer absolut-konvergenten Reihe $sx : \mathbb{N}_0 \longrightarrow \mathbb{R}$ und einer konvergenten Reihe $sz : \mathbb{N}_0 \longrightarrow \mathbb{R}$ ist konvergent und es gilt $lim(sy) = lim(sx) \cdot lim(sz)$.

2.112.8 Bemerkung

Zu einer $\mathbb{R}$-Folge $(a_n)_{n \in \mathbb{N}_0}$ und zu einer Zahl $z \in \mathbb{R}$ mit $|z| > 0$ betrachte man die Folge $x : \mathbb{N}_0 \longrightarrow \mathbb{R}$ mit $x_n = a_n z^n$ und die zugehörige Reihe $sx : \mathbb{N}_0 \longrightarrow \mathbb{R}$ mit $sx_m = \sum_{0 \leq n \leq m} a_n z^n$. Dann gilt:

1. Ist die Folge x summierbar, dann ist für jedes $u \in \mathbb{R}$ mit $|u| < |z|$ auch die Folge $y : \mathbb{N}_0 \longrightarrow \mathbb{R}$ mit $y_n = |a_n||u|^n$ summierbar, in der Sprache der Reihen heißt das also:
$$sx = (\sum_{0 \leq n \leq m} a_n z^n)_{m \in \mathbb{N}_0} \text{ konvergent} \Rightarrow sy = (\sum_{0 \leq n \leq m} |a_n||u|^n)_{m \in \mathbb{N}_0} \text{ konvergent.}$$

2. Ist die Folge x summierbar, dann ist für jedes $u \in \mathbb{R}$ mit $|u| < |z|$ auch die Folge $y : \mathbb{N} \longrightarrow \mathbb{R}$ mit $y_n = n|a_n||u|^{n-1}$ summierbar, in der Sprache der Reihen heißt das also:
$$sx = (\sum_{0 \leq n \leq m} a_n z^n)_{m \in \mathbb{N}_0} \text{ konvergent} \Rightarrow sy = (\sum_{1 \leq n \leq m} n|a_n||u|^{n-1})_{m \in \mathbb{N}_0} \text{ konvergent.}$$

Anmerkung: Folgen/Reihen dieser Art werden in allgemeinerer Form als sogenannte *Potenz-Reihen* in den Abschnitten 2.15x noch ausführlicher betrachtet.

2.112.9 Bemerkungen

1. Liegen summierbare Folgen $x, z : \mathbb{N}_0 \longrightarrow \mathbb{R}$ mit $x \leq z$ vor, dann gilt $lim(sx) \leq lim(sz)$.

2. Liegen eine beschränkte Folge $x : \mathbb{N}_0 \longrightarrow \mathbb{R}$ und eine absolut-summierbare Folge $z : \mathbb{N}_0 \longrightarrow \mathbb{R}$ vor, so

ist auch das Produkt xz absolut-summierbar.

Beweis: Es sei x durch c_x beschränkt. Da ferner die Reihe $s|z|$ konvergiert, sind alle Partialsummen $s|z|_m$ beschränkt mit gemeinsamer Schranke $s|z|_m < c_z$. Dann sind die Partialsummen $s|xz|_m$ der Reihe $s|xz|$ beschränkt mit $0 \leq s|xz|_m = \sum_{0 \leq n \leq m} |x_n z_n| \leq c_x \cdot \sum_{0 \leq n \leq m} |z_n| \leq c_x c_z$, also ist die Reihe $s(xz)$ absolut-konvergent.

Anmerkung: Ist z nur summierbar, dann ist xz nicht notwendigerweise summierbar.

Beweis der Anmerkung: Die Folge x mit $x_n = (-1)^n$ ist beschränkt, die Reihe sz zu der Folge z mit $z_n = (-1)^n \frac{1}{n+1}$ ist konvergent (siehe Beispiel 2.126.2), hingegen ist die Reihe $s(xz)$ (Harmonische Reihe) zu der Folge xz mit $x_n z_n = \frac{1}{n+1}$ divergent (Beispiel 2.114.5).

3. *Cauchy-Schwarzsche Ungleichung für Reihen:* Konvergieren die von zwei Folgen $x, z : \mathbb{N}_0 \longrightarrow \mathbb{R}$ erzeugten Reihen $sx^2 = s(x^2)$ und $sz^2 = s(z^2)$, dann konvergiert die Reihe $s(xz)$ und es gilt die Beziehung $|lim(s(xz))| \leq lim(s(|xz|)) \leq (lim(sx^2))^{\frac{1}{2}} \cdot (lim(sz^2))^{\frac{1}{2}}$, anders geschrieben:

$$|lim(\sum_{0 \leq n \leq m} x_n z_n)_{m \in \mathbb{N}}| \leq lim(\sum_{0 \leq n \leq m} |x_n z_n|)_{m \in \mathbb{N}} \leq (lim(\sum_{0 \leq n \leq m} x_n^2)_{m \in \mathbb{N}})^{\frac{1}{2}} \cdot (lim(\sum_{0 \leq n \leq m} z_n^2)_{m \in \mathbb{N}})^{\frac{1}{2}}.$$

Beweis: basiert auf der *Cauchy-Schwarzschen Ungleichung* $(\sum_{0 \leq n \leq m} x_n z_n)^2 \leq (\sum_{0 \leq n \leq m} x_n^2) \cdot (\sum_{0 \leq n \leq m} z_n^2)$.

A2.112.01: Erhält die Reihen-Erzeugungs-Funktion $s : Abb(\mathbb{N}_0, \mathbb{R}) \longrightarrow Abb(\mathbb{N}_0, \mathbb{R})$ Konvergenz?

A2.112.02: Untersuchen Sie die beiden Folgen $x, z : \mathbb{N}_0 \longrightarrow \mathbb{R}$ mit $x_n = (-1)^n$ und $z_n = 1 + \frac{1}{n+1}$ hinsichtlich Summierbarkeit, also die zugehörigen Reihen hinsichtlich Konvergenz oder Divergenz:

A2.112.03: Betrachten Sie die nachstehend durch $x(n)$ definierten Folgen $x : \mathbb{N} \longrightarrow \mathbb{R}$ und prüfen Sie sie jeweils hinsichtlich Summierbarkeit, also die zugehörigen Reihen hinsichtlich Konvergenz oder Divergenz:

    a) $x(n) = \binom{3n}{n} \frac{2n + cos(n)}{n^4}$,   b) $x(n) = \binom{5n}{2} \frac{n^2}{2n^4 + sin(n)}$.

A2.112.04: Zeigen Sie, daß in Corollar 2.112.5 die Antitonie der Folge x sowie $W(x) = \mathbb{R}^+$ tatsächlich notwendige Voraussetzungen der dort getroffenen Aussage sind.

A2.112.05: Beweisen Sie: Ist eine Folge $x : \mathbb{N} \longrightarrow \mathbb{R}$ summierbar, dann ist die Folge $y : \mathbb{N} \longrightarrow \mathbb{R}$, definiert durch die Vorschrift $y_n = \frac{1}{n} \sum_{1 \leq k \leq n} k x_k$, nullkonvergent.

A2.112.06: Beweisen Sie die Aussage von Corollar 2.112.5 mit Hilfe von Aufgabe A2.112.05.

A2.112.07: Beweisen Sie die in dem Beispiel in Bemerkung 2.103.4 angegebene Formel für sy_m und wenden Sie dann Satz 2.112.6 auf dieses Beispiel an.

A2.112.08: Untersuchen Sie die nullkonvergente Folge $x : \mathbb{N} \longrightarrow \mathbb{R}$ mit $x_n = \sqrt{n+1} - \sqrt{n}$ (siehe Beispiel 2.044.5/1) hinsichtlich Summierbarkeit und kommentieren Sie das Ergebnis bezüglich Corollar 2.112.3.

A2.112.09: Betrachten Sie eine Folge $x : \mathbb{N} \longrightarrow \mathbb{R}$ mit $0 \leq x_{n+1} \leq x_n$, für alle $n \in \mathbb{N}$, und beweisen Sie: Die Folge x ist genau dann summierbar, wenn die Folge $y = (2^k x_{2^k})_{k \in \mathbb{N}}$ summierbar ist.

A2.112.10: Beweisen Sie die Aussagen von Bemerkung 2.112.8 (Hinweis: Aufgabe A1.815.11).

2.114 Direkte Nachweise für Konvergenz

> *Salvatio:* ... viel eher wird es eine Sucht und ein Verlangen sein, altgewordene Irrtümer lieber aufrecht zu erhalten als zuzugestehen, daß neuentdeckte Wahrheiten vorliegen, und dieses Verlangen verführt die Leute oft, gegen vollkommen von ihnen selbst erkannte Wahrheiten zu schreiben, bloß um die Meinung der großen und wenig intelligenten Menge gegen das Ansehen des Anderen aufzustacheln.
> *Galileo Galilei* (1564 - 1642)

Unter dem etwas blassen Stichwort *Direkter Nachweis* sind folgende Verfahrensweisen gemeint:
a) Zum Nachweis der Konvergenz oder Divergenz einer Reihe werden Kriterien für entsprechende Eigenschaften bei Folgen unmittelbar verwendet.
b) Gelegentlich lassen sich die Reihenglieder sx_m einer Reihe sx nicht nur definitionsgemäß als Summen $sx_m = \sum_{0 \leq n \leq m} x_n$, sondern sozusagen summenlos als Folgenglieder z_m einer einfach zu überblickenden Folge z darstellen, deren Konvergenz oder Divergenz sich leicht berechnen läßt (oder möglicherweise im Rahmen der Abschnitte 2.0x schon festgestellt wurde).

2.114.1 Beispiele *(Ergänzungsmethode und Teleskop-Reihe)*

Die Idee bei diesem Verfahren ist, die zunächst als Summen $sx_m = \sum_{0 \leq n \leq m} x_n$ vorliegenden Reihenglieder sx_m durch Ergänzung von Summanden der Form $c + (-c) = 0$ als Folgenglieder z_m einer einfach zu überblickenden Folge z darzustellen.

1. Die von der Folge $x : \mathbb{N} \longrightarrow \mathbb{R}$ mit $x_n = \frac{1}{n(n+1)}$ erzeugte Reihe $sx : \mathbb{N} \longrightarrow \mathbb{R}$ hat das m-te Reihenglied $sx_m = \sum_{1 \leq n \leq m} \frac{1}{n(n+1)}$. Diese Darstellung von sx_m kann nun wie folgt umgeformt werden:

Es gilt $sx_m = \sum_{1 \leq n \leq m} \frac{1}{n(n+1)} = \sum_{1 \leq n \leq m} (\frac{1}{n} - \frac{1}{n+1}) = 1 + \sum_{2 \leq n \leq m} (-\frac{1}{n} - \frac{1}{n}) - \frac{1}{m+1} = 1 - \frac{1}{m+1} = z_m$.
Anschaulicher (aber ungenau) dargestellt ist: $sx_m = (1 - \frac{1}{2}) + (\frac{1}{2} - \frac{1}{3}) + (\frac{1}{3} - \frac{1}{4}) + ... + (\frac{1}{m} - \frac{1}{m+1}) = 1 + (-\frac{1}{2} - \frac{1}{2}) + (-\frac{1}{3} - \frac{1}{3}) + (-\frac{1}{4} - \frac{1}{4}) + ... + (-\frac{1}{m} - \frac{1}{m}) - \frac{1}{m+1} = 1 - \frac{1}{m+1} = z_m$.
Da die Folge z offensichtlich gegen 1 konvergiert, kovergiert also auch sx gegen $lim(sx) = lim(z) = 1$. In der klassischen Sprechweise heißt dieser Sachverhalt: Die Reihe $\sum \frac{1}{n(n+1)}$ konvergiert gegen 1.

2. Die von der Folge $x : \mathbb{N}_0 \longrightarrow \mathbb{R}$ mit $x_n = \frac{1}{(n+1)(n+2)}$ erzeugte Reihe $sx : \mathbb{N}_0 \longrightarrow \mathbb{R}$ hat das $(m+1)$-te Reihenglied $sx_m = \sum_{0 \leq n \leq m} \frac{1}{(n+1)(n+2)}$. Diese Darstellung von sx_m kann nun wie folgt umgeformt werden:

Es gilt $sx_m = \sum_{0 \leq n \leq m} \frac{1}{(n+1)(n+2)} = \sum_{0 \leq n \leq m} (\frac{1}{n+1} - \frac{1}{n+2}) = 1 + \sum_{1 \leq n \leq m} (-\frac{1}{n+1} - \frac{1}{n+1}) - \frac{1}{m+2} = 1 - \frac{1}{m+2} = z_m$.
Anschaulicher dargestellt ist: $sx_m = (1 - \frac{1}{2}) + (\frac{1}{2} - \frac{1}{3}) + (\frac{1}{3} - \frac{1}{4}) + ... + (\frac{1}{m} - \frac{1}{m+1}) + (\frac{1}{m+1} - \frac{1}{m+2}) = 1 + (-\frac{1}{2} - \frac{1}{2}) + (-\frac{1}{3} - \frac{1}{3}) + (-\frac{1}{4} - \frac{1}{4}) + ... + (-\frac{1}{m+1} - \frac{1}{m+1}) - \frac{1}{m+2} = 1 - \frac{1}{m+2} = z_m$.
Da die Folge z offensichtlich gegen 1 konvergiert, kovergiert also auch sx gegen $lim(sx) = lim(z) = 1$. In der klassischen Sprechweise heißt dieser Sachverhalt: Die Reihe $\sum \frac{1}{(n+1)(n+2)}$ konvergiert gegen 1.

3. Die vorstehenden Beispiele lassen sich etwas allgemeiner beschreiben: Zu einer Folge $x : \mathbb{N}_0 \longrightarrow \mathbb{R}$ kann man die sogenannte *Teleskop-Folge* $z : \mathbb{N}_0 \longrightarrow \mathbb{R}$ durch die Vorschrift $z_n = x_n - x_{n+1}$ konstruieren. Die von z erzeugte Reihe $sz : \mathbb{N}_0 \longrightarrow \mathbb{R}$, die sogenannte *Teleskop-Reihe*, hat dann die Form $sz_m = x_0 - x_1 + x_1 - x_2 + ... + x_m = x_0 + (-x_1 + x_1) + (-x_2 + x_2) + ... + (-x_{m-1} + x_{m-1}) + x_m = x_0 + x_m$. Ist nun die Folge x nullkonvergent, dann konvergiert die Teleskop-Reihe sz gegen x_0, das heißt, in diesem Fall ist die Teleskop-Folge z summierbar.

Anmerkung: Technisch ähnlich kann man Produkte der Form $\prod_{0 \leq k \leq m} \frac{x_k}{x_{k+1}}$ reduziert darstellen durch $\frac{x_0}{x_1} \cdot \frac{x_1}{x_2} \cdot ... \cdot \frac{x_m}{x_{m+1}} = \frac{x_0}{x_{m+1}}$. So ist beispielsweise $\prod_{1 \leq k \leq m} \frac{k}{k+1} = \frac{1}{m+1}$.

4. Die von der Folge $x : \mathbb{N}_0 \longrightarrow \mathbb{R}$ mit $x_n = \frac{1}{4n^2-1}$ erzeugte Reihe $sx : \mathbb{N}_0 \longrightarrow \mathbb{R}$ konvergiert gegen $\frac{1}{2}$, wie die folgende Betrachtung im einzelnen zeigt: Wegen $x_n = \frac{1}{4n^2-1} = \frac{1}{2}(\frac{1}{2n-1} - \frac{1}{2n+1})$ hat das $(m+1)$-te Reihenglied die Darstellung $sx_m = \sum\limits_{1\leq n\leq m} \frac{1}{4n^2-1} = \frac{1}{2} \cdot \sum\limits_{1\leq n\leq m} (\frac{1}{2n-1} - \frac{1}{2n+1}) = \frac{1}{2}(1 - \frac{1}{2m+1})$. Anschaulicher dargestellt ist: $sx_m = \frac{1}{2}(1 - \frac{1}{3}) + \frac{1}{2}(\frac{1}{3} - \frac{1}{5}) + \frac{1}{2}(\frac{1}{5} - \frac{1}{7}) + \ldots + \frac{1}{2}(\frac{1}{2m-1} - \frac{1}{2m+1})$.
Damit ist dann $lim(sx) = lim(sx_m)_{m\in\mathbb{N}} = lim(\frac{1}{2}(1 - \frac{1}{2m+1}))_{m\in\mathbb{N}} = \frac{1}{2}(1 - 0) = \frac{1}{2}$.

2.114.2 Beispiel *(Monotonie und Beschränktheit)*
Die von der Folge $x : \mathbb{N}_0 \longrightarrow \mathbb{R}^+$ mit $x_n = \frac{1}{(n+1)^2}$ erzeugte Reihe $sx : \mathbb{N}_0 \longrightarrow \mathbb{R}^+$ ist konvergent. Nach Lemma 2.110.2 genügt es zu zeigen, daß sx nach oben beschränkt ist. Das ist der Fall, denn: Für alle $n \in \mathbb{N}$ gilt $n < n+1$, mithin ist $n(n+1) < (n+1)^2$ und folglich $\frac{1}{(n+1)^2} < \frac{1}{n(n+1)}$. Somit ist $sx_m - 1 = \sum\limits_{1\leq n\leq m} \frac{1}{(n+1)^2} < \sum\limits_{1\leq n\leq m} \frac{1}{n(n+1)} = 1 - \frac{1}{m+1}$ unter Verwendung der Summendarstellung in Beispiel 2.114.1. Also ist $sx_m \leq 2 - \frac{1}{m+1} < 2$, für alle $m \in \mathbb{N}_0$, woraus nach Satz 2.044.1 die Konvergenz der Reihe $\sum \frac{1}{(n+1)^2}$ folgt.

2.114.3 Beispiel *(Geometrische Reihe)*
Die aus der geometrischen Folge $x : \mathbb{N}_0 \longrightarrow \mathbb{R}$ der Form $x_n = x_0 a^n$ mit $x_0 \neq 0$ und $a \neq 0$ (siehe die Darstellung in Bemerkung 2.011.2/2) erzeugte *Geometrische Reihe* $sx : \mathbb{N}_0 \longrightarrow \mathbb{R}$ hat für den Fall
a) $a = 1$ das $(m+1)$-te Reihenglied $sx_m = (m+1)x_0$,
b) $a \neq 1$ das $(m+1)$-te Reihenglied $sx_m = \frac{a^{m+1}-1}{a-1} \cdot x_0 = \frac{1-a^{m+1}}{1-a} \cdot x_0$.
Diese Darstellung von sx_m für den Fall $a \neq 1$ folgt aus der Berechnung $sx_m \cdot (1-a) = sx_m - sx_m a = \sum\limits_{0\leq n\leq m} x_n - \sum\limits_{0\leq n\leq m} x_n a = \sum\limits_{0\leq n\leq m} x_n - (\sum\limits_{1\leq n\leq m} x_n + x_0 a^{m+1}) = x_0 - x_0 a^{m+1} = x_0(1 - a^{m+1})$, womit dann schließlich $sx_m = \frac{1-a^{m+1}}{1-a} \cdot x_0$ ist.
1. Für den Fall $|a| < 1$ ist die Folge x nullkonvergent (Beispiel 2.044.5/6) und somit die geometrische Reihe $sx : \mathbb{N}_0 \longrightarrow \mathbb{R}$ konvergent mit dem Grenzwert $lim(sx) = \frac{x_0}{a-1}(lim(a^{m+1})_{m\in\mathbb{N}_0} - 1) = -\frac{x_0}{a-1} = \frac{x_0}{1-a}$.
2. Für den Fall $|a| \geq 1$ ist die geometrische Reihe sx divergent, da die ihr zugrunde liegende Folge x für $|a| \geq 1$ keine nullkonvergent Folge ist (siehe Corollar 2.112.3).
In der klassischen Sprechweise heißt dieser Sachverhalt: Die geometrische Reihe $\sum x_0 \cdot a^n$ konvergiert im Fall $|a| < 1$ und zwar gegen $\frac{x_0}{1-a}$, hingegen ist sie im Fall $|a| \geq 1$ divergent.
Man beachte zur Namensgebung im Hinblick auf Bemerkung 2.101.2/3: Die geometrische Reihe ist als Folge betrachtet keine geometrische Folge.
Anmerkung: Betrachtet man in diesem Zusammenhang Folgen $x^* : \mathbb{N} \longrightarrow \mathbb{R}$ mit Definitionsbereich $\mathbb{N}$ anstelle von $\mathbb{N}_0$, so entfällt der erste Summand x_0 von $sx_n = x_0 + x_0 a^1 + \ldots + x_0 a^n = x_0(1 + a^1 + \ldots + a^n)$, es ist also $sx_n^* = x_0(a^1 + \ldots + a^n)$ und folglich gilt $sx_n^* = sx_n - x_0$, für alle $n \in \mathbb{N}$. Somit gilt im Fall $|a| < 1$ dann $lim(sx^*) = lim(sx) - x_0 = \frac{x_0}{1-a} - x_0 = x_0(\frac{1}{1-a} - 1) = x_0(\frac{1-(1-a)}{1-a}) = x_0 \cdot \frac{a}{1-a}$.
Aus diesem Beispiel lassen sich zahlreiche weitere konvergente Reihen konstruieren. So ist etwa
a) die Folge $x : \mathbb{N}_0 \longrightarrow \mathbb{R}$ mit $x(n) = 2^{-n} = (\frac{1}{2})^n$ (also $x_0 = 1$ und $a = \frac{1}{2}$) summierbar mit $lim(sx) = \frac{1}{1-\frac{1}{2}} = 2$, ferner ist die Folge $x^* : \mathbb{N} \longrightarrow \mathbb{R}$ mit derselben Zuordnungsvorschrift nach vorstehender Anmerkung ebenfalls summierbar mit $lim(sx^*) = 2 - 1 = 1$,
b) die Folge $x : \mathbb{N}_0 \longrightarrow \mathbb{R}$ mit $x(n) = 3^{-2n} = (\frac{1}{3^2})^n$ (also $x_0 = 1$ und $a = \frac{1}{3^2} = \frac{1}{9}$) summierbar mit $lim(sx) = \frac{1}{1-\frac{1}{9}} = \frac{9}{8}$, ferner ist die Folge $x^* : \mathbb{N} \longrightarrow \mathbb{R}$ mit derselben Zuordnungsvorschrift nach vorstehender Anmerkung ebenfalls summierbar mit $lim(sx^*) = \frac{9}{8} - 1 = \frac{1}{8}$.

2.114.4 Beispiel *(Arithmetische Reihe)*
Die aus der arithmetischen Folge $x : \mathbb{N}_0 \longrightarrow \mathbb{R}$ der Form $x_n = x_0 + nd$ (siehe die Darstellung in Bemerkung 2.011.2/2) erzeugte *Arithmetische Reihe* $sx : \mathbb{N}_0 \longrightarrow \mathbb{R}$ hat das $(m+1)$-te Reihenglied $sx_m = \frac{m+1}{2}(2x_0 + md)$. Die erste dieser beiden Darstellungen folgt aus der Berechnung $2sx_m = sx_m + sx_m = \sum\limits_{0\leq n\leq m}(x_0 + nd) + \sum\limits_{0\leq n\leq m}(x_0 + (m-n)d) = (m+1)(2x_0 + md)$, also $sx_m = \frac{m+1}{2}(2x_0 + md)$.

Die arithmetische Reihe sx ist für den Fall $x_0 \neq 0$ und $d \neq 0$ divergent, denn wegen $sx_{m+1} - sx_m = x_{m+1} = x_0 + (m+1)d$, für alle $m \in \mathbb{N}_0$, ist sx nicht Cauchy-konvergent.

Man beachte auch hier: Die arithmetische Reihe ist als Folge betrachtet keine arithmetische Folge.

2.114.5 Beispiel *(Harmonische Reihe)*

Die durch die Folge $x : \mathbb{N}_0 \longrightarrow \mathbb{R}$ mit $x_n = \frac{1}{n+1}$ erzeugte *Harmonische Reihe* sx ist divergent, denn wie die folgende Berechnung zeigt, ist sie nicht Cauchy-konvergent: Für alle $m \in \mathbb{N}_0$ ist $|sx_{2m} - sx_m| = |\sum_{0 \leq n \leq 2m} \frac{1}{n+1} - \sum_{0 \leq n \leq m} \frac{1}{n+1}| = \sum_{m+1 \leq n \leq 2m} \frac{1}{n+1} \geq m \cdot \frac{1}{2m+1} = \frac{1}{2+\frac{1}{m}} > \frac{1}{2}$.

Anschaulich: $\frac{1}{m+2} + \frac{1}{m+3} + \frac{1}{m+4} + \ldots + \frac{1}{2m+1} = m \cdot \frac{1}{2m+1}$.

Die harmonische Reihe ist ein Beispiel dafür, daß die Aussage von Corollar 2.112.3 nicht umkehrbar ist.

2.114.6 Bemerkung

Besonders erwähnenswert, zumal davon an späterer Stelle noch die Rede sein wird, ist die Tatsache, daß nach Beispiel 2.114.2 die Folge $x : \mathbb{N} \longrightarrow \mathbb{R}$ mit $x_n = \frac{1}{n^2}$ summierbar, hingegen nach Beispiel 2.114.5 die Folge $x : \mathbb{N} \longrightarrow \mathbb{R}$ mit $x_n = \frac{1}{n}$ nicht summierbar ist. (Nebenbei: Nicht-summierbare Folgen können summierbare Teilfolgen haben.)

A2.114.01: Geben Sie zu den nachstehend angedeuteten Folgen $x : \mathbb{N}_0 \longrightarrow \mathbb{R}$ jeweils die Zuordnungsvorschrift $x(n)$ an, begründen Sie die Konvergenz der zugehörigen Reihen sx und berechnen Sie dann den jeweiligen Grenzwert $lim(sx)$:

a) $1, \frac{1}{4}, \frac{1}{16}, \ldots$ b) $3, 1, \frac{1}{3}, \ldots$ c) $121, 11, 1, \ldots$ d) $3, 2, \frac{4}{3}, \ldots$

A2.114.02: Beweisen Sie die Summierbarkeit der Folge $x : \mathbb{N}_0 \longrightarrow \mathbb{R}$ mit $x(n) = 2^{-n}$.

A2.114.03: Betrachten Sie die Folge $x : \mathbb{N}_0 \longrightarrow \mathbb{R}$ mit $x(n) = \frac{1}{(2n+1)(2n+3)}$ sowie die von x erzeugte Reihe $sx : \mathbb{N}_0 \longrightarrow \mathbb{R}$. Beweisen Sie, daß $sx_m = \frac{m+1}{2m+3}$ gilt (nach dem Prinzip der Vollständigen Induktion) und die Reihe sx konvergiert mit $lim(sx) = \frac{1}{2}$.

A2.114.04: Beweisen Sie: Für alle $z \in [0, \frac{1}{2}]$ ist die von der Folge $x : \mathbb{N}_0 \longrightarrow \mathbb{R}$ mit $x_n = z^n$ erzeugte Reihe $sx : \mathbb{N}_0 \longrightarrow \mathbb{R}$ konvergiert gegen $\frac{1}{1-z}$. Verwenden Sie zum Nachweis die Definition 2.040.1 der Konvergenz von Folgen, also nicht Beispiel 2.114.3.

A2.114.05: Beweisen Sie unabhängig von Beispiel 2.114.3:

1. Für alle $z \in \mathbb{R}$ mit $|z| < 1$ gilt $lim(z^n)_{n \in \mathbb{N}} = 0$.

2. Für alle $z \in \mathbb{R}$ mit $|z| < 1$ gilt: Die von der Folge $x = x_z : \mathbb{N}_0 \longrightarrow \mathbb{R}$ mit $x_n = z^n$ erzeugte Reihe $sx : \mathbb{N}_0 \longrightarrow \mathbb{R}$ konvergiert gegen $\frac{1}{1-z}$.

A2.114.06: Beweisen Sie mit Satz 2.044.4 (also unabhängig von Beispiel 2.114.2):

Die von der Folge $x : \mathbb{N} \longrightarrow \mathbb{R}$ mit $x_n = \frac{1}{n^2}$ erzeugte Reihe $sx : \mathbb{N} \longrightarrow \mathbb{R}$ ist konvergent.

A2.114.07: Nennen Sie Beispiele nicht-summierbarer Folgen $\mathbb{N}/\mathbb{N}_0 \longrightarrow \mathbb{R}$, also divergenter Reihen.

A2.114.08: Was kann über die Summierbarkeit konstanter Folgen sagen?

A2.114.09: Stellen Sie sich eine Folge $(Z_n)_{n \in \mathbb{N}}$ von Zylindern Z_n vor (etwa als Stapel). Finden Sie eine Folge $r : \mathbb{N} \longrightarrow \mathbb{R}$ von Grundkreisradien r_n und eine Folge $h : \mathbb{N} \longrightarrow \mathbb{R}$ von Zylinderhöhen h_n, so daß die Reihe der Zylindervolumina V_n konvergiert und die Reihe der Flächeninhalte M_n der Zylindermantelflächen (ohne Deckel und ohne Boden) divergiert.

2.116 Der Verdichtungs-Satz von Cauchy

> Gruß auf einer Postkarte von *David Hilbert* (1862 - 1943) an
> *Adolf Hurwitz* (1859 - 1919) in Königsberg vom 1. 8. 1890:
> Und seien Sie $1+\frac{1}{2}+\frac{1}{3}+\frac{1}{4}$...... mal gegrüßt von Ihrem *Hilbert*.

Der folgende Satz nennt ein Kriterium zur Untersuchung von Folgen hinsichtlich Summierbarkeit bzw. von Reihen hinsichtlich Konvergenz und besitzt die anschließend genannten wichtigen Beispiele.

2.116.1 Satz *(Verdichtungs-Satz von Cauchy)*

Für antitone und nullkonvergente Folgen $x : \mathbb{N} \longrightarrow \mathbb{R}$ und den jeweils von x erzeugten *Verdichtungsfolgen* $z : \mathbb{N}_0 \longrightarrow \mathbb{R}$, definiert durch $z(n) = 2^n \cdot x(2^n)$, gilt: Die Folge x ist genau dann summierbar, wenn ihre Verdichtungsfolge z summierbar ist.

Anmerkung 1: Unter den genannten Voraussetzungen ist die Reihe $sx : \mathbb{N} \longrightarrow \mathbb{R}$ also genau dann konvergent, wenn die zugehörige *verdichtete Reihe sz* $: \mathbb{N}_0 \longrightarrow \mathbb{R}$ konvergent ist.

Anmerkung 2: Der Begriff *Verdichtungsfolge* ist wohl so zu erklären, daß zur Konstruktion der Folge z nur eine echte Teilfolge von x verwendet wird. Dieser Verkleinerungseffekt täuscht aber ein bißchen: Bei der Reihenbildung wird anstelle von $sx_7 = x_1 + x_2 + x_3 + x_4 + x_5 + x_6 + x_7$ das Element $sz_3 = x_1 + 2x_2 + 4x_4 = x_1 + x_2 + x_2 + x_4 + x_4 + x_4 + x_4$ betrachtet.

Beweis: Es sei noch einmal an die Partialsummen $sy_m = \sum_{i \leq n \leq m} y_n$ mit $i \in \{0, 1\}$ von Reihen sy erinnert.

1. Ist x summierbar, dann ist auch z summierbar, denn: Betrachtet man zunächst die Partialsummen
$$sx_{2^m} = x_1 + x_2 + (x_3 + x_4) + (x_5 + x_6 + x_7 + x_8) + \ldots + (x_{2^{m-1}+1} + \ldots + x_{2^m})$$
$$\tfrac{1}{2} \cdot sz_m = \tfrac{1}{2}x_1 + x_2 + 2x_4 + 4x_8 + \ldots + 2^{m-1}x_{2^m},$$
dann haben beide Summen, wenn man bei sx_{2^m} jeweils eine Klammer als einen Summanden ansieht, gleich viele Summanden. Dabei gilt für die jeweils ersten Summanden $\tfrac{1}{2}x_1 < x_1$ und $x_2 = x_2$. Für die weiteren Summanden gilt dann wegen der Antitonie der Folge x die Beziehung $x_{2^{m-1}+1} + \ldots + x_{2^m} > 2^{m-1}x_{2^m}$, beispielsweise ist $x_5 + x_6 + x_7 + x_8 > 4x_8$. Insgesamt gilt dann $sx_{2^m} > \tfrac{1}{2} \cdot sz_m$, für alle $m \in \mathbb{N}$. Ist nun die Reihe sx konvergent, also insbesondere nach oben beschränkt, dann ist damit auch die Reihe sz nach oben beschränkt und als streng monotone Folge ebenfalls konvergent.

2. Ist z summierbar, dann ist auch x summierbar, denn: Betrachtet man zunächst die Partialsummen
$$sx_{2^{m+1}-1} = x_1 + (x_2 + x_3) + (x_4 + x_5 + x_6 + x_7) + \ldots + (x_{2^m} + \ldots + x_{2^{m+1}-1})$$
$$sz_m = 2^0 x_{2^0} + 2^1 x_{2^1} + 2^2 x_{2^2} + \ldots + 2^m x_{2^m} = x_1 + 2x_2 + 4x_4 + \ldots + 2^m x_{2^m},$$
dann haben beide Summen, wenn man bei $sx_{2^{m+1}-1}$ jeweils eine Klammer als einen Summanden ansieht, gleich viele Summanden. Dabei gilt für den jeweils ersten Summanden $x_1 = x_1$. Für die weiteren Summanden gilt dann wegen der Antitonie der Folge x die Beziehung $x_{2^m} + \ldots + x_{2^{m+1}-1} < 2^m x_{2^m}$, beispielsweise ist $x_4 + x_5 + x_6 + x_7 < 4x_4$. Insgesamt gilt dann $sx_m < sx_{2^{m+1}-1} < sz_m$, für alle $m \in \mathbb{N}$. Ist nun die Reihe sz konvergent, also insbesondere nach oben beschränkt, dann ist damit auch die Reihe sx nach oben beschränkt und als streng monotone Folge ebenfalls konvergent.

2.116.2 Beispiel *(Allgemeine harmonische Reihe)*

Die von der Folge $x : \mathbb{N} \longrightarrow \mathbb{R}$ mit $x(n) = \frac{1}{n^a}$ und $a \in \mathbb{R}^+$ erzeugte Reihe $sx : \mathbb{N} \longrightarrow \mathbb{R}$ wird *Allgemeine harmonische Reihe* genannt. Sie soll im folgenden näher betrachtet werden:

1. Die Folge x liefert die zugehörige Verdichtungsfolge $z : \mathbb{N}_0 \longrightarrow \mathbb{R}$ mit $z(n) = 2^n \cdot x(2^n) = 2^n \cdot \frac{1}{(2^n)^a} = (\frac{1}{2^{a-1}})^n$. Diese Darstellung von $z(n)$ zeigt, daß z eine geometrische Folge und die von ihr erzeugte Reihe $sz : \mathbb{N}_0 \longrightarrow \mathbb{R}$ eine geometrische Reihe ist (siehe Beispiel 2.114.3).

2. Nach dem *Verdichtungs-Satz von Cauchy* ist nun die Folge x genau dann summierbar, wenn ihre Verdichtungsfolge z summierbar ist. Das bedeutet nun, da das Konvergenz-Verhalten der geometrischen Reihe nach Beispiel 2.114.3 bekannt ist, folgende Unterscheidungen:

a) Ist $a > 1$, dann ist die geometrische Folge x konvergent, also die von ihr erzeugte geometrische Reihe sx ebenfalls konvergent, denn gilt $a \geq 1$, dann ist $2^{a-1} > 1$ und somit $\frac{1}{2^{a-1}} < 1$.

b) Ist $a \leq 1$, dann ist die geometrische Folge x divergent, also die von ihr erzeugte geometrische Reihe sz ebenfalls divergent. Insbesondere liefert der Fall $a = 1$ die in Beispiel 2.114.5 betrachtete *harmonische Reihe*, die in diesem Zusammenhang auch *Spezielle harmonische Reihe* genannt wird.

2.116.3 Beispiel

1. Die von der Folge $x : \mathbb{N} \setminus \{1\} \longrightarrow \mathbb{R}$ mit $x(n) = \frac{1}{n \cdot \log_e(n)}$ erzeugte Reihe $sx : \mathbb{N} \setminus \{1\} \longrightarrow \mathbb{R}$ soll untersucht werden:

Die zu x zugehörige Verdichtungsfolge ist die Folge $z : \mathbb{N} \longrightarrow \mathbb{R}$ mit der Zuordnungsvorschrift $z(n) = 2^n \cdot \frac{1}{2^n \cdot \log_e(2^n)} = \frac{1}{\log_e(2) \cdot \frac{1}{n}}$. Diese Folge, die die spezielle harmonische Reihe erzeugt, ist nicht aber nicht summierbar, folglich ist nach dem *Verdichtungs-Satz von Cauchy* auch die Folge x nicht summierbar, die Reihe sx also divergent.

2. Mit Zusammenhang mit der oben untersuchten Folge kann man in analoger Weise zu Zahlen $a \in \mathbb{R}$ die Folgen $x : \mathbb{N} \setminus \{1\} \longrightarrow \mathbb{R}$ mit $x(n) = \frac{1}{(\log_e(n))^a}$ untersuchen:

Die zu x zugehörige Verdichtungsfolge ist die Folge $z : \mathbb{N} \longrightarrow \mathbb{R}$ mit der Zuordnungsvorschrift $z(n) = 2^n \cdot \frac{1}{(\log_e(2^n))^a} = 2^n \cdot \frac{1}{(n \cdot \log_e(2))^a} = \frac{1}{(\log_e(2))^a} \cdot \frac{2^n}{n^a}$. Um nun die Summierbarkeit von x zu untersuchen, ist die Summierbarkeit von z zu untersuchen. Wie in Abschnitt 2.124 mit Hilfe des Quotienten-Kriteriums gezeigt wird (Beispiel 2.124.2/4), ist z allerdings nicht summierbar, folglich ist auch x nicht summierbar und die Reihe sx divergent.

Insbesondere ist für $a = 1$ die Folge $x : \mathbb{N} \setminus \{1\} \longrightarrow \mathbb{R}$ mit $x(n) = \frac{1}{\log_e(n)}$ nicht summierbar.

2.116.4 Bemerkung

Betrachtet man die beiden vorstehenden Beispiele mit Bezug auf Corollar 2.112.5, so lassen sich folgende Beobachtungen anstellen:

1. Die Folge $x : \mathbb{N} \longrightarrow \mathbb{R}$ mit $x(n) = \frac{1}{n}$, die die Spezielle harmonische Reihe erzeugt, ist zwar antiton, aber – und das ist nun ein Beweis nach Corollar 2.112.5 – nicht summierbar, denn es gilt $lim(n \cdot x_n)_{n \in \mathbb{N}} = lim(n \cdot \frac{1}{n})_{n \in \mathbb{N}} = lim(1)_{n \in \mathbb{N}} = 1 \neq 0$.

2. Die Folge $x : \mathbb{N} \setminus \{1\} \longrightarrow \mathbb{R}$ mit $x(n) = \frac{1}{n \cdot \log_e(n)}$ zeigt, daß die Aussage von Corollar 2.112.5 nicht umkehrbar ist, denn es gilt zwar $lim(n \cdot x_n)_{n \in \mathbb{N}} = lim(\frac{1}{\log_e(n)})_{n \in \mathbb{N}} = 0$, gleichwohl ist die Folge x nach Beispiel 2.116.3 nicht summierbar.

2.118 Das Integral-Kriterium von Cauchy

> Persönlichkeiten, nicht Prinzipien bringen die Welt vorwärts.
> *Oscar Wilde* (1854 - 1900)

Vorbemerkung: Die in diesem Abschnitt verwendeten Riemann-Integrale sowie die sogenannten Uneigentlichen Riemann-Integrale sind in den Abschnitten 2.603 und 2.620 behandelt.

2.118.1 Beispiel

Im folgenden wird die von der Folge $x : \mathbb{N} \longrightarrow \mathbb{R}^+$, definiert durch $x_n = \frac{1}{n^2}$, erzeugte harmonische Reihe $sx : \mathbb{N} \longrightarrow \mathbb{R}^+$, definiert durch $sx_n = \sum_{1 \leq m \leq n} \frac{1}{m^2}$, untersucht (siehe Beispiel 2.116.2). Man beachte, daß x eine antitone Folge mit Wertebereich $\mathbb{R}^+$ ist. Zu der Folge x sei nun die stetige und ebenfalls antitone Funktion $f : [1, \star) \longrightarrow \mathbb{R}^+$ mit $f(z) = \frac{1}{z^2}$ betrachtet, sie hat also die Eigenschaft $f \mid \mathbb{N} = x$.

Gemäß nebenstehender Skizze der Einschränkung $\bar{f} = f \mid [1, n+1]$ läßt sich folgendes beobachten, wobei mit $A(\bar{f})$ der Flächeninhalt der Fläche bezeichnet sei, die von $\bar{f}$, der Abszisse und den Ordinatenparallelen durch 1 und $n+1$ begrenzt wird:

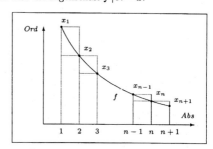

1. Jedes Folgenglied $x_n = \frac{1}{n^2}$ der Folge x repräsentiert die Rechtecksfläche mit Breite 1 und Höhe x_n. Mit Ausnahme von x_1 und x_{n-1} enthält die Skizze jedes dieser Rechtecke zweimal nebeneinander (einmal um 1 nach links verschoben), so daß

– für die Summe $sx_n = x_1 + ... + x_n$ der jeweils größeren Rechtecke $sx_n > A(\bar{f})$ gilt.
– für die Summe $sx_{n+1} - x_1 = x_2 + ... + x_{n+1}$ der jeweils kleineren Rechtecke $sx_{n+1} - x_1 < A(\bar{f})$ gilt.

2. Der Flächeninhalt $A(\bar{f})$ läßt sich folglich begrenzen durch $sx_{n+1} - x_1 < A(\bar{f}) = \int_1^{n+1} f < sx_n$ bzw. durch $sx_{n+1} < x_1 + \int_1^{n+1} f < x_1 + sx_n$. Da nun die Folge $(\int_1^{n+1} f)_{n \in \mathbb{N}} = (1 - \frac{1}{n+1})_{n \in \mathbb{N}}$ konvergiert (gegen 1), konvergiert nach Satz 2.044.4 auch die Folge sx.

2.118.2 Satz *(Integral-Kriterium von Cauchy)*

Es sei $x : \mathbb{N} \longrightarrow \mathbb{R}^+$ eine antitone Folge mit Wertebereich $\mathbb{R}^+$, ferner $f : [1, \star) \longrightarrow \mathbb{R}^+$ eine stetige und ebenfalls antitone Funktion mit der Eigenschaft $f \mid \mathbb{N} = x$. Dann gilt: Die von x erzeugte Reihe $sx : \mathbb{N} \longrightarrow \mathbb{R}^+$ konvergiert genau dann, wenn der Grenzwert $lim(\int_1^{n+1} f)_{n \in \mathbb{N}}$ existiert.

Anmerkung: Der Grenzwert $\int_1^{\star} f = lim(\int_1^{n+1} f)_{n \in \mathbb{N}}$ wird das Uneigentliche Integral von f genannt.

Beweis: Existiert $\int_1^{\star} f$, dann gilt $0 < sx_n < sx_{n+1} < x_1 + \int_1^{n+1} f < x_1 + \int_1^{\star} f$, für alle $n \in \mathbb{N}$, folglich konvergiert sx nach Satz 2.044. Umgekehrt: Konvergiert sx, dann ist sx beschränkt, ferner gilt die Abschätzung $0 < \int_1^{n+1} f < sx_n$, folglich konvergiert die Folge $(\int_1^{n+1} f)_{n \in \mathbb{N}}$ wieder nach Satz 2.044.4.

A2.118.01: Untersuchen Sie mit Satz 2.118.2 die *Allgemeine harmonische Reihe*, also die von der Folge $x : \mathbb{N} \longrightarrow \mathbb{R}$ mit $x(n) = \frac{1}{n^a}$ und $a \in \mathbb{R}^+$ erzeugte Reihe $sx : \mathbb{N} \longrightarrow \mathbb{R}$ (siehe Beispiel 2.116.2).

A2.118.02: Zeigen Sie: Die Folge $d = (sx_n - \int_1^n f)_{n \in \mathbb{N}}$ ist antiton und konvergiert gegen eine positive Zahl. Geben Sie diesen Grenzwert jeweils für $a = 1$ und $a = 2$ in Aufgabe A2.118.01 an.

2.120 Vergleichs-Kriterien für Summierbarkeit

> Cauchy ist *närrisch*, und es gibt keinen Weg, mit ihm zurechtzukommen, obgleich er gegenwärtig der Mathematiker ist, der am besten weiß, wie Mathematik gemacht werden sollte.
> *Niels Henrik Abel* (1802 - 1829)

Der folgende Satz hat in seiner Anwendung auf die Konvergenz-Untersuchung bei Reihen dieselbe Bedeutung, die Satz 2.044.3 für die entsprechende Untersuchung bei Folgen hat. In beiden Situationen geht es darum, die Konvergenz bzw. Divergenz von Folgen, hier also von Reihen, durch sogenannte Vergleichs-Folgen festzustellen. Man beachte aber, daß Satz 2.120.1 nicht eine direkte Übertragung von Folgen auf Reihen darstellt, da dabei nicht die Reihen im Sinne von Satz 2.044.3 miteinander verglichen werden.

Man beachte, daß in diesem Abschnitt grundsätzlich nur Folgen der Form $\mathbb{N}_0 \longrightarrow \mathbb{R}_0^+$, also mit Wertebereich $\mathbb{R}_0^+$, untersucht werden. Man spricht bei den zugehörigen Reihen dann auch von Reihen mit positiven Reihengliedern.

2.120.1 Satz und Definition *(Vergleichs-Kriterien für Summierbarkeit)*

1. Gibt es zu einer Folge $x : \mathbb{N}_0 \longrightarrow \mathbb{R}_0^+$ eine summierbare Folge $y : \mathbb{N}_0 \longrightarrow \mathbb{R}_0^+$ mit $0 \leq x \leq y$, dann ist x (absolut) summierbar und für die Grenzwerte der von x und y erzeugten Reihen $sx, sy : \mathbb{N}_0 \longrightarrow \mathbb{R}_0^+$ gilt $lim(sx) \leq lim(sy)$. Die Reihe sy heißt in einem solchen Fall eine *Majorante* zu der Reihe sx.

2. Gibt es zu einer Folge $x : \mathbb{N}_0 \longrightarrow \mathbb{R}_0^+$ eine divergente Reihe $sy : \mathbb{N}_0 \longrightarrow \mathbb{R}_0^+$, für deren zugrunde liegende Folge $y : \mathbb{N}_0 \longrightarrow \mathbb{R}_0^+$ die Beziehung $0 \leq y \leq x$ gilt, dann ist die von x erzeugte Reihe $sx : \mathbb{N}_0 \longrightarrow \mathbb{R}_0^+$ divergent. Die Reihe sy heißt in einem solchen Fall eine *Minorante* zu der Reihe sx.

Beweis:
1. Wegen $W(x) = W(y) = \mathbb{R}_0^+$ sind die Reihen sx und sy monoton (siehe Lemma 2.110.3). Da die Reihe sy durch $lim(sy)$ nach oben beschränkt ist, ist auch die Reihe sx durch $lim(sy)$ nach oben beschränkt. Nach Satz 2.044.1/2 ist folglich sx konvergent, die Folge x also (absolut) summierbar. Die Beziehung $0 \leq lim(sx) \leq lim(sy)$ liefert dann $lim(sx) \leq lim(sy)$ durch Satz 2.044.3.
2. Angenommen sx konvergiert, dann konvergiert nach Teil 1 auch sy im Widerspruch zur Annahme.

2.120.2 Beispiele

1. Die Folge $x : \mathbb{N}_0 \longrightarrow \mathbb{R}$ mit $x(n) = \frac{1}{(n+2)^2}$ ist summierbar, denn wegen $(n+1)^2 \leq (n+2)^2$, also $x(n) = \frac{1}{(n+2)^2} < \frac{1}{(n+1)^2}$, für alle $n \in \mathbb{N}_0$, ist die in Beispiel 2.114.2 betrachtete konvergente Reihe eine Majorante zu der Reihe sx.

2. Die Folge $x : \mathbb{N}_0 \longrightarrow \mathbb{R}$ mit $x(n) = \frac{(n+1)!}{(n+1)^{n+1}}$ ist summierbar, denn wegen $x(n) = \frac{(n+1)!}{(n+1)^{n+1}} = \frac{n+1}{n+1} \cdot \frac{n}{n+1} \cdot \ldots \cdot \frac{2}{n+1} \cdot \frac{1}{n+1} < \frac{1}{(n+1)^2}$, für alle $n \in \mathbb{N}_0$, ist auch hier die in Beispiel 2.114.2 betrachtete konvergente Reihe eine Majorante zu der Reihe sx.

3. Die Folge $x : \mathbb{N}_0 \longrightarrow \mathbb{R}$ mit $x(n) = \frac{1}{2^{n+4}}$ ist summierbar, denn wegen $2^{n+4} \geq (n+4)^2$, also $x(n) = \frac{1}{2^{n+4}} \leq \frac{1}{(n+4)^2}$ für alle $n \in \mathbb{N}_0$, ist die von der summierbaren Folge $y : \mathbb{N}_0 \longrightarrow \mathbb{R}$ mit $y(n) = \frac{1}{(n+4)^2}$ erzeugte konvergente Reihe sy eine Majorante zu der Reihe sx.

4. Die Folge $x : \mathbb{N}_0 \longrightarrow \mathbb{R}$ mit $x(n) = \begin{cases} \frac{1}{2^{n+4}}, & \text{falls } n \text{ ungerade,} \\ 2^{\frac{1}{2}(3n+8)}, & \text{falls } n \text{ gerade,} \end{cases}$ mit den ersten sieben Folgengliedern $\frac{1}{2^4}, \frac{1}{2^5}, \frac{1}{2^7}, \frac{1}{2^7}, \frac{1}{2^{10}}, \frac{1}{2^9}, \frac{1}{2^{13}}$ ist summierbar, denn die von der summierbaren Folge $y : \mathbb{N}_0 \longrightarrow \mathbb{R}$ mit $y(n) = \frac{1}{n^{n+4}}$ erzeugte konvergente Reihe sy ist eine Majorante zu der Reihe sx.

5. Die Folge $x : \mathbb{N}_0 \longrightarrow \mathbb{R}$ mit $x(n) = \frac{1}{\sqrt{n(n+1)}}$ ist nicht summierbar, denn wie die Implikationen $n < n+1 \Rightarrow n(n+1) < (n+1)^2 \Rightarrow \sqrt{n(n+1)} < n+1 \Rightarrow \frac{1}{n+1} < \frac{1}{\sqrt{n(n+1)}} = x(n)$, für alle $n \in \mathbb{N}_0$, zeigen, ist die in Beispiel 2.114.5 betrachtete divergente *harmonische Reihe* eine Minorante zu sx.

6. Die Folge $x : \mathbb{N} \longrightarrow \mathbb{R}$ mit $x(n) = \frac{1+n}{1+n^2}$ ist nicht summierbar, denn wie die Implikationen $n \geq 1 \Rightarrow n + n^2 \geq 1 + n^2 \Rightarrow n(1+n) \geq 1 + n^2 \Rightarrow \frac{1+n}{1+n^2} \geq \frac{1}{n}$, für alle $n \in \mathbb{N}$, zeigen, ist die in Beispiel 2.114.5 betrachtete divergente *harmonische Reihe* eine Minorante zu sx.

2.120.3 Bemerkung

Das Produkt $xz : \mathbb{N} \longrightarrow \mathbb{R}$ einer absolut-summierbaren Folge $x : \mathbb{N} \longrightarrow \mathbb{R}$ und einer beschränkten Folge $z : \mathbb{N} \longrightarrow \mathbb{R}$ ist absolut-summierbar.
Beweis: Ist $Bild(z) \leq c$, dann ist die Reihe $s(c \cdot |x|)$ eine Majorante für die Reihe $s(xz)$, denn für alle $n \in \mathbb{N}_0$ ist $|x_n z_n| = |x_n| \cdot |z_n| \leq c \cdot |x_n|$.

A2.120.01: Untersuchen sie die folgenden jeweils durch x_n angegebenen Folgen $x : \mathbb{N}_0 \longrightarrow \mathbb{R}$ hinsichtlich Summierbarkeit:

  a) $x_n = \frac{1}{3+n^3}$,   b) $x_n = \frac{1}{6+n^3}$,   c) $x_n = \frac{1}{4+n^4}$,   d) $x_n = \frac{1}{2+n^5}$.

A2.120.02: Beweisen Sie, daß die Folge $x : \mathbb{N}_0 \longrightarrow \mathbb{R}$ mit $x(n) = \frac{1+n}{1+n^2}$ nicht summierbar ist.

A2.120.03: Untersuchen sie die folgenden jeweils durch x_n angegebenen Folgen $x : \mathbb{N} \longrightarrow \mathbb{R}$ hinsichtlich Summierbarkeit:

  a) $x_n = \frac{1}{n!}$,   b) $x_n = \frac{n - \sqrt{n}}{(n+\sqrt{n})^2}$,   c) $x_n = \frac{1}{\sqrt[n]{n!}}$.

A2.120.04: Beweisen Sie, daß die Folge $x : \mathbb{N}_0 \longrightarrow \mathbb{R}$ mit $x(2n) = \frac{1}{(n+1)^2}$ und $x(2n+1) = \frac{2}{(n+1)^2}$ summierbar ist.

A2.120.05: Zwei Einzelaufgaben:

1. Beweisen Sie, daß die Folge $x : \mathbb{N}_0 \longrightarrow \mathbb{R}$ mit $x(n) = \begin{cases} 2^{-n}, & \text{falls } n \text{ ungerade}, \\ 2^{-(n+2)}, & \text{falls } n \text{ gerade}, \end{cases}$ summierbar ist. Geben Sie zunächst die ersten acht Folgenglieder von x sowie das achte Reihenglied $sx(7)$ an.

2. Ist die Folge $z : \mathbb{N}_0 \longrightarrow \mathbb{R}$ mit $z(n) = \frac{x(n+1)}{x(n)}$ konvergent? Worin unterscheidet sich diese Folge z von der entsprechenden Folge in Beispiele 2.120.2/4 ?

A2.120.06: Beweisen Sie, daß die rekursiv durch den Rekursionsanfang $x_0 = a$ und $x_1 = b$ (mit beliebig, aber fest gewählten Zahlen $a, b \in \mathbb{R}$) sowie den Rekursionsschritt $x_{n+1} = \frac{1}{2}(x_{n-1} + x_n)$ definierte Folge $x : \mathbb{N}_0 \longrightarrow \mathbb{R}$ konvergent ist und berechnen Sie ihren Grenzwert. (Die Folgenglieder von x stellen ab dem zweiten Folgenglied das arithmetische Mittel der beiden jeweils davor liegenden Folgenglieder dar.)
Hinweis: Stellen Sie x_n in der Form $x_n = a + (b-a) \cdot s_{n-1}$ mit dem n-ten Reihenglied s_{n-1} einer geeigneten konvergenten Reihe dar. Beweisen Sie dann zunächst eine solche Darstellung.
Anmerkung: Eine ähnlich aussehende, aber nicht gleiche Folge ist in Lemma 2.045.8 behandelt.

2.122 Wurzel-Kriterium für Summierbarkeit

> Folgende Gegensätze sollte man vereinen können: Tugend mit Gleichgültigkeit gegen die öffentliche Meinung, Arbeitsfreude mit Gleichgültigkeit gegen den Ruhm und die Sorge um die Gesundheit mit Gleichgültigkeit gegen das Leben.
> *Nicolas Chamfort* (1741 - 1794)

Das im folgenden Satz genannte *Wurzel-Kriterium* für Summierbarkeit ist eine einfache Konsequenz aus dem Vergleichs-Kriterium, wobei hierbei als Vergleichsfolge die für gewisse Zahlen a summierbare Folge $z : \mathbb{N}_0 \longrightarrow \mathbb{R}$ mit $z(n) = a^n$ der *Geometrischen Reihe* verwendet wird.

Genauer: Vergleicht man bei einer Folge $x : \mathbb{N}_0 \longrightarrow \mathbb{R}$ die Beträge $|x_n|$ mit Potenzen a^n entweder in der Form $|x_n| \leq a^n$ oder in der Form $\sqrt[n]{|x_n|} \leq a$ der zugehörigen n-ten Wurzeln, dann liegt für den Fall $0 \leq a < 1$ Summierbarkeit für x, für den Fall $a \geq 1$ keine Summierbarkeit für x vor. Das ist der Inhalt des folgenden Satzes.

2.122.1 Satz *(Wurzel-Kriterium für Summierbarkeit)*

1. Gibt es zu einer Folge $x : \mathbb{N}_0 \longrightarrow \mathbb{R}$ eine Zahl $a \in \mathbb{R}$ mit $\sqrt[n]{|x_n|} \leq a < 1$, für (fast) alle $n \in \mathbb{N}$, so ist diese Folge absolut-summierbar und für den Grenzwert der zugehörigen Reihe $sx : \mathbb{N}_0 \longrightarrow \mathbb{R}$ gilt $lim(sx) \leq \frac{1}{1-a}$.

2. Hat eine Folge $x : \mathbb{N}_0 \longrightarrow \mathbb{R}$ die Eigenschaft $\sqrt[n]{|x_n|} \geq 1$, für (fast) alle $n \in \mathbb{N}$, so ist die zugehörige Reihe $sx : \mathbb{N}_0 \longrightarrow \mathbb{R}$ divergent.

Beweis:

1. Man betrachte die durch $z_n = a^n$ definierte Folge $z : \mathbb{N}_0 \longrightarrow \mathbb{R}$. Aus der Beziehung $\sqrt[n]{|x_n|} \leq a < 1$ folgt $0 \leq |x_n| \leq a^n = z_n$, für (fast) alle $n \in \mathbb{N}$, woraus nach dem Vergleichs-Kriterium (Satz 2.120.1) die Konvergenz der Reihe $s|x|$ mit $|lim(sx)| = lim(s|x|) \, lim(sx) = \frac{1}{1-a}$ folgt, denn nach Beispiel 2.114.3 ist wegen $0 \leq a < 1$ die *Geometrische Reihe* sz konvergent und also eine Majorante zu sx.

2. $\sqrt[n]{|x_n|} \geq 1$, also $|x_n| \geq 1$, für (fast) alle $n \in \mathbb{N}$, bedeutet, daß die Folge x nicht nullkonvergent ist, woraus nach Corollar 2.112.3 die Divergenz der Reihe sx folgt.

2.122.2 Bemerkung

Daß in dem *Wurzel-Kriterium* die abgeschwächte Bedingung $\sqrt[n]{|x_n|} < 1$ anstelle der angegebenen Bedingung $\sqrt[n]{|x_n|} \leq a < 1$ nicht genügt, zeigt die in Beispiel 2.114.5 behandelte divergente *harmonische Reihe*, für die wegen $\frac{1}{n} < 1$ auch $\sqrt[n]{\frac{1}{n}} < 1$ für alle $n > 1$ gilt.

2.122.3 Beispiel

Die Folge $x : \mathbb{N}_0 \longrightarrow \mathbb{R}$ mit $x_n = (1 - \frac{1}{n})^{n^2}$ ist absolut-summierbar mit $lim(sx) \leq \frac{e}{e-1}$, denn: Wegen $x_n > 0$ gilt $\sqrt[n]{x_n} = \sqrt[n]{((1-\frac{1}{n})^n)^n} = (1-\frac{1}{n})^n = \frac{1}{(1-\frac{1}{n})^{-n}} < \frac{1}{e} < 1$, denn die Folge $(1-\frac{1}{n})^{-n})_{n \in \mathbb{N}}$ konvergiert antiton gegen die *Eulersche Zahl* e. Ferner gilt $lim(sx) \leq \frac{1}{1-\frac{1}{e}} = \frac{e}{e-1}$.

2.124 QUOTIENTEN-KRITERIUM FÜR SUMMIERBARKEIT

> Denn wie sollte man noch in Wissenschaften Vorschritte hoffen können, wenn dasjenige, was nur geschlossen, gemeint oder geglaubt wird, uns als ein Faktum aufgedrungen werden dürfte?
> *Johann Wolfgang von Goethe (1749 - 1832)*

Analog zu der Konstruktion des *Wurzel-Kriteriums* in Satz 2.122.1 ist auch das folgende *Quotienten-Kriterium* für Summierbarkeit eine einfache Konsequenz aus dem Vergleichs-Kriterium in Abschnitt 2.120, wobei als Vergleichsfolge wieder eine *Geometrische Folge* $z : \mathbb{N}_0 \longrightarrow \mathbb{R}$, hier der Form $z(n) = c \cdot a^n$, herangezogen wird.

2.124.1 Satz *(Quotienten-Kriterium für Summierbarkeit)*

1. Gibt es zu einer Folge $x : \mathbb{N}_0 \longrightarrow \mathbb{R} \setminus \{0\}$ eine Zahl $a \in \mathbb{R}$ mit $\frac{|x_{n+1}|}{|x_n|} \leq a < 1$, für (fast) alle $n \in \mathbb{N}$, so ist diese Folge absolut-summierbar.

2. Hat eine Folge $x : \mathbb{N}_0 \longrightarrow \mathbb{R} \setminus \{0\}$ die Eigenschaft $\frac{|x_{n+1}|}{|x_n|} \geq 1$, für (fast) alle $n \in \mathbb{N}$, so ist die zugehörige Reihe $sx : \mathbb{N}_0 \longrightarrow \mathbb{R}$ divergent.

Beweis:

1. Es gebe eine Zahl $a \in \mathbb{R}$ mit $\frac{|x_{n+1}|}{|x_n|} \leq a < 1$, für (fast) alle $n \in \mathbb{N}$. Aus $\frac{|x_{n+1}|}{|x_n|} \leq a = \frac{a^{n+1}}{a^n}$ folgt $\frac{|x_{n+1}|}{a^{n+1}} \leq \frac{|x_n|}{a^n}$, für alle $n \geq n_0$ mit kleinstem Index $n_0 > 0$. Somit folgt $\frac{|x_n|}{a^n} \leq \frac{|x_{n-1}|}{a^{n-1}} \leq \ldots \leq \frac{|x_{n_0}|}{a^{n_0}}$, also ist $|x_n| \leq \frac{|x_{n_0}|}{a^{n_0}} \cdot a^n$, für alle $n \geq n_0$.

Man betrachte nun die durch $z_n = \frac{|x_{n_0}|}{a^{n_0}} \cdot a^n$ definierte Folge $z : \mathbb{N}_0 \longrightarrow \mathbb{R}$. Nach dem *Vergleichs-Kriterium* (Satz 2.120.1) ist dann die Reihe sz als geometrische Reihe mit $|a| < 1$ eine Majorante zu der Reihe $s|x|$.

2. Aus der Eigenschaft $\frac{|x_{n+1}|}{|x_n|} \geq 1$, für alle $n \geq n_0$, folgt $|x_{n+1}| \geq |x_{n_0}|$, für alle $n \geq n_0$. Wegen $x_{n_0} \neq 0$ ist die Folge x nicht nullkonvergent, folglich ist die Reihe sx nach Corollar 2.112.3 divergent.

2.124.2 Beispiele

1. Die beiden Folgen $x : \mathbb{N}_0 \longrightarrow \mathbb{R}$ mit $x(n) = \frac{1}{n!}$ und $z : \mathbb{N} \longrightarrow \mathbb{R}$ mit $z(n) = \frac{1}{(n-1)!}$ sind absolut-summierbar. Das folgt aus dem Quotienten-Kriterium mit $\frac{|x_{n+1}|}{|x_n|} = \frac{1}{n+1} < \frac{3}{4} < 1$, für alle $n \in \mathbb{N}$, sowie $\frac{|z_{n+1}|}{|z_n|} = \frac{1}{n} < \frac{3}{4} < 1$, für alle $n > 1$.

2. Die Folge $x : \mathbb{N}_0 \longrightarrow \mathbb{R}$ mit $x(n) = \frac{2n+1}{n!}$ ist absolut-summierbar. Das folgt aus dem Quotienten-Kriterium mit $\frac{|x_{n+1}|}{|x_n|} = \frac{2(n+1)+1}{2n+1} \cdot \frac{n!}{(n+1)!} = \frac{2n+3}{(2n+1)(n+1)} \leq \frac{5}{6} < 1$, für alle $n \in \mathbb{N}$.

3. Die Folge $x : \mathbb{N}_0 \longrightarrow \mathbb{R}$ mit $x(n) = \frac{c_n}{n!}$, wobei $0 \leq c_n \leq n$ für alle $n \in \mathbb{N}$ gelte, ist absolut-summierbar. Das folgt mit $0 \leq c_n \leq n$, also $x_n = \frac{c_n}{n!} \leq \frac{n}{n!} = \frac{1}{(n-1)!}$ aus dem vorstehenden Beispiel nach dem Vergleichs-Kriterium (Satz 2.120.1). Die von x erzeugte Reihe sx wird die *Cantorsche Reihe* genannt.

4. Die Folge $x : \mathbb{N}_0 \longrightarrow \mathbb{R}$ mit $x(n) = \frac{2^n}{n^a}$ mit $a \in \mathbb{R}$ ist nicht summierbar. Das folgt aus dem Quotienten-Kriterium mit $\frac{|x_{n+1}|}{|x_n|} = \frac{2^n \cdot n^a}{(n+1)^a \cdot 2^n} = 2 \cdot \frac{n^a}{(n+1)^a} = 2 \cdot \left(\frac{n}{n+1}\right)^a = 2 \cdot \left(1 - \frac{1}{n+1}\right)^a$ und der Konvergenz dieser Folge gegen $2 \cdot 1 = 2$.

5. Die Folge $x : \mathbb{N} \longrightarrow \mathbb{R}$ mit $x(n) = \frac{n!}{n^n}$ ist absolut-summierbar. Das folgt aus dem Quotienten-Kriterium mit $\frac{|x_{n+1}|}{|x_n|} = \frac{(n+1)! \cdot n^n}{n! \cdot (n+1)^{n+1}} = \frac{(n+1) \cdot n^n}{(n+1)^{n+1}} = \left(\frac{n}{n+1}\right)^n = \frac{1}{(1+\frac{1}{n})^n} \leq \frac{1}{2} < 1$, für alle $n \in \mathbb{N}$, unter Verwendung der Bernoullischen Ungleichung (siehe auch Beispiel 2.120.2).

2.124.3 Satz *(Raabe-Kriterium)*

1. Gibt es zu einer Folge $x : \mathbb{N}_0 \longrightarrow \mathbb{R} \setminus \{0\}$ eine reelle Zahl $b > 1$ und einen Index $n_0 \in \mathbb{N}$ mit $\frac{|x_{n+1}|}{|x_n|} \leq 1 - \frac{b}{n}$, für alle $n \geq n_0$, so ist die Folge x absolut-summierbar, die von x erzeugte Reihe $sx : \mathbb{N}_0 \longrightarrow \mathbb{R}$ also absolut-konvergent.

2. Gibt es zu einer Folge $x : \mathbb{N}_0 \longrightarrow \mathbb{R} \setminus \{0\}$ einen Index $n_0 \in \mathbb{N}$ mit der Eigenschaft $\frac{x_{n+1}}{x_n} \geq 1 - \frac{1}{n}$, für alle $n \geq n_0$, so ist die Folge x nicht summierbar, die zugehörige Reihe $sx : \mathbb{N}_0 \longrightarrow \mathbb{R}$ also divergent.

3. Gibt es zu einer Folge $x : \mathbb{N}_0 \longrightarrow \mathbb{R} \setminus \{0\}$ einen Index $n_0 \in \mathbb{N}$ mit der Eigenschaft $\frac{|x_{n+1}|}{|x_n|} \geq 1 - \frac{1}{n}$, für alle $n \geq n_0$, so ist die zugehörige Reihe $s|x| : \mathbb{N}_0 \longrightarrow \mathbb{R}$ der Beträge divergent.

Beweis:

1. Es gebe $b > 1$ und $n_0 \in \mathbb{N}$ mit mit $\frac{|x_{n+1}|}{|x_n|} \leq 1 - \frac{b}{n} = \frac{n-b}{n}$, für alle $n \geq n_0$, dann gilt $\frac{|x_{n+1}|}{|x_n|} \leq \frac{(n-1)+(1-b)}{n}$, somit $0 < n|x_{n+1}| \leq (n-1)|x_n| + (1-b)|x_n|$, folglich $0 < (b-1)|x_n| \leq (n-1)|x_n| - n|x_{n+1}|$, für alle $n \geq n_0$. Betrachtet man nun die Folge $y : \mathbb{N}_0 \longrightarrow \mathbb{R}$ mit $y_n = n|x_{n+1}|$, dann gilt: Die Folge y ist antiton für $n \geq n_0$ und nach unten durch 0 beschränkt, folglich konvergent gegen 0. Somit ist die zugehörige *Teleskop-Folge* (siehe Beispiel 2.114.1/3) $z : \mathbb{N} \longrightarrow \mathbb{R}$ mit $z_n = y_{n-1} - y_n$ summierbar. Schließlich ist damit dann die Folge x wegen $0 < (b-1)|x_n| \leq z_n$ nach dem Majoranten-Kriterium (Satz 2.120.1) absolut-summierbar.

2. Aus $\frac{x_{n+1}}{x_n} \geq 1 - \frac{1}{n} = \frac{n-1}{n}$ folgt, daß ab n_0 alle Folgenglieder x_n dasselbe Vorzeichen haben, es sei beispielsweise $x_n > 0$, für alle $n \geq n_0$. Somit gilt $n \cdot x_{n+1} \geq (n-1)x_n > c > 0$, für eine geeignete reelle Zahl $c > 0$. Somit gilt $x_{n+1} \geq \frac{c}{n}$, für alle $n \geq n_0$. Nach dem Minoranten-Kriterium mit der der harmonischen Reihe zugrunde liegenden Folge ist dann die Folge $|x|$ nicht summierbar.

3. folgt aus dem Beweis zu Teil 2, wenn man anstelle der Folge x die Folge $|x|$ der Beträge betrachtet.

A2.124.01: Untersuchen sie die folgenden, jeweils durch x_n angegebenen Folgen $x : \mathbb{N}_0 \longrightarrow \mathbb{R}$ hinsichtlich Summierbarkeit:

a) $x_n = \frac{n^4}{2^n}$, b) $x_n = \frac{n^2+2n+7}{3^n}$, c) $x_n = \frac{2^n}{(n+1)n+5}$, d) $x_n = \frac{a^{2n}}{(2n)!}$ mit $a \in \mathbb{R}$.

A2.124.02: Untersuchen sie die folgenden, jeweils durch x_n angegebenen Folgen $x : \mathbb{N} \longrightarrow \mathbb{R}$ hinsichtlich Summierbarkeit:

a) $x_n = \frac{2^n \cdot n!}{n^n}$, b) $x_n = \frac{(n!)^2}{(2n)!}$.

A2.124.03: Wenden Sie das *Raabe-Kriterium* auf die Folge $x : \mathbb{N} \longrightarrow \mathbb{R}$ mit $x_n = (-1)^n \frac{1}{n}$ an.

2.126 Leibniz-Kriterium für Summierbarkeit

> Der unmittelbaren Sinneswahrnehmung messe ich wenig Gewicht bei. Die menschlichen Sinne gelten zu Unrecht als das Maß aller Dinge; im Gegenteil, alle Wahrnehmungen der Sinne als auch des Geistes haben mit dem Menschen und nicht mit der Welt zu tun, und der menschliche Geist ähnelt jenen unebenen Spiegeln, die ihre eigenen Eigenschaften den Gegenständen mitteilen, von denen Strahlen ausgesandt werden, und sie verzerren und entstellen.
>
> *Francis Bacon* (1561 - 1626)

Das nach *Gottfried Wilhelm Leibniz* (1646 - 1716) benannte Kriterium für Summierbarkeit von Folgen zeigt als wichtigstes Beispiel, daß die sogenannte *Alternierende harmonische Reihe* konvergent ist.

2.126.1 Satz *(Leibniz-Kriterium für Summierbarkeit)*

Es sei $y : \mathbb{N}_0 \longrightarrow \mathbb{R}_0^+$ eine antitone Folge. Die von y erzeugte alternierende Folge $x : \mathbb{N}_0 \longrightarrow \mathbb{R}$ mit $x_n = (-1)^n y_n$ ist genau dann summierbar, falls die Folge y nullkonvergent ist.

Beweis:

1. Ist die Folge x summierbar, so ist x nach Corollar 2.112.3 nullkonvergent, folglich ist auch $|x| = y$ nullkonvergent.

2. Die umgekehrte Implikation wird in folgenden Einzelschritten gezeigt:

a) Die Funktion $g : \mathbb{N}_0 \longrightarrow \mathbb{N}_0$ mit $g(m) = 2m$ liefert zu der Reihe sx die Teilfolge (siehe Definition 2.002.3) $sx \circ g$ der Reihenglieder von sx mit geradem Index, also $(sx \circ g)(m) = sx_{g(m)} = sx_{2m}$. Diese Teilfolge ist antiton, denn für alle $m \in \mathbb{N}_0$ gilt die Beziehung $(sx \circ g)(m+1) = sx_{g(m+1)} = sx_{2m+2} = sx_{2m} + sx_{2m+1} + sx_{2m+2} = sx_{2m} + (-1)^{2m+1} y_{2m+1} + (-1)^{2m+2} y_{2m+2} = sx_{2m} - y_{2m+1} + y_{2m+2} \leq sx_{2m} = (sx \circ g)(m)$ (unter Verwendung von $y_{2m+2} \leq y_{2m+1}$).

b) Auf analogem Wege liefert die Funktion $g : \mathbb{N}_0 \longrightarrow \mathbb{N}_0$ mit $u(m) = 2m+1$ zu der Reihe sx die Teilfolge $sx \circ u$ der Reihenglieder von sx mit ungeradem Index, also $(sx \circ u)(m) = sx_{u(m)} = sx_{2m+1}$. Diese Teilfolge ist, wie man entsprechend zu a) zeigt, monoton, es gilt also $(sx \circ u)(m) = sx_{u(m)} = sx_{2m+1} \leq sx_{2m+3} = (sx \circ u)(m+1)$, für alle $m \in \mathbb{N}_0$.

c) Die Teilfolgen $sx \circ g$ und $sx \circ u$ sind jeweils beschränkt, denn mit $y_{2m+1} \geq 0$ gilt $sx_1 \leq sx_{2m+1} = sx_{2m} + x_{2m+1} = sx_{2m} - y_{2m+1} \leq sx_{2m} \leq sx_0$, für alle $m \in \mathbb{N}_0$. Folglich sind die beiden Teilfolgen nach Satz 2.044.1 konvergent, wobei mit $sx_{2m+1} = sx_{2m} - y_{2m+1}$ dann die Beziehung $lim(sx_{2m+1})_{m \in \mathbb{N}_0} = lim(sx_{2m})_{m \in \mathbb{N}_0} - lim(y_{2m+1})_{m \in \mathbb{N}_0} = lim(sx_{2m})_{m \in \mathbb{N}_0} - 0 = lim(sx \circ g)$ gilt, denn nach Voraussetzung ist die Folge y nullkonvergent. Nach Lemma 2.041.3/3 konvergiert dann auch die Reihe sx mit $lim(sx) = lim(sx \circ g) = lim(sx \circ u)$.

2.126.2 Bemerkungen und Beispiel *(Alternierende harmonische Reihe)*

1. Betrachtet man im Beweis zu Satz 2.126.1 noch einmal die beiden Teilfolgen

$sx \circ g$ mit Reihengliedern $(sx \circ g)(m) = sx_{2m} = \sum_{0 \leq n \leq 2m} x_n = \sum_{0 \leq n \leq 2m} (-1)^n \frac{1}{n+1}$ und

$sx \circ u$ mit Reihengliedern $(sx \circ u)(m) = sx_{2m+1} = \sum_{0 \leq n \leq 2m+1} x_n = \sum_{0 \leq n \leq 2m+1} (-1)^n \frac{1}{n+1}$,

dann bilden diese beiden Folgen eine Intervallschachtelung $(sx_{2m}, sx_{2m+1})_{m \in \mathbb{N}_0}$ (siehe Definition 2.066.1), denn mit $|sx_{2m} - sx_{2m+1}| = |x_{2m+1}| = y_{2m+1}$ ist die Folge $(|sx_{2m} - sx_{2m+1}|)_{m \in \mathbb{N}_0}$ nullkonvergent, sofern nach Voraussetzung die Folge y nullkonvergent ist.

Diese Intervallschachtelung konvergiert gegen den Grenzwert $s_0 = lim(sx)$ der von x erzeugten Reihe sx. Das bedeutet, daß dieser Grenzwert zwischen je zwei aufeinander folgenden Reihengliedern liegt, also $sx_{2m+1} < s_0 < sx_{2m}$, für alle $m \in \mathbb{N}_0$, gilt.

2. Die *Alternierende harmonische Reihe* $sx : \mathbb{N}_0 \longrightarrow \mathbb{R}$, definiert als Reihe über der Folge $x : \mathbb{N}_0 \longrightarrow \mathbb{R}$ mit $x(n) = (-1)^n \frac{1}{n+1}$, ist (im Gegensatz zu der in Beispiel 2.114.5 betrachteten *harmonischen Reihe*)

konvergent, jedoch nicht absolut-konvergent.

Beweis: Die Konvergenz der Reihe sx folgt aus dem Leibniz-Kriterium, denn die Folge $(\frac{1}{n+1})_{m \in \mathbb{N}_0}$ ist nullkonvergent. Daß sx nicht absolut konvergiert, liegt an der Divergenz der *harmonischen Reihe*, denn es ist $|x_n| = \frac{1}{n+1}$.

3. Bemerkung 1 sei am Beispiel der Alternierenden harmonischen Reihe näher erläutert: Ausgangspunkt:

n	0	1	2	3	4	5	6	7	8
x_n	1	$-\frac{1}{2}$	$\frac{1}{3}$	$-\frac{1}{4}$	$\frac{1}{5}$	$-\frac{1}{6}$	$\frac{1}{7}$	$-\frac{1}{8}$	$\frac{1}{9}$

Die ersten Reihenglieder der Reihen $sx \circ g$ und $sx \circ u$ sind dann:

m	0	1	2	3	
sx_{2m}	$sx_0 = 1$	$sx_2 = \frac{5}{6} \approx 0,83$	$sx_4 = \frac{47}{60} \approx 0,78$	$sx_6 = \frac{310}{420} \approx 0,74$	antitone Folge
sx_{2m+1}	$sx_1 = \frac{1}{2}$	$sx_3 = \frac{7}{12} \approx 0,58$	$sx_5 = \frac{74}{120} \approx 0,62$	$sx_7 = \frac{4264}{6720} \approx 0,63$	monotone Folge

Tatsächlich kann man den Grenzwert der Alternierenden harmonischen Reihe berechnen: Es gilt (hier ohne Nachweis) $s_0 = lim(sx) = log_e(2) \approx 0,693$. Damit kann man den letzten Satz in Bemerkung 1 unmittelbar bestätigen. Es gilt beispielsweise $sx_1 < s_0 < sx_0$ und $sx_7 < s_0 < sx_6$.

Betrachtet man $s = 1 - \frac{1}{2} + \frac{1}{3} - \frac{1}{4} + \frac{1}{5} - \frac{1}{6} + \frac{1}{7} - \frac{1}{8} + ...$ und $\frac{1}{2}s = \frac{1}{2} - \frac{1}{4} + \frac{1}{6} - \frac{1}{8} + \frac{1}{10} - \frac{1}{12} + \frac{1}{14} - ...$, dann ist $\frac{3}{2}s = s + \frac{1}{2}s = 1 + (-\frac{1}{2} + \frac{1}{2}) + \frac{1}{3} + (-\frac{1}{4} + \frac{1}{4}) + \frac{1}{5} + (-\frac{1}{6} + \frac{1}{6}) + \frac{1}{7} + ... = 1 + \frac{1}{3} - \frac{1}{2} + \frac{1}{5} + \frac{1}{7} - \frac{1}{4} + ...$
$= 1 - \frac{1}{2} + \frac{1}{3} - \frac{1}{4} + \frac{1}{5} - \frac{1}{6} + \frac{1}{7} - \frac{1}{8} + ... = s$, woraus aber $s = 0$ im Widerspruch zu $s = log_e(2)$ folgt.

Der Fehler bei dieser Berechnung beruht auf der unstatthaften und oft auch irreführenden Anwendung der Pünktchenschreibweise bei Reihen (die hier sonst auch vermieden wird, siehe auch Bemerkung 2.101.5/2). Tatsächlich ist mit dem vorletzten Gleichheitszeichen eine sogenannte Umordnung der Folge x verbunden, die hier zu unterschiedlichen Reihen führt. Die näheren Umstände beschreibt ausführlich Beispiel 2.130.2.

4. Die Bedeutung der Antitonie der Folge $y : \mathbb{N}_0 \longrightarrow \mathbb{R}_0^+$ als notwendige Voraussetzung in Satz 2.126.1 zeigt das folgende Beispiel: Die nullkonvergente Folge $y : \mathbb{N}_0 \longrightarrow \mathbb{R}_0^+$ mit $y_{2n} = \frac{1}{2^n}$ und $y_{2n+1} = \frac{1}{n}$ erzeugt eine Folge x mit alternierenden Vorzeichen, jedoch ist y nicht antiton und die von x erzeugte Reihe ist tatsächlich divergent.

5. Für eine Folge x, deren Reihe nach Satz 2.126.1 konvergent ist, gilt: Für alle $n_0 \in \mathbb{N}_0$ ist

$$\left| \sum_{n_0 \leq n \leq m} x_n \right| \leq |x_{n_0}| \quad \text{und} \quad \left| lim\left(\sum_{n_0 \leq n \leq m} x_n \right)_{m \geq n_0} \right| \leq |x_{n_0}|.$$

6. Satz 2.126.1 ist gelegentlich auch in folgender Form angegeben: Für eine Folge $x : \mathbb{N}_0 \longrightarrow \mathbb{R}$ mit alternierenden Vorzeichen gilt: Ist die Folge $|x|$ der Beträge eine antitone und nullkonvergente Folge, dann ist die von x erzeugte Reihe $sx : \mathbb{N}_0 \longrightarrow \mathbb{R}$ konvergent.

7. Die Alternierende harmonische Reihe wird gelegentlich auch auf der Basis der Folge $x : \mathbb{N} \longrightarrow \mathbb{R}_0^+$ mit $x(n) = (-1)^{n+1}\frac{1}{n}$ angegeben. Diese Folge stimmt natürlich mit der in Satz 2.126.1 angegebenen Folge x überein, allerdings sind dann im Beweis die Attribute *gerade* und *ungerade* (mit entsprechenden Folgewirkungen) zu vertauschen.

2.126.3 Bemerkungen

Im Zusammenhang mit den Beispielen in Abschnitt 2.114 wurde in Bemerkung 2.114.6 schon angedeutet, daß (absolut-)summierbare Folgen (absolut-)summierbare Teilfolgen haben können. Dieser Zusammenhang soll nun genauer untersucht werden:

1. Jede Teilfolge einer absolut-summierbaren Folge ist ebenfalls absolut-summierbar.

Beweis: Es sei $x : \mathbb{N}_0 \longrightarrow \mathbb{R}$ eine absolut-summierbare Folge und $x \circ k$ eine Teilfolge von x (zum Begriff der Teilfolge siehe Definition 2.002.3). Nach Lemma 2.110.3 ist zu zeigen, daß die von $x \circ k$ erzeugte Reihe der Beträge $s|x \circ k| : \mathbb{N}_0 \longrightarrow \mathbb{R}_0^+$ beschränkt ist. Das folgt jedoch aus der für alle $m \in \mathbb{N}_0$ geltenden Beziehung $s|x \circ k|_m = \sum_{0 \leq n \leq m} |x \circ k|(n) = \sum_{0 \leq n \leq k(m)} |x|(n) \leq lim(s|x|)$.

2. Das folgende Beispiel zeigt, daß die Aussage in Bemerkung 1 für Folgen, die zwar summierbar, aber nicht absolut-summierbar sind, im allgemeinen nicht gilt. Das heißt also, daß Teilfolgen summierbarer Folgen nicht notwendigerweise ebenfalls summierbar sind.

Beweis: Untersucht wird die in Beispiel 2.126.2 betrachtete summierbare, aber nicht absolut-summierbare Folge $x : \mathbb{N}_0 \longrightarrow \mathbb{R}$ mit $x(n) = (-1)^n \frac{1}{n+1}$ sowie die Teilfolge $x \circ k : \mathbb{N}_0 \longrightarrow \mathbb{R}$ mit $k(n) = 2n+1$, also $(x \circ k)(n) = x_{k(n)} = (-1)^{2n+1} \frac{1}{2n+2} = -\frac{1}{2} \cdot \frac{1}{n+1}$. Betrachtet man daneben die der divergenten *harmonischen Reihe* sy zugrunde liegende Folge $y : \mathbb{N}_0 \longrightarrow \mathbb{R}$ mit $y(n) = \frac{1}{n+1}$, dann besteht offenbar der Zusammenhang $(x \circ k)(n) = -\frac{1}{2} y_n$, für alle $n \in \mathbb{N}_0$, also $x \circ k = -\frac{1}{2} y$. Somit ist die Reihe $s(x \circ k) = s(-\frac{1}{2} y) = -\frac{1}{2} \cdot sy$ divergent.

2.126.4 Beispiele

1. Die Folge $x : \mathbb{N} \longrightarrow \mathbb{R}$ mit $x(n) = \frac{(n+1)^{n-1}}{(-n)^n}$ ist summierbar, denn:

a) Zunächst sei eine Folge $y : \mathbb{N} \longrightarrow \mathbb{R}$ durch $y(n) = \frac{(n+1)^{n-1}}{n^n}$ definiert, so daß die Folge x die Darstellung $x_n = (-1)^n y_n$ hat.

b) Die Folge y ist antiton, denn wegen $\frac{y_n}{y_{n+1}} = \frac{(n+1)^{n-1}}{n^n} \cdot \frac{(n+1)^{n+1}}{(n+2)^n} = \frac{((n+1)^2)^n}{(n(n+2))^n} = (\frac{n^2+2n+1}{n^2+2n})^n > 1$ gilt $y_n > y_{n+1}$, für alle $n \in \mathbb{N}$. Die Folge y ist weiterhin nullkonvergent, denn es gilt die Abschätzung $y_n = \frac{(n+1)^{n-1}}{n^n} = \frac{1}{n}(\frac{n+1}{n})^{n-1} = \frac{1}{n}(1 - \frac{1}{n})^{n-1} \leq \frac{1}{n}(\frac{n+1}{n})^n \leq \frac{3}{n}$, für alle $n \in \mathbb{N}$, folglich konvergiert die Folge y gegen 0.

2. Die Folge $x : \mathbb{N} \longrightarrow \mathbb{R}$ mit $x(n) = (-1)^n \cdot \frac{2n+1}{n(n+1)}$ ist summierbar, denn:

Die Folge $y : \mathbb{N} \longrightarrow \mathbb{R}$ mit $y(n) = \frac{2n+1}{n(n+1)}$ ist antiton wegen folgender Äquivalenzen: $y_{n+1} \leq y_n$ $\Leftrightarrow$ $\frac{2(n+1)+1}{(n+1)(n+2)} \leq \frac{2n+1}{n(n+1)}$ $\Leftrightarrow$ $\frac{2n+3}{n+2} \leq \frac{2n+1}{n}$ $\Leftrightarrow$ $n(2n+3) \leq (2n+1)(n+2)$ $\Leftrightarrow$ $2n^2 + 3n \leq 2n^2 + 5n + 3$ $\Leftrightarrow$ $3n \leq 5n+3$ $\Leftrightarrow$ $0 \leq 2n+3$. Ferner ist die Folge y nullkonvergent, denn die Darstellung (gemäß Beispiel 2.045.3/2) $y_n = \frac{2n+1}{n^2+n} = \frac{\frac{2}{n} + \frac{1}{n^2}}{1 + \frac{1}{n}}$ zeigt, daß $lim(y) = \frac{0}{1} = 0$ gilt.

Anmerkung: Ein anderes Verfahren zum Nachweis der Summierbarkeit der Folge x basiert auf der Darstellung $x_n = (-1)^n \cdot \frac{2n+1}{n(n+1)} = (-1)^n (\frac{1}{n} + \frac{1}{n+1})$.

2.126.5 Bemerkung

Im Hinblick auf Bemerkung 2.120.3 wird gezeigt, daß dort die Voraussetzung der Absoluten Summierbarkeit an die Folge x nicht durch die schwächere Forderung der bloßen Summierbarkeit ersetzt werden darf, denn wie das folgende Beispiel zeigt, braucht das Produkt $xz : \mathbb{N}_0 \longrightarrow \mathbb{R}$ einer summierbaren Folge $x : \mathbb{N}_0 \longrightarrow \mathbb{R}$ mit einer konvergenten Folge $z : \mathbb{N}_0 \longrightarrow \mathbb{R}$ nicht summierbar zu sein:

Betrachtet man die Folge $x : \mathbb{N}_0 \longrightarrow \mathbb{R}$ mit $x_n = (-1)^n \frac{1}{\sqrt{n+1}}$ und dazu die Folge y mit $y_n = \frac{1}{\sqrt{n+1}}$, dann ist, da y offensichtlich nullkonvergent ist, die Folge x nach Satz 2.126.1 summierbar, die Reihe sx also konvergent. Darüber hinaus ist aber die Folge x selbst nullkonvergent. Bildet man nun das Produkt xx, dann ist $(xx)(n) = (-1)^n (-1)^n \frac{1}{\sqrt{n+1}} \frac{1}{\sqrt{n+1}} = 1^n \frac{1}{n+1} = \frac{1}{n+1}$. Die Folge xx ist als diejenige, die der harmonischen Reihe zugrunde liegt, jedoch nicht summierbar.

Betrachtet man im übrigen das Cauchy-Produkt z der Folge x mit sich selbst, dann ist (zwar die Reihe sx konvergent) die von z erzeugte Reihe, also das Cauchy-Produkt der Reihe sx mit sich selbst, nicht konvergent (siehe dazu auch Satz 2.164.2). Um das zu zeigen, genügt es nach Corollar 2.112.3 zu zeigen, daß z selbst nicht nullkonvergent ist:

Die Folge $z : \mathbb{N}_0 \longrightarrow \mathbb{R}$ ist definiert durch $z_n = \sum\limits_{0 \leq n \leq m} x_n x_{m-n} = \sum\limits_{0 \leq n \leq m} (-1)^n \frac{1}{\sqrt{n+1}} \cdot (-1)^{m-n} \frac{1}{\sqrt{m-n+1}} = \sum\limits_{0 \leq n \leq m} (-1)^m \frac{1}{\sqrt{(n+1)(m-n+1)}} = (-1)^m \cdot \sum\limits_{0 \leq n \leq m} \frac{1}{\sqrt{(n+1)(m-n+1)}}$. Die Folge z ist offenbar divergent, wie auch die ersten drei Folgenglieder $z_0 = 1$, $z_1 = -(\frac{1}{\sqrt{2}} + \frac{1}{\sqrt{2}}) = -\sqrt{2} \approx -1,4$ und $z_2 = \frac{1}{\sqrt{3}} + \frac{1}{2} + \frac{1}{\sqrt{3}} \approx 1,65$ zeigen.

2.128 ABEL-KRITERIUM FÜR SUMMIERBARKEIT

> Wer sich von nun an nicht auf eine Kunst oder ein Handwerk legt, der wird übel dran sein. Das Wissen fördert nicht mehr bei dem schnellen Umtriebe der Welt. Bis man von allem Notiz genommen hat, verliert man sich selbst.
> *Johann Wolfgang von Goethe* (1749 - 1832)

In Satz 2.112.6 wurde im Zusammenhang mit dem Cauchy-Produkt summierbarer Folgen x und z festgestellt, daß es eine summierbare Folge y mit $lim(sy) = lim(sx) \cdot lim(sz)$ gibt, eben das Cauchy-Produkt y von s und z. In diesem Abschnitt soll nun das argumentweise definierte Produkt sz hinsichtlich Summierbarkeit untersucht werden mit folgendem Ergebnis (benannt nach *Niels Hendrik Abel* (1802 - 1829)):

2.128.1 Satz *(Abel-Kriterium für Summierbarkeit)*

Das argumentweise definierte Produkt $xz : \mathbb{N} \longrightarrow \mathbb{R}$ einer summierbaren Folge $x : \mathbb{N} \longrightarrow \mathbb{R}$ und einer antitonen (monotonen) und nach unten (nach oben) beschränkten Folge $z : \mathbb{N} \longrightarrow \mathbb{R}$ ist summierbar.

Beweis mit folgenden Einzelschritten:

1. Die Partialsummen $s(xz)_m$ der Reihe $s(xz)$ haben zunächst die Form
$$\begin{aligned} s(xz)_m &= x_1 z_1 + \ldots + x_m z_m \\ &= sx_1 z_1 + (sx_2 - sx_1) z_2 + \ldots + (sx_m - sx_{m-1}) z_m \\ &= sx_1(z_1 - z_2) + sx_2(z_2 - z_3) + \ldots + sx_{m-1}(z_{m-1} - z_m) + sx_m z_m \end{aligned}$$
und mit der Abkürzung $w_n = z_n - z_{n+1}$, für alle $n \in \{1, \ldots, m-1\}$, dann
$$s(xz)_m = sx_1 w_1 + \ldots + sx_{m-1} w_{m-1} + sx_m z_m.$$

2. Es wird nun die Konvergenz der Reihe y mit $y_m = sx_1 w_1 + \ldots + sx_{m-1} w_{m-1}$ untersucht: Dazu gilt zunächst $|y_{m+k} - y_m| = |sx_{m+1} w_{m+1} + \ldots + sx_{m+k} w_{m+k}| \leq |sx_{m+1} w_{m+1}| + \ldots + |sx_{m+k} w_{m+k}|$.

3. Da die Reihe sx konvergent ist, ist sie nach oben mit einer oberen Schranke s_0 beschränkt, folglich gilt $|sx_{m+i}| < s_0$ und damit in der zuletzt genannten Summe für jeden Summanden jeweils die Beziehung $|sx_{m+i} w_{m+i}| \leq s_0 |w_{m+i}|$. Insgesamt ist dann $|y_{m+k} - y_m| \leq s_0(|w_{m+1}| + \ldots + |w_{m+k}|)$.

4. Da die Folge z antiton ist, gilt $w_{m+i} = z_{m+i} - z_{m+i+1} = |z_{m+i} - z_{m+i+1}| = |w_{m+i}|$ folglich ist $|w_{m+1}| + \ldots + |w_{m+k}| = z_{m+1} - z_{m+k+1}$ und somit dann $|y_{m+k} - y_m| \leq s_0(z_{m+1} - z_{m+k+1})$. Für genügend große Indices m wird also $|y_{m+k} - y_m|$ beliebig klein, das heißt also, daß die Reihe y konvergiert.

5. Betrachtet man noch einmal $s(xz)_m = y_m + sx_m z_m$, dann konvergieren nach Teil 4 die Reihe y und nach Voraussetzung die Reihe sx und die Folge z, folglich konvergiert die Reihe $s(xz)$.

Anmerkung: Ist z monoton und nach oben beschränkt, so wird $w_{m+i} = -|w_{m+i}|$ verwendet.

Zusatz: Es gilt $lim(s(xz)) = lim(\sum_{1 \leq n \leq m-1} sx_n w_n)_{m \in \mathbb{N}} + lim(sx_n z_n)_{n \in \mathbb{N}} = lim(y) + lim(sx) \cdot lim(z)$.

2.128.2 Corollar *(Dirichlet-Kriterium für Summierbarkeit)*

Das argumentweise definierte Produkt $xz : \mathbb{N} \longrightarrow \mathbb{R}$ einer Folge $x : \mathbb{N} \longrightarrow \mathbb{R}$, deren Reihe sx beschränkt ist, und einer nullkonvergenten Folge $z : \mathbb{N} \longrightarrow \mathbb{R}$ ist summierbar.

Beweis:
Verwendet man die Teile 1 bis 4 des Beweises von Satz 2.128.1, wobei dort nur die Beschränktheit von sx verwendet wurde, dann liefert der dortige Teil 5 mit $lim(sx \cdot z) = 0$ (das gilt mit Bemerkung 2.045.2/4) die Behauptung (auch abzulesen am dortigen Zusatz).

2.128.3 Corollar *(Dubois-Reymond-Kriterium für Summierbarkeit)*

Das argumentweise definierte Produkt $xz : \mathbb{N} \longrightarrow \mathbb{R}$ einer summierbaren Folge $x : \mathbb{N} \longrightarrow \mathbb{R}$ und einer Folge $z : \mathbb{N} \longrightarrow \mathbb{R}$, zu der die Folge z^* mit $z_n^* = z_n - z_{n+1}$ absolut-summierbar ist, ist summierbar.

Beweis: Mit den Bezeichnungen, die im Beweis von Satz 2.128.1 verwendet wurden, gilt:
Die Darstellung $(z_1 - z_2) + (z_2 - z_3) * ... * (z_{m-2} - z_{m-1}) + (z_{m-1} + v_m) = z_1 + z_m$ liefert die Darstellung $z_m = z_1 - (\sum_{1 \leq n \leq m-1} z_n^*)$, die dann unter Verwendung der Voraussetzung an z^* die Konvergenz von z zeigt, es existiert also $lim(sx \cdot z) = lim(sx) \cdot lim(z)$. Da nach Voraussetzung Reihe $s(z^*)$ absolut-konvergent ist, das heißt, daß die Reihe $s(|z^*|)$ absolut-konvergent ist, konvergiert auch die Reihe y und damit (wie in Teil 4 im Beweis des Satzes 2.128.1) auch die Reihe $s(xz)$.

2.128.4 Beispiele und Bemerkungen

Beispiele zu den drei Sätzen in diesem Abschnitt lassen sich (mehr oder minder leicht) anhand der jeweils genannten Voraussetzungen der Sätze konstruieren, beispielsweise:

1. Nach dem Abel-Kriterium ist das Produkt sz der summierbaren Folge $x : \mathbb{N} \longrightarrow \mathbb{R}$ mit $x(n) = \frac{1}{n\sqrt{n}}$ und der nach oben beschränkten Folge $z : \mathbb{N} \longrightarrow \mathbb{R}$ mit $z(n) = (1 - \frac{1}{n})^n$ summierbar.

2. Für alle Zahlen $a \in M = \mathbb{R}\setminus 2\pi\mathbb{Z}$ sind die Reihen $s(x_a)$ zu den Folgen $x_a : \mathbb{N} \longrightarrow \mathbb{R}$ mit $x_a(n) = sin(na)$ beschränkt. Dieser Sachverhalt folgt aus der Beziehung $s(x_a)_m = sin(a) + sin(2a) + ... + sin(ma) = \frac{sin(\frac{ma}{2}) \cdot sin(\frac{(m+1)a}{2})}{sin(\frac{a}{2})}$. Betrachtet man ferner eine beliebige nullkonvergente Folge $z : \mathbb{N} \longrightarrow \mathbb{R}$, dann sind nach dem Kriterium von Dirichlet die Folgen $x_a z$ für alle $a \in M$ summierbar. Dabei ist $lim(x_a z) = 0$.

3. Das Dirichlet-Kriterium liefert noch eine interessante Variante des Leibniz-Kriteriums (Satz 2.126.1): Eine Folge $z : \mathbb{N} \longrightarrow \mathbb{R}$, zu der $|z|$ antiton gegen Null konvergiert, ist dann summierbar, wenn die Reihe $s(sign \circ z)$ beschränkt ist.
Anmerkung: Die Idee dabei ist die Darstellung von Folgengliedern z_n alternierender Folgen z als Produkte $z_n = sign(z_n) \cdot |z_n|$, wobei stets $sign(z_n) \in \{-1, 1\}$ gilt.

A2.128.01: Bilden Sie weitere Beispiele zum Abel-Kriterium.

A2.128.02: Bilden Sie weitere Beispiele zum Dirichlet-Kriterium.

A2.128.03: Nennen und behandeln Sie mindestens zwei Beispiele zu Bemerkung 2.128.4/3.

A2.128.04: Bilden Sie Beispiele zum Dubois-Reymond-Kriterium.

2.130 Umordnungen summierbarer Folgen

> Denken, was wahr, und fühlen, was schön, und wollen, was gut
> ist, darin erkennt der Geist das Ziel des vernünftigen Lebens.
> *Johann Gottfried von Herder* (1744 - 1803)

Stellt man sich die Glieder einer Folge x in der Form x_0, x_1, x_2, x_3, ... und die zugehörige Reihe sx in gleicher Weise als x_0, $x_0 + x_1$, $x_0 + x_1 + x_2$, $x_0 + x_1 + x_2 + x_3$, ... vor, dann ist klar, daß eine Umordnung der Folgenglieder von x, etwa x_1, x_0, x_3, x_2, ..., zu einer anderen Reihe führt, hier dann x_1, $x_0 + x_1$, $x_0 + x_1 + x_3$, $x_0 + x_1 + x_2 + x_3$, ... Es soll nun die Frage untersucht werden, ob solche Umordnungen von Folgen x am Konvergenz-Verhalten der jeweils zugehörigen Reihen etwas ändern. Nach einer genaueren Definition des Begriffs der Umordnung soll dann zunächst ein Beispiel betrachtet werden.

Bei den Ergebnissen in diesem Abschnitt, dem sogenannten *Ersten Umordnungs-Satz*, dem nach *Bernhard Riemann* (1826 - 1866) benannten *Riemannschen Umordnungs-Satz* sowie dem sogenannten *Großen Umordnungs-Satz* zeigt sich, daß bei der zu untersuchenden Frage ein wesentlicher Unterschied darin besteht, ob die betrachtete Folge absolut-summierbar oder bloß summierbar (also nicht auch absolut-summierbar) ist:
a) Absolute Summierbarkeit bleibt erhalten mit demselben Grenzwert der beiden Reihen.
b) Einfache Summierbarkeit kann erhalten bleiben, jedoch mit verschiedenen Grenzwerten.

2.130.1 Definition

Kompositionen $\mathbb{N}_0 \xrightarrow{u} \mathbb{N}_0 \xrightarrow{x} \mathbb{R}$ einer Folge $x : \mathbb{N}_0 \longrightarrow \mathbb{R}$ mit bijektiven Funktionen $u : \mathbb{N}_0 \longrightarrow \mathbb{N}_0$ nennt man *Umordnungen* von x.

Anmerkung 1: Die Folgenglieder $(x \circ u)(n)$ einer Umordnung $x \circ u$ werden in der Form $(x \circ u)(n) = x(u(n)) = x_{u(n)}$ geschrieben.

Anmerkung 2: Entsprechend nennt man Kompositionen $\mathbb{N} \xrightarrow{u} \mathbb{N} \xrightarrow{x} \mathbb{R}$ einer Folge $x : \mathbb{N} \longrightarrow \mathbb{R}$ mit bijektiven Funktionen $u : \mathbb{N} \longrightarrow \mathbb{N}$ Umordnungen von x.

2.130.2 Beispiel

Die schon in Beispiel 2.126.2 betrachtete *Alternierende harmonische Reihe* $sx : \mathbb{N}_0 \longrightarrow \mathbb{R}$, definiert als Reihe über der Folge $x : \mathbb{N}_0 \longrightarrow \mathbb{R}$ mit $x(n) = (-1)^n \frac{1}{n+1}$, ist konvergent, jedoch nicht absolut-konvergent. Es bezeichne im folgenden $lim(sx) = a$ (wie man zeigen kann, ist $a = log_e(2)$, siehe Abschnitt 2.172).

Die Anordnung der Folgenglieder von x zeigt $x_0 = 1$, $x_1 = -\frac{1}{2}$, $x_2 = +\frac{1}{3}$, $x_3 = -\frac{1}{4}$, $x_4 = +\frac{1}{5}$, $x_5 = -\frac{1}{6}$.
Eine Umordnung $x \circ u$ von x soll nun der Folge sein, bei der auf je zwei positive Folgenglieder das nächste negative Folgenglied folgt, also hat die Umordnung $x \circ u$ die ersten sechs Folgenglieder
$x_{u(0)} = 1 = x_0$, $x_{u(1)} = +\frac{1}{3} = x_2$, $x_{u(2)} = -\frac{1}{2} = x_1$, $x_{u(3)} = +\frac{1}{5} = x_4$, $x_{u(4)} = +\frac{1}{7} = x_6$, $x_{u(5)} = -\frac{1}{4} = x_3$.
Es soll nun das Konvergenz-Verhalten der von der Umordnung $x \circ u : \mathbb{N}_0 \longrightarrow \mathbb{R}$ erzeugten neuen Reihe $s(x \circ u) : \mathbb{N} \longrightarrow \mathbb{R}$ untersucht werden: Dabei kann man ohne Umordnung von x zu der Reihe sx die beiden Teilreihen sx^* und sx^{**} mit $sx_n^* = \sum_{0 \le k \le n} (\frac{1}{2n+1} - \frac{1}{2n+2})$ und $sx_n^{**} = \sum_{0 \le k \le n} (\frac{1}{4n+1} - \frac{1}{4n+2} + \frac{1}{4n+3} - \frac{1}{4n+4})$
betrachten. Addiert man zur Hälfte der ersten Teilreihe die zweite Teilreihe, so entsteht eine Teilreihe von $s(x \circ u)$, denn es ist $\frac{1}{2} \cdot sx_n^* + sx_n^{**} = \frac{1}{2} \cdot \sum_{0 \le k \le n} (\frac{1}{2n+1} - \frac{1}{2n+2}) + \sum_{0 \le k \le n} (\frac{1}{4n+1} - \frac{1}{4n+2} + \frac{1}{4n+3} - \frac{1}{4n+4})$
$= \sum_{0 \le k \le n} (\frac{1}{4n+2} - \frac{1}{4n+4}) + \sum_{0 \le k \le n} (\frac{1}{4n+1} - \frac{1}{4n+2} + \frac{1}{4n+3} - \frac{1}{4n+4}) = \sum_{0 \le k \le n} (\frac{1}{4n+1} + \frac{1}{4n+3} - \frac{1}{2n+2})$
mit den Reihengliedern von $s(x \circ u)$. Mit $lim(sx) = a$ ist dann $\frac{1}{2} \cdot lim(sx^*) + lim(sx^{**}) = \frac{1}{2} \cdot a + a = \frac{3}{2} \cdot a$.
Fazit: Die Umordnung $x \circ u$ ist summierbar, die Reihe $s(x \circ u)$ konvergent mit $lim(s(x \circ u)) = \frac{3}{2} \cdot lim(sx)$.

Wie das Beispiel 2.130.2 zeigt, gibt es summierbare Folgen x, für deren Reihe sx und für Reihen $s(x \circ u)$ über Umordnungen $x \circ u$ von x die Beziehung $lim(sx) \ne lim(s(x \circ u))$ gilt. Nun liegt natürlich die Frage nahe, unter welchen Bedingungen für *jede* Umordnung einer summierbaren Folge x die Gleichheit

$lim(sx) = lim(s(x \circ u))$ gilt. Diese Eigenschaft einer summierbaren Folge wird gelegentlich mit einem eigenen Begriff formuliert, der hier zwar genannt, aber wegen der Anmerkung 1 zu Satz 2.130.3 nicht weiter verwendet wird:

Eine summierbare Folge $x : \mathbb{N}_0 \longrightarrow \mathbb{R}$ heißt *unbedingt-summierbar*, ihre Reihe sx *unbedingt-konvergent*, falls *jede* Umordnung $x \circ u$ ebenfalls summierbar ist und $lim(sx) = lim(s(x \circ u))$ für die Grenzwerte der Reihen gilt. Im anderen Fall nennt man x *bedingt-summierbar* und entsprechend sx *bedingt-konvergent*.

2.130.3 Satz *(Erster Umordnungs-Satz)*

Jede Umordnung $\mathbb{N}_0 \xrightarrow{u} \mathbb{N}_0 \xrightarrow{x} \mathbb{R}$ einer absolut-summierbaren Folge $x : \mathbb{N}_0 \longrightarrow \mathbb{R}$ ist absolut-summierbar und für die jeweils erzeugten Reihen gilt $lim(s(x \circ u)) = lim(sx)$.

Anmerkung 1: Dieser Satz sagt, daß absolut-summierbare Folgen unbedingt-summierbar sind. Man kann zeigen, daß auch die Umkehrung gilt: Ist eine Folge x summierbar, aber nicht absolut-summierbar, dann ist sie auch nur bedingt-summierbar (siehe die Anmerkung zu Satz 2.130.4). Beide Begriffe, Absolute Summierbarkeit und Unbedingte Summierbarkeit, sind also äquivalent, obgleich der Sache nach unterschiedliche Eigenschaften damit beschrieben werden.

Anmerkung 2: Summierbare Folgen $x : \mathbb{N}_0 \longrightarrow \mathbb{R}_0^+$ (also solche mit nicht-negativen Folgengliedern) sind stets absolut-summierbar, folglich gilt für jede Umordnung $x \circ u$ stets $lim(sx) = lim(s(x \circ u))$. Zur Erinnerung: Beschränkte Folgen $x : \mathbb{N}_0 \longrightarrow \mathbb{R}_0^+$ sind summierbar (denn sx ist automatisch monoton).

Beweis 1: Bei dieser Variante werden alle Beweisschritte auf Folgen x mit $W(x) = \mathbb{R}_0^+$ zurückgeführt:

Teil 1: Es werden zunächst summierbare Folgen $x : \mathbb{N}_0 \longrightarrow \mathbb{R}_0^+$ (mit nicht-negativen Folgengliedern) betrachtet, für die also der Grenzwert $lim(sx)$ existiert. Ist nun $x \circ u : \mathbb{N}_0 \longrightarrow \mathbb{R}_0^+$ eine Umordnung von x, dann gilt für jedes Reihenglied $s(x \circ u)_m = \sum_{0 \leq k \leq m} x_{u(k)} \leq lim(sx)$ bezüglich dieser Umordnung, folglich ist die Reihe $s(x \circ u)$ beschränkt und, da sie automatisch monoton ist, konvergent mit $lim(s(x \circ u)) \leq lim(sx)$. Dasselbe Argument mit vertauschten Rollen, wenn man also $x = x \circ u \circ u^{-1}$ als Umordnung von $x \circ u$ betrachtet, liefert $lim(sx) \leq lim(s(x \circ u))$, woraus insgesamt $lim(s(x \circ u)) = lim(sx)$ folgt.

Teil 2: Es liege nun eine beliebige absolut-summierbare Folge $x : \mathbb{N}_0 \longrightarrow \mathbb{R}$ vor. Diese Folge läßt sich aber als Differenz $x = y - z$ der beiden Folgen $y, z : \mathbb{N}_0 \longrightarrow \mathbb{R}_0^+$ mit $y(n) = \frac{1}{2}(|x_n| + x_n)$ und $z(n) = \frac{1}{2}(|x_n| - x_n)$ darstellen. Diese beiden Folgen, $y = \frac{1}{2}(|x| + x)$ und $z = \frac{1}{2}(|x| - x)$, sind, da x als absolut-summierbar vorausgesetzt ist, ebenfalls summierbar und lassen sich also wie in Teil 1 behandeln: Ist $x \circ u$ eine Umordnung von x, dann gilt für die beiden Umordnungen $y \circ u$ und $z \circ u$ (mit derselben Funktion u) dann $lim(sy) = lim(s(y \circ u))$ und $lim(sz) = lim(s(z \circ u))$. Beachtet man $lim(sy) - lim(sz) = lim(s(y-z))$ (das gilt generell, sofern die einzelnen Limites von sy und sz existieren), dann ist schließlich $lim(sx) = lim(s(y-z)) = lim(sy) - lim(sz) = lim(s(y \circ u)) - lim(s(z \circ u)) = lim(s((y \circ u) - (z \circ u))) = lim(s((y-z) \circ u)) = lim(s(x \circ u))$.

Beweis 2:

1. Da die Folge x summierbar ist, gibt es zu beliebig gewähltem $\epsilon \in \mathbb{R}^+$ einen Index $n(\epsilon) \in \mathbb{N}$ mit der Eigenschaft $|\sum_{n \leq k \leq m} x_n| < \frac{\epsilon}{2}$, für alle $m > n \geq n_0 = n(\epsilon)$. Da x absolut-summierbar ist, gilt dabei sogar $|\sum_{n \leq k \leq m} x_n| \leq \sum_{n \leq k \leq m} |x_n| < \frac{\epsilon}{2}$, für alle $m > n \geq n_0 = n(\epsilon)$.

2. Da die Folge x absolut-summierbar ist, ist die Reihe $s|x| : \mathbb{N}_0 \longrightarrow \mathbb{R}$ konvergent, besitzt also einen Grenzwert $lim(s|x|) = a$.

3. Betrachtet man nun das m-te Reihenglied $s(x \circ u)_m = \sum_{0 \leq k \leq m} x_{u(k)}$ der Umordnung $x \circ u$, dann gilt zunächst $|(\sum_{0 \leq k \leq m} x_{u(k)}) - a| \leq |(\sum_{0 \leq k \leq m} x_{u(k)}) - (\sum_{0 \leq k \leq n_0 - 1} x_k)| + |(\sum_{0 \leq k \leq n_0 - 1} x_k) - a|$ nach der sogenannten Dreiecksungleichung in Satz 1.632.4. Diese beiden Beträge der Summe lassen sich aber jeweils durch $\frac{\epsilon}{2}$ abschätzen, woraus $|(\sum_{0 \leq k \leq m} x_{u(k)}) - a| < \epsilon$, für alle $m \geq n_0$, also $lim(s(x \circ u)) = a = lim(sx)$ folgt.

Anmerkung: Es gibt noch eine weitere Beweisvariante, deren Kern darin besteht zu zeigen, daß die Reihe $s(x \circ u) - sx$ gegen 0 konvergiert, womit dann die Reihe $s(x \circ u) = sx + (s(x \circ u) - sx)$ gegen $lim(sx)$ konvergiert.

2.130.4 Satz *(Riemannscher Umordnungs-Satz)*

Es sei $x : \mathbb{N}_0 \longrightarrow \mathbb{R}$ eine summierbare, aber nicht absolut-summierbare Folge. Dann gibt es zu jedem Element $a \in \mathbb{R}$ eine Umordnung $x \circ u : \mathbb{N}_0 \longrightarrow \mathbb{R}$, deren Reihe $s(x \circ u)$ gegen a konvergiert, also mit $lim(s(x \circ u)) = a$.

Anmerkung: Dieser Satz sagt, da unterschiedliche Umordnungen verschiedene Reihengrenzwerte haben können: Ist x summierbar, aber nicht absolut-summierbar, dann ist x nur bedingt-summierbar (siehe auch Anmerkung 1 zu Satz 2.130.3).

Beweis:

1. Da die Folge x nicht absolut-summierbar sein soll, enthält sie beliebig viele positive und negative Folgenglieder, man kann x also als Mischfolge aus ihren (unendlich vielen) nicht-negativen und ihren (unendlich vielen) negativen Folgengliedern darstellen: Es gibt streng monotone Funktionen $u, v : \mathbb{N}_0 \longrightarrow \mathbb{N}_0$ und damit hergestellte Teilfolgen $p, q : \mathbb{N}_0 \longrightarrow \mathbb{R}$ mit $p(n) = (x \circ u)(n) = x_{u(n)} > 0$ und $q(m) = (x \circ v)(m) = x_{v(m)} < 0$. (Die Folge x ist somit Mischfolge von p und q.)

2. Die von p und q jeweils erzeugten Reihen sp und sq sind divergent (Beweis erforderlich). Man beachte: Da x summierbar ist, ist x nach Corollar 2.112.3 gegen 0 konvergent, aber auch die Folgen p und q sind als Teilfolgen von x gegen 0 konvergent (das belegt in Corollar 2.112.3 die echte Inklusion).

3. Nun zur Konstruktion einer gegen a konvergenten Reihe $s(x \circ u)$, wobei zunächst der Fall $a \geq 0$ betrachtet sei, in folgenden, induktiv ausgeführten Einzelschritten:

a_1) Da sp divergent ist, kann man einen Index m_1 so wählen, daß gilt:

$$P_{m_1-1} = \sum_{1 \leq k \leq m_1-1} p_k < a \leq \sum_{1 \leq k \leq m_1} p_k = P_{m_1-1} + p_{m_1} = P_{m_1} = s_1.$$

a_2) Es sei nun eine Summe Q_{m_1} von negativen Folgengliedern von x so gewählt, daß gilt:

$$t_1 = P_{m_1} + Q_{m_1} = P_{m_1} + (Q_{m_1-1} + q_{m_1}) < a \leq P_{m_1} + Q_{m_1-1}.$$

a_3) Der Effekt dieser Konstruktion liegt in den aus a_1) und a_2) folgenden beiden Beziehungen

$$|s_1 - a| = |P_{m_1} - a| < p_{m_1} \quad \text{und} \quad |t_1 - a| = |(P_{m_1} + Q_{m_1}) - a| < |q_{m_1}|,$$

wobei die erste Abschätzung durch die Implikationen $P_{m_1-1} < a \Rightarrow P_{m_1-1} + p_{m_1} < a + p_{m_1} \Rightarrow (P_{m_1-1} + p_{m_1}) - a < p_{m_1} \Rightarrow s_1 - a < p_{m_1} \Rightarrow |s_1 - a| < p_{m_1}$ (denn $s_1 - a \geq 0$) und die zweite Beziehung durch die Implikationen $t_1 - a = P_{m_1} + Q_{m_1} - a = P_{m_1} + Q_{m_1-1} - a + q_{m_1} < 0 \Rightarrow q_{m_1} < t_1 - a < 0$ (denn $P_{m_1} + Q_{m_1-1} - a \geq 0$) $\Rightarrow |t_1 - a| < |q_{m_1}|$ geliefert wird.

Die Idee in a_1) ist, gerade soviele Folgenglieder zu addieren, daß die Zahl a durch Weglassen oder Hinzunahme des letzten Summanden p_{m_1} durch $P_{m_1} < a \leq s_1$ gewissermaßen eingerahmt wird. Da dieser Rahmen sicherlich noch sehr grob ist, wird mit a_2) durch Hinzunahme einer Summe von negativen Folgengliedern die obere Schranke s_1 so zu $s_1 + Q_{m_1-1}$ verkleinert, daß durch Hinzunahme des letzten negativen Summanden q_{m_1} die Zahl t_1 mit $t_1 < a$ entsteht. Beide Schritte liefern also insgesamt die Beziehung $t_1 < a \leq s_1$ mit $|s_1 - a| < p_{m_1}$ und $|t_1 - a| < |q_{m_1}|$. Dieses Intervall $[t_1, s_1]$ wird nun durch die beiden folgenden Konstruktionsschritte weiter verfeinert:

b_1) Es sei nun wieder eine Summe P_{m_2} von positiven Folgengliedern von x so gewählt, daß gilt:

$$P_{m_1} + Q_{m_1} + (P_{m_2-1} - P_{m_1}) < a \leq P_{m_1} + Q_{m_1} + (P_{m_2-1} + p_{m_2} - P_{m_1}) = P_{m_1} + Q_{m_1} + (P_{m_2} - P_{m_1}) = s_2.$$

b_2) Nun wird zur besseren Abschätzung von $a \leq s_2$ wieder eine Summe von negativen Folgengliedern betrachtet, die dann eine Zahl t_2 mit $t_2 < a \leq s_2$ liefert.

b_3) Der Effekt dieser Konstruktion liegt wieder in den aus b_1) und b_2) folgenden Beziehungen

$$|s_2 - a| = |P_{m_2} - a| < p_{m_2} \quad \text{und} \quad |t_2 - a| = |(P_{m_2} + Q_{m_2}) - a| < |q_{m_2}|,$$

wobei die erste Abschätzung durch die Implikationen $P_{m_1} + Q_{m_1} + (P_{m_2-1} - P_{m_1}) < a$
$\Rightarrow P_{m_1} + Q_{m_1} + (P_{m_2-1} - P_{m_1}) + p_{m_2} < a + p_{m_2} \Rightarrow P_{m_1} + Q_{m_1} + (P_{m_2} - P_{m_1}) - a < p_{m_2} \Rightarrow s_2 - a < p_{m_2}$
$\Rightarrow |s_2 - a| < p_{m_2}$ (denn $s_2 - a \geq 0$) gezeigt ist.

4. Eine induktive Fortführung dieses Verfahrens liefert Folgen $(s_k)_{k \in \mathbb{N}}$ und $(t_k)_{k \in \mathbb{N}}$ mit $|s_k - a| < p_{m_k}$ und $|t_k - a| < |q_{m_k}|$, für alle $k \in \mathbb{N}$. Da aber, wie in Teil 2 schon bemerkt wurde, die Folgen p und q nullkonvergente Folgen sind, konvergieren die Folgen $(s_k)_{k \in \mathbb{N}}$ und $(t_k)_{k \in \mathbb{N}}$ beide gegen a, es gilt also $lim(s_k)_{k \in \mathbb{N}} = a = lim(t_k)_{k \in \mathbb{N}}$.

Die vorstehenden Überlegungen sind auf den Fall $a \geq 0$ bezogen, der Fall $a < 0$ wird aber auf analoge Weise behandelt, wobei lediglich die Konstruktionsschritte x_1) und x_2) vertauscht werden, das heißt, im ersten Schritt wird jeweils eine Summe mit negativen Folgengliedern von x verwendet.

Zum folgenden Satz zunächst einige syntaktische Vorbereitungen: Man betrachte eine Folge $x_0 : \mathbb{N}_0 \longrightarrow \mathbb{R}$ der Form $x_0 = (x_{0n})_{n \in \mathbb{N}_0}$, deren erster Index stets die konstante Zahl 0 sei, ferner zu jeder Zahl $m \in \mathbb{N}$ eine Umordnung von der Folge x_0, die in der Form $x_m : \mathbb{N}_0 \longrightarrow \mathbb{R}$ mit $x_m = (x_{mn})_{n \in \mathbb{N}_0}$ geschrieben sei. Auf diese Weise wird eine Matrix $x : \mathbb{N}_0 \times \mathbb{N}_0 \longrightarrow \mathbb{R}$ erzeugt (siehe Abschnitt 2.008), deren sämtliche Zeilen und Spalten Umordnungen von x_0 darstellen, die sogenannte *Umordnungsmatrix* zu x_0.

$$x = \begin{pmatrix} x_0 \\ x_1 \\ x_2 \\ x_3 \\ \cdots \end{pmatrix} = \begin{pmatrix} x_{00} & x_{01} & x_{02} & x_{03} & x_{04} & x_{05} & \cdots \\ x_{10} & x_{11} & x_{12} & x_{13} & x_{14} & x_{15} & \cdots \\ x_{20} & x_{21} & x_{22} & x_{23} & x_{24} & x_{25} & \cdots \\ x_{30} & x_{31} & x_{32} & x_{33} & x_{34} & x_{35} & \cdots \\ x_{40} & x_{41} & x_{42} & x_{43} & x_{44} & x_{45} & \cdots \\ \cdots & \cdots & \cdots & \cdots & \cdots & \cdots & \cdots \end{pmatrix}$$

Darüber hinaus enthält die Matrix x noch weitere Umordnungen der Folge x_0, die auf die beiden folgenden Arten konstruiert werden können:

a) Bildung der Folge der Nebendiagonalen nach dem Muster

Nebendiagonale 0: (x_{00})
Nebendiagonale 1: (x_{01}, x_{10})
Nebendiagonale 2: (x_{02}, x_{11}, x_{20})
Nebendiagonale 3: $(x_{03}, x_{12}, x_{21}, x_{30})$
Nebendiagonale n: $(x_{0n}, x_{1,n-1}, x_{2,n-2}, \ldots, x_{n-1,1}, x_{n0})$

Die Folge $y = (x_{00}, x_{01}, x_{10}, x_{02}, x_{11}, x_{20}, x_{03}, x_{12}, x_{21}, x_{30}, \ldots)$, die durch Konkatenation der Nebendiagonalen $0, 1, 2, \ldots$ gebildet wird, ist ebenfalls eine Umordnung der Ausgangsfolge x_0, denn sie enthält jedes Folgenglied von x_0 genau einmal.

b) Bildung der Folge der Kathetenseiten zu den Nebendiagonalen nach dem Muster

Kathetenseiten 0: (x_{00})
Kathetenseiten 1: (x_{01}, x_{11}, x_{10})
Kathetenseiten 2: $(x_{02}, x_{12}, x_{22}, x_{21}, x_{20})$
Kathetenseiten 3: $(x_{03}, x_{13}, x_{23}, x_{33}, x_{32}, x_{31}, x_{30})$
Kathetenseiten n: $(x_{0n}, x_{1,n}, \ldots, x_{n-1,n}, x_{nn}, x_{n,n-1}, \ldots, x_{n,1}, x_{n0})$

Die Folge $z = (x_{00}, x_{01}, x_{11}, x_{10}, x_{02}, x_{12}, x_{22}, x_{21}, x_{20}, x_{03}, x_{13}, x_{23}, x_{33}, x_{32}, x_{31}, x_{30}, \ldots)$, die durch Konkatenation der Kathetenseiten $0, 1, 2, \ldots$ gebildet wird, ist ebenfalls eine Umordnung der Ausgangsfolge x_0, denn sie enthält jedes Folgenglied von x_0 genau einmal.

c) Man beachte nun, daß jede Umordnung $v : \mathbb{N}_0 \longrightarrow \mathbb{R}$ mit $v = (v_p)_{p \in \mathbb{N}_0}$ der Folge x_0 eine Umordnung nach den in a) oder in b) genannten Verfahren ist.

2.130.5 Satz *(Großer Umordnungs-Satz)*

Es sei eine Umordnungsmatrix gemäß obiger Konstruktion vorgelegt, ferner eine beliebige darin enthaltene Umordnung $v : \mathbb{N}_0 \longrightarrow \mathbb{R}$. Gibt es eine Zahl c mit $|v_0| + |v_1| + \ldots + |v_p| \leq c$, für alle $p \in \mathbb{N}_0$, dann ist die Folge v absolut-summierbar und die Reihe sv absolut-konvergent.

Insbesondere sind die Reihen der Zeilen-Folgen und die Reihen der Spalten-Folgen absolut-konvergente Reihen.

A2.130.01: Betrachten Sie die in Beispiel 2.126.2 untersuchte konvergente *Alternierende harmonische Reihe* $sx : \mathbb{N}_0 \longrightarrow \mathbb{R}$ und die sie erzeugende summierbare Folge $x : \mathbb{N}_0 \longrightarrow \mathbb{R}$ mit $x(n) = (-1)^n \frac{1}{n+1}$.
a) Geben Sie für $n \longmapsto x(n)$ zunächst eine Zuordnungstabelle nach dem Muster von b) an.
b) Betrachten Sie die Umordnung $x \circ u$ von x, die die folgende Zuordnungstabelle zeigt:

n	0	1	2	3	4	5	6	7	8	9	10	11	12	13	14
$u(n)$	1	0	3	2	5	4	7	6	9	8	11	10	13	12	15
$(x \circ u)(n)$	$-\frac{1}{2}$	1	$-\frac{1}{4}$	$+\frac{1}{3}$	$-\frac{1}{6}$	$+\frac{1}{5}$	$-\frac{1}{8}$	$+\frac{1}{7}$	$-\frac{1}{10}$	$+\frac{1}{9}$	$-\frac{1}{12}$	$+\frac{1}{11}$	$-\frac{1}{14}$	$+\frac{1}{13}$	$-\frac{1}{16}$

Geben Sie die Funktion $u : \mathbb{N}_0 \longrightarrow \mathbb{N}_0$ an, die zu dieser Umordnung $x \circ u : \mathbb{N}_0 \longrightarrow \mathbb{R}$ führt.

A2.130.02: Betrachten Sie die in Beispiel 2.126.2 untersuchte konvergente *Alternierende harmonische Reihe* $sx : \mathbb{N}_0 \longrightarrow \mathbb{R}$ und die sie erzeugende summierbare Folge $x : \mathbb{N}_0 \longrightarrow \mathbb{R}$ mit $x(n) = (-1)^n \frac{1}{n+1}$ sowie die Umordnung $x \circ u$ von x, die dort beschrieben ist.
a) Erstellen Sie zunächst eine Zuordnungstabelle $n \longmapsto (x \circ u)(n)$ für $x \circ u$.
b) Geben Sie die Funktion $u : \mathbb{N}_0 \longrightarrow \mathbb{N}_0$ an, die zu dieser Umordnung $x \circ u : \mathbb{N}_0 \longrightarrow \mathbb{R}$ führt.

A2.130.03: Betrachten Sie die in Beispiel 2.126.2 untersuchte konvergente *Alternierende harmonische Reihe* $sx : \mathbb{N}_0 \longrightarrow \mathbb{R}$ und die sie erzeugende summierbare Folge $x : \mathbb{N}_0 \longrightarrow \mathbb{R}$ mit $x(n) = (-1)^n \frac{1}{n+1}$ sowie die bijektive Funktion $u : \mathbb{N}_0 \longrightarrow \mathbb{N}_0$, definiert durch $u(n) = \begin{cases} \frac{3}{2}n + \frac{1}{2}, & \text{falls } n \in 2\mathbb{N}_0 + 1, \\ \frac{3}{4}n, & \text{falls } n \in 4\mathbb{N}_0, \\ \frac{3}{4}n - \frac{1}{2}, & \text{falls } n \in 4\mathbb{N}_0 + 2. \end{cases}$
Geben Sie die Umordnung $x \circ u$ von x in Form einer Zuordnungstabelle an.

A2.130.04: Zeigen Sie anhand einiger Summanden, daß in Beispiel 2.126.2 die beiden angegebenen Reihen sx^* und sx^{**} zu der *Alternierenden harmonischen Reihe* sx tatsächlich Teilreihen von sx sind und $\frac{1}{2} \cdot sx_n^* + sx_n^{**}$ eine Teilreihe von $s(x \circ u)$ ist.

A2.130.05: Eine Folge $x : \mathbb{N}_0 \longrightarrow \mathbb{N}_0$, die nicht absolut-summierbar sein soll, enthält beliebig viele positive und negative Folgenglieder, man kann x also als Mischfolge aus ihren (nicht-endlich vielen) positiven und ihren (nicht-endlich vielen) negativen Folgengliedern darstellen: Es gibt streng monotone Funktionen $u, v : \mathbb{N}_0 \longrightarrow \mathbb{N}_0$ und damit hergestellte Teilfolgen $p, q : \mathbb{N}_0 \longrightarrow \mathbb{R}$ mit $p(n) = (x \circ u)(n) = x_{u(n)} > 0$ und $q(m) = (x \circ v)(m) = x_{v(m)} < 0$. Die Folge x ist somit Mischfolge von p und q.
Bilden Sie die Teilfolgen p und q für die in Beispiel 2.130.3 untersuchte Folge $x : \mathbb{N}_0 \longrightarrow \mathbb{R}$ mit $x(n) = (-1)^n \frac{1}{n+1}$, deren Reihe sx konvergent, aber nicht absolut-konvergent ist, und untersuchen Sie dann die Reihen sp und sq hinsichtlich Konvergenz.

A2.130.06: Zeigen Sie mit den Bezeichnungen in Aufgabe A2.130.05 allgemein: Bezüglich einer summierbaren, aber nicht absolut-summierbaren Folge x gilt:
a) Der Fall, daß sp konvergent und sq divergent ist, kann nicht eintreten,
b) der Fall, daß sp divergent und sq konvergent ist, kann nicht eintreten,
c) der Fall, daß sp und sq beide konvergent sind, kann nicht eintreten,
d) die beiden Reihen sp und sq sind divergent.

A2.130.07: Vollziehen Sie die einzelnen Schritte zur Konstruktion der Folgen $(s_k)_{k \in \mathbb{N}}$ und $(t_k)_{k \in \mathbb{N}}$ im Beweis von Satz 2.130.4 (Riemannscher Umordnungs-Satz) nach am Beispiel der Folge $x : \mathbb{N}_0 \longrightarrow \mathbb{R}$ mit $x(n) = (-1)^n \frac{1}{n+1}$ und der Zahl $a = 1,5$ (siehe auch Aufgabe A2.130.05). Man beachte, daß die Reihe sx gegen $log_e(2) \approx 0,693 \neq 1,5$ konvergiert.

2.133 SUMMIERBARE FOLGEN (ÜBERBLICK)

> Leben ist ja doch des Lebens höchstes Ziel.
> *Franz Grillparzer* (1791 - 1872)

Die folgende Liste nennt die hier behandelten summierbaren und absolut-summierbaren Folgen. In der vorletzten Spalte ist jeweils der Abschnitt (Ort) angegeben, in dem die Folge untersucht ist (der Zusatz (A) bedeutet, daß die Folge im Rahmen der Aufgaben zu untersuchen ist).

Folge	Zuordnungsvorschrift	Ort	Name der Reihe
$x : \mathbb{N}_0 \longrightarrow \mathbb{R}$	$x(n) = \frac{1}{n!}$	2.114.1	
$x : \mathbb{N} \longrightarrow \mathbb{R}$	$x(n) = \frac{1}{(n-1)!}$	2.114.1	
$x : \mathbb{N}_0 \longrightarrow \mathbb{R}$	$x(n) = \frac{1}{(n+1)(n+2)}$	2.114.1	
$x : \mathbb{N}_0 \longrightarrow \mathbb{R}$	$x(n) = \frac{1}{(n+1)^2}$	2.114.2	
$x : \mathbb{N}_0 \longrightarrow \mathbb{R}$	$x(n) = x_0 a^n$ mit $|a| < 1$	2.114.3	*Geometrische Reihe*
$x : \mathbb{N}_0 \longrightarrow \mathbb{R}$	$x(n) = 2^{-n} = \frac{1}{2^n}$	2.114.3	
$x : \mathbb{N} \longrightarrow \mathbb{R}$	$x(n) = \frac{1}{n^a}$ mit $a > 1$	2.116.2	*Allgemeine harmonische Reihe*
$x : \mathbb{N}_0 \longrightarrow \mathbb{R}$	$x(n) = \frac{1}{(n+2)^2}$	2.120.2	
$x : \mathbb{N}_0 \longrightarrow \mathbb{R}$	$x(n) = \frac{n!}{n^n}$	2.120.2	
$x : \mathbb{N}_0 \longrightarrow \mathbb{R}$	$x(n) = \frac{1}{3+n^3}$	2.120 (A)	
$x : \mathbb{N} \longrightarrow \mathbb{R}$	$x(n) = \frac{n-\sqrt{n}}{(n+\sqrt{n})^2}$	2.120 (A)	
$x : \mathbb{N}_0 \longrightarrow \mathbb{R}$	$x(n) = \frac{1}{n!}$	2.124.2	
$x : \mathbb{N}_0 \longrightarrow \mathbb{R}$	$x(n) = \frac{2n+1}{n!}$	2.124.2	
$x : \mathbb{N}_0 \longrightarrow \mathbb{R}$	$x(n) = \frac{c_n}{n!}$ mit $0 \leq c_n \leq n$	2.124.2	*Cantorsche Reihe*
$x : \mathbb{N}_0 \longrightarrow \mathbb{R}$	$x(n) = \frac{n^4}{2^n}$	2.124 (A)	
$x : \mathbb{N}_0 \longrightarrow \mathbb{R}$	$x(n) = \frac{n^2+2n+7}{3^n}$	2.124 (A)	
$x : \mathbb{N}_0 \longrightarrow \mathbb{R}$	$x(n) = \frac{a^{2n}}{(2n)!}$ mit $a \in \mathbb{R}$	2.124 (A)	
$x : \mathbb{N}_0 \longrightarrow \mathbb{R}$	$x(n) = (-1)^n \frac{1}{n+1}$	2.126.2	*Alternierende harmonische Reihe*
$x : \mathbb{N} \longrightarrow \mathbb{R}$	$x(n) = \frac{(n+1)^{n-1}}{(-n)^n}$	2.126.4	
$x : \mathbb{N}_0 \longrightarrow \mathbb{R}$	$x(n) = (-1)^n \frac{1}{\sqrt{n+1}}$	2.126.5	

Die nachfolgend angegebenen Folgen sind *nicht summierbar*:

Folge	Zuordnungsvorschrift	Ort	Name der Reihe
$x : \mathbb{N} \longrightarrow \mathbb{R}$	$x(n) = \binom{3n}{n} \frac{2n+\cos(n)}{n^4}$	2.112 (A)	
$x : \mathbb{N}_0 \longrightarrow \mathbb{R}$	$x(n) = x_0 a^n$ mit $|a| \geq 1$	2.114.3	*Geometrische Reihe*
$x : \mathbb{N}_0 \longrightarrow \mathbb{R}$	$x(n) = x_0 + nd$	2.114.4	*Arithmetische Reihe*
$x : \mathbb{N}_0 \longrightarrow \mathbb{R}$	$x(n) = \frac{1}{n+1}$	2.114.5	*Harmonische Reihe*
$x : \mathbb{N}_0 \longrightarrow \mathbb{R}$	$x(n) = \frac{1}{n^a}$ mit $a \leq 1$	2.116.2	*Allgemeine harmonische Reihe*
$x : \mathbb{N} \setminus \{1\} \longrightarrow \mathbb{R}$	$x(n) = \frac{1}{n \cdot \log_e(n)}$	2.116.3	
$x : \mathbb{N} \setminus \{1\} \longrightarrow \mathbb{R}$	$x(n) = \frac{1}{(\log_e(n))^a}$	2.116.3	
$x : \mathbb{N}_0 \longrightarrow \mathbb{R}$	$x(n) = \frac{1}{\sqrt{n(n+1)}}$	2.120.2	
$x : \mathbb{N}_0 \longrightarrow \mathbb{R}$	$x(n) = \frac{1+n}{1+n^2}$	2.120 (A)	
$x : \mathbb{N} \longrightarrow \mathbb{R}$	$x(n) = \frac{1}{\sqrt[n]{n!}}$	2.120 (A)	
$x : \mathbb{N}_0 \longrightarrow \mathbb{R}$	$x(n) = \frac{2^n}{(n+1)n+5}$	2.124 (A)	
$x : \mathbb{N}_0 \longrightarrow \mathbb{R}$	$x(n) = \frac{2^n}{n^a}$ mit $a \in \mathbb{R}$	2.124 (A)	

2.135 STRUKTUREN AUF $ASF(\mathbb{R})$ UND $SF(\mathbb{R})$

> Unser Gedächtnis gleicht einem Siebe, dessen Löcher, anfangs klein, wenig durchfallen lassen, jedoch immer größer werden und endlich so groß sind, daß das Hineingeworfene fast alles durchläuft.
> *Arthur Schopenhauer* (1788 - 1860)

Gegenstand der Betrachtung in diesem Abschnitt – alle Mengen zu einer kompletten Übersicht zusammengefaßt – ist die Kette $ASF(\mathbb{R}) \subset SF(\mathbb{R}) \subset Kon(\mathbb{R}, 0) \subset Kon(\mathbb{R}) \subset BF(\mathbb{N}_0, \mathbb{R}) \subset Abb(\mathbb{N}_0, \mathbb{R})$, wobei die ersten beiden der dabei auftretenden Inklusionen aufgrund der Aussagen in den Corollaren 2.112.2 und 2.112.3 gelten, die vierte wurde in Abschnitt 2.044 gezeigt. Es sollen nun die beiden folenden Fragen untersucht werden:

1. Bilden diese Teilmengen Unterstrukturen von $Abb(\mathbb{N}_0, \mathbb{R})$ bezüglich der auf $Abb(\mathbb{N}_0, \mathbb{R})$ definierten, in Abschnitt 2.006 genannten Strukturen? Eine Antwort darauf wird in Satz 2.135.1 gegeben.

2. Wie verhalten sich diese Teilmengen oder gegebenenfalls diese Unterstrukturen bezüglich der in Abschnitt 2.103 besprochenen Reihen-Erzeugungs-Funktion $s: Abb(\mathbb{N}_0, \mathbb{R}) \longrightarrow Abb(\mathbb{N}_0, \mathbb{R})$? Einige Teilantworten dazu enthalten die Bemerkungen 2.135.3.

2.135.1 Satz

Die Kette $ASF(\mathbb{R}) \subset SF(\mathbb{R}) \subset Kon(\mathbb{R}, 0) \subset Kon(\mathbb{R}) \subset BF(\mathbb{N}_0, \mathbb{R}) \subset Abb(\mathbb{N}_0, \mathbb{R})$ von Inklusionen ist eine Kette von $\mathbb{R}$-Unterräumen. (Man beachte dabei $Kon(\mathbb{R}) = CF(\mathbb{R})$.)

Anmerkung 1: Hinsichtlich des $\mathbb{R}$-Vektorraums $SF(\mathbb{R})$ beachte man Corollar 2.135.2.

Anmerkung 2: Man beachte den allgemeinen Sachverhalt: Die Unterraum-Eigenschaft ist bezüglich der Inklusion transitiv, das heißt, ist $U_1 \subset ... \subset U_n \subset E$ eine Kette von Unterräumen eines K-Vektorraums E, dann gilt: Ist U_k Unterraum von U_{k+1} und U_{k+1} Unterraum von U_{k+2}, dann ist U_k auch Unterraum von U_{k+2}. Damit bedeutet der obige Satz insbesondere, daß jeder der dort genannten Unterräume auch Unterraum von $Abb(\mathbb{N}_0, \mathbb{R})$ ist.

Beweis: Um der vorstehenden Anmerkung gerecht werden zu können, soll die zu untersuchende Inklusionskette sozusagen „von rechts nach links" bearbeitet werden. Dazu nun im einzelnen:

1. $BF(\mathbb{N}_0, \mathbb{R}) \subset Abb(\mathbb{N}_0, \mathbb{R})$ ist Unterraum, wie in Abschnitt 2.006 gezeigt wurde.

2. $Kon(\mathbb{R}) \subset BF(\mathbb{N}_0, \mathbb{R})$ ist Unterraum, wie in Abschnitt 2.044 gezeigt wurde.

3. $Kon(\mathbb{R}, 0) \subset Kon(\mathbb{R})$ ist Unterraum, wie man nach Satz 2.045.1 leicht überlegen kann.

4. $SF(\mathbb{R}) \subset Kon(\mathbb{R}, 0)$ ist Unterraum, denn im einzelnen gilt:

a) Die Beispiele etwa in Abschnitt 2.114 zeigen, daß die Menge $SF(\mathbb{R})$ nicht leer ist.

b) Es seien $x, z \in SF(\mathbb{R})$, woraus für die zugehörigen Reihen sx und sz definitionsgemäß $sx, sz \in Kon(\mathbb{R})$ folgt. Nach Teil 3 gilt dann auch $sx + sz \in Kon(\mathbb{R})$, woraus mit der Beziehung $s(x + z) = sx + sz$ von Satz 2.103.1 dann $s(x + z) \in Kon(\mathbb{R})$ und somit $x + z \in SF(\mathbb{R})$ folgt.

c) Es sei $x \in SF(\mathbb{R})$ und $a \in \mathbb{R}$, wobei für die zugehörige Reihe sx wieder definitionsgemäß $sx \in Kon(\mathbb{R})$ gilt. Nach Teil 3 gilt dann auch $a(sx) \in Kon(\mathbb{R})$, woraus mit der Beziehung $s(ax) = a(sx)$ von Satz 2.103.1 dann $s(ax) \in Kon(\mathbb{R})$ und somit $ax \in SF(\mathbb{R})$ folgt.

5. $ASF(\mathbb{R}) \subset SF(\mathbb{R})$ ist Unterraum, denn im einzelnen gilt:

a) Die Beispiele etwa in Abschnitt 2.114 zeigen, daß die Menge $ASF(\mathbb{R})$ nicht leer ist.

b) Es seien $x, z \in ASF(\mathbb{R})$, woraus für die daraus erzeugten Reihen $s|x|$ und $s|z|$ definitionsgemäß $s|x|, s|z| \in Kon(\mathbb{R})$ folgt. Nach Teil 3 gilt dann auch $s|x| + s|z| \in Kon(\mathbb{R})$, woraus mit der Beziehung $s(|x| + |z|) = s|x| + s|z|$ nach Satz 2.103.1 zunächst $s(|x| + |z|) \in Kon(\mathbb{R})$ folgt. Unter Verwendung der Dreiecksungleichung in der Form $s(|x + z|) \leq s(|x| + |z|)$ ist die Reihe $s(|x| + |z|)$ eine Majorante zu $s(|x + z|)$ und somit ist $s(|x + z|) \in Kon(\mathbb{R})$, also $x + z \in ASF(\mathbb{R})$.

c) Es sei $x \in ASF(\mathbb{R})$ und $a \in \mathbb{R}$, wobei für die aus x erzeugte Reihe $s|x|$ definitionsgemäß $s|x| \in Kon(\mathbb{R})$

gilt. Nach Teil 3 gilt dann auch $a(s|x|) \in Kon(\mathbb{R})$, woraus mit der Beziehung $s(a|x|) = a(s|x|)$ von Satz 2.103.1 dann $s(|ax|) = s(a|x|) = a(s|x|) \in Kon(\mathbb{R})$ und somit $ax \in ASF(\mathbb{R})$ folgt.

2.135.2   Corollar

Die Tatsache, daß die Menge $SF(\mathbb{R})$ der summierbaren Folgen $\mathbb{N}_0 \longrightarrow \mathbb{R}$ als Unterraum von $Abb(\mathbb{N}_0, \mathbb{R})$ einen $\mathbb{R}$-Vektorraum bildet, bedeutet insbesondere (wobei die oben schon erwähnte Reihen-Erzeugungs-Funktion s verwendet wird):

1. Die Summe $x + z : \mathbb{N}_0 \longrightarrow \mathbb{R}$ summierbarer Folgen $x, z : \mathbb{N}_0 \longrightarrow \mathbb{R}$ ist wieder summierbar und es gilt
$$lim(s(x+z)) = lim(sx + sz) = lim(sx) + lim(sz).$$
Anders gesagt: Die Summe konvergenter Reihen ist konvergent und konvergiert gegen die Summe der Reihen-Grenzwerte.

2. $\mathbb{R}$-Produkte $ax : \mathbb{N}_0 \longrightarrow \mathbb{R}$ summierbarer Folgen $x : \mathbb{N}_0 \longrightarrow \mathbb{R}$ sind wieder summierbar und es gilt
$$lim(s(ax)) = lim(a(sx)) = a \cdot lim(sx).$$
Anders gesagt: $\mathbb{R}$-Produkte konvergenter Reihen sind konvergent und konvergieren gegen das $\mathbb{R}$-Produkt (mit demselben Faktor) des jeweiligen Reihen-Grenzwertes.

Anmerkung 1: Die obigen Aussagen gelten in gleicher Weise für absolut-summierbare Folgen (siehe auch Bemerkung 2.135.4).

Anmerkung 2: Anwendungen dieser Sachverhalte haben meist folgende Form: Läßt sich eine Folge y als Summe $x + z$ und/oder $\mathbb{R}$-Produkt ax summierbarer Folgen x und z darstellen, also auf diese Weise zerlegen, so kann man in diesen Fällen auf die Summierbarkeit von y schließen (und gegebenenfalls den Reihen-Grenzwert von sy angeben).

Nun zu der zweiten der zu Anfang des Abschnitts gestellten Fragen: Beachtet man, daß

a) bezüglich eines K-Homomorphismus' $f : E \longrightarrow F$ die Bildmenge $f(U) = Bild(f|U)$ eines Unterraums U von E ein Unterraum von F ist,

b) und dabei auch bei K-Isomorphismen $f : E \longrightarrow E$ im allgemeinen $f(U) \neq U$ gilt,

so ist die Frage nach dem Aussehen der Bilder $s(ASF(\mathbb{R}))$, $s(SF(\mathbb{R}))$, $s(Kon(\mathbb{R}, 0))$, $s(Kon(\mathbb{R}))$ und $s(BF(\mathbb{N}_0, \mathbb{R}))$ bezüglich der Reihen-Erzeugungs-Funktion $s : Abb(\mathbb{N}_0, \mathbb{R}) \longrightarrow Abb(\mathbb{N}_0, \mathbb{R})$ mit $x \longmapsto sx$ eine gewichtige Frage. Diese Frage soll hier aber nicht vollständig untersucht werden, es werden lediglich einige Teilantworten gegeben:

2.135.3   Bemerkungen

1. Es gilt nicht $s(BF(\mathbb{N}_0, \mathbb{R})) \subset BF(\mathbb{N}_0, \mathbb{R})$, denn naheliegenderweise sind konstante Folgen x beschränkt, jedoch sind ihre Reihen sx nicht notwendigerweise auch beschränkt, wie etwa das Beispiel $x(n) = 1$ mit $sx(n) = n + 1$, für alle $n \in \mathbb{N}_0$, zeigt.

2. Es gilt nicht $s(Kon(\mathbb{R})) \subset Kon(\mathbb{R})$, denn betrachtet man etwa die *harmonische Reihe* $sx : \mathbb{N}_0 \longrightarrow \mathbb{R}$ und die ihr zugrunde liegende Folge $x : \mathbb{N}_0 \longrightarrow \mathbb{R}$ mit $x(n) = \frac{1}{n+1}$, dann ist x konvergent, sx hingegen nicht (siehe Beispiel 2.114.5).

3. Nach der Definition der Summierbarkeit von Folgen ist jedoch $SF(\mathbb{R})$ die größte Teilmenge T von $Kon(\mathbb{R}, 0)$, für die $s(T) \subset Kon(\mathbb{R}, 0)$ gilt.

2.135.4   Bemerkung

Hinsichtlich der in Bemerkung 1.586.1 betrachteten Rieszschen Gruppe $Abb(\mathbb{N}_0, \mathbb{R})$ aller Folgen $\mathbb{N}_0 \longrightarrow \mathbb{R}$ sind $Kon(\mathbb{R}) = CF(\mathbb{R}$ sowie $ASF(\mathbb{R})$ Rieszsche Untergruppen von $Abb(\mathbb{N}_0, \mathbb{R})$. Dasselbe gilt allerdings nicht für $SF(\mathbb{R})$ (siehe Aufgabe A2.135.01).

Anmerkung: Abschnitt 1.586 ist vorläufig als Anhang in diesem Band enthalten.

Anmerkung 1: Den Beweis für $Kon(\mathbb{R})$ liefert Lemma 2.041.2/3, der für $ASF(\mathbb{R})$ ist in Funktionsschreibweise mit $x \in Abb(\mathbb{N}_0, \mathbb{R})$ (mit Satz 1.586.6/2) kurz: $x \in ASF(\mathbb{R}) \Rightarrow |x| \in SF(\mathbb{R}) \Rightarrow ||x|| = |x| \in SF(\mathbb{R}) \Rightarrow |x| \in ASF(\mathbb{R})$, in Indexschreibweise mit $x = (x_n)_{n \in \mathbb{N}_0}$ gilt: $(x_n)_{n \in \mathbb{N}_0} \in ASF(\mathbb{R}) \Rightarrow (|x_n|)_{n \in \mathbb{N}_0} \in SF(\mathbb{R}) \Rightarrow |(|x_n|)_{n \in \mathbb{N}_0}| = (||x_n||)_{n \in \mathbb{N}_0} = (|x_n|)_{n \in \mathbb{N}_0} \in SF(\mathbb{R}) \Rightarrow (|x_n|)_{n \in \mathbb{N}_0} \in ASF(\mathbb{R})$.

Anmerkung 2: Wie der Beweis in Bemerkung 1.586.1 zeigt, basiert die Tatsache, daß $Abb(\mathbb{N}_0, \mathbb{R})$ Rieszsche Gruppe ist, im wesentlichen darauf, daß $\mathbb{R}$ Rieszsche Gruppe ist. Auf diesen Zusammenhang wird in Bemerkung 2.135.5/1 noch aufmerksam gemacht.

2.135.5   Bemerkung

Einige Sachverhalte zur Summierbarkeit von Folgen $x \in Abb(\mathbb{N}_0, \mathbb{R})$ lassen sich mit den Begriffen/Bezeichnungen für die Elemente Rieszscher Gruppen (Abschnitt 1.586, hier im Anhang) formulieren. Dazu:

1. Jede Folge $x : \mathbb{N}_0 \longrightarrow \mathbb{R}$ liefert einen sogenannten positiven Teil $x^+ : \mathbb{N}_0 \longrightarrow \mathbb{R}$ und einen negativen Teil $x^- : \mathbb{N}_0 \longrightarrow \mathbb{R}$, zu $x = (x_n)_{n \in \mathbb{N}_0}$ also $x^+ = (x_n^+)_{n \in \mathbb{N}_0}$ und $x^- = (x_n^-)_{n \in \mathbb{N}_0}$ (siehe Bemerkung 1.586.1). Man beachte für die Folgenglieder als Zahlen x_n^+ und x_n^- insbesondere Bemerkung 1.586.5. Das bedeutet insbesondere $Bild(x^+) \subset \mathbb{R}_0^+$ und $Bild(x^-) \subset \mathbb{R}_0^+$, das heißt, es liegen stets Folgen $x^+ : \mathbb{N}_0 \longrightarrow \mathbb{R}_0^+$ und $x^- : \mathbb{N}_0 \longrightarrow \mathbb{R}_0^+$ vor.

2. Gemäß Lemma 1.586.2 gilt $x = x^+ - x^-$ sowie $|x| = x^+ + x^-$. Sind $x^+, x^- : \mathbb{N}_0 \longrightarrow \mathbb{R}$ konvergente Folgen, dann sind auch die Folgen x und $|x|$ konvergente Folgen und es gilt $lim(x) = lim(x^+) - lim(x^-)$ sowie $|lim(x)| = lim(|x|) = lim(x^+) + lim(x^-)$.

3. Zu jeder Folge $x : \mathbb{N}_0 \longrightarrow \mathbb{R}$ sind die von x^+ und x^- erzeugten Reihen sx^+ und sx^- als monotone Folgen stets konvergent in $\mathbb{R} \cup \{\star\}$.

4. Existieren zu einer Folge $x : \mathbb{N}_0 \longrightarrow \mathbb{R}$ die Reihen-Grenzwerte $lim(sx^+)$ und $lim(sx^-)$ in $\mathbb{R}$, so ist die Reihe sx absolut-konvergent und damit auch konvergent.

Beweis: Beachtet man wieder $|x| = x^+ + x^-$ und $x = x^+ - x^-$ in Lemma 1.586.2 sowie die Homomorphie von s in Satz 2.103.1/2, so gilt $lim(sx^+) + lim(sx^-) = lim(sx^+ + sx^-) = lim(s(x^+ + x^-)) = lim(s|x|)$ und $lim(sx^+) - lim(sx^-) = lim(sx^+ - sx^-) = lim(s(x^+ - x^-)) = lim(sx)$. Man beachte dabei die einzelnen Darstellungen in $sx_m = \sum\limits_{1 \le n \le m} x_n = \sum\limits_{1 \le n \le m}(x_n^+ - x_n^-) = \sum\limits_{1 \le n \le m} x_n^+ - \sum\limits_{1 \le n \le m} x_n^- = (sx)_m^+ - (sx)_m^-$.

5. Eine Folge $x : \mathbb{N}_0 \longrightarrow \mathbb{R}$ ist genau dann absolut-summierbar, falls die Reihe $s|x| = s(x^+ + x^-) = sx^+ + sx^-$ (siehe Satz 2.103.1/2) konvergent ist. In diesem Fall ist $lim(s|x|) = lim(sx^+) + lim(sx^-)$.

6. Sind zu einer Folge $x : \mathbb{N}_0 \longrightarrow \mathbb{R}$
a) die Reihen sx und sx^+ konvergent in $\mathbb{R}$, so ist auch die Reihe sx^- konvergent in $\mathbb{R}$,
b) die Reihen sx und sx^- konvergent in $\mathbb{R}$, so ist auch die Reihe sx^+ konvergent in $\mathbb{R}$.

Beweis: Im Fall a) liefert $sx^- = sx^+ - sx$, im Fall b) dann $sx^+ = sx - sx^-$ die Behauptung.

7. Summen $sx + sy$ und $\mathbb{R}$-Produkte $c \cdot sx$ absolut-konvergenter Reihen sx und sy sind absolut-konvergent und es gilt $lim(s|x|) + lim(s|y|) = lim(s|x + y|)$ sowie $c \cdot lim(s|x|) = lim(s|cx|)$ für $c \in \mathbb{R}$.

2.135.6   Bemerkung

In Erweiterung der Bemerkungen 2.135.5 seien Folgen $x : \mathbb{N}_0 \longrightarrow \mathbb{R} \cup \{\star\}$ oder $x : \mathbb{N}_0 \longrightarrow \mathbb{R} \cup \{-\star\}$ als $\mathbb{R}^*$-Folgen bezeichnet. Man beachte ferner, daß im folgenden das Rechnen in $\mathbb{R}^*$ gemäß Bemerkung 1.869.3 auszuführen ist.

1. Eine Reihe sx über einer $\mathbb{R}^*$-Folge heiße $\mathbb{R}^*$-absolut-konvergent, wenn $lim(sx^+)$ und $lim(sx^-)$ existieren und $(lim(sx^+), lim(sx^-)) \ne (\star, \star)$ im Sinne von Zahlenpaaren gilt, wenn also (mindestens) eine dieser beiden Reihen sx^+ und sx^- in $\mathbb{R}$ konvergiert.

2. Ist sx $\mathbb{R}^*$-absolut-konvergent, dann ist sx $\mathbb{R}^*$-konvergent und es gilt $lim(sx) = lim(sx^+) - lim(sx^-)$.

3. $\mathbb{R}$-Produkte $c \cdot sx$ $\mathbb{R}^*$-absolut-konvergenter Reihen sx sind ebenfalls $\mathbb{R}^*$-absolut-konvergent und es gilt die Beziehung $lim(c \cdot sx) = c \cdot lim(sx)$.

Beweis: O.B.d.A. gelte $lim(sx^+) = \star$ und $lim(sx^-) < \star$. Es gilt für $c \in \mathbb{R}$ dann $lim(s(cx)^+) = \star$ und $lim(s(cx)^-) < \star$, weiterhin gilt $c \cdot lim(sx) = c(lim(sx^+) - lim(sx^-)) = c \cdot lim(sx^+) - c \cdot lim(sx^-) = lim(s(cx)^+) - lim(s(cx)^-) = lim(s(cx))$.

4. Summen $sx + sy = s(x + y)$ $\mathbb{R}^*$-absolut-konvergenter Folgen sind ebenfalls $\mathbb{R}^*$-absolut-konvergent und es gilt die Beziehung $lim(s(x + y)) = lim(sx) + lim(sy)$.

Beweis: O.B.d.A. gelte die Voraussetzung $lim(sx^+) = \star$ und $lim(sx^-) < \star$ sowie $lim(sy^+) = \star$ und

$lim(sy^-) < \star$. Es wird nun gezeigt, daß die Annahme $lim(s(x+y)^+) = \star$ und $lim(s(x+y)^-) = \star$ zu einem Widerspruch führt, woraus dann etwa $lim(s(x+y)^+) = \star$ und $lim(s(x+y)^-) < \star$ folgt:
Der erste Teil der Annahme liefert $\star = lim(s(x+y)^+) = lim((sx+sy)^+) = lim(sx^+ + sy^+)$ und ist somit äquivalent zu der Disjunktion $p : lim(sx^+) = \star$ oder $q : lim(sy^+) = \star$.
Der zweite Teil der Annahme liefert $\star = lim(s(x+y)^-) = lim((sx+sy)^-) = lim(sx^- + sy^-)$ und ist somit äquivalent zu der Disjunktion $r : lim(sx^-) = \star$ oder $t : lim(sy^-) = \star$.
Beachtet man nun die Aussagen-Äquivalenz $(p \vee q) \wedge (r \vee t) \Leftrightarrow (p \wedge r) \vee (p \wedge t) \vee (q \wedge r) \vee (q \wedge t)$ (siehe Abschnitt 1.014), dann haben alle vier Konjunktionen der rechts stehenden Aussage den Wahrheitswert f (falsch), also hat die gesamte rechts stehende Aussage den Wahrheitswert f, denn die folgenden vier Konjunktionen widersprechen der oben getroffenen Voraussetzung:

$p \wedge r : lim(sx^+) = \star$ und $lim(sx^-) = \star$ $\quad p \wedge t : lim(sx^+) = \star$ und $lim(sy^-) = \star$
$q \wedge r : lim(sy^+) = \star$ und $lim(sx^-) = \star$ $\quad q \wedge t : lim(sy^+) = \star$ und $lim(sy^-) = \star$.

Folglich hat auch die links stehende Aussage, die die Annahme repräsentiert, den Wahrheitswert f.
Schließlich gilt die Beziehung $lim(sx) + lim(sy) = lim(sx^+) - lim(sx^-) + lim(sy^+) - lim(sy^-)$
$= lim(sx^+) + lim(sy^+) - (lim(sx^-) + lim(sy^-)) = lim(sx^+ + sy^+) - lim(sx^- + sy^-)$
$= lim(s(x^+ + y^+)) - lim(s(x^- + y^-)) = lim(s(x+y)^+) - lim(s(x+y)^-) = lim(s(x+y))$.

A2.135.01: Beweisen oder widerlegen Sie die folgenden Implikationen:
    a) $x \in BF(\mathbb{N}_0, \mathbb{R}) \Rightarrow |x| \in BF(\mathbb{N}_0, \mathbb{R})$ b) $x \in Kon(\mathbb{R}, 0) \Rightarrow |x| \in Kon(\mathbb{R}, 0)$
    c) $x \in Kon(\mathbb{R}) \Rightarrow |x| \in Kon(\mathbb{R})$ d) $x \in SF(\mathbb{R}) \Rightarrow |x| \in SF(\mathbb{R})$

A2.135.02: Untersuchen Sie die Folge $y : \mathbb{N} \longrightarrow \mathbb{R}$ mit $y(n) = \frac{1+(-1)^n n}{1+n^2}$ hinsichtlich Summierbarkeit.

A2.135.03: Gilt stets: Produkte summierbarer Folgen sind ebenfalls summierbar ?

A2.135.04: Zwei Einzelaufgaben:
1. Geben Sie zu den Folgen $x : \mathbb{N} \longrightarrow \mathbb{R}$ jeweils die Folgen x^+ sowie x^- und $|x|$ an:
    a) $x_n = \frac{1}{n}$ b) $x_n = -\frac{1}{n}$ c) $x_n = (-1)^n \frac{1}{n}$.
2. Gleiche Aufgabenstellung für die allgemeinen Fälle: Für alle $n \in \mathbb{N}$ gelte
    a) $x_n \geq 0$ b) $x_n \leq 0$ c) $x_n = (-1)^n y_n$ mit $y_n \geq 0$.

A2.135.05: Beweisen Sie die Formeln in Bemerkung 2.315.5/7.

2.150   POTENZ-REIHEN

> Heysset vil machen und leret wie man ein zal mit jr oder einer anderen vilfeltigen soll. Zum multiplizirn gehörn zwo zalen, eine die multipliziert würdt, die ander dadurch mann multiplicirt. Die multiplicirt sol werden soltu aufflegen, die ander für dich schreiben zu öberst anheben .....
> *Adam Ries* (1492 - 1559)

In diesem Abschnitt geht es vor allem darum, Folgen und daraus erzeugte Reihen von einem bestimmten Typus' ihrem Bau nach möglichst genau zu analysieren – worauf dann auch der Begriff *Potenz-Reihe* beruht – und unter expliziter Bezugnahme auf diesen besonderen Bau und seine Konstruktionsbausteine daraus erste Merkmale bezüglich Summierbarkeit bzw. Konvergenz abzuleiten.

Es sei schon vorweg bemerkt, daß sich die konvergenten Potenz-Reihen auf naheliegende und sehr einfache Weise zu Funktionen verarbeiten lassen, den sogenannten *Potenz-Reihen-Funktionen* (die dann ab Abschnitt 2.170 untersucht werden), zu denen insbesondere die *Analytischen Funktionen* wie die Exponential-Funktionen und die Trigonometrischen Funktionen, sehr prominente Funktionen also, gehören.

Betrachten wir zunächst drei Folgen $x : \mathbb{N}_0 \longrightarrow \mathbb{R}$ mit jeweils beliebig, aber fest gewählter Zahl $z \in \mathbb{R}$:

$$x(n) = \frac{1}{n!} \cdot z^n, \qquad x(n) = \frac{1}{(2n+1)!} \cdot z^{2n+1}, \qquad x(n) = \frac{(-1)^n}{(2n)!} \cdot z^{2n},$$

und versuchen, die Gemeinsamkeiten ihres Baus zu beschreiben. Dabei ist folgendes festzustellen:

1. Der Faktor vor der Potenz von z ist selbst Glied einer Folge (denn er hängt von n ab); beispielsweise wird im ersten Fall die Folge x mit Hilfe der durch $a(n) = \frac{1}{n!}$ definierten Folge $a : \mathbb{N}_0 \longrightarrow \mathbb{R}$ gebildet.

2. In analoger Weise ist der Exponent von z selbst Glied einer Folge t, denn offenbar ist im zweiten Fall $t : \mathbb{N}_0 \longrightarrow \mathbb{R}$ durch $t(n) = 2n + 1$ definiert.

Es ist klar, daß die Folgenglieder von x, damit also auch die Folge x, von der Wahl von $z \in \mathbb{R}$ abhängen; beispielsweise haben in allen drei Fällen die Folgen x für $z = 0$ und für $z \neq 0$ jeweils sehr verschiedenes Aussehen. Somit ist festzustellen, daß Folgen des betrachteten und weiterhin zu untersuchenden Typs von drei Daten abhängen, nämlich von a, t und z. Diese Beobachtung führt unmittelbar zu:

2.150.1   Definition

Eine *Koeffizienten-Folge* $a : \mathbb{N}_0 \longrightarrow \mathbb{R}$ und eine *Exponenten-Folge* $t : \mathbb{N}_0 \longrightarrow \mathbb{N}_0$ erzeugen zusammen mit einer Zahl $z \in \mathbb{R}$ eine Folge $x : \mathbb{N}_0 \longrightarrow \mathbb{R}$ durch die Vorschrift $x(n) = a(n) \cdot z^{t(n)}$. Die von x, also von dem Tripel (a,t,z) erzeugte Reihe nennt man eine *Potenz-Reihe* und bezeichnet sie mit $sx = s(a,t,z)$. Das m-te Reihenglied von sx hat dann also die Form $sx_m = s(a,t,z)_m = \sum_{0 \leq n \leq m} a(n) \cdot z^{t(n)}$.

Hinweis: Eine etwas allgemeinere Fassung des Begriffs Potenz-Reihe nennt Bemerkung 2.150.3/7.

Für das Konvergenz-Verhalten von Potenz-Reihen spielt (bei gleicher Koeffizienten-Folge a und Exponenten-Folge t) die Wahl von z eine entscheidende Rolle. Anders gesagt, kann man zwei Fragen stellen:

1. Ist zu einer vorgebenen Zahl $z \in \mathbb{R}$ die durch die Folgen a und t definierte Folge x mit $x(n) = a(n) \cdot z^{t(n)}$ summierbar, die zugehörige Reihe sx also konvergent?

2. Kann man alle Zahlen $z \in \mathbb{R}$ angeben, *so daß* bei vorgegebener Koeffizienten-Folge a und Exponenten-Folge t *alle* durch (a,t,z) erzeugten Folgen x summierbar, also alle zugehörigen Reihen konvergent sind?

2.150.2   Definition

Es seien eine Koeffizienten-Folge $a : \mathbb{N}_0 \longrightarrow \mathbb{R}$ und eine Exponenten-Folge $t : \mathbb{N}_0 \longrightarrow \mathbb{N}_0$ vorgelegt.

1. Die Menge $KB(a,t) = \{z \in \mathbb{R} \mid s(a,t,z) \text{ konvergent}\}$ nennt man den *(Vollständigen) Konvergenzbereich* aller von dem Paar (a,t) von Folgen erzeugten konvergenten Reihen.

2. Das größte in $KB(a,t)$ enthaltene offene Intervall $(-r, r) \subset \mathbb{R}$ nennt man den *Symmetrischen Konvergenzbereich* und die Intervallgrenze r den von (a,t) erzeugten *Konvergenzradius*.

2.150.3 Bemerkungen

1. Naheliegenderweise nennt man $\mathbb{R} \setminus KB(a,t)$ den zu (a,t) zugehörigen *Divergenzbereich*.

2. Für den Fall $KB(a,t) = (-r,r)$ sind die Potenz-Reihen $s(a,t,z)$ für alle z mit $0 \leq z < |r|$ sogar absolut-konvergent (die jeweils zugrunde liegende Folge also absolut-summierbar).

3. Jede Potenz-Reihe der Form $s(a,t,0)$ konvergiert gegen 0. Dieser triviale Fall bedeutet insbesondere, daß stets $0 \in KB(a,t)$, also $KB(a,t) \neq \emptyset$ für alle Koeffizienten-Folgen a und für alle Exponenten-Folgen t gilt.

4. Ein Konvergenzbereich $KB(a,t)$ zu (a,t) kann genau eine der folgenden Formen haben:

a) $KB(a,t) = \{0\}$, man sagt dann, $sx = s(a,t,z)$ hat den Konvergenzradius 0,

b) $KB(a,t) = \mathbb{R}$, man sagt dann, $sx = s(a,t,z)$ hat unendlichen Konvergenzradius ($\star$ oder ∞),

c) $KB(a,t) = (-r,r)$ oder $KB(a,t) = (-r,r]$ oder $KB(a,t) = [-r,r)$ oder $KB(a,t) = [-r,r]$, man sagt dann, $sx = s(a,t,z)$ hat den Konvergenzradius r.

Hat man im Fall c) den Konvergenzradius bestimmt, dann kann noch der Fall eintreten, daß die Folge x auch für $z = -r$ und/oder $z = r$ summierbar ist. Diese Fälle müssen – sofern verlangt – dann noch einzeln untersucht werden.

5. Die in vorstehender Bemerkung genannten zusätzlichen Definitionen für den Konvergenzradius sind insofern von Bedeutung, als man nun *jedem* Paar (a,t) von Koeffizienten- und Exponentenfolge einen Konvergenzradius zuordnen kann. Es liegt also eine Funktion $Abb(\mathbb{N}_0,\mathbb{R}) \times Abb(\mathbb{N}_0,\mathbb{N}_0) \longrightarrow \mathbb{R}^*$ mit der Zuordnungsvorschrift $(a,t) \longmapsto r = (limsup(\sqrt[t(n)]{|a(n)|})_{n \in \mathbb{N}})^{-1}$ vor, die sogenannte *Cauchy-Hadamardsche Funktion*, wobei für den in 6b) genannten Fall $(a,t) \longmapsto \star$ oder $(a,t) \longmapsto \infty$ zugeordnet wird.

6. Den Konvergenzradius zu einem Paar (a,t) einer Koeffizienten-Folge $a : \mathbb{N}_0 \longrightarrow \mathbb{R} \setminus \{0\}$ und einer Exponenten-Folge $t : \mathbb{N}_0 \longrightarrow \mathbb{N}_0$ kann man mit der *Cauchy-Hadamardschen Testfolge* $h = (\sqrt[t(n)]{|a(n)|})_{n \in \mathbb{N}}$ ermitteln. Dabei gilt:

a) Ist $limsup(h) = c \neq 0$, dann ist $r = \frac{1}{c}$ der Konvergenzradius von (a,t),

b) ist $limsup(h) = 0$, dann ist der Konvergenzradius von (a,t) unendlich ($r = \infty$) und $KB(a,t) = \mathbb{R}$,

c) ist h monoton und unbeschränkt, dann ist $r = 0$ der Konvergenzradius von (a,t).

7. Gelegentlich werden Potenz-Reihen auch in der Form $s(a,t,z-z_0)$ definiert und nennt z_0 dabei den *Entwicklungspunkt* der Potenz-Reihe. Definition 2.150.1 beschreibt also den Fall, daß der Entwicklungspunkt $z_0 = 0$ ist.

Hinsichtlich Bemerkung 4 gilt: Eine Potenz-Reihe der Form $s(a,t,z-z_0)$ ist konvergent im Bereich $(z_0 - r, z_0 + r)$ mit Konvergenzradius r, konvergiert also für z mit $|z - z_0| < r$, und divergent außerhalb dieses Bereichs, ist also divergent für z mit $|z - z_0| > r$. Im Fall $r = 0$ ist $KB(a,t) = \{z_0\}$.

Anmerkung 1: Es sei allerdings noch angemerkt, daß es sich bei der Form $s(a,t,z-z_0)$ nur um eine scheinbar allgemeinere Darstellung handelt, denn man kann jede solche Form durch die Substitution $z^* = z - z_0$ sofort wieder in die Form $s(a,t,z^*)$ überführen.

Anmerkung 2: Ist eine Poitenzreihen-Funktion f (siehe Abschnitt 2.170) durch die Vorschrift $f(z) = lim(s(a,t,z-z_0)) = lim(\sum_{0 \leq n \leq m} a(n)(z-z_0)^{t(n)})_{m \in \mathbb{N}_0}$ definiert, so sagt man auch: f läßt sich in eine Potenz-Reihe um den Entwicklungspunkt z_0 darstellen/entwickeln.

2.150.4 Beispiele

1. Zu einer Zahl $z \in \mathbb{R}$ sei die geometrische Folge $x : \mathbb{N}_0 \longrightarrow \mathbb{R}$ mit $x_n = z^n$ und die zugehörige geometrische Potenz-Reihe $sx : \mathbb{N}_0 \longrightarrow \mathbb{R}$, definiert durch $sx_m = \sum_{0 \leq n \leq m} z^n$ betrachtet. Dabei ist die Folge x durch die konstante Koeffizienten-Folge $a = 1$ und die Exponenten-Folge $t = id_{\mathbb{N}_0}$ definiert. Für die Reihe sx wird nun der Konvergenzradius mit Hilfe der Cauchy-Hadamardschen Testfolge $(\sqrt[t(n)]{|a(n)|})_{n \in \mathbb{N}}$ ermittelt: Sie hat im vorliegenden Fall die Form $(\sqrt[n]{1})_{n \in \mathbb{N}}$ mit den Folgengliedern $\sqrt[n]{1} = 1$ und konvergiert als konstante Folge gegen 1. Somit hat die Reihe sx den Konvergenzradius 1 und folglich den symmetrischen Konvergenzbereich $(-1,1)$.

Um den vollständigen Konvergenzbereich zu ermitteln, werden die Fälle $z = -1$ und $z = 1$ untersucht. Im ersten Fall ist $x(n) = (-1)^n$, im zweiten $x(n) = 1^n = 1$. In beiden Fällen ist x offensichtlich nicht nullkonvergent, also sind die jeweiligen Reihen sx nicht konvergent, folglich ist $KB(a,t) = (-1, 1)$ der vollständige Konvergenzbereich zu (a,t).

2. Zu einer Zahl $z \in \mathbb{R}$ sei die Folge $x : \mathbb{N}_0 \longrightarrow \mathbb{R}$ mit $x_n = 2^n z^{2n}$ und die zugehörige Potenz-Reihe $sx : \mathbb{N}_0 \longrightarrow \mathbb{R}$, definiert durch $sx_m = \sum_{0 \leq n \leq m} 2^n z^{2n}$ betrachtet. Dabei ist die Folge x durch die Koeffizienten-Folge a mit $a_n = 2^n$ und die Exponenten-Folge $t_n = 2n$ definiert. Für die Reihe sx wird nun der Konvergenzradius mit Hilfe der Cauchy-Hadamardschen Testfolge $(\sqrt[t(n)]{|a(n)|})_{n \in \mathbb{N}}$ ermittelt: Sie hat im vorliegenden Fall die Form $(\sqrt[2n]{2^n})_{n \in \mathbb{N}}$ mit den Folgengliedern $\sqrt[2n]{2^n} = (2^n)^{\frac{1}{2n}} = (2)^{\frac{n}{2n}} = (2)^{\frac{1}{2}} = \sqrt{2}$ und konvergiert als konstante Folge gegen $\sqrt{2}$. Somit hat die Reihe sx den Konvergenzradius $\frac{1}{\sqrt{2}}$ und folglich den symmetrischen Konvergenzbereich $(-\frac{1}{\sqrt{2}}, \frac{1}{\sqrt{2}})$.

Um den vollständigen Konvergenzbereich zu ermitteln, werden die Fälle $z = -\frac{1}{\sqrt{2}}$ und $z = \frac{1}{\sqrt{2}}$ untersucht. Im ersten Fall ist $x(n) = -4^n$, im zweiten $x(n) = 4^n$. In beiden Fällen ist x offensichtlich nicht nullkonvergent, also sind die jeweiligen Reihen sx nicht konvergent, folglich ist $KB(a,t) = (-\frac{1}{\sqrt{2}}, \frac{1}{\sqrt{2}})$ der vollständige Konvergenzbereich zu (a,t).

3. Zu einer Zahl $z \in \mathbb{R}$ sei die Folge $x : \mathbb{N}_0 \longrightarrow \mathbb{R}$ mit $x_n = n! \cdot z^n$ und die zugehörige Potenz-Reihe $sx : \mathbb{N}_0 \longrightarrow \mathbb{R}$, definiert durch $sx_m = \sum_{0 \leq n \leq m} n! \cdot z^n$ betrachtet. Dabei ist die Folge x durch die Koeffizienten-Folge a mit $a_n = n!$ und die Exponenten-Folge $t = id_{\mathbb{N}_0}$ definiert. Für die Reihe sx wird nun der Konvergenzradius mit Hilfe der Cauchy-Hadamardschen Testfolge $(\sqrt[t(n)]{|a(n)|})_{n \in \mathbb{N}}$ ermittelt: Sie hat im vorliegenden Fall die Form $(\sqrt[n]{n!})_{n \in \mathbb{N}}$, ist monoton und nach oben unbeschränkt, das heißt, die Folge ihrer Kehrwerte konvergiert gegen 0. Somit hat die Reihe sx den Konvergenzradius 0 und folglich den Konvergenzbereich $KB(a,t) = \{0\}$.

4. Zu einer Zahl $z \in \mathbb{R}$ sei die Folge $x : \mathbb{N}_0 \longrightarrow \mathbb{R}$ mit $x_n = \frac{1}{n} \cdot z^n$ und die zugehörige Potenz-Reihe $sx : \mathbb{N}_0 \longrightarrow \mathbb{R}$, definiert durch $sx_m = \sum_{0 \leq n \leq m} \frac{1}{n} \cdot z^n$ betrachtet. Dabei ist die Folge x durch die Koeffizienten-Folge a mit $a_n = \frac{1}{n}$ und die Exponenten-Folge $t = id_{\mathbb{N}_0}$ definiert. Für die Reihe sx wird nun der Konvergenzradius mit Hilfe der Cauchy-Hadamardschen Testfolge $(\sqrt[t(n)]{|a(n)|})_{n \in \mathbb{N}}$ ermittelt: Sie hat hier die Form $(\sqrt[n]{\frac{1}{n}})_{n \in \mathbb{N}}$ mit den Folgengliedern $\sqrt[n]{\frac{1}{n}} = \frac{1}{\sqrt[n]{n}}$ und konvergiert gegen 1. Somit hat die Reihe sx den Konvergenzradius 1 und folglich den symmetrischen Konvergenzbereich $(-1, 1)$.

Um den vollständigen Konvergenzbereich zu ermitteln, werden die Fälle $z = -1$ und $z = 1$ untersucht. Im ersten Fall erzeugt x die konvergente *Alternierende harmonische Reihe* (siehe Beispiel 2.126.2), im zweiten erzeugt x die divergente *Harmonische Reihe* (siehe Beispiel 2.114.5). Folglich ist $KB(a,t) = [-1, 1)$ der vollständige Konvergenzbereich zu (a,t).

5. Zu einer Zahl $z \in \mathbb{R}$ sei die Folge $x : \mathbb{N}_0 \longrightarrow \mathbb{R}$ mit $x_n = \frac{1}{n^2} \cdot z^n$ und die zugehörige Potenz-Reihe $sx : \mathbb{N}_0 \longrightarrow \mathbb{R}$, definiert durch $sx_m = \sum_{0 \leq n \leq m} \frac{1}{n^2} \cdot z^n$ betrachtet. Dabei ist die Folge x durch die Koeffizienten-Folge a mit $a_n = \frac{1}{n^2}$ und die Exponenten-Folge $t = id_{\mathbb{N}_0}$ definiert. Für die Reihe sx wird nun der Konvergenzradius mit Hilfe der Cauchy-Hadamardschen Testfolge $(\sqrt[t(n)]{|a(n)|})_{n \in \mathbb{N}}$ ermittelt: Sie hat hier die Form $(\sqrt[n]{\frac{1}{n^2}})_{n \in \mathbb{N}}$ mit den Folgengliedern $\sqrt[n]{\frac{1}{n^2}} = \frac{1}{\sqrt[n]{n^2}}$ und konvergiert gegen 1. Somit hat die Reihe sx den Konvergenzradius 1 und folglich den symmetrischen Konvergenzbereich $(-1, 1)$.

Um den vollständigen Konvergenzbereich zu ermitteln, werden die Fälle $z = -1$ und $z = 1$ untersucht. In beiden Fällen sind die Reihen sx konvergent (siehe Beispiel 2.114.2), folglich ist $KB(a,t) = [-1, 1]$ der vollständige Konvergenzbereich zu (a,t).

6. Zu einer Zahl $z \in \mathbb{R}$ sei die Folge $x : \mathbb{N}_0 \longrightarrow \mathbb{R}$ mit $x_n = \frac{1}{n!} \cdot z^n$ und die zugehörige Potenz-Reihe $sx : \mathbb{N}_0 \longrightarrow \mathbb{R}$, definiert durch $sx_m = \sum_{0 \leq n \leq m} \frac{1}{n!} \cdot z^n$ betrachtet. Dabei ist die Folge x durch die Koeffizienten-Folge a mit $a_n = \frac{1}{n!}$ und die Exponenten-Folge $t = id_{\mathbb{N}_0}$ definiert. Für die Reihe sx wird nun der Konvergenzradius mit Hilfe der Cauchy-Hadamardschen Testfolge $(\sqrt[t(n)]{|a(n)|})_{n \in \mathbb{N}}$ ermittelt: Sie hat hier die Form $(\sqrt[n]{\frac{1}{n!}})_{n \in \mathbb{N}}$ mit den Folgengliedern $\sqrt[n]{\frac{1}{n!}} = \frac{1}{\sqrt[n]{n!}}$ und konvergiert gegen 0. Somit hat die Reihe sx einen beliebig großen Konvergenzradius und folglich den Konvergenzbereich $\mathbb{R}$.

A2.150.01: Nach Beispiel 2.150.4/1 erzeugt zu einer Zahl $z \in \mathbb{R}$ die geometrische Folge $x : \mathbb{N}_0 \longrightarrow \mathbb{R}$ mit $x_n = z^n$ die zugehörige geometrische Potenz-Reihe $sx : \mathbb{N}_0 \longrightarrow \mathbb{R}$, definiert durch $sx_m = \sum_{0 \leq n \leq m} z^n$, mit dem Konvergenzradius 1 und folglich dem symmetrischen Konvergenzbereich $(-1, 1)$.
Beweisen Sie nun: Für $z \in [0, \frac{1}{2}]$ gilt $lim(sx) = \frac{1}{1-z}$. Untersuchen Sie daneben dann den Fall $z = \frac{3}{4}$.

A2.150.02: Zeigen Sie unter Verwendung des Quotienten-Kriteriums (Abschnitt 2.124): Mit den Koeffizienten-Folgen $,b : \mathbb{N}_0 \longrightarrow \mathbb{R}$ mit $a(n) = \frac{1}{(2n)!}$ und $b(n) = (-1)^n a(n)$ sowie der Teilfolge t mit $t(n) = 2n$ von $id_{\mathbb{N}_0}$ sind für jedes $z \in \mathbb{R}$ die von den Folgen $x, y : \mathbb{N}_0 \longrightarrow \mathbb{R}$, definiert durch $x(n) = \frac{1}{(2n)!} z^{2n}$ und $y(n) = (-1)^n x(n)$, erzeugten Potenz-Reihen $sx = s(a, t, z)$ und $sy = s(b, t, z)$ konvergent. Dabei gilt $KB(a, t) = K(b, t) = \mathbb{R}$.

2.152 Konvergenz-Kriterien für Potenz-Reihen

> Leben heißt etwas Aufgegebenes erfüllen. In dem Maße, wie wir vermeiden, unser Leben an etwas zu setzen, entleeren wir es.
> *José Ortega y Gasset (1883 - 1955)*

Zur Berechnung des Konvergenzbereichs $KB(a,t)$ und des Konvergenzradius' r von Potenz-Reihen $sx = s(a, t = id_{\mathbb{N}_0}, z)$ dient das folgende Kriterium, das zeigt, daß diese Berechnungen sich allein an die Koeffizienten-Folge a wenden. Ist im folgenden von einem endlichen Konvergenzradius r die Rede, dann wird der Einfachheit halber $KB(a, id_{\mathbb{N}_0}) = (-r, r)$ ohne Beachtung der möglicherweise dazugehörigen Randpunkte $-r, r \in KB(a, id_{\mathbb{N}_0})$ geschrieben.

2.152.1 Satz

Es seien eine Koeffizienten-Folge $a : \mathbb{N}_0 \longrightarrow \mathbb{R} \setminus \{0\}$ und die Exponenten-Folge $t = id_{\mathbb{N}_0}$ vorgelegt.

1. Konvergiert die Folge $(\frac{|a_{n+1}|}{|a_n|})_{n \in \mathbb{N}_0}$ gegen den Grenzwert 0, so ist $KB(a,t) = \mathbb{R}$ (das bedeutet, daß für alle $z \in \mathbb{R}$ die Potenz-Reihen $s(a,t,z)$ konvergent sind).

2. Konvergiert die Folge $(\frac{|a_{n+1}|}{|a_n|})_{n \in \mathbb{N}_0}$ gegen einen Grenzwert $c \neq 0$, so ist $KB(a,t) = (-\frac{1}{c}, \frac{1}{c})$ (das bedeutet, daß für alle $z \in \mathbb{R}$ mit $|z| < \frac{1}{c}$ die Potenz-Reihen $s(a,t,z)$ konvergent sind).

3. Konvergiert die Folge $(\frac{|a_n|}{|a_{n+1}|})_{n \in \mathbb{N}_0}$ gegen den Grenzwert 0, so ist $KB(a,t) = \{0\}$.

4. Konvergiert die Folge $(\frac{|a_n|}{|a_{n+1}|})_{n \in \mathbb{N}_0}$ gegen einen Grenzwert $c \neq 0$, so ist $KB(a,t) = (-c, c)$.

Beweis:

2.152.2 Beispiele

1. Für konstante Koeffizienten-Folgen $a : \mathbb{N}_0 \longrightarrow \mathbb{R}$ mit $a_n = a \neq 0$ gilt natürlich $lim(\frac{|a_n|}{|a_{n+1}|})_{n \in \mathbb{N}_0} = lim(a)_{n \in \mathbb{N}_0} = a$, folglich gilt für die durch die Vorschrift $s(a,t,z)_m = \sum_{0 \leq n \leq m} a z^n$ definierte Potenz-Reihe (geometrische Reihe) $s(a,t,z) : \mathbb{N}_0 \longrightarrow \mathbb{R}$ dann $KB(a,t) = (-a, a)$ nach Satz 2.152.1/4.

2. Für die Koeffizienten-Folge $a : \mathbb{N}_0 \longrightarrow \mathbb{R}$ mit $a_n = n!$ gilt $lim(\frac{|a_n|}{|a_{n+1}|})_{n \in \mathbb{N}_0} = lim(\frac{n!}{(n+1)!})_{n \in \mathbb{N}_0} = lim(\frac{1}{n+1})_{n \in \mathbb{N}_0} = 0$, folglich gilt für die durch die Vorschrift $s(a,t,z)_m = \sum_{0 \leq n \leq m} n! \cdot z^n$ definierte Potenz-Reihe $s(a,t,z) : \mathbb{N}_0 \longrightarrow \mathbb{R}$ dann $KB(a,t) = \{0\}$ nach Satz 2.152.1/3.

3. Für die Koeffizienten-Folge $a : \mathbb{N}_0 \longrightarrow \mathbb{R}$ mit $a_n = \frac{1}{n}$ gilt $lim(\frac{|a_{n+1}|}{|a_n|})_{n \in \mathbb{N}_0} = lim(\frac{\frac{1}{n+1}}{\frac{1}{n}})_{n \in \mathbb{N}_0} = lim(\frac{n}{n+1})_{n \in \mathbb{N}_0} = 1$, folglich gilt für die durch die Vorschrift $s(a,t,z)_m = \sum_{0 \leq n \leq m} \frac{1}{n} \cdot z^n$ definierte Potenz-Reihe $s(a,t,z) : \mathbb{N}_0 \longrightarrow \mathbb{R}$ dann $KB(a,t) = (-1, 1)$ nach Satz 2.152.1/2.

4. Für die Koeffizienten-Folge $a : \mathbb{N}_0 \longrightarrow \mathbb{R}$ mit $a_n = \frac{1}{n^k}$ gilt $lim(\frac{|a_{n+1}|}{|a_n|})_{n \in \mathbb{N}_0} = lim(\frac{\frac{1}{(n+1)^k}}{\frac{1}{n^k}})_{n \in \mathbb{N}_0} = lim(\frac{n^k}{(n+1)^k})_{n \in \mathbb{N}_0} = lim((\frac{n}{n+1})^k)_{n \in \mathbb{N}_0} = 1$, folglich gilt für die durch $s(a,t,z)_m = \sum_{0 \leq n \leq m} \frac{1}{n^k} \cdot z^n$ definierte Potenz-Reihe $s(a,t,z) : \mathbb{N}_0 \longrightarrow \mathbb{R}$ dann $KB(a,t) = (-1, 1)$ nach Satz 2.152.1/2.

5. Für die Koeffizienten-Folge $a : \mathbb{N}_0 \longrightarrow \mathbb{R}$ mit $a_n = \frac{1}{n!}$ gilt $lim(\frac{|a_{n+1}|}{|a_n|})_{n \in \mathbb{N}_0} = lim(\frac{\frac{1}{(n+1)!}}{\frac{1}{n!}})_{n \in \mathbb{N}_0} = lim(\frac{1}{n+1})_{n \in \mathbb{N}_0} = 0$, folglich gilt für die durch die Vorschrift $s(a,t,z)_m = \sum_{0 \leq n \leq m} \frac{1}{n!} \cdot z^n$ definierte Potenz-Reihe $s(a,t,z) : \mathbb{N}_0 \longrightarrow \mathbb{R}$ dann $KB(a,t) = \mathbb{R}$ nach Satz 2.152.1/1.

2.154 Cauchy-Multiplikation bei Potenz-Reihen

> Man kann auf so vielerlei Weise Gutes tun, als
> man sündigen kann, nämlich mit Gedanken,
> Worten und Werken.
> *Georg Christoph Lichtenberg* (1742 - 1799)

Bei der Untersuchung von Potenz-Reihen hinsichtlich Konvergenz erweist sich die Cauchy-Multiplikation als nützliches Hilfsmittel. Grund dafür ist der im folgenden Lemma genannte Sachverhalt. Zur Erinnerung seien zunächst noch einmal Definition 2.103.3 und ein Teil von Bemerkung 2.103.4 zitiert:

1. Die von zwei Folgen $a, b : \mathbb{N}_0 \longrightarrow \mathbb{R}$ durch die Zuordnungsvorschrift $c_m = \sum_{0 \leq k \leq n} a_k b_{n-k}$ erzeugte Folge $c = a * b : \mathbb{N}_0 \longrightarrow \mathbb{R}$ nennt man das *Cauchy-Produkt* der Folgen a und b.
2. Die von dem Cauchy-Produkt $c = a * b$ von a und b erzeugte Reihe $sc = s(a*b) : \mathbb{N}_0 \longrightarrow \mathbb{R}$ nennt man das *Cauchy-Produkt* der beiden Reihen $sa, sb : \mathbb{N}_0 \longrightarrow \mathbb{R}$.
3. Das m-te Reihenglied der Reihe $sc = s(a*b)$ ist $sc_m = s(a*b)_m = \sum_{0 \leq n \leq m} (\sum_{0 \leq k \leq n} a_k b_{n-k})$.

2.154.1 Lemma

Cauchy-Produkte von Potenz-Reihen sind wieder Potenz-Reihen.

Beweis: Vorgelegt seien zwei Potenz-Reihen $sx, sy : \mathbb{N}_0 \longrightarrow \mathbb{R}$, die von Folgen $x, y : \mathbb{N}_0 \longrightarrow \mathbb{R}$ mit $x_n = a_n z^n$ und $y_n = b_n z^n$ über (verschiedenen) Koeffizienten-Folgen a und b, jedoch beide mit derselben Zahl z erzeugt seien, also $sx = s(a, id_{\mathbb{N}_0}, z)$ und $sy = s(b, id_{\mathbb{N}_0}, z)$.
Betrachtet man nun das Cauchy-Produkt $x * y$ der beiden Folgen x und y, dann ist

$$(x * y)_n = a_0 z^0 \cdot b_n z^n + a_1 z^1 \cdot b_{n-1} z^{n-1} + \ldots + a_n z^n \cdot b_0 z^0 = (a_0 b_n + a_1 b_{n-1} + \ldots + a_n b_0) \cdot z^n,$$

in Summenschreibweise also: $(x * y)_n = \sum_{0 \leq k \leq n} (a_n b_{n-k}) z^n$.

Damit hat das m-te Reihenglied von $s(x * y)$ die Darstellung

$$s(x * y)_m = \sum_{0 \leq n \leq m} ((\sum_{0 \leq k \leq n} (a_n b_{n-k}) z^n).$$

Das Cauchy-Produkt $s(x * y) : \mathbb{N}_0 \longrightarrow \mathbb{R}$ der Potenz-Reihen $sx : \mathbb{N}_0 \longrightarrow \mathbb{R}$ und $sy : \mathbb{N}_0 \longrightarrow \mathbb{R}$ ist also die Potenz-Reihe $s(x * y) = s(a * b, id_{\mathbb{N}_0}, z)$, die von dem Cauchy-Produkt $a * b : \mathbb{N}_0 \longrightarrow \mathbb{R}$ der Koeffizienten-Folgen a und b erzeugt wird (jeweils zur selben Zahl z betrachtet).

Anmerkung: Zwar stimmen die Produkte $sx \cdot sy$ und $sx * sy = s(x * y)$ als vollständige Reihen überein, sie haben aber unterschiedliche Darstellungen, wie das folgende Beispiel noch einmal zeigen soll. Es gilt:

$$sx_2 \cdot sy_2 = a_0 b_0 + (a_0 b_1 + a_1 b_0) z + (a_0 b_2 + a_1 b_1 + a_2 b_0) z^2 + (a_1 b_2 + a_2 b_1) z^3 + a_2 b_2 z^4$$
$$s(x * y)_2 = a_0 b_0 + (a_0 b_1 + a_1 b_0) z + (a_0 b_2 + a_1 b_1 + a_2 b_0) z^2.$$

Für Potenz-Reihen liefert der *Satz von Cauchy* (Satz 2.112.6) den folgenden Sachverhalt:

2.154.2 Satz

Cauchy-Produkte absolut-konvergenter Potenz-Reihen sind absolut-konvergente Potenz-Reihen.

Genauer: Liegen zwei absolut-konvergente Potenz-Reihen $sx, sy : \mathbb{N}_0 \longrightarrow \mathbb{R}$ mit $x_n = a_n z^n$ und $y_n = b_n z^n$ sowie $|z| < r$ (Konvergenzradius r) vor, dann ist auch ihr Cauchy-Produkt $s(x * y)$ absolut-konvergent mit $|z| < r$. Liegt dieser Fall vor, dann gilt dabei $lim(s(x * y)) = lim(sx) \cdot lim(sy)$.

2.154.3 Beispiele

1. Die von der Folge $y : \mathbb{N}_0 \longrightarrow \mathbb{R}$ mit $y_n = (n+1) z^n$ mit $|z| < 1$, erzeugte Potenz-Reihe $sy : \mathbb{N}_0 \longrightarrow \mathbb{R}$ ist absolut-konvergent und es gilt $lim(sy) = \frac{1}{(1-z)^2}$. Dazu im einzelnen:

a) Zunächst ist die Potenz-Reihe $sx : \mathbb{N}_0 \longrightarrow \mathbb{R}$ über der Folge $x : \mathbb{N}_0 \longrightarrow \mathbb{R}$, $x_n = z^n$ (also $sx_m = x_0 + \ldots + x_m = 1 + z + \ldots + z^m$), absolut-konvergent mit $lim(sx) = \frac{1}{1-z}$ (siehe Beispiel 2.114.3).

b) Die Koeffizienten-Folge $a : \mathbb{N}_0 \longrightarrow \mathbb{R}$ von x ist die konstante Folge $1 : \mathbb{N}_0 \longrightarrow \mathbb{R}$, also $a_n = 1$, für alle $n \in \mathbb{N}_0$. Bildet man nun das Cauchy-Produkt $c = a * a : \mathbb{N}_0 \longrightarrow \mathbb{R}$ von 1 mit sich selbst, dann ist c definiert durch $c_n = a_0 a_n + a_1 a_{n-1} + ... + a_n a_0 = (n+1) \cdot 1 = n+1$. Das bedeutet, daß c gerade mit der Koeffizienten-Folge von y übereinstimmt.

c) Damit ist sy das Cauchy-Produkt der Reihe sx mit sich selbst. sy ist also absolut-konvergent und es gilt $lim(sy) = lim(s(x * x)) = lim(sx) \cdot lim(sx) = \frac{1}{1-z} \cdot \frac{1}{1-z} = \frac{1}{(1-z)^2}$.

2. Betrachtet man (mit den Daten von Beispiel 1) die von der Folge $\overline{y} : \mathbb{N}_0 \longrightarrow \mathbb{R}$, $\overline{y}_n = z y_{n-1} = z n z^{n-1} = n z^n$ mit $|z| < 1$, erzeugte Potenz-Reihe $s\overline{y} : \mathbb{N}_0 \longrightarrow \mathbb{R}$, so ist sie ebenfalls absolut-konvergent und es gilt $lim(s\overline{y}) = z \cdot \frac{z}{(1-z)^2}$.

3. Die von der Folge $u : \mathbb{N}_0 \longrightarrow \mathbb{R}$, $u_n = z^{2n}$ mit $z < 1$, erzeugte Potenz-Reihe $su : \mathbb{N}_0 \longrightarrow \mathbb{R}$ ist absolut-konvergent und es gilt $lim(su) = \frac{1}{1-z^2}$. Dazu im einzelnen:

a) Zunächst sind die Potenz-Reihen $sx, sy : \mathbb{N}_0 \longrightarrow \mathbb{R}$ über den Folgen $x, y : \mathbb{N}_0 \longrightarrow \mathbb{R}$, $x_n = z^n$ und $y_n = (-1)^n z^n$, absolut-konvergent mit $lim(sx) = \frac{1}{1-z}$ und $lim(sy) = \frac{1}{1+z}$ (siehe Beispiele 2.114.3).

b) Die Koeffizienten-Folge $a : \mathbb{N}_0 \longrightarrow \mathbb{R}$ von x ist die konstante Folge $1 : \mathbb{N}_0 \longrightarrow \mathbb{R}$, also $a_n = 1$, für alle $n \in \mathbb{N}_0$, die Koeffizienten-Folge $b : \mathbb{N}_0 \longrightarrow \mathbb{R}$ von y ist eine alternierende Folge, definiert durch $b_n = (-1)^n$. Bildet man nun das Cauchy-Produkt $c = a * b : \mathbb{N}_0 \longrightarrow \mathbb{R}$ von a und b, dann ist c definiert durch $c_n = a_0 b_n + a_1 b_{n-1} + ... + a_n b_0 = \begin{cases} 1, & \text{falls } n \text{ gerade,} \\ 0, & \text{falls } n \text{ ungerade.} \end{cases}$

Stellt man u in der Form $u_n = \begin{cases} z^n, & \text{falls } n \text{ gerade,} \\ 0, & \text{falls } n \text{ ungerade,} \end{cases}$ dar, dann ist c die Koeffizienten-Folge von u.

c) Damit ist su das Cauchy-Produkt der Reihen sx und sy, das heißt, su ist also absolut-konvergent und es gilt $lim(su) = lim(sx) \cdot lim(sy) = \frac{1}{1-z} \cdot \frac{1}{1+z} = \frac{1}{1-z^2}$.

4. Im Beweis der Beziehung $exp_e(x + z) = exp_e(x) \cdot exp_e(z)$ in Satz 2.172.3/1 wird die Cauchy-Multiplikation verwendet.

2.154.4 Bemerkung *(Division von Potenz-Reihen)*

Zu zwei Potenz-Reihen $sx, sy : \mathbb{N}_0 \longrightarrow \mathbb{R}$ mit $sx_m = \sum_{0 \leq n \leq m} a_n z^n$ und $sy_m = \sum_{0 \leq n \leq m} b_n z^n$, wobei $sy_0 = b_0 \neq 0$ gelte, gibt es eine Potenz-Reihe $su : \mathbb{N}_0 \longrightarrow \mathbb{R}$ der Form $su_m = \sum_{0 \leq n \leq m} c_n z^n$ mit $sy_m \cdot su_m = sx_{2m}$, für alle $m \in \mathbb{N}_0$. Man nennt su den Quotienten von sx und sy und schreibt auch $su = \frac{sx}{sy}$. Insbesondere liegt ein solcher Quotient als Kehrwert $su = \frac{1}{sy}$ von sy mit $sy_m \cdot su_m = 1$ vor.

Die Konstruktion der Koeffizienten c_n erfolgt durch Koeffizientenvergleich in den jeweiligen Beziehungen $sy_m \cdot su_m = sx_{2m}$ und soll am Beispiel $m = 2$ angedeutet werden: Betrachtet man die Beziehung
$sy_2 \cdot su_2 = (b_0 + b_1 z + b_2 z^2)(c_0 + c_1 z + c_2 z^2) = b_0 c_0 + (b_0 c_1 + b_1 c_0) z + (b_0 c_2 + b_1 c_1 + b_2 c_0) z^2$
$+ (b_1 c_2 + b_2 c_1) z^3 + b_2 c_2 z^4 = a_0 + a_1 z + a_2 z^2 + a_3 z^3 + a_4 z^4 = sx_4$,
so werden auf rekursivem Wege sukzessive die drei Koeffizienten c_0, c_1, c_2 geliefert:
Aus $b_0 c_0 = a_0$ folgt $c_0 = \frac{a_0}{b_0}$, aus $b_0 c_1 + b_1 c_0 = a_1$ folgt $c_1 = \frac{1}{b_0}(a_1 - b_1 c_0) = \frac{1}{b_0}(a_1 - b_1 \frac{a_0}{b_0})$ und aus $b_0 c_2 + b_1 c_1 + b_2 c_0 = a_2$ folgt dann $c_2 = \frac{1}{b_0}(a_2 - b_1 c_1 - b_2 c_0) = \frac{1}{b_0}(a_2 - \frac{b_1}{b_0}(a_1 - b_1 \frac{a_0}{b_0}) - b_2 \frac{a_0}{b_0})$.

Beispiel: Mit den Potenz-Reihen, die in Definition 2.174.1 zu den Funktionen sin und cos führen, läßt sich eine Potenz-Reihe für tan konstruieren (mit der Idee $tan = \frac{sin}{cos}$), hier nur andeutungsweise:
Die Potenz-Reihe sx für $sin(z)$ hat das m-te Reihenglied $sx_m = \sum_{0 \leq n \leq m} \frac{(-1)^n}{(2n+1)!} \cdot z^{2n+1}$, die Potenz-Reihe sy für $cos(z)$ hat das m-te Reihenglied $sy_m = \sum_{0 \leq n \leq m} \frac{(-1)^n}{(2n)!} \cdot z^{2n}$. Die Beziehung $sy_m \cdot su_m = sx_{2m}$, die für einen Koeffizientenvergleich verwendet wird, hat dann die Darstellung
$$sy_m \cdot su_m = \Big(\sum_{0 \leq n \leq m} \frac{(-1)^n}{(2n)!} \cdot z^{2n} \Big) \cdot \Big(\sum_{0 \leq n \leq m} c_{2n+1} \cdot z^{2n+1} \Big) = \sum_{0 \leq n \leq m} \frac{(-1)^n}{(2n+1)!} \cdot z^{2n+1} = sx_m.$$
Die Konstruktion der Koeffizienten c_n erfolgt durch Koeffizientenvergleich in den jeweiligen Beziehungen $sy_m \cdot su_m = sx_{2m}$ und soll am Beispiel $m = 3$ angedeutet werden: Betrachtet man die Beziehung
$sy_3 \cdot su_3 = (1 - \frac{z^2}{2!} + \frac{z^4}{4!} - \frac{z^6}{6!}) \cdot (c_1 z + c_3 z^3 + c_5 z^5)$

$= c_1 z + (c_3 - \frac{c_1}{2})z^3 + (c_5 - \frac{c_3}{2} + \frac{c_1}{24})z^5 + (c_7 - \frac{c_5}{2} + \frac{c_3}{24} - \frac{c_1}{120})z^7 + \ldots = z - \frac{z^3}{3!} + \frac{z^5}{5!} - \frac{z^7}{7!} = sx_6$,

so werden auf rekursivem Wege sukzessive die drei Koeffizienten c_1, c_3, c_5, c_7 geliefert:

Aus $c_1 z = z$ folgt $c_1 = 1$, aus $c_3 - \frac{c_1}{2} = -\frac{1}{3!} = -\frac{1}{6}$ folgt $c_3 = -\frac{1}{6} + \frac{c_1}{2} = \frac{1}{3}$,

aus $c_5 - \frac{c_3}{2} + \frac{c_1}{24} = \frac{1}{5!} = \frac{1}{120}$ folgt $c_5 = \frac{1}{120} + \frac{c_3}{2} - \frac{c_1}{24} = \frac{1}{120} + \frac{20}{120} - \frac{5}{120} = \frac{2}{15}$,

aus $c_7 - \frac{c_5}{2} + \frac{c_3}{24} - \frac{c_1}{120} = \frac{1}{7!} = \frac{1}{5040}$ folgt schließlich $c_7 = \frac{1}{5040} + \frac{c_5}{2} - \frac{c_3}{24} + \frac{c_1}{120} = \frac{17}{315}$.

Diese Berechnungen liefern somit zu der Funktion $tan = \frac{sin}{cos}$ eine Darstellung von $tan(z)$ als Grenzwert einer konvergenten Reihe, die in angedeuteter Schreibweise die Form $z - \frac{1}{6}z^3 + \frac{2}{15}z^5 - \frac{17}{315}z^7 + \ldots$ besitzt.

2.154.5 Bemerkung *(Erzeugung der Folge der Bernoulli-Zahlen)*

Zu der Potenz-Reihe $sx : \mathbb{N}_0 \longrightarrow \mathbb{R}$ mit $sx_m = \sum_{0 \leq n \leq m} \frac{1}{(n+1)!} \cdot z^n$ liegt nach Bemerkung 2.154.4 eine Potenz-Reihe $sy = \frac{1}{sx}$ vor, wobei es eine Folge $B = (B_n)_{n \in \mathbb{N}_0}$ sogenannter *Bernoulli-Zahlen* B_n gibt mit der Darstellung $sy_m = \sum_{0 \leq n \leq m} B_n \cdot \frac{1}{n!} \cdot z^n$. Diese Bernoulli-Zahlen sollen nun konstruiert werden, wobei das Cauchy-Produkt $sx * sy$ mit $1 = sy_m * sy_m = \sum_{0 \leq n \leq m} ((\sum_{0 \leq k \leq n} B_{n-k} \cdot \frac{1}{(n-k)!} \cdot \frac{1}{(k+1)!})z^n)$ (siehe Lemma 2.154.1) sowie im folgenden die Abkürzung $c_n = \sum_{0 \leq k \leq n} B_{n-k} \cdot \frac{1}{(n-k)!} \cdot \frac{1}{(k+1)!}$ verwendet wird.

Betrachtet man damit $1 = \sum_{0 \leq n \leq m} c_n z^n = \begin{cases} 1, & \text{falls } n = 0, \\ 0, & \text{falls } n > 0, \end{cases}$ dann lassen sich die Bernoulli-Zahlen B_n auf rekursivem Wege aus den Koeffizienten c_n auf folgende Weise berechnen:

$c_0 = \sum_{0 \leq k \leq 0} B_{0-0} \cdot \frac{1}{(0-k)!} \cdot \frac{1}{(k+1)!} = B_0 \cdot \frac{1}{0!} \cdot \frac{1}{1!} = B_0$ liefert mit $c_0 = 1$ dann $B_0 = 1$.

$c_1 = \sum_{0 \leq k \leq 1} B_{1-k} \cdot \frac{1}{(1-k)!} \cdot \frac{1}{(k+1)!} = B_{1-0} \cdot \frac{1}{(1-0)!} \cdot \frac{1}{(0+1)!} + B_{1-1} \cdot \frac{1}{(1-1)!} \cdot \frac{1}{2!} = B_1 + \frac{1}{2}B_0 = B_1 + \frac{1}{2}$ liefert

mit $c_1 = 0$ dann $B_1 = -\frac{1}{2}$.

$c_2 = \sum_{0 \leq k \leq 2} B_{2-k} \cdot \frac{1}{(2-k)!} \cdot \frac{1}{(k+1)!} = B_{2-0} \cdot \frac{1}{(2-0)!} \cdot \frac{1}{(0+1)!} + B_{2-1} \cdot \frac{1}{(2-1)!} \cdot \frac{1}{(1+1)!} + B_{2-2} \cdot \frac{1}{(2-2)!} \cdot \frac{1}{(2+1)!} =$
$\frac{1}{2}B_2 + \frac{1}{2}B_1 + \frac{1}{6}B_1 = \frac{1}{2}B_2 - \frac{1}{4} + \frac{1}{6} = \frac{1}{2}B_2 - \frac{1}{12}$ liefert mit $c_2 = 0$ dann $\frac{1}{2}B_2 = \frac{1}{12}$, also $B_2 = \frac{1}{6}$.

$c_3 = \sum_{0 \leq k \leq 3} B_{3-k} \cdot \frac{1}{(3-k)!} \cdot \frac{1}{(k+1)!} = B_{3-0} \cdot \frac{1}{(3-0)!} \cdot \frac{1}{(0+1)!} + B_{3-1} \cdot \frac{1}{(3-1)!} \cdot \frac{1}{(1+1)!} + B_{3-2} \cdot \frac{1}{(3-2)!} \cdot \frac{1}{(2+1)!} +$
$B_{3-3} \cdot \frac{1}{(3-3)!} \cdot \frac{1}{(3+1)!} = \frac{1}{6}B_3 + \frac{1}{4}B_2 + \frac{1}{6}B_1 + \frac{1}{24}B_0 = \frac{1}{6}B_3 + \frac{1}{24} - \frac{1}{12} + \frac{1}{24} = \frac{1}{6}B_3$ liefert mit $c_3 = 0$ dann $\frac{1}{6}B_3 = 0$, also $B_3 = 0$.

Man kann zeigen, daß in der Bernoulli-Folge $B = (B_n)_{n \in \mathbb{N}_0}$ für alle $n \in \mathbb{N}$ stets $B_{2n+1} = 0$ gilt, weiterhin liegen folgende Bernoulli-Zahlen vor:

B_0	B_1	B_2	B_4	B_6	B_8	B_{10}	B_{12}	B_{14}	...
1	$-\frac{1}{2}$	$\frac{1}{6}$	$-\frac{1}{30}$	$\frac{1}{42}$	$-\frac{1}{30}$	$\frac{5}{66}$	$-\frac{691}{2730}$	$\frac{7}{6}$	...

Aus der Vielzahl von Anwendungen der *Bernoulli-Zahlen* seien (ohne Beweis) zwei Beispiele genannt:

Beispiel 1: Für die Reihen-Darstellung der Funktion tan (siehe Bemerkung 2.154.4) gilt:
$$tan(z) = lim(\sum_{1 \leq n \leq m} (-1)^{n-1} \cdot \frac{2^{2n}(2^{2n}-1)}{(2n)!} \cdot B_{2n} \cdot z^{2n-1})_{m \in \mathbb{N}}, \text{ für alle } z \in D(tan) = (-\frac{\pi}{2}, \frac{\pi}{2}).$$

Beispiel 2: Es gilt $0^m + 1^m + 2^m + \ldots + N^m = \sum_{0 \leq n \leq N} n^m = \frac{1}{m+1}(\sum_{0 \leq k \leq m} \binom{m+1}{k} \cdot B_k \cdot (N+1)^{m+1-k})$,

womit eine Formel vorliegt, die die Summe der ersten $N+1$ Potenzen der Form n^m mit konstantem Exponenten m zu berechnen gestattet.

Beispielsweise ist für $N = 3$ und $m = 3$ einerseits $0^3 + 1^3 + 2^3 = 9$, andererseits ist ebenfalls auch
$\frac{1}{4}(\binom{4}{0} \cdot B_0 \cdot (2+1)^{3+1-0} + \binom{4}{1} \cdot B_1 \cdot (2+1)^{3+1-1} + \binom{4}{2} \cdot B_2 \cdot (2+1)^{3+1-2} + \binom{4}{3} \cdot B_3 \cdot (2+1)^{3+1-3}$
$= \frac{1}{4}(1 \cdot 1 \cdot 3^4 + 4 \cdot (-\frac{1}{2}) \cdot 3^3 + 6 \cdot \frac{1}{6} \cdot 3^2 + 0) = \frac{1}{4}(81 - 54 + 9) = \frac{1}{4} \cdot 36 = 9$.

2.160 Dezimal-/b-Darstellung reeller Zahlen

> Leutselig sei, doch keineswegs gemein!
> *William Shakespeare* (1564 - 1616)

Jede reelle Zahl u besitzt eine sogenannte Dezimaldarstellung, die in praktischen Anwendungen mit nur endlich vielen Stellen nach dem Dezimalkomma oder, bei irrationalen Zahlen, in Pünktchen-Schreibweise angegeben wird. Daß dabei jede Stelle für einen Summanden steht, zeigen etwa die abgekürzten Dezimaldarstellungen der (nicht rationalen) Zahlen $\sqrt{2} = 1,41421...$ und $e = 2,71828...$ (*Eulersche Zahl*, die in Abschnitt 2.162 noch genauer behandelt wird):

1. Konstruktion einer Potenz-Reihe $y : \mathbb{N}_0 \longrightarrow \mathbb{R}$ zur Dezimaldarstellung von $\sqrt{2}$:

$$
\begin{aligned}
y_0 &= 1 &&= 1 \cdot 10^0 &&= y_0 \\
y_1 &= 1,4 &&= 1 \cdot 10^0 + 4 \cdot 10^{-1} &&= y_0 + 4 \cdot 10^{-1} \\
y_2 &= 1,41 &&= 1 \cdot 10^0 + 4 \cdot 10^{-1} + 1 \cdot 10^{-2} &&= y_1 + 1 \cdot 10^{-2} \\
y_3 &= 1,414 &&= 1 \cdot 10^0 + 4 \cdot 10^{-1} + 1 \cdot 10^{-2} + 4 \cdot 10^{-3} &&= y_2 + 4 \cdot 10^{-3} \\
y_4 &= 1,4142 &&= 1 \cdot 10^0 + 4 \cdot 10^{-1} + 1 \cdot 10^{-2} + 4 \cdot 10^{-3} + 2 \cdot 10^{-4} &&= y_3 + 2 \cdot 10^{-4} \\
y_5 &= 1,41421 &&= 1 \cdot 10^0 + 4 \cdot 10^{-1} + 1 \cdot 10^{-2} + 4 \cdot 10^{-3} + 2 \cdot 10^{-4} + \ldots &&= y_4 + 1 \cdot 10^{-5}
\end{aligned}
$$

2. Konstruktion einer Potenz-Reihe $y : \mathbb{N}_0 \longrightarrow \mathbb{R}$ zur Dezimaldarstellung der *Eulerschen Zahl* e:

$$
\begin{aligned}
y_0 &= 2 &&= 2 \cdot 10^0 &&= y_0 \\
y_1 &= 2,7 &&= 2 \cdot 10^0 + 7 \cdot 10^{-1} &&= y_0 + 7 \cdot 10^{-1} \\
y_2 &= 2,71 &&= 2 \cdot 10^0 + 7 \cdot 10^{-1} + 1 \cdot 10^{-2} &&= y_1 + 1 \cdot 10^{-2} \\
y_3 &= 2,718 &&= 2 \cdot 10^0 + 7 \cdot 10^{-1} + 1 \cdot 10^{-2} + 8 \cdot 10^{-3} &&= y_2 + 8 \cdot 10^{-3} \\
y_4 &= 2,7182 &&= 2 \cdot 10^0 + 7 \cdot 10^{-1} + 1 \cdot 10^{-2} + 8 \cdot 10^{-3} + 2 \cdot 10^{-4} &&= y_3 + 2 \cdot 10^{-4} \\
y_5 &= 2,71828 &&= 2 \cdot 10^0 + 7 \cdot 10^{-1} + 1 \cdot 10^{-2} + 8 \cdot 10^{-3} + 2 \cdot 10^{-4} + \ldots &&= y_4 + 8 \cdot 10^{-5}
\end{aligned}
$$

Solche Dezimaldarstellungen wurden schon in Abschnitt 2.051, allerdings unter anderem Blickwinkel behandelt, nämlich als Grundlage zur Konstruktion von Cauchy-Folgen $\mathbb{N}_0 \longrightarrow \mathbb{Q}$, die als solche nicht konvergent, aber als $\mathbb{R}$-Folgen $\mathbb{N}_0 \longrightarrow \mathbb{R}$ betrachtet konvergieren. Tatsächlich verwendet die dort genannte Konstruktion die oben genannte Darstellung als Potenz-Reihe, ohne diesen Begriff jedoch explizit zu nennen.

In etwas allgemeinerer Form zeigt der folgende Satz dann: Zu jeder positiven reellen Zahl u gibt es eine Koeffizienten-Folge $a : \mathbb{N}_0 \longrightarrow \{0, ..., 9\}$ mit $u = lim(s(a,t,10^{-1}))$, wobei als Exponenten-Folge stets $t = id_{\mathbb{N}_0}$ verwendet wird. Diese Darstellung von u als Grenzwert einer konvergenten Potenz-Reihe repräsentiert die Dezimaldarstellung (positiver) reeller Zahlen. Für den Fall $a(n) = 0$, für fast alle $n \in \mathbb{N}_0$, also a aus $\mathbb{R}^{(\mathbb{N}_0)}$, ist $u \in \mathbb{Q}^+$ (rationale Zahl), im anderen Fall ist $u \in \mathbb{R}^+ \setminus \mathbb{Q}^+$ (irrationale Zahl). Dabei ist das m-te Reihenglied $s(a,t,10^{-1})_m$ der Potenz-Reihe $s(a,t,10^{-1})$ die Näherung von u mit m Nachkommastellen.

Die Dezimaldarstellung von Zahlen wird auch als 10-*Darstellung* mit Darstellungsbasis 10 bezeichnet. Entsprechend nennt man Darstellungen bezüglich anderer Basen b, $b > 1$, dann b-*Darstellungen* (beispielsweise die *Dualdarstellung* zur Basis 2 oder die *Hexadezimaldarstellung* zur Basis 16). Die Grundlage der Theorie der Darstellungssysteme für Zahlen (Begriffe und Methoden) sind in Abschnitt 1.822 behandelt. Der folgende Beweis wird für eine beliebige solche Darstellungsbasis b geführt.

2.160.1 Satz

Jede (positive) reelle Zahl u besitzt eine eindeutig bestimmte Darstellung $u = lim(s(a,t,b^{-1}))$ als Grenzwert einer Potenz-Reihe $s(a,t,b^{-1})$ bezüglich einer Darstellungsbasis $b \in \mathbb{N}$ mit $b > 1$.

Beweis: Wie oben schon gesagt, wird die Exponenten-Folge $t = id_{\mathbb{N}_0}$ verwendet. Im einzelnen dann:

1. Zunächst wird eine Koeffizienten-Folge $a : \mathbb{N}_0 \longrightarrow \mathbb{R}$ rekursiv definiert durch

Rekursionsanfang RA)
$$a(0) = max\{k \in \mathbb{N}_0 \mid k \leq u\}$$
$$a(1) = max\{k \in \mathbb{N}_0 \mid kb^{-1} \leq u - a(0)\}$$
$$a(2) = max\{k \in \mathbb{N}_0 \mid kb^{-2} \leq u - (a(0) + a(1)b^{-1})\}$$

Rekursionsschritt RS)
$$a(n+1) = max\{k \in \mathbb{N}_0 \mid kb^{-(n+1)} \leq u - \sum_{0 \leq i \leq n} a(i)b^{-i}\}$$

2. Mit dieser Definition einer Koeffizienten-Folge a ist zugleich eine Folge $v : \mathbb{N}_0 \longrightarrow \mathbb{R}$ oberer Schranken mit $v_m = u - \sum_{0 \leq n \leq m} a(i)b^{-n} = u - s(a,t,b^{-1})_m$ definiert. Für die Folgenglieder v_{m+1} gilt wegen $v_{m+1} = s(a,t,b^{-1})_{m+1} = u - (s(a,t,b^{-1})_m + a_{m+1}b^{-(m+1)})$ dann $v_{m+1} = v_m - a_{m+1}b^{-(m+1)}$, für alle $m \in \mathbb{N}_0$ (womit die aus Teil 1 folgende rekursive Darstellung der Folge v vorliegt).

3. Für alle $m \in \mathbb{N}_0$ gilt $v_{m+1} < b^{-(m+1)} = \frac{1}{b^{m+1}}$, woraus die Konvergenz der Folge v folgt. Denn angenommen, es gilt $v_{m+1} \geq b^{-(m+1)}$, dann bedeutete das $v_{m+1} = v_m - a_{m+1}b^{-(m+1)} \geq b^{-(m+1)}$, also $v_m \geq a_{m+1}b^{-(m+1)} + b^{-(m+1)} = (a_{m+1}+1)b^{-(m+1)}$ im Widerspruch zu der Konstruktion der Folge a, nämlich $a_{m+1} = max\{k \in \mathbb{N}_0 \mid kb^{-(m+1)} \leq v_m\}$.

4. Mit der in Teil 3 gezeigten Beziehung $v_m < b^{-m}$ gilt $v_m b^{m+1} < b^{-m}b^{m+1} = b$. Nach der Konstruktion von a_{m+1} ist $a_{m+1}b^{-(m+1)} \leq v_m$, woraus $a_{m+1} \leq v_m b^{m+1}$ folgt. Insgesamt ist dann $a_{m+1} < b$, für alle $m \in \mathbb{N}$. Damit ist dann $Bild(a) \setminus \{a_0\}$ in $\{0, ..., b-1\}$ enthalten.

5. Aus der Darstellung $v_m = u - s(a,t,b^{-1})_m$ in Teil 2, also aus $u - v_m = s(a,t,b^{-1})_m$, für alle $m \in \mathbb{N}_0$, und der Konvergenz der Folge v in Teil 3, mithin der Konvergenz der Folge $u - v$, folgt die Konvergenz der Reihe $s(a,t,b^{-1})$ mit $lim(s(a,t,b^{-1})) = lim(u-v) = lim(u) - lim(v) = lim(u) - 0 = lim(u) = u$.

2.160.2 Bemerkungen

1. Die Koeffizienten-Folge $a : \mathbb{N}_0 \longrightarrow \mathbb{R}$ im vorstehenden Satz liefert mit der Darstellungsbasis b dann eine Funktion $Abb(\mathbb{N}_0, \mathbb{R}) \times (\mathbb{N} \setminus \{1\}) \longrightarrow \mathbb{R}_0^+$ mit $(a,b) \longmapsto lim(s(a,t,b^{-1})) = u$.

2. Betrachtet man Näherungen $N_m(u)$ mit m Nachkommastellen $a_1, ..., a_m$ und den zugehörigen Fehler (Abweichung) $F_m(u)$, dann ist $u = N_m(u) + F_m(u) = a_0 + \sum_{1 \leq n \leq m} a_n b^{-n} + lim(\sum_{m+1 \leq n \leq k} a_n b^{-n})_{k \in \mathbb{N}, k \geq m+1}$

mit dem Fehler $F_m(u) = lim(\sum_{m+1 \leq n \leq k} a_n b^{-n})_{k \in \mathbb{N}, k \geq m+1} < lim(\sum_{m+1 \leq n \leq k} b \cdot b^{-n})_{k \in \mathbb{N}, k \geq m+1}$

$= (\frac{1}{b})^m \cdot lim(\sum_{0 \leq n \leq m} b^{-n})_{m \in \mathbb{N}} = (\frac{1}{b})^m \cdot \frac{b}{b-1} < (\frac{1}{b})^m$. Diese Fehlerabschätzung liefert also $F_m(u) < (\frac{1}{b})^m$.

3. Betrachtet man
a) im obigen Beweisteil 2 das m-te Reihenglied $s(a,t,b^{-1})_m = \sum_{0 \leq n \leq m} a_n b^{-n} = a_0 + \sum_{1 \leq n \leq m} a_n b^{-n}$,
b) die aus Beweisteil 4 folgende Beziehung $a_n b^{-n} = a_n(b^{-1})^n \leq (b-1)(b^{-1})^n = (b-1)z_n$, für alle $n > 0$,
dann liefert das Vergleichs-Kriterium (siehe Teil 1 des Satzes 2.120.1) als Abschätzung die Beziehung $lim(s(a,t,b^{-1})) - a_0 \leq (b-1) \cdot lim(sz) = (b-1) \cdot \frac{1}{1-b^{-1}} = b$ mit der gegen $\frac{1}{1-b^{-1}}$ konvergenten geometrischen Reihe sz als Majorante (siehe dazu Beispiel 2.114.3).

4. Die obigen b-Darstellungen reeller Zahlen u bezüglich einer Darstellungsbasis $b > 1$ zu Darstellungsziffern aus $\{0, ..., b-1\}$ nennt man auch die b-adische Darstellung von u (beispielsweise sind die 2-adischen Darstellungen die Dualdarstellungen). Zu jeder reellen Zahl $u \geq 0$ liegt damit genau eine b-adische Darstellung $u = lim(\sum_{k \leq n \leq m} a_n b^{-n})_{m \geq k}$ mit $k \in \mathbb{Z}$ vor, wobei die Konvergenz dieser Reihe durch die Konvergenz der geometrischen Reihe $(\sum_{k \leq n \leq m} b^{-n+1})_{m \geq k}$ als Majorante geliefert wird.

A2.160.01: In Aufgabe A1.822.09 soll zu dem Bruch $a_{10} = \frac{1}{8}$ eine 3-Darstellung a_3 gefunden werden, wobei Probieren dort die 3-Darstellung $a_3 = 0, \overline{01}$ liefern sollte. Hier nun umgekehrt:
Die 3-Darstellung einer Zahl habe die Form $a_3 = 0, k_1 k_2 k_3....$ mit Nachkommastellen $k_n \in \{0,1,2\}$. Mit dieser Folge von Nachkommastellen kann dann eine Folge $x : \mathbb{N} \longrightarrow \mathbb{R}$ mit $x_n = \frac{k_n}{3^n}$ erzeugt werden. Zeigen Sie nun für die 3-Darstellungen der Zahlen $a_3 = 0, \overline{01}$ sowie $b_3 = 0, \overline{002}$ und $c_3 = 0, \overline{012}$, daß die von den genannten Folgen erzeugten Reihen $sx : \mathbb{N} \longrightarrow \mathbb{R}$ gegen die 10-Darstellungen dieser Zahlen konvergieren.
Hinweis: Verwenden Sie den letzten Teil von Beispiel 2.114.3 (Geometrische Reihe).
Zusatz: Untersuchen Sie, wie der Zusammenhang zwischen $c_3 = a_3 + b_3$ und $c_{10} = a_{10} + b_{10}$ entsteht.

A2.160.02: Beweisen Sie die Aussage von Bemerkung 2.160.2/4 für u mit $0 < u < 1$. Es ist also zu zeigen, daß jede solche Zahl u eine eindeutige Darstellung der Form $u = lim(\sum_{1 \leq n \leq m} a_n b^{-n})_{m \in \mathbb{N}}$ besitzt.
(Die Aufgabe behandelt also die sogenannten b-adischen Brüche zu Darstellungsbasen $b > 1$.)

2.162 DIE EULERSCHE REIHE

> Am meisten Energie vergeudet der Mensch mit der
> Lösung von Problemen, die niemals auftreten werden.
> *William Sommerset Maugham* (1874 - 1965)

Der folgende Satz zeigt die Konvergenz der nach *Leonhard Euler* (1707 - 1783) benannten Potenz-Reihe. Der anschließend genannte Satz 2.162.2 zeigt dann den Zusammenhang zwischen dieser Potenz-Reihe und der die *Eulersche Zahl e* definierenden Folge (siehe dazu insbesondere Beispiel 2.044.2/3).

2.162.1 Satz

Mit der Koeffizienten-Folge $a : \mathbb{N}_0 \longrightarrow \mathbb{R}$, definiert durch die Zuordnungsvorschrift $a(n) = \frac{1}{n!}$, und der Exponenten-Folge $t = id_{\mathbb{N}_0} : \mathbb{N}_0 \longrightarrow \mathbb{N}_0$ ist für jede Zahl $z \in \mathbb{R}$ die Potenzreihe $s(a,t,z)$ mit dem m-ten Reihenglied $s(a,t,z)_m = \sum_{0 \leq n \leq m} \frac{1}{n!} \cdot z^n$ absolut-konvergent. Es gilt also $KB(a,t) = \mathbb{R}$.

Beweis: Die Behauptung folgt unmittelbar aus dem Quotienten-Kriterium (Satz 2.124.1), denn für die der Reihe sx zugrunde liegende Folge $x : \mathbb{N}_0 \longrightarrow \mathbb{R}$ mit $x(n) = \frac{1}{n!} \cdot z^n$ gilt die einfache Abschätzung $\frac{|x_{n+1}|}{|x_n|} = \frac{|z^{n+1}| \cdot n!}{|z^n| \cdot (n+1)!} = \frac{|z^n| \cdot |z|}{|z^n| \cdot (n+1)} = \frac{|z|}{n+1} < \frac{1}{2} < 1$, für alle $n \geq 2 \cdot |z|$.

2.162.2 Satz

Betrachtet man die in Satz 2.161 untersuchte, für jede Zahl $z \in \mathbb{R}$ absolut-konvergente Reihe $s(a,t,z)$ für den Fall $z = 1$, dann gilt für die in Beispiel 2.044.2/3 betrachtete konvergente Folge:

$$lim((1 + \tfrac{1}{m})^m)_{m \in \mathbb{N}} = lim(\sum_{0 \leq n \leq m} \tfrac{1}{n!})_{m \in \mathbb{N}}.$$

Anmerkung: Mit dieser Gleichheit liegt eine weitere Darstellung der *Eulerschen Zahl e* vor.

Beweis: Es bezeichne $e = lim((1 + \frac{1}{m})^m)_{m \in \mathbb{N}}$ und $\bar{e} = lim(s(a,t,1)) = lim(\sum_{0 \leq n \leq m} \frac{1}{n!})_{m \in \mathbb{N}}$. In den beiden folgenden Einzelschritten wird $e \leq \bar{e}$ und $\bar{e} \leq e$ gezeigt:

1. Definiert man eine Folge $c : \mathbb{N}_0 \longrightarrow \mathbb{R}$ durch $c_0 = 1$ und $c_m = (1 + \frac{1}{m})^m$, dann gilt zunächst $c_0 \leq 1 \leq s(a,t,1)_0$. Unter Verwendung der binomischen Formel $(a+b)^m$ für $a = 1$ und $b = \frac{1}{m}$ (siehe Abschnitt 1.820) gilt ferner $c_m \leq s(a,t,1)_m$ für alle $m \in \mathbb{N}$, denn es ist
$c_m = (1 + \frac{1}{m})^m = \sum_{0 \leq k \leq m} \binom{m}{k}(\frac{1}{m})^k = \binom{m}{0}(\frac{1}{m})^0 + \binom{m}{1}(\frac{1}{m})^1 + \ldots + \binom{m}{m}(\frac{1}{m})^m$
$= 1 + 1 + \frac{1}{2!} \cdot \frac{m-1}{m} + \frac{1}{3!} \cdot \frac{(m-1)(m-2)}{m^2} + \ldots + \frac{1}{m!} \cdot \frac{(m-1)(m-2)\cdots 1}{m^{k-1}}$
$= 1 + 1 + \frac{1}{2!}(1 - \frac{1}{m}) + \frac{1}{3!}(1 - \frac{1}{m})(1 - \frac{2}{m}) + \ldots + \frac{1}{m!}(1 - \frac{1}{m}) \cdot \ldots \cdot (1 - \frac{m-1}{m})$
$\leq 1 + 1 + \frac{1}{2!} + \frac{1}{2!} + \ldots + \frac{1}{m!} = \sum_{0 \leq k \leq m} \frac{1}{k!} = s(a,t,1)_m$.
Somit gilt $c_m \leq s(a,t,1)_m$, für alle $m \in \mathbb{N}_0$, woraus nach Satz 2.045.5a dann $e \leq \bar{e}$ folgt.

2. Für alle $n, m \in \mathbb{N}_0$ und $n < m$ gilt
$(1 + \frac{1}{m})^m = 1 + 1 + \frac{1}{2!}(1 - \frac{1}{m}) + \frac{1}{3!}(1 - \frac{1}{m})(1 - \frac{2}{m}) + \ldots + \frac{1}{m!}(1 - \frac{1}{m}) \cdot \ldots \cdot (1 - \frac{m-1}{m})$
$> 1 + 1 + \frac{1}{2!}(1 - \frac{1}{m}) + \frac{1}{3!}(1 - \frac{1}{m})(1 - \frac{2}{m}) + \ldots + \frac{1}{n!}(1 - \frac{1}{m}) \cdot \ldots \cdot (1 - \frac{n-1}{m})$,
woraus nach Satz 2.045.5a dann
$e = lim((1 + \frac{1}{m})^m)_{m \in \mathbb{N}} \geq lim(1 + 1 + \frac{1}{2!}(1 - \frac{1}{m}) + \frac{1}{3!}(1 - \frac{1}{m})(1 - \frac{2}{m}) + \ldots + \frac{1}{n!}(1 - \frac{1}{m}) \cdot \ldots \cdot (1 - \frac{n-1}{m}))_{m \in \mathbb{N}} =$
$1 + 1 + \frac{1}{2!}lim(1 - \frac{1}{m})_{m \in \mathbb{N}} + \frac{1}{3!}lim((1 - \frac{1}{m})(1 - \frac{2}{m}))_{m \in \mathbb{N}} + \ldots + \frac{1}{n!}lim((1 - \frac{1}{m}) \cdot \ldots \cdot (1 - \frac{n-1}{m}))_{m \in \mathbb{N}} =$
$1 + 1 + \frac{1}{2!} + \frac{1}{2!} + \ldots + \frac{1}{n!} = \sum_{0 \leq k \leq n} \frac{1}{k!} = s(a,t,1)_n$ folgt. Somit ist e eine obere Schranke der Reihe $s(a,t,1)$. Da $s(a,t,1)$ naheliegenderweise jedoch streng monoton ist, gilt $e \geq lim(s(a,t,1)) = \bar{e}$ nach Satz 2.044.1/2.

2.164 TRIGONOMETRISCHE REIHEN

> Ich definiere den Humor als die Betrachtungsweise des Endlichen vom Standpunkt des Unendlichen aus. Oder: Humor ist das Bewußtwerden des Gegensatzes zwischen Ding an sich und Erscheinung und äne hieraus entspringende souveräne Weltbetrachtung, welche die gesamte Erscheinungswelt vom Größten bis zu Kleinsten mit gleichem Mitgefühl umschließt, ohne ihr jedoch einen anderen als relativen Gehalt und Wert zugestehen zu können.
> *Christian Morgenstern* (1871 - 1914)

Die in diesem Abschnitt untersuchten Potenz-Reihen bilden die Grundlage zur Definition der trigonometrischen Grundfunktionen in Abschnitt 2.174.

2.164.1 Satz

Mit den Koeffizienten-Folgen $a, b : \mathbb{N}_0 \longrightarrow \mathbb{R}$, definiert durch $a(n) = \frac{1}{(2n+1)!}$ und $b(n) = (-1)^n a(n)$, und der Exponenten-Folge $t : \mathbb{N}_0 \longrightarrow \mathbb{N}_0$ mit $t(n) = 2n+1$ sind für jede Zahl $z \in \mathbb{R}$ die von den Folgen $x, y : \mathbb{N}_0 \longrightarrow \mathbb{R}$ mit $x(n) = \frac{1}{(2n+1)!} \cdot z^{2n+1}$ und $y(n) = (-1)^n x(n)$ erzeugten Potenzreihen $s(a, t, z)$ und (b, t, z) konvergent. Dabei gilt also $KB(a, t) = KB(b, t) = \mathbb{R}$.

Beweis: Die beiden Behauptungen folgen unmittelbar aus dem Quotienten-Kriterium (Satz 2.124.1) mit der für beide Reihen gemeinsamen Abschätzung $\frac{|y_{n+1}|}{|y_n|} = \frac{|z^{2n+3} \cdot (-1)^{n+1} \cdot (2n+1)!|}{|z^{2n+1} \cdot (-1)^n \cdot (2n+3)!|} = \frac{|x_{n+1}|}{|x_n|} = \frac{|z^{2n+3}| \cdot (2n+1)!}{|z^{2n+1}| \cdot (2n+3)!} = |z|^2 \cdot \frac{1}{(2n+2)(2n+3)} \leq |z|^2 \cdot \frac{1}{2n^2} = \frac{1}{2} \cdot \frac{|z|^2}{n^2} < \frac{1}{2} < 1$, für alle $n > |z|$.

2.164.2 Satz

Mit den Koeffizienten-Folgen $a, b : \mathbb{N}_0 \longrightarrow \mathbb{R}$, definiert durch $a(n) = \frac{1}{(2n)!}$ und $b(n) = (-1)^n a(n)$, und der Exponenten-Folge $t : \mathbb{N}_0 \longrightarrow \mathbb{N}_0$ mit $t(n) = 2n$ sind für jede Zahl $z \in \mathbb{R}$ die von den Folgen $x, y : \mathbb{N}_0 \longrightarrow \mathbb{R}$ mit $x(n) = \frac{1}{(2n)!} \cdot z^{2n}$ und $y(n) = (-1)^n x(n)$ erzeugten Potenzreihen $s(a, t, z)$ und (b, t, z) konvergent. Dabei gilt also $KB(a, t) = KB(b, t) = \mathbb{R}$.

Beweis: Die beiden Behauptungen folgen unmittelbar aus dem Quotienten-Kriterium (Satz 2.124.1) mit der für beide Reihen gemeinsamen Abschätzung $\frac{|y_{n+1}|}{|y_n|} = \frac{|z^{2n+2} \cdot (-1)^{n+1} \cdot (2n)!|}{|z^{2n} \cdot (-1)^n \cdot (2n+2)!|} = \frac{|x_{n+1}|}{|x_n|} = \frac{|z^{2n+2}| \cdot (2n)!}{|z^{2n}| \cdot (2n+2)!} = |z|^2 \cdot \frac{1}{(2n+1)(2n+2)} \leq |z|^2 \cdot \frac{1}{2n^2} = \frac{1}{2} \cdot \frac{|z|^2}{n^2} < \frac{1}{2} < 1$, für alle $n > |z|$.

2.170 POTENZREIHEN-FUNKTIONEN

> Wir sollten das, was wir besitzen, bisweilen so anzusehen uns bemühen, wie es uns vorschweben würde, nachdem wir es verloren hätten, und zwar jedes, was es auch sei: Eigentum, Gesundheit, Freunde, Geliebte, Weib, Kind, Pferd und Hund. Meistens belehrt erst der Verlust uns über den Wert der Dinge.
> Arthur Schopenhauer (1788 - 1860)

In den Abschnitten 2.16x wurde für verschiedene Potenz-Reihen gezeigt, daß sie konvergent, die zugrunde liegenden Folgen also summierbar sind. Dabei und nun in den folgenden Betrachtungen ist der jeweilige Konvergenzbereich von besonderem Interesse, denn er tritt bei den sogenannten *Potenzreihen-Funktionen* als Definitionsbereich auf.

2.170.1 Definition

Zu einer Koeffizienten-Folge $a : \mathbb{N}_0 \longrightarrow \mathbb{R}$ und einer Exponenten-Folge $t : \mathbb{N}_0 \longrightarrow \mathbb{N}_0$ nennnt man die auf dem Konvergenzbereich $KB(a,t)$ zu (a,t) definierte Funktion $s(a,t,-) : KB(a,t) \longrightarrow \mathbb{R}$ mit $z \longmapsto s(a,t,z)$ die *Potenzreihen-Funktion* über (a,t).

2.170.2 Bemerkungen

1. Die Zuordnungsvorschrift der Potenzreihen-Funktion $s(a,t,-) : KB(a,t) \longrightarrow \mathbb{R}$ hat die verschiedenen Fassungen $z \longmapsto s(a,t,z) = lim(s(a,t,z)_m)_{m \in \mathbb{N}_0} = lim(\sum_{0 \leq n \leq m} a(n) \cdot z^{t(n)})_{m \in \mathbb{N}_0}$.

2. Zu jedem Paar (a,t) einer Koeffizienten-Folge $a : \mathbb{N}_0 \longrightarrow \mathbb{R}$ und einer Exponenten-Folge $t : \mathbb{N}_0 \longrightarrow \mathbb{N}_0$ existiert stets die zugehörige Potenzreihen-Funktion $s(a,t,-)$. Das gilt insbesondere für den praktisch nutzlosen Fall $KB(a,t) = \{0\}$, denn nach Bemerkung 2.150.3/3 gilt stets $0 \in KB(a,t)$.

3. Zu jedem offenen Intervall $(-c,c) \subset \mathbb{R}^*$, insbesondere also zu $\mathbb{R}$ selbst, kann man die Funktion $Abb(\mathbb{N}_0, \mathbb{R}) \times Abb(\mathbb{N}_0, \mathbb{N}_0) \longrightarrow Abb((-c,c), \mathbb{R})$ mit der Zuordnung $(a,t) \longmapsto s(a,t,-)$ betrachten.

Hinweis: Man betrachte in diesem Zusammenhang auch Bemerkung 2.150.3/7 und die Abschnitte 2.350 und 2.352.

2.172 EXPONENTIAL- UND LOGARITHMUS-FUNKTIONEN (TEIL 2)

> Die gesamte, sehr starke Wirkung des Beispiels beruht darauf, daß der Mensch in der Regel zu wenig Urteilskraft, oft auch zu wenig Kenntnis hat, um seinen Weg selbst zu explorieren: Daher er gern in die Fußstapfen anderer tritt.
>
> *Arthur Schopenhauer* (1788 - 1860)

Es sei vorweg noch auf andere Abschnitte aufmerksam gemacht, die sich mit Exponential- und Logarithmus-Funktionen beschäftigen: Das sind zunächst die Abschnitte 1.234 und 1.235, die die elementaren und anschaulich motivierten Eigenschaften beider Funktionen, entsprechende graphische Darstellungen sowie erste Beispiele zu Anwendungen dieser Funktionstypen enthalten. Die Abschnitte 2.233 und 2.234 untersuchen dann die *Stetigkeit* dieser Funktionen, wobei insbesondere der Verbund von Stetigkeit und Homomorphie eine besondere Rolle spielt. In den Abschnitten 2.630 bis 2.636 werden dann – neben einer anderen Grundlegung beider Funktionen – insbesondere die Eigenschaften *Differenzierbarkeit* und *Integrierbarkeit* untersucht. In Abschnitt 2.630 ist noch einmal eine sehr ausführliche Übersicht über zu alle Abschnitten zu Exponential- und Logarithmus-Funktionen enthalten.

Die schon in Abschnitt 2.162 untersuchte absolut-konvergente *Eulersche Reihe*, benannt nach *Leonhard Euler* (1707 - 1783), liefert eine Potenzreihen-Funktion, die zu den prominentesten Funktionen überhaupt gehört. Es sei noch einmal daran erinnert, daß diese Reihe den Konvergenzbereich $\mathbb{R}$ besitzt.

2.172.1   Definition

Die Potenzreihen-Funktion $\mathbb{R} \longrightarrow \mathbb{R}$ über der *Eulerschen Reihe*, also definiert durch die Zuordnung $z \longmapsto lim(\sum_{0 \leq n \leq m} \frac{1}{n!} \cdot z^n)_{m \in \mathbb{N}_0}$, heißt *Exponential-Funktion zur Basis e* (manchmal auch die *natürliche Exponential-Funktion*) und wird mit exp_e bezeichnet.

2.172.2   Bemerkungen

1. Der Name *Exponential-Funktion* rührt daher, daß die Funktionswerte $exp_e(z)$ als Potenzen der Form e^z dargestellt werden können (wobei im Gegensatz zu Potenz-Funktionen die variable Zahl als Exponent auftritt). Dieser Sachverhalt wird in Corollar 2.172.5 noch genauer untersucht.

2. Neben den oben genannten beiden Wegen zur Definition der Exponential-Funktion zur Basis e wird in den Abschnitt 2.630 bis 2.634 ein dritter Weg beschrieben (exp_e als inverse Funktion der über Riemann-Integrale definierten *natürlichen Logarithmus-Funktion* log_e).

3. Nach Satz 2.162.2 ist diese Exponential-Funktion $exp_e : \mathbb{R} \longrightarrow \mathbb{R}$ auch durch die Zuordnungsvorschrift $exp_e(z) = lim((1 + \frac{z}{m})^m)_{m \in \mathbb{N}_0}$ definiert, wobei die Konvergenz dieser Folge analog zu Beispiel 2.044.2/3 bewiesen werden kann.

4. Aus vorstehender Bemerkung folgt insbesondere $exp_e(1) = lim((1 + \frac{1}{m})^m)_{m \in \mathbb{N}_0} = e$. Nach Satz 2.162.2 gilt andererseits auch $exp_e(1) = lim(\sum_{0 \leq n \leq m} \frac{1}{n!})_{m \in \mathbb{N}_0} = e$.

5. Die *Eulersche Zahl e* ist – wie *Charles Hermite* (1822 - 1901) im Jahr 1837 gezeigt hat – eine sogenannte *transzendente Zahl*, also eine reelle Zahl, die nicht als Nullstelle irgend einer Polynom-Funktion $\mathbb{R} \longrightarrow \mathbb{R}$ mit rationalen Koeffizienten auftritt. Das bedeutet, daß sie als Dezimalzahl nur durch eine nicht-periodische Folge von Nachkommastellen dargestellt werden kann. Beispielsweise hat e eine solche Näherungs-Darstellung $e \approx 2,71828\ 18284\ 9904$ mit 15 Nachkommastellen.

Die vorstehende Bemerkung liefert zwei Verfahren, die Eulersche Zahl e näherungsweise als Dezimalzahl darzustellen. Die erste Darstellung von $exp_e(1)$ liefert beispielsweise die Näherungen $(1+\frac{1}{5})^5 \approx 2,4883$, $(1+\frac{1}{10})^{10} \approx 2,5937$ und $(1+\frac{1}{100})^{100} \approx 2,7048$.

Demgegenüber liefert die Potenzreihen-Darstellung von e die folgenden Näherungen (man beachte $0! = 1$):

$m = 3$: $\frac{1}{0!} + \frac{1}{1!} + \frac{1}{2!} + \frac{1}{3!}$ $= 1 + 1 + \frac{1}{2} + \frac{1}{6}$ $= 2,6667$

$m = 4$: $\frac{1}{0!} + \frac{1}{1!} + \frac{1}{2!} + \frac{1}{3!} + \frac{1}{4!}$ $= 1 + 1 + \frac{1}{2} + \frac{1}{6} + \frac{1}{24}$ $= 2,7083$

$m = 4$: $\frac{1}{0!} + \frac{1}{1!} + \frac{1}{2!} + \frac{1}{3!} + \frac{1}{4!} + \frac{1}{5!}$ $= 1 + 1 + \frac{1}{2} + \frac{1}{6} + \frac{1}{24} + \frac{1}{120}$ $= 2,7167$

Die obigen Näherungen sind willkürlich mit jeweils vier Nachkommastellen angegeben (vom Taschenrechner abgelesen), wobei ganz unklar ist, welche der Ziffern tatsächlich gültig ist, also bei dem jeweils nächsten Näherungsschritt erhalten bleibt. Das bedeutet, daß die in diesem Sinne zu definierende Näherungsgüte genauer, das heißt durch Abweichungen einer Näherung von der tatsächlichen Zahl, zu untersuchen wäre. (Eine ähnliche Frage tritt auch bei Näherungen reeller Zahlen durch Folgen rationaler Zahlen auf.)

Die weiteren Betrachtungen in diesem Abschnitt beschäftigen sich mit den Eigenschaften der Exponential-Funktion, das bedeutet zum einen die Untersuchung hinsichtlich Funktions-Eigenschaften, zum anderen die Untersuchung hinsichtlich struktureller Eigenschaften. Man kann vorweg schon sagen, daß die Exponential-Funktion in jeder Hinsicht die allerbesten Eigenschaften hat (Güteklasse IA). In diesem Abschnitt wird insbesondere gezeigt, daß die Exponential-Funktion ein monotoner Gruppen-Isomorphismus $\mathbb{R} \longrightarrow \mathbb{R}^+$ ist, womit im einzelnen die Bijektivität sowie die Strukturverträglichkeit in bezug auf Ordnungs- und algebraische Struktur gemeint ist. Bleibt noch auf die Strukturverträglichkeit hinsichtlich topologischer Strukturen hinzuweisen, die mit ebenfalls positivem Ergebnis in Abschnitt 2.233 und 2.634 bis 2.636 untersucht wird.

2.172.3 Satz

Die Exponential-Funktion $exp_e : \mathbb{R} \longrightarrow \mathbb{R}$ hat die folgenden algebraischen Eigenschaften:

1. $exp_e(x + z) = exp_e(x) \cdot exp_e(z)$
2. $exp_e(0) = 1$
3. $exp_e(-x) = \frac{1}{exp_e(x)}$
4. $exp_e(x - z) = \frac{exp_e(x)}{exp_e(z)}$
5. $exp_e(n \cdot x) = exp_e(x)^n$, für alle $n \in \mathbb{Z}$

Beweis:

1. Es gilt (unter Verwendung der binomischen Formel (siehe Abschnitt 1.820)
$exp_e(x+z) = lim(\sum_{0 \leq n \leq m} \frac{1}{n!}(x+z)^n)_{m \in \mathbb{N}_0} = lim(\sum_{0 \leq n \leq m}(\frac{1}{n!} \cdot \sum_{0 \leq k \leq n} \binom{n}{k1}x^k z^{n-k}))_{m \in \mathbb{N}_0}$
$= lim(\sum_{0 \leq n \leq m}(\sum_{0 \leq k \leq n} \frac{1}{n!} \cdot \frac{n!}{k!(n-k)!} \cdot x^k z^{n-k}))_{m \in \mathbb{N}_0} = lim(\sum_{0 \leq n \leq m}(\sum_{0 \leq k \leq n} \frac{1}{k!} \cdot x^k \cdot \frac{1}{(n-k)!} \cdot z^{n-k}))_{m \in \mathbb{N}_0} =$
$lim((\sum_{0 \leq n \leq m} \frac{1}{n!} \cdot x^n) \cdot (\sum_{0 \leq n \leq m} \frac{1}{n!} \cdot z^n))_{m \in \mathbb{N}_0} = lim(\sum_{0 \leq n \leq m} \frac{1}{n!} \cdot x^n)_{m \in \mathbb{N}_0} \cdot lim(\sum_{0 \leq n \leq m} \frac{1}{n!} \cdot z^n)_{m \in \mathbb{N}_0}$
$= exp_e(x) \cdot exp_e(z)$.

2. Die Beziehung $exp_e(0) = 1$ folgt unmittelbar aus der Definition von exp_e mit
$exp_e(0) = lim(\sum_{0 \leq n \leq m} \frac{1}{n!} \cdot 0^n)_{m \in \mathbb{N}_0} = 1 + lim(\sum_{1 \leq n \leq m} \frac{1}{n!} \cdot 0^n)_{m \in \mathbb{N}} = 1 + 0 = 1$ (mit $0^0 = 1$).

3. Wegen $exp_e(x) \cdot exp_e(-x) = exp_e(x - x) = exp_e(0) = 1$ ist $exp_e(-x)$ das bezüglich Multiplikation zu $exp_e(x)$ inverse Element, also ist $exp_e(-x) = \frac{1}{exp_e(x)}$.

4. Es gilt $exp_e(x - z) = exp_e(x + (-z)) = exp_e(x) \cdot exp_e(-z) = exp_e(x) \cdot \frac{1}{exp_e(z)} = \frac{exp_e(x)}{exp_e(z)}$ unter Verwendung von 1. und 3.

5. Für alle $n \in \mathbb{N}$ folgt die Behauptung aus Teil 1 mit $exp_e(nx) = exp_e(\sum_{1 \leq i \leq n} x) = \prod_{1 \leq i \leq n} exp_e(x) = exp_e(x)^n$, woraus mit 3. auch die Behauptung für $-n$ mit $n \in \mathbb{N}$ folgt. Der Fall $n = 0$ folgt aus Teil 2.

2.172.4 Corollar

1. Die Exponential-Funktion $exp_e : \mathbb{R} \longrightarrow \mathbb{R}$ hat die Bildmenge $Bild(exp_e) = \mathbb{R}^+$.
2. Die Exponential-Funktion $exp_e : \mathbb{R} \longrightarrow \mathbb{R}^+$ ist ein Gruppen-Homomorphismus von $(\mathbb{R}, +)$ nach $(\mathbb{R}^+, \cdot)$.

Beweis:

1. Es gilt $Bild(exp_e) \subset \mathbb{R}^+$, denn nach Definition ist $exp_e(x) > 0$, für alle $x \in \mathbb{R}_0^+$. Nach Satz 2.172.3/3 gilt für alle $x \in \mathbb{R}^-$ ebenfalls $exp_e(x) > 0$. Es gilt umgekehrt $\mathbb{R}^+ \subset Bild(exp_e)$, denn: Zunächst ist $exp_e(x) = lim(\sum_{0 \leq n \leq m} \frac{1}{n!} \cdot x^n)_{m \in \mathbb{N}_0} = 1 + x + lim(\sum_{2 \leq n \leq m} \frac{1}{n!} \cdot x^n)_{m \in \mathbb{N}_0} > 1 + x$, für alle $x \in \mathbb{R}_0^+$. Damit ist

$exp_e(x) > 1 + x > x$, für alle $x \in \mathbb{R}_0^+$, und somit $Bild(exp_e)$ nach oben unbeschränkt. Andererseits gilt $exp_e(-x) = \frac{1}{exp_e(x)} < \frac{1}{x}$, für alle $x \in \mathbb{R}^+$, somit ist $inf(Bild(exp_e)) = 0$, insgesamt also $\mathbb{R}^+ \subset Bild(exp_e)$.

2. Die Behauptung folgt unmittelbar aus Teil 1 und Satz 2.172.3/1.

2.172.5 Corollar

Für alle $x \in \mathbb{Q}$ gilt $exp_e(x) = e^x$.

Beweis: Für $x = \frac{n}{m} \in \mathbb{Q}_0^+$ mit $n \in \mathbb{N}_0$ ist mit Satz 2.172.3/5 zunächst $exp_e(\frac{n}{m}) = exp_e(n\frac{1}{m}) = (exp_e(\frac{1}{m}))^n$. Für $n = m$ ist insbesondere $e = exp_e(1) = exp_e(\frac{m}{m}) = (exp_e(\frac{1}{m}))^m$, also ist $e^{\frac{1}{m}} = ((exp_e(\frac{1}{m}))^m)^{\frac{1}{m}} = exp_e(\frac{1}{m})$. Somit ist dann $exp_e(\frac{n}{m}) = (exp_e(\frac{1}{m}))^n = (e^{\frac{1}{m}})^n = e^{\frac{n}{m}} = e^x$. Ist $x < 0$, so folgt aus $-x > 0$ und vorstehender Berechnung $exp_e(x) = \frac{1}{exp_e(-x)} = \frac{1}{e^{-x}} = e^x$.

Anmerkungen:

1. Mit dieser Darstellung haben die Aussagen von Satz 2.172.3 für $x, z \in \mathbb{Q}$ die folgende Potenz-Form:

   a) $e^{x+z} = exp_e(x+z) = exp_e(x) \cdot exp_e(z) = e^x e^z$ b) $e^0 = exp_e(0) = 1$

   c) $e^{-x} = exp_e(-x) = \frac{1}{exp_e(x)} = \frac{1}{e^x}$ d) $e^{x-z} = exp_e(x-z) = \frac{exp_e(x)}{exp_e(z)} = \frac{e^x}{e^z}$

   e) $e^{nx} = exp_e(n \cdot x) = exp_e(x)^n = (e^x)^n$, für alle $n \in \mathbb{Z}$

2. Es ist natürlich, die Darstellung $exp_e(x) = e^x$ auch für Zahlen $x \in \mathbb{R}$ verwenden zu wollen. Das läßt sich definitorisch auch vernünftig realisieren, wenn man verwendet, daß sich reelle Zahlen x als Grenzwerte $x = lim(a_n)_{n \in \mathbb{N}}$ rationaler Zahlen a_n darstellen lassen. Zu einer Situation dieser Art existiert zunächst $exp_e(x) = exp_e(lim(a_n)_{n \in \mathbb{N}})$ wegen $D(exp_e) = \mathbb{R}$. Definiert man nun $e^x = exp_e(lim(a_n)_{n \in \mathbb{N}})$, dann muß noch gezeigt werden, daß damit auch die Aussagen von Satz 2.172.3, also die Aussagen in vorstehender Bemerkung, erhalten bleiben. Das ist der Fall denn für $x = lim(a_n)_{n \in \mathbb{N}}$ und $z = lim(b_n)_{n \in \mathbb{N}}$ sowie $x + z = lim(a_n + b_n)_{n \in \mathbb{N}}$ mit Folgen rationaler Zahlen ist beispielsweise $e^{x+z} = exp_e(lim(a_n + b_n)_{n \in \mathbb{N}}) = exp_e(lim(a_n)_{n \in \mathbb{N}} + lim(b_n)_{n \in \mathbb{N}}) = exp_e(lim(a_n)_{n \in \mathbb{N}}) \cdot exp_e(lim(b_n)_{n \in \mathbb{N}}) = e^x \cdot e^z$.

Weitere Bemerkungen zu dieser Angelegenheit sind in Abschnitt 2.233 enthalten.

2.172.6 Satz

Die Exponential-Funktion $exp_e : \mathbb{R} \longrightarrow \mathbb{R}^+$ ist streng monoton.

Beweis: Es gelte $x < z$ für $x, z \in \mathbb{R}$. Die Fälle $0 < x < z$ und $x < z < 0$ werden getrennt untersucht:

1. Es gelte $0 < x < z$, dann gilt auch $x^n < z^n$, für alle $n \in \mathbb{N}$, woraus für die einzelnen Glieder der Reihe $1 < \sum_{0 \leq n \leq m} \frac{1}{n!}x^n < \sum_{0 \leq n \leq m} \frac{1}{n!}z^n$, für alle $m \in \mathbb{N}_0$, folgt. Damit ist dann schließlich $1 < exp_e(x) = lim(\sum_{0 \leq n \leq m} \frac{1}{n!}x^n)_{m \in \mathbb{N}_0} < lim(\sum_{0 \leq n \leq m} \frac{1}{n!}z^n)_{m \in \mathbb{N}_0} = exp_e(z)$.

2. Es gelte $x < z < 0$, also $0 < -x < -z$, woraus nach Teil 1 zunächst $exp_e(-z) > exp_e(-x) > 1$ folgt. Beachtet man $exp_e(-u) = exp_e(u)^{-1}$ (Satz 2.172.3/3), so gilt $exp_e(z)^{-1} > exp_e(x)^{-1} > 1$ und für die Kehrwerte dann $0 < exp_e(x) < exp_e(z) < 1$.

2.172.7 Corollar

Die Exponential-Funktion $exp_e : \mathbb{R} \longrightarrow \mathbb{R}^+$ ist ein Gruppen-Isomorphismus von $(\mathbb{R}, +)$ nach $(\mathbb{R}^+, \cdot)$.

Beweis: Die Injektivität von exp_e folgt aus Satz 2.172.6, die Surjektivität aus Corollar 2.172.4/1, die Homomorphie aus Corollar 2.172.4/2.

2.172.8 Bemerkungen

1. Die inverse Funktion zu dem Gruppen-Isomorphismus $exp_e : \mathbb{R} \longrightarrow \mathbb{R}^+$ heißt bekanntlich *Logarithmus-Funktion zur Basis e* und wird mit $log_e : \mathbb{R}^+ \longrightarrow \mathbb{R}$ bezeichnet. Sie ist ein Gruppen-Isomorphismus von $(\mathbb{R}^+, \cdot)$ nach $(\mathbb{R}, +)$.

2. Exponential-Funktionen $exp_a : \mathbb{R} \longrightarrow \mathbb{R}^+$ zu beliebigen Basen $a \in \mathbb{R}^+$ lassen sich vermöge der Logarithmus-Funktion log_e durch $exp_a = exp_e \circ (log_e(a) \cdot id)$ definieren. (Man beachte, daß die Basis 1 eine konstante Funktion liefert, also nicht besonders interessant und zudem nicht bijektiv ist. Die Basis 1 wird im folgenden auch grundsätzlich ausgeschlossen.) Ferner gilt: $a < b \Leftrightarrow exp_a < exp_b$, für $a, b < 1$.

3. Die Exponential-Funktionen $exp_a : \mathbb{R} \longrightarrow \mathbb{R}^+$ zu beliebigen Basen $a \in \mathbb{R}^+$ mit $a \neq 1$ sind ebenfalls Gruppen-Isomorphismen. Das folgt aus dem generell gültigen Sachverhalt, daß Kompositionen von Gruppen-Isomorphismen wieder Gruppen-Isomorphismen sind.

4. Die inverse Funktion zu dem Gruppen-Isomorphismus $exp_a : \mathbb{R} \longrightarrow \mathbb{R}^+$ mit $a \in \mathbb{R}^+$ und $a \neq 1$ heißt bekanntlich *Logarithmus-Funktion zur Basis a* und wird mit $log_a : \mathbb{R}^+ \longrightarrow \mathbb{R}$ bezeichnet. Dabei ist $log_a = \frac{1}{log_e(a)} \cdot log_e$. Diese Funktion ist wieder ein Gruppen-Isomorphismus von $(\mathbb{R}^+, \cdot)$ nach $(\mathbb{R}, +)$. Das folgt aus dem generell gültigen Sachverhalt: Für jeden Gruppen-Isomorphismus $f : \mathbb{R}^+ \longrightarrow \mathbb{R}$ und für reelle Zahl $u \neq 0$ ist auch $uf : \mathbb{R} \longrightarrow \mathbb{R}^+$ Gruppen-Isomorphismus. Oder auch aus: Inverse Funktionen von Gruppen-Isomorphismen sind ebenfalls Gruppen-Isomorphismen.

5. Es sei hier nur am Rande die Potenzreihen-Darstellung $log_e(1+x) = lim(\sum_{1 \leq n \leq m} \frac{(-1)^{n+1}}{n} \cdot x^n)_{m \in \mathbb{N}}$ mit $x \in (-1, 1)$ genannt. Dieser Sachverhalt wird hinsichtlich Bemerkung 2.172.2/2 noch ausführlicher in den Abschnitten 2.63x besprochen.

2.172.9 Bemerkungen

1. Die Exponential-Funktion auf $\mathbb{C}$ ist die durch die analoge Zuordnung $z \longmapsto lim(\sum_{0 \leq n \leq m} \frac{1}{n!} \cdot z^n)_{m \in \mathbb{N}_0}$ definierte Funktion $exp : \mathbb{C} \longrightarrow \mathbb{C}$.

2. Diese Funktion ist ebenfalls ein Gruppen-Homomorphismus, das heißt, für alle $x, z \in \mathbb{C}$ gilt die Beziehung $exp(x + z) = exp(x) \cdot exp(z)$. Daraus folgt insbesondere $exp(n \cdot x) = exp(x)^n$, für alle $n \in \mathbb{Z}$, sowie $exp_e(-x) = (exp_e(x))^{-1}$, wobei die Beziehung $exp(0) = 1$ (Beweis wie in Satz 2.172.3/2) benutzt wird.

3. Für alle $x, z \in \mathbb{C}$ oder $x, z \in \mathbb{R}$ gilt die Beziehung $exp(x) = cosh(x) + sinh(x)$, wobei die auf $\mathbb{C}$ übertragene Potenzreihen-Darstellungen der beiden Funktionen $sinh, cosh : \mathbb{C} \longrightarrow \mathbb{C}$ (siehe Abschnitt 2.174) verwendet werden. Damit gilt:
$$cosh(x) + sinh(x) = lim(\sum_{0 \leq n \leq m} \frac{1}{(2n)!} \cdot x^{2n})_{m \in \mathbb{N}_0} + lim(\sum_{0 \leq n \leq m} \frac{1}{(2n+1)!} \cdot x^{2n+1})_{m \in \mathbb{N}_0}$$
$$= lim(\sum_{0 \leq n \leq m} \frac{1}{(2n)!} \cdot x^{2n} + \sum_{0 \leq n \leq m} \frac{1}{(2n+1)!} \cdot x^{2n+1})_{m \in \mathbb{N}_0} = lim(\sum_{0 \leq n \leq m} \frac{1}{n!} \cdot x^n)_{m \in \mathbb{N}_0} = exp(x).$$

4. Von besonderem Interesse ist die nach *Leonhard Euler* benannte *Eulersche Formel*
$$(cos(x), sin(x)) = exp_e(0, x) \quad \text{in der Hamilton-Darstellung komplexer Zahlen}$$
$$cos(x) + i \cdot sin(x) = exp_e(ix) \quad \text{in der Gauß-Darstellung komplexer Zahlen}$$
Zum Beweis dieser Formel werden die Potenzreihen-Darstellungen der beiden trigonometrischen Grundfunktionen $sin, cos : \mathbb{R} \longrightarrow \mathbb{R}$ (siehe Abschnitt 2.174) verwendet. Damit gilt:
$$cos(x) + i \cdot sin(x) = lim(\sum_{0 \leq n \leq m} \frac{(-1)^n}{(2n)!} \cdot x^{2n})_{m \in \mathbb{N}_0} + i \cdot lim(\sum_{0 \leq n \leq m} \frac{(-1)^n}{(2n+1)!} \cdot x^{2n+1})_{m \in \mathbb{N}_0}$$
$$= lim(\sum_{0 \leq n \leq m} \frac{i^{2n}}{(2n)!} \cdot x^{2n})_{m \in \mathbb{N}_0} + lim(\sum_{0 \leq n \leq m} \frac{i^{2n+1}}{(2n+1)!} \cdot x^{2n+1})_{m \in \mathbb{N}_0}$$
$$= lim(\sum_{0 \leq n \leq m} \frac{i^{2n}}{(2n)!} \cdot x^{2n} + \sum_{0 \leq n \leq m} \frac{i^{2n+1}}{(2n+1)!} \cdot x^{2n+1})_{m \in \mathbb{N}_0} = lim(\sum_{0 \leq n \leq m} \frac{i^n}{n!} \cdot x^n)_{m \in \mathbb{N}_0}$$
$$= lim(\sum_{0 \leq n \leq m} \frac{1}{n!} \cdot (ix)^n)_{m \in \mathbb{N}_0} = exp(ix).$$

A2.172.01: Beweisen Sie: Die Eulersche Zahl e ist keine rationale Zahl.

A2.172.02: Betrachten Sie die Funktion $f : \mathbb{R} \longrightarrow \mathbb{R}$, definiert durch $f(x) = \frac{1}{2}(e^x - e^{-x})$.
1. Skizzieren Sie die Funktionen $u, v : \mathbb{R} \longrightarrow \mathbb{R}$ mit $u(x) = \frac{1}{2}e^x$ und $v(x) = \frac{1}{2}e^{-x}$ sowie ihre Differenz $f = u - v$ im Bereich $[-3, 3]$.
2. Weisen Sie nach, daß f bijektiv ist und ihre inverse Funktion $f^{-1} : \mathbb{R} \longrightarrow \mathbb{R}$ durch die Zuordnungsvorschrift $f^{-1}(z) = log_e(z + \sqrt{z^2 + 1})$ definiert ist, und berechnen Sie dann $f^{-1} \circ f$ und $f \circ f^{-1}$.

2.174 TRIGONOMETRISCHE FUNKTIONEN (TEIL 2)

> Da sie (die Pythagoreer) erkannten, daß die Eigenschaften und Verhältnisse der musikalischen Harmonie auf Zahlen beruhen und da auch alle anderen Dinge ihrer Natur nach den Zahlen zu gleichen scheinen, so meinen sie, ... der ganze Himmel sei Harmonie und Zahl.
> *Aristoteles von Stagira* (384 - 322)

Die bisherigen Definitionen und Betrachtungen zu den trigonometrischen Grundfunktionen *sin* und *cos* in Abschnitt 1.240 entstammen Überlegungen gewonnen anhand rechtwinkliger Dreiecke und solchen Dreiecken am Einheitskreis; sie sind also mehr geometrischer Natur. Demgegenüber liefern die in Abschnitt 2.164 betrachteten trigonometrischen Potenz-Reihen rein numerische Darstellungen dieser Funktionen. Die Sätze 2.164.1 und 2.164.2 und darin insbesondere die Tatsache, daß die Konvergenzbereiche der dort betrachteten absolut-konvergenten Reihen jeweils $\mathbb{R}$ sind, liefern die folgenden Potenzreihen-Funktionen.

2.174.1 Definition

1. Die Potenzreihen-Funktion $\mathbb{R} \longrightarrow \mathbb{R}$ mit der Zuordnung $z \longmapsto lim(\sum_{0\leq n\leq m} \frac{(-1)^n}{(2n+1)!} \cdot z^{2n+1})_{m\in\mathbb{N}_0}$ heißt *Sinus-Funktion* und wird mit $sin : \mathbb{R} \longrightarrow \mathbb{R}$ bezeichnet.
2. Die Potenzreihen-Funktion $\mathbb{R} \longrightarrow \mathbb{R}$ mit der Zuordnung $z \longmapsto lim(\sum_{0\leq n\leq m} \frac{1}{(2n+1)!} \cdot z^{2n+1})_{m\in\mathbb{N}_0}$ heißt *Hyperbolische Sinus-Funktion* oder *sinus hyperbolicus* und wird mit $sinh : \mathbb{R} \longrightarrow \mathbb{R}$ bezeichnet.
3. Die Potenzreihen-Funktion $\mathbb{R} \longrightarrow \mathbb{R}$ mit der Zuordnung $z \longmapsto lim(\sum_{0\leq n\leq m} \frac{(-1)^n}{(2n)!} \cdot z^{2n})_{m\in\mathbb{N}_0}$ heißt *Cosinus-Funktion* und wird mit $cos : \mathbb{R} \longrightarrow \mathbb{R}$ bezeichnet.
4. Die Potenzreihen-Funktion $\mathbb{R} \longrightarrow \mathbb{R}$ mit der Zuordnung $z \longmapsto lim(\sum_{0\leq n\leq m} \frac{1}{(2n)!} \cdot z^{2n})_{m\in\mathbb{N}_0}$ heißt *Hyperbolische Cosinus-Funktion* oder *sinus hyperbolicus* und wird mit $cosh : \mathbb{R} \longrightarrow \mathbb{R}$ bezeichnet.

2.174.2 Bemerkungen

1. Nur andeutungsweise: Die Funktionen *sin* und *cos* haben mit der Berechnung von Kreis-Sektoren zu tun, man nennt sie deswegen auch *Kreis-Funktionen*. In analoger Weise haben die Funktionen *sinh* und *cosh* mit der Berechnung von Hyperbel-Sektoren zu tun, weswegen man sie auch kurz *Hyperbel-Funktionen* nennt.
2. Die oben definierten Funktionen liefern folgende Quotienten: Die Funktion
   a) $tan = \frac{sin}{cos} : \mathbb{R} \setminus N(cos) \longrightarrow \mathbb{R}$ mit $N(cos) = (\mathbb{Z} + \frac{1}{2})\pi$ heißt *Tangens-Funktion*.
   b) $cot = \frac{cos}{sin} : \mathbb{R} \setminus N(sin) \longrightarrow \mathbb{R}$ mit $N(sin) = \mathbb{Z}\pi$ heißt *Cotangens-Funktion*.
   c) $tanh = \frac{sinh}{cosh} : \mathbb{R} \longrightarrow \mathbb{R}$ heißt *hyperbolische Tangens-Funktion* oder *tangens hyperbolicus*.
   d) $coth = \frac{cosh}{sinh} : \mathbb{R} \setminus \{0\} \longrightarrow \mathbb{R}$ heißt *hyperbolische Cotangens-Funktion* oder *cotangens hyperbolicus*.
3. Gewisse Einschränkungen (Ausschnitte) der oben genannten Funktionen sind bijektiv und liefern also inverse Funktionen, die sogenanten *Arcus-Funktionen* und *Area-Funktionen* (der Begriff *Area* ist im Sinne von *Fläche* gemeint):
   a) Die inverse Funktion zu $sin : [-\frac{\pi}{2}, \frac{\pi}{2}] \longrightarrow [-1, 1]$ ist $arcsin = sin^{-1} : [-1, 1] \longrightarrow [-\frac{\pi}{2}, \frac{\pi}{2}]$.
   b) Die inverse Funktion zu $cos : [0, \pi] \longrightarrow [-1, 1]$ ist $arccos = cos^{-1} : [-1, 1] \longrightarrow [0, \pi]$.
   c) Die inverse Funktion zu $tan : [0, \pi] \longrightarrow \mathbb{R}$ ist $arctan = tan^{-1} : \mathbb{R} \longrightarrow [0, \pi]$.
   d) Die inverse Funktion zu $cot : [-\frac{\pi}{2}, \frac{\pi}{2}] \longrightarrow \mathbb{R}$ ist $arccot = cot^{-1} : \mathbb{R} \longrightarrow [-\frac{\pi}{2}, \frac{\pi}{2}]$.
   e) Die inverse Funktion zu $sinh : \mathbb{R} \longrightarrow \mathbb{R}$ ist $Arsin = sinh^{-1} : \mathbb{R} \longrightarrow \mathbb{R}$.

f) Die inverse Funktion zu $cosh : [0, \star) \longrightarrow [1, \star)$ ist $Arcos = cosh^{-1} : [1, \star) \longrightarrow [0, \star)$.

g) Die inverse Funktion zu $tanh : \mathbb{R} \longrightarrow (-1, 1)$ ist $Artan = tanh^{-1} : (-1, 1) \longrightarrow \mathbb{R}$.

h) Die inverse Funktion zu $coth : \mathbb{R}^+ \longrightarrow (1, \star)$ ist $Arcot = coth^{-1} : (1, \star) \longrightarrow \mathbb{R}^+$.

4. Monotonie-Eigenschaften der debattierten hyperbolischen Funktionen zeigen die folgenden Skizzen.

5. Die Funktionen $sin : \mathbb{R} \longrightarrow \mathbb{R}$ und $sinh : \mathbb{R} \longrightarrow \mathbb{R}$ sind drehysmmetrisch zu $(0,0)$ um $180°$ (punktsymmetrisch zu $(0,0)$), die Funktionen $cos : \mathbb{R} \longrightarrow \mathbb{R}$ und $cosh : \mathbb{R} \longrightarrow \mathbb{R}$ sind ordinatensymmetrisch, für alle $z \in \mathbb{R}$ gelten also die Beziehungen: $sin(z) = -sin(-z)$, $sinh(z) = -sinh(-z)$, $cos(z) = cos(-z)$, $cosh(z) = cosh(-z)$. Der Beweis folgt sofort aus der Betrachtung der jeweiligen Potenzen von z in den in Definition 2.174.1 genannten Reihengliedern der Potenz-Reihen.

6. Skizzen der Funktionen $sinh$, $cosh$, $tanh$ und $coth$:

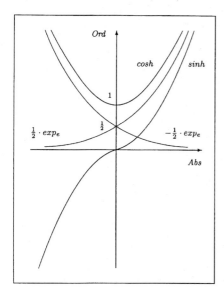
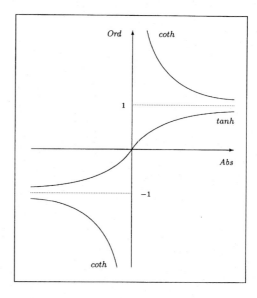

Die weiteren Betrachtungen in diesem Abschnitt beschäftigen sich einerseits mit den Zusammenhängen der Hyperbolischen Funktionen $sinh$ und $cosh$ mit der Exponential-Funktion exp_e und andererseits mit algebraischen Eigenschaften der oben definierten trigonometrischen Funktionen. Bleibt noch auf die Strukturverträglichkeit hinsichtlich topologischer Strukturen (Stetigkeit) hinzuweisen, die mit positivem Ergebnis in Abschnitt 2.236 untersucht wird.

2.174.3 Satz

Für alle $z \in \mathbb{R}$ gilt $exp_e(z) = sinh(z) + cosh(z)$, für die Funktionen also $exp_e = sinh + cosh$.

Beweis: Nach den Definitionen von exp_e, $sinh$ und $cosh$ sowie Satz 2.045.1 gilt die Beziehung
$sinh(z) + cosh(z) = lim(\sum_{0 \leq n \leq m} \frac{1}{(2n+1)!} \cdot z^{2n+1})_{m \in \mathbb{N}_0} + lim(\sum_{0 \leq n \leq m} \frac{1}{(2n)!} \cdot z^{2n})_{m \in \mathbb{N}_0}$
$= lim(\sum_{0 \leq n \leq m} \frac{1}{(2n+1)!} \cdot z^{2n+1} + \sum_{0 \leq n \leq m} \frac{1}{(2n)!} \cdot z^{2n})_{m \in \mathbb{N}_0} = lim(\sum_{0 \leq n \leq m} \frac{1}{n!} \cdot z^n)_{m \in \mathbb{N}_0} = exp_e(z)$.

2.174.4 Corollar

Die Hyperbolischen trigonometrischen Funktionen $sinh, cosh : \mathbb{R} \longrightarrow \mathbb{R}$ haben die Eigenschaften:
1. $sinh(x) = \frac{1}{2}(exp_e(x) - exp_e(-x))$ oder $sinh(x) = \frac{1}{2}(e^x - e^{-x})$
2. $cosh(x) = \frac{1}{2}(exp_e(x) + exp_e(-x))$ oder $cosh(x) = \frac{1}{2}(e^x + e^{-x})$
3. $tanh(x) = \frac{exp_e(2x)-1}{exp_e(2x)+1}$ oder $tanh(x) = \frac{e^{2x}-1}{e^{2x}+1}$
4. $coth(x) = \frac{exp_e(2x)+1}{exp_e(2x)-1}$ oder $coth(x) = \frac{e^{2x}+1}{e^{2x}-1}$

Beweis: Mit Satz 2.174.3 und Bemerkung 2.174.2/5 gilt im einzelnen:
1. Für alle $x \in \mathbb{R}$ gilt: $exp_e(x) - exp_e(-x) = cosh(x) + sinh(x) - cosh(-x) - sinh(-x)$
$= cosh(x) - cosh(x) + sinh(x) + sinh(x) = 2 \cdot sinh(x)$.
2. Für alle $x \in \mathbb{R}$ gilt: $exp_e(x) + exp_e(-x) = cosh(x) + sinh(x) + cosh(-x) + sinh(-x)$
$= cosh(x) + cosh(x) + sinh(x) - sinh(x) = 2 \cdot cosh(x)$.
3. Die Formel folgt aus $tanh(x) = \frac{sinh(x)}{cosh(x)}$ durch Erweitern mit e^x.
4. Die Formel folgt unmittelbar aus $coth(x) = \frac{cosh(x)}{sinh(x)}$ und der Formel in Teil 3.

2.174.5 Corollar

Die Hyperbolischen trigonometrischen Funktionen $sinh, cosh : \mathbb{R} \longrightarrow \mathbb{R}$ haben die Eigenschaften:
1. $cosh^2(x) - sinh^2(x) = 1$
2. $sinh(0) = 0$ und $cosh(0) = 1$
3. $sinh(x + z) = sinh(x) \cdot cosh(z) + cosh(x) \cdot sinh(z)$
4. $cosh(x + z) = cosh(x) \cdot cosh(z) + sinh(x) \cdot sinh(z)$

Beweis: Mit Satz 2.174.3 und Bemerkung 2.174.2/5 gilt im einzelnen:
1. Für alle $x \in \mathbb{R}$ gilt (unter Verwendung einer binomischen Formel):
$cosh^2(x) - sinh^2(x) = (cosh(x) + sinh(x))(cosh(x) - sinh(x)) = exp_e(x) \cdot exp_e(-x) = 1$.
2. Die Behauptungen folgen unmittelbar aus Corollar 2.174.4 mit $exp_e(0) = 1$.
3. Für alle $x, z \in \mathbb{R}$ gilt: $sinh(x) \cdot cosh(z) + cosh(x) \cdot sinh(z)$
$= \frac{1}{4}(exp_e(x) - exp_e(-x))(exp_e(z) + exp_e(z)) + \frac{1}{4}(exp_e(x) + exp_e(x))(exp_e(z) - exp_e(-z))$
$= \frac{1}{4}(exp_e(x + z) + exp_e(x - z) - exp_e(z - x) - exp_e(-(x + z)))$
$\quad + \frac{1}{4}(exp_e(x + z) - exp_e(x - z) + exp_e(z - x) - exp_e(-(x + z)))$
$= \frac{1}{2}(exp_e(x + z) - exp_e(-(x + z))) = sinh(x + z)$.
4. Die Behauptung wird nach dem Muster von 3. gezeigt.

2.178 Funktionen-Reihen $\mathbb{N}_0 \longrightarrow Abb(T, \mathbb{R})$ (Teil 1)

> Wie notwendig übrigens und zugleich nützlich diese Betrachtung der Reihen ist, das kann dem nicht unbekannt sein, der erkannt hat, daß eine solche Reihe bei ganz schwierigen Problemen, an deren Lösung man verzweifeln muß, gewissermaßen ein Rettungsanker ist, zu dem man als zu dem letzten Mittel seine Zuflucht nehmen darf, wenn alle anderen Kräfte des menschlichen Geistes Schiffbruch erlitten haben.
> *Jakob Bernoulli* (1654 - 1705)

Es sei noch einmal darauf aufmerksam gemacht, daß sowohl Folgen als auch Reihen bezüglich beliebiger Wertebereiche M (im zweiten Fall natürlich M mit Addition) definiert sind (Definitionen 2.001 und 2.101.1). Verbindet man nun die Konstruktion der Funktionen-Folgen $\mathbb{N}_0 \longrightarrow Abb(T, \mathbb{R})$ (mit geeigneter Teilmenge $T \subset \mathbb{R}$) in Abschnitt 2.178 mit dem Begriff der Reihe, so entsteht der Begriff der Funktionen-Reihe, genauer:

2.178.1 Definition

Zu einer Funktionen-Folge $f : \mathbb{N}_0 \longrightarrow Abb(T, \mathbb{R})$, in Indexschreibweise $f = (f_n)_{n \in \mathbb{N}_0}$, nennt man die zugehörige Reihe $sf : \mathbb{N}_0 \longrightarrow Abb(T, \mathbb{R})$ mit $(sf)(m) = \sum_{0 \leq n \leq m} f_n$ die *von f erzeugte Funktionen-Reihe*.

Anmerkung 1: Diese Partialsummen sind jeweils Funktionen $sf_m : T \longrightarrow \mathbb{R}$, definiert durch
$$((sf)(m))(x) = sf_m(x) = (\sum_{0 \leq n \leq m} f_n)(x) = \sum_{0 \leq n \leq m} f_n(x).$$

Anmerkung 2: Analog zu der Reihen-Erzeugungs-Funktion $s : Abb(\mathbb{N}_0, \mathbb{R}) \longrightarrow Abb(\mathbb{N}_0, \mathbb{R})$ mit $x \longmapsto sx$ in den Abschnitten 2.101 und 2.103 liegt damit eine *Funktionen-Reihen-Erzeugungs-Funktion* vor:
$$Abb(\mathbb{N}_0, Abb(T, \mathbb{R})) \xrightarrow{s} Abb(\mathbb{N}_0, Abb(T, \mathbb{R})) \quad \text{mit} \quad f \longmapsto sf.$$

2.178.2 Bemerkung

Mit Hilfe des Begriffs der Funktionen-Reihe lassen sich insbesondere die Potenzreihen-Funktionen (siehe Abschnitte 2.170, 2.172 und 2.176) formulieren als Funktionen
$$s(a, t, id_\mathbb{R}) : K(a, t) \longrightarrow \mathbb{R} \quad \text{mit} \quad s(a, t, id_\mathbb{R})_m = \sum_{0 \leq n \leq m} a(n)(id_\mathbb{R})^{t(n)}.$$

Die Potenzreihen-Funktionen in den Abschnitten 2.172 und 1.884 haben damit dann die Darstellungen:

1. Die Potenzreihen-Funktion $exp_e : \mathbb{R} \longrightarrow \mathbb{R}$ ist $exp_e = lim(\sum_{0 \leq n \leq m} \frac{1}{n!} \cdot (id_\mathbb{R})^n)_{m \in \mathbb{N}_0}$.

2. Die Potenzreihen-Funktion $sin : \mathbb{R} \longrightarrow \mathbb{R}$ ist $sin = lim(\sum_{0 \leq n \leq m} \frac{(-1)^n}{(2n+1)!} \cdot (id_\mathbb{R})^{2n+1})_{m \in \mathbb{N}_0}$.

3. Die Potenzreihen-Funktion $sinh : \mathbb{R} \longrightarrow \mathbb{R}$ ist $sinh = lim(\sum_{0 \leq n \leq m} \frac{1}{(2n+1)!} \cdot (id_\mathbb{R})^{2n+1})_{m \in \mathbb{N}_0}$.

4. Die Potenzreihen-Funktion $cos : \mathbb{R} \longrightarrow \mathbb{R}$ ist $cos = lim(\sum_{0 \leq n \leq m} \frac{(-1)^n}{(2n)!} \cdot (id_\mathbb{R})^{2n})_{m \in \mathbb{N}_0}$.

5. Die Potenzreihen-Funktion $cosh : \mathbb{R} \longrightarrow \mathbb{R}$ ist $cosh = lim(\sum_{0 \leq n \leq m} \frac{1}{(2n)!} \cdot (id_\mathbb{R})^{2n})_{m \in \mathbb{N}_0}$.

Hinweis: Der Teil 2 zu diesem Gegenstand ist Abschnitt 2.520 und beschäftigt sich mit Aspekten der Differentiation und Integration von Potenzreihen-Funktionen.

2.180   Folgen von Partialprodukten (Produkt-Folgen)

> Was mit mir das Schicksal gewollt? Es wäre verwegen,
> das zu fragen, denn meist will es mit vielen nicht viel.
> *Johann Wolfgang von Goethe* (1749 - 1832)

Die in Bemerkung 2.101.4 schon definierten Folgen von Partialprodukten, im folgenden kurz Produkt-Folgen genannt, sollen nun hinsichtlich Konvergenz genauer untersucht werden. Dabei wird allerdings bei dem Beweis des folgenden Satzes von der Stetigkeit der Logarithmus-Funktion log_e Gebrauch gemacht, die erst in Abschnitt 2.233 behandelt wird. Zur Erinnerung: Die durch eine Folge $x : \mathbb{N} \longrightarrow \mathbb{R}_*$ (man beachte $\mathbb{R}_* = \mathbb{R} \setminus \{0\}$) erzeugte Folge $px : \mathbb{N} \longrightarrow \mathbb{R}_*$ mit $px(m) = x_1 \cdot ... \cdot x_m = \prod_{1 \leq n \leq m} x_n$ nennt man *Folge von Partialprodukten* oder kurz *Produkt-Folge* (manchmal auch *Unendliches Produkt*).
Analog zu dem Begriff der Summierbaren Folge sei eine Folge $x : \mathbb{N} \longrightarrow \mathbb{R}_*$ *multiplizierbar* genannt, wenn px konvergiert. Die Menge aller multiplizierbaren Folgen $\mathbb{N} \longrightarrow \mathbb{R}_*$ sei mit $MF(\mathbb{R})$ bezeichnet.
Ferner sei noch einmal auf die grundlegende Beziehung $log_e \circ px = s(log_e \circ x)$ aufmerksam gemacht.

2.180.1   Satz

Die Produkt-Folge $px : \mathbb{N} \longrightarrow \mathbb{R}_*$ zu einer Folge $x : \mathbb{N} \longrightarrow \mathbb{R}_*$ konvergiert genau dann, wenn die Reihe $s(log_e \circ x) : \mathbb{N} \longrightarrow \mathbb{R}_*$ konvergiert.

Beweis: Es gelten folgende Äquivalenzen, wobei die dritte Äquivalenz aufgrund der aus der Stetigkeit von log_e folgenden Vertauschbarkeit von lim und log_e, als Formel $log_e(lim(px)) = lim(log_e \circ px)$, gilt:
px konvergent $\Leftrightarrow$ $lim(px)$ existiert $\Leftrightarrow$ $log_e(lim(px))$ existiert $\Leftrightarrow$ $lim(log_e \circ px)$ existiert
$\Leftrightarrow$ $lim(s(log_e \circ x))$ existiert $\Leftrightarrow$ $s(log_e \circ x)$ konvergent.

Corollar 2.112.3 besagt, daß eine Reihe sx überhaupt nur dann konvergieren kann, wenn die zugrunde liegende Folge x nullkonvergent ist. Wendet man diesen Sachverhalt auf die Reihe $s(log_e \circ x)$ an und beachtet die Tatsache, daß $log_e \circ x$ genau dann nullkonvergent ist, wenn x gegen 1 konvergiert, so folgt unmittelbar

2.180.2   Corollar

Es gilt $MF(\mathbb{R}) \subset Kon(\mathbb{R}, 1)$, das heißt, jede multiplizierbare Folge $\mathbb{N} \longrightarrow \mathbb{R}$ konvergiert gegen 1.

Zusatz: Diese Aussage stellt somit ein *Divergenz-Kriterium* dar: Ist eine Folge $\mathbb{N} \longrightarrow \mathbb{R}_*$ entweder nicht konvergent oder nicht gegen 1 konvergent, dann ist sie nicht multiplizierbar, die von ihr erzeugte Produkt-Folge also nicht konvergent.

2.180.3   Corollar

Für nullkonvergente Folgen $x : \mathbb{N} \longrightarrow \mathbb{R}_*$ gilt: $p(1+x)$ konvergent $\Leftrightarrow$ sx konvergent.

Beweis:

a) Nach Satz 2.180.1 gilt zunächst die Äquivalenz $p(1+x)$ konvergent $\Leftrightarrow$ $s(log_e \circ (1+x))$ konvergent.

b) Wie anschließend gezeigt wird, gilt $\frac{1}{2}x_n \leq log_e(1+x_n) < \frac{3}{2}x_n$, für fast alle $n \in \mathbb{N}$, folglich gilt auch die Äquivalenz $s(log_e \circ (1+x))$ konvergent $\Leftrightarrow$ sx konvergent.

c) Die in b) genannte Abschätzung ist äquivalent zu der Abschätzung $\frac{1}{2} \leq \frac{log_e(1+x_n)}{x_n} < \frac{3}{2}$, die sich aus folgender Überlegung ergibt:

c_1) Nach Bemerkung 2.172.8/5 ist $log_e(1+a) = lim(\sum_{1 \leq n \leq m} \frac{(-1)^{n+1}}{n} \cdot a^n)_{m \in \mathbb{N}}$

$= a \cdot lim(\sum_{1 \leq n \leq m} \frac{(-1)^{n+1}}{n} \cdot a^{n-1})_{m \in \mathbb{N}}$ mit $a \in (-1, 1)$. Im Fall $a \neq 0$ ist dann insbesondere

$\frac{\log_e(1+a)}{a} = lim(\sum_{1\leq n\leq m} \frac{(-1)^{n+1}}{n} \cdot a^{n-1})_{m\in\mathbb{N}} = 1 + c$. Wendet man diese Beziehung auf ein Folgenglied $x_n = a$ an, so hat $\frac{\log_e(1+x_n)}{x_n}$ die Form $\frac{\log_e(1+x_n)}{x_n} = 1 + c$.

c$_2$) Für diese Zahl c gilt andererseits, wobei $x_n < \frac{1}{2}$ gewählt sei, $|c| = lim(\sum_{1\leq i\leq m} \frac{1}{n+1} \cdot x_n^i)_{m\in\mathbb{N}} = \frac{x_n}{2} \cdot lim(\sum_{1\leq i\leq m} x_n^i)_{m\in\mathbb{N}} = \frac{x_n}{2} \cdot \frac{1}{1-x_n} < \frac{1}{2}$.

c$_3$) Aus c$_1$) und c$_2$) folgt dann $\frac{\log_e(1+x_n)}{x_n} = 1 + c < 1 + \frac{1}{2} = \frac{3}{2}$.

c$_4$) Aus $\frac{\log_e(1+x_n)}{x_n} = 1 + c_n$ in Teil c$_1$) folgt $lim(\frac{\log_e(1+x_n)}{x_n})_{n\in\mathbb{N}} = lim(1+c_n)_{n\in\mathbb{N}}$
$= lim(1)_{n\in\mathbb{N}} + lim(c_n)_{n\in\mathbb{N}} = 1 + 0 = 1$, denn es ist $lim(x) = 0$. Somit gilt $\frac{1}{2} \leq \frac{\log_e(1+x_n)}{x_n}$, für fast alle $n \in \mathbb{N}$.

2.180.4 Beispiele

1. Für die Folge $x = (\frac{1}{n^2})_{n\in\mathbb{N}}$ ist die Produkt-Folge $p(1+x)$ konvergent.

2. Für die Folge $y = (\frac{1}{n})_{n\in\mathbb{N}}$ ist die Produkt-Folge $p(1+y)$ divergent, wie auch die Partialprodukte $\prod_{1\leq n\leq m}(1+\frac{1}{n}) = \prod_{1\leq n\leq m}\frac{1+n}{n} = \frac{2}{1}\cdot\frac{3}{2}\cdot\ldots\cdot\frac{1+m}{m} = m+1$ zeigen.

2.190 REIHEN-DEFINIERTE ZAHLEN (ÜBERSICHT)

> Man muß die Sprache nicht sowohl wie ein totes Erzeugtes,
> sondern weit mehr wie eine Erzeugung ansehen ... Sie selbst
> ist kein Werk (ergon), sondern eine Tätigkeit (energeia).
> *Wilhelm von Humboldt* (1767 - 1835)

In der folgenden Tabelle sind einige Zahlen (erste Spalte) genannt, die sich als Grenzwerte von Reihen definieren bzw. darstellen lassen. Von besonderem Interesse sind dabei die Eulersche Zahl e und die Kreiszahl π, die in dieser Weise definiert werden können.

Den angegebenen Reihengliedern s_m (zweite Spalte) liegen jeweils entweder Folgen $x : \mathbb{N}_0 \longrightarrow \mathbb{R}$ oder Folgen $x : \mathbb{N} \longrightarrow \mathbb{R}$ zugrunde, erkennbar daran, daß in der dritten Spalte entweder x_0 oder x_1 berechnet ist. So ist im
- ersten Fall $s_0 = sx_0 = x_0$ sowie $s_1 = sx_1 = x_0 + x_1$ und $s_m = sx_m = x_0 + ... + x_m$, für alle $m \in \mathbb{N}_0$,
- zweiten Fall $s_1 = sx_1 = x_1$ sowie $s_2 = sx_2 = x_1 + x_2$ und $s_m = sx_m = x_1 + ... + x_m$, für alle $m \in \mathbb{N}$.

2	$s_m = 1 + \frac{1}{2} + \frac{1}{4} + \frac{1}{8} + \frac{1}{16} + ... + \frac{1}{2^m}$	$x_0 = \frac{1}{2^0} = \frac{1}{1} = 1$
1	$s_m = \frac{1}{2} + \frac{1}{4} + \frac{1}{8} + \frac{1}{16} + ... + \frac{1}{2^m}$	$x_1 = \frac{1}{2^1} = \frac{1}{2}$
$\frac{2}{3}$	$s_m = 1 - \frac{1}{2} + \frac{1}{4} - \frac{1}{8} + \frac{1}{16} - ... + (-1)^m \frac{1}{2^m}$	$x_0 = (-1)^0 \frac{1}{2^0} = 1 \cdot \frac{1}{1} = 1$
1	$s_m = \frac{1}{1\cdot 2} + \frac{1}{2\cdot 3} + \frac{1}{3\cdot 4} + \frac{1}{4\cdot 5} + ... + \frac{1}{m(m+1)}$	$x_1 = \frac{1}{1+1} = \frac{1}{1\cdot 2} = \frac{1}{2}$
$\frac{1}{2}$	$s_m = \frac{1}{1\cdot 3} + \frac{1}{3\cdot 5} + \frac{1}{5\cdot 7} + \frac{1}{7\cdot 9} + ... + \frac{1}{(2m-1)(2m+1)}$	$x_1 = \frac{1}{(2\cdot 1-1)(2\cdot 1+1)} = \frac{1}{1\cdot 3}$
$\frac{3}{4}$	$s_m = \frac{1}{1\cdot 3} + \frac{1}{2\cdot 4} + \frac{1}{3\cdot 5} + \frac{1}{4\cdot 6} + ... + \frac{1}{m(m+2)}$	$x_1 = \frac{1}{1(1+3)} = \frac{1}{1\cdot 3}$
$\frac{1}{4}$	$s_m = \frac{1}{1\cdot 2\cdot 3} + \frac{1}{2\cdot 3\cdot 4} + \frac{1}{3\cdot 4\cdot 5} + \frac{1}{4\cdot 5\cdot 6} + ... + \frac{1}{m(m+1)(m+2)}$	$x_1 = \frac{1}{1(1+1)(1+2)} = \frac{1}{1\cdot 2\cdot 3}$
e	$s_m = 1 + \frac{1}{1!} + \frac{1}{2!} + \frac{1}{3!} + \frac{1}{4!} + ... + \frac{1}{m!}$	$x_0 = \frac{1}{0!} = \frac{1}{1} = 1$
$\frac{1}{e}$	$s_m = 1 - \frac{1}{1!} + \frac{1}{2!} - \frac{1}{3!} + \frac{1}{4!} - ... + (-1)^m \frac{1}{m!}$	$x_0 = \frac{1}{0!} = \frac{1}{1} = 1$
$\log_e(2)$	$s_m = 1 - \frac{1}{2} + \frac{1}{3} - \frac{1}{4} + \frac{1}{5} - ... + (-1)^m \frac{1}{m+1}$	$x_0 = (-1)^0 \frac{1}{0+1} = 1 \cdot \frac{1}{1} = 1$
$\frac{1}{4}\pi$	$s_m = 1 - \frac{1}{3} + \frac{1}{5} - \frac{1}{7} + \frac{1}{9} - ... + (-1)^m \frac{1}{2m+1}$	$x_0 = (-1)^0 \frac{1}{2\cdot 0+1} = 1 \cdot \frac{1}{1} = 1$
$\frac{1}{2} - \frac{1}{8}\pi$	$s_m = \frac{1}{3\cdot 5} + \frac{1}{7\cdot 9} + \frac{1}{11\cdot 13} + \frac{1}{15\cdot 17} + ... + \frac{1}{(4m-1)(4m+1)}$	$x_1 = \frac{1}{(4\cdot 1-1)(4\cdot 1+1)} = \frac{1}{3\cdot 5}$
$\frac{1}{6}\pi^2$	$s_m = 1 + \frac{1}{2^2} + \frac{1}{3^2} + \frac{1}{4^2} + \frac{1}{5^2} + ... + \frac{1}{m^2}$	$x_1 = \frac{1}{1^2} = \frac{1}{1} = 1$
$\frac{1}{12}\pi^2$	$s_m = 1 - \frac{1}{2^2} + \frac{1}{3^2} - \frac{1}{4^2} + \frac{1}{5^2} - ... + (-1)^{m+1} \frac{1}{m^2}$	$x_1 = (-1)^{1+1} \frac{1}{1^2} = 1 \cdot \frac{1}{1} = 1$
$\frac{1}{8}\pi^2$	$s_m = \frac{1}{1^2} + \frac{1}{3^2} + \frac{1}{5^2} + \frac{1}{7^2} + ... + \frac{1}{(2m+1)^2}$	$x_0 = \frac{1}{(2\cdot 0+1)^2} = 1 \cdot \frac{1}{1^2} = 1$
$\frac{1}{90}\pi^4$	$s_m = 1 + \frac{1}{2^4} + \frac{1}{3^4} + \frac{1}{4^4} + \frac{1}{5^4} + ... + \frac{1}{m^4}$	$x_1 = \frac{1}{1^4} = \frac{1}{1} = 1$
$\frac{1}{96}\pi^4$	$s_m = \frac{1}{1^4} + \frac{1}{3^4} + \frac{1}{5^4} + \frac{1}{7^4} + ... + \frac{1}{(2m+1)^4}$	$x_0 = \frac{1}{(2\cdot 0+1)^4} = \frac{1}{1^4} = 1$

2.192 Reihen-definierte Funktionen (Übersicht)

> Ein Opfer hat Pythagoras geweiht
> den Göttern, die den Lichtstrahl ihm gesandt;
> es taten kund, geschlachtet und verbrannt,
> einhundert Ochsen seine Dankbarkeit.
> *Adalbert von Chamisso (1781 - 1838)*

In der folgenden Tabelle sind einige der in den vorangegangenen Abschnitten behandelten Funktionen, die durch Potenz-Reihen definiert sind, mit ihren Reihengliedern s_m genannt. Dabei sind im Hinblick auf die allgemeine Definition solcher Funktionen in Abschnitt 2.170 die Abkürzungen $s = (s_m)_{m \in \mathbb{N}_0}$ und $s_m = s(a, t, z)_m$ verwendet. (Die Tabelle enthält in der dritten Spalte den Konvergenzbereich der Reihe und damit zugleich den Definitionsbereich der Funktion.)

$exp_e(z)$	$s_m = 1 + \frac{z}{1!} + \frac{z^2}{2!} + \frac{z^3}{3!} + \ldots + \frac{z^m}{m!}$	$z \in \mathbb{R}$
$exp_a(z)$	$s_m = 1 + \frac{z\bar{a}}{1!} + \frac{(z\bar{a})^2}{2!} + \frac{(z\bar{a})^3}{3!} + \ldots + \frac{(z\bar{a})^m}{m!}$ mit $\bar{a} = log_e(a)$	$z \in \mathbb{R}$
$log_e(z)$	$s_m = 2(\frac{z-1}{z+1} + \frac{(z-1)^3}{3(z+1)^3} + \frac{(z-1)^5}{5(z+1)^5} + \ldots + \frac{(z-1)^{2m+1}}{(2m+1)(z+1)^{m+1}})$	$z \in \mathbb{R}^+$
$log_e(z)$	$s_m = \frac{z-1}{z} + \frac{(z-1)^2}{2z^2} + \frac{(z-1)^3}{3z^3} + \ldots + \frac{(z-1)^m}{mz^m}$	$z \in (\frac{1}{2}, \star)$
$log_e(z)$	$s_m = (z-1) - \frac{(z-1)^2}{2} + \frac{(z-1)^3}{3} - \ldots + (-1)^{m+1}\frac{(z-1)^m}{m}$	$z \in (0, 2]$
$log_e(1+z)$	$s_m = z - \frac{z^2}{2} + \frac{z^3}{3} - \frac{z^4}{4} + \ldots + (-1)^{m+1}\frac{z^m}{m}$	$z \in (-1, 1]$
$log_e(1-z)$	$s_m = -(z + \frac{z^2}{2} + \frac{z^3}{3} + \frac{z^4}{4} + \ldots + (-1)^{m+1}\frac{z^m}{m})$	$z \in [-1, 1)$
$log_e(\frac{1+z}{1-z})$	$s_m = 2(z + \frac{z^3}{3} + \frac{z^5}{5} + \frac{z^7}{7} + \ldots + \frac{z^{2m+1}}{2m+1})$	$z \in (-1, 1)$
$log_e(\frac{z+1}{z-1})$	$s_m = 2(\frac{1}{z} + \frac{1}{3z^3} + \frac{1}{5z^5} + \frac{1}{7z^7} + \ldots + \frac{1}{(2m+1)z^{2m+1}})$	$z \in \mathbb{R} \setminus [-1, 1]$
$sin(z)$	$s_m = z - \frac{z^3}{3!} + \frac{z^5}{5!} - \frac{z^7}{7!} + \frac{z^9}{9!} - \ldots + (-1)^m \frac{z^{2m+1}}{(2m+1)!}$	$z \in \mathbb{R}$
$cos(z)$	$s_m = 1 - \frac{z^2}{2!} + \frac{z^4}{4!} - \frac{z^6}{6!} + \frac{z^8}{8!} - \ldots + (-1)^m \frac{z^{2m}}{(2m)!}$	$z \in \mathbb{R}$
$sinh(z)$	$s_m = z + \frac{z^3}{3!} + \frac{z^5}{5!} + \frac{z^7}{7!} + \frac{z^9}{9!} + \ldots + \frac{z^{2m+1}}{(2m+1)!}$	$z \in \mathbb{R}$
$cosh(z)$	$s_m = 1 + \frac{z^2}{2!} + \frac{z^4}{4!} + \frac{z^6}{6!} + \frac{z^8}{8!} + \ldots + \frac{z^{2m}}{(2m)!}$	$z \in \mathbb{R}$

Potenzen von Binomen als Darstellungen durch Binomische Reihen (es sei dabei $k \in \mathbb{R}^+$):

$(1 \pm z)^k$	$s_m = 1 \pm kz + \frac{k(k-1)}{2!}z^2 \pm \frac{k(k-1)(k-2)}{3!}z^3 + \ldots + (\pm 1)^m \frac{k(k-1)\cdot\ldots\cdot(k-m+1)}{m!}z^m$	$z \in [-1, 1]$
$(1 \pm z)^{-k}$	$s_m = 1 \mp kz + \frac{k(k-1)}{2!}z^2 \mp \frac{k(k-1)(k-2)}{3!}z^3 + \ldots + (\pm 1)^m \frac{k(k-1)\cdot\ldots\cdot(k-m+1)}{m!}z^m$	$z \in (-1, 1)$

Anmerkungen:
1. Es gilt $\frac{k(k-1)\cdot\ldots\cdot(k-m+1)}{m!} = \binom{k}{m}$.
2. Ist $k \in \mathbb{N}$, dann ist $(1 \pm z)^k = s_m$.

2.200 STETIGE FUNKTIONEN

Sagredo: Ist nicht die Geometrie das mächtigste Werkzeug zur Schärfung des Verstandes, das uns zu jeglicher Untersuchung befähigt? Wie hatte doch Plato recht, wenn er allem zuvor seine Schüler gründlich in der Mathematik unterrichtete!
Simplicio: Wahrlich, ich fange an zu begreifen, daß die Logik, obwohl sie ein außerordentliches Hilfsmittel der Dialektik ist, uns doch nicht zur Erfindung bringt und zur Denkschärfe der Geometrie.
Sagredo: Mir scheint, die Logik lehrt uns zu erkennen, ob bereits angestellte Untersuchungen urteilskräftig seien, aber daß sie den Gang derselben bestimme und die Beweise finden lehre, das glaube ich nicht.
Galileo Galilei (1564 - 1642) (aus den *Discorsi*)

Von den zentralen Gebieten der Analysis von Funktionen $T \longrightarrow \mathbb{R}$ mit geeigneten Teilmengen $T \subset \mathbb{R}$, die in einem ersten Überblick im Vorwort zu BUCH^{MAT}2.A angedeutet sind, ist in diesem Band die *Theorie der Stetigen Funktionen* (folgende Abschnitte 2.2x) behandelt.

Stetigkeit und Nicht-Stetigkeit (als Eigenschaften von Funktionen $T \longrightarrow \mathbb{R}$) verhalten sich zueinander so ungefähr wie die Analog- zur Digital-Technik: Während eine sogenannte Digital-Uhr die jeweils angezeigte Ziffer sozusagen mit einem Schlag wechselt, bewegen sich die Zeiger einer Analog-Uhr kontinuierlich im selben Tempo und ohne Halt – eben stetig. Dieser Unterscheidung entspricht bei graphischen Darstellungen entsprechender (von der Zeit abhängigen) Funktionen f im digitalen Fall eine Sprungstellen-Situation (die Funktionswerte unter f nähern sich bei der Stelle 1 von links etwa der Zahl 0, wobei insbesondere $f(0) = 0$ sei, während die Funktionswerte rechts von 1 alle größer als 2 sind). Stetigkeit hingegen bedeutet, daß solche Sprungstellen und ähnliche, etwas verwickeltere Situationen nicht auftreten. Es versteht sich, daß die diesbezüglich betrachteten Funktionen etwa auf Intervallen T, auf ganz $\mathbb{R}$ oder auf für diese Beobachtungen sinnvolle Teilmengen $T \subset \mathbb{R}$ definiert sein sollten.

Man wird nun einwenden, daß für das, was man so leicht sehen kann, eine eigene Theorie einzurichten eigentlich nicht nötig sei. Ja, wenn man das immer sehen könnte! Zum einen kann der Augenschein trügen (wenn die Funktion das so will), zum anderen, wenn man nur die Funktionsvorschrift vor sich hat, sieht man gar nichts. Also muß man die Frage beantworten können: Wie kann man Stetigkeit oder Nicht-Stetigkeit *durch Berechnung* entscheiden? Und das ist dann schon der Anfang der Theorie – die, um schon das zentrale methodische Werkzeug anzudeuten – die *Konvergenz von Folgen* einerseits zur Grundlage hat und andererseits, da ja von Funktionen die Rede ist, das *Transport-Problem für Konvergenz* vom Definitions- zum Wertebereich löst: Stetige Funktionen $f : T \longrightarrow \mathbb{R}$ sind Funktionen, die eine Konvergenz-Situation $lim(x) = lim(x_n)_{n \in \mathbb{N}} = x_0$ im Definitionsbereich $D(f)$ in die entsprechende Konvergenz-Situation $lim(f \circ x) = lim(f(x_n))_{n \in \mathbb{N}} = f(x_0)$ in den Wertebereich $W(f)$ überführt.

Diese Eigenschaft – näher in Abschnitt 2.202 erläutert – ist der Kern der Idee und wird sich in alle Verallgemeinerungen des Stetigkeitsbegriffs im Rahmen der Analysis in $\mathbb{R}^n$, dann auch bei *Topologischen Räumen* (Abschnitte 2.4x) hin fortsetzen. (Aus einem ganz allgemeinen Blickwinkel betrachtet kann man sagen: Die Rolle, die die Homomorphismen bei algebraischen Strukturen spielen, entspricht genau der Rolle der stetigen Funktionen bei topologischen Räumen (siehe dazu auch Abschnitt 1.300).)

Ein zweiter Aspekt der Bedeutung der Stetigkeit – schon im Vorgriff auf das Kapitel *Differenzierbare Funktionen* im nächsten Band – ist in folgender Skizze angedeutet: Für jede Teilmenge $I \subset \mathbb{R}$, die als Definitionsbereich differenzierbarer Funktionen $I \longrightarrow \mathbb{R}$ zugelassen ist, gilt die (echte) Inklusion $D(I, \mathbb{R}) \subset C(I, \mathbb{R})$. Das heißt: Jede solche differenzierbare Funktion ist stetig, umgekehrt gesagt, nur innerhalb des Bereichs der stetigen Funktionen sind differenzierbare Funktionen zu finden.

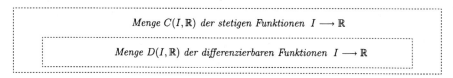

2.201 STETIGE UND NICHT-STETIGE PROZESSE

> Mensch, werde wesentlich;
> denn wenn die Welt vergeht,
> so fällt der Zufall weg,
> das Wesen, das besteht!
> *Angelus Silesius* (1624 - 1677)

Zunächst soll (in diesem Abschnitt) der in den folgenden Abschnitten behandelte Begriff der *Stetigkeit von Funktionen* $T \longrightarrow \mathbb{R}$ anhand einiger anwendungsbezogener Beispiele in nicht-mathematischen Breichen auf mehr intuitiver Ebene vorbereitet werden. Zugleich soll dabei auch auf die Schwierigkeiten aufmerksam gemacht werden, die in dem Transfer zwischen nicht-mathematischen und mathematischen Begriffen und Methoden prinzipiell immer bestehen. Das betrifft die quantitativen und qualitativen Diskrepanzen zwischen sogenannter Wirklichkeit und Modell – die zu bedenken ebenso zur mathematischen Tätigkeit gehört wie das Besprechen mathematischer Sachverhalte selbst.

Damit ist auch klar, daß die in diesem Abschnitt verwendete Sprache im ganzen Allgemeinsprache ist, die auftretenden Begriffe (insbesondere Stetigkeit und Sprungstelle), sofern sie als Bestandteil mathematischer Sprache gelten sollen, erst noch einer Präzisierung bedürfen, die dann nötigenfalls in den weiteren Abschnitten erfolgt.

2.201.1 Beispiel

Eine elektrische Heizung wird in dem Zeitintervall $[t_A, t_E]$ beobachtet. Sie werde bei t_A eingeschaltet und bei $t_0 \in (t_A, t_E)$ ausgeschaltet. Die Beobachtungen beziehen sich einerseits auf die Temperatur T im umgebenden Raum und andererseits auf die Spannung U im Heizaggregat. Beschreibt man T und U in Abhängigkeit der Zeit t, so können entsprechende Funktionen folgendes Aussehen haben:

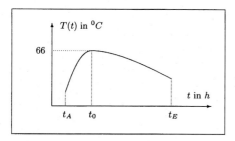
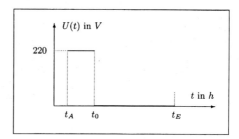

Der hier zu diskutierende Unterschied zwischen beiden Funktionen ist ihr jeweiliges Verhalten bei t_0. Man sagt: T verhält sich bei t_0 *stetig* (trotz eines etwaigen Knicks), während U demgegenüber bei t_0 eine sogenannte *Sprungstelle* hat, die als ein dort *nicht-stetiges* Verhalten bezeichnet wird.

Allerdings – wenn man sich schon etwas mit Physik beschäftigt – ist es sehr die Frage, was das den beiden Skizzen zugrunde liegende Modell eigentlich beschreibt, wie gut es das tut und wofür oder für wen es nützlich ist. Dazu nur andeutungsweise folgende Bemerkungen:

a) Die Skizzen sind mehr oder weniger abstrakte Figuren als Abbilder von Gedanken als Abbilder von Sinnesempfindungen als Abbilder von Anzeigesituationen als Abbilder von Meßgeräte-Konstruktionen als Abbilder von ...

b) Nehmen wir an, wir hätten die Möglichkeit, das Verhalten von T und U in einem beliebig großen Maßstab zu untersuchen oder darzustellen, dann könnte durchaus in beiden Skizzen eine Art Treppen-Funktion zu erwarten und das abrupte Absinken der Spannung als sanfteres Absinken zu erkennen sein.

c) Gleichwohl sind beide Skizzen sinnvolle Darstellungen, wenn man sie an ihrem möglichen Verwendungszweck mißt. Beispielsweise bilden sie eine ausreichend verläßliche Grundlage etwa dafür, ob man ein Kabel ohne Gefahr anfassen kann oder ob eine Stromrechnung stimmen kann.

2.201.2 Beispiel

Die Anzeige einer Uhr (oder eines anderen ähnlich funktionierenden Meßinstrumentes) kann einen stetigen oder einen nicht-stetigen Prozeß verdeutlichen, je nachdem, ob es sich um eine Uhr mit Zeigern oder um eine Uhr mit veränderbarer Ziffernanzeige (LCD-Schirm) handelt. Im ersten Fall spricht man von *Analog-Technik*, im zweiten von *Digital-Technik*.

Funktionen, die entweder den Weg der Zeiger (Analog-Uhr) oder die Anzeige der Stundenziffern (Digital-Uhr) in Abhängigkeit der Zeit t beschreiben, können folgendes Aussehen haben:

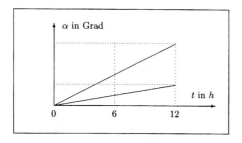
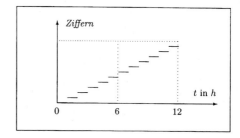

Die zusätzlichen Fragestellungen, die in Beispiel 2.201.1 besprochen wurden, treten bei diesem Beispiel in entsprechender Weise auf. (Insbesondere ist dabei noch der Umstand zu diskutieren, daß der als stetig angesehene Ablauf der Zeit bei einer Digital-Uhr durch einen nicht-stetigen Prozeß repräsentiert wird.)

2.201.3 Beispiel

Bei der Entwicklung von Populationen in einem beobachtbaren, begrenzten Lebensraum (Mäuse im Grunewald oder, der Calauer sei gestattet, in Form von Aktienkursen an der Börse) treten Funktionen auf, die Anzahlen in Abhängigkeit der Zeit beschreiben. Diese Funktionen bestehen aus einzelnen diskreten Punkten, die des besseren Überblicks halber in Form einer sogenannten Verbindungskurve *stetig ergänzt* werden. (Bei diskreten Meßwertintervallen bei physikalischen Messungen nennt man die entsprechende stetige Ergänzung eine Ausgleichskurve.)

Unabhängig von der gewählten Darstellungsform können solche Populations- oder Kurs-Entwicklungen stetig genannt werden. Allerdings zeigt die Erfahrung, daß solches Glück oder Unglück, je nachdem, nicht ewig währt. Gelegentlich treten sogenannte Katastrophen ein, die durch abrupte Anzahl-Änderungen etwa bei Epidemien gekennzeichnet sind. (Das mathematische Gebiet, das solche Phänomene untersucht, heißt dementsprechend auch Katastrophen-Theorie.)

Die folgenden Skizzen zeigen stetiges, ungestörtes Wachstum mit asymptotischer Grenze (erste Skizze) und nicht-stetiges Wachstum im Katastrophenfall, wobei auch hier bei genügend kleinem Maßstab der Zeitpunkt t_0 der Katastrophe als Sprungstelle auftritt (zweite Skizze):

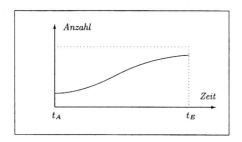
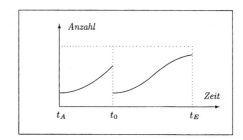

2.201.4 Beispiel

Ein Kapital K werde einmal kontinuierlich, einmal nachschüssig (postnumerando) nach Ablauf gewisser gleichbleibender Zeitintervalle verzinst. Graphische Darstellungen der Funktionen, die den jeweiligen Kapitalzuwachs in Abhängigkeit der Anlagedauer beschreiben, können folgendes Aussehen haben (dabei bedeute WE Währungseinheit):

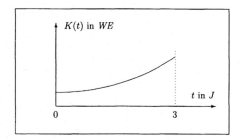 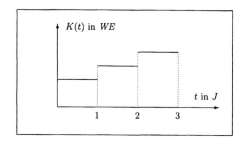

Die erste Skizze (kontinuierliche Verzinsung) zeigt einen stetigen Prozeß, die zweite (nachschüssige Verzinsung) einen wieder durch Sprungstellen gekennzeichneten nicht-stetigen Prozeß der Kapitalzunahme.

Anders als bei den Beispielen 1 bis 3 handelt es sich aber bei der hier modellhaft skizzierten „Wirklichkeit" schon selbst um einen abstrakten Gegenstand, also um Abbilder idealisierter Vorgänge, die insofern keine Probleme der dort geschilderten Art mit sich bringen (denn es werden ja nicht – wie bei D. Duck Geldhäufchen gezählt).

2.202 Stetige Funktionen

> Gewiß die meisten paradoxen Behauptungen, denen wir auf dem Gebiete der Mathematik begegnen, sind Sätze, die den Begriff des Unendlichen enthalten.
> *Bernard Bolzano* (1781 - 1848)

In diesem Abschnitt wird ein zu den Überlegungen in Abschnitt 1.401 analoger Sachverhalt angesprochen. Kurz zur Erinnerung: Algebraische Strukturen sind Mengen zusammen mit inneren und äußeren Kompositionen. Je nach Art, Anzahl und zusätzlichen Eigenschaften solcher Kompositionen werden die entsprechenden algebraischen Strukturen mit Namen wie *Gruppe, Ring, Vektorraum etc.* versehen. Die Überlegungen in Abschnitt 1.402 haben für algebraische Strukturen den Begriff der *Strukturverträglichen Funktion* erläutert: Diese Funktionen haben die Eigenschaft, mit den inneren und äußeren Kompositionen auf Definitions- und Wertebereich vertauschbar zu sein. Etwas laxer gesagt: Summen werden in Summen (oder Produkte), Produkte in Produkte (oder Summen), A-Produkte in A-Produkte überführt.

Eine ganz entsprechende Aufgabe haben die in den Abschnitten 2.2 (und dann auch in 3.2) diskutierten sogenannten stetigen Funktionen. Dabei muß zunächst geklärt werden, von welchen Strukturen hier die Rede ist, also zu welchem Typ von Struktur die stetigen Funktionen als die zugehörigen strukturverträglichen Funktionen angesehen werden sollen. Diese Frage wird zweimal beantwortet: in den Abschnitten 2.2 im Rahmen von Funktionen $\mathbb{R} \longrightarrow \mathbb{R}$, in den Abschnitten 3.2 dann im Zusammenhang mit *Topologischen Räumen*. Beide Antworten werden natürlich bezogen auf $\mathbb{R}$ dieselben Sachverhalte liefern.

In den Abschnitten 2.0 und 2.1 steht der Begriff der Konvergenz von Folgen im Zentrum der Betrachtungen, wobei immer wieder darauf hingewiesen wurde, daß dieser Begriff für alle Gebiete der Analysis grundlegende Bedeutung hat. (Man kann sogar sagen: Alle mathematischen Theorien, die auf dem Konvergenz-Begriff basieren, nennt man in ihrer Gesamtheit *Analysis*.) In sehr allgemeiner Formulierung lassen sich die stetigen Funktionen als diejenigen Funktionen kennzeichnen, die mit der Konvergenz von Folgen verträglich sind, das heißt, konvergente Folgen im Definitionsbereich in konvergente Folgen im Wertebereich überführen.

Genauer gesagt: Nehmen wir an, auf Mengen M und N sei jeweils zu dem ohnehin vorhandenen Folgen-Begriff ein Konvergenz-Begriff für Folgen $\mathbb{N} \longrightarrow M$ und $\mathbb{N} \longrightarrow N$ definiert (etwa der Konvergenz-Begriff von Definition 2.040.1), dann werden diejenigen Funktionen $f : M \longrightarrow N$, die die beiden folgenden Eigenschaften haben, *stetige Funktionen* genannt:

1. Bildfolgen $f \circ x : \mathbb{N} \longrightarrow N$ konvergenter Folgen $x : \mathbb{N} \longrightarrow M$ sind ebenfalls konvergent.
2. Der Funktionswert $f(lim(x))$ ist gleich dem Grenzwert $lim(f \circ x)$ der Folge der Funktionswerte, also der Bildfolge $f \circ x$.

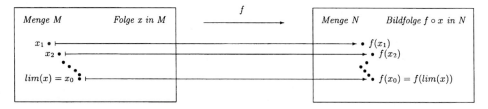

Strukturverträglichkeit bezüglich Konvergenz-Struktur als sozusagen innermathematischer Anlaß sowie das in Abschnitt 2.201 beschriebene Sprungstellen-Problem als anwendungsbezogener Anlaß führen beide zu derselben Funktionseigenschaft, der Stetigkeit.

2.203   Stetige Funktionen $I \longrightarrow \mathbb{R}$ (Version 1, Teil 1)

> Haben Sie nicht beobachtet, daß die Armen den Wert der Dinge, die sie nicht besitzen, immer überschätzen? Die Armen glauben, daß sie nichts als Reichtümer brauchten, um vollkommen glücklich und gut zu sein.
> *George Bernard Shaw* (1856 - 1950)

Beschrieben wird nun die Eigenschaft einer Funktion $f : D(f) \longrightarrow \mathbb{R}$ mit $D(f) \subset \mathbb{R}$, einerseits bei einer bestimmten Stelle $x_0 \in D(f)$ *keine* Sprungstelle (bzw. überhaupt keine Sprungstelle) im Sinne von Abschnitt 2.201 zu haben, andererseits mit der Konvergenz-Struktur im Sinne von Abschnitt 2.202 verträglich zu sein. Die Beschreibung in Definition 2.203.2 wird dabei eine Form haben, die es gestattet, diese Eigenschaft (oder auch ihre Negation) bei konkreten Funtionen *berechnen* zu können. Da dabei, wie sich später zeigen wird, der Definitionsbereich der betrachteten Funktion eine bedeutsame Rolle spielt, wird er gemäß Konvention 2.203.1 vereinbart.

Es sei vorweg schon darauf aufmerksam gemacht, daß in Abschnitt 2.206 eine zweite Fassung des Stetigkeitsbegriffs betrachtet wird. Warum eine solche Zweitversion untersucht wird und inwieweit sie sich von der hier dargestellten unterscheidet, wird dann dort kommentiert.

2.203.1   Konvention

Ist nichts anderes gesagt, so bezeichne im folgenden I eine Vereinigung von Intervallen in $\mathbb{R}^\star$. (Zur Definition von $\mathbb{R}^\star$ siehe Abschnitt 1.869.)

1. Bei einer Formulierung in den folgenden Abschnitten der Form $f : I \longrightarrow \mathbb{R}$ *sei/ist eine stetige Funktion* ist stets eine solche Menge I vorausgesetzt.

2. Beispiele für solche Mengen I sind etwa die Mengen $\mathbb{R} = (-\star, \star)$, $\mathbb{R}^+ = (0, \star)$, $\mathbb{R}^- = (-\star, 0)$, $\mathbb{R} \setminus \{a\} = (-\star, a) \cup (a, \star)$, $\mathbb{R} \setminus [a,b] = (-\star, a) \cup (b, \star)$, $\mathbb{R} \setminus \{a,b\} = (-\star, a) \cup (a,b) \cup (b, \star)$, $\mathbb{R} \setminus \{z_1, ..., z_n\}$ und natürlich einzelne offene Intervalle $(a,b) \subset \mathbb{R}$ oder abgeschlossene Intervalle $[a,b] \subset \mathbb{R}$ selbst.

2.203.2   Definition   (nach *Eduard Heine* (1821 - 1881))

1. Eine Funktion $f : I \longrightarrow \mathbb{R}$ heißt *(lokal) stetig bei* $x_0 \in I$, falls für jede konvergente Folge $x : \mathbb{N} \longrightarrow I$ mit $lim(x) = x_0$ auch die zugehörige Bildfolge $f \circ x : \mathbb{N} \longrightarrow Bild(f)$ konvergiert mit $lim(f \circ x) = f(x_0)$.

2. Eine Funktion $f : I \longrightarrow \mathbb{R}$ heißt *(global* oder *insgesamt) stetig*, falls sie für alle $x_0 \in I$ stetig ist.

3. Die Menge aller stetigen Funktionen $I \longrightarrow \mathbb{R}$ wird mit $C(I, \mathbb{R})$ bezeichnet. (Der Buchstabe C soll an das englische *continous* (stetig) erinnern.)

4. Ein Element $x_0 \in I$ heißt *Unstetigkeitsstelle* einer Funktion $f : I \longrightarrow \mathbb{R}$, wenn f bei x_0 nicht stetig ist. Hat f (mindestens) eine Unstetigkeitsstelle, so nennt man f *nicht stetig* oder *unstetig*.

2.203.3   Bemerkungen

1. Die Bedingung für lokale Stetigkeit bei $x_0 \in I$ ist durch Existenz und Gültigkeit der Formel $lim(f \circ x) = f(lim(x))$ oder in Index-Schreibweise $lim(f(x_n))_{n \in \mathbb{N}} = f(lim(x_n)_{n \in \mathbb{N}})$ für alle gegen x_0 konvergierenden Folgen $x = (x_n)_{n \in \mathbb{N}} : \mathbb{N} \longrightarrow I$ gekennzeichnet. Man sagt daher auch: f ist mit der Limes-Funktion $lim : Kon(I) \longrightarrow I$ vertauschbar, das heißt kurz, der Grenzwert der Bilder ist gleich dem Bild des Grenzwertes.

2. Es sei x_0 eine Unstetigkeitsstelle von $f : I \longrightarrow \mathbb{R}$. Man nennt f bei x_0 *linksseitig stetig* (entsprechend *rechtsseitig stetig*), falls für jede monotone (entsprechend: antitone) konvergente Folge $x : \mathbb{N} \longrightarrow I$ mit $lim(x) = x_0$ auch die Bildfolge $f \circ x : \mathbb{N} \longrightarrow I$ konvergent ist mit $lim(f \circ x) = f(x_0)$.

3. Eine Funktion $f : I \longrightarrow \mathbb{R}$ ist bei x_0 genau dann stetig, wenn sie bei x_0 linksseitig stetig und rechtsseitig stetig ist.

4. Eine bei x_0 unstetige Funktion $f : I \longrightarrow \mathbb{R}$ (man beachte dabei Konvention 2.203.1) braucht bei x_0 weder linksseitig noch rechtsseitig stetig zu sein (siehe Skizze (4) in Bemerkung 5).

5. Die folgenden Skizzen illustrieren den definitorischen Zusammenhang zwischen Stetigkeit bzw. Unstetigkeitsstellen x_0 und Konvergenz bzw. Divergenz von Bildfolgen $f \circ x$ für verschiedene Funktionen $f : \mathbb{R}_0^+ \longrightarrow \mathbb{R}$:

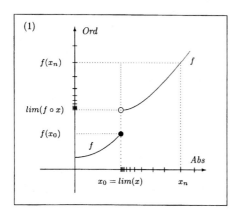
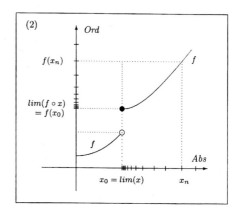
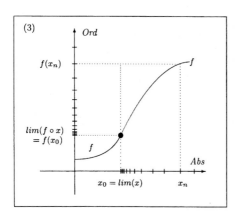
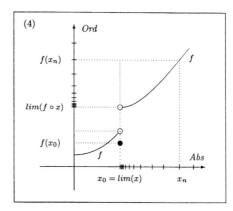

Skizze (1): f ist bei x_0 unstetig, jedoch bei x_0 linksseitig stetig.
Skizze (2): f ist bei x_0 unstetig, jedoch bei x_0 rechtsseitig stetig.
Skizze (3): f ist bei x_0 und insgesamt stetig.
Skizze (4): f ist bei x_0 unstetig und dort weder linksseitig noch rechtsseitig stetig.

Trotz ähnlicher Skizzen beschreibt die folgende Bemerkung eine grundsätzlich andere Situation als die in den obigen Skizzen (1) bis (4) geschilderten Sachverhalte:

6. Für Funktionen $f : I \longrightarrow \mathbb{R}$, wobei I eine disjunkte Vereinigung offener Intervalle in $\mathbb{R}^*$ sei, kann man sagen: Kann man den Graphen von f „in einem Stück durchzeichnen", so ist f stetig. Ist f stetig, so kann man den Graphen von f nicht notwendigerweise durchzeichnen. Ein Beispiel dafür liefern die Definitionsbereiche der Form $D(f) = (a, b) \cup (b, c)$ mit einer sogenannten *Lücke* (siehe Abschnitt 2.226) oder einer sozusagen optischen Sprungstelle b. Beide Situationen zeigen die folgenden Skizzen.

In beiden Skizzen ist $D(f) = (0, a) \cup (a, b) = (0, b) \setminus \{a\}$ und jeweils eine Funktion $f : D(f) \longrightarrow \mathbb{R}$ dargestellt:

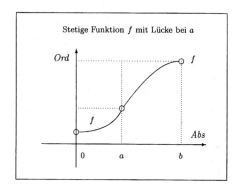
Stetige Funktion f mit Lücke bei a

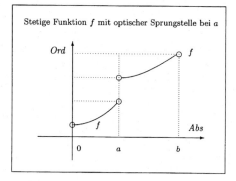
Stetige Funktion f mit optischer Sprungstelle bei a

7. Nebenbei: Wird entgegen der Konvention 2.203.1 der Definitionsbereich $D(f) = \mathbb{Q}$ und $a = \sqrt{2}$ betrachtet, ein Fall, der an anderer Stelle noch genauer untersucht wird, dann ist die Funktion $f : \mathbb{Q} \longrightarrow \mathbb{Q}$ mit der Zuordnungsvorschrift $f(x) = \begin{cases} 1, & \text{falls } x < \sqrt{2}, \\ 2, & \text{falls } x > \sqrt{2}, \end{cases}$ stetig.

2.203.4 Beispiele

1. Konstante Funktionen $a : \mathbb{R} \longrightarrow \mathbb{R}$ mit $a(z) = a$ sind stetig, denn: Für alle $x_0 \in \mathbb{R}$ und für alle konvergenten Folgen $x : \mathbb{N} \longrightarrow \mathbb{R}$ mit $lim(x) = x_0$ ist die Bildfolge $a \circ x = a$ konvergent und es gilt $lim(a \circ x) = lim(a) = a = a(x_0)$ unter Verwendung von Bemerkung 2.040.4/1.

2. Die identische Funktion $id : \mathbb{R} \longrightarrow \mathbb{R}$ mit $id(z) = z$ ist stetig, denn: Für alle $x_0 \in \mathbb{R}$ und für alle konvergenten Folgen $x : \mathbb{N} \longrightarrow \mathbb{R}$ mit $lim(x) = x_0$ ist die Bildfolge $id \circ x = x$ konvergent und es gilt $lim(id \circ x) = lim(x) = x_0 = id(x_0)$.

3. Die Normalparabel $id^2 : \mathbb{R} \longrightarrow \mathbb{R}$ mit $id^2(z) = z^2$ ist stetig, denn: Für alle $x_0 \in \mathbb{R}$ und für alle konvergenten Folgen $x : \mathbb{N} \longrightarrow \mathbb{R}$ mit $lim(x) = x_0$ ist die Bildfolge $id^2 \circ x = (id \circ x) \cdot (id \circ x) = x \cdot x = x^2$ konvergent und es gilt $lim(id^2 \circ x) = lim(x^2) = lim(x) \cdot lim(x) = x_0 x_0 = x_0^2 = id^2(x_0)$ unter Verwendung von Satz 2.045.1/4.

Anmerkung: Etwas aufwendiger ist die Index-Schreibweise für die auftretenden Folgen. So ist die Bildfolge $(id^2(x_n))_{n \in \mathbb{N}} = (x_n^2)_{n \in \mathbb{N}} = (x_n)_{n \in \mathbb{N}} \cdot (x_n)_{n \in \mathbb{N}}$ mit dem Grenzwert $lim(id^2(x_n))_{n \in \mathbb{N}} = lim((x_n)_{n \in \mathbb{N}})^2 = lim(x_n)_{n \in \mathbb{N}} \cdot lim(x_n)_{n \in \mathbb{N}} = x_0 x_0 = x_0^2 = id^2(x_0)$ zu betrachten. Bei den weiteren Beispielen wird daher im allgemeinen die Funktions-Schreibweise bevorzugt.

4. Die Hyperbel $h = \frac{1}{id} : \mathbb{R} \setminus \{0\} \longrightarrow \mathbb{R}$ mit $h(z) = \frac{1}{z}$ ist stetig, denn: Für alle $x_0 \in \mathbb{R} \setminus \{0\}$ und für alle konvergenten Folgen $x : \mathbb{N} \longrightarrow \mathbb{R}$ mit $lim(x) = x_0$ ist die Bildfolge $h \circ x = \frac{1}{id} \circ x = \frac{1}{id \circ x} = \frac{1}{x}$ konvergent und es gilt $lim(h \circ x) = \frac{1}{lim(x)} = \frac{1}{x_0} = h(x_0)$ unter Verwendung von Satz 2.045.1/5.

Anmerkung: Die Zahl 0 ist (entgegen aller sonstigen unfüglichen Behauptungen) keine Unstetigkeitsstelle von h, denn wo eine Funktion nicht existiert, kann sie eine Eigenschaft weder besitzen noch nicht besitzen.

5. Die Betragsfunktion $b : \mathbb{R} \longrightarrow \mathbb{R}$ mit $b(z) = |z|$ ist stetig, denn: Für alle $x_0 \in \mathbb{R}$ und für alle konvergenten Folgen $x : \mathbb{N} \longrightarrow \mathbb{R}$ mit $lim(x) = x_0$ ist die Bildfolge $b \circ x = |x|$ konvergent und es gilt $lim(b \circ x) = lim(|x|) = |lim(x)| = |x_0| = b(x_0)$ unter Verwendung von Lemma 2.041.2/3.

6. Die Funktion $f : \mathbb{R} \longrightarrow \mathbb{R}$, definiert durch $f(z) = \begin{cases} 1, & \text{falls } z \leq 1, \\ 2, & \text{falls } z > 1, \end{cases}$ ist bei 1 linksseitig, aber nicht rechtsseitig stetig, folglich ist 1 eine Unstetigkeitsstelle von f. (Wie Beispiel 1 zeigt, ist 1 auch die einzige Unstetigkeitsstelle von f.)

Zum Nachweis dafür, daß f bei 1 nicht rechtsseitig stetig ist, genügt es, eine antitone Folge $x : \mathbb{N} \longrightarrow \mathbb{R}$ mit $lim(x) = 1$ anzugeben, deren Bildfolge $f \circ x$ nicht bzw. nicht gegen $f(1) = 1$ konvergiert. Eine solche Folge ist $x : \mathbb{N} \longrightarrow \mathbb{R}$ mit $x(n) = \frac{1}{n} + 1$, die gegen 1 konvergiert, deren Bildfolge $f \circ x = 2$ aber (als konstante Folge) gegen $2 \neq 1 = f(1)$ konvergiert.

7. Zur Erinnerung (siehe Abschnitte 1.24x): Eine Funktion $f : \mathbb{R} \longrightarrow \mathbb{R}$ heißt periodisch, falls es eine Zahl $p \in \mathbb{R}_0^+$ gibt mit $f(x + p) = f(x)$, für alle $x \in \mathbb{R}$; man nennt p dann die Periode zu f. Nun gilt: Ist

f darüber hinaus stetig, dann besitzt f eine kleinste positive Periode $p > 0$ und die Menge aller Perioden zu f ist $\mathbb{Z}p$.

Für die Definition/Untersuchung von Funktionen $\mathbb{R} \longrightarrow \mathbb{R}$, beispielsweise bei Exponential-Funktionen, erweist sich der folgende Sachverhalt als sehr nützlich:

2.203.5 Satz

Für stetige Funktionen $f, g : \mathbb{R} \longrightarrow \mathbb{R}$ mit $f|\mathbb{Q} = g|\mathbb{Q}$ gilt $f = g$.

Beweis: Es sei $x_0 \in \mathbb{R} \setminus \mathbb{Q}$ beliebig gewählt. Da $\mathbb{Q}$ dicht in $\mathbb{R}$ eingebettet ist (siehe etwa Bemerkungen 2.060.3), gibt es zu jedem $n \in \mathbb{N}$ ein Element $x_n \in \mathbb{Q}$ mit $|x_0 - x_n| < \frac{1}{n}$. Das bedeutet aber, daß die so konstruierte Folge $x : \mathbb{N} \longrightarrow \mathbb{Q}$ gegen x_0 konvergiert. Nach Voraussetzung gilt aber $f \circ x = g \circ x$, woraus die Stetigkeit von f und g dann $f(x_0) = lim(f \circ x) = lim(g \circ x) = g(x_0)$ liefert. Da $x_0 \in \mathbb{R} \setminus \mathbb{Q}$ beliebig gewählt war, gilt somit $f = g$.

A2.203.01: Beweisen Sie, daß die kubische Parabel $id^3 : \mathbb{R} \longrightarrow \mathbb{R}$ und die Gerade $g = 3id + 2 : \mathbb{R} \longrightarrow \mathbb{R}$ stetig sind.

A2.203.02: Untersuchen Sie insbesondere bei 1 die Stetigkeit der Funktion $f : \mathbb{R} \longrightarrow \mathbb{R}$, definiert durch die Zuordnungsvorschrift
$$f(z) = \begin{cases} 1, & \text{falls } z \neq 1, \\ 6, & \text{falls } z = 1. \end{cases}$$

A2.203.03: Beweisen Sie mit Definition 2.203.2: Ist $f : \mathbb{R} \longrightarrow \mathbb{R}$ stetig, dann ist auch $|f| : \mathbb{R} \longrightarrow \mathbb{R}$ stetig. (Siehe dazu aber auch Abschnitt 2.211.)

A2.203.04: Geben Sie eine nicht-stetige Funktion $f : \mathbb{R} \longrightarrow \mathbb{R}$ an, für die $|f| : \mathbb{R} \longrightarrow \mathbb{R}$ stetig ist.

A2.203.05: Beweisen Sie: Sind $f, g : I \longrightarrow \mathbb{R}$ stetige Funktionen, dann ist auch die durch die Zuordnungsvorschrift $h(x) = max(f(x), g(x))$ definierte Funktion $h : I \longrightarrow \mathbb{R}$ stetig.

A2.203.06: Untersuchen Sie jeweils, ob die Funktion $f : \mathbb{R} \longrightarrow \mathbb{R}$ bei Null stetig ist oder nicht:

1. $f(x) = \begin{cases} \frac{1}{x}, & \text{falls } x \neq 0, \\ 0, & \text{falls } x = 0, \end{cases}$ 2. $f(x) = \begin{cases} \frac{x}{|x|}, & \text{falls } x \neq 0, \\ 0, & \text{falls } x = 0. \end{cases}$

A2.203.07: Formulieren Sie zunächst die Negation von Definition 2.203.2/1 in Form einer Äquivalenz von Aussagen. Weisen Sie damit dann noch einmal explizit nach, daß die in Beispiel 2.204.2/3 angegebene Funktion $f : \mathbb{R} \longrightarrow \mathbb{R}$, definiert durch $f(z) = \begin{cases} -z, & \text{falls } z \in \mathbb{Q}, \\ z, & \text{falls } z \in \mathbb{R} \setminus \mathbb{Q}, \end{cases}$ an der Stelle $\sqrt{2}$ nicht stetig ist.

A2.203.08: Untersuchen Sie die in Abschnitt 1.206 besprochenen Treppen-, Dirac- und Dirichlet-Funktionen $\mathbb{R} \longrightarrow \mathbb{R}$ hinsichtlich Stetigkeit.

A2.203.09: Beweisen Sie die Aussage von Beispiel 2.203.4/7.

A2.203.10: Betrachten Sie die Familie $(f_k)_{k \in \mathbb{N}}$ von Funktionen $f_k : \mathbb{R} \longrightarrow \mathbb{R}$ mit $f_k(x) = \frac{kx}{1+|kx|}$.
1. Nennen Sie anhand einer kleinen Skizze von f_1 elementare Eigenschaften der Funktionen f_k (auch f_0).
2. Weisen Sie nach, daß die Funktionen f_k stetig sind.
3. Bestimmen Sie die Menge $D(h)$ derjenigen Zahlen $x_0 \in \mathbb{R}$, für die $h(x_0) = lim(f_k(x_0))_{k \in \mathbb{N}}$ existiert.
4. Untersuchen Sie die Funktion $h : D(h) \longrightarrow \mathbb{R}$ hinsichtlich Stetigkeit.

2.204 Stetige Funktionen $I \longrightarrow \mathbb{R}$ (Version 1, Teil 2)

> Prahl nicht heute: Morgen will
> dieses oder das ich tun!
> Schweige doch bis morgen still,
> sage dann: Das tat ich nun!
> *Friedrich Rückert* (1788 - 1866)

In diesem Abschnitt werden weitere Beispiele stetiger oder teilweise stetiger Funktionen $f : D(f) \longrightarrow \mathbb{R}$ mit $D(f) \subset \mathbb{R}$ behandelt. Einige dieser Beispiele basieren auf den folgenden Bemerkungen 2.204.1, die im wesentlichen zum Inhalt haben, stetige Teile von Funktionen zu beschreiben.

Bei der Verwendung von Definitionsbereichen $D(f) = I$ sei an Konvention 2.203.1 erinnert.

2.204.1 Bemerkungen

1. Einschränkungen $f|I' : I' \longrightarrow \mathbb{R}$ stetiger Funktionen $f : I \longrightarrow \mathbb{R}$ sind dann wieder stetige Funktionen, wenn der eingeschränkte Definitionsbereich $I' \subset I$ der Konvention 2.203.1 genügt.

2. Sind $f_1 : I_1 \longrightarrow \mathbb{R}$ und $f_2 : I_2 \longrightarrow \mathbb{R}$ stetige Funktionen mit $I_1 \cap I_2 = \emptyset$, dann ist die Vereinigung (zusammengesetzte Funktion) $f = f_1 \cup f_2 : I \longrightarrow \mathbb{R}$ mit $I = I_1 \cup I_2$ stetig. Dabei sind bei $I_1 \cup I_2$ Situationen der Form $(a,b) \cup (b,c)$ mit „nahtloser Grenzstelle" b zu beachten. In einem solchen Fall bedarf die Stetigkeit bei b in (a,c) einer besonderen Beobachtung, da nun nicht mehr konvergente Folgen x in I_1 mit $lim(x) = b$, sondern alle konvergenten Folgen in I mit $lim(x) = b$ zu betrachten sind. Diese Folgen sind aber gerade die Mischfolgen (siehe Lemma 2.041.3), die sich aus allen gegen b konvergenten Folgen $\mathbb{N} \longrightarrow [a,b]$ und $\mathbb{N} \longrightarrow \{b\} \cup (b,c)$ zusammensetzen.

2.204.2 Beispiele

1. Wie man leicht zeigen kann, sind die Funktionen $id^3 : \mathbb{R} \longrightarrow \mathbb{R}$ und $g = 3id + 2 : \mathbb{R} \longrightarrow \mathbb{R}$ stetig. Damit sind auch die Einschränkungen $id^3|(-\star,-1]$ und $g|(-1,\star)$ stetig.

2. Die Funktion $f : \mathbb{R} \longrightarrow \mathbb{R}$, definiert durch $f(z) = \begin{cases} z^3, & \text{falls } z \leq -1, \\ 3z+2, & \text{falls } z > -1, \end{cases}$ ist insbesondere bei -1 stetig, denn für jede gegen -1 konvergente Folge $x : \mathbb{N} \longrightarrow \mathbb{R}$ ist auch die Bildfolge $f \circ x : \mathbb{N} \longrightarrow \mathbb{R}$ konvergent und es gilt $lim(f \circ x) = -1 = f(-1)$. Dieser Sachverhalt folgt aus Bemerkung 2.204.1/2, denn jede solche Bildfolge $f \circ x$ ist wegen $f(x_n) = \begin{cases} x_n^3, & \text{falls } x_n \leq -1, \\ 3x_n + 2, & \text{falls } x_n > -1, \end{cases}$ Mischfolge der beiden gegen -1 konvergierenden Folgen $(x_m^3)_{m \in \mathbb{N}}$ und $(3x_m + 2)_{m \in \mathbb{N}}$. Die Stetigkeit von f bei $x_0 \neq -1$ liefert Bemerkung 2.204.1/1 mit obigem Beispiel 1.

3. Die Funktion $f : \mathbb{R} \longrightarrow \mathbb{R}$, definiert durch $f(z) = \begin{cases} z, & \text{falls } z \in \mathbb{Q}, \\ -z, & \text{falls } z \in \mathbb{R} \setminus \mathbb{Q}, \end{cases}$ ist bei 0 stetig und sonst überall nicht-stetig.

a) f ist bei 0 stetig, da für jede gegen 0 konvergente Folge $x : \mathbb{N} \longrightarrow \mathbb{R}$ auch die Bildfolge $f \circ x : \mathbb{N} \longrightarrow \mathbb{R}$ konvergent ist mit $lim(f \circ x) = 0 = f(0)$, denn: Zu jedem $\epsilon \in \mathbb{R}^+$ gibt es einen Grenzindex $n(\epsilon) \in \mathbb{N}$ mit $|0 - f(x_n)| = |f(x_n)| = |x_n| = |0 - x_n| < \epsilon$, für alle $n \geq n(\epsilon)$.

b) f ist bei $x_0 \in \mathbb{Q}$, $x_0 \neq 0$, nicht-stetig, denn betrachtet man die konvergente Folge $x : \mathbb{N} \longrightarrow \mathbb{R}$ mit $x_n = x_0 + \frac{1}{\sqrt{n}}$, die gegen x_0 konvergiert, dann hat die Bildfolge $f \circ x : \mathbb{N} \longrightarrow \mathbb{R}$ jedoch die beiden Häufungspunkte $-x_0$ und x_0 und ist folglich nicht konvergent (nach Bemerkung 2.048.2/3a). Dabei werden die beiden Häufungspunkte durch die beiden konvergenten Teilfolgen $(f | \mathbb{Q}) \circ x = (x_0 + \frac{1}{\sqrt{m}})_{m \in \mathbb{N}}$ mit $\sqrt{m} \in \mathbb{Q}$ und $(f | \mathbb{R} \setminus \mathbb{Q}) \circ x = (-x_0 - \frac{1}{\sqrt{m}})_{m \in \mathbb{N}}$ mit $\sqrt{m} \in \mathbb{R} \setminus \mathbb{Q}$ geliefert, denn diese beiden Folgen haben die Grenzwerte $lim((f|\mathbb{Q}) \circ x) = x_0$ bzw. $lim((f | \mathbb{R} \setminus \mathbb{Q}) \circ x) = -x_0$. Dabei ist $f \circ x$ die Mischfolge aus $(f | \mathbb{Q}) \circ x$ und $(f | \mathbb{R} \setminus \mathbb{Q}) \circ x$.

Anmerkung: Die Aussage dieses Beispiels läßt sich im Sinne der nebenstehenden Skizze auf jede Funktion $f : \mathbb{R} \longrightarrow \mathbb{R}$, die sich durch Zusammensetzung zweier „Lückenfunktionen" $f \mid \mathbb{Q}$ und $f \mid \mathbb{R} \setminus \mathbb{Q}$ ergibt, übertragen: f ist bei der Schnittstelle z_s stetig, bei allen anderen Stellen $z \neq z_s$ unstetig.

Dasselbe gilt auch für mehrelementige Schnittstellenmengen $\{z_1, ..., z_n\}$ für Funktionen $f \mid \mathbb{Q}$ und $f \mid \mathbb{R} \setminus \mathbb{Q}$, die nicht beide Geraden sind.

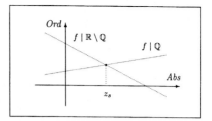

A2.204.01: Bestimmen Sie jeweils die Menge $U(f) \subset D(f)$ der Unstetigkeitsstellen der nachstehend definierten Funktionen $f : \mathbb{R} \longrightarrow \mathbb{R}$:

1. $f(x) = \begin{cases} x, & \text{falls } x \in \mathbb{N}, \\ x^2, & \text{falls } x \in \mathbb{R} \setminus \mathbb{N}, \end{cases}$
2. $f(x) = \begin{cases} x, & \text{falls } x \in \mathbb{Z}, \\ x+1, & \text{falls } x \in \mathbb{R} \setminus \mathbb{Z}, \end{cases}$

3. $f(x) = \begin{cases} x, & \text{falls } x \in \mathbb{Z}, \\ x^2, & \text{falls } x \in \mathbb{R} \setminus \mathbb{Z}, \end{cases}$
4. $f(x) = \begin{cases} x, & \text{falls } x \in \mathbb{N}, \\ x^2 + 1, & \text{falls } x \in \mathbb{R} \setminus \mathbb{N}. \end{cases}$

A2.204.02: In dieser Aufgabe werden Funktionen $f : D(f) \longrightarrow \mathbb{R}$ mit folgender Eigenschaft betrachtet: e : für alle $x \in D(f)$ ist $f(x^2) = f(x)$.

1. Zeigen Sie, daß konstante Funktionen $f : \mathbb{R} \longrightarrow \mathbb{R}$ die Eigenschaft e haben, Parabeln der Form $a \cdot id^n : \mathbb{R} \longrightarrow \mathbb{R}$ mit $n \in 2\mathbb{N}$ jedoch nicht.
2. Zeigen Sie, daß Funktionen $f : \mathbb{R} \longrightarrow \mathbb{R}$ mit der Eigenschaft e ordinatensymmetrisch sind.
3. Zeigen Sie, daß die nicht-konstante Funktion $f : [2, 16] \longrightarrow \mathbb{R}$, definiert durch $f = f_0 \cup f_1$ mit

$f_0 : [2, 4] \longrightarrow \mathbb{R}$, definiert durch $f_0(x) = \begin{cases} x - 2, & \text{falls } x \in [2, 3], \\ -x + 4, & \text{falls } x \in [3, 4], \end{cases}$

$f_1 : [4, 16] \longrightarrow \mathbb{R}$, definiert durch $f_1 = f_0 \circ w_2$ mit $w_2 = id^{\frac{1}{2}}$ (2. Wurzel)

die Eigenschaft e für den Teil f_0 hat. Skizzieren Sie f (nötigenfalls anhand einer geeigneten Wertetabelle).

4. Setzen Sie die Funktion $f : [2, 16] \longrightarrow \mathbb{R}$ in Teil 3 auf $[2, \star)$ fort, so daß diese Fortsetzung die Eigenschaft e besitzt.
5. Zeigen Sie, daß eine bei 0 und bei 1 stetige Funktion $f : \mathbb{R} \longrightarrow \mathbb{R}$, die die Eigenschaft e besitzt, konstant ist. (*Hinweis:* Untersuchen Sie für $x > 0$ die Folge $z : \mathbb{N} \longrightarrow \mathbb{R}$ mit $z_n = x^{\frac{1}{n}}$ sowie die Teilfolge $t : \mathbb{N} \longrightarrow \mathbb{R}$ von z mit $t_n = x^{\frac{1}{2^n}}$, ferner die zugehörigen Bildfolgen $f \circ z$ und $f \circ t$.)

2.206 Stetige Funktionen $I \longrightarrow \mathbb{R}$ (Version 2)

> Man soll nie vergessen, daß die Gesellschaft
> lieber unterhalten als unterrichtet sein will.
> *Adolf von Knigge* (1752 - 1796)

In Definition 2.203.2 wurden stetige Funktionen $I \longrightarrow \mathbb{R}$, wobei I wie auch im folgenden ein Definitionsbereich gemäß Konvention 2.203.1 sei, unter Verwendung des Begriffs der Konvergenz von Folgen charakterisiert. Diese Version ist – wenn Folgen-Konvergenz bekannt ist – die einfachste und eleganteste Fassung des Stetigkeitsbegriffs für Funktionen $I \longrightarrow \mathbb{R}$, denn sie erlaubt (und das ist ein Kriterium für die Eleganz einer Theorie), solche Sachverhalte, die in der zugrunde liegenden Theorie bewiesen sind, auf eine darauf aufbauende Theorie unmittelbar zu übertragen. Ein ausgezeichnetes Beispiel dafür ist etwa Abschnitt 2.215 (bzw. alle anderen Abschnitte, die im Rahmen der Analysis für Funktionen $I \longrightarrow \mathbb{R}$ eine Überschrift der Form *Strukturen auf ...* haben).

Daneben gibt es weitere Fassungen des Stetigkeitsbegriffs für Funktionen $I \longrightarrow \mathbb{R}$. Die beiden in diesem Abschnitt behandelten gelten selbst als Grundbegriffe der Analysis in dem Sinne, daß sie nicht auf dem Konvergenzbegriff für Folgen aufbauen, sondern ihn indirekt mit enthalten. Das heißt, diese Versionen operieren selbst mit ϵ-Abschätzungen der Form $|x_0 - x_n| < \epsilon$ oder $x_n \in (x_0 - \epsilon, x_0 + \epsilon)$. Bei der folgenden Verwendung von Definitionsbereichen $D(f) = I$ sei vorsichtshalber noch einmal an Konvention 2.203.1 erinnert.

2.206.1 Satz

Für Funktionen $f : I \longrightarrow \mathbb{R}$ und $x_0 \in I$ sind die folgenden Aussagen äquivalent:

1. f ist stetig bei x_0 im Sinne von Definition 2.203.2.
2. Zu jedem $\epsilon \in \mathbb{R}^+$ gibt es ein $\delta(x_0, \epsilon) \in \mathbb{R}^+$, so daß für Elemente $z \in I$ die folgende Implikation gilt:
$$|z - x_0| < \delta(x_0, \epsilon) \Rightarrow |f(z) - f(x_0)| < \epsilon.$$
3. Zu jedem $\epsilon \in \mathbb{R}^+$ gibt es ein $\delta(x_0, \epsilon) \in \mathbb{R}^+$, so daß für Elemente $z \in I$ die folgende Implikation gilt:
$$z \in (x_0 - \delta(x_0, \epsilon), x_0 + \delta(x_0, \epsilon)) \Rightarrow f(z) \in (f(x_0) - \epsilon, f(x_0) + \epsilon).$$
4. Zu jedem ϵ-Intervall der Form $(f(x_0) - \epsilon, f(x_0) + \epsilon)$ in $\mathbb{R}$ um $f(x_0)$ gibt es ein $\delta(x_0, \epsilon)$-Intervall der Form $(x_0 - \delta(x_0, \epsilon), x_0 + \delta(x_0, \epsilon))$ in $\mathbb{R}$ um x_0 mit der Eigenschaft
$$f(x_0 - \delta(x_0, \epsilon), x_0 + \delta(x_0, \epsilon)) \subset (f(x_0) - \epsilon, f(x_0) + \epsilon).$$

Beweis: Die Äquivalenz (2) $\Leftrightarrow$ (3) beruht unmittelbar auf der (allgemein formulierten) Äquivalenz $|z - x| < a \Leftrightarrow z \in (x - a, x + a)$ bezüglich der beiden in (2) und (3) genannten Abschätzungs-Darstellungen. Weiterhin ist die Äquivalenz (3) $\Leftrightarrow$ (4) nichts anderes als die Übersetzung der (allgemein formulierten) Implikation $z \in S \Rightarrow f(z) \in T$ in die Inklusion $f(S) \subset T$. Es bleibt also noch die Äquivalenz (1) $\Leftrightarrow$ (2) zu zeigen, wobei die Skizze in Bemerkung 2.206.2 eine gute Orientierung liefert.

Beweis von (1) $\Rightarrow$ (2): Man wähle eine gegen x_0 konvergente Folge $x : \mathbb{N} \longrightarrow I$, die z als Folgenglied enthält, sowie einen Abstand $\delta = \delta(x_0, \epsilon)$ mit $f(x_0 - \delta) = f(x_0) - \epsilon$.

Beweis von (2) $\Rightarrow$ (1): Es sei $x : \mathbb{N} \longrightarrow I$ eine beliebige gegen x_0 konvergente Folge, ferner $\epsilon > 0$ beliebig gewählt. Nach (2) gibt es einen von ϵ abhängigen Abstand $\delta = \delta(x_0, \epsilon)$, so daß mit $|x_n - x_0| < \delta$, für alle $n \geq n(\delta)$, (das ist die Konvergenz von x) dann $|f(x_n) - f(x_0)| < \epsilon$, für alle $n \geq n(\delta)$, folgt. Somit ist die Bildfolge $f \circ x$ gegen $f(x_0)$ konvergent, f also bei x_0 stetig im Sinne von Definition 2.203.2.

Anmerkung: Den genannten Varianten kommt unterschiedliche Bedeutung zu: Die Stetigkeit nach Definition 2.203.2 beschreibt das Ziel dieses Begriffs, nämlich die Eigenschaft einer Funktion, eine Konvergenz-Situation im Definitionsbereich in eine analoge Situation im Wertebereich zu übertragen. Variante (2) beschreibt Stetigkeit durch voneinander abhängige Abstände um x_0 und $f(x_0)$, die leicht zu einer verschärften Form des Begriffs in Abschnitt 2.260 führt. Die Varianten (3) und (4) sind dagegen Formulierungen, die mit Teilmengen von Definitions- und Wertebereich hantieren, sie führen auf dieser (rein) mengentheoretischen Ebene dann auch zu Verallgemeinerungen des Stetigkeitsbegriffs in den Abschnitten 2.4x, in denen beispielsweise auch Funktionen $f : \mathbb{R}^n \longrightarrow \mathbb{R}^m$ untersucht werden.

2.206.2 Bemerkung

Die in Satz 2.206.1/3/4 beschriebene Situation zeigt die folgende Skizze (1) einer bei x_0 stetigen Funktion $f : \mathbb{R} \longrightarrow \mathbb{R}$ (wobei die Abkürzung $\delta = \delta(x_0, \epsilon)$ verwendet ist). Demgegenüber zeigt die Skizze (2) (wie schon einige der Skizzen in Abschnitt 2.203) eine Situation, die nicht die in Skizze (1) dargestellten Verhältnisse aufweist.

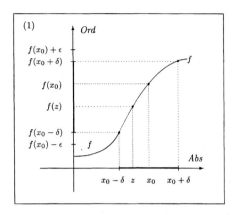
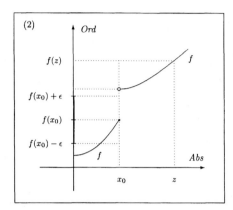

Die Betrachtung der Skizzen hat gewissermaßen folgende Reihenfolge: Ausgangspunkt ist die Ordinate und dort das größere Intervall $(f(x_0) - \epsilon, f(x_0) + \epsilon)$. Gesucht ist nun ein Intervall $(x_0 - \delta, x_0 + \delta)$ auf der Abszisse, dessen Bild $f((x_0 - \delta, x_0 + \delta)) = (f(x_0 - \delta), f(x_0 + \delta))$ ganz in dem Ausgangsintervall $(f(x_0) - \epsilon, f(x_0) + \epsilon)$ enthalten ist.

2.206.3 Beispiele

In den folgenden Beispielen wird Stetigkeit oder Unstetigkeit anhand der Kriterien in Satz 2.206.1 untersucht. Es handelt sich gerade um die schon in 2.203.4 betrachteten Funktionen:

1. Konstante Funktionen $a : \mathbb{R} \longrightarrow \mathbb{R}$ mit $a(z) = a$ sind stetig, denn: Sind $x_0 \in \mathbb{R}$ und $\epsilon \in \mathbb{R}^+$ beliebig vorgegeben, dann gilt mit der beliebigen Festsetzung $\delta(x_0, \epsilon) = 10$ die Implikation $|z - x_0| < \delta(x_0, \epsilon) = 10 \Rightarrow |a(z) - a(x_0)| = |a - a| = |0| = 0 < \epsilon$. (Dieser Beweis ist wegen der beliebigen Wahl von $\delta(x_0, \epsilon)$ also ziemlich untypisch, aber formal korrekt.)

2. Die identische Funktion $id : \mathbb{R} \longrightarrow \mathbb{R}$ mit $id(z) = z$ ist stetig, denn: Sind $x_0 \in \mathbb{R}$ und $\epsilon \in \mathbb{R}^+$ beliebig vorgegeben, dann gilt mit der Festsetzung $\delta(x_0, \epsilon) = \epsilon$ die Implikation $|z - x_0| < \delta(x_0, \epsilon) = \epsilon \Rightarrow |id(z) - id(x_0)| = |z - x_0| < \epsilon$.

3. Die Normalparabel $id^2 : \mathbb{R} \longrightarrow \mathbb{R}$ mit $id^2(z) = z^2$ ist stetig, denn:

Sind $x_0 \in \mathbb{R}$ und $\epsilon \in \mathbb{R}^+$ beliebig vorgegeben, dann gilt im Fall $z > x_0$ mit der Festsetzung $\delta(x_0, \epsilon) = \sqrt{x_0^2 + \epsilon} - x_0$ die Implikation
$|z - x_0| = z - x_0 < \delta(x_0, \epsilon) = \sqrt{x_0^2 + \epsilon} - x_0 \Rightarrow z < \sqrt{x_0^2 + \epsilon} \Rightarrow z^2 < x_0^2 + \epsilon \Rightarrow z^2 - x_0^2 < \epsilon \Rightarrow |z^2 - x_0^2| < \epsilon \Rightarrow |id^2(z) - id^2(x_0)| < \epsilon$.

Im Fall $z < x_0$ liefert die Festsetzung $\delta(x_0, \epsilon) = x_0 - \sqrt{x_0^2 - \epsilon}$ die gewünschte Implikation, denn:
$|z - x_0| = x_0 - z < \delta(x_0, \epsilon) = x_0 - \sqrt{x_0^2 - \epsilon} \Rightarrow -z < -\sqrt{x_0^2 - \epsilon} \Rightarrow z^2 > x_0^2 - \epsilon \Rightarrow z^2 - x_0^2 > -\epsilon \Rightarrow |z^2 - x_0^2| < \epsilon$.

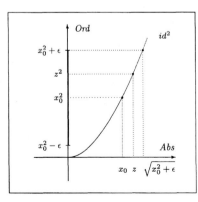

4. Die Hyperbel $h = \frac{1}{id} : \mathbb{R} \setminus \{0\} \longrightarrow \mathbb{R}$ mit $h(z) = \frac{1}{z}$ ist stetig, denn: Sind $x_0 \in \mathbb{R}$ und $\epsilon \in \mathbb{R}^+$ beliebig vorgegeben, dann gilt im Fall $z > x_0 > 0$ mit der Festsetzung $\delta(x_0, \epsilon) = x_0^2 \epsilon$ die Implikation $|z - x_0| = z - x_0 < \delta(x_0, \epsilon) = x_0^2 \epsilon \Rightarrow \frac{1}{x_0^2}|z - x_0| < \epsilon \Rightarrow \frac{1}{zx_0}|z - x_0| < \epsilon \Rightarrow \frac{1}{zx_0}|x_0 - z| < \epsilon \Rightarrow |\frac{1}{z} - \frac{1}{x_0}| < \epsilon \Rightarrow |h(z) - h(x_0)| < \epsilon$. Im Fall $z < x_0$ wird analog vorgegangen.

Anmerkung: Die Zahl 0 ist (entgegen aller sonstigen unfügligen Behauptungen) keine Unstetigkeitsstelle von h, denn wo eine Funktion nicht existiert, kann sie eine Eigenschaft weder besitzen noch nicht besitzen.

5. Die Betragsfunktion $b : \mathbb{R} \longrightarrow \mathbb{R}$ mit $b(z) = |z|$ ist stetig, denn: Sind $x_0 \in \mathbb{R}$ und $\epsilon \in \mathbb{R}^+$ beliebig vorgegeben, dann gilt mit der Festsetzung $\delta(x_0, \epsilon) = \epsilon$ (wieder wie in Beispiel 2 unabhängig von x_0) die Äquivalenz $|z - x_0| < \delta(x_0, \epsilon) = \epsilon \Leftrightarrow |b(z) - b(x_0)| = ||z| - |x_0|| < |z - x_0| < \epsilon$ nach Satz 1.632.4. Somit ist b bei x_0 und damit insgesamt stetig, da $x_0 \in D(b)$ beliebig gewählt war.

6. Die Funktion $f : \mathbb{R} \longrightarrow \mathbb{R}$, definiert durch die Vorschrift $f(z) = \begin{cases} 1, & \text{falls } z \leq 1, \\ 2, & \text{falls } z > 1, \end{cases}$ ist bei 1 linksseitig, aber nicht rechtsseitig stetig, folglich ist 1 eine Unstetigkeitsstelle von f. (Wie Beispiel 1 zeigt, ist 1 auch die einzige Unstetigkeitsstelle von f.)

Der Nachweis dafür, daß f bei 1 nicht rechtsseitig stetig ist, wird folgendermaßen geführt:

Es sei nun $\epsilon = \frac{1}{2}$, dann ist $(f(1) - \epsilon, f(1) + \epsilon) = (1 - \frac{1}{2}, 1 + \frac{1}{2}) = (\frac{1}{2}, \frac{3}{2})$. Angenommen es gibt ein $\delta(1, \epsilon)$ mit $f(1 - \delta(1, \epsilon), 1 + \delta(1, \epsilon)) \subset (\frac{1}{2}, \frac{3}{2})$, dann folgt für $z = 1 + \frac{\epsilon}{2}$ (wegen der mangelnden rechtsseitigen Stetigkeit ist z größer als 1 gewählt) die Beziehung $f(z) = f(1 + \frac{\epsilon}{2}) = f(\frac{5}{2}) = 2$ und somit der Widerspruch $f(z) = 2 < \frac{3}{2}$.

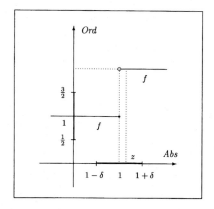

A2.206.01: Beweisen Sie, daß die Gerade $g = 4id - 2 : \mathbb{R} \longrightarrow \mathbb{R}$ stetig ist.

A2.206.02: Beweisen Sie, daß die kubische Parabel $id^3 : \mathbb{R} \longrightarrow \mathbb{R}$ stetig ist.

A2.206.03: Beweisen Sie: Die Funktion $f : \mathbb{R}^+ \longrightarrow \mathbb{R}$, definiert durch die Zuordnungsvorschrift
$$f(x) = \begin{cases} 0, & \text{falls } x \in \mathbb{R}^+ \setminus \mathbb{Q}, \\ \frac{1}{u+v}, & \text{falls } x = \frac{u}{v} \text{ mit teilerfremden Zahlen } u \in \mathbb{N}_0 \text{ und } v \in \mathbb{N}, \end{cases}$$
ist stetig bei $x_0 \in \mathbb{R}^+ \setminus \mathbb{Q}$ und unstetig bei $x_0 \in \mathbb{Q}^+$.

A2.206.04: Beweisen Sie: Die Funktion $f : \mathbb{R} \longrightarrow \mathbb{R}$, definiert durch die Zuordnungsvorschrift
$$f(x) = \begin{cases} \frac{1}{v}, & \text{für } x = \frac{u}{v} \text{ mit teilerfremden Zahlen } u \in \mathbb{Z} \setminus \{0\} \text{ und } v \in \mathbb{N}, \\ 1, & \text{für } x = 0, \\ 0, & \text{sonst}, \end{cases}$$
ist genau in $\mathbb{Q}$ unstetig (also in $\mathbb{R} \setminus \mathbb{Q}$ stetig).

Anmerkung: Es gibt keine Funktion $\mathbb{R} \longrightarrow \mathbb{R}$, die genau in $\mathbb{R} \setminus \mathbb{Q}$ unstetig ist.

A2.206.05: Zeigen Sie: Die Funktionen $f_k : \mathbb{R}_0^+ \longrightarrow \mathbb{R}$, definiert durch die Zuordnungsvorschriften $f_k(x) = \sqrt[k]{x} = x^{\frac{1}{k}}$ mit jeweils beliebig, aber fest gewähltem Element $k \in \mathbb{N}$, sind stetig.

Hinweis: Beachten Sie Aufgabe 2.046.14.

2.211 Kompositionen stetiger Funktionen

> Ich sehe es, aber ich kann es nicht glauben.
> *Georg Cantor* (1845 - 1918)

Wie in Abschnitt 1.402 schon im Rahmen homomorpher Funktionen bei algebraischen Strukturen besprochen wurde, ist das Verhalten einer bestimmten Strukturverträglichkeits-Eigenschaft gegenüber Kompositionen von Funktionen ein wichtiger Prüfstein für die Bedeutung dieser Eigenschaft in der jeweils betrachteten Theorie.

In etwas allgemeinerer Sprechweise wird man von derartigen Eigenschaften folgendes erwarten können: Bezeichnet e eine solche Strukturverträglichkeits-Eigenschaft und $e(f)$ die Aussage, daß die Funktion f die Eigenschaft e hat, dann soll die Implikation $e(f)$ und $e(g) \Rightarrow e(g \circ f)$ für alle in dieser Weise komponierbaren Funktionen f und g einer bestimmten Theorie gelten. Wie in den Abschnitten 1.311 und 1.402 gezeigt wurde, gilt für die Eigenschaften *Monotonie* und *Homomorphie* jeweils eine solche Implikation.

Wie in Abschnitt 2.202 dargestellt wurde, ist die Stetigkeit eine Strukturverträglichkeits-Eigenschaft gegenüber Konvergenz-Struktur (allgemeiner: topologischer Struktur). Man kann also nun erwarten, daß – wie Satz 2.211.1 auch zeigen wird – für stetige Funktionen ebenfalls eine solche Implikation gilt, daß also Kompositionen stetiger Funktionen wieder stetig sind.

Es sei in diesem Zusammenhang noch eine allgemeine Bemerkung zu einem häufig vorkommenden Anwendungsfall für die oben genannte Implikation gemacht: Ist eine komplizierter gebaute Funktion f als Komposition $f = g_1 \circ ... \circ g_n$ einfacherer Bausteine g_i mit $1 \leq i \leq n$ darstellbar und haben alle diese Bausteine g_i die Eigenschaft e, dann hat auch f die Eigenschaft e (Anwendung des Induktionsprinzips auf die oben genannte Implikation).

Bei der folgenden Verwendung von Definitionsbereichen $D(f) = I$ sei an Konvention 2.203.1 erinnert.

2.211.1 Satz

Kompositionen stetiger Funktionen sind stetig.

Beweis: Es seien $f : I \longrightarrow \mathbb{R}$ und $g : I' \longrightarrow \mathbb{R}$ stetige Funktionen, deren Komposition $g \circ f : I \longrightarrow \mathbb{R}$ existiere (es gelte also $Bild(f) \subset D(g)$). Dann ist $g \circ f$ stetig, denn für alle und $x_0 \in I$ und für jede gegen x_0 konvergente Folge $x : \mathbb{N} \longrightarrow I$ ist die Bildfolge $(g \circ f) \circ x$ konvergent mit $(g \circ f)(x_0) = g(f(x_0)) = g(lim(f \circ x)) = lim(g \circ (f \circ x)) = lim((g \circ f) \circ x)$. Somit ist $g \circ f$ nach Definition 2.203.2 bei x_0 lokal stetig. Da $x_0 \in I$ jedoch beliebig gewählt war, ist $g \circ f$ (global) stetig.

2.211.2 Beispiele

1. Ist $f : I \longrightarrow \mathbb{R}$ stetig, dann ist auch $|f| : I \longrightarrow \mathbb{R}$ stetig, denn $|f|$ ist die Komposition $|f| = b \circ f$ mit der nach den Beispielen 2.203.4/5 und 2.206.3/5 stetigen Betragsfunktion $b : \mathbb{R} \longrightarrow \mathbb{R}$ mit $b(z) = |z|$.

2. Die Funktion $f : \mathbb{R} \longrightarrow \mathbb{R}$ mit $f(z) = (3z+2)^2$ ist als Komposition $f = id^2 \circ g$ der stetigen Funktionen $id^2 : \mathbb{R} \longrightarrow \mathbb{R}$ und $g = 3id + 2 : \mathbb{R} \longrightarrow \mathbb{R}$ ebenfalls stetig.

A2.211.01: Beweisen Sie Satz 2.211.1 mit den Stetigkeits-Kriterien in Satz 2.206.1.

A2.211.02: Eine Funktion $f : \mathbb{R} \longrightarrow \mathbb{R}$ der Form $f = g \circ h$ sei stetig. Sind dann auch die Bausteine g und/oder h notwendigerweise stetige Funktionen?

A2.211.03: Beweisen Sie: Ist $f : I \longrightarrow \mathbb{R}$ eine bei x_0 und $g : J \longrightarrow \mathbb{R}$ mit $Bild(f) \subset J \subset \mathbb{R}$ eine bei $f(x_0)$ stetige Funktion, dann ist die Komposition $g \circ f : I \longrightarrow \mathbb{R}$ bei x_0 stetig.

2.215 STRUKTUREN AUF $C(I, \mathbb{R})$

> Wenn wir Autoren zitieren, zitieren wir nur ihre Beweise, nicht ihre Namen. Die metaphysische Diskussion hat kein Recht in der Physik. Wir haben es mit Erscheinungen zu tun, nicht mit Worten.
> *Blaise Pascal* (1623 - 1662)

Die in diesem Abschnitt behandelten Sachverhalte sind im wesentlichen ein Abbild der in den Abschnitten 2.045 und 2.046 genannten Überlegungen, und zwar in einem dreifachen Sinne: Erstens haben sie eine analoge Form (beispielsweise die Sätze 2.045.1 und 2.215.1), zweitens basieren die hier genannten Sätze auf entsprechenden Sätzen dort, drittens, haben die jeweilig sich entsprechenden Aussagen analoge Aufgaben in ihren jeweiligen Theorien, beispielsweise Nachweis von Eigenschaften (Konvergenz dort, Stetigkeit hier) durch Betrachtung von einfachen Bausteinen.

Bei der folgenden Verwendung von Definitionsbereichen $D(f) = I$ sei an Konvention 2.203.1 erinnert.

2.215.1 Satz

Sind $f, g : I \longrightarrow \mathbb{R}$ stetige Funktionen, dann ist
1. die Summe $f + g : I \longrightarrow \mathbb{R}$ stetig,
2. die Differenz $f - g : I \longrightarrow \mathbb{R}$ stetig,
3. jedes $\mathbb{R}$-Produkt $af : I \longrightarrow \mathbb{R}$ stetig,
4. das Produkt $fg : I \longrightarrow \mathbb{R}$ stetig.

Unter der zusätzlichen Voraussetzung $0 \notin Bild(g)$ ist
5. der Kehrwert $\frac{1}{g} : I \longrightarrow \mathbb{R}$ stetig,
6. der Quotient $\frac{f}{g} : I \longrightarrow \mathbb{R}$ stetig.

Beweis: Die folgenden Einzelbeweise werden möglichst ökonomisch miteinander verflochten; sie sollten zur Übung zusätzlich auch unabhängig voneinander geführt werden. Bei den Einzelnachweisen sei x_0 ein beliebig gewähltes Element aus I sowie $x : \mathbb{N} \longrightarrow I$ eine beliebig gewählte gegen x_0 konvergente Folge.

1. Die Bildfolge $(f+g) \circ x = (f \circ x) + (g \circ x)$ ist Summe zweier konvergenter Bildfolgen und somit ebenfalls konvergent mit $lim((f+g) \circ x) = lim((f \circ x) + (g \circ x)) = lim(f \circ x) + lim(g \circ x) = f(x_0) + g(x_0) = (f+g)(x_0) = (f+g)(lim(x))$ nach Satz 2.045.1/1.

4. Die Bildfolge $(fg) \circ x = (f \circ x) \cdot (g \circ x)$ ist Produkt zweier konvergenter Bildfolgen und somit ebenfalls konvergent mit $lim((fg) \circ x) = lim((f \circ x) \cdot (g \circ x)) = lim(f \circ x) \cdot lim(g \circ x) = f(x_0) \cdot g(x_0) = (fg)(x_0) = (fg)(lim(x))$ nach Satz 2.045.1/4.

3. Die Behauptung folgt aus Teil 4, wenn man das $\mathbb{R}$-Produkt af als Produkt der konstanten Funktion a mit f ansieht.

2. Die Behauptung folgt aus den Teilen 1 und 3 mit der Darstellung $f - g = f + (-g) = f + (-1)g$.

5. Die Bildfolge $\frac{1}{g} \circ x = \frac{1}{g \circ x}$ ist als Kehrwert der konvergenten Bildfolge $g \circ x$ ebenfalls konvergent mit $lim(\frac{1}{g} \circ x) = lim(\frac{1}{g \circ x}) = \frac{1}{lim(g \circ x)} = \frac{1}{g(x_0)} = (\frac{1}{g})(x_0) = (\frac{1}{g})(lim(x))$ nach Satz 2.045.1/4.

6. Die Behauptung folgt aus den Teilen 4 und 5 mit der Darstellung $\frac{f}{g} = f \cdot \frac{1}{g}$.

2.215.2 Bemerkungen

1. Bei den Teilen 5 und 6 wurde die Bedingung $0 \notin Bild(g)$ vorausgesetzt, das heißt, daß g keine Nullstellen haben soll. Diese Einschränkung braucht in dieser Schärfe aber nicht vorgenommen zu werden: Hat die Funktion g endlich viele Nullstellen, dann können Folgen $x : \mathbb{N} \longrightarrow I$ mit $(g \circ x)(n) \neq 0$ für fast alle $n \in \mathbb{N}$ betrachtet werden, also die endlich vielen Folgenglieder $(g \circ x)(n) = 0$ einfach weggelassen werden. Allerdings darf, wie obiger Beweis zeigt, x_0 selbst keine Nullstelle von g sein. Das Problem der Nullstellen von g bei Quotienten $\frac{f}{g}$ wird in den Abschnitten 2.226 und 2.227 noch genauer untersucht.

2. Bei Aussagen wie denen im obigen Satz wird deutlich, daß nicht nur Konditionalsätze logische Implikationen darstellen, die deutsche Sprache kann Implikationen häufig elegant, aber logisch eher versteckt formulieren. Beispiele dafür sind etwa Formulierungen der Art: Die Summe $f + g$ stetiger Funktionen f und g ist wieder stetig. Der zugehörige Konditionalsatz lautet: *Wenn f und g stetige Funktionen sind, dann ist auch die Summe $f + g$ stetig.* Mit logischen Zeichen geschrieben, lautet dann Teil 1 des obigen Satzes: $(f \text{ stetig} \wedge g \text{ stetig}) \Rightarrow f + g \text{ stetig}$. Entsprechend kann man die anderen Teile des Satzes übersetzen.

3. Man beachte, daß die Umkehrungen zu den Teilen 1 bis 6 im vorstehenden Satz im allgemeinen nicht gelten. Wie etwa die Zerlegung $0 = g + h$ der Null-Funktion in Funktionen $g, h : I \longrightarrow \mathbb{R}$ mit $g|\mathbb{R}_0^+ = 1$ und $g|\mathbb{R}^- = -1$ sowie $h|\mathbb{R}_0^+ = -1$ und $h|\mathbb{R}^- = 1$ zeigt, folgt aus der Stetigkeit einer Summe nicht notwendigerweise die Stetigkeit der Summanden (g und h sind bei 0 unstetig).

4. Nach dem Verfahren der Vollständigen Induktion (Abschnitt 1.802) läßt sich folgendes zeigen: Sind $f_1, ..., f_n : I \longrightarrow \mathbb{R}$ stetige Funktionen, dann sind auch ihre Summe $\sum_{i \in \underline{n}} f_i : I \longrightarrow \mathbb{R}$ und ihr Produkt $\prod_{i \in \underline{n}} f_i : I \longrightarrow \mathbb{R}$ stetig.

5. Satz 2.215.1 liefert eine Methode zum Nachweis der Stetigkeit von Funktionen $f : I \longrightarrow \mathbb{R}$, die man als *Zerlegungsmethode* bezeichnen kann. Die Idee dieser Methode: Zunächst wird versucht, f auf algebraischem Wege in einfachere Bausteine zu zerlegen, also als Summe, Produkt, Quotient oder auch als entsprechende Kombination davon darzustellen, mit dem Ziel, f in solche Bausteine zu zerlegen, die selbst stetig sind und deren Stetigkeit dann schon nachgewiesen ist. Sind alle Bausteine stetig und gegebenenfalls auch die einschränkenden Bedingungen von Satz 2.215.1/5/6 erfüllt, werden die einzelnen Bausteine wieder zu der Ausgangsfunktion zusammengesetzt.

6. Beispiele für die in Bemerkung 5 genannte Zerlegungsmethode werden insbesondere in den Abschnitten 2.22x angegeben, wobei teilweise auch die entsprechende Zerlegung von Kompositionen stetiger Funktionen von Abschnitt 2.211 verwendet wird.

Die weitere Frage, die in diesem Abschnitt untersucht werden soll, zielt darauf festzustellen, ob und inwieweit die nach Abschnitt 1.781 auf $Abb(I, \mathbb{R})$ vorliegenden Struktureigenschaften auf die Teilmenge $C(I, \mathbb{R}) \subset Abb(I, \mathbb{R})$ der stetigen Funktionen $I \longrightarrow \mathbb{R}$ vererbt werden, also auch für $C(I, \mathbb{R})$ gültig sind.

Die Antwort wurde im Hinblick auf *einzelne* Funktionen zunächst in Satz 2.215.1 gegeben. Auf Mengen bezogen wird sie nun zusammenfassend in Satz 2.215.3 formuliert und basiert auf der Reihe von Einzelnachweisen in Satz 2.215.1 (die vom Standpunkt jenes Satzes aus betrachtet aber eher technischen Charakter haben).

Den Beweis von Satz 2.215.3 kann man mit dem gleichen Argument wie im Beweis von Satz 2.045.1 für die dort betrachtete Menge $Kon(\mathbb{R})$ führen: Da $C(I, \mathbb{R})$ mindestens die konstanten Funktionen $a : I \longrightarrow \mathbb{R}$, $x \longmapsto a$, mit $x \in I$ enthält, gilt zusammen mit den Sätzen 1.782.1 und 2.215.1: $C(I, \mathbb{R})$ ist bezüglich aller genannten Strukturen jeweils eine Unterstruktur von $Abb(I, \mathbb{R})$. Daß die beiden Operationen, Addition und Multiplikation, innere Kompositionen auf $C(I, \mathbb{R})$ und die $\mathbb{R}$-Multiplikation eine äußere Komposition auf $C(I, \mathbb{R})$ ist, ist gerade Satz 2.215.1.

2.215.3 Satz

1. Die Menge $C(I, \mathbb{R})$ bildet zusammen mit der argumentweise definierten Addition $(f + g)(x) = f(x) + g(x)$, für alle $x \in I$, eine abelsche Gruppe.

2. Die in 1. genannte abelsche Gruppe $C(I, \mathbb{R})$ bildet zusammen mit der argumentweise definierten $\mathbb{R}$-Multiplikation $(a \cdot f)(x) = a \cdot f(x)$, für alle $a \in \mathbb{R}$ und für alle $x \in I$, einen $\mathbb{R}$-Vektorraum.

3. Die in 1. genannte abelsche Gruppe $C(I, \mathbb{R})$ bildet zusammen mit der argumentweise definierten Multiplikation $(f \cdot g)(x) = f(x) \cdot g(x)$, für alle $x \in I$, einen kommutativen Ring mit Einselement.

4. Der in 2. genannte $\mathbb{R}$-Vektorraum $C(I, \mathbb{R})$ bildet zusammen mit dem in 3. genannten Ring eine $\mathbb{R}$-Algebra, darüber hinaus zusammen mit Teil 5 eine Rieszsche $\mathbb{R}$-Algebra.

5. Die Menge $C(I, \mathbb{R})$ bildet zusammen mit der argumentweise definierten Ordnungsrelation $f \leq g \Leftrightarrow f(x) \leq g(x)$, für alle $x \in I$, eine geordnete (aber nicht linear geordnete) Menge.

6. Der in 3. genannte Ring $C(I, \mathbb{R})$ bildet zusammen mit der in 5. genannten geordneten Menge einen (nicht linear) angeordneten Ring.

Beweis:

1. $C(I, \mathbb{R})$ ist Untergruppe der abelschen Gruppe $Abb(I, \mathbb{R})$, denn die diesbezüglichen Kriterien in Abschnitt 1.503 werden durch Satz 2.215.1/2 erfüllt.

2. $C(I, \mathbb{R})$ ist Unterraum des $\mathbb{R}$-Vektorraums $Abb(I, \mathbb{R})$, denn die diesbezüglichen Kriterien in Abschnitt 1.710 werden durch Teil 1 und Satz 2.215.1/3 erfüllt.

3. $C(I,\mathbb{R})$ ist Unterring des kommutativen Rings $Abb(I,\mathbb{R})$, denn die diesbezüglichen Kriterien in Abschnitt 1.603 werden durch Teil 1 und Satz 2.215.1/4 erfüllt.

4. $C(I,\mathbb{R})$ ist Unteralgebra der $\mathbb{R}$-Algebra $Abb(I,\mathbb{R})$, denn die diesbezüglichen Kriterien in Abschnitt 1.715 werden durch die Teile 2 und 3 erfüllt. Daß $C(I,\mathbb{R})$ darüber hinaus auch eine Rieszsche $\mathbb{R}$-Algebra bildet, ist mit Satz 2.430.6 zusammen mit Satz 1.586.6 bewiesen.

5. $C(I,\mathbb{R})$ ist als Teilmenge der geordneten Menge $Abb(I,\mathbb{R})$ ebenfalls eine geordnete Menge.

6. $C(I,\mathbb{R})$ ist nach den Teilen 3 und 5 ein geordneter Unterring von $Abb(I,\mathbb{R})$.

Analog zu der Funktion $lim : Kon(\mathbb{R}) \longrightarrow \mathbb{R}$, die jeder konvergenten $\mathbb{R}$-Folge x ihren Grenzwert $lim(x)$ zuordnet, kann man nun die Funktion $lim : Kon(Abb(I,\mathbb{R})) \longrightarrow Abb(I,\mathbb{R})$ betrachten, die jeder konvergenten Funktionen-Folge $f : \mathbb{N} \longrightarrow Abb(I,\mathbb{R})$ ihren Grenzwert $lim(f)$ zuordnet (siehe Abschnitte 2.08x). Weiterhin kann man diese Funktion auf Teilmengen von $Abb(I,\mathbb{R})$ einschränken, insbesondere – und das soll nun genauer untersucht werden – zu $lim : Kon(C(I,\mathbb{R})) \longrightarrow Abb(I,\mathbb{R})$. Die naheliegende Frage ist dann: Sind die Grenzwerte von Folgen stetiger Funktionen wieder stetig?

Die Antwort auf diese Frage, die man als Frage nach der *Konvergenz-Struktur auf* $C(I,\mathbb{R})$ betrachten kann, wird von der jeweiligen Version der Konvergenz von Funktionen-Folgen abhängen.

2.215.4 Satz

Es sei eine Funktionen-Folge $f : \mathbb{N} \longrightarrow C(I,\mathbb{R})$ betrachtet. Dann gilt:

1. Ist f argumentweise konvergent, dann ist $f_0 = lim(f)$ nicht notwendigerweise stetig.
2. Ist f gleichmäßig konvergent, dann ist $f_0 = lim(f)$ stetig.

Beweis: (Siehe dazu auch Abschnitt 2.436.)

1. Es ist ein Beispiel anzugeben (siehe A2.215.06).

2. Es sei $\epsilon > 0$ beliebig vorgegeben. Es gibt dann einen Grenzindex $n(\epsilon)$ mit $|f_n(z) - f_0(z)| < \frac{\epsilon}{3}$, für alle $z \in I$ und für alle $n \geq n(\epsilon)$. Es seien nun $x_0 \in I$ und eine gegen x_0 konvergente Folge $x : \mathbb{N} \longrightarrow I$ beliebig gewählt. Da $f_{n(\epsilon)}$ (nach Voraussetzung) stetig ist, ist dann $lim(f_{n(\epsilon)} \circ x) = f_{n(\epsilon)}(x_0)$, also gilt $|f_{n(\epsilon)}(x_n) - f_{n(\epsilon)}(x_0)| < \frac{\epsilon}{3}$, für alle $n \geq n(\epsilon)$.

Damit gilt dann $|f_0(x_n) - f_0(x_0)| = |f_0(x_n) - f_{n(\epsilon)}(x_n) + f_{n(\epsilon)}(x_n) - f_{n(\epsilon)}(x_0) + f_{n(\epsilon)}(x_0) - f_0(x_0)|$
$\leq |f_0(x_n) - f_{n(\epsilon)}(x_n)| + |f_{n(\epsilon)}(x_n) - f_{n(\epsilon)}(x_0)| + |f_{n(\epsilon)}(x_0) - f_0(x_0)| < \frac{\epsilon}{3} + \frac{\epsilon}{3} + \frac{\epsilon}{3} = \epsilon$, für alle $n \geq n(\epsilon)$.

A2.215.01: Beweisen Sie die Teile 2 und 3 von Satz 2.215.1, aber ohne dabei die anderen Beweisteile von Satz 2.215.1 zu verwenden: Sind $f, g : I \longrightarrow \mathbb{R}$ stetige Funktionen, dann sind sowohl die Differenz $f - g : I \longrightarrow \mathbb{R}$ als auch alle $\mathbb{R}$-Produkte $af : I \longrightarrow \mathbb{R}$ stetig.

A2.215.02: Bilden Sie weitere Beispiele zu Bemerkung 2.215.2/3.

A2.215.03: Beweisen Sie mindestens eine der Aussagen von Satz 2.215.1 unter Verwendung der Stetigkeits-Kriterien von Satz 2.206.1.

A2.215.04: Beweisen Sie: Die durch die Vorschrift $f(x) = \frac{x}{1+|x|}$ definierte Funktion $f : \mathbb{R} \longrightarrow (-1, 1)$ ist bijektiv und stetig, ferner ist die inverse Funktion f^{-1} zu f ebenfalls stetig.

A2.215.05: Zeigen Sie anhand von Beipielen:
1. Produkte stetiger mit nicht-stetigen Funktionen können stetig oder nicht stetig sein.
2. Produkte nicht-stetiger Funktionen können stetig oder nicht stetig sein.

A2.215.06: Finden Sie ein Beispiel zur Aussage von Satz 2.215.4/1.

2.217 STETIGE FUNKTIONEN $[a,b] \longrightarrow \mathbb{R}$

> Die höhere Arithmetik hält für uns eine unerschöpfliche Fülle interessanter Wahrheiten bereit – auch Wahrheiten, die nicht isoliert, sondern untereinander in enger Verbindung stehen und zwischen denen wir mit zunehmender Kenntnis stets neue und manchmal völlig überraschende Zusammenhänge entdecken.
>
> *Carl Friedrich Gauß* (1777 - 1855)

Während in den bisherigen Abschnitten 2.2x solche Funktionen $I \longrightarrow \mathbb{R}$ untersucht wurden, deren Definitionsbereiche gemäß Konvention 2.203.1 gewählt werden können, soll nun untersucht werden, welche besonderen zusätzlichen Eigenschaften aus Definitionsbereichen der Form $I = [a,b]$ oder $I = (a,b)$ mit $a,b \in \mathbb{R}$ stetiger Funktionen $I \longrightarrow \mathbb{R}$ resultieren.

Zunächst werden stetige Funktionen $[a,b] \longrightarrow \mathbb{R}$ betrachtet mit dem Ziel, die Bildmengen solcher Funktionen genauer zu bestimmen. Ein wesentliches Resultat dieser Untersuchung wird sein, daß sich solche Funktionen stets als surjektive Funktionen $[a,b] \longrightarrow [c,d] \subset \mathbb{R}$ auffassen lassen. Das folgt aus dem nach *Karl Weierstraß* (1815 - 1897) benannten Satz 2.217.1, der zunächst die Intervallgrenzen s und d liefert, und dem sogenannten *Zwischenwert-Satz* (Satz 2.217.2), der zeigt, daß auch alle zwischen den Intervallgrenzen c und d liegenden Zahlen Funktionswerte sind.

Beide Sätze, der *Satz von Weierstraß* und der *Zwischenwert-Satz*, sind auch unabhängig voneinander bedeutsam, so daß sie üblicherweise in dieser sachlichen Trennung formuliert sind.

2.217.1 Satz *(Satz von Weierstraß)*

Zu jeder stetigen Funktion $f : [a,b] \longrightarrow \mathbb{R}$ gibt es Zahlen $c,d \in \mathbb{R}$ mit $c = min(f)$ und $d = max(f)$.

Beweis: Im folgenden wird nur die Existenz von $d = max(f) = max(Bild(f))$ gezeigt (der Beweis für $c = min(f) = min(Bild(f))$ kann in genau analoger Form geführt werden). Der Beweis zeigt erstens die Existenz von $d = sup(f) = sup(Bild(f))$ und zweitens dann $d \in Bild(f)$, woraus nach Bemerkung 1.320.5/6 dann $d = max(f)$ folgt.

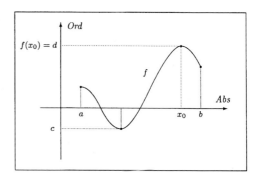

1. Zunächst ist $Bild(f)$ nach oben beschränkt, denn angenommen nun, $Bild(f)$ ist nicht nach oben beschränkt, dann läßt sich eine Folge $x : \mathbb{N} \longrightarrow [a,b]$ finden mit $(f \circ x)(n) > 0$, für alle $n \in \mathbb{N}$.

Da nun aber $[a,b]$ beschränkt ist, besitzt x nach dem *Satz von Bolzano-Weierstraß* (Satz 2.048.5) einen Häufungspunkt $x_0 \in [a,b]$ und nach Satz 2.048.4 eine gegen x_0 konvergente Teilfolge $h = x \circ k$. Da f stetig ist, ist auch die Bildfolge $f \circ h$ von h konvergent mit $lim(f \circ h) = f(x_0)$. Folglich ist $(f \circ h)(n) = (f \circ x \circ k)(n) > n$, also ist $f \circ h$ unbeschränkt, womit ein Widerspruch zur Konvergenz von $f \circ h$ vorliegt. Somit ist $Bild(f)$ nach oben beschränkt, woraus nach Satz 1.321.3 die Existenz von $d = sup(f) = sup(Bild(f))$ folgt.

2. Gesucht ist eine Zahl $x_0 \in [a,b]$ mit $f(x_0) = d$, woraus dann $d \in Bild(f)$ folgt. Eine solche Zahl kann folgendermaßen gefunden werden: Zunächst läßt sich wegen $d = sup(f)$ eine Folge $x : \mathbb{N} \longrightarrow [a,b]$ finden, deren Bildfolge $f \circ x$ die Bedingung $d - \frac{1}{n} \leq (f \circ x)(n) \leq d$, für alle $n \in \mathbb{N}$, erfüllt, also gegen d konvergiert. Mit gleicher Argumentation wie in Teil 1 besitzt x einen Häufungspunkt $x_0 \in [a,b]$ und

eine gegen x_0 konvergente Teilfolge $x \circ k$. Die Stetigkeit von f bedeutet dann, daß auch die Bildfolge $f \circ (x \circ k)$ konvergiert und zwar als konvergente Teilfolge von $f \circ x$ ebenfalls gegen d. Das bedeutet also $f(x_0) = f(lim(x \circ k)) = lim(f \circ (x \circ k)) = lim((f \circ x) \circ k) = lim(f \circ x) = d$.

2.217.2 Satz (Zwischenwert-Satz)

Es sei $f : [a,b] \longrightarrow \mathbb{R}$ eine stetige (nicht-konstante) Funktion mit $f(a) \neq f(b)$. Dann gibt es zu jedem Element $z \in \begin{cases} [f(a), f(b)], & \text{falls } f(a) < f(b), \\ [f(b), f(a)], & \text{falls } f(b) < f(a), \end{cases}$ ein Element $x_z \in [a,b]$ mit $f(x_z) = z$.

Beweis: Es wird o.B.d.A. der Fall $f(a) < f(b)$ behandelt:

1. Zunächst wird eine Folge $I = (I_n)_{n \in \mathbb{N}}$ von Teilintervallen I_n von $[a,b]$ auf induktive Weise konstruiert: Das erste Intervall sei $I_1 = [x_1, y_1]$ mit $x_1 = a$ und $y_1 = b$. Halbieren von I_1 erzeugt die beiden Intervalle $[x_1, m]$ und $[m, y_1]$ mit der Zahl $m = \frac{1}{2}(x_1 + y_1)$. Gilt nun $f(x_1) \leq z \leq f(m)$, dann wird $[x_1, m]$ mit $I_2 = [x_2, y_2]$ bezeichnet, gilt jedoch $f(m) < z \leq f(y_1)$, dann wird $[m, y_1]$ mit $I_2 = [x_2, y_2]$ bezeichnet. Auf gleiche Weise wird I_{n+1} aus $I_n = [x_n, y_n]$ konstruiert.

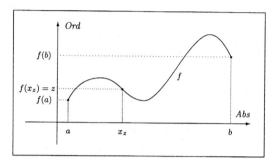

2. Nach Konstruktion der Folge I gilt für die Folgen x und y der Intervallgrenzen: Die Folge $x : \mathbb{N} \longrightarrow [a,b]$ ist eine monotone Folge, die Folge $y : \mathbb{N} \longrightarrow [a,b]$ ist eine antitone Folge. Beide Folgen sind beschränkt und folglich nach Satz 2.044.1 konvergent. Bezeichnet man $x_0 = lim(x)$ und $y_0 = lim(y)$, dann ist $y_0 - x_0 = lim(y) - lim(x) = lim(y - x) = 0$, denn für jedes $n \in \mathbb{N}$ ist $y_n - x_n = \frac{1}{2^n}(a+b)$, also ist $x_0 = y_0$.

3. Da f stetig ist, sind auch die Bildfolgen $f \circ x$ und $f \circ y$ konvergent mit $lim(f \circ x) = x_0$ und $lim(f \circ y) = y_0$. Dabei gilt $(f \circ x) \leq z \leq (f \circ y)$ nach Konstruktion von x und y, woraus Satz 2.044.3 dann $f(x_0) = lim(f \circ x) \leq z \leq lim(f \circ y) = f(y_0)$ liefert. Nach dem Resultat $x_0 = y_0$ in Teil 2 ist dann $f(x_0) \leq z \leq f(y_0) = f(x_0)$, also $z = f(x_0)$ und $x_z = x_0$ die gewünschte Zahl.

2.217.3 Corollar

Die Bildmenge einer stetigen Funktion $f : [a,b] \longrightarrow \mathbb{R}$ hat die Form $Bild(f) = [c,d]$, das heißt, es liegt eine surjektive Funktion $f : [a,b] \longrightarrow [c,d]$ vor.

Beweis: Nach dem *Satz von Weierstraß* (Satz 2.217.1) gibt es $x_c, x_d \in [a,b]$ mit $f(x_c) = c = min(f)$ und $f(x_d) = d = max(f)$. Nach dem Zwischenwert-Satz (Satz 2.217.2), angewendet auf die Einschränkung $f|[x_c, x_d]$, besitzt jedes Element z mit $f(x_c) \leq z \leq f(x_d)$ ein Urbild $x_z \in [x_c, x_d]$ mit $f(x_z) = z$. Somit ist $Bild(f) = [f(x_c), f(x_d)] = [c,d]$.

2.217.4 Corollar (Nullstellen-Satz von Bolzano-Cauchy)

Es sei $f : [a,b] \longrightarrow [c,d]$ eine stetige Funktion mit $f(a) \cdot f(b) < 0$. Es gibt dann ein Element $x_0 \in (a,b)$ mit $f(x_0) = 0$.

Beweis: Aus $f(a) \cdot f(b) < 0$ folgt o.B.d.A. die Beziehung $f(a) < 0 < f(b)$. Nach dem Zwischenwert-Satz (Satz 2.217.2) gibt es dann ein Element $x_0 \in (a,b)$ mit $f(x_0) = 0$.

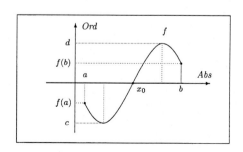

2.217.5 Corollar *(Fixpunkt-Satz)*

Zu jeder stetigen Funktion $f : [a,b] \longrightarrow [a,b]$ gibt es ein Element mit $f(x_0) = x_0$.

Beweis: Definiert man zu f eine Funktion $g : [a,b] \longrightarrow [a,b]$ durch $g = f - id_{[a,b]}$, dann gilt $g(a) = f(a) - a \geq 0$ wegen $f(a) \geq a$ und entsprechend $g(b) = f(b) - b \leq 0$ wegen $f(b) \leq b$.

Ist $g(a) = 0$, dann ist $f(a) = a$, ist aber $g(b) = 0$, dann ist $f(b) = b$. Bleibt noch der Fall $f(a) > 0$ und $f(b) < 0$ zu untersuchen: In diesem Fall ist $f(a) \cdot f(b) < 0$, womit dann nach dem Nullstellen-Satz (Corollar 2.217.4) ein Element $x_0 \in [a,b]$ mit $g(x_0) = 0$, also mit $f(x_0) = x_0$ existiert.

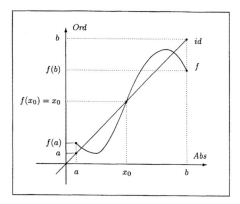

Der Zwischenwert-Satz liefert für die Bilder offener Intervalle noch den folgenden nützlichen Sachverhalt:

2.217.6 Corollar

Ist $f : (a,b) \longrightarrow \mathbb{R}$ eine injektive und stetige Funktion, dann gilt $Bild(f) \subset (f(a), f(b))$.

Anmerkung: Bei der Formulierung der vorstehenden Behauptung, in der natürlich $a < b$ vorausgesetzt sei, werde o.B.d.A. der Fall $f(a) < f(b)$ angenommen, der Fall $f(b) < f(a)$ kann analog formuliert und bewiesen werden. Für solche Funktionen gilt also: Ist $x \in (a,b)$, dann ist $f(x) \in (f(a), f(b))$.

Beweis: Es sei $x \in (a,b)$. Angenommen es gilt $f(x) \notin (f(a), f(b))$, dann gilt entweder $f(x) > f(b)$ oder $f(x) < f(a)$. (Gleichheit kann wegen der Injektivität von f nicht gelten.)

Im ersten Fall, also $f(b) < f(x)$, womit dann $f(a) < f(x)$ gilt, werde der Zwischenwert-Satz auf die Funktion $f : [a,x] \longrightarrow \mathbb{R}$ angewendet. Er liefert zu dem Element $c = f(b) \in [f(a), f(x)]$ ein Element $x_c \in [a,x]$ mit $f(x_c) = c = f(b)$, woraus mit der Injektivität von f aber $x_c = b$ folgt. Die Gleichheit $x_c = b$ widerspricht aber $x_c \in [a,x]$, denn das liefert $x_c \leq x < b$, also $x_c \neq b$.

Im zweiten Fall, $f(x) < f(a)$, ergibt sich ein analoger Widerspruch.

2.220 Stetigkeit inverser Funktionen (Topologische Funktionen)

> Da die Menschen zu allen Zeiten dieselben Leidenschaften gehabt haben, so sind zwar die Anlässe, welche große Veränderungen hervorbringen, verschieden, die Ursachen aber immer die nämlichen.
> *Charles de Montesquieu (1689 - 1755)*

Kehren wir noch einmal zu den Überlegungen in Abschnitt 2.202 zurück und untersuchen im Rahmen stetiger Funktionen die Frage, die in ihrer allgemeinsten Formulierung lautet: Sind auch die inversen Funktionen bijektiver strukturverträglicher Funktionen wieder strukturverträglich im selben Sinne?

Diese Frage hat bei verschiedenen Strukturtypen auch verschiedene Antworten. Während bei algebraischen Strukturen die Homomorphie der inversen Funktionen schon gewissermaßen automatisch aus der Homomorphie der bijektiven Ausgangsfunktion folgt (siehe Abschnitte 1.402 und 1.403), ist beispielsweise die inverse Funktion einer bijektiven monotonen Funktion im allgemeinen nicht wieder eine monotone Funktion (siehe Abschnitte 1.311 und 1.312).

In diesem Abschnitt soll die analoge Frage für den Fall spezieller topologischer Strukturen, begrifflich eingeengt auf die in Abschnitt 2.202 erläuterte Konvergenz-Struktur, untersucht und mit ersten Antworten versehen werden. Dazu sei noch einmal die Skizze in Abschnitt 2.202 betrachtet, in der eine gegen x_0 konvergierende Folge $x : \mathbb{N} \longrightarrow M$ und ihr stetiges Bild, also die gegen $f(x_0)$ konvergierende Bildfolge $f \circ x : \mathbb{N} \longrightarrow N$ dargestellt sind. Ist f darüber hinaus bijektiv, dann gibt es zu f die inverse Funktion $f^{-1} : N \longrightarrow M$ und es sieht mit dieser Skizze zunächst so aus, wenn man sich die Zuordnungspfeile in umgekehrter Richtung vorstellt und $f^{-1}(f(x(n))) = x(n)$ sowie $f^{-1}(f(x_0)) = x_0$ betrachtet, als sei auch f^{-1} stetig.

Dieser Eindruck liegt aber an der Einfachheit der Skizze, die die Vielfältigkeit von Definitionsbereichen nicht berücksichtigt. In der Tat braucht f^{-1} bei bijektiver stetiger Funktion f nicht wieder stetig zu sein. Das zeigt, leider, das folgende Beispiel:

2.220.1 Beispiel

Man betrachte die beiden Funktionen

$$f : [0,1] \cup (2,b] \longrightarrow [0,b] \text{ mit}$$

$$f(x) = \begin{cases} x^2, & \text{falls } x \in [0,1], \\ (x-2)^2 + 1, & \text{falls } x \in (2,b], \end{cases}$$

$$g : [0,b] \longrightarrow [0,1] \cup (2,b] \text{ mit}$$

$$g(z) = \begin{cases} \sqrt{z}, & \text{falls } z \in [0,1], \\ 2 + \sqrt{z-1}, & \text{falls } z \in (1,b]. \end{cases}$$

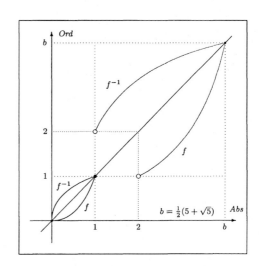

Wie auch die nebenstehende Skizze zeigt, ist die Funktion f stetig, die Funktion g aber bei 1 nicht stetig und damit insgesamt nicht stetig.

Jedoch ist g die Umkehrfunktion von f, also $g = f^{-1}$, wie die folgenden Nachweise von $g \circ f = id$ und $f \circ g = id$ zeigen:

a) Für $x \in [0,1]$ gilt naheliegenderweise $(g \circ f)(x) = x$ und $(f \circ g)(x) = x$.

b) Für $x \in (2,b]$ gilt $(g \circ f)(x) = g(f(x)) = g((x-2)^2 + 1) = 2 + \sqrt{(x-2)^2 + 1 - 1} = x$, ferner gilt für $z \in (1,b]$ dann $(f \circ g)(z) = f(g(z)) = f(2 + \sqrt{z-1}) = (2 + \sqrt{z-1} - 2)^2 + 1 = z$.

Wie das obige Beispiel zeigt, liegt die Tatsache, daß dort die inverse Funktion zu $f : T \longrightarrow T'$ mit $T, T' \subset \mathbb{R}$ nicht wieder stetig ist, in der Konstruktion von Definitions- und Bildbereich begründet. Man wird also fragen, ob es durch zusätzliche Eigenschaften dieser Mengen gelingt, die Stetigkeit der inversen

Funktion zu erreichen. Man kann nun schon mutmaßen, daß das durch Vereinfachung dieser Mengen zu geeigneten Intervallen (ohne Zwischenräume) gelingt. Bevor das tatsächlich gezeigt wird, seien die in diesem Sinne verbesserten Funktionen mit einem Namen bedacht:

2.220.2   Definition

Es sei $f : T \longrightarrow Bild(f) \subset \mathbb{R}$ mit $T \subset \mathbb{R}$ eine stetige und injektive Funktion. Ist mit f auch die inverse Funktion $f^{-1} : Bild(f) \longrightarrow T$ stetig, so heißt f *Topologische Funktion* oder *Homöomorphismus*.

Im folgenden bezeichne I beliebiges Intervall $(a,b) \subset \mathbb{R}^*$ oder $[a,b] \subset \mathbb{R}$. Man beachte, daß dann injektive Funktionen $f : I \longrightarrow Bild(f) \subset \mathbb{R}$ bijektiv sind (mit inverser Funktion $f^{-1} : Bild(f) \longrightarrow I$). Für solche Funktionen gilt nun folgender Sachverhalt:

2.220.3   Satz

Stetige und injektive Funktionen der Form $f : I \longrightarrow Bild(f) \subset \mathbb{R}$ sind topologisch.

Beweis: Zu zeigen ist, daß die zu f inverse Funktion $f^{-1} : Bild(f) \longrightarrow I$ stetig ist. Es sei dazu ein Element $y_0 \in Bild(f)$ beliebig gewählt, ferner sei $y : \mathbb{N} \longrightarrow Bild(f)$ eine beliebige konvergente Folge mit $lim(y) = y_0$. Nachzuweisen ist nun, daß die Bildfolge $f^{-1} \circ y : \mathbb{N} \longrightarrow I$ konvergiert mit $lim(f^{-1} \circ y) = f^{-1}(y_0)$, wobei der schreibtechnischen Einfachheit halber im folgenden $x = f^{-1} \circ y$, also $x_n = f^{-1}(y_n)$ und $x_0 = f^{-1}(y_0)$ bezeichnet seien.
Zunächst ist die Bildfolge $x : \mathbb{N} \longrightarrow I$ naheliegenderweise beschränkt, sie besitzt also nach dem Satz von *Bolzano-Weierstraß* (Satz 2.048.5) einen Häufungspunkt $h_0 \in I$ und nach Satz 2.048.4 eine gegen h_0 konvergente Teilfolge $x \circ k$.
Betrachtet man nun zu $x \circ k$ die Bildfolge $f \circ x \circ k = f \circ f^{-1} \circ y \circ k = y \circ k$ bezüglich f, dann ist $y \circ k$ eine Teilfolge von y, die gegen y_0 konvergiert (nach Lemma 2.041.3/1). Somit ist $f(h_0) = y_0$, woraus $h_0 = f^{-1}(f(h_0)) = f^{-1}(y_0) = x_0$ folgt.

2.220.4   Lemma

Für stetige Funktion $f : I \longrightarrow Bild(f)$ sind die folgenden Aussagen äquivalent:
a) Die Funktion f ist injektiv.
b) Die Funktion f ist entweder streng monoton oder streng antiton.

Beweis:
a) $\Rightarrow$ b): Angenommen f ist im Bereich $[a, x_0]$ momoton und im Bereich $[x_0, b]$ antiton, dann ist f entweder stetig und nicht injektiv oder injektiv und bei x_0 nicht-stetig (Sprungstelle).
b) $\Rightarrow$ a): Streng monotone oder streng antitone Funktionen sind stets injektiv.

2.220.5   Corollar

Stetige und streng monotone (streng antitone) Funktionen der Form $I \longrightarrow Bild(f) \subset \mathbb{R}$ sind topologisch.
Beweis: Die Behauptung folgt sofort aus Satz 2.220.3 und Lemma 2.220.4.

2.220.6   Corollar

Für stetige Funktionen der Form $f : [a,b] \longrightarrow [c,d]$ gilt:

a) f ist genau dann injektiv, wenn f streng monoton oder streng antiton ist.
b) Ist f bijektiv, dann ist die inverse Funktion f^{-1} stetig.
c) Ist f streng monoton oder streng antiton, dann existiert f^{-1} und ist stetig.

A2.220.01: Es bezeichne $S = [0,1]_\mathbb{Q}$ und $T = (1,2) \setminus \mathbb{R}$, ferner $I = S \cup T$. Zeigen sie, daß die durch
$$f(x) = \begin{cases} x, & \text{falls } x \in S, \\ x - 1, & \text{falls } x \in T, \end{cases}$$
definierte Funktion $f : I \longrightarrow [0,1]_\mathbb{R}$ bijektiv ist, und untersuchen Sie die Stetigkeit von f und f^{-1}. Skizzieren Sie f und f^{-1} auf sinnvolle Weise.

A2.220.02: Weisen Sie Satz 2.220.3 durch einen Widerspruchsbeweis nach.

A2.220.03: Weisen Sie die Implikation a) $\Rightarrow$ b) im Beweis zu Lemma 2.220.4 ausführlich (elementweise) nach und geben Sie dann Beispiele dafür an, daß die Aussage des Lemmas voraussetzen muß, daß $I = D(f)$ ein Intervall ist.

2.230 Stetigkeit elementarer Funktionen

> Die Mathematik ist so schwer, daß man immer nur
> ganz kurze Zeit mathematisch arbeiten kann.
> *Erhard Schmidt* (1876 - 1959)

Unter dem Sammelbegriff *Elementare Funktion* seien hier die Polynom-Funktionen, die rationalen Funktionen und die Potenz-Funktionen, jeweils als Funktionen $I \longrightarrow \mathbb{R}$ mit $I \subset \mathbb{R}$, verstanden. Dieser Begriff, der nur ad hoc verwendet wird, hat insofern seine Berechtigung, als die genannten Funktionstypen aus gleichartigen Bausteinen zusammengesetzt sind.

Eine erste Anwendung von Satz 2.215.1 liefert den folgenden Satz, der die Steigkeit von Polynom-Funktionen formuliert. Man beachte dabei die Art der Beweisführung, die im wesentlichen darauf beruht, eine gewisse Eigenschaft (hier die Stetigkeit) für sehr einfache Bausteine nachzuweisen (Lemma 2.230.1) und dann die Erhaltung dieser Eigenschaft bei algebraischen Operationen (Satz 2.215.1, also ein sehr mächtiges und allgemeines Beweisverfahren) anzuwenden. Ein solches Beweisverfahren zeigt die Eleganz einer guten Theorie.

2.230.1 Lemma

1. Konstante Funktionen $a : \mathbb{R} \longrightarrow \mathbb{R}$ mit $x \longmapsto a$ sind stetig.
2. Die identische Funktion $id : \mathbb{R} \longrightarrow \mathbb{R}$ mit $x \longmapsto x$ ist stetig.
3. Für alle $n \in \mathbb{N}_0$ sind die Potenzen $id^n : \mathbb{R} \longrightarrow \mathbb{R}$ mit $x \longmapsto x^n$ (als n-fache Produkte der identischen Funktion id mit sich selbst) stetig.

Beweis: Die Aussagen in den Teilen 1 und 2 sind schon in den Beispielen 2.203.4 und 2.206.4 bewiesen.
3. Der Beweis wird nach dem Prinzip der Vollständigen Induktion für Natürliche Zahlen (Abschnitte 1.802 und 1.811) geführt:
IA) Nach Teil 1 ist die konstante Funktion $id^0 = 1$ stetig.
IS) Ist id^n stetig, dann ist nach Satz 2.215.1 auch das Produkt $id^{n+1} = id^n \cdot id$ stetig.
Nach dem Satz über Vollständige Induktion (Abschnitt 1.802) ist dann id^n für alle $n \in \mathbb{N}_0$ stetig.

2.230.2 Satz

Polynom-Funktionen $f = \sum\limits_{0 \leq i \leq n} a_i \cdot id^i : \mathbb{R} \longrightarrow \mathbb{R}$ sind stetig.

Beweis: Nach Lemma 2.230.1 sind alle Bausteine, die konstanten Funktionen a_i und die Potenzen id^i der identischen Funktion $id : \mathbb{R} \longrightarrow \mathbb{R}$ stetig, woraus Satz 2.215.1/1/4 und Bemerkung 2.215.2/4 die Stetigkeit von f liefern.

Anmerkung: Man kann gemäß Satz 2.215.1/3 auch mit den $\mathbb{R}$-Produkten $a_i \cdot id^i$ argumentieren.

Wendet man Satz 2.215.1/6, der die Stetigkeit von Quotienten stetiger Funktionen liefert, auf Quotienten $f = \frac{u}{v}$ von zwei Polynom-Funktionen $u, v : \mathbb{R} \longrightarrow \mathbb{R}$ an, so folgt die Stetigkeit rationaler Funktionen $f = \frac{u}{v} : D(f) \longrightarrow \mathbb{R}$ mit $D(f) = \mathbb{R} \setminus N(v)$ und der Nullstellenmenge $N(v) = \{x \in D(v) \mid v(x) = 0\}$ von v. Dieser Definitionsbereich $D(f)$ ist damit so angelegt, daß der Voraussetzung $0 \notin Bild(v)$ von Satz 2.215.1/6 Genüge getan ist. Aus den Sätzen 2.230.2 und 2.215.1/6 folgt dann:

2.230.3 Satz

Rationale Funktionen $f = \frac{u}{v} : D(f) \longrightarrow \mathbb{R}$ sind stetig.

Es bleiben in diesem Zusammenhang noch die Potenz-Funktionen id^a mit $a \in \mathbb{R}$ zu untersuchen. Bekanntlich haben sie nicht alle denselben Definitionsbereich, so daß in der Formulierung des folgenden Satzes ein allgemeiner Definitionsbereich D als jeweils maximaler Definitionsbereich genannt ist. Beim Beweis der

Stetigkeit orientieren sich die einzelnen Beweisschritte, wie bei Potenzen und Potenz-Funktionen üblich und sinnvoll, an dem Typ des jeweiligen Exponenten a hinsichtlich der Kette $\mathbb{N}_0 \subset \mathbb{Z} \subset \mathbb{Q} \subset \mathbb{R}$.

2.230.4 Satz

Potenz-Funktionen (und damit auch Wurzel-Funktionen) $id^a : D \longrightarrow \mathbb{R}$ mit $a \in \mathbb{R}$ sind stetig.

Beweis: Der Beweis wird in folgenden Einzelschritten geführt:

1. Für alle $n \in \mathbb{N}_0$ sind die Potenzen $id^n : \mathbb{R} \longrightarrow \mathbb{R}$ nach Lemma 2.230.1/3 stetig.

2. Für alle $n \in \mathbb{N}$ sind die Potenzen $id^{-n} : \mathbb{R} \setminus \{0\} \longrightarrow \mathbb{R}$ wegen $id^{-n} = \frac{1}{id^n}$ nach Teil 1 und Satz 2.215.1/5 stetig. Mit Teil 1 sind damit alle Potenz-Funktionen id^z mit $z \in \mathbb{Z}$ stetig.

3. Für alle $n \in \mathbb{N}$ sind die Potenzen $id^{\frac{1}{n}} : \mathbb{R}_0^+ \longrightarrow \mathbb{R}_0^+$ als inverse Funktionen der stetigen Funktionen $id^n : \mathbb{R}_0^+ \longrightarrow \mathbb{R}_0^+$ stetig. Das folgt aus Satz 2.220.5, wenn man $\mathbb{R}_0^+ = [0, \star)$ beachtet. (Man beachte ferner $id^n \circ id^{\frac{1}{n}} = id^{(n \frac{1}{n})} = id$ sowie $id^{\frac{1}{n}} \circ id^n = id^{(\frac{1}{n} n)} = id$.)

4. Für alle $a \in \mathbb{Q}$ sind die Potenzen $id^a : \mathbb{R}_0^+ \longrightarrow \mathbb{R}_0^+$ als Kompositionen $id^a = id^m \circ id^{\frac{1}{n}} = id^{\frac{m}{n}}$ (mit $a = \frac{m}{n}$) stetiger Funktionen (siehe Beweisteile 1 und 3) stetig. Das folgt aus Satz 2.211.1.

5. Es bleibt noch der Fall $a \in \mathbb{R}$ zu betrachten, der wegen der besonderen Konstruktion der reellen Zahlen als Grenzwerte $a = lim(b_n)_{n \in \mathbb{N}}$ von Folgen $(b_n)_{n \in \mathbb{N}}$ rationaler Zahlen etwas aus dem Rahmen fällt: Man kann zeigen, daß id^a als Grenzwert $id^a = id^{lim(b_n)_{n \in \mathbb{N}}} = lim(id^{b_n})_{n \in \mathbb{N}}$ gleichmäßig konvergenter Folgen $(id^{b_n})_{n \in \mathbb{N}}$ darstellbar ist, woraus Bemerkung 2.260.2/5 die Stetigkeit von id^a liefert.

A2.230.01: Betrachten Sie die durch $f(x) = 1 + 2|x - 1|$ definierte Funktion $f : \mathbb{R} \longrightarrow \mathbb{R}$.

1. Schildern Sie, wie man auf einigermaßen systematische Weise das Minimum von f, das ist zugleich (salopp gesagt) die Spitze von f, ermitteln kann.

2. Zeigen Sie, daß f stetig ist.

3. Bearbeiten Sie sinngemäß analogisiert die Aufgabenteile 1 und 2 für die an der Abszisse gespiegelte Funktion f. Nennen Sie zunächst die Zuordnungsvorschrift dieser Funktion.

A2.230.02: Bearbeiten Sie dieselben Aufgabenstellungen wie in Aufgabe A2.230.01 für Funktionen $f : \mathbb{R} \longrightarrow \mathbb{R}$ der Form $f = u + a|v|$ mit stetigen Funktionen $u, v : \mathbb{R} \longrightarrow \mathbb{R}$ und $a \in \mathbb{R}$.

2.233   Stetigkeit der Exponential-Funktionen

> Richtige Verwendung des Geldes, mit strikter Ehrlichkeit, völliger, aufrichtiger Geringschätzung desselben als Lebenszweck und doch richtiger Schätzung als Mittel, um höhere Ziele zu erreichen, ist vielleicht eines der allersichersten Anzeichen eines ganz durchgebildeten Menschen, während Jagen nach Gewinn und die Verehrung des Reichtums am sichersten den Ungebildeten verrät.
> *Carl Hilty* (1833 - 1909)

In diesem Abschnitt wird gezeigt, daß Exponential- und Logarithmus-Funktionen stetig sind, wobei die Definition der Exponential-Funktion in Abschnitt 2.183 verwendet wird. Es sei jedoch darauf aufmerksam gemacht, daß in Abschnitt 2.632 eine andere Formulierung der Definition der Exponential-Funktionen dargestellt wird, zu der dann ebenfalls ein Nachweis der Stetigkeit geliefert wird.

2.233.1   Satz

Die Exponential-Funktion $exp_e : \mathbb{R} \longrightarrow \mathbb{R}^+$ ist stetig.

Beweis: Es sei $x_0 \in \mathbb{R}$ beliebig gewählt. Es wird im folgenden gezeigt, daß die Funktion exp_e bei x_0 (lokal) stetig ist, woraus bei dieser Wahl von x_0 die (globale) Stetigkeit folgt. Dazu wird eine beliebige konvergente Folge $x : \mathbb{N} \longrightarrow \mathbb{R}$ mit $lim(x) = x_0$ betrachtet. Nachzuweisen ist dann, daß die zugehörige Bildfolge $exp_e \circ x$ mit $(exp_e \circ x)(n) = exp_e(x_n)$ gegen $exp_e(x_0)$ konvergiert. Dazu im einzelnen:

1. Die Bildfolge $exp_e \circ x : \mathbb{N} \longrightarrow \mathbb{R}^+$ hat die Form $(exp_e(x_n))_{n \in \mathbb{N}} = (exp_e(x_0 + (x_n - x_0)))_{n \in \mathbb{N}} = (exp_e(x_0) exp_e(x_n - x_0))_{n \in \mathbb{N}} = exp_e(x_0)(exp_e(x_n - x_0))_{n \in \mathbb{N}}$, wobei die in Abschnitt 2.187 nachgewiesene Homomorphie $exp_e(x + z) = exp_e(x) \cdot exp_e(z)$ von exp_e verwendet wurde.

2. In Teil 3 wird die Konvergenz $lim(exp_e(x_n - x_0))_{n \in \mathbb{N}} = 1$ gezeigt, somit ist $(exp_e(x_n))_{n \in \mathbb{N}}$ konvergent mit $lim(exp_e(x_n))_{n \in \mathbb{N}} = lim(exp_e(x_0))_{n \in \mathbb{N}} = exp_e(x_0)$.

3. Die Beziehung $exp_e(x_n - x_0) = lim(\sum_{0 \leq i \leq m} \frac{1}{i!}(x_n - x_0)^i)_{m \in \mathbb{N}} = lim(1 + \sum_{1 \leq i \leq m} \frac{1}{i!}(x_n - x_0)^i)_{m \in \mathbb{N}} = lim(1 + (x_n - x_0) \sum_{1 \leq i \leq m} \frac{1}{i!}(x_n - x_0)^{i-1})_{m \in \mathbb{N}} = 1 + (x_n - x_0) \cdot lim(\sum_{1 \leq i \leq m} \frac{1}{i!}(x_n - x_0)^{i-1})_{m \in \mathbb{N}}$ zusammen mit dem Grenzwert $lim(x_n - x_0)_{n \in \mathbb{N}} = 0$ liefert dann $lim(exp_e(x_n - x_0))_{n \in \mathbb{N}} = 1$.

2.233.2   Corollar

Für jede Zahl $a \in \mathbb{R}^+$ ist die Exponential-Funktion $exp_a : \mathbb{R} \longrightarrow \mathbb{R}^+$ stetig.

Beweis: Nach Satz 2.211.1 ist exp_a als Komposition $exp_a = exp_e \circ (log_e(a) \cdot id)$ stetiger Funktionen stetig.

2.233.3   Corollar

Für jede Zahl $a \in \mathbb{R}^+$, $a \neq 1$, ist die Logarithmus-Funktion $log_a : \mathbb{R}^+ \longrightarrow \mathbb{R}$ stetig.

Beweis: Nach Satz 2.220.5 ist log_a als inverse Funktion $log_a = exp_a^{-1}$ einer stetigen Funktion stetig.

2.233.4   Corollar

1. Für alle $a \in \mathbb{R}^+$ sind Kompositionen $f = exp_a \circ h : \mathbb{R} \longrightarrow \mathbb{R}^+$ mit beliebigen stetigen Funktionen $h : \mathbb{R} \longrightarrow \mathbb{R}$ stetig. Solche Kompositionen haben die Form $f(x) = a^{h(x)}$.
2. Für alle $a \in \mathbb{R}^+$ mit $a \neq 1$ sind Kompositionen $f = log_a \circ h : \mathbb{R}^+ \longrightarrow \mathbb{R}$ mit beliebigen stetigen Funktionen $h : \mathbb{R} \longrightarrow \mathbb{R}^+$ stetig. Solche Kompositionen haben die Form $f(x) = log_a(h(x))$.

Die folgende Bemerkung befaßt sich noch einmal mit der Frage nach der Festlegung von $exp_e(x) = e^x$ für Zahlen $x \in \mathbb{R}$ in Fortsetzung der Anmerkung 2 zu Corollar 2.182.5:

2.233.5 Bemerkung

Es ist natürlich, die Darstellung $exp_e(x) = e^x$ auch für Zahlen $x \in \mathbb{R}$ verwenden zu wollen. Das läßt sich definitorisch auch vernünftig realisieren, wenn man verwendet, daß sich reelle Zahlen x als Grenzwerte $x = lim(a_n)_{n \in \mathbb{N}}$ rationaler Zahlen a_n darstellen lassen. Zu einer Situation dieser Art existiert zunächst $exp_e(x) = exp_e(lim(a_n)_{n \in \mathbb{N}})$ wegen $D(exp_e) = \mathbb{R}$ und man kann $e^x = exp_e(lim(a_n)_{n \in \mathbb{N}})$ definieren.

Da die Exponential-Funktion exp_e nun stetig ist, gilt $lim(exp_e(a_n))_{n \in \mathbb{N}} = exp_e(lim(a_n)_{n \in \mathbb{N}})$, woraus mit der Potenz-Schreibweise dann insgesamt $lim(e^{a_n})_{n \in \mathbb{N}} = lim(exp_e(a_n))_{n \in \mathbb{N}} = exp_e(lim(a_n)_{n \in \mathbb{N}}) = e^x$ folgt.

2.234 STETIGE GRUPPEN-HOMOMORPHISMEN

> ... daß in jeder besonderen Naturlehre nur so viel eigentliche Wissenschaft angetroffen werden kann, als darin Mathematik anzutreffen ist.
>
> *Immanuel Kant* (1724 - 1804)

Die in der Analysis zentralen Begriffsbildungen (Stetigkeit, Differenzierbarkeit, Integrierbarkeit) erwecken durch graphische Motivation (Sprungstellen, Tangenten, Flächen) zunächst den Eindruck durchweg rein topologischer Sachverhalte. Eine mehr strukturelle Betrachtungsweise läßt jedoch den oft erheblichen algebraischen Anteil in der Analysis deutlicher werden. Genauere Analysen solcher Verzahnungen topologischer und algebraischer Strukturen schaffen erhöhte Klarheit und fördern damit im wörtlichen Sinne auch die Einsicht in die betrachteten Gegenstände.

Die gewöhnliche Fragestellung: *Welche Eigenschaften hat eine vorgegebene Funktion $f : M \longrightarrow N$?* kann man auch umkehren: *Welche Funktionen $f : M \longrightarrow N$ haben gewisse vorgegebene Eigenschaften?* Das Interesse an bestimmten Funktionseigenschaften steht im unmittelbaren Zusammenhang mit der näheren Bestimmung der zugehörigen Mengen von Funktionen. So liegt etwa die Bedeutung der $\mathbb{R}$-Homomorphie von Funktionen $\mathbb{R} \longrightarrow \mathbb{R}$ in der Isomorphie $End_\mathbb{R}(\mathbb{R}) \cong \mathbb{R}$, also in dem Zusammenhang zwischen den Nullpunktsgeraden und ihren Anstiegen als Zahlen (allgemeiner: zwischen $\mathbb{R}$-linearen Funktionen $\mathbb{R}^n \longrightarrow \mathbb{R}^m$ und ihren Matrizen).

Als Beispiel solcher Betrachtungsweisen soll in diesem Abschnitt hauptsächlich die erste der beiden folgenden Fragen untersucht werden (die Antwort auf die zweite ist dabei eher ein Nebenprodukt):
1. Welche stetigen Funktionen $\mathbb{R} \longrightarrow \mathbb{R}^+$ sind Gruppen-Homomorphismen?
2. Welche differenzierbaren Funktionen $\mathbb{R} \longrightarrow \mathbb{R}^+$ stimmen mit ihren Ableitungsfunktionen überein?

Die erste Fragestellung erlaubt – von dem Begriff der Stetigkeit abgesehen – eine fast rein algebraische Behandlung von Exponential- und Logarithmus-Funktionen mit Hilfe gewisser Homomorphie-Eigenschaften, wie sie für Wachstums- und Zerfallsprozesse typisch sind (siehe Beispiele 2.234.4). Die zweite Frage ergibt einen einfachen Zugang zu Differentialgleichungen und logistischen Funktionen (Abschnitte 2.8x).

2.234.1 Lemma

Für Funktionen $f : \mathbb{R} \longrightarrow \mathbb{R}$ sind äquivalent:

a) f ist ein stetiger Gruppen-Homomorphismus.

b) f ist $\mathbb{R}$-Homomorphismus.

Beweis:

a) $\Rightarrow$ b): Da die Gruppen-Homomorphie von f gleichbedeutend mit der $\mathbb{Z}$-Homomorphie ist, gilt für $m \in \mathbb{N}$ zunächst $f(x) = f(m\frac{1}{m}x) = mf(\frac{1}{m}x)$, also ist $\frac{1}{m}f(x) = f(\frac{1}{m}x)$. Mit $n \in \mathbb{Z}$ ist dann $\frac{n}{m}f(x) = n\frac{1}{m}f(x) = nf(\frac{1}{m}x) = f(\frac{n}{m})$, womit die $\mathbb{Q}$-Homomorphie von f gezeigt ist.
Daraus folgt mit der Stetigkeit von f die Beziehung $af(x) = f(ax)$, wenn man die reelle Zahl a als Grenzwert einer konvergenten Folge rationaler Zahlen darstellt, also $a = lim(q_n)_{n \in \mathbb{N}}$ mit $q_n \in \mathbb{Q}$, denn es gilt dann $f(ax) = f(lim(q_n)_{n \in \mathbb{N}} \cdot x) = f(lim(q_n x)_{n \in \mathbb{N}}) = lim(f(q_n x))_{n \in \mathbb{N}} = lim(q_n f(x))_{n \in \mathbb{N}} = lim(q_n)_{n \in \mathbb{N}} \cdot f(x) = af(x)$, für alle $x \in \mathbb{R}$.

b) $\Rightarrow$ a): Wegen der Isomorphie $u : \mathbb{R} \longrightarrow End_\mathbb{R}(\mathbb{R})$ mit $u(a) = a \cdot id_\mathbb{R}$ und $u^{-1}(h) = h(1)$ hat f die Form $f = a \cdot id_\mathbb{R}$ und ist damit als Produkt stetiger Funktionen stetig.

Der folgende Satz kennzeichnet die Menge aller stetigen Gruppen-Homomorphismen $\mathbb{R} \longrightarrow \mathbb{R}^+$ als die Menge aller Exponential-Funktionen exp_a (und umgekehrt):

2.234.2 Satz

Für Funktionen $E : \mathbb{R} \longrightarrow \mathbb{R}^+$ sind äquivalent:

a) E ist ein stetiger Gruppen-Homomorphismus.

b) E hat die Form $E = exp_a$ mit $a \in \mathbb{R}^+$ (wobei $a = E(1)$ ist).

Beweis:

a) ⇒ b): Die nebenstehende Komposition $log_e \circ E$ ist ein stetiger Gruppen-Homomorphismus $\mathbb{R} \longrightarrow \mathbb{R}$ und hat nach vorstehendem Lemma 2.234.1 dann die Form $log_e \circ E = a \cdot id_{\mathbb{R}}$. Folglich ist $E = exp_e \circ log_e \circ E = exp_e \circ (a \cdot id_{\mathbb{R}})$, also $E = exp_e \circ (a \cdot id_{\mathbb{R}})$. Damit ist $E(1) = exp_e(a)$ und folglich $log_e(E(1)) = a$, woraus $exp_{E(1)} = exp_e \circ (log_e(E(1)) \cdot id_{\mathbb{R}}) = exp_e \circ (a \cdot id_{\mathbb{R}}) = E$ folgt.

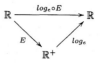

b) ⇒ a): Die Umkehrung der behaupteten Aussage ergibt sich auf die übliche Weise im Zusammenhang mit der Definition der Exponential-Funktionen (Corollar 2.182.4/2 und Satz 2.233.1).

2.234.3 Bemerkungen

1. Die beiden Äquivalenzen in Lemma 2.234.1 und Satz 2.234.2 liefern noch die folgenden Sachverhalte, an denen deutlich zu sehen ist, wie algebraische und topologische Eigenschaften sich wechselseitig in ihrer Güte verstärken können:

a) Stetige Gruppen-Homomorphismen $f : \mathbb{R} \longrightarrow \mathbb{R}$ und $E : \mathbb{R} \longrightarrow \mathbb{R}^+$ sind differenzierbar mit den Ableitungsfunktionen $f' = (a \cdot id_{\mathbb{R}})' = a$ und $E' = (exp_{E(1)})' = log_e(E(1)) \cdot exp_{E(1)} = log_e(E(1)) \cdot E$.

b) Stetige Gruppen-Homomorphismen $\mathbb{R} \longrightarrow \mathbb{R}$ (ungleich 0) und $\mathbb{R} \longrightarrow \mathbb{R}^+$ sind Isomorphismen.

2. Es sei noch angemerkt, daß sich durch gleichartige Überlegungen die Menge der Logarithmus-Funktionen log_a als die Menge der stetigen Gruppen-Homomorphismen $\mathbb{R}^+ \longrightarrow \mathbb{R}$ kennzeichnen läßt.

3. Man sieht nun, daß die Implikationen (a) ⇒ (b) und (b) ⇒ (a) in Satz 2.234.2 jeweils die eingangs genannten Fragestellungen widerspiegeln. Dabei kommt den Richtungen (a) ⇒ (b), also Funktionen aus vorgegebenen Eigenschaften heraus zu entwickeln oder zu identifizieren, jedoch eine größere praktische Bedeutung zu (im Sinne von Mathematisierungsprozessen). Das zeigen die folgenden Beispiele.

2.234.4 Beispiele

1. Zu Lemma 2.234.1: In der Physik werden beispielsweise proportionale Zusammenhänge in der Reihenfolge (a) ⇒ (b) ermittelt: Für die Abhängigkeit eines Widerstandes $R(s)$ eines Drahtes der Länge s wird eine Meßtabelle zu $s_1, s_2, s_3, \ldots$ aufgenommen. Diese Tabelle repräsentiert gerade die Homomorphieformel $R(s + s') = R(s) + R(s')$. Zusammen mit der intuitiv begründeten Stetigkeit dieser Abhängigkeit ergibt sich eine Nullpunktsgerade, also eine durch $R(s) = c \cdot s$ definierte Funktion $R : T \longrightarrow \mathbb{R}$ mit $T \subset \mathbb{R}$.

2. Ein Beispiel zu Exponential-Funktionen: Eine stetige Funktion $w : \mathbb{R} \longrightarrow \mathbb{R}^+$ heiße *Wachstumsfunktion*, falls für die relative *Wachstumsänderung* $c(h, x) = \frac{w(x+h) - w(x)}{w(x)}$ dann $c(h, x) = c(h, 0)$ für alle h aus $\mathbb{R}$ gilt. Diese Gleichheit liefert $w(x + h) = \frac{w(x) \cdot w(h)}{w(0)}$.

Betrachtet man nun das Produkt $f = \frac{1}{w(0)} \cdot w : \mathbb{R} \longrightarrow \mathbb{R}^+$, dann ist $f(x + h) = \frac{1}{w(0)} \cdot w(x + h) = \frac{1}{w(0)} \cdot \frac{w(x) \cdot w(h)}{w(0)} = \frac{w(x)}{w(0)} \cdot \frac{w(h)}{w(0)} = f(x) \cdot f(h)$. Mithin ist f ein stetiger Gruppen-Homomorphismus $\mathbb{R} \longrightarrow \mathbb{R}^+$, der folglich die Form $f = exp_a$ hat. Damit ist $w = w(0) \cdot exp_a$, wobei $a = f(1) = \frac{w(1)}{w(0)} = c(1, 0) + 1$ ist.

Ist beispielsweise $c(1, 0) = i$ ein jährlicher Zinssatz ($i = p\%$), so ist mit $c(1, 0) + 1$ eine Wachstumsfunktion $K : \mathbb{R} \longrightarrow \mathbb{R}^+$ durch $K = K(0) \cdot exp_{1+i}$ gegeben. Die Einschränkung von K auf $\mathbb{N}$ ergibt dann gerade die Zinseszins-Formel $K(n) = K(0) \cdot (1 + i)^n$ für ein Anfangskapital $K(0)$ mit Endkapital $K(n)$ nach n Zinsperioden (beispielsweise Jahren).

A2.234.01: Führen Sie Bemerkung 2.234.3/2 aus.

A2.234.02: Betrachten Sie die Funktion $f : (\mathbb{R}, +) \longrightarrow (\mathbb{C}, \cdot)$ mit $f(x) = (cos(2\pi x), sin(2\pi x))$.

1. Zeigen Sie: Die Funktion f ist ein stetiger Gruppen-Homomorphismus.
2. Zeigen Sie: Es gilt $\mathbb{R}/\mathbb{Z} \cong S^1$ vermöge $Kern(f) = \mathbb{Z}$ und $Bild(f) = \{z \in \mathbb{C} \mid |z| = 1\} = S^1$.

2.236 STETIGKEIT TRIGONOMETRISCHER FUNKTIONEN

> Reichtum ist das geringste Ding auf Erden und die allerkleinste Gabe, die Gott einem Menschen geben kann. Darum gibt unser Herrgott gemeiniglich Reichtum den großen Eseln, denen er sonst nichts gönnt.
> *Martin Luther (1483 - 1546)*

In diesem Abschnitt soll gezeigt werden, daß die vier trigonometrischen Grundfunktionen, Sinus, Cosinus, Tangens und Cotangens, stetig sind. Die Funktionen $sin, cos : \mathbb{R} \longrightarrow \mathbb{R}$ sind in Abschnitt 2.186 definiert, die Funktionen $tan : D(tan) \longrightarrow \mathbb{R}$ und $cot : D(cot) \longrightarrow \mathbb{R}$ sind dann als ihre Quotienten $tan = \frac{sin}{cos}$ und $cot = \frac{cos}{sin} = \frac{1}{tan}$ definiert.

Zum Beweis der Stetigkeit von sin wird der erste Teil des folgenden Lemmas, dessen Beweis in Abschnitt 2.187 zu finden ist, benötigt. Über die Verwendung der beiden anderen Teile des Lemmas wird im Anschluß an Satz 2.236.2 noch gesprochen.

2.236.1 Lemma

1. Für alle $a, b \in \mathbb{R}$ gilt $sin(a+b) = sin(a)cos(b) + cos(a)sin(b)$,
2. für alle $a, b \in \mathbb{R}$ gilt $cos(a+b) = cos(a)cos(b) - sin(a)sin(b)$,
3. für alle $a \in \mathbb{R}$ gilt $cos(a) = sin(a + \frac{1}{2}\pi)$.

2.236.2 Satz

Die Sinus-Funktion $sin : \mathbb{R} \longrightarrow \mathbb{R}$ ist stetig.

Beweis: Es sei $x_0 \in \mathbb{R}$ beliebig gewählt. Es wird im folgenden gezeigt, daß die Funktion sin bei x_0 (lokal) stetig ist, woraus bei dieser Wahl von x_0 die (globale) Stetigkeit von sin folgt. Dazu wird eine beliebige konvergente Folge $x : \mathbb{N} \longrightarrow \mathbb{R}$ mit $lim(x) = x_0$ betrachtet. Nachzuweisen ist dann, daß die zugehörige Bildfolge $sin \circ x : \mathbb{N} \longrightarrow \mathbb{R}$ mit $(sin \circ x)(n) = sin(x_n)$ gegen $sin(x_0)$ konvergiert. Dazu im einzelnen:

1. Nach Lemma 2.236.1/1 hat die Bildfolge $sin \circ x$ die Form $(sin(x_n))_{n \in \mathbb{N}} = (sin(x_0 + (x_n - x_0)))_{n \in \mathbb{N}} = (sin(x_0)cos(x_n - x_0) + cos(x_0)sin(x_n - x_0))_{n \in \mathbb{N}} = sin(x_0)(cos(x_n - x_0))_{n \in \mathbb{N}} + cos(x_0)(sin(x_n - x_0))_{n \in \mathbb{N}}$.

2. In den Teilen 3 und 4 wird $lim(cos(x_n - x_0))_{n \in \mathbb{N}} = 1$ und $lim(sin(x_n - x_0))_{n \in \mathbb{N}} = 0$ gezeigt. Mit Teil 1 ist dann $(sin(x_n))_{n \in \mathbb{N}}$ konvergent mit $lim(sin(x_n))_{n \in \mathbb{N}} = lim(sin(x_0) \cdot 1 + cos(x_0) \cdot 0)_{n \in \mathbb{N}} = sin(x_0)$.

3. $cos(x_n - x_0) = lim(\sum_{0 \leq i \leq m} (-1)^i \frac{(x_n-x_0)^{2i}}{(2i)!})_{m \in \mathbb{N}} = lim(1 + \sum_{1 \leq i \leq m} (-1)^i \frac{(x_n-x_0)^{2i-2}}{(2i)!}(x_n-x_0)^2)_{m \in \mathbb{N}} = lim(1 + (x_n - x_0)^2 \cdot \sum_{1 \leq i \leq m} (-1)^i \frac{(x_n-x_0)^{2i-2}}{(2i)!})_{m \in \mathbb{N}} = 1 + (x_n - x_0)^2 \cdot lim(\sum_{1 \leq i \leq m} (-1)^i \frac{(x_n-x_0)^{2i-2}}{(2i)!})_{m \in \mathbb{N}}$ liefert zusammen mit dem Grenzwert $lim((x_n - x_0)^2)_{n \in \mathbb{N}} = 0$ dann $lim(cos(x_n - x_0))_{n \in \mathbb{N}} = 1$.

4. $sin(x_n - x_0) = lim(\sum_{0 \leq i \leq m} (-1)^i \frac{(x_n-x_0)^{2i+1}}{(2i)!})_{m \in \mathbb{N}} = lim(\sum_{0 \leq i \leq m} (-1)^i \frac{(x_n-x_0)^{2i}}{(2i)!}(x_n - x_0))_{m \in \mathbb{N}}$
$= lim((x_n - x_0) \cdot \sum_{0 \leq i \leq m} (-1)^i \frac{(x_n-x_0)^{2i}}{(2i)!})_{m \in \mathbb{N}} = (x_n - x_0) \cdot lim(\sum_{0 \leq i \leq m} (-1)^i \frac{(x_n-x_0)^{2i}}{(2i)!})_{m \in \mathbb{N}}$ liefert zusammen mit dem Grenzwert $lim(x_n - x_0)_{n \in \mathbb{N}} = 0$ dann $lim(sin(x_n - x_0))_{n \in \mathbb{N}} = 1$.

Zum Beweis des folgenden Corollars 2.236.3 können zwei Verfahren angewendet werden: Das erste analogisiert genau den Beweis von Satz 2.236.2 unter Verwendung von Lemma 2.236.1/2 sowie der Definition der Cosinus-Funktion in Abschnitt 2.186. Das zweite Verfahren verwendet Lemma 2.236.1/3 sowie die Tatsache, daß Kompositionen stetiger Funktinen stetig sind (Satz 2.211.1). Hier wird das zweite Verfahren verwendet:

2.236.3 Corollar

Die Cosinus-Funktion $cos : \mathbb{R} \longrightarrow \mathbb{R}$ ist stetig.

Beweis: Nach Lemma 2.236.1/3 hat die Funktion cos die Darstellung $cos = sin \circ (id + \frac{1}{2}\pi)$ als Komposition der Sinus-Funktion mit der Geraden $id + \frac{1}{2}\pi$. Da sowohl die Sinus-Funktion nach Satz 2.236.2 als auch Geraden nach Satz 2.230.2 stetig sind, ist nach Satz 2.211.1 auch ihre Komposition stetig.

2.236.4 Corollar

1. Die Tangens-Funktion $tan : D(tan) \longrightarrow \mathbb{R}$ ist stetig.
2. Die Cotangens-Funktion $cot : D(cot) \longrightarrow \mathbb{R}$ ist stetig.

Beweis:
1. Nach Satz 2.236.2 und Corollar 2.236.3 sind die Funktionen $sin, cos : \mathbb{R} \longrightarrow \mathbb{R}$ stetig, folglich ist auch ihr Quotient $tan = \frac{sin}{cos} : D(tan) \longrightarrow \mathbb{R}$ nach Satz 2.215.1/6 stetig, wobei der Definitionsbereich der Tangens-Funktion gerade $D(tan) = \mathbb{R} \setminus N(cos) = \mathbb{R} \setminus (\mathbb{Z} + \frac{1}{2})\pi$ ist.
2. Entsprechend ist $cot = \frac{1}{tan} : D(cot) \longrightarrow \mathbb{R}$ nach Teil 1 und Satz 2.215.1/5 stetig, wobei der Definitionsbereich der Cotangens-Funktion gerade $D(cot) = \mathbb{R} \setminus N(sin) = \mathbb{R} \setminus \mathbb{Z}\pi$ ist.

2.236.5 Satz

1. Die Hyperbolische Sinus-Funktion $sinh : \mathbb{R} \longrightarrow \mathbb{R}$ ist stetig.
2. Die Hyperbolische Cosinus-Funktion $cosh : \mathbb{R} \longrightarrow \mathbb{R}$ ist stetig.
3. Die Hyperbolische Tangens-Funktion $tanh : \mathbb{R} \longrightarrow \mathbb{R}$ ist stetig.
4. Die Hyperbolische Cotangens-Funktion $coth : \mathbb{R} \setminus \{0\} \longrightarrow \mathbb{R}$ ist stetig.

Beweis: Die beiden ersten Behauptungen folgen sofort aus Corollar 2.184 mit der Stetigkeit der Funktionen exp_e und $exp_e \circ (-id)$. Die beiden anderen Behauptungen folgen dann aus den beiden ersten, da $tanh$ und $coth$ Quotienten stetiger Funktionen sind.

2.250 Stetige Fortsetzungen (Teil 1)

> Meine Methoden sind Arbeits- und Auffassungsmethoden und daher anonym überall eingedrungen.
> *Emmy Noether* (1882 - 1935)

Häufig lassen sich Funktionen auf beliebig viele Arten fortsetzen, so daß das Problem nur dann von Interesse ist, wenn die Sachlage und die zusätzlichen Voraussetzungen und Eigenschaften eine eindeutig bestimmte Fortsetzung liefern (oder gezeigt werden kann, daß es für bestimmte beabsichtigte Erweiterungen des Definitionsbereichs keine vernünftige Fortsetzung gibt).

Diese Idee soll in diesem und in einigen weiteren Abschnitten unter dem Blickwinkel der Stetigkeit verfolgt werden, genauer: Unter welchen Bedingungen lassen sich stetige Funktionen so erweitern, daß wiederum stetige Funktionen entstehen, die möglicherweise sogar eindeutig bestimmt sind?

Bei der folgenden Verwendung von Definitionsbereichen $D(f) = I$ sei an Konvention 2.203.1 erinnert.

2.250.1 Definition

Eine Funktion $g : I \longrightarrow \mathbb{R}$ heißt *Stetige Fortsetzung* einer Funktion $f : I' \longrightarrow \mathbb{R}$ mit $I' \subset I$, falls g Fortsetzung von f (womit also $g|I' = f$ gilt) und stetig ist.

Untersuchungsgegenstände in den Abschnitten 2.250 und 2.251 sowie dann noch in Abschnitt 2.340 sind Quotienten $f = \frac{u}{v}$ von Funktionen $u, v : I \longrightarrow \mathbb{R}$, wobei stets $D(f) = D_{max}(f) = I \setminus N(v)$ festgelegt sei. Ferner wird der Fall angenommen, daß $N(v)$ nur endlich viele Elemente habe, was bedeutet, daß die Nullstellen von v einzelne diskrete Punkte auf der Abszisse markieren. Damit ist die in den genannten Abschnitten zu untersuchende Frage genügend eingegrenzt: Gibt es zu einer Funktion der Form $f = \frac{u}{v}$ und einer Nullstelle x_0 von v eine stetige Fortsetzung auf $D(f) \cup \{x_0\}$, und wenn ja, wie ist dabei der Funktionswert von x_0 zu definieren?

2.250.2 Bemerkung

Einen ersten Eindruck von den Auswirkungen, die die Nullstellen von v bei einem Quotienten $f = \frac{u}{v}$ auf f haben können, vermitteln die folgenden Beobachtungen: Betrachtet man die Nullstellenmenge $N(v)$ und den Einfluß ihrer Elemente auf f genauer, so kann man feststellen, daß $N(v)$ in zwei disjunkte Teilmengen $N(v) = L \cup P$ zerlegt werden kann, sofern natürlich $N(v) \neq \emptyset$ gilt. Die damit gemeinte Situation sei an drei Beispielen illustriert:

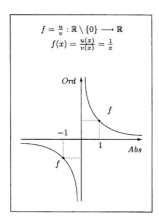
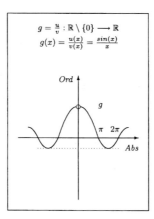
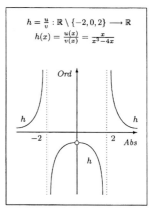

Die in der zweiten und dritten Skizze durch „offene Punkte" auf der Ordinate dargestellten Stellen sind sogenannte Lücken zu f (Elemente von L), diejenigen mit senkrechten Asymptoten sogenannte Pole zu f (Elemente von P). Wie an den graphischen Darstellungen leicht zu erkennen ist, lassen sich die Funktionen g und h bei ihren Lücken offenbar stetig fortsetzen und zwar eindeutig, da die Lücken einzelne Punkte markieren. Demgegenüber lassen sich f und h bei ihren Polen zwar beliebig, aber nicht stetig fortsetzen. Dieser Unterschied zwischen den Elementen von L und P führt zu folgender Definition:

2.250.3   Definition

Es sei $f = \frac{u}{v} : D(f) \longrightarrow \mathbb{R}$ eine stetige Funktion mit $D(f) = D_{max}(f) = I \setminus N(v)$ und $I = D(u) = D(v)$.
1. Ein Element $x_0 \in N(v)$ heißt *Lücke zu f*, falls es eine eindeutig bestimmte stetige Fortsetzung $f^* : D(f) \cup \{x_0\} \longrightarrow \mathbb{R}$ zu f gibt. Die Menge der Lücken zu f wird mit $L(f)$ bezeichnet.
2. Die Elemente von $N(v) \setminus L(f)$ werden *Pole* oder *Polstellen zu f* genannt. Die Ordinatenparallelen durch Pole zu f heißen *senkrechte Asymptoten zu f*. Die Menge der Pole zu f wird mit $Pol(f)$ bezeichnet.

2.250.4   Bemerkungen

Es sei $f = \frac{u}{v} : D(f) \longrightarrow \mathbb{R}$ eine stetige Funktion mit $D(f) = D_{max}(f) = I \setminus N(v)$ und $I = D(u) = D(v)$ sowie $f^* : D(f^*) \longrightarrow \mathbb{R}$ ihre stetige Fortsetzung, womit dann $f^*|D(f) = f$ gilt.
1. Es gilt $L(f) \cup Pol(f) = N(v)$ und $L(f) \cap Pol(f) = \emptyset$.
2. Es git $L(f) \not\subset D(f)$ sowie $Pol(f) \not\subset D(f)$ und $Pol(f) \not\subset D(f^*)$.
3. Es gilt $D(f^*) = D(f) \cap L(f)$ und $Bild(f) \subset Bild(f^*) = Bild(f) \cup f(L(f))$.
4. Es gilt $D(f^*) = D(f)$ und damit $f^* = f$ genau dann, wenn $L(f) = \emptyset$ gilt.
5. Im allgemeinen gilt $L(f) \subset N(u) \cap N(v)$ sowie $N(f) = N(f^*) \cap D(f) \subset N(f^*)$.

Die Definition 2.250.3 ist zunächst ohne großen praktischen Nutzen, da sie lediglich eine Situation beschreibt, aber keine Entscheidungs- bzw. Berechnungs-Verfahren für die definierten Gegenstände enthält. Somit sind im weiteren Verlauf der Überlegungen die beiden folgenden Fragen zu beantworten:
a) Wie kann man auf rechnerischem Wege Lücken und Pole identifizieren?
b) Wie lassen sich Funktionswerte $f^*(x_0)$ zu Lücken x_0 und so die stetige Fortsetzung f^* ermitteln?

Beide Fragen werden in Stufen behandelt: In diesem Abschnitt werden zunächst *Rationale Funktionen*, das sind Quotienten von Polynom-Funktionen, untersucht, in Abschnitt 2.251 wird für andere Funktionen eine entsprechende Untersuchung mit Hilfe der Theorie konvergenter Folgen angestellt, in Abschnitt 2.340 wird dann gezeigt, welche Bedeutung die Theorie der differenzierbaren Funktionen für diese Fragen hat.

Wie der folgende Satz zeigt, lassen sich die Fragen a) und b) für rationale Funktionen auf rein algebraischem Wege beantworten. Dabei wird der Einfachheit halber der einelementige Fall $N(v) = \{x_0\}$ behandelt, der sich aber auf den Fall $N(v) = \{x_0, ..., x_n\}$ unmittelbar übertragen läßt.

2.250.5   Satz

Eine rationale Funktion $f = \frac{u}{v} : D(f) \longrightarrow \mathbb{R}$ habe die Darstellung $f(x) = \frac{u(x)}{v(x)} = \frac{(x-x_0)^k u_s(x)}{(x-x_0)^m v_s(x)}$, wobei u_s und v_s den Linearfaktor $x - x_0$ nicht noch einmal enthalte. Dann gilt:
1. Ist $k = m > 0$, dann ist x_0 eine Lücke zu f. In diesem Fall ist die bei x_0 (lokale) stetige Fortsetzung von f die Funktion $f^* = \frac{u_s}{v_s} : D(f^*) = D(f) \cup \{x_0\} \longrightarrow \mathbb{R}$ mit $f^*(x) = \frac{u_s(x)}{v_s(x)}$.
2. Ist $0 < k < m$, dann ist x_0 ein Pol zu f. In diesem Fall hat die Zuordnungsvorschrift von f die gekürzte Darstellung $f(x) = \frac{1}{(x-x_0)^{m-k}} \cdot \frac{u_s(x)}{v_s(x)}$.

Beweis von 1: Man betrachte den Faktor $h : D(f) \cup \{x_0\} \longrightarrow \mathbb{R}$ mit $h(x) = \frac{(x-x_0)^k}{(x-x_0)^m}$.
Im Fall $k = m$ ist $h^* = 1$ die stetige Fortsetzung von h und somit ist dann einerseits die Funktion $f^* = h^* \frac{u_s}{v_s} = \frac{u_s}{v_s} : D(f^*) = D(f) \cup \{x_0\} \longrightarrow \mathbb{R}$ eine Fortsetzung von f, andererseits als Produkt und Quotient stetiger Funktionen (Satz 2.215.1) auch die stetige Fortsetzung von f.

2.250.6 Beispiele

Zu den folgenden Funktionen f sind jeweils Skizzen mit den entsprechenden Nummern angegeben.

1. Die Funktion $f : \mathbb{R} \setminus \{1\} \longrightarrow \mathbb{R}$ mit $f(x) = \frac{2(x-1)}{x-1}$ hat die Darstellung mit $f(x) = \frac{u(x)}{v(x)} = \frac{2(x-1)}{x-1}$, also ist $L(f) = N(v) = \{1\}$ und $Pol(f) = \emptyset$. Somit ist $f^* : \mathbb{R} \longrightarrow \mathbb{R}$ mit $f^*(x) = 2$ die stetige Fortsetzung von f. Ferner gilt $N(f) = \emptyset = N(f^*)$.

2. Die Funktion $f : \mathbb{R} \setminus \{-1\} \longrightarrow \mathbb{R}$ mit $f(x) = \frac{x^2+x}{x+1}$ hat die Darstellung mit $f(x) = \frac{u(x)}{v(x)} = \frac{x(x+1)}{x+1}$, also ist $L(f) = N(v) = \{-1\}$ und $Pol(f) = \emptyset$. Somit ist $f^* = id : \mathbb{R} \longrightarrow \mathbb{R}$ mit $f^*(x) = id(x) = x$ die stetige Fortsetzung von f. Ferner gilt $N(f) = \{0\} = N(f^*)$.

3. Die Funktion $f : \mathbb{R} \setminus \{-1, 1\} \longrightarrow \mathbb{R}$ mit $f(x) = \frac{x(x-1)}{x^2-1}$ hat die Darstellung mit $f(x) = \frac{u(x)}{v(x)} = \frac{x(x-1)}{(x+1)(x-1)}$, also ist $L(f) = \{1\}$ und $Pol(f) = \{-1\}$. Somit ist $f^* : \mathbb{R} \setminus \{-1\} \longrightarrow \mathbb{R}$ mit $f^*(x) = \frac{x}{x+1}$ die stetige Fortsetzung von f. Ferner gilt $N(f) = \{0\} = N(f^*)$.

4. Die Funktion $f : \mathbb{R} \setminus \{-2, 0, 2\} \longrightarrow \mathbb{R}$ mit $f(x) = \frac{x}{x^3-4x}$ hat die Darstellung mit $f(x) = \frac{u(x)}{v(x)} = \frac{x}{x(x+2)(x-2)}$, also ist $L(f) = \{0\}$ und $Pol(f) = \{-2, 2\}$. Somit ist $f^* : \mathbb{R} \setminus \{-2, 2\} \longrightarrow \mathbb{R}$ mit $f^*(x) = \frac{1}{x^2-4}$ die stetige Fortsetzung von f. Ferner gilt $N(f) = \emptyset = N(f^*)$.

5. Die Funktion $f : \mathbb{R} \setminus \{1\} \longrightarrow \mathbb{R}$ mit $f(x) = \frac{(x-1)^2(x+1)}{x-1}$ hat die Darstellung mit $f(x) = \frac{u(x)}{v(x)} = \frac{(x+1)(x-1)(x-1)}{x-1}$, also ist $L(f) = N(v) = \{1\}$ und $Pol(f) = \emptyset$. Somit ist $f^* : \mathbb{R} \longrightarrow \mathbb{R}$ mit $f^*(x) = x^2 - 1$ die stetige Fortsetzung von f. Ferner gilt $N(f) = \{-1\} \subset \{-1, 1\} = N(f^*)$.

6. Die Funktion $f : \mathbb{R} \setminus \{1\} \longrightarrow \mathbb{R}$ mit $f(x) = \frac{x-1}{(x-1)^2}$ hat die Darstellung mit $f(x) = \frac{u(x)}{v(x)} = \frac{1}{x-1}$, also ist $L(f) = \emptyset$ und $Pol(f) = \{1\}$. Ferner gilt $N(f) = \emptyset$.

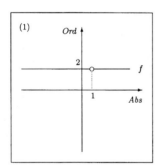
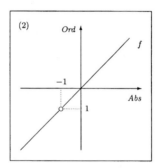
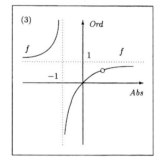
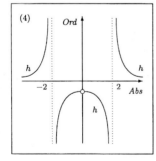
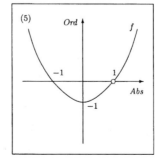
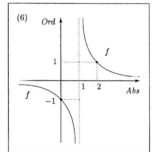

2.250.7 Bemerkung

Die bisherigen Betrachtungen haben sich – abgesehen von der Unterscheidung und der Kennzeichnung von Lücken und Polen – im wesentlichen mit der Stetigen Fortsetzbarkeit von Funktionen bei einzelnen Punkten beschäftigt. Das ist zwar ein wesentlicher, aber nicht der alleinige Fall: Die folgenden Überlegungen zeigen, daß sich stetige Funktionen $f : S \setminus \{1\} \longrightarrow \mathbb{R}$ natürlich auch auf größeren Teilmengen T mit $S \subset T \subset \mathbb{R}$ stetig fortsetzen lassen, wobei es lediglich darauf ankommt, bei solchen Fortsetzungen keine Sprungstellen zu erzeugen. Dazu ein Beispiel:

Die Funktion $w = id^{\frac{1}{2}} : \mathbb{R}_0^+ \longrightarrow \mathbb{R}$ kann auf verschiedene Weisen auf ganz $\mathbb{R}$ stetig fortgesetzt werden zu Funktionen $w^* : \mathbb{R} \longrightarrow \mathbb{R}$, beispielsweise durch die Zuordnungsvorschrift

$$w^*(z) = \begin{cases} w(z) = \sqrt{z}, & \text{falls } z \in \mathbb{R}_0^+, \\ \sqrt{-z}, & \text{falls } z \in \mathbb{R}_0^-, \end{cases}$$

die w um ihr Spiegelbild bezüglich der Ordinate ergänzt. Einen Beweis der Stetigkeit bei der kritischen Stelle 0 kann man nun entweder durch die Untersuchung von Bildfolgen $w^* \circ x$ zu nullkonvergenten Folgen x gemäß Definition 2.203.2 führen oder man stellt eine Betrachtung zur globalen Stetigkeit von w^* in folgender Weise an: Zunächst kann w^* durch die Zuordnungsvorschrift $w^*(z) = \sqrt{|z|}$ definiert, also in der Form $w^* = id^{\frac{1}{2}} \circ b$ mit der Betrags-Funktion $b : \mathbb{R} \longrightarrow \mathbb{R}$ dargestellt werden. Beachtet man, daß sowohl $id^{\frac{1}{2}}$ als auch b stetig ist (siehe Beispiel 2.203.4/5 und Satz 2.230.4), ferner, daß die Komposition stetiger Funktionen stetig ist (siehe Satz 2.211.1), dann folgt damit auch die Stetigkeit von w^*.

A2.250.01: Ergänzen und beweisen Sie die Aussagen von Bemerkung 2.250.4.

A2.250.02: Nennen Sie weitere stetige Fortsetzungen sowie auch nicht-stetige Forsetzungen – jeweils mit Begründung – der in Bemerkung 2.250.7 betrachteten Wurzel-Funktion w. Geben Sie ferner eine stetige Fortsetzung $w^* : \mathbb{R} \longrightarrow \mathbb{R}$ von w an, die darüber hinaus auch differenzierbar ist (siehe Abschnitte 2.30x). Ergänzen und beweisen Sie die Aussagen von Bemerkung 2.250.4.

2.251 Stetige Fortsetzungen (Teil 2)

> ... da es meine Kunst erlaubt, die Lösungen aller mathematischen Probleme mit größter Sicherheit zu finden.
>
> *François Viète* (1540 - 1603)

In diesem Abschnitt werden die Fragen nach stetigen Fortsetzungen (in Abschnitt 2.230) auf solche Quotienten $f = \frac{u}{v}$ erweitert, bei denen Zähler u und Nenner v nicht zugleich Polynom-Funktionen seien. Ein erstes Beispiel ist schon die in Bemerkung 2.250.2 dargestellte Funktion $g = \frac{u}{v} : \mathbb{R} \setminus \{0\} \longrightarrow \mathbb{R}$ mit $g(x) = \frac{u(x)}{v(x)} = \frac{sin(x)}{x}$, die auch in den folgenden Betrachtungen eine besondere Rolle spielen wird. Im Gegensatz zu den Untersuchungen über rationale Funktionen, die allein mit algebraischen Methoden durchgeführt werden konnten, wird in diesem Abschnitt die Hinzunahme der Theorie konvergenter Folgen erforderlich sein.

Bei der folgenden Verwendung von Definitionsbereichen $D_{max}(f) = D(f) = I$ sei an Konvention 2.203.1 erinnert.

2.251.1 Satz

Für stetige Funktionen der Form $f = \frac{u}{v} : D(f) \longrightarrow \mathbb{R}$ gilt: Ein Element $x_0 \in N(v)$ ist genau dann eine Lücke zu f, wenn für alle gegen x_0 konvergenten Folgen $x : \mathbb{N} \longrightarrow D(f)$ die zugehörigen Bildfolgen $f \circ x : \mathbb{N} \longrightarrow \mathbb{R}$ gegen einen gemeinsamen Grenzwert konvergieren.

Beweis: Nach Definition 2.250.1 ist zu zeigen, daß die Funktion $f^* : D(f) \cup \{x_0\} \longrightarrow \mathbb{R}$, definiert durch $f^*(z) = \begin{cases} f(z), & \text{falls } z \in D(f), \\ lim(f \circ x), & \text{falls } z = x_0, \end{cases}$ bei x_0 stetig ist. Das ist mit $f^*(lim(x)) = f^*(x_0) = lim(f \circ x) = lim(f^* \circ x)$ aber der Fall, denn nach Konstruktion der Folgen x ist stets $f \circ x = f^* \circ x$.

2.251.2 Bemerkungen

1. Die im Beweis zu vorstehendem Satz angegebene Funktion f^* ist die bei x_0 lokal stetige Fortsetzung von f (siehe Satz 2.250.5/1).

2. Die (globale) stetige Fortsetzung $f^* : D(f) \cup L(f) \longrightarrow \mathbb{R}$ wird gegebenenfalls, falls $L(f)$ mehrere Elemente hat, auf analoge Weise durch Betrachtung jeder einzelnen Lücke konstruiert.

3. Hinsichtlich $f = \frac{u}{v} : \mathbb{R} \setminus N(v) \longrightarrow \mathbb{R}$ mit der Zerlegung $N(v) = L(f) \cup Pol(f)$ gilt für $x_0 \in N(v)$:

a) $x_0 \in L(f) \Leftrightarrow$ für alle $x \in Kon(\mathbb{R}, x_0)$ gilt $lim(f \circ x) \in \mathbb{R}$.

b$_1$) $x_0 \in Pol(f) \Leftrightarrow x_0 \notin L(f) \Leftrightarrow$ es gibt $x \in Kon(\mathbb{R}, x_0)$ mit $lim(f \circ x) \in \mathbb{R}^* \setminus \mathbb{R}$.

b$_2$) $x_0 \in Pol(f) \Leftrightarrow x_0 \notin L(f) \Leftrightarrow$ es gibt $x \in Kon(\mathbb{R}, x_0)$ mit $lim(\frac{1}{f \circ x}) = 0$.

Bei der Kennzeichnung von Polstellen nach b$_1$) und b$_2$) sowie ihres Poltyps (siehe Bemerkung 1.231.2/3) genügt es also, mindestens eine solche Folge x anzugeben. Man bedient sich in der Regel dabei der sogenannten Testfolgen $x = (x_0 - \frac{1}{n})_{n \in \mathbb{N}}$ und $y = (x_0 + \frac{1}{n})_{n \in \mathbb{N}}$, wobei x monoton und y antiton gegen x_0 konvergiert. Dazu ein Beispiel:

Für die Funktion $f = \frac{u}{v} : \mathbb{R} \setminus N(v) \longrightarrow \mathbb{R}$ mit $f(z) = \frac{z^2-4}{(z-2)(z^2-1)}$ gilt zunächst $N(v) = \{-1, 1, 2\}$ sowie $L(f) \subset N(u) \cap N(v) = \{2\}$ und $Pol(f) = N(v) \setminus L(f) = \{-1, 1, 2\} \setminus \{2\} = \{-1, 1\}$. Für die Polstelle 1 gilt mit der Testfolge y dann $\frac{1}{f \circ y}(n) = \frac{1}{(f \circ y)(n)} = \frac{y_n^2 - 1}{y_n^2 + 2} = \frac{(1+\frac{1}{n})^2 - 1}{1 + \frac{1}{n} + 2} = \frac{1}{n(1+3n)} + \frac{2}{1+3n}$, folglich ist $lim(\frac{1}{f \circ y}) = 0$. Ferner ist die Folge $\frac{1}{f \circ y}$ antiton, die Folge $f \circ y$ also monoton mit $lim(f \circ y) = \star$.

Satz 2.251.1 sagt zwar, daß die gemeinsamen Grenzwerte der Bildfolgen $f \circ x$ zur Konstruktion von f^* zu bilden sind, er sagt aber nicht, auf welche Weise diese Grenzwerte konstruiert werden können. Man beachte, daß in dem Beweis zu Satz 2.215.1/5 gerade $x_0 \notin N(v)$ gelten muß, wie auch in Bemerkung 2.215.2/1 kommentiert wurde. Somit bleibt an dieser Stelle nur zu sagen, daß dieses Problem in allgemeinerer Form der Bereitstellung weiterer Hilfsmittel bedarf und erst in Abschnitt 2.340 abschließend geklärt werden kann.

Dieser Hinweis schließt aber nicht aus, daß die in Satz 2.251.1 enthaltene Methode in konkreten Fällen schon zum Ziel führt. Als Beispiel dazu sei zunächst die oben und in Bemerkung 2.230.2 genannte Funktion $g = \frac{sin}{id}$ mit ihrer Lücke 0 betrachtet, wobei zugleich der rechnerische Aufwand, der ohne die Methoden der Abschnitte 2.344 bis 2.346 nötig ist, deutlich wird:

2.251.3 Lemma

Die Funktion $g = \frac{sin}{id} : \mathbb{R} \setminus \{0\} \longrightarrow \mathbb{R}$ mit $L(g) = \{0\}$ hat die stetige Fortsetzung $g^* : \mathbb{R} \longrightarrow \mathbb{R}$, definiert durch $g^*(z) = \begin{cases} g(z), & \text{falls } z \neq 0, \\ 1, & \text{falls } z = 0. \end{cases}$

Bemerkung: Für dieses Lemma werden zwei Beweise angegeben, die sich im Niveau ihrer Hilfsmittel (also dem Maß an anschaulichen Voraussetzungen) deutlich voneinander unterscheiden:

Beweis 1: Dieser Beweis verwendet die Definition der Funktion $sin : \mathbb{R} \longrightarrow \mathbb{R}$ in Abschnitt 2.186: Es sei $x : \mathbb{N} \longrightarrow \mathbb{R} \setminus \{0\}$ eine beliebige nullkonvergente Folge, dann wird gezeigt, daß für die Bildfolge $g \circ x$ dann $lim(g \circ x) = 1$ gilt, womit die Festlegung $g^*(0) = lim(g \circ x) = 1$ die stetige Fortsetzung von g auf 0 liefert (Satz 2.251.1): Mit $sin(x_n) = lim(\sum_{0 \leq i \leq m} \frac{(-1)^i}{(2i+1)!} x_n^{2i+1})_{m \in \mathbb{N}}$ ist $(g \circ x)(n) = \frac{sin(x_n)}{x_n} =$
$lim(\sum_{0 \leq i \leq m} \frac{(-1)^i}{(2i+1)!} x_n^{2i})_{m \in \mathbb{N}} = lim(1 + \sum_{1 \leq i \leq m} \frac{(-1)^i}{(2i+1)!} x_n^{2i+1})_{m \in \mathbb{N}} = 1 + x_n^2 \cdot lim(\sum_{0 \leq i \leq m} \frac{(-1)^i}{(2i+1)!} x_n^i)_{m \in \mathbb{N}}$.
Wegen $lim(x_n^2)_{n \in \mathbb{N}} = 0$ ist damit schließlich $lim(\frac{sin(x_n)}{x_n})_{n \in \mathbb{N}} = lim(1)_{n \in \mathbb{N}} = 1$.

Beweis 2: Der folgende, in Schulbüchern häufig auftretende Beweis verwendet stillschweigend die Stetigkeit der Cosinus-Funktion (siehe Abschnitt 2.236): Es sei $x : \mathbb{N} \longrightarrow \mathbb{R} \setminus \{0\}$ eine beliebige null-konvergente Folge, dann wird gezeigt, daß für die Bildfolge $g \circ x$ dann $lim(g \circ x) = 1$ gilt: Die Idee des Verfahrens ist, den Flächeninhalt A_n des durch das Bogenstück mit Länge x_n erzeugten Kreissegments durch die Flächeninhalte der beiden eingezeichneten Dreiecke einzugrenzen. Beachtet man $A_n = \pi r^2 \frac{x_n}{2\pi} = \frac{1}{2} r^2 x_n$ für Folgenglieder $x_n < \frac{\pi}{4}$, im Einheitskreis dann $A_n = \frac{1}{2} x_n$, so gilt die Beziehung $\frac{1}{2} sin(x_n) cos(x_n) < A_n = \frac{1}{2} x_n < \frac{1}{2} tan(x_n)$, also $cos(x_n) < \frac{x_n}{sin(x_n)} < \frac{1}{cos(x_n)}$, und somit dann $\frac{1}{cos(x_n)} > \frac{sin(x_n)}{x_n} > cos(x_n)$, für alle $n \in \mathbb{N}$ und $cos(x_n) \neq 0$.

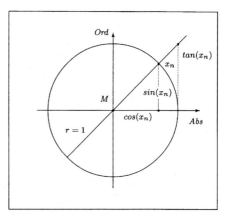

Da die Cosinus-Funktion stetig ist, ist $1 = cos(0) = cos(lim(x)) = lim(cos \circ x)$, somit folgt aus der obigen Beziehung nach Satz 2.044.3 die Konvergenz der Folge $(\frac{sin(x_n)}{x_n})_{n \in \mathbb{N}}$ und damit dann die Abschätzung $1 = \frac{1}{lim(cos \circ x)} \geq lim(\frac{sin(x_n)}{x_n})_{n \in \mathbb{N}} = lim(g \circ x) \geq lim(cos \circ x) = 1$, also, wie behauptet, $lim(g \circ x) = 1$.

2.251.4 Bemerkung

Eine äußerlich ähnlich gebaute Funktion wie die oben schon in Lemma 2.251.3 betrachtete Funktion $g = \frac{sin}{id} : \mathbb{R} \setminus \{0\} \longrightarrow \mathbb{R}$ ist die Funktion $f = sin \circ \frac{1}{id} : \mathbb{R} \setminus \{0\} \longrightarrow \mathbb{R}$. Jedoch ist 0 keine Lücke zu f, die stetige Funktion f läßt sich also nicht auf $\mathbb{R}$ *stetig* fortsetzen. (Bei Anwendungen wird häufig die nicht-stetige Fortsetzung durch $f(0) = 0$ betrachtet.)

2.251.5 Bemerkung

Im folgenden wird eine Funktion untersucht, die zwar nicht als Quotient definiert ist, aber ein ähnliches Problem wie die in Lemma 2.251.3 betrachtete Funktion aufweist, nämlich die Stetigkeit einer bei der Stelle 0 fortgesetzten Funktion:

Zunächst ist klar, daß die als Komposition stetiger Funktionen darstellbare (Ordinaten-symmetrische)

Funktion $f : \mathbb{R} \setminus \{0\} \longrightarrow \mathbb{R}$ mit $f(x) = e^{-\frac{1}{x^2}}$ stetig ist (wobei als Basis der Potenz die nach *Leonhard Euler* (1707 - 1789) benannte *Eulersche Zahl* $e \approx 2,718282$ verwendet ist (siehe auch Abschnitt 2.636)).

Es wird nun gezeigt, daß die Fortsetzung

$$f^* : \mathbb{R} \longrightarrow \mathbb{R}, \text{ definiert durch } f^*(x) = \begin{cases} f(x), & \text{falls } x \neq 0, \\ 0, & \text{falls } x = 0, \end{cases}$$

bei der Stelle $x = 0$ stetig ist, also f^* insgesamt stetig ist.

Dazu wird der Einfachheit halber die nullkonvergente Folge $x = (\frac{1}{n})_{n \in \mathbb{N}}$ verwendet und das zweite Gleichheitszeichen (das erste ist definitionsgemäß klar) in der Beziehung $f(lim(x)) = 0 = lim(f \circ x)$ gezeigt. Diese Gleichheit folgt aber umittelbar aus Beispiel 2.045.7/3, Anmerkung, mit der Darstellung $f(x_n) = f(\frac{1}{n}) = \frac{1}{e^{n^2}} < \frac{n}{e^{n^2}}$, für alle $n > 1$.

A2.251.01: Konstruieren Sie eine rationale Funktion $f : D(f) \longrightarrow \mathbb{R}$ mit den Eigenschaften
    a) f hat an jeder Stelle die Krümmung ungleich Null,   b) f hat genau zwei Pole
    c) f ist spiegelsymmetrisch zur Ordinate,   d) f hat genau zwei Lücken,

begründen Sie kurz Ihre Konstruktionsmaßnahmen und geben Sie die stetige Fortsetzung f^* von f an.

A2.251.02: Betrachten Sie konvergente Folgen $x : \mathbb{N} \longrightarrow \mathbb{R} \setminus \{\frac{1}{2}\pi\}$ mit $lim(x_n)_{n \in \mathbb{N}} = \frac{1}{2}\pi$ und zeigen Sie $lim(\frac{cos(x_n)}{x_n - \frac{1}{2}\pi})_{n \in \mathbb{N}} = -1$.

A2.251.03: Läßt sich die Funktion $g = \frac{cos - 1}{id} : \mathbb{R} \setminus \{0\} \longrightarrow \mathbb{R}$ mit $L(g) = \{0\}$ stetig fortsetzen?

2.260 GLEICHMÄSSIG STETIGE FUNKTIONEN

> Glaube, Liebe, Hoffnung fühlten einst in ruhiger geselliger Stunde einen plastischen Trieb in ihrer Natur; sie befleißigten sich zusammen und schufen ein liebliches Gebild, eine Pandora im höhern Sinne: Die Geduld.
>
> *Johann Wolfgang von Goethe (1749 - 1832)*

Der Begriff der *Gleichmäßig stetigen Funktionen* basiert einerseits auf der Formulierung der Stetigkeit in Abschnitt 2.206 (das ist die technische Idee), andererseits auf der Idee bei gleichmäßig konvergenten Funktionen-Folgen in Abschnitt 2.084, einen von der jeweiligen Zahl (Abszisse) unabhängigen Grenzindex $n(\epsilon)$ angeben zu können.

Zum Vergleich noch einmal eine der Formulierungen (2.) der Stetigkeit in Satz 2.206.1: Eine Funktion $f: I \longrightarrow \mathbb{R}$ ist bei $x_0 \in I$ genau dann stetig, wenn gilt: Zu jedem $\epsilon \in \mathbb{R}^+$ gibt es ein $\delta(x_0, \epsilon) \in \mathbb{R}^+$, so daß für jedes Element $z \in I$ die folgende Implikation gilt: $|z - x_0| < \delta(x_0, \epsilon) \Rightarrow |f(z) - f(x_0)| < \epsilon$.

2.260.1 Definition

Eine Funktion $f: I \longrightarrow \mathbb{R}$ heißt *gleichmäßig stetig*, wenn gilt: Zu jedem $\epsilon \in \mathbb{R}^+$ gibt es ein $\delta(\epsilon) \in \mathbb{R}^+$, so daß für alle Elemente $z \in I$ und für alle $x \in I$ mit $|x - z| < \delta(\epsilon)$ dann auch $|f(x) - f(z)| < \epsilon$ gilt.

2.260.2 Bemerkungen und Beispiele

1. Zum Unterschied beider Stetigkeits-Varianten: Während bei der gewöhnlichen Stetigkeit ein von der betrachteten Stelle x_0 abhängiges Maß $\delta(x_0, \epsilon)$ auftritt (je nach Stelle x_0 muß bei konstantem ϵ die Zahl $\delta(x_0, \epsilon)$ beispielsweise auch größer als bei anderen Stellen gewählt werden), ist bei der Gleichmäßigen Stetigkeit ein globales, das heißt, ein für alle x, z gleichgroßes $\delta(\epsilon)$ (das nur von ϵ abhängt) gefordert. Man kann also sagen: Die Abstandsmessung $|z - x|$ kann für alle $z, x \in I$ mit derselben Güte erfolgen.

Dieser Sachverhalt führt dann auch zu folgender Beobachtung: Während die oben zitierte Stetigkeit stets eine bei x_0 lokale Situation beschreibt, die dann die Wahl von $\delta(x_0, \epsilon)$ bestimmt, ist die Gleichmäßige Stetigkeit eine Eigenschaft, die für jedes Paar (x, z) von Elementen aus I, in diesem Sinne also global formuliert ist.

2. Bemerkung 1 noch in quantifizierter Form, die zeigt, daß der Unterschied zwischen Stetigkeit und Gleichmäßiger Stetigkeit für $f: I \longrightarrow \mathbb{R}$ in der Reihenfolge der quantifizierten Objekte deutlich wird:

f stetig $\Leftrightarrow (\forall \epsilon \in \mathbb{R}^+)(\forall x \in I)(\exists \delta(x, \epsilon) \in \mathbb{R}^+)(\forall z \in I) \; (|x - z| < \delta(x, \epsilon) \Rightarrow |f(x) - f(z)| < \epsilon)$

f gleichmäßig stetig $\Leftrightarrow (\forall \epsilon \in \mathbb{R}^+)(\exists \delta(\epsilon) \in \mathbb{R}^+)(\forall x \in I)(\forall z \in I) \; (|x - z| < \delta(\epsilon) \Rightarrow |f(x) - f(z)| < \epsilon)$

3. Jede gleichmäßig stetige Funktion $f: I \longrightarrow \mathbb{R}$ ist stetig.

4. Eine Funktion $f: I \longrightarrow \mathbb{R}$ ist genau dann nicht gleichmäßig stetig, wenn gilt: Es gibt ein $\epsilon \in \mathbb{R}^+$, so daß es zu jedem $\delta \in \mathbb{R}^+$ Elemente $x, z \in I$ gibt mit $|x - z| < \delta$ und $|f(x) - f(z)| \geq \epsilon$.

Diese Formulierung ist nichts anderes als die textuelle Fassung der Negation der oben angegebenen Formel:

f nicht gleichmäßig stetig
$\Leftrightarrow \neg((\forall \epsilon \in \mathbb{R}^+)(\exists \delta(\epsilon) \in \mathbb{R}^+)(\forall x \in I)(\forall z \in I) \; (|x - z| < \delta(\epsilon) \Rightarrow |f(x) - f(z)| < \epsilon))$
$\Leftrightarrow (\exists \epsilon \in \mathbb{R}^+)(\forall \delta(\epsilon) \in \mathbb{R}^+)(\exists x \in I)(\exists z \in I) \; (|x - z| < \delta(\epsilon) \wedge |f(x) - f(z)| \geq \epsilon)$

5. Die durch $f(x) = \frac{1}{x}$ definierte Funktion $f: (1, \star) \longrightarrow \mathbb{R}$ ist gleichmäßig stetig.

Beweis: Zu beliebig vorgegebenem $\epsilon > 0$ liefert die Wahl $\delta = \epsilon$ die Implikation $|x - z| < \epsilon \Rightarrow |\frac{1}{x} - \frac{1}{z}| = \frac{1}{xz}|x - z| < \epsilon$, denn für alle $x, z \in (1, \star)$ gilt $0 < \frac{1}{xz} \leq 1$.

6. Die durch $f(x) = \frac{1}{x}$ definierte Funktion $f: \mathbb{R}^+ \longrightarrow \mathbb{R}$ ist nicht gleichmäßig stetig.

Beweis: Angenommen es gibt zu jedem $\epsilon \in \mathbb{R}^+$ ein $\delta \in \mathbb{R}^+$, so daß für alle Elemente $z \in I$ und für alle $x \in I$ mit $|x - z| < \delta$ dann auch $|f(z) - f(x)| < \epsilon$ gilt, bedeutet dann insbesondere, daß es zu $\epsilon = 1$ ein $\delta < 1$ gibt, so daß für alle Elemente $z \in I$ und für alle $x \in I$ mit $|x - z| < \delta$ dann auch $|\frac{1}{z} - \frac{1}{x}| < \epsilon$ gilt.

Wählt man nun aber $z = \frac{1}{2}\sqrt{\delta}$ und $x = \frac{1}{2}\sqrt{\delta} - \frac{1}{2}\delta$, dann folgt $|\frac{1}{z} - \frac{1}{x}| = \frac{|x-z|}{xz} = \frac{\frac{1}{2}\delta}{\frac{1}{4}\delta - \frac{1}{4}\delta\sqrt{\delta}} = \frac{2}{1-\sqrt{\delta}} > 2$ (denn mit $0 < \delta < 1$ gilt auch $0 < 1 - \sqrt{\delta} < 1$). Das ist aber ein Widerspruch zur Wahl $\epsilon = 1$ mit der Eignschaft $|\frac{1}{z} - \frac{1}{x}| < \epsilon$.

Anmerkung: Man kann den Beweis unter Verwendung von Bemerkung 4 auch folgendermaßen führen: Es sei $\epsilon = \frac{1}{2}$. Da es zu jedem $\delta > 0$ ein Element $n \in \mathbb{N}$, $n > 1$, mit $\frac{1}{n} < \delta$ gibt, folgt $|\frac{1}{n} - \frac{1}{n-1}| < \delta$ und $\frac{1}{n}, \frac{1}{n-1} \in (0,1)$. Andererseits ist aber $|f(\frac{1}{n}) - f(\frac{1}{n-1})| = |n - (n-1)| = 1 \geq \frac{1}{2} = \epsilon$.

Die folgende Skizze kann man sich als einen (verschobenen) Ausschnitt der nach Beispiel 5 gleichmäßig stetigen Funktion $f : (1,\star) \longrightarrow \mathbb{R}$ mit $f(x) = \frac{1}{x}$ vorstellen. Sie zeigt zu vorgegebenem $\epsilon > 0$ als Abstand auf der Ordinate einen zugehörigen Abstand $\delta(\epsilon)$ auf der Abszisse, für den dann gilt: Wie immer man das $\delta(\epsilon)$-Intervall auf der Abszisse verschiebt und Zahlen x und z in einem solchen Intervall wählt, stets ist die Bedingung für Gleichmäßige Stetigkeit erfüllt, das heißt, den Abstand $\delta(\epsilon)$ auf der Abszisse kann man bei vorgegebenem Abstand ϵ als universell verwendbar bezeichnen.

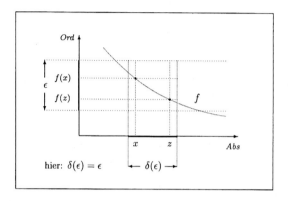

7. Eine stetige Funktion $f : (0,1) \longrightarrow \mathbb{R}$ ist genau dann gleichmäßig stetig, wenn für alle antitonen Folgen x mit $lim(x) = 0$ und alle monotonen Folgen x mit $lim(x) = 1$ die Bildfolgen $f \circ x$ konvergieren.

8. Es gibt ein Kriterium für Gleichmäßige Stetigkeit, das mit der Konvergenz von Folgen formuliert ist: Eine Funktion $f : I \longrightarrow \mathbb{R}$ ist genau dann gleichmäßig stetig, wenn für alle Folgen $x, z : \mathbb{N} \longrightarrow I$ gilt: Ist die Folge $|x - z|$ nullkonvergent, dann ist auch die Folge $|f \circ x - f \circ z|$ nullkonvergent.

2.260.3 Satz

Stetige auf abgeschlossenen Intervallen definierte Funktionen $f : [a, b] \longrightarrow \mathbb{R}$ sind gleichmäßig stetig.

Anmerkung: Ist eine auf einem Intervall I definierte Funktion gleichmäßig stetig, so braucht I kein abgeschlossenes Intervall zu sein, wie etwa die die gleichmäßig stetige Funktion $id : [0, \star) \longrightarrow \mathbb{R}$ zeigt.

Beweis: Es wird angenommen, daß f nicht gleichmäßig stetig ist, und daraus ein Widerspruch abgeleitet: Es sei gemäß Bemerkung 2.260.2/3 ein bestimmter Abstand ϵ, ferner die Folge $(\delta_n)_{n \in \mathbb{N}} = (\frac{1}{n})_{n \in \mathbb{N}}$ vorgelegt. Jedes Folgenglied δ_n liefert dann ein Paar (x_n, z_n) von Elementen aus $[a, b]$ mit $|x_n - z_n| < \delta_n$ und $|f(x_n) - f(z_n)| \geq \epsilon$. Es werden auf diese Weise die beiden Folgen $x = (x_n))_{n \in \mathbb{N}}$ und $z = (z_n)_{n \in \mathbb{N}}$ erzeugt, die beide wegen $x_n, z_n \in [a, b]$ beschränkt sind.

Nach dem Satz von *Bolzano-Weierstraß* (Satz 2.048.5) beitzt die Folge x einen Häufungspunkt x_0 sowie eine gegen diesen Häufungspunkt konvergierende Teilfolge $t_x = (x_{n_k})_{k \in \mathbb{N}}$, es gilt also $x_0 = lim(t_x)$ und wegen $Bild(t_x) \subset [a, b]$ ist $x_0 = lim(t_x) \in [a, b]$, woraus nach Voraussetzung folgt, daß f in x_0 stetig ist. Wegen $|x_n - z_n| < \delta_n$, für alle $n \in \mathbb{N}$, ist die Folge $x - z$ nullkonvergent, woraus folgt, daß die mit denselben Indices wie t_x ausgestattete Teilfolge $t_z = (z_{n_k}))_{k \in \mathbb{N}}$ von z ebenfalls gegen x_0 konvergiert.

Die Stetigkeit von f in x_0 liefert dann aber $lim(f \circ t_x) = f(x_0)$ und $lim(f \circ t_z) = f(x_0)$, folglich ist $lim(f \circ t_x - f \circ t_z) = lim(f \circ t_x) - lim(f \circ t_z) = f(x_0) - f(x_0) = 0$ im Widerspruch zu $|f(x_n) - f(z_n)| \geq \epsilon$, für alle $n \in \mathbb{N}$.

2.260.4 Bemerkung

Die Sätze 2.211.1 und 2,215.1 haben für Gleichmäßige Stetigkeit folgende Analoga:

1. Kompositionen $I \xrightarrow{f} J \xrightarrow{g} \mathbb{R}$ gleichmäßig stetiger Funktionen f und g sind gleichmäßig stetig.
2. Summen $f+g : I \longrightarrow \mathbb{R}$ gleichmäßig stetiger Funktionen $f, g : I \longrightarrow \mathbb{R}$ sind gleichmäßig stetig.
3. $\mathbb{R}$-Produkte $af : I \longrightarrow \mathbb{R}$ gleichmäßig stetiger Funktionen $f : I \longrightarrow \mathbb{R}$ sind gleichmäßig stetig.
4. Mit der Einschränkung, daß der Definitionsbereich I beschränkt ist, gilt für Produkte dann auch: Produkte $f \cdot g : I \longrightarrow \mathbb{R}$ gleichmäßig stetiger Funktionen $f, g : I \longrightarrow \mathbb{R}$ sind gleichmäßig stetig.

2.260.5 Bemerkung

Eine im Rahmen der Lebesgue-Integration (Abschnitte 2.73x) auftretende Teilklasse der Klasse der gleichmäßig stetigen Funktionen sind die sogenannten absolut stetigen Funktionen. Dazu: folgende Analoga:

1. Eine auf einem beliebigen Intervall $I \subset \mathbb{R}$ definierte Funktion $f : I \longrightarrow \mathbb{R}$ heißt *absolut stetig*, falls gilt: Zu jedem $\epsilon \in \mathbb{R}^+$ gibt es ein $\delta(\epsilon) \in \mathbb{R}^+$, so daß für jeweils endlich viele disjunkte Intervalle $(a_1, b_1), ..., (a_m, b_m) \subset I$ die folgende Implikation gilt: $\sum_{1 \leq k \leq m}(b_k - a_k) < \delta(\epsilon) \Rightarrow \sum_{1 \leq k \leq m}|f(b_k) - f(a_k)| < \epsilon$.

2. Mit Definition 2.260.1 gilt: Absolut stetige Funktionen $I \longrightarrow \mathbb{R}$ sind gleichmäßig stetig.

3. Hinsichtlich der in Abschnitt 2.262 definierten Lipschitz-stetigen Funktionen gilt: Lipschitz-stetige Funktionen $I \longrightarrow \mathbb{R}$ sind absolut stetig.

A2.260.01: Untersuchen Sie, ob die folgenden Funktionen gleichmäßig stetig sind:
a) $f_a : \mathbb{R} \longrightarrow \mathbb{R}$, definiert durch $f_a(x) = ax$ mit $a > 0$,
b) $f : (1, 2) \longrightarrow \mathbb{R}$, definiert durch $f(x) = x^2$,
c) $f_n : (\frac{1}{n}, 1) \longrightarrow \mathbb{R}$, definiert durch $f_n(x) = \frac{1}{x}$ mit $n \in \mathbb{N}$.

A2.260.02: Zeigen Sie, daß die Funktion $f : \mathbb{R}_0^+ \longrightarrow \mathbb{R}$ mit $f(x) = \sqrt{x}$ gleichmäßig stetig ist.
Hinweis: Beweisen Sie znächst die Formel $\sqrt{x} - \sqrt{y} \leq \sqrt{x - y}$, für alle $x, y \in \mathbb{R}_0^+$ mit $x \geq y$.

A2.260.03: Zeigen Sie, daß die Funktion $f : \mathbb{R}_0^+ \longrightarrow \mathbb{R}$ mit $f(x) = x^2$ nicht gleichmäßig stetig ist.
Anmerkung: Diese Funktion $f = id^2$ mit dem nicht beschränkten Definitionsbereich $\mathbb{R}_0^+$ ist hinsichtlich Aufgabe A2.260.01/b) ein Gegenbeispiel zu Bemerkung 2.260.4/4.

A2.260.04: Betrachten Sie die in 2.260.2/4 genannte Funktion, eingeschränkt auf das Intervall $[1, 2]$, und geben Sie zu vorgegebenem konstanten Abstand ϵ ein globales Maß δ an.

A2.260.05: Beweisen Sie für stetige Funktionen $f : (0, 1) \longrightarrow \mathbb{R}$ die Äquivalenz der Aussagen:
a) f ist gleichmäßig stetig.
b) f besitzt eine stetige Fortsetzung $f^* : [0, 1] \longrightarrow \mathbb{R}$.

A2.260.06: Geben Sie eine Folge $(f_n)_{n \in \mathbb{N}}$ stetiger Funktionen f_n an, die argumentweise, aber nicht gleichmäßig konvergiert.

2.262 Weitere Stetigkeits-Begriffe

> Unsere Hauptaufgabe ist nicht, zu sehen, was in vager Ferne liegt, sondern nur das zu tun, was das Nächstliegende ist.
> *Thomas Carlyle* (1795 - 1881)

Zur Information seien in diesem Abschnitt zwei weitere, öfter verwendete Verschärfungen der Stetigkeit und sogar der Gleichmäßigen Stetigkeit genannt.

2.262.1 Definition

1. Eine Funktion $f : [a,b] \longrightarrow \mathbb{R}$ heißt *Lipschitz-stetig* (nach *Rudolf Lipschitz*, 1832 - 1903), falls es eine konstante Zahl $L \in \mathbb{R}$ gibt mit $|f(x) - f(z)| \leq L|x-z|$, für alle $x, z \in [a,b]$.

2. Eine Funktion $f : [a,b] \longrightarrow \mathbb{R}$ heißt *Hölder-stetig* (nach *Otto Hölder*, 1859 - 1937), falls es eine konstante Zahl $H \in \mathbb{R}$ und einen Exponenten $h \in \mathbb{R}^+$ gibt mit $|f(x) - f(z)| \leq H|x-z|^h$, für alle $x, z \in [a,b]$.

2.262.2 Bemerkungen und Beispiele

1. Zum Vergleich der Stetigkeits-Varianten für Funktionen $f : [a,b] \longrightarrow \mathbb{R}$ folgender Überblick:

$$f \text{ Lipschitz-stetig} \Rightarrow f \text{ Hölder-stetig} \Rightarrow f \text{ gleichmäßig stetig} \Leftrightarrow f \text{ stetig.}$$

Die beiden Implikationen werden im folgenden nachgewiesen (die Äquivalenz ist Satz 2.260.3); darüber hinaus wird gezeigt, daß die jeweils umgekehrten Implikationen im allgemeinen nicht gelten.

a) Lipschitz-stetige Funktionen $f : [a,b] \longrightarrow \mathbb{R}$ sind Hölder-stetig, denn: Ist f Lipschitz-stetig, so gibt es einen konstanten Faktor $L \in \mathbb{R}$ mit $|f(x) - f(z)| \leq L|x-z|$, für alle $x, z \in [a,b]$. Diese Eigenschaft liefert mit dem Exponenten 1 in $|x-z| = |x-z|^1$ die Hölder-Stetigkeit von f.

b) Die Funktion $id^{\frac{1}{2}} : [0,1] \longrightarrow \mathbb{R}$ ist Hölder-stetig, aber nicht Lipschitz-stetig, denn:

b$_1$) Die Funktion $id^{\frac{1}{2}}$ ist Hölder-stetig (mit $H=1$ und $h=\frac{1}{2}$), denn: Für alle $x,z \in [0,1]$, wobei o.B.d.A. $x \leq z$ angenommen sei, gelten die Implikationen $x \leq z \Rightarrow \sqrt{x} \leq \sqrt{z} \Rightarrow \sqrt{x}\sqrt{x} \leq \sqrt{x}\sqrt{z} \Rightarrow x \leq \sqrt{x}\sqrt{z} \Rightarrow -2\sqrt{x}\sqrt{z} \leq -2x \Rightarrow z - 2\sqrt{x}\sqrt{z} + x \leq z - x \Rightarrow (\sqrt{z} - \sqrt{x})^2 \leq z - x \Rightarrow (\sqrt{x} - \sqrt{z})^2 \leq |x-z| \Rightarrow |\sqrt{x} - \sqrt{z}| \leq |x-z|^{\frac{1}{2}}$.

b$_2$) Die Funktion $id^{\frac{1}{2}}$ ist nicht Lipschitz-stetig, denn: Angenommen es gibt eine konstante Zahl $L \in \mathbb{R}$ gibt mit $|\sqrt{x} - \sqrt{z}| \leq L|x-z|$, für alle $x,z \in [0,1]$, dann gilt für $z=0$ insbesondere $|\sqrt{x}| = \sqrt{x} \leq L|x| = Lx$, für alle $x \in [0,1]$, also $x \leq Lx\sqrt{x}$ und somit $1 \leq L\sqrt{x}$, für alle $x \in [0,1]$, womit ein offensichtlicher Widerspruch vorliegt.

c) Hölder-stetige Funktionen $f : [a,b] \longrightarrow \mathbb{R}$ sind gleichmäßig stetig, denn: Die Hölder-Stetigkeit von f liefert zunächst die Existenz von H und h mit $|f(x) - f(z)| \leq H|x-z|^h$, für alle $x,z \in [a,b]$. Zu zeigen ist nun, daß zu beliebig vorgegebenem $\epsilon > 0$ ein $\delta > 0$ existiert, so daß für alle $x,z \in [a,b]$ die Implikation $|x-z| < \delta \Rightarrow |f(x) - f(z)| < \epsilon$ gilt. Wählt man $\delta = (\frac{\epsilon}{H})^{\frac{1}{h}}$, dann gilt mit $|x-z| < \delta$ die Beziehung $|f(x) - f(z)| \leq H|x-z|^h < H \cdot \delta^h = H \cdot (\frac{\epsilon}{H})^{\frac{1}{h} \cdot h} = \epsilon$, für alle $x,z \in [a,b]$.

d) Die Funktion $\frac{1}{\log_e} : [0, \frac{1}{2}] \longrightarrow \mathbb{R}$ ist stetig, aber nicht Hölder-stetig, denn:

d$_1$) Die Funktion $\frac{1}{\log_e} : [0, \frac{1}{2}] \longrightarrow \mathbb{R}$ ist als stetige Fortsetzung der stetigen Funktion $\frac{1}{\log_e} : (0, \frac{1}{2}] \longrightarrow \mathbb{R}$ vermöge $lim(\frac{1}{\log_e} \circ x) = lim(\frac{1}{\log_e \circ x}) = 0 = \frac{1}{\log_e}(0)$ für beliebige antitone und gegen 0 konvergente Folgen $x : \mathbb{N} \longrightarrow (0, \frac{1}{2}]$ stetig.

d$_2$) Die Funktion $\frac{1}{\log_e} : [0, \frac{1}{2}] \longrightarrow \mathbb{R}$ ist aber nicht Hölder-stetig, denn: Die Annahme der Existenz von $H > 0$ und $h > 0$ mit $|\frac{1}{\log_e}(x) - \frac{1}{\log_e}(z)| \leq H|x-z|^h$, für alle $x,z \in [0, \frac{1}{2}]$, liefert für $z=0$ die Beziehung $|\frac{1}{\log_e}(x)| \leq Hx^h$ und somit $1 \leq Hx^h \cdot \log_e(x) = (Hx^{h-1}) \cdot (x \cdot \log_e(x))$, für alle $x \in [0, \frac{1}{2}]$ im Wiederspruch dazu, daß für beliebige antitone und gegen 0 konvergente Folgen $y : \mathbb{N} \longrightarrow (0, \frac{1}{2}]$ aber $lim(y_n \cdot \log_e(y_n))_{n \in \mathbb{N}} = 0$ gilt.

2. Die im folgenden Abschnitt betrachteten *Kontraktionen* sind Funktionen $f : [a,b] \longrightarrow \mathbb{R}$, die naheliegenderweise Lipschitz-, Hölder-, gleichmäßig und gewöhnlich stetig sind.

2.263 KONTRAKTIONEN

> Die Kunst ist eine Metapher für das Unsterbliche.
> *Ernst Fuchs*

Die hier untersuchten Kontraktionen sind, wie in Bemerkung 2.262.2/2 schon gesagt wurde (und nach Definition 2.262.1 leicht erkennbar ist), Lipschitz-, Hölder-, gleichmäßig und gewöhnlich stetig. Darüber hinaus haben diese Kontraktionen im Zusammenhang mit dem Fixpunkt-Satz (Corollar 2.217.5) die Eigenschaft, genau einen Fixpunkt zu besitzen. Die Kontraktions-Eigenschaft ist also schärfer als die bloße Stetigkeit (das ist aber klar mit dem Hinweis auf ihre Stetigkeits-Eigenschaften).

2.263.1 Definition

Eine Funktion $f : [a,b] \longrightarrow \mathbb{R}$ heißt *Kontraktion*, falls es eine konstante Zahl $k \in [0,1)$ gibt mit
$$|f(x) - f(z)| \leq k|x - z|, \text{ für alle } x, z \in [a,b].$$
Anmerkung: Der Sinn der Wahl von $k \neq 1$ wird deutlich, wenn man mit $k = 1$ etwa die Funktion $f : [0,10] \longrightarrow \mathbb{R}$ mit $f(x) = \frac{x}{1+x}$ betrachtet. Dabei gilt $|f(x) - f(z)| = \frac{1}{(1+x)(1+z)}|x-z|$, wobei der Faktor $\frac{1}{(1+x)(1+z)}$ für Zahlen x und z, die nahe bei 1 liegen, größer als 1 sein kann.

2.263.2 Satz

Kontraktionen $f : [a,b] \longrightarrow \mathbb{R}$ besitzen genau einen Fixpunkt.
Anmerkung: Derselbe Sachverhalt gilt für Funktionen $f : [a,b] \longrightarrow \mathbb{R}$ mit der Eigenschaft
$$|f(x) - f(z)| < |x - z|, \text{ für alle } x, z \in [a,b].$$
Beweis: durch folgende Einzelüberlegungen:

1. Zu einem beliebig gewählten Element $x_0 \in [a,b]$ sei die Folge $x : \mathbb{N} \longrightarrow \mathbb{R}$, rekursiv durch $x_n = f(x_{n-1})$ definiert, betrachtet. Diese Folge ist Cauchy-konvergent, denn:

a) Zunächst gilt $|x_{n+1} - x_n| \leq k|x_n - x_{n-1}| \leq \ldots \leq k^n|x_1 - x_0|$, für alle $n \in \mathbb{N}$, nach Definition der Folge x, denn beispielsweise ist $|x_{n+1} - x_n| = |f(x_n) - f(x_{n-1})| \leq k|x_n - x_{n-1}|$.

b) Für alle $n, m \in \mathbb{N}$ mit $n < m$ gilt $|x_n - x_m| =$
$|x_n - x_{n+1} + x_{n+1} - x_{n+2} + x_{n+2} - \ldots - x_{m-1} + x_{m+1} - x_m| \leq |x_n - x_{n+1}| + |x_{n+1} - x_{n+2}| + \ldots + |x_{m+1} - x_m|$.
Ferner gilt für alle diese Summanden
$|x_n - x_{n+1}| \leq k^n|x_1 - x_0|$, $|x_{n+1} - x_{n+2}| \leq k^{n+1}|x_1 - x_0|$, ..., $|x_{m-1} - x_m| \leq k^{m-1}|x_1 - x_0|$ nach Teil a), somit gilt $|x_n - x_m| \leq |x_1 - x_0| \cdot (k^n + k^{n+1} + \ldots + k^{m-1})$.

c) Die Summe $k^n + k^{n+1} + \ldots + k^{m-1}$ läßt sich aber durch $k^n + k^{n+1} + \ldots + k^{m-1} = \frac{k^n - k^m}{1-k} \leq \frac{k^n}{1-k}$ abschätzen, wobei $n < m$ und $k \in [0,1)$ verwendet wird. Somit gilt $|x_n - x_m| \leq |x_1 - x_0| \cdot \frac{k^n}{1-k}$, das heißt aber, daß es zu jedem $\epsilon > 0$ genügend große Indices n und m gibt mit $|x_n - x_m| < \epsilon$, denn für $k \in [0,1)$ gilt $lim(k^n)_{n \in \mathbb{N}} = 0$. Also ist die Folge x Cauchy-konvergent.
Anmerkung: Bei diesem Beweisteil wurde die Gleichheit $k^n + k^{n+1} + \ldots + k^{m-1} = \frac{k^n - k^m}{1-k}$ verwendet, deren Gültigkeit hier noch einmal gezeigt sei: Zunächst sei $s = 1 + k + \ldots + k^{m-n-1}$, dann ist $sk = k + \ldots + k^{m-n}$ und somit $s(1-k) = 1 - k^{m-n}$, also $s = \frac{1-k^{m-n}}{1-k}$. Verwendet man diese Gleichheit, dann ist $k^n + k^{n+1} + \ldots + k^{m-1} = k^n(1 + k + \ldots + k^{m-n-1}) = k^n \cdot \frac{1 - k^{m-n}}{1-k} = \frac{k^n - k^m}{1-k}$.

2. Da die Folge Cauchy-konvergent ist, ist sie auch konvergent und besitzt somit einen Grenzwert $lim(x) = x^*$. Dieser Grenzwert ist nun ein Fixpunkt von f, denn aus $|x_n - x^*| < \epsilon$, für alle $n \in \mathbb{N}$ mit $n \leq n(\epsilon)$ zu vorgegebenem $\epsilon > 0$, folgt $|f(x_n) - f(x^*)| \leq k|x_n - x^*| < |x_n - x^*| < \epsilon$, für alle $n \in \mathbb{N}$ mit $n \leq n(\epsilon)$. Damit gilt dann $x^* = lim(x_{n+1})_{n \in \mathbb{N}} = lim(f(x_n))_{n \in \mathbb{N}} = f(x^*)$.

3. Der Fixpunkt x^* ist als solcher eindeutig bestimmt, denn angenommen, f hat einen zweiten Fixpunkt y^*, dann gilt $|x^* - y^*| = |f(x^*) - f(y^*)| \leq k|x^* - y^*|$ im Widerspruch zu $|x^* - y^*| > 0$ und $k < 1$.

Anmerkung zur Anmerkung: Man kann bei Beweisteil 2 unter Verwendung der durch $h(x) = |f(x) - x|$ definierten stetigen Funktion $h : [a,b] \longrightarrow \mathbb{R}$ auch so argumentieren: Satz 2.217.1 zeigt, daß es $z \in [a,b]$ mit $h(z) = min(Bild(h))$ gibt. Aus $f(z) \neq z$ folgt dann $|f(f(z)) - f(z)| < |f(z) - z|$ im Widerspruch zur Minimalität von $h(z)$. Folglich muß $f(z) = z$ gelten, womit z ein Fixpunkt von f ist.

ANHANG: 1.586 RIESZSCHE GRUPPEN

> Ich bin in meiner neuen Heimat [Amerika] zu einer
> Art enfant terrible geworden, weil ich nicht imstande
> bin, alles zu schlucken, was sich zuträgt.
> *Albert Einstein* (1870 - 1955)

Hinweis: Dieser Abschnitt ist bis zum Druck neuer Versionen an dieser Stelle nur provisorisch enthalten.

In Aufgabe A1.580.07 ist zu zeigen, daß zu einer (nicht-leeren) Menge X die Menge $Abb(X, \mathbb{R})$ zusammen mit der argumentweise definierten Addition und der argumentweise definierten Ordnung eine geordnete abelsche Gruppe $(Abb(X, \mathbb{R}), +, \preceq)$ bildet. Diese geordnete Gruppe ist, wie Beispiel 1.310.4/3 zeigt, jedoch nicht linear geordnet. Allerdings, und das ist Inhalt dieses Abschnitts, liegt anstelle der fehlenden Linearität eine schwächere Eigenschaft vor, die natürlich dann auch für linear geordnete Gruppen, wie etwa $\mathbb{Z}$, $\mathbb{Q}$ oder $\mathbb{R}$, gilt. Die folgende Bemerkung zeigt, worum es sich dabei handelt, und liefert zugleich ein wichtiges Beispiel.

1.586.1 Bemerkung

1. Die geordnete abelsche Gruppe $(Abb(X, \mathbb{R}), +, \preceq)$ enthält zu je zwei Elementen $f, g : X \longrightarrow \mathbb{R}$ die folgendermaßen definierten Elemente $sup\{f, g\} : X \longrightarrow \mathbb{R}$ und $inf\{f, g\} : X \longrightarrow \mathbb{R}$. Für alle $z \in X$ sei:

$$(sup\{f, g\})(z) = sup\{f(z), g(z)\} \quad \text{und} \quad (inf\{f, g\})(z) = inf\{f(z), g(z)\}.$$

Beweis: Mit der Abkürzung $s = sup\{f, g\}$ (für $inf\{f, g\}$ dann analog) gilt für alle $z \in X$:

a) s ist obere Schranke zu $\{f, g\}$, denn mit $s(z) = sup\{f(z), g(z)\}$ gilt $s(z) \geq \{f(z), g(z)\}$, also $s \geq \{f, g\}$.

b) s ist die kleinste obere Schranke zu $\{f, g\}$, denn ist s' eine weitere obere Schranke zu $\{f, g\}$, dann ist auch $s'(z)$ obere Schranke zu $\{f(z), g(z)\}$, woraus zusammen mit $s(z) = sup\{f(z), g(z)\}$ dann aber $s'(z) \geq s(z)$, also $s' \geq s$ folgt.

2. Die folgende kleine Skizze zeigt, wie sich Elemente $f \in Abb(X, \mathbb{R})$ mit $X \subset \mathbb{R}$ jeweils als Differenz $f = f^+ - f^-$ zweier Elemente $f^+, f^- \in Abb(X, \mathbb{R})$ darstellen lassen:

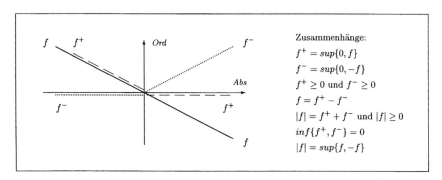

Zusammenhänge:
$f^+ = sup\{0, f\}$
$f^- = sup\{0, -f\}$
$f^+ \geq 0$ und $f^- \geq 0$
$f = f^+ - f^-$
$|f| = f^+ + f^-$ und $|f| \geq 0$
$inf\{f^+, f^-\} = 0$
$|f| = sup\{f, -f\}$

1.586.2 Definition

1. Eine geordnete Gruppe G, in der zu je zwei Elementen $x, z \in G$ die beiden Elemente $sup\{x, z\}$ und $inf\{x, z\}$ existieren, heißt *Rieszsche Gruppe* (benannt nach *Marcel Riesz* (1886 - 1969)).

2. Zu einem Element $x \in G$ einer Rieszschen Gruppe G existieren $x^+ = sup\{x, 0\}$ und $x^- = sup\{0, -x\}$ und damit entsprechende Funktionen $(-)^+ : G \longrightarrow G$ sowie $(-)^+ : G \longrightarrow G$. Man nennt x^+ den positiven Teil von x und x^- den negativen Teil von x.

3. Mit $|x| = sup\{x, -x\}$ liegt eine Betrags-Funktion $|-| : G \longrightarrow G$ für Rieszsche Gruppen G vor.

1.586.3 Lemma

Für Elemente $x, y \in G$ einer Rieszschen Gruppe G gelten folgende Sachverhalte:

a) $|x|^- = 0$ und $|x| \geq 0$ b) $|x|^+ = |x|$

c) $x + y = sup\{x, y\} + inf\{x, y\}$ d) $x = x^+ - x^-$

e) $x \geq 0 \Rightarrow x^- = 0$ f) $inf\{x^+, x^-\} = 0$

g) $x \leq y \Leftrightarrow (x^+ \leq y^+$ und $y^- \leq x^-)$ h) $|x| = x^+ + x^-$

i) $2 \cdot sup\{x, y\} = |x - y| + (x + y)$ k) $2 \cdot inf\{x, y\} = |x - y| - (x + y)$

Anmerkung: Die Bildung des Supremums ist im Sinne von $sup\{x, y, z\} = sup\{sup\{x, y\}, z\}$ assoziativ.

Beweis:

a_1) Zunächst gilt $|x| + |x| = sup\{x, -x\} + sup\{x, -x\} = sup\{0, 2x, -2x\} \geq 0$, folglich ist $|x| \geq -|x|$. Damit gilt dann weiterhin $|x|^+ + |x|^- = sup\{0, |x|\} + sup\{0, -|x|\} = sup\{0, |x|, -|x|\} = sup\{0, |x|\} = |x|^+$, woraus aber $|x|^- = 0$ folgen muß.

a_2) Wegen $sup\{0, -|x|\} = |x|^- = 0$ (nach a_1)) gilt $-|x| \leq 0$, also $|x| \geq 0$.

b) Die Behauptung folgt sofort mit $|x| \geq 0$ (Teil a_2)) aus $|x|^+ = sup\{0, |x|\} = |x|$.

c) Beachtet man im Sinne der Komplexaddition die Beziehung $sup\{x - a, y - a\} = sup\{x, y\} - a$ mit Elementen $a \in G$, so gilt $-inf\{x, y\} = sup\{-x, -y\} = sup\{x - (x+y), y - (x+y)\} = sup\{x, y\} - (x+y)$, folglich gilt $x + y = sup\{x, y\} + inf\{x, y\}$.

d) Mit Teil c) gilt $x = x + 0 - sup\{x, 0\} + inf\{x, 0\} = x^+ - sup\{-x, 0\} = x^+ - x^-$.

e) Mit $x^- = sup\{-x, 0\}$ und $-x \leq 0$ gilt $x^- = 0$.

f_1) 0 ist zunächst eine untere Schranke zu $\{x^+, x^-\}$, denn mit den Definitionen $x^+ = sup\{x, 0\}$ und $x^- = sup\{-x, 0\}$ gilt $x^+ \geq 0$ sowie $x^- \geq 0$.

f_2) 0 ist die größte untere Schranke zu $\{x^+, x^-\}$, denn ist u eine weitere untere Schranke zu $\{x^+, x^-\}$, so gelten mit $u \leq x^-$ und $u \leq x^+$ im einzelnen folgende Einzelberechnungen, die am Ende $u \leq 0$ liefern:

(i) Nach Teil d) ist $x = x^+ - x^-$, also $x^- = x^+ - x$, woraus mit $u \leq x^-$ dann $u \leq x^+ - x$, also $x \leq x^+ - u$ folgt. Also gilt $sup\{0, x\} \leq sup\{0, x^+ - u\}$ und mit $x+ = sup\{0, x\}$ dann $x^+ \leq sup\{0, x^+ - u\}$.

(ii) Mit (i) und $z^+ = sup\{0, z\}$ gilt dann $x^+ \leq sup\{0, x^+ - u\} = (x^+ - u)^+$, also $x^+ \leq (x^+ - u)^+$.

(iii) Mit $u \leq x^+$ ist $x^+ - u \geq 0$, woraus mit Teil e) dann $(x^+ - u)^- = 0$ folgt.

(iv) Aus $(x^+ - u)^- = 0$ in (iii) folgt $x^+ - u = (x^+ - u)^+$.

(v) Mit den Teilen (ii) und (iv) gilt $x^+ \leq (x^+ - u)^+ = x^+ - u$, woraus Addition mit $-x^+$ dann $0 \leq -u$ und damit $u \leq 0$ liefert.

g_1) Es gilt $x^+ = sup\{0, x\} \leq sup\{0, y\} = y^+$ und $y^- = sup\{0, -y\} \leq sup\{0, -x\} = x^-$ wegen $-y \leq -x$.

g_2) Die Beziehungen $x^+ \leq y^+$ und $y^- \leq x^-$ liefern unmittelbar $x = x^+ - x^- \leq y^+ - y^- = y$.

h) Zum Nachweis der Beziehung $|x| = x^+ + x^-$ gilt zunächst $x^+ + x^- = sup\{0, x\} + sup\{0, -x\} = sup\{0, x, -x\}$. Damit, mit der Anmerkung sowie mit Teil d) gilt dann $x^+ + x^- = sup\{0, x, -x\} = sup\{0, sup\{x, -x\}\} = sup\{0, |x|\} = |x|^+ = |x|$.

i) Man betrachte zunächst die drei folgenden Berechnungen
$(x - y)^+ = sup\{x - y, 0\} = sup\{x - y, y - y\} = sup\{x, y\} - y$, also gilt $sup\{x, y\} = (x - y)^+ + y$,
$(y - x)^+ = sup\{y - x, 0\} = sup\{y - x, x - x\} = sup\{y, x\} - x$, also gilt $sup\{x, y\} = (y - x)^+ + x$,
weiterhin $(x - y)^+ = sup\{0, x - y\} = sup\{0, -(y - x)\} = (y - x)^-$. Mit diesen drei Einzelberechnungen sowie Teil f) gilt dann $|y - x| = (y - x)^+ + (y - x)^- = sup\{x, y\} - x + sup\{x, y\} - y = 2 \cdot sup\{x, y\} - (x + y)$, folglich ist $2 \cdot sup\{x, y\} = |y - x| + (x + y) = |x - y| + (x + y)$.

k) beweist man analog wie die Aussage in Teil i).

Beweis der Anmerkung: Ist s obere Schranke zu der Menge $\{x, y, z\}$, dann gilt einerseits $s \geq \{x, y, z\}$, also $s \geq \{x, y\}$ und somit $s \geq sup\{x, y\}$, andererseits auch $s \geq z$. Folglich ist $sup\{x, y, z\} = sup\{sup\{x, y\}, z\}$.

1.586.4 Lemma

Für Elemente $x, y \in G$ einer Rieszschen Gruppe G gelten folgende Sachverhalte:

a) $|x+y| \leq |x| + |y|$ 　　　　b) $||x| - |y|| \leq |x - y|$

Zusatz: Für Elemente $x_1, ..., x_n \in G$ gilt zu Teil a) die allgemeine Beziehung $|\sum_{1 \leq k \leq n} x_k| \leq \sum_{1 \leq k \leq n} |x_k|$.

Anmerkung: Siehe auch die entsprechenden *Dreiecksungleichungen* in Satz 1.616.4.

Beweis:

a) Zunächst ist $|x| + |y|$ eine obere Schranke zu der Menge $\{x+y, -(x+y)\}$, denn mit $x \leq |x|$ und $y \leq |y|$ gilt $x + y \leq |x| + |y|$ und mit $-x \leq |x|$ und $-y \leq |y|$ gilt gleichfalls $-(x+y) \leq |x| + |y|$, insgesamt dann also $\{x+y, -(x+y)\} \leq |x| + |y|$. Da nun andererseits $sup\{x+y, -(x+y)\} = |x+y|$ gilt, muß $|x+y| \leq |x| + |y|$ gelten.

b) Mit Teil a) liegen zunächst die beiden folgenden Einzelberechnungen vor:
$|x| = |x - y + y| \leq |x - y| + |y|$, folglich gilt die Abschätzung $|x| - |y| \leq |x - y|$ und
$|y| = |y - x + x| \leq |y - x| + |x|$, folglich gilt die Abschätzung $|y| - |x| \leq |y - x| = |x - y|$.
Damit gilt dann schließlich $||x| - |y|| = sup\{|x| - |y|, |y| - |x|\} \leq |x - y|$.

Beweis des Zusatzes: wird nach dem Prinzip der Vollständigen Induktion geführt: Der Induktionsanfang lautet $|\sum_{1 \leq k \leq 1} x_k| = |x_1| \leq |x_1|$, den Induktionsschritt von n nach $n+1$ liefert mit Teil a) dann die Zeile
$|\sum_{1 \leq k \leq n+1} x_k| = |(\sum_{1 \leq k \leq n} x_k) + x_{n+1}| \leq |\sum_{1 \leq k \leq n} x_k| + |x_{n+1}| \leq (\sum_{1 \leq k \leq n} |x_k|) + |x_{n+1}| = \sum_{1 \leq k \leq n+1} |x_k|$.

1.586.5 Beispiel *(Rieszsche Gruppen bei Zahlen)*

Die folgenden Bemerkungen beziehen sich auf die Rieszsche Gruppe $\mathbb{R}$ (in der dann $sup\{a,b\} = max(a,b)$ gilt), wobei aber auch $\mathbb{R}^\star$ in denjenigen Fällen betrachtet werden kann, in denen lediglich die Ordnung auf $\mathbb{R}^\star$, nicht aber die algebraischen Strukturen auf $\mathbb{R}$ beteiligt sind:

1. Grundlage sind die beiden Funktion $(-)^+ : \mathbb{R}^\star \longrightarrow \mathbb{R}^\star$ und $(-)^- : \mathbb{R}^\star \longrightarrow \mathbb{R}^\star$, definiert durch

$$a^+ = max(a,0) = \begin{cases} a, & \text{falls } a > 0, \\ 0, & \text{falls } a \leq 0, \end{cases} \qquad a^- = max(-a,0) = \begin{cases} 0, & \text{falls } a \geq 0, \\ -a, & \text{falls } a < 0. \end{cases}$$

Dabei gilt stets $a^+ \geq 0$ und $a^- \geq 0$ (etwa ist $(-3)^+ = 0$ und $(-3)^- = 3$).

2. Die Betrags-Funktion $|-| : \mathbb{R}^\star \longrightarrow \mathbb{R}^\star$ ist definiert durch $|a| = max(-a, a) = \begin{cases} a, & \text{falls } a \geq 0, \\ -a, & \text{falls } a < 0. \end{cases}$

Dabei gilt für $a \in \mathbb{R}$ stets $a^+ = \frac{|a|+a}{2}$ und $a^- = \frac{|a|-a}{2}$, für $a \in \mathbb{R}^\star$ stets $0 \leq a^+, a^- \leq |a|$.

3. Für alle $a \in \mathbb{R}$ gilt $a = a^+ - a^-$ und $|a| = a^+ + a^-$ (etwa ist $(-3)^+ - (-3)^- = 0 - 3 = -3$).

4. Für alle $c, a \in \mathbb{R}$ gelten für Produkte die Beziehungen:

$$(ca)^+ = \begin{cases} ca^+, & \text{falls } c \geq 0, \\ -(ca^+), & \text{falls } c < 0, \end{cases} \qquad (ca)^- = \begin{cases} ca^-, & \text{falls } c \geq 0, \\ -(ca^+), & \text{falls } c < 0. \end{cases}$$

5. Falls die folgenden Summen existieren, gilt für alle $a, b \in \mathbb{R}^\star$ (nötigenfalls nur Elemente aus $\mathbb{R}$):
Für die Summen $x \in \{a^+ - b^-, b^+ - a^-, a^- - b^+, b^- - a^+\}$ gilt stets $x \leq (a+b)^+ \leq a^+ + b^+$.

1.586.6 Definition und Satz

1. Eine Untergruppe $U \subset G$ einer Rieszschen Gruppe G heißt *Rieszsche Untergruppe* von G, falls U bezüglich der Einschränkungen der auf G definierten Strukturen selbst eine Rieszsche Gruppe bildet.

2. Ist auf einer Rieszschen Gruppe G eine $\mathbb{R}$-Multiplikation definiert, so gilt: Eine Untergruppe $U \subset G$ ist genau dann Rieszsche Untergruppe von G, falls mit jedem Element $x \in U$ auch $|x| \in U$ gilt.

Beweis: Für beliebige Elemente $x, y \in U$ gilt: Mit $x + y, x - y \in U$ ist nach der genannten Bedingung auch $|x - y| \in U$, also gilt mit Lemma 1.586.3/i dann $2 \cdot sup\{x, y\} = |x - y| + (x + y) \in U$, folglich (nach Multiplikation mit $\frac{1}{2}$) gilt auch $sup\{x, y\} \in U$ (sowie analog $inf\{x, y\} \in U$).

Symbol-Verzeichnis Buch^{MAT}X

Buch^{MAT}1   Mengen, Funktionen, Grund-/Algebraische Strukturen, Zahlen

Symbol	Bedeutung	Abschnitt
$W(p)$	Wahrheitswert einer Aussage p mit $W(p) \in \{w, f\}$	1.001
$p \wedge q$	Konjunktion der Aussagen p und q (p und q)	1.002
$p \vee q$	Disjunktion der Aussagen p und q (p oder q)	1.002
$p \Rightarrow q$	Implikation der Aussagen p und q (wenn p, dann q)	1.002
$p \Leftrightarrow q$	Äquivalenz der Aussagen p und q (p genau dann, wenn q)	1.002
$\neg p$	Negation der Aussage p (nicht p, non p)	1.002
$Th(M)$	Theorie einer Menge M	1.004
$\exists$	Existenzquantor (es gibt ...)	1.004
$\forall$	Allquantor (für alle ...)	1.004
$w(s)$	Leitwert eines Schalterzustandes s	1.080
$s_1 \wedge s_2$	Reihenschaltung (Schaltalgebra)	1.080
$s_1 \vee s_2$	Parallelschaltung (Schaltalgebra)	1.080
$x_1 \wedge x_2$	UND-Gatter (Signal-Verarbeitung)	1.081
$x_1 \vee x_2$	ODER-Gatter (Signal-Verarbeitung)	1.081
$\underline{n}$	Menge der ersten n natürlichen Zahlen $\underline{n} = \{1, ..., n\}$	1.101
$\mathbb{N}, \mathbb{N}_0$	Menge (Halbgruppe) der natürlichen Zahlen ohne/mit Null ($\mathbb{N}_0 = \mathbb{N} \cup \{0\}$)	1.101
$\mathbb{Z}$	Menge (Ring) der ganzen Zahlen	1.830
$\mathbb{Z}_*$	Menge der ganzen Zahlen ohne Null ($\mathbb{Z}_* = \mathbb{Z} \setminus \{0\}$)	1.830
$\mathbb{Z}^+, \mathbb{Z}^-$	Menge der positiven ganzen Zahlen / negativen ganzen Zahlen	1.830
$\mathbb{Z}_0^+, \mathbb{Z}_0^-$	Menge der nicht-negativen ganzen Zahlen / nicht-positiven ganzen Zahlen	1.830
$\mathbb{Q}$	Menge (Körper) der rationalen Zahlen (analog: $\mathbb{Q}_*, \mathbb{Q}^+, \mathbb{Q}^-, \mathbb{Q}_0^+, \mathbb{Q}_0^-$)	1.850
$\mathbb{R}$	Menge (Körper) der reellen Zahlen (analog: $\mathbb{R}_*, \mathbb{R}^+, \mathbb{R}^-, \mathbb{R}_0^+, \mathbb{R}_0^-$)	1.860
$\mathbb{R}^*$	Erweiterung der Menge der reellen Zahlen zu $\mathbb{R}^* = \mathbb{R} \cup \{-\star, +\star\}$	1.869
$\mathbb{R}^n$	Menge der n-Tupel $(x_1, ..., x_n)$ reeller Zahlen (analog: $\mathbb{N}^n, \mathbb{Z}^n, \mathbb{Q}^n, \mathbb{C}^n$)	1.501
$\mathbb{R}^{\mathbb{N}}$	Menge der Funktionen (Folgen) $\mathbb{N} \longrightarrow \mathbb{R}$	2.001
$\mathbb{R}^{(\mathbb{N})}$	Menge der endlichen Folgen $\mathbb{N} \longrightarrow \mathbb{R}$	1.780
$\mathbb{C}$	Menge (Körper) der komplexen Zahlen (analog: $\mathbb{C}_*$)	1.880
$\mathbb{H}$	Menge der Hamiltonschen Quaternionen	1.715
$\mathbb{O}$	Menge der Cayleyschen Oktaven	1.715
$M = N$	Gleichheit zweier Mengen M und N	1.101
$\emptyset$	die Leere Menge (enthält kein Element)	1.001
$\{x\}, \{x, z\}$	einelementige, zweielementige Menge	1.001
$x \in M$	x ist Element der Menge M	1.101
$x \notin M$	x ist kein Element der Menge M	1.101
$T \subset M$	T ist Teilmenge der Menge M	1.101
$T \not\subset M$	T ist keine Teilmenge der Menge M	1.101
$M \supset T$	M ist Obermenge der Menge T (also $T \subset M$)	1.101
$M \not\supset T$	M ist keine Obermenge der Menge T (also $T \not\subset M$)	1.101
$M \cap N$	Durchschnitt (Schnittmenge) der Mengen M und N	1.102
$\bigcap_{i \in I} M_i$	Durchschnitt der Familie $(M_i)_{i \in I}$ von Mengen M_i	1.150
$M \cup N$	Vereinigung der Mengen M und N	1.102
$\bigcup_{i \in I} M_i$	Vereinigung der Familie $(M_i)_{i \in I}$ von Mengen M_i	1.150
$M \setminus N$	mengentheoretische Differenz der Mengen M und N	1.102
$C_A(M)$	Komplement der Menge M bezüglich der Menge A	1.102
$M \times N$	Cartesisches Produkt der Mengen M und N mit Paaren $(x, z) \in M \times N$	1.110

$\prod_{i \in I} M_i$	Cartesisches Produkt der Familie $(M_i)_{i \in I}$ von Mengen M_i	1.160
M^n	n-faches Cartesisches Produkt der Menge M	1.160
$card(M)$	Kardinalzahl der Menge M	1.101
$\underline{M}$	Mengensystem	1.150
$x\,R\,z$	Element x steht mit Element z in Relation R (auch $(x,z) \in R \subset M \times N$)	1.120
$diag(M)$	Diagonale einer Menge M	1.120
$[x]_R, [x]$	Äquivalenzklasse mit Repräsentant x bezüglich Äquivalenz-Relation R	1.140
M/R	Quotientenmenge von M nach Relation $R \subset M \times M$	1.140
nat	natürliche Funktion $nat : M \longrightarrow M/R$, $x \longmapsto [x]$	1.140
$f : M \longrightarrow N$	Funktion f mit Definitionsbereich M und Wertebereich N (auch $M \xrightarrow{f} N$)	1.130
$x \longmapsto f(x)$	Zuordnung von x zu Funktionswert $f(x)$	1.130
$D(f)$	Definitionsbereich (-menge) einer Funktion f	1.130
$W(f)$	Wertebereich (-menge) einer Funktion f	1.130
$Bild(f)$	Bildbereich (-menge) einer Funktion f	1.130
id_M	die identische Funktion $M \longrightarrow M$ auf einer Menge M (mit $id_M(x)=x$)	1.130
in_A	die Inklusion(s-Funktion) $A \longrightarrow M$ zu $A \subset M$ (mit $in_A(x)=x$)	1.130
pr_k	k-te Projektion $M_1 \times M_2 \longrightarrow M_k$ (mit $k \in \{1,2\}$)	1.130
in_k	k-te Injektion $M_k \longrightarrow M_1 \times M_2$ (mit $k \in \{1,2\}$)	1.130
$f_1 \times f_2$	Cartesisches Produkt $M_1 \times M_2 \longrightarrow M_1 \times M_2$ zu $f_k : M_k \longrightarrow M_k$	1.130
$f\,|\,T$	Einschränkung einer Funktion f auf $T \subset D(f)$	1.130
ind_T	Indikator-Funktion zu $T \subset M$	1.130
$g \circ f$	Komposition $M \xrightarrow{f} N \xrightarrow{g} P$	1.131
f^{-1}	inverse Funktion (Umkehrfunktion) einer bijektiven Funktion f	1.133
f^o	induzierte Funktion $Pot(M) \longrightarrow Pot(N)$ zu $M \xrightarrow{f} N$	1.151
f^u	induzierte Funktion $Pot(N) \longrightarrow Pot(M)$ zu $M \xrightarrow{f} N$	1.151
$f^o(S)$	Bildmenge von $S \subset M$ bezüglich $M \xrightarrow{f} N$ (auch $f[S]$)	1.130
$f^u(T)$	Urbildmenge von $T \subset N$ bezüglich $M \xrightarrow{f} N$ (auch $f^{-1}[T]$)	1.130
(f,b)	Gleichung über Funktion $f : M \longrightarrow N$ und Element $b \in N$	1.136
$L(f,b)$	Lösungsmenge der Gleichung (f,b)	1.136
(Abs, Ord)	Cartesisches Koordinaten-System zur Darstellung von Funktionen $T \longrightarrow \mathbb{R}$	1.130
(K_1, K_2)	Cartesisches Koordinaten-System zur Darstellung geometrischer Objekte	1.130
$graph(f)$	Menge der Punkte $(x, f(x))$ einer Funktion $f : T \longrightarrow \mathbb{R}$	1.130
exp_a	Exponential-Funktion $\mathbb{R} \longrightarrow \mathbb{R}^+$ zur Basis a	1.250
log_a	Logarithmus-Funktion $\mathbb{R}^+ \longrightarrow \mathbb{R}$ zur Basis a	1.250
$os(T)$	Menge der oberen Schranken einer Teilmenge T einer geordneten Menge	1.320
$us(T)$	Menge der unteren Schranken einer Teilmenge T einer geordneten Menge	1.320
$gr(T)$	größtes Element in einer Teilmenge T einer geordneten Menge	1.320
$kl(T)$	kleinstes Element in einer Teilmenge T einer geordneten Menge	1.320
$max(T)$	maximales Element in einer Teilmenge T einer geordneten Menge	1.320
$min(T)$	minimales Element in einer Teilmenge T einer geordneten Menge	1.320
$sup(T)$	Supremum (kleinste obere Schranke) zu einer Teilmenge T einer geord. Menge	1.320
$inf(T)$	Infimum (größte untere Schranke) zu einer Teilmenge T einer geord. Menge	1.320
$sup(f)$	Supremum $sup(Bild(f))$ für Funktion $M \longrightarrow N$ mit geordneter Menge N	1.323
$inf(f)$	Infimum $inf(Bild(f))$ für Funktion $M \longrightarrow N$ mit geordneter Menge N	1.323
(x,z)	offenes M-Intervall mit Grenzen $x \prec z$ in linear geordneter Menge $(M, \prec)$	1.310
$[x,z)$	links-abgeschlossenes rechts-offenes M-Intervall mit Grenzen $x \prec z$	1.310
$(x,z]$	links-offenes rechts-abgeschlossenes M-Intervall mit Grenzen $x \prec z$	1.310
$[x,z]$	abgeschlossenes M-Intervall mit Grenzen $x \prec z$	1.310

$otyp(M)$	Ordnungstyp einer geordneten Menge $(M, \preceq)$	1.350
$ord(M)$	Ordinalzahl einer wohlgeordneten Menge $(M, \preceq)$	1.350
ω	Ordinalzahl von $(\mathbb{N}, \leq)$ mit natürlicher Ordnung	1.350
$Abb(M,N)$	Menge der Funktionen $M \longrightarrow N$ (auch N^M)	1.130
$Inj(M,N)$	Menge der injektiven Funktionen $M \longrightarrow N$	1.132
$Sur(M,N)$	Menge der surjektiven Funktionen $M \longrightarrow N$	1.132
$Bij(M,N)$	Menge der bijektiven Funktionen $M \longrightarrow N$	1.132
$S(M,M) = S_M$	Symmetrische Gruppe der bij. Funktionen $M \longrightarrow M$ bezüglich Komposition	1.501
$BF(M,N)$	Menge der beschränkten Funktionen $M \longrightarrow N$ mit geordneter Menge N	1.323
$Hom(G,H)$	Menge der Gruppen-Homomorphismen $G \longrightarrow H$	1.502
$Hom_A(E,F)$	Menge (A-Modul) der A-Homomorphismen $E \longrightarrow F$	1.402
L_a, R_a	Links-/Rechtstranslation zu einem Element a einer Gruppe G	1.501
$Hom(G,H)$	Menge der Gruppen-Homomorphismen $G \longrightarrow H$ zu Gruppen G und H	1.502
$End(G)$	Menge $Hom(G,G)$ der Endomorphismen $G \longrightarrow G$ einer Gruppe G	1.502
$Aut(G)$	Menge der Automorphismen $G \longrightarrow G$ einer Gruppe G	1.502
$Aut_i(G)$	Menge der inneren Automorphismen $G \longrightarrow G$ einer Gruppe G	1.502
(S)	von einer Teilmenge $S \subset G$ einer Gruppe G erzeugte Untergruppe	1.503
G^X	Menge $Abb(X,G)$ der Funktionen $X \longrightarrow G$ zu Menge X und Gruppe G	1.503
$G^{(X)}$	Direkte Summe als Teilmenge von $Abb(X,G)$ zu Gruppe G	1.503
$N, G/N$	Normalteiler in einer Gruppe G, Quotientengruppe	1.505
$Frat(G)$	Frattini-Gruppe einer Gruppe G	1.505
$\prod_{i \in I} G_i$	Direktes Produkt einer Familie $(G_i)_{i \in I}$ von Gruppen G_i	1.510
$\bigoplus_{i \in I} G_i$	Direkte Summe einer Familie $(G_i)_{i \in I}$ von Gruppen G_i	1.512
$\mathbb{Z}^{(I)}$	Abkürzung für die Direkte Summe $\bigoplus_{i \in I} \mathbb{Z}$	1.514
$G : U$	Kardinalzahl der Linksnebenklassen von Gruppe G nach Untergruppe U	1.520
$ord(G)$	Ordnung (Elementeanzahl) einer endlichen Gruppe G	1.520
$[G : U]$	Abkürzung für $ord(G) : ord(U)$ für endliche Gruppen G	1.520
(a)	von einem Gruppenelement $a \in G$ erzeugte zyklische Gruppe	1.522
$ord(a)$	Abkürzung für die Ordnung von (a) mit $a \in G$	1.522
$Ugrup(G)$	Menge aller Untergruppen einer Gruppe G	1.522
$\varphi : \mathbb{N} \longrightarrow \mathbb{N}$	Euler-Funktion	1.523
S_n	Symmetrische Gruppe der Permutationen zu n Elementen	1.524
A_n	Alternierende Gruppe als Normalteiler in S_n	1.526
$cen(G)$	Zentrum einer Gruppe G	1.540
$cen(a)$	Zentralisator zu einem Gruppenelement a einer Gruppe G	1.540
$kom(G)$	Kommutator-Gruppe einer Gruppe G	1.540
$cen_T(G)$	Zentralisator einer Teilmenge T einer Gruppe G	1.542
$nor_T(G)$	Normalisator einer Teilmenge T einer Gruppe G	1.542
$inv_G(M)$	G-invarianter Teil einer G-Menge M	1.550
$\prod_{i \in I} A_i$	Direktes Produkt einer Familie $(A_i)_{i \in I}$ von Ringen A_i	1.610
$End(G)$	Endomorphismenring einer Gruppe G (eines Ringes G)	1.601, 1.603
AG	Gruppenring über endlicher Gruppe G und Ring A	1.601
(S)	von einer Teilmenge $S \subset A$ eines Ringes A erzeugter Unterring	1.620
$\mathbb{Z}[c]$	Zwischenring über A	1.603
$\underline{a}, A/\underline{a}$	Ideal in A, Quotientenring	1.605
$ann_A(T)$	Annihilator zu Teilmenge $T \subset A$ eines Ringes A	1.605
$ggT(\underline{x}, \underline{z})$	größter gemeinsamer Teiler von Idealen $\underline{x}$ und $\underline{z}$	1.620
$kgV(\underline{x}, \underline{z})$	kleinstes gemeinsames Vielfaches von Idealen $\underline{x}$ und $\underline{z}$	1.620
$un(A)$	Menge der Einheiten eines Ringes A	1.622
$Pr(A)$	Primring eines Ringes A	1.630
$Pk(K)$	Primkörper eines Körpers K	1.630
$char(A)$	Charakteristik eines Ringes/Körpers A	1.630

$Q(A)$	von einem Ring A erzeugter Quotientenkörper	1.632
$A[X]$, $K[X]$	Polynom-Ring über einem Ring A / über einem Körper K	1.640, 1.641
$A[X_1, ..., X_n]$	allgemeiner Polynom-Ring über A	1.642
$grad(u)$	Grad eines Polynoms u	1.644
$N(u)$	Menge der Nullstellen eines Polynoms u	1.646
$E : K$	Körper-Erweiterung mit Erweiterungs-Körper E eines Körpers K	1.662
$[E : K]$	K-Dimension $dim_K(E)$ zu einer Körper-Erweiterung $E : K$	1.662
u', $u^{(n)}$	Ableitungsfunktion, n-te Ableitungsfunktion eines Polynoms u	1.666
$Gal(E : K)$	Galois-Gruppe zu einer Körper-Erweiterung $E : K$	1.670
$Gal(u : K)$	Galois-Gruppe eines Polynoms u über einm Körper K	1.674
$C(M)$	Menge der aus M konstruierbaren Punkte	1.680
$Ckom(K)$	*Cantor*-Komplettierung eines angeordneten Körpers K	2.063, 2.065
$Dkom(K)$	*Dedekind*-Komplettierung eines angeordneten Körpers K	1.735
$Dkom(M)$	*Dedekind*-Komplettierung einer linear geordneten Menge M	1.325
$Wkom(K)$	*Weierstraß*-Komplettierung eines angeordneten Körpers K	2.066
$Mat(m, n, M)$	Menge der Matrizen vom Typ (m, n) mit Koeffizienten aus M	1.780
$Mat(n, M)$	Menge der quadratischen Matrizen vom Typ (n, n) mit Koeffizienten aus M	1.780
$Mat(I, K, M)$	Menge der Matrizen vom Typ (I, K) mit Koeffizienten aus M	4.041
$det(M)$	Determinante einer Matrix M	1.782
$t \mid a$	$t \in \mathbb{Z}_*$ ist Teiler von $a \in \mathbb{Z}$	1.838
$Teil(a)$	Menge der Teiler einer ganzen Zahl a	1.838
$Teil^+(a)$	Menge der positiven Teiler einer ganzen Zahl a	1.838
$ggT(a, b)$	größter gemeinsamer Teiler von $a, b \in \mathbb{Z}$	1.838
$kgV(a, b)$	kleinstes gemeinsames Vielfaches von $a, b \in \mathbb{Z}$	1.838
$div(a, b)$	Funktionswert der Euklidischen Funktion $div : \mathbb{Z} \times \mathbb{Z}_* \longrightarrow \mathbb{Z}$	1.837
$mod(a, b)$	Funktionswert der Euklidischen Funktion $mod : \mathbb{Z} \times \mathbb{Z}_* \longrightarrow \mathbb{Z}$	1.837
$grad(f)$	Grad eines Polynoms / einer Polynom-Funktionen $\mathbb{R} \xrightarrow{f} \mathbb{R}$	1.786, 2.432
$Pol(T, \mathbb{R})$	Menge aller Polynom-Funktionen $T \xrightarrow{f} \mathbb{R}$ mit $T \subset \mathbb{R}$	1.786, 2.438
$Pol_n(T, \mathbb{R})$	Menge aller Polynom-Funktionen $T \xrightarrow{f} \mathbb{R}$ mit $grad(f) = n$	1.786
$Pol_{(n)}(T, \mathbb{R})$	Menge aller Polynom-Funktionen $T \xrightarrow{f} \mathbb{R}$ mit $grad(f) \leq n$	1.786
$Pot(\mathbb{R}^+, \mathbb{R}^+)$	Menge aller Potenz-Funktionen $\mathbb{R}^+ \longrightarrow \mathbb{R}^+$	1.220
$K(\mathbb{R}, \mathbb{R})$	Menge aller konstanten Funktionen $\mathbb{R} \longrightarrow \mathbb{R}$	1.711

BUCH^{MAT}2 ANALYSIS (FOLGEN, STETIGE FUNKTIONEN, DIFFERENTIATION, INTEGRATION)

$x : \mathbb{N} \longrightarrow M$	Folge in Funktionsschreibweise	2.001
$x = (x_n)_{n \in \mathbb{N}}$	Folge in Indexschreibweise	2.001
$lim(x)$	Grenzwert einer Folge in Funktionsschreibweise $x : \mathbb{N} \longrightarrow M$	2.040, 2.403
$lim(x_n)_{n \in \mathbb{N}}$	Grenzwert einer Folge in Indexschreibweise	2.040, 2.403
$lim(f, x_0)$	Grenzwert einer Funktion f bezüglich x_0	2.090
$Abb(\mathbb{N}, M)$	Menge der Folgen $\mathbb{N} \longrightarrow M$ mit beliebiger Menge $M \neq \emptyset$	2.001
$BF(\mathbb{N}, M)$	Menge der beschränkten Folgen $\mathbb{N} \longrightarrow M$ mit geordneter Menge M	2.006
$Kon(\mathbb{R})$	Menge der konvergenten Folgen $T \longrightarrow \mathbb{R}$	2.045, 2.403
$Kon(\mathbb{R}, a)$	Menge der konvergenten Folgen $T \longrightarrow \mathbb{R}$ mit Grenzwert a	2.045
$Kon(T, L)$	Menge der konvergenten Folgen $T \longrightarrow \mathbb{R}$ mit Grenzwert in L	2.045
$CF(\mathbb{R})$	Menge der Cauchy-konvergenten Folgen $T \longrightarrow \mathbb{R}$	2.050, 2.403
$Ari(\mathbb{R})$	Menge der arithmetischen Folgen $\mathbb{R} \longrightarrow \mathbb{R}$	2.011
$Geo(\mathbb{R})$	Menge der geometrischen Folgen $\mathbb{R} \longrightarrow \mathbb{R}$	2.011
$sx : \mathbb{N}_0 \longrightarrow T$	Reihe, definiert über T-Folge $x : \mathbb{N}_0 \longrightarrow T$	2.101
$SF(T)$	Menge der summierbaren T-Folgen $\mathbb{N}_0 \longrightarrow T$	2.110, 2.135
$ASF(T)$	Menge der absolut-summierbaren T-Folgen $\mathbb{N}_0 \longrightarrow T$	2.110, 2.135

$C(I, \mathbb{R})$	Menge der stetigen Funktionen $I \longrightarrow \mathbb{R}$	2.203, 2.215, 2.406, 2.430
f', f'', f'''	Erste, zweite, dritte Ableitungsfunktion einer differenzierbaren Funktion f	2.303
$f^{(n)}$	n-te Ableitungsfunktion einer n-mal differenzierbaren Funktion f	2.303
$D(I, \mathbb{R})$	Menge der differenzierbaren Funktionen $I \longrightarrow \mathbb{R}$	2.303
$D(f) = f'$	bezüglich der Differentiation $D(I, \mathbb{R}) \longrightarrow Abb(I, \mathbb{R})$	2.303
$D^n(I, \mathbb{R})$	Menge der n-mal differenzierbaren Funktionen $I \longrightarrow \mathbb{R}$	2.303
$C^n(I, \mathbb{R})$	Menge der n-mal stetig differenzierbaren Funktionen $I \longrightarrow \mathbb{R}$	2.303
$C_d(I, \mathbb{R})$	Menge der stetigen Funktionen $f : I = [a, b] \longrightarrow \mathbb{R}$ mit $f\,|\,(a, b)$ diff.bar	2.654
$Min(f)$	Menge der lokalen Minimalstellen einer (differenzierbaren) Funktion f	2.333
$Max(f)$	Menge der lokalen Maximalstellen einer (differenzierbaren) Funktion f	2.333
$Ex(f)$	Menge der lokalen Extremstellen einer (differenzierbaren) Funktion f	2.333
$Wen(f)$	Menge der Wendestellen einer (differenzierbaren) Funktion f	2.333
$Wen_{RL}(f)$	Menge der Wendestellen mit Rechts-Links-Krümmung einer Funktion f	2.333
$Sat(f)$	Menge der Sattelstellen einer (differenzierbaren) Funktion f	2.333
$Sat_{RL}(f)$	Menge der Sattelstellen mit Rechts-Links-Krümmung einer Funktion f	2.333
(M, d)	Metrischer Raum mit Metrik $d : M \times M \longrightarrow \mathbb{R}$	2.401
$d_E(x, z)$	(euklidischer) metrischer Abstand	2.402
d_e, d_E	Euklidische Metrik auf $\mathbb{R}, \mathbb{R}^n$	2.402
$U(x_0, \epsilon)$	ϵ-Intervall $(x_0 - \epsilon, x_0 + \epsilon)$, ϵ-Umgebung um x_0	2.403, 2.404
$U_*(x_0)$	System der ϵ-Umgebungen von x_0	2.416
$U^o(x_0)$	System der offenen Umgebungen von x_0	2.410
$(M, \underline{U})$	Menge mit Umgebungs-Topologie $\underline{U}$	2.407
$(\mathbb{R}, \underline{R})$	topologischer Raum über $\mathbb{R}$ mit natürlicher Topologie $\underline{R}$	2.411
$rand(T)$	Menge der Randpunkte, auch ∂T	2.407
T^o	Offener Kern $T^o = T \setminus rand(T)$	2.407, 2.410
T^-	Abgeschlossene Hülle $T^- = T \cup rand(T)$	2.407, 2.410
$diam(T)$	Durchmesser einer Menge T	2.408
$(X, \underline{X})$	Topologischer Raum mit Topologie $\underline{X}$	2.410
$(X, \underline{K})$	Topologischer Raum mit Indiskreter Topologie $\underline{X}$	2.410
$(U, \underline{U})$	Unterraum mit Spurtopologie $\underline{U} = U \cap \underline{X}$	2.410
$HP(T)$	Menge der Häufungspunkte einer Menge T	2.412
$ca(x)$	Cofinale Abschnitte $ca(x, k)$ einer Folge x	2.413
$top(\underline{E})$	von Basis $\underline{E}$ erzeugte Topologie	2.415
$Fib(X)$	Menge der Filterbasen auf topologischem Raum X	2.413
$KonFib(X)$	Menge der konvergenten Filterbasen auf topologischem Raum X	2.417
$lim(\underline{B})$	Grenzwert einer konvergenten Filterbasis $\underline{B}$ in T_2-Raum	2.417
(E, s)	$\mathbb{R}$-Vektorraum E mit Skalarem Produkt s	2.420
$(E, \|-\|)$	$\mathbb{R}$-Vektorraum E mit Norm $\|-\|$	2.420
$gapp(F)$	Menge der durch F gleichmäßig approximierbaren Funktionen	2.438
$grad(f)$	Gradient von f	2.452
$\frac{\partial f}{\partial x_p} = D_p f$	p-partielle Ableitungsfunktion von f	2.452
$D_q D_p f$	Ableitungsfunktion 2. Ordnung von f	2.452
Met	Kategorie der Metrischen Räume	2.408
$IsoMet$	Kategorie der Isometrischen Räume	2.401
Top	Kategorie der Topologischen Räume	2.410
$\int f$	Integral einer integrierbaren Funktion f	2.502
$Int(I, \mathbb{R})$	Menge der integrierbaren Funktionen $I \longrightarrow \mathbb{R}$	2.503
$\int_a^b f$	Riemann-Integral einer Funktion $f : [a, b] \longrightarrow \mathbb{R}$	2.603
$\int_a^b f$	Uneigentliches Riemann-Integral einer Funktion $f : [a, b) \longrightarrow \mathbb{R}$	2.620
$Rin(I, \mathbb{R})$	Menge der Rimann-integrierbaren Funktionen $I \longrightarrow \mathbb{R}$	2.603

$\overset{\star}{\underset{a}{\int}} f$	Uneigentliches Riemann-Integral einer Funktion $f : [a, \star) \longrightarrow \mathbb{R}$ ($\underset{-\star}{\overset{b}{\int}} f$, $\underset{-\star}{\overset{\star}{\int}} f$)	2.620
$A(f)$	Flächeninhalt zu einer Funktion f, ferner $A(f,g)$	2.650
$V(f)$	Rotationsvolumen zu einer Funktion f, ferner $V(f,g)$	2.652
$s(f)$	Länge zu einer Funktion f	2.654
$M(f)$	Mantelflächen-Inhalt zu einer Funktion f, ferner $M(f,g)$	2.656
$m_E(Q)$	Euklidisches Quader-Maß eines Quaders $Q \subset \mathbb{R}^n$	2.702
C_Q	Zerlegung $C_Q = (Q_1, ..., Q_m)$ eines Quaders $Q \subset \mathbb{R}^n$	2.702
$Q(\mathbb{R}^n)$	Menge aller Quader in $\mathbb{R}^n$	2.702
$sum^\star(C_Q, f)$	Riemannsche Obersumme zu C_Q und $f : Q \longrightarrow \mathbb{R}$ mit Quader $Q \subset \mathbb{R}^n$	2.704
$sum_\star(C_Q, f)$	Riemannsche Untersumme zu C_Q und $f : Q \longrightarrow \mathbb{R}$ mit Quader $Q \subset \mathbb{R}^n$	2.704
$I^\star(f)$	Riemannsches Oberintegral zu $f : Q \longrightarrow \mathbb{R}$ mit Quader $Q \subset \mathbb{R}^n$	2.704
$I_\star(f)$	Riemannsches Unterintegral zu $f : Q \longrightarrow \mathbb{R}$ mit Quader $Q \subset \mathbb{R}^n$	2.704
$\underset{Q}{\int} f$	Riemann-Integral zu $f : Q \longrightarrow \mathbb{R}$ mit Quader $Q \subset \mathbb{R}^n$	2.704
$Rin(Q, \mathbb{R})$	Menge der Riemann-integrierbaren Funktionen $Q \longrightarrow \mathbb{R}$ ($Q \subset \mathbb{R}^n$ Quader)	2.704
$I_J(B)$	Jordan-Inhalt einer Jordan-meßbaren Menge $B \subset \mathbb{R}^n$	2.710
$\underset{B}{\int} f$	Riemann-Integral zu $f : B \longrightarrow \mathbb{R}$ mit beschränkter Menge $B \subset \mathbb{R}^n$	2.708
$Rin(B, \mathbb{R})$	Menge der Riemann-integrierbaren Funktionen $B \longrightarrow \mathbb{R}$ ($B \subset \mathbb{R}^n$ beschränkt)	2.708
$A_J^\star(B)$	Äußeres Jordan-Maß einer beschränkten Menge $B \subset \mathbb{R}^n$	2.712
$A_{J\star}(B)$	Inneres Jordan-Maß einer beschränkten Menge $B \subset \mathbb{R}^n$	2.712
$m_J(B)$	Jordan-Maß einer beschränkten Menge $B \subset \mathbb{R}^n$	2.712
$Jm(\mathbb{R}^n)$	Menge aller Jordan-meßbaren Mengen in $\mathbb{R}^n$	2.712
C_B	Jordan-meßbare Zerlegung $C_B = (B_1, ..., B_m)$ zu $B \subset \mathbb{R}^n$	2.714
$JmC(B)$	Menge aller Jordan-meßbaren Zerlegungen ($B \subset \mathbb{R}^n$ Jordan-meßbar)	2.714
$aU(T)$	Menge der abzählbaren Überdeckungen einer Menge $T \subset \mathbb{R}^n$	2.722
$m_L^\star(T)$	Äußeres Lebesgue-Maß zu einer Menge $T \subset \mathbb{R}^n$	2.722
$Lm(\mathbb{R}^n)$	Menge aller Lebesgue-meßbaren Mengen in $\mathbb{R}^n$	2.726
$m_L(T)$	Lebesgue-Maß zu einer Lebesgue-meßbaren Menge $T \subset \mathbb{R}^n$	2.726
$TF(I, \mathbb{R})$	Menge aller Treppen-Funktionen $I \longrightarrow \mathbb{R}$ ($I \subset \mathbb{R}^n$ Intervall)	2.728
$L_{TF}(I, \mathbb{R})$	Menge aller TF-approximierbaren Funktionen $I \longrightarrow \mathbb{R}$ ($I \subset \mathbb{R}^n$ Intervall)	2.730
$Lin(I, \mathbb{R})$	Menge der Riemann-integrierbaren Funktionen $I \longrightarrow \mathbb{R}$ ($I \subset \mathbb{R}^n$ Intervall)	2.730
$Lin(M, \mathbb{R}^\star)$	Menge der Riemann-integrierbaren Funktionen $M \longrightarrow \mathbb{R}^\star$ mit $M \subset \mathbb{R}^n$	2.732
$LmC(M)$	Menge aller Lebesgue-meßbaren Zerlegungen ($M \subset \mathbb{R}^n$ Lebesgue-meßbar)	2.734

BUCH^{MAT}4	LINEARE ALGEBRA (MODULN, RINGE, VEKTORRÄUME)	
A, A^{op}	Ring mit Einselement, Gegenring zu einem Ring A	4.000
$Abb(X, E)$	A-Modul aller Funktionen $X \longrightarrow E$ einer Menge X in einen A-Modul E	4.000
E^X	als Abkürzung $E^X = Abb(X, E)$ verwendet	4.000
$cen(A)$	Zentrum eines Ringes A	4.000
$E \cong_A F$	A-Isomorphie zweier A-Moduln E und F (auch kurz $E \cong F$)	4.002
A-mod	Klasse/Kategorie der A-Linksmoduln	4.002
mod-A	Klasse/Kategorie der A-Rechtsmoduln	4.002
$Kern(f)$	Kern eines A-Homomorphismus' $f : E \longrightarrow F$ (ist Untermodul von E)	4.002
$Bild(f)$	Bild eines A-Homomorphismus' $f : E \longrightarrow F$ (ist Untermodul von F)	4.002
$Hom_A(E, F)$	abelsche Gruppe der A-Homomorphismen $E \longrightarrow F$	4.002
$End_A(E)$	Ring der A-Endomorphismen $E \longrightarrow E$	4.002
$Aut_A(E)$	Ring der A-Automorphismen $E \longrightarrow E$	4.002
E/U	A-Quotientenmodul eines A-Moduls E nach einem A-Untermodul $U \subset E$	4.006
$Umo_A(E)$	Menge der A-Untermoduln eines A-Moduls E	4.006

$Qmo_A(E)$	Menge der A-Quotientenmoduln eines A-Moduls E	4.006
$ann_A(T)$	A-Annihilator einer Teilmenge T eines A-Moduls E	4.006
$Cokern(f)$	Quotientenmodul $F/Bild(f)$ eines A-Homomorphismus' $f : E \longrightarrow F$	4.006
$Cobild(f)$	Quotientenmodul $E/Kern(f)$ eines A-Homomorphismus' $f : E \longrightarrow F$	4.006
$exSeq(A\text{-}mod)$	Klasse/Kategorie der kurzen exakten A-mod-Sequenzen	4.010
E^*	zu einem A-Modul E dualer Modul	4.025
E^{**}	zu einem A-Modul E bidualer Modul	4.026
$\bigoplus_{i \in I} E_i$	Direkte Summe (Coprodukt) einer Familie $(E_i)_{i \in I}$ von A-Moduln E_i	4.030
$\prod_{i \in I} E_i$	Direktes Produkt einer Familie $(E_i)_{i \in I}$ von A-Moduln E_i	4.030
$E \oplus F$	direkte Summe (gleich dem direkten Produkt) zweier A-Moduln E und F	4.030
in_k	k-te Injektion zu einer direkten Summe	4.030
pr_k	k-te Projektion zu einem direkten Produkt	4.030
$\sum_{i \in I} U_i$	Summe einer Familie $(U_i)_{i \in I}$ von A-Untermoduln U_i eines A-Moduls	4.032
$L_A(T)$	Lineare Hülle einer Teilmenge T eines A-Moduls E	4.040
A^T	direktes Produkt von A mit Indexmenge $T \subset E$ eines A-Moduls E	4.040
$A^{(T)}$	Menge aller Elemente $(a_t)_{t \in T} \in A^T$ mit $a_t = 0$ für fast alle $t \in T$	4.040
$F_A(X)$	der von einer Menge X erzeugte freie A-Modul	4.048
$tor_A(E)$	Torsionsteil eines A-Moduls E	4.052
$div_A(E)$	divisibler Teil eines A-Moduls E	4.052
$Mat(I, K, X)$	Menge aller (I, K)-Matrizen über einer Menge X	4.060
$Mat(m, n, X)$	Menge aller (I, K)-Matrizen über X für $card(I) = m$ und $card(K) = n$	4.060
$M_{DB}(u)$	Abbildungsmatrix zu $u \in Hom_A(E, F)$	4.062
$Bil_A(E \times F, H)$	abelsche Gruppe der A-bilinearen Funktionen $E \times F \longrightarrow H$	4.070
$Bal_A(E \times F, H)$	abelsche Gruppe der A-balancierten Funktionen $E \times F \longrightarrow H$	4.070
$E \otimes_A F$	Tensorprodukt eines A-Rechtsmoduls E mit einem A-Linksmodul F	4.076
$x \otimes y$	Element eines Tensorprodukts $E \otimes_A F$	4.076
$u \otimes_A v$	Tensorprodukt zweier A-Homomorphismen u und v	4.077
$(E_i, f_{ij})_{i \in I}$	I-System mit $f_{ij} : E_j \longrightarrow E_i$ für $i \leq j$ zu einer A-mod-Familie $(E_i)_{i \in I}$	4.090
$(E_i, f_{ji})_{i \in I}$	Co-I-System mit $f_{ji} : E_i \longrightarrow E_j$ für $i \leq j$ zu einer A-mod-Familie $(E_i)_{i \in I}$	4.090
$lim(E_i)_{i \in I}$	Limes zu $(E_i, f_{ij})_{i \in I}$ (auch: projektiver Limes)	4.090
$colim(E_i)_{i \in I}$	Colimes zu $(E_i, f_{ji})_{i \in I}$ (auch: induktiver Limes)	4.090
$D(E_i)_{i \in I}$	Filterprodukt zu $(E_i)_{i \in I}$ mit Filter D über I	4.098
DE	Filterpotenz eines A-Moduls E über Filter D	4.098
d_E	Diagonal-Einbettung $d_E : E \longrightarrow DE$	4.098
AH, AG	Halbgruppenring mit Halbgruppe H, Gruppenring mit endlicher Gruppe G	4.100
$lann_A(a)$	Links-Annihilator eines Ringelementes $a \in A$	1.605
$rann_A(a)$	Rechts-Annihilator eines Ringelementes $a \in A$	1.605
$rad(A)$	*Jacobson*-Radikal eines Ringes A	4.102, 4.106
$rad_A(E)$	*Jacobson*-Radikal eines A-Moduls E	4.106
$nilrad(A)$	Nilradikal eines Ringes A	4.102
$warad(A)$	*Wedderburn-Artin*-Radikal eines Ringes A	4.106
$soc_A(E)$	Sockel eines A-Moduls E	4.108
$hk(E)$	homogene Komponente zu einem einfachen A-Modul E	4.116
E^c (E^{cc})	Charakter-Modul zu einem A-Modul E (E^c)	4.146
$injh(E)$	injektive Hülle eines A-Moduls E	4.150
$projh(E)$	projektive Hülle eines A-Moduls E	4.152
$E \times_N F$	Pullback-/Pushout-Konstruktion zu A-Moduln E und F	4.158
$_sA, A_d$	A als A-Linksmodul, A als A-Rechtsmodul	4.172
$linc_A(\underline{a}, C)$	Linksideal zu Linksideal $\underline{a} \subset A$ und Teilmenge $C \subset A$ eines Ringes A	4.177
$rinc_A(C, \underline{b})$	Rechtsideal zu Rechtsideal $\underline{b} \subset A$ und Teilmenge $C \subset A$ eines Ringes A	4.177

$rinjh(E)$	rein-injektive Hülle eines A-Moduls E	4.192
$rprojh(E)$	rein-projektive Hülle eines A-Moduls E	4.192
$X_\bullet, X^\bullet$	A-Komplex, A-Cokomplex	4.302
$f_\bullet, f^\bullet$	A-Translationen zu A-Komplexen / A-Cokomplexen	4.302
$Trans(X_\bullet, Y_\bullet)$	Menge der A-Translationen $X_\bullet \longrightarrow Y_\bullet$ (analog $Trans(X^\bullet, Y^\bullet)$)	4.302
$A\text{-}kom$	Kategorie der A-Komplexe	4.302
$A\text{-}cokom$	Kategorie der A-Cokomplexe	4.302
$H_n X_\bullet$	n-ter Homologie-Modul zu A-Komplex $X_\bullet$	4.304
$H^n X^\bullet$	n-ter Cohomologie-Modul zu A-Cokomplex $X^\bullet$	4.304
$f_\bullet \sim g_\bullet$	Homotopie von A-Translationen (analog $f^\bullet \sim g^\bullet$)	4.306
$Ext^n_A(E, -)$	n-te Coableitung (Rechts-Ableitung) zu Funktor $Hom_A(E, -)$	4.320
$Tor_n^A(E, -)$	n-te Ableitung (Links-Ableitung) zu Funktor $E \otimes_A (-)$	4.324
$T_\bullet \dim_A(E)$	$T_\bullet$-Dimension zu T-Auflösung eines A-Moduls E	4.330
$T^\bullet \dim_A(E)$	$T^\bullet$-Dimension zu T-Coauflösung eines A-Moduls E	4.330
$proj \dim_A(E)$	projekive Dimension eines A-Moduls E	4.330
$inj \dim_A(E)$	injekive Dimension eines A-Moduls E	4.330
$flach \dim_A(E)$	flache Dimension eines A-Moduls E	4.330
$hinj \dim_A(E)$	halb-injekive Dimension eines A-Moduls E	4.330
$T_\bullet gl \dim(A)$	$T_\bullet$-globale Dimension eines Ringes A	4.332
$T^\bullet gl \dim(A)$	$T^\bullet$-globale Dimension eines Ringes A	4.332
$gl \dim(A)$	globale Dimension eines Ringes A	4.332
$flach\, gl \dim(A)$	flache-globale Dimension eines Ringes A	4.332
$hinj\, gl \dim(A)$	halb-injektive-globale Dimension eines Ringes A	4.332
$L(A\text{-}mod)$	Elementare Sprache der A-Linksmoduln	4.380
$X \models S$	A-Modul X ist Modell der Satzmenge S	4.380
$Th_A(X)$	Elementare Theorie eines A-Moduls X	4.380
$X \equiv Y$	Elementare Äquivalenz zweier A-Moduln X und Y	4.380
Da	a-regulärer Ultrafilter mit $a = max(card(A), card(\mathbb{N}))$	4.381
$Da(X)$	Ultrapotenz von X mit Ultrafilter Da	4.381
$L^X(A\text{-}mod)$	erweiterte Elementare Sprache zu einem A-Linksmodul X	4.382
$ea_A(T)$	Elementarer Abschluß einer Klasse $T \subset A\text{-}mod$	4.386
$ob(C)$	Klasse der Objekte einer Kategorie C	4.402
$mor(C)$	Klasse der Morphismen einer Kategorie C	4.402
$mor_C(X, Y)$	Menge der C-Morphismen $X \longrightarrow Y$	4.402
Ens	Kategorie der Mengen und Funktionen	4.402
$ordEns$	Kategorie der geordneten Mengen und monotonen Funktionen	4.402
Top	Kategorie der topologischen Räume und stetigen Funktionen	4.402
Sem	Kategorie der Halbgruppen und Halbgruppen-Homomorphismen	4.402
$abSem$	Kategorie der abelschen Halbgruppen und Halbgruppen-Homomorphismen	4.402
$ordSem$	Kategorie der geord. Halbgruppen und monot. Halbgruppen-Homomorphismen	4.402
$Grup$	Kategorie der Gruppen und Gruppen-Homomorphismen	4.402
$abGrup$	Kategorie der abelschen Gruppen und Gruppen-Homomorphismen	4.402
$ordGrup$	Kategorie der geordneten Gruppen und monotonen Gruppen-Homomorphismen	4.402
Ann	Kategorie der Ringe und Ring-Homomorphismen	4.402
$ordAnn$	Kategorie der angeordneten Ringe und monotonen Ring-Homomorphismen	4.402
$Corp$	Kategorie der Körper und Körper-Homomorphismen	4.402
$ordCorp$	Kategorie der angeordneten Körper und monotonen Körper-Homomorphismen	4.402
$A\text{-}mod$	Kategorie der A-Linksmoduln und A-Homomorphismen	4.402
$mod\text{-}A$	Kategorie der A-Rechtsmodul und A-Homomorphismen	4.402
$K\text{-}mod$	Kategorie der K-Vektorräume und K-Homomorphismen	4.402
C^I	Kategorie der durch I indizierten C-Systeme	4.402

C^{op}	die zu einer Kategorie duale Kategorie	4.402
f^{op}	der zu $f \in mor_C(X,Y)$ duale Morphismus	4.402
(X, R_I)	I-indizierte Relations-Struktur auf Objekt X	4.402
$Morph(C)$	Morphismen-Kategorie zu einer Kategorie C	4.404
$exSeq(E)$	Kategorie der exakten A-mod-Sequenzen $0 \longrightarrow X' \longrightarrow E \longrightarrow X'' \longrightarrow 0$	4.404, 4.443
$Graph$	Kategorie der (Gerichteten) Graphen	4.404
Aut	Kategorie der Automaten	4.404
$eAut$	Kategorie der endlichen Automaten	4.404
K-Aut	Kategorie der K-linearen Automaten	4.404
$mono(Z)$	Klasse aller C-Monomorphismen $X \longrightarrow Z$	4.407
$sub(Z)$	Potenzklasse zu einem C-Objekt Z	4.407
$(sub(Z), \leq)$	Potenzklasse zu einem C-Objekt Z mit Ordnung	4.407
$bild(f)$	C-Morphismus $Bild(f) \longrightarrow Z$ zu einem C-Morphismus f	4.407
$cobild(f)$	C-Morphismus $Z \longrightarrow Cobild(f)$ zu einem C-Morphismus f	4.407
$\prod_{i \in I} E_i$	Produkt einer Familie $(E_i)_{i \in I}$ von C-Objekten E_i	4.410
$\coprod_{i \in I} E_i$	Coprodukt einer Familie $(E_i)_{i \in I}$ von C-Objekten E_i (auch: $\bigoplus_{i \in I} E_i$ geschrieben)	4.410
Δ_E, ∇_E	Diagonal-Morphismus, Codiagonal-Morphismus	4.410
$kern(f)$	C-Morphismus $Kern(f) \longrightarrow X$ zu einem C-Morphismus f	4.414
$cokern(f)$	C-Morphismus $Y \longrightarrow Cokern(f)$ zu einem C-Morphismus f	4.414
$dkern(f, g)$	Differenzkern $dKern(f, g) \longrightarrow X$ zu zwei C-Morphismen f und g	4.414
$dcokern(f, g)$	Differenzcokern $Y \longrightarrow dCokern(f, g)$ zu zwei C-Morphismen f und g	4.414
$T \odot H$	Kranzprodukt von Halbgruppen T und H	4.420
$T \times^* H$	Halbdirektes Produkt von Halbgruppen T und H	4.420
$C \times D$	Produkt-Kategorie zu Kategorien C und D	4.428
$nattrans(F, H)$	Klasse aller Natürlichen Transformationen zu Funktoren F und H	4.430
$F \cong H$	Natürliche Äquivalenz (Isomorphie) zu Funktoren F und H	4.430
$Fun(C, D)$	Kategorie der Funktoren $C \longrightarrow D$ und Natürlichen Transformationen	4.432
$Add(\tilde{A}, abGrup)$	Kategorie der Additiven Funktoren $\tilde{A} \longrightarrow abGrup$	4.435
$\tilde{S}$-mod	Kategorie der $\tilde{S}$-Linksmoduln	4.436
mod-$\tilde{S}$	Kategorie der $\tilde{S}$-Rechtsmoduln	4.436
$epi(Y)$	Klasse aller Epimorphismen $X \longrightarrow Y$	4.441
$E_X\ supp\ E_Y$	E_X Supplement von E_Y	4.443
$K(S)$	Grothendieck-Gruppe zu kleiner Kategorie S	4.447
$K(S)^+$	Grothendieck-Gruppe zu spezieller Kategorie S	4.447
$red(X)$	Reduktion zu BG-Modul X	4.449
$colim(T)$	Colimes zu einem Funktor $T: C \longrightarrow D$	4.450
$Hom_K(E, F)$	abelsche Gruppe der K-Homomorphismen $E \longrightarrow F$	4.504
$End_K(E)$	Ring der K-Endomorphismen $E \longrightarrow E$	4.504
$Aut_K(E)$	Ring der K-Automorphismen $E \longrightarrow E$	4.504
$Fix(f)$	Menge/Unterraum der Fixelemente zu Funktion/K-Homomorphismus f	4.504
$rang(f)$	Rang zu einem K-Homomorphismus f	4.536
$Ari(\mathbb{R})$	Menge der arithmetischen Folgen $\mathbb{N} \longrightarrow \mathbb{R}$	4.552
$Geo(\mathbb{R})$	Menge der geometrischen Folgen $\mathbb{N} \longrightarrow \mathbb{R}$	4.552
$ann(U)$	Annulator eines Unterraums U von E	4.605
$gns(S)$	Kerndurchschnitt eines Unterraums S von E^*	4.605
$rang(A)$	Rang einer Matrix A	4.607
$srang(A)$	Spaltenrang einer Matrix A	4.607
$zrang(A)$	Zeilenrang einer Matrix A	4.607
(A^*, b^*)	Gauß-Jordan-Matrix zu einer erweiterte Matrix (A, b)	4.616

$ew(A)$	Menge der Eigenwerte zu $\mathbb{R}$-Homomorphismus f_A	4.640
$er(c, f_A)$	Eigenraum zu Eigenwert c und $\mathbb{R}$-Homomorphismus f_A	4.640

BUCH^{MAT}5 GEOMETRIE (METRISCHE, VEKTORIELLE UND ANALYTISCHE GEOMETRIE)

PE	Menge der Punkte einer Ebene	5.001
GE	Menge der Geraden der Ebene PE	5.001
$GE(S)$	Geradenbüschel mit gemeinsamem Punkt S	5.001
HE	Menge der Halbgeraden der Ebene PE	5.001
$HE(S)$	Halbgeradenbüschel mit Anfangspunkt S	5.001
$A, B, C, ...$	Punkte der Ebene PE	5.001
$g = g(A, B)$	Gerade zu Punkten $A, B \in PE, A \neq B$	5.001
$h = h(A, B)$	Halbgerade mit Anfangspunkt $A \in PE$	5.001
$d(A, B)$	Abstand der Punkte $A, B \in PE$	5.001
$s = s(A, B)$	Strecke mit den Endpunkten $A, B \in PE$	5.003
$M(s)$	Mittelpunkt der Strecke $s = s(A, B)$	5.003
$ms(s)$	Mittelsenkrechte zu der Strecke s	5.004
d_s	Länge einer Strecke s (insbesondere d_a, d_b, d_c im Dreieck)	5.003
(h, h')	Winkel zu Halbgeraden h, h' mit demselben Anfangspunkt	5.001, 5.002
(s, s')	Winkel zu Strecken s, s' mit demselben Anfangspunkt	5.002
(X, S, Y)	Winkel mit Scheitelpunkt S und Punkten $X \neq S, Y \neq S$	5.002
$wi(h, h')$	Winkel-Innenmaß (in Grad) zu dem Winkel (h, h')	5.001, 5.002
$wa(h, h')$	Winkel-Außenmaß (in Grad) zu dem Winkel (h, h')	5.002
$wh(h, h')$	Winkelhalbierende zu dem Winkel (h, h')	5.004
$wh(X, S, Y)$	Winkelhalbierende zu dem Winkel (X, S, Y)	5.004
$lot(A, g)$	Lotgerade zu g durch $A \notin g$	5.004
$g \perp g'$	Orthogonalität(srelation) für Geraden g, g'	5.004
$g \parallel g'$	Parallelität(srelation) für Geraden g, g'	5.004
$Par(g)$	Geradenbündel aller Geraden g' mit $g' \parallel g$	5.004
$e(A_1, ..., A_n)$	ebenes n-Eck mit den Eckpunkten $A_1, ..., A_n \in PE$	5.005
$v(A, B, C, D)$	Viereck mit den Eckpunkten $A, B, C, D \in PE$	5.018
$Fe(A_1, ..., A_n)$	Fläche des ebenen n-Ecks $e(A_1, ..., A_n)$	5.005
$Ae(A_1, ..., A_n)$	Flächeninhalt des ebenen n-Ecks $e(A_1, ..., A_n)$	5.005
$ink(A_1, ..., A_n)$	Inkreis des ebenen n-Ecks $e(A_1, ..., A_n)$	5.016
$umk(A_1, ..., A_n)$	Umkreis des ebenen n-Ecks $e(A_1, ..., A_n)$	5.014
$d(A, B, C)$	Dreieck mit den Eckpunkten $A, B, C \in PE$	5.013
$ms(a)$	Mittelsenkrechte zur Dreiecksseite a	5.014
$h(a)$	Höhe zur Dreiecksseite a durch A	5.015
$wh(a, b)$	Winkelhalbierende zu den Dreiecksseiten a, b	5.016
$wh(A)$	Winkelhalbierende zu den Dreiecks-Eckpunkt A	5.016
$sh(a)$	Seitenhalbierende zur Dreiecksseite a durch A	5.017
$k = k(M, r)$	Kreislinie (Kreissphäre) mit Mittelpunkt M und Radius r	5.022
$M(k)$	Mittelpunkt des Kreises k	5.022
$r(k) \in \mathbb{R}_0^+$	Radius des Kreises k	5.022
$Fk = Fk(M, r)$	Kreisfläche des Kreises $k = k(M, r)$	5.022
$Ak = Ak(M, r)$	Flächeninhalt des Kreises $k = k(M, r)$	5.022
$e(F_1, F_2, a)$	Ellipse mit Brennpunkten F_1, F_2 und großer Halbachse a	5.023
$h(F_1, F_2, a)$	Hyperbel mit Brennpunkten F_1, F_2 und Scheitelpunktabstand a	5.024
$p(F, L)$	Parabel mit Brennpunkt F und Leitlinie L	5.025
$pol^*(g, x)$	Pol zu Kegelschnitt-Figur x und Sekante g	5.023, 5.024, 5.025
$pol(P, x)$	Polare zu Kegelschnitt-Figur x und Punkt P	5.023, 5.024, 5.025

$G(a,b,c)$	Gerade als Relation mit Parametern a,b,c	5.042
$K(M,r)$	Kreis als Relation mit Mittelpunkt M und Radius r	5.050
$E(M,a,b)$	Ellipse als Relation mit Mittelpunkt M und Halbachsen(längen) a und b	5.052
$H(M,a,b)$	Hyperbel als Relation mit Mittelpunkt M und Halbachsen(längen) a und b	5.054
$P(S,p)$	Parabel als Relation mit Scheitelpunkt S und Parameter p	5.056
$T(C,a,b)$	Tangente an Ellipse/Hyperbel im Punkt C	5.052, 5.054
$N(C,a,b)$	Normale an Ellipse/Hyperbel im Punkt C	5.052, 5.054
$T(C,X)$	Tangente an Kreis/Parabel X im Punkt C	5.050, 5.056
$N(C,X)$	Normale an Kreis/Parabel X im Punkt C	5.050, 5.056
$pol(P,X)$	Polare zu Kegelschnitt-Figur X zu einem Punkt P	5.052, 5.054, 5.056
$\mathbb{V}$	$\mathbb{R}$-Vektorraum der Vektoren im dreidimensionalen Raum	5.102
$\mathbb{R}^3$	$\mathbb{R}$-Vektorraum der Vektoren in einem dreidimensionalen Koordinaten-System	5.106
(K_1,K_2,K_3)	Cartesisches Koordinaten-System mit Kooordinaten K_1, K_2, K_3	5.106
C_3, C_n	kanonische Basis $\{e_1,e_2,e_3\}$ von $\mathbb{R}^3$ bzw. $\{e_1,...,e_n\}$ von $\mathbb{R}^n$	5.106
$|x|$	Länge eines Vektors x	5.108
$x \perp y$	Orthogonalität zweier Vektoren $x \neq 0$ und $y \neq 0$	5.108
xy	Skalares Produkt zweier Vektoren x und y	5.108
x^0	normierter Vektor zu einem Vektor x ($|x^0|=1$)	5.108
$wi(x,z)$	Winkel-Innenmaß zweier Vektoren $x \neq 0$ und $y \neq 0$	5.108
$x \times y$	Vektorielles Produkt zweier Vektoren x und y	5.110
$(x\ y\ z)$	Spatprodukt dreier Vektoren x, y und z	5.112
$\mathbb{R}x$	Menge aller $\mathbb{R}$-Produkte mit Vektor x	5.120
$d(p,G)$	Abstand eines Punktes p zu einer Geraden G	5.122
$G \parallel G'$	Parallelität zweier Geraden (Ebenen) G und G'	5.126
$G\ ws\ G'$	Windschiefheit zweier Geraden G und G'	5.126
$AF(\mathbb{V})$	Halbgruppe der affinen Funktionen	5.200
$AG(\mathbb{R}^3)$	Gruppe der regulär-affinen Funktionen	5.200, 5.202
$E(\mathbb{R}^3)$	Gruppe der äquiformen Funktionen	5.210, 5.212
$E^+(\mathbb{R}^3)$	Gruppe der gleichsinnig-äquiformen Funktionen	5.210, 5.212
$B(\mathbb{R}^3)$	Gruppe der Bewegungen (mit $M^tM=E$)	5.212, 5.220
$B^+(\mathbb{R}^3)$	Gruppe der eigentlichen Bewegungen (insbesondere $det(M)=1$)	5.212, 5.220
$GL_1(3,\mathbb{R})$	Untergruppe der 1-regulären Matrizen in $Mat(3,\mathbb{R})$	5.208
$O_k(3,\mathbb{R})$	Untergruppe der k-orthogonalen Matrizen in $GL(3,\mathbb{R})$	5.210
$SL(3,\mathbb{R})$	Spezielle Lineare Gruppe in $GL(3,\mathbb{R})$	5.208
$SA(\mathbb{R}^3)$	Gruppe der Scherungs-affinen Funktionen	5.208
$T(\mathbb{R}^3)$	Gruppe der Translationen	5.202, 5.212
$DS_0(\mathbb{R}^3)$	Gruppe der Drehstreckungen (mit Zentrum 0)	5.212
$D_0(\mathbb{R}^3)$	Gruppe der Drehungen um einen Drehwinkel α mit Drehzentrum 0	5.212
$S_0(\mathbb{R}^3)$	Gruppe der Streckungen mit Streckfaktor $k>0$ und Streckzentrum 0	5.212

BUCH^{MAT}6	STOCHASTIK (WAHRSCHEINLICHKEITS-THEORIE UND STATISTIK)	
E^c	Gegenereignis zu E (mit $E^c = M \setminus E$ im Ergebnisraum M)	6.006
$\{E, E^c\}$	Minimalzerlegung zu $M = E \cup E^c$	6.006
1_E	Indikator-Funktion (Reduktion) zu Ereignis E	6.006
$E \Delta F$	Symmetrische Differenz (von Ereignissen E und F)	1.601, 6.006
$\sigma(T)$	von Teilmenge $T \subset M$ erzeugte Menge	6.008
$b = \{0,1\}$	zweielementiger (binärer) Ergebnisraum	6.012
$ah(e,t)$	absolute Häufigkeit von e in $t = (t_1,...t_n)$	6.014, 6.224
$rh(e,t)$	relative Häufigkeit von e in $t = (t_1,...t_n)$	6.014, 6.224
pr_M, pr_B	Wahrscheinlichkeits-Maß, Wahrscheinlichkeits-Funktion	6.020, 6.040
(M, pr_M)	Wahrscheinlichkeits-Raum mit Wahrscheinlichkeit pr_M auf M	6.020
BX	Abkürzung für $Bild(X)$ einer Zufallsfunktion X	6.060
pX	Wahrscheinlichkeits-Verteilung zu einer Zufallsfunktion X	6.062

EX	Erwartungswert zu einer Zufallsfunktion X	6.064
VX	Varianz zu einer Zufallsfunktion X	6.066
$coV(X,Y)$	Covarianz zu Zufallsfunktionen X und Y	6.066
SX	Standardabweichung zu einer Zufallsfunktion X	6.066
dX	Dichte-Funktion zu einer Zufallsfunktion X	6.070
fX	(cumulative) Verteilungs-Funktion zu einer Zufallsfunktion X	6.072
(X,Y)	Gemeinsame Zufallsfunktion zu Zufallsfunktionen X und Y	6.074
$p(X \times Y)$	Produkt-Verteilung zu Zufallsfunktionen X und Y	6.080
$p(X+Y)$	Verteilung der Komplex-Summe zu Zufallsfunktionen X und Y	6.082
$sp(X,Y)$	Spurfunktion zu Zufallsfunktionen X und Y	6.080
$aa(A(f), A^*(f))$	absolute Abweichung bei Flächeninhalten	6.112
$ra(A(f), A^*(f))$	relative Abweichung bei Flächeninhalten	6.112
(B, pr_B)	Bernoulli-Raum über Binär-Raum $(b = \{0,1\}, pr_b)$	6.120
T_k, A_k	bestimmte Ereignismengen bei Bernoulli-Räumen	6.122, 6.124
$pr(R_c)$	Risikomaß zu Abweichungstoleranz c	6.126
$pr(S_c)$	Sicherheitsmaß zu Abweichungstoleranz c	6.126
r_T, s_T	Tschebyschew-Risiko und Tschebyschew-Sicherheit	6.128
$(n)_k$	Teilfakultät zu $\binom{n}{k} = \frac{(n)_k}{(k)_k}$	6.142
$n!$	Fakultät zu $n \in \mathbb{N}_0$	1.806, 6.142
$\binom{n}{k}$	Binomialkoeffizient zu $n, k \in \mathbb{N}_0$	1.820, 6.142
$T(k,n)$	Menge der k-Tupel über $\underline{n} = \{1,...,n\}$	6.142
$P(k,n)$	Menge der k-Permutationen über $\underline{n} = \{1,...,n\}$	6.142
$K(k,n)$	Menge der k-Kombinationen über $\underline{n} = \{1,...,n\}$	6.142
$M(k,n)$	Menge der k-Mengen über $\underline{n} = \{1,...,n\}$	6.142
$B(n,p)$	Binomial-Verteilung mit Funktionswerten $B(n,p,k) = B(n,p)(k)$	6.160
$f(n,p)$	Cumulative Verteilungs-Funktion der Binomial-Verteilung	6.160
$H(N,K,n)$	Hypergeometrische Verteilung mit Funktionswerten $H(N,K,n,k)$	6.166
$f(N,K,n)$	Cumulative Verteilungs-Funktion der Hypergeometrischen Verteilung	6.166
U_{pre}, U_{post}	Prä-Ausführungs-Unsicherheit / Post-Ausführungs-Unsicherheit	6.206
$U(b, pr)$	Entropie des Wahrscheinlichkeits-Raums (b, pr)	6.206
$med(t)$	Median einer (geordneten) Urliste t	6.320
$am(t)$	Arithmetisches Mittel einer Urliste t	6.320
$gm(t)$	Geometrisches Mittel einer Urliste t	6.320
$hm(t)$	Harmonisches Mittel einer Urliste t	6.320
$mab(t)$	Mittlere Abweichung bei einer Urliste t	6.322
$sab(t)$	Standardabweichung bei einer Urliste t	6.322
$var(t)$	Varianz bei einer Urliste t	6.322
$pr_{card(E)}$	Wahrscheinlichkeits-Verteilung zu $X = ah(E, -)$	6.344
$f_{card(E)}$	Cumulative Verteilungs-Funktion zu $X = ah(E, -)$	6.344
B_n	Menge $\{0, ..., n = sl(t)\}$ der absoluten Häufigkeiten bei Stichproben t	6.344
α, β	Irrtumswahrscheinlichkeiten (1. Art, 2. Art)	6.346
H_0, H_1	Hypothese H_0 mit Gegenhypothese H_1	6.350
c	kritische Grenze bei Alternativ-Hypothesen	6.352

Die angegebenen Nummern gelten für die jeweils jüngste Version der bisher erschienenen Bände.

Etymologisches Verzeichnis Buch^{MAT}X

Absolutbetrag	*absolutus* : losgelöst (vom Vorzeichen)
Abszisse	*abscindere* : abschneiden
Addition/addieren	*addere* : hinzufügen
Äquivalenz	*aequus* : gleich, *valentia* : Stärke, Vermögen, Wertigkeit
Äquivokation	*aequivocatio* : Doppelsinn
antiton	αντι : gegen, τεινω : sich ausdehnen, sich erstrecken
Algebra	*al jabre* (arabisch) : umformen, reparieren
Arithmetik	αριϑμøς : Zahl (Lehre von den Zahlen)
Asymptote/asymptotisch	ασιμπτοτος : nicht schneidend, nicht zusammenfallend
Assoziativität	*associare* : verbinden
Basis	βασις : Grundlage
bijektiv	*bis* : zweifach, *iacere* : werfen
cartesisch	nach *Rene Descartes* (latinisierter Name: Cartesius)
Cohärenz	*cohaerentia* : Zusammenhang
cumulativ	*cumulatus* : aufgehäuft, aufgeschichtet, aufgetürmt
Differenz	*differentia* : Unterschied
Disjunktion	*discuntio* : Trennung, Abweichung
Diskriminante	*discriminare* : bestimmen, entscheiden
Distributivität	*distribuere* : verteilen
dividieren	*dividere* : teilen, *dividendus* : der zu Teilende, *divisor* : der Teiler
eliminieren	*eliminare* : entfernen, aus dem Haus stoßen
Elongation	*e* : aus ... heraus, *longare* : lang machen
Empirie/empirisch	εμπειρια : Erfahrung/erfahren
Entropie	εντρεπω : in sich hinein wenden (εν: in, τρεπω: wenden)
Ergodentheorie	εργωδικος : zum Mühsamen gehörig
ergodisch	εργωδης : mühsam, schwierig (εργον: Arbeit, ειδοσ: Gestalt, Form)
Exponent	*exponere* : heraussetzen, herausheben
Faktor	*facere* : machen, herstellen; dazu: *multiplicator* : der Vervielfacher
Funktion	*functio* : Verrichtung, Ausführung
Graphik/graphisch	γραφω : ich zeichne, schreibe
Homomorphismus	ομοιος : gleich, ähnlich, μορφη : Gestalt, Form, Bild, Gebilde
-ik (Suffix)	-ικος : zu etwas gehörig (Lehre von ...)
imaginäre Zahl	*imago* : Bild (in der Einbildung vorhanden)
Implikation	*implicatio* : Verflechtung, Verwicklung
Interpolation	*interpolare* : einschalten, dazwischenfügen, von *polare* : glätten
Isomorphismus	ισος : gleich, μορφη : Gestalt, Form, Bild, Gebilde
Koeffizient	*coefficere* : mitwirken
Kommutativität	*commutare* : vertauschen
Komposition	*componere* : zusammensetzen, zusammenstellen
Konjunktion	*coniunctio* : Verbindung, Zusammenhang

Konstante/konstant	*constans* : feststehend, nicht veränderbar
Konvergenz	*convergere* : sich hinneigen
Koordinate	*coordinare* : zusammenstellen
Kubus/kubisch	*cubus* : Würfel
Limes (Grenzwert)	*limes* : Grenzlinie, Unterschied
Logarithmus	$\alpha\rho\iota\theta\mu o\varsigma$: Zahl, $\lambda o\gamma o\varsigma$: Vernunft, Rechnung; Rechnungszahl
Logik	$\lambda o\gamma o\varsigma$: Vernunft, Rechnung; $\iota\kappa o\varsigma$: zu etwas gehörig (Lehre von ...)
Mathematik	$\mu\alpha\vartheta\eta\mu\alpha$: Kenntnis, Wissenschaft
Matrix	*matrix (matrices)* : Tafel von Ausgangsdaten (Urdaten)
Minuend	*minuere* : vermindern (Zahl, von der subtrahiert wird)
monoton	$\mu o\nu o\tau o\nu o\varsigma$: mit immer gleicher Spannung, eintönig
Morphismus	$\mu o\rho\varphi\eta$: Gestalt, Form, Bild, Gebilde
multiplizieren	*multiplicare* : vervielfachen, *multiplicandus* : der zu Vervielfachende
Negation	*negatio* : Verneinung(swort), Ablehnung, Leugnung
Ordinate	*ordinare* : zuordnen
Permanenzprinzip	*permanere* : verbleiben
plus/minus	*plus* : mehr, *minus* : weniger
Polynom	$\pi o\lambda\upsilon\varsigma$: viel, mehrfach; $\nu o\mu o\varsigma$: verwaltend, Verwalter
Potenz/potenzieren	*potentia* : Macht, Fähigkeit
Produkt	*producere* : erzeugen, hervorbringen, schaffen
Quotient	*quotiens* : wie oft?
radizieren	*radix (radices)* : Wurzel, (Radikand: zu radizierende Zahl)
rationale Zahl	*ratio* : u.a. Verhältnis (Verhältniszahlen)
reelle Zahl	*realis* : wirklich
Rekursion	*recurrere* : zurückgehen, sich beziehen auf
Relation	*relatio* : Beziehung, Verhältnis
reziproke Zahl	*reciprocus* : wechselseitig
Stochastik	$\sigma\tau o\chi\alpha\sigma\tau\iota\kappa o\varsigma$: im Vermuten geschickt, das Richtige treffend
Subtrahend/subtrahieren	*subtrahere* : abziehen (die abzuziehende Zahl)
Summe/summieren	*summa* : oberste Reihe (Summe wurde früher oben geschrieben)
Technik	$\tau\epsilon\chi\nu\eta$: Kunst, Wissenschaft, Kunstfertigkeit
Topologie	$\tau o\pi o\varsigma$ $(\tau o\pi o\iota)$: der Ort, $\lambda o\gamma o\varsigma$: Wort, Rede, Begriff, Lehre
Vektor	*vector* : Träger, Fahrer, Passagier

NAMENS-VERZEICHNIS BUCH^{MAT}X

Abel, Niels Henrik .... 1802 - 1829	Desargues, Girard .... 1593 - 1662
Ackermann, Wilhelm .... 1896 - 1926	Descartes, René .... 1596 - 1650
d'Alembert, Jean Baptiste le Rond ... 1717 - 1783	Dini, Ulisse .... 1845 - 1918
al-Hwârâzmî (auch: al-Khwarizmi) .... 780? - 850	Diophantus von Alexandria .... 280? - 230?
Aleksandrov, Pavel Sergejevich .... 1896 - 1982	Dirac, Paul Andrien Maurice .... 1902 - 1985
Apollonius von Perge .... 262? - 190?	Dirichlet, Peter Gustav Lejeune ...... 1805 - 1859
Archimedes von Syrakus .... 287 - 212	Doppler, Christian .... 1803 - 1853
Archytas von Tarent .... 428 - 365	Ehrenfest, Paul .... 1880 - 1933
Argand, Robert .... 1768 - 1822	Einstein, Albert .... 1879 - 1955
Aristoteles von Stagira .... 384 - 322	Epimenides .... 620? - 540?
Artin, Emil .... 1898 - 1962	Erastosthenes von Kyrene .... 276? - 194?
Babbage, Charles .... 1792 - 1871	Erdös, Paul .... 1913 - 1996
Banach, Stefan .... 1892 - 1945	Ettingshausen, Andreas Frh. von ... 1796 - 1878
Bayes, Thomas .... 1702 - 1763	Eudoxos von Knidos .... 408? - 355?
Benford, Frank .... 1883 - 1948	Eukleidis (Euklid) von Alexandria .... 365? - 300?
Bernays, Paul .... 1888 - 1962	Euler, Leonhard .... 1707 - 1783
Bernoulli, Daniel .... 1700 - 1782	Fatou, Pierre .... 1878 - 1928
Bernoulli, Jakob I .... 1654 - 1705	Fermat, Pierre de .... 1601 - 1665
Bernoulli, Johann I .... 1667 - 1748	Feuerbach, Karl Wilhelm .... 1800 - 1834
Bernoulli, Johann II .... 1710 - 1790	Ferrari, Ludovico .... 1522 - 1565
Bernoulli, Nikolaus I .... 1687 - 1759	Fibonacci (Leonardo von Pisa) ...... 1180? - 1250
Bernoulli, Nikolaus II .... 1695 - 1726	Fitting, Hans .... 1896 - 1938
Bernstein, Sergej Natanovich .... 1880 - 1968	Fourier, Jean Baptiste Joseph de ..... 1768 - 1830
Bessel, Friedrich Wilhelm .... 1784 - 1846	Fraenkel, Adolf Abraham .... 1891 - 1965
Bienaimé, Irénée-Jules .... 1796 - 1878	Frattini, Giovanni .... 1852 - 1925
Binet, Jaques .... 1786 - 1856	Frege, Gottlob .... 1846 - 1925
Bohr, Harald .... 1887 - 1951	Fresnel, Augustin Jean .... 1788 - 1827
Bolzano, Bernhard .... 1781 - 1848	Frobenius, Ferdinand Georg .... 1849 - 1917
Bonferroni, Carlo Emilio .... 1892 - 1960	Frunalli, Giuliano .... 1795 - 1834
Boole, George .... 1815 - 1864	Fubini, Guido .... 1879 - 1943
Borel, Émile .... 1871 - 1956	Galilei, Galileo .... 1564 - 1642
Bourbaki, Nicolas .... (Pseudonym)	Galois, Evariste .... 1811 - 1832
Brahe, Tycho .... 1546 - 1601	Galton, Francis (Sir) .... 1822 - 1911
Brouwer, Luitzen Egbertus Jan .... 1881 - 1966	Gauß, Carl Friedrich .... 1777 - 1855
Bruno, Giordano .... 1548 - 1600	Gödel, Kurt .... 1906 - 1978
Bürgi, Jost .... 1552 - 1632	Goldbach, Christian .... 1690 - 1764
Buffon, George-Louis Leclerc .... 1707 - 1788	Gompertz, Benjamin .... 1779 - 1865
Burali-Forti, Cesare .... 1861 - 1931	Gram, Jørgen Pedersen .... 1850 - 1916
Cantor, Georg .... 1845 - 1918	Graßmann, Hermann Günther ...... 1809 - 1877
Cardano, Geronimo .... 1501 - 1576	Graunt, John .... 1620 - 1674
Carroll, Lewis .... 1832 - 1898	Gregory, James .... 1638 - 1675
Cauchy, Augustin Louis .... 1789 - 1857	Grelling, Kurt .... 1886 - 1942
Cavalieri, Francesco Bonaventura .... 1598 - 1647	Guldin, Paul .... 1577 - 1643
Cayley, Arthur .... 1821 - 1895	Haar, Alfred .... 1885 - 1933
Courant, Richard .... 1888 - 1972	Hadamard, Jacques .... 1865 - 1963
Cramer, Gabriel .... 1704 - 1752	Halley, Edmund .... 1656 - 1743
Crelle, August Leopold .... 1780 - 1855	Halmos, Paul Richard .... 1911 - 1977
Cues, Nicolaus von .... 1401 - 1464	Hamilton, William Rowan .... 1805 - 1965
Dandelin, Pierre Germinal .... 1794 - 1847	Hankel, Hermann .... 1839 - 1873
Darbout, Gaston .... 1842 - 1917	Hasse, Helmut .... 1898 - 1979
Dedekind, Richard .... 1831 - 1916	Hausdorff, Felix .... 1868 - 1942

Heine, Eduard	1821 - 1881
Hermite, Charles	1822 - 1901
Heron von Alexandria	um 75?
Hertz, Heinrich	1857 - 1894
Hesse, Otto	1811 - 1874
Hilbert, David	1862 - 1943
Hipprokrates von Chios	um - 440
Hölder, Otto	1859 - 1937
Hooke, Robert	1635 - 1703
Levi, Beppo	1875 - 1961
L'Hospital, Guillaume-François de	1661 - 1704
Horner, William George	1768 - 1837
Huygens, Christiaan	1629 - 1695
Jacobi, Carl Gustav Jakob	1804 - 1851
Jacobson, Nathan	1910 - 1999
Jordan, Camille	1838 - 1922
Joule, James Prescott	1818 - 1889
Kepler, Johannes	1571 - 1630
Klein, Felix	1849 - 1925
Koch, Helge von	1870 - 1924
Kolmogoroff, Andrej Nikolajewitsch	1903 - 1987
Kronecker, Leopold	1823 - 1891
Krull, Wolfgang	1899 - 1971
Kummer, Ernst Eduard	1810 - 1893
Kuratowski, Kazimierz	1896 - 1980
Lagrange, Joseph Louis	1736 - 1813
Landau, Edmund	1877 - 1938
Laplace, Piere Simon de	1749 - 1827
Lebesgue, Henri Léon	1875 - 1941
Legendre, Adrien-Marie	1752 - 1833
Leibniz, Gottfried Wilhelm	1646 - 1716
Leonardo Fibonacci von Pisa	1180? - 1250
Leontief, Wassily	1906 - 1999
Levi, Beppo	1875 - 1961
Lindemann, Carl Louis Ferdinand von	1852 - 1939
Liouville, Joseph	1809 - 1882
Lipschitz, Rudolf	1832 - 1903
Lorentz, Hendrik Antoon	1853 - 1929
Mach, Ernst	1838 - 1916
MacLaurin, Colin	1698 - 1746
Malthus, Thomas	1766 - 1834
Markow, Andrej Andrejevich	1856 - 1922
Méré, Antoine Chevalier de	1610 - 1685
Mersenne, Marin	1588 - 1648
Minkowski, Hermann	1864 - 1909
Mises, Richard von	1883 - 1953
Möbius, August Ferdinand	1790 - 1868
Moivre, Abraham de	1667 - 1754
Morgan, Augustus de	1806 - 1871
Neil, William	1637 - 1670
Neper (Napier), John	1550 - 1617
Neumann, John von	1903 - 1957
Newton, Isaac	1643 - 1727
Noether, Emmy	1882 - 1935
Olivier, Auguste	1829 - 1876
Ore, Oystein	1899 - 1968
Pacioli, Luca	1445? - 1517
Pascal, Blaise	1623 - 1662
Peano, Guiseppe	1858 - 1932
Pfaff, Johann Friedrich	1765 - 1825
Picard, Emile	1856 - 1941
Pólya, Georg	1887 - 1985
Poincaré, Jules Henri	1854 - 1912
Poisson, Siméon Denis	1781 - 1840
Proklos Diadochus	410 - 485
Protagoras	480? - 421
Ptolemaios von Alexandria	85? - 165?
Pythagoras von Samos	580? - 500
Raphson, Joseph	1652 - 1715
Riemann, Georg Friedrich Bernhard	1826 - 1866
Ries, Adam	1492 - 1559
Riesz, Frigyes	1880 - 1956
Riesz, Marcel	1886 - 1969
Rolle, Michel	1652 - 1719
Ruffini, Paolo	1765 - 1822
Russell, Bertrand	1872 - 1969
Schlömilch, Oskar	1823 - 1901
Schmidt, Erhard	1876 - 1956
Schreier, Otto	1901 - 1929
Schröder, Ernst	1841 - 1902
Schwarz, Hermann Amandus	1843 - 1921
Sierpinski, Waclaw	1882 - 1969
Simpson, Thomas	1710 - 1761
Skolem, Thoralf	1887 - 1963
Snellius (Willebrord Snel van Royen)	1580 - 1626
Steiner, Jakob	1796 - 1863
Steinitz, Ernst	1871 - 1928
Stifel, Michael	1487 - 1567
Stirling, James	1692 - 1770
Stokes, George Gabriel	1819 - 1903
Stone, Charles Arthur	1893 - 1940
Sylow, Ludwig	1832 - 1918
Sylvester, James Joseph	1814 - 1897
Tartaglia, Niccolò	1499 - 1557
Taylor, Brooke	1685 - 1731
Thales von Milet	624? - 548?
Tschebyschew, Pafnuti Lwowich	1821 - 1894
Urysohn, Pavel Samuilovich	1898 - 1924
Vallée-Poussin, Charles Jean de la	1866 - 1962
Vandermonde, Alexandre Théophile	1735 - 1796
Verhulst, Pierre-François	1804 - 1849
Viète, François (Viëta)	1540 - 1603
Waerden, Bartel Leendert van der	1903 - 1996
Wallis, John	1616 - 1703
Watt, James	1736 - 1819
Wedderburn, Joseph Henry	1882 - 1948
Weierstraß, Karl Theodor Wilhelm	1815 - 1897
Weyl, Hermann	1885 - 1955
Wronski, Josef Maria	1775 - 1853
Zassenhaus, Hans	1912 - 1991
Zenon von Elea	490? - 430?
Zermelo, Ernst	1871 - 1953
Zorn, Max	1906 - 1993

Stichwort-Verzeichnis Buch^{MAT}X

$\forall_2$-elementare Äquivalenz 4.382
$\forall_2$-Sätze 4.382
$\underline{a}$-adische Toplogie 4.448
$\underline{a}$-Komplettierung 4.448
$\underline{a}$-Toplogie 4.448
A-Automorphismus 4.002
A-Endomorphismus 4.002
A-balancierte Funktion 4.076
A-bilineare Fortsetzung 4.072
A-bilineare Funktion 4.070
A-Cokomplex / A-Komplex 4.302
– exakter A-Cokomplex / A-Komplex 4.310
A-homogene Funktion 4.002
A-Homomorphismus 1.402, 4.002
– assoziierter A-Homomorphismus 4.048
– rein-homomorpher A-Homomorphismus 4.362
– rein-injektiver A-Homomorphismus 4.166
– rein-w-injektiver A-Homomorphismus 4.192
– c-rein-injektiver A-Homomorphismus 4.192
– rein-surjektiver A-Homomorphismus 4.166
– split-homomorpher A-Homomorphismus 4.342
– split-injektiver A-Homomorphismus 4.034
– split-surjektiver A-Homomorphismus 4.034
– w-injektiver A-Homomorphismus 4.150
– w-surjektiver A-Homomorphismus 4.150
A-Homomorphismen und Matrizen 4.041, 4.042
A-Isomorphismus 1.402
A-Komplex / A-Cokomplex 4.302
– exakter A-Komplex / A-Cokomplex 4.310
A-Moduln $Abb(X, E)$ 4.002
A-Moduln $Hom_A(E, F)$ 4.020, 4.022
A-Moduln $Hom_A(A, E)$ 4.023
A-Modul 4.000
– algebraisch kompakter A-Modul 4.192
– c-kompakter A-Modul 4.192
– artinscher A-Modul 4.121, 4.126
– balancierter A-Modul 4.112
– bidualer A-Modul E^{**} 4.026, 4.424
– kohärenter A-Modul 4.177
– divisibler A-Modul 4.052
– dualer A-Modul E^* 4.025, 4.424
– einfacher A-Modul 4.038
– endlich-erzeugbarer A-Modul 4.042, 4.050
– endlich-präsentierbarer A-Modul 4.162
– c-erzeugbarer A-Modul 4.050
– endlich-präsentierbarer A-Modul 4.162
– flacher A-Modul 4.160, 4.170
– freier A-Modul 4.042, 4.046, 4.048, 4.408
– halb-einfacher A-Modul 4.038, 4.116
– halb-injektiver A-Modul 4.160, 4.180
– injektiver A-Modul 4.130, 4.140
– monogener A-Modul 4.046
– noetherscher A-Modul 4.050, 4.121, 4.126
– projektiver A-Modul 4.130, 4.132

– Radikal-freier A-Modul 4.106
– rein-injektiver A-Modul 4.192
– c-rein-injektiver A-Modul 4.192
– rein-projektiver A-Modul 4.190
– torsionsfreier A-Modul 4.052
– treuer A-Modul 4.004, 4.112
– uniform-cohärenter A-Modul 4.394
– unzerlegbarer A-Modul 4.121
– ultraprojektiver A-Modul 4.198
– zyklischer A-Modul 4.050
– 1-injektiver A-Modul 4.194
– e-injektiver A-Modul 4.194
– c-injektiver A-Modul 4.194
– c-halb-injektiver A-Modul 4.194
– T-injektiver A-Modul 4.194
– T-ultraprojektiver A-Modul 4.198
A-Multiplikation/-produkt 4.000
A-Quotientenmodul 4.006
– reiner A-Quotientenmodul 4.166
A-Translation 4.302
– Homotopie von A-Translationen 4.306
A-Untermodul 4.004
– elementarer A-Untermodul 4.380
– großer A-Untermodul 4.116, 4.150
– kleiner A-Untermodul 4.150
– maximaler A-Untermodul 4.050
– reiner A-Untermodul 4.166
– Erzeugung von A-Untermoduln 4.040
– Folgen von A-Untermoduln 4.120
(A, B)-Bimodul 4.000
(A, k)-Sesquilineare Funktionen 4.074
(A, k)-Sesquilinearform 4.074
Abbildungen (siehe: Funktionen) 1.130
Abbildungskegel (einer Translation) 4.308
Abbildungsmatrix 4.062, 4.560
Abbildungssätze 1.142
Abel, Satz von 2.621
Abel-Ruffini, Satz von 1.678
Abelsche und nicht-abelsche Gruppen 1.501, 1.508
Abgeleitete Funktoren 4.314, 4.316, 4.320
Abgeschlossene Funktion 2.418
Abgeschlossene Hülle 2.407
Abgeschlossene Systeme 1.801
Abhängigkeit (Binär-Merkmale) 6.230
Ablehnungsbereich (bei Hypothesen) 6.346
Ableitung (bei Differentiation) 2.303
Ableitung (bei Funktoren) 4.314
Ableitungspolynom 1.666
Ableitungsfunktion (bei Differentiation) 2.303
Abschreibung 1.258
– degressive Abschreibung 1.258
– Ertrags-bedingte Abschreibung 1.258
– konstante Abschreibung 1.258
– progressive Abschreibung 1.258

Abschreibungsplan	1.258
Absolut stetige Funktion	2.260
Absolute Häufigkeit	6.014
Abstand (bei metrischen Räumen)	2.401
Abstand (bei Punkten)	5.001, 5.042
Abstands-Funktion	5.001, 5.108
Abzinsung(sfaktor)	1.256
Ackermann-Funktion	1.808, 2.014
Addition von Morphismen (bei Kategorien)	4.412
Addition von Reihen	2.130
Additive Funktion (bei exakten Sequenzen)	4.447
Additivität (Wahrscheinlichkeits-Maße)	6.020
Adische Darstellung (Zahlen)	2.160
Adjungierte Matrix	1.781
Adjungiertes Paar additiver Funktoren	4.078
Adjunktion bei Ringen	1.641
Ähnliche Figuren	5.007
Ähnliche Funktion	5.210
Ähnliche Matrizen	4.643
Ähnlichkeits-Abbildung	5.007
Ähnlichkeits-Funktion (Geometrie)	5.094
Ähnlichkeits-Funktion (geordnete Mengen)	1.312
Ähnlichkeits-Sätze	5.007
Äquidistante Zerlegung von Intervallen	2.602
Äquiforme Funktion	5.210
Äquivalente Matrizen	4.643
Äquivalenz von Aussagen	1.012
Äquivalenz (bei Funktoren)	4.420
Äquivalenz-Relationen (-klassen)	1.140
Äußere Komposition	1.401, 4.000
Alexander, Satz von	2.434
Affine Funktion (Affinität)	5.200, 5.202
Affine Gruppe	5.200
Algebra / σ-Algebra	2.712
Algebra der Mengen (Mengenalgebra)	1.102
Algebra der Schaltnetze (Schaltalgebra)	1.080
Algebra der Signal-Verarbeitung	1.081
Algebraische Abgeschlossenheit von $\mathbb{C}$	1.889
Algebraische Strukturen	1.401, 1.403, 1.405
Algebraische Strukturen auf Teilmengen	1.404
Algebraische Zahlen	1.865
Algebren	1.715
Allgemeine Kegelschnitt-Relationen	5.058
Allgemeine Urnen-Modelle	6.176
Allquantor $\forall$	1.016
Alphabet (Quell-, Ziel-Alphabet)	1.180
Alternierende Gruppe	1.526
Amoroso-Robinson, Relation von	2.364
Amplitude/Amplitudenfaktor	1.240, 1.280
Annahmebereich (bei Hypothesen)	6.346
Angeordnete Körper	1.730
Angeordnete Ringe	1.614
Angeordnete algebraische Strukturen	1.430
Anlagegeschäft/-vertrag	1.255
Annihilator	1.605, 4.004, 4.046
Annuität/Annuitätenschuld	1.258
Annulator eines Unterraums	4.605
Antinomien der Mengen-Theorie	1.108, 1.352, 1.828
Antitone Funktionen	1.311
Antivalenz	1.012, 1.014
Antizipative Verzinsung	1.256
Anzahlorientierte *Bernoulli*-Experimente	6.122

Apollonius-Kreise	5.008
Approximationssatz von *Stone-Weierstraß*	2.438
Approximationssatz von *Weierstraß*	2.438
Approximierbare Funktionen	2.301, 2.438
Arbeit/Leistung (Physik)	1.277, 5.140
Archimedes, Satz von	1.321
Archimedische Streifen-Methode	2.603
Archimedizität von $\mathbb{Q}$ und $\mathbb{R}$	1.321
Archimedes-Körper	1.732, 2.060
Archimedes-Menge	1.321
Arcus-Funktionen	2.184
Area-Funktionen	2.174
Argumentweise konverg. Folge $\mathbb{N} \longrightarrow Abb(T, \mathbb{R})$	2.082
Arithmetik der Dualzahlen	1.812
Arithmetische und Geometrische Folgen	2.011
Arithmetisches Mittel	6.064, 6.232
Aspekte der Informationstheorie	6.200
Astroide	2.329, 2.454, 2.654
Asymptotische Funktionen	2.905
Attraktor / Repellor	2.370
– Einzugsbereich eines Attraktor	2.370
– Stabilitätsbereich	2.370
Attribute, Attributmengen	1.190, 1.191
Aufzinsung(sfaktor)	1.256
Auflösbare Gruppe	1.546
Auflösung eines A-Moduls	4.310
– freie, projektive, flache Auflösung	4.310
– injektive, halb-injektive Auflösung	4.310
– homologische/cohomologische Auflösung	4.310
– rein-injektive Auflösung	4.330
– rein-projektive Auflösung	4.330
– Länge einer Auflösung	4.330
Aussagen / Logik	1.010, 1.012, 1.014
Austauschsatz von *Steinitz-Graßmann*	4.512
Auswahl-Axiom	1.331, 1.828
Auswertungs-Funktion (Polynom-Ringe)	1.641
Auswertungs-Funktion (Stochastik)	6.100
Automaten (bei Kategorien)	4.404
Automorphismus	1.451, 1.502, 1.670
– innerer Automorphismus	1.502
– K-relativer Automorphismus	1.670
Axiomatische Methode	1.300

B

b-adische Darstellung (Zahlen)	2.160
Baer, Satz von (Test-Theorem)	4.140
Bahn einer G-Menge	1.552
Bahngeschwindigkeit (Physik)	1.274
Banach-Raum	2.428
Barwert (Kapitalwirtschaft)	1.256
Basis (bei A-Moduln)	4.042
Basis (bei K-Vektorräumen)	4.510
Basis (Existenz) bei A-Moduln	4.044, 4.046
Basis (Kennzeichnung) bei A-Moduln	4.044, 4.046
Basis (einer Topologie)	2.415
Basis (Vektorraum/Geometrie)	5.104
Basisergänzungssatz	4.512
Basis-Transformation	4.570
Bass, Satz von	4.173
Bayes, Satz von	6.040, 6.042
Bedingte Wahrscheinlichkeit	6.040

Benfordsches Gesetz 6.022
Bernoulli, Satz von 6.130
Bernoulli-Experimente 6.120
– Anzahl-orientierte *Bernoulli*-Experimente 6.122
– Komponenten-orientierte *Bernoulli*-Experimente ... 6.124
Bernoulli-Präsentation 6.120
Bernoulli-Raum 6.120
Bernoulli-Verteilung 6.160
Bernoulli-Zahlen (-Folge) 2.154
Bernoullische Ungleichung 1.803
Beschleunigung (Physik) 1.272
Beschränkte Folgen $\mathbb{N} \longrightarrow \mathbb{R}$ 2.044
Beschränkte Funktion 1.323
– $N_E N_F$-beschränkte Funktion 2.426
Beschränkte Mengen 1.320
Beschränkte Mengen von Zahlen 1.321
Beschränkte Mengen von Funktionen 1.322
Beschreibende Statistik 6.300
Beta-Funktion 2.624
Betrags-Funktion $T \longrightarrow \mathbb{R}$ 1.207
Betrags-Funktion auf Ringen 1.616
Beugung von Wellen 1.287
Bewegung (Funktion) 5.006, 5.220, 5.230
– gerade/eigentliche Bewegung 5.006, 5.224
– ungerade/uneigentliche Bewegung 5.006, 5.226
Bewegung (in der Physik) 1.272
– gleichförmige Bewegung 1.272
– periodische Bewegung 1.280
– Kreis-Bewegungen 1.274, 1.278
– Wurf-Bewegungen 1.273, 1.278
Bewegungs-Invarianz 2.744
Beweise mit dem Induktionsprinzip 1.802
Beweisen / Beweismethoden 1.018
Bewertungsring 4.448
Bezier-Bänder 2.331
Bezier-Funktionen $T \longrightarrow \mathbb{R}^2$ 5.087
Bezier-Kreise und -Ellipsen 5.088
Bezier-Kurven in LaTeX 5.089
Bezugsplan/Sparplan 1.257, 1.258
Bezugsrente 1.258
Bezugssystem (Physik) 1.272
Bidualer A-Modul 4.026
Bifunktor 4.428
Bienaimé-Tschebyschew, Satz von 6.066
Bijektive Funktionen 1.132
Bild/Cobild (bei Kategorien) 4.407
Bildfolgen 2.002
Bildkategorie 4.420
Bildmengen 1.130, 2.041
Bilineare Fortsetzung 4.072
Binär-Codierung 1.181, 6.143
Binär-Merkmal 6.230
Binär-Verteilung 6.062
Binet-Darstellung 2.017
Binomialkoeffizient 1.820, 2.352, 6.142
Binomial-Verteilung 6.160, 6.344
Binomische Formeln 1.820, 6.142
Binomische Reihe 2.352
Blocklängen linearer Kongruenz-Generatoren 2.033
Blocklängen multiplik. Kongruenz-Generatoren 2.032
Blocklängen von Kongruenz-Generatoren 2.031
Bogenlänge (einer Kurve) 5.083

Bohr, Satz von 2.623
Boltzmann-Konstante 2.644
Bolzano-Weierstraß, Satz von 2.048, 2.412
Bonferroni, Ungleichung von 6.022
Boolesche Algebra 1.460
– geordnete Boolesche Algebra 1.466
Boolesche Situationen 1.084, 1.464
Borelsche Meßräume 6.033
Brechung von Wellen 1.287
Bremsfaktor/Impulsfaktor (Verhulst-Parabel) 2.012
Brennpunkt (Kegelschnitt-Figuren) 5.023, 5.024, 5.024
Buchwert (Abschreibung) 1.258
Burali-Forti, Antinomie von 1.340

C

Cartesische Produkte Algebraischer Strukturen 1.410
Cartesische Produkte von Funktionen 1.130
Cartesische Produkte von Mengen 1.110, 1.160
Cartesisches Koordinaten-System 1.130, 5.040
Cantor, Satz von 1.340
Cantor-Körper 2.063
Cantor-Komplettierungen 2.063
Cantor-komplette metrische Räume 2.403
Cantor-Menge / *Cantor*-Staub 2.374, 2.378
Cantor, Satz von 1.340
Cantor-Drittel-Menge 2.382, 2.706
Cantorsche Ordinalzahlreihe 1.352
Cantorsches Diagonalverfahren 1.343
Cantorsches Paradoxon 1.340
Cartesisches Koordinaten-System 5.106
Cauchy, Satz von 2.112, 2.621
Cauchy-Folgen $\mathbb{N} \longrightarrow K$ 2.064
Cauchy-Kriterium für Integrierbarkeit .. 2.604, 2.704, 2.714
Cauchy-Kriterium für Summierbarkeit 2.112
Cauchy-Multiplikation/-Produkt 2.103, 2.112, 2.154
Cauchy-konvergente Folgen $\mathbb{N} \longrightarrow \mathbb{Q}$ 2.051
Cauchy-konvergente Folgen $\mathbb{N} \longrightarrow \mathbb{R}$ 2.050
Cauchy-konvergente Folgen in metrischen Räumen ... 2.403
Cauchy-Hadamardsche Testfolge
Cauchy-Schwarzsche Ungleichung 2.112, 2.420, 4.660, 4.662
Cavalieri, Satz von 2.750
Cayley, Satz von 1.503, 1.524
Chaos / Chaos-Theorie 2.373
Charakter-Modul 4.146
Charakteristik Ringe/Körper 1.630
Charakteristische Funktion 2.604, 2.710
Charakteristisches Polynom (Funktion) 4.640
Cobild/Cokern (bei A-Moduln) 4.006
Codes und Codierungen 1.180, 1.184, 1.185, 6.202
Codes und Codierungen (Berechnungen) 1.823
Codiagonal-Morphismus 4.410
Cofinale Abschnitte 2.413
Cofunktor (contravariant) / Funktor 4.420
Cohomologie-/Homologie-Funktor 4.304
Cohomologie-/Homologie-Modul 4.304
Cokern/Cobild (bei A-Moduln) 4.006
Cokern/Kern (bei Kategorien) 4.414
Colimes (induktiver Limes) bei A-Moduln 4.090
Colimes (bei Kategorien) 4.450
– filtrierender Colimes 4.454

– Colimes als Funktor 4.456
Coprodukt (bei A-Moduln) 4.030
Coprodukt (bei Kategorien) 4.410
Coretraktion (Coretrakt) 4.414, 4.440
Cosecans/Secans 2.326
Cournotscher Punkt 2.362
Covarianz 6.066

D

D-Menge 2.454
Dandelin-Kugeln 5.021
Darstellungs-Funktoren 4.420
Darstellungssysteme für $\mathbb{N}_0$ 1.808, 1.822, 1.823
Datenbanken 1.190
Daten-Konzeption, -Erfassung 6.300
De Morgansche Regeln 1.102
Dedekind-Axiome für $\mathbb{N}$ 1.811
Dedekind-Körper $\mathbb{R}$ 1.864
Dedekind-Körper und -Komplettierungen 1.735
Dedekind-Komplettierung von $\mathbb{Q}$ 1.861
Dedekind-Komplettierungen (Körper) 1.735
Dedekind-Komplettierungen (Mengen) 1.325
Dedekind-Mengen 1.325
Dedekind-Schnitte 1.325, 1.860
Delisches Problem 1.684
Descartessches Blatt 5.085
Determinanten über $Mat(n, \mathbb{R})$ 1.781
Determinanten-Entwicklungs-Satz 1.781
Determinanten-Funktion 1.783
Determinanten-Produkt-Satz 1.783
Dezimaldarstellung reeller Zahlen 2.170
Diagonalmatrix 4.510, 4.641
Diagonal-Einbettung 4.098
Diagonal-Morphismus 4.410
Diagonalisierbare Matrix 4.644
Diagramme (kommutative Diagramme) 1.131
Dichte Einbettung 1.864
Dichte Teilmenge 1.321, 1.732, 1.864, 2.431
Dichte-Funktion 6.070
Dieder-Gruppe 1.526
Differentialgeometrie 5.080
Differentialgleichungen 2.800
– lineare Differentialgleichungen 2.801
– homogene/inhomogene Differentialgleichungen 2.801
– mit Zusatzbedingungen 2.801
– nicht-lineare Differentialgleichungen 2.804
– Differentialgleichungen der Ordnung 1 .... 2.802
– Differentialgleichungen der Ordnung 2 .... 2.806
Differentialoperator 2.801
Differentialquotient 2.303
Differentiation als Funktion 2.303
Differentiation und Integration 2.303
Differenz (mengentheoretische Differenz) 1.102
Differenzkern/Differenzcokern 4.414
Differenzenquotient 2.303
Differenzierbare Funktionen 2.300
Differenzierbare Funktionen $I \longrightarrow \mathbb{R}$ 2.303, 2.304, 2.305
Differenzierbare Funktionen $\mathbb{R} \longrightarrow \mathbb{R}^m$ 2.450
Differenzierbare Funktionen $\mathbb{R}^n \longrightarrow \mathbb{R}$ 2.452
Differenzierbare Funktionen $\mathbb{R}^n \longrightarrow \mathbb{R}^m$ 2.454
Differenzierbarkeit elementarer Funktionen 2.311
Differenzierbarkeit inverser Funktionen 2.307
Differenzierbarkeit trigonometrischer Funktionen ... 2.314
Dimension von Moduln 4.330
– projektive, flache Dimension 4.330
– injektive, halb-injektive Dimension 4.330
– $T_\bullet$-Dimension / $T^\bullet$-Dimension 4.330
Dimension von Ringen 4.332
– c-globale / c-schwach-globale Dimension 4.332
– globale / schwach-globale Dimension 4.332
– $T_\bullet$-globale Dimension / $T^\bullet$-globale Dimension 4.332
Dimensionssätze (bei Vektorräumen) 4.534
Dini, Satz von 2.436
Dirac-Funktion 1.206, 2.203
Direkte Familie (bei A-Moduln) 4.030
Direkte Familie (bei Gruppen) 1.512
Direkte Summe von A-Moduln .. 4.030, 4.031, 4.032, 4.408
Direkte Summe von Gruppen 1.512
Direkte Summe von Mengen 6.006
Direkte Zerlegung von A-, K-Modul 4.034, 4.514
Direkter Summand (bei A-, K-Moduln) 4.034, 4.514
Direktes Komplement (bei A-, K-Moduln) .. 4.034, 4.514
Direktes Produkt Geordneter Gruppen 1.585
Direktes Produkt von A-Moduln . 4.030, 4.031, 4.032, 4.408
Direktes Produkt von Gruppen 1.510
Direktes Produkt von Ringen 1.610
Direktes Produkt von Zufallsfunktionen 6.213
Dirichlet, Satz von 2.621
Dirichlet-Funktion 1.206, 2.203
Disjunktion von Aussagen 1.012
Diskontsatz 1.255
Diskrete Bewertung 4.448
Diskursive Verzinsung 1.256
div/mod (Funktionen) 1.837
Divergenz von Folgen 2.049
Divisionsalgebren 1.717, 1.891
Divisionsring (Schiefkörper) 4.054
Doppelpunkt (einer Kurve) 5.082
Doppler-Prinzip, -Effekt 1.288
Drehsinn/Drehrichtung 5.006
Drehspiegelung 5.226
Drehstreckung 5.007, 5.210
Drehung (Funktion/Ebene) 5.006
Drehungen von Funktionen 1.888
Dreieck 5.007, 5.013, 5.045
– ähnliche Dreiecke 5.007
– perspektiv-ähnliche Dreiecke 5.007
– spezielle Dreiecke 5.013
– Flächeninhalt 5.045
– als Relation 5.045
Dreiecksungleichung 2.401, 2.420, 5.001
Dreiteilung eines Winkels 1.684
Dualdarstellung natürlicher Zahlen 1.808
Duale A-Moduln 4.025
Dualzahlen (Arithmetik) 1.823
Durchmesser (bei metrischen Räumen) 2.408
Durchschnitt (bei Kategorien) 4.407
Durchschnitt (bei Mengen) 1.102
Durchschnitts-Funktion (Ökonomie) 2.360, 2.676

E

EAN-Codierungen 1.184

Ebene (Metrische Geometrie)	5.001
Ebene (Relationale Analytische Geometrie)	5.042
Ebene (Vektorielle Analytische Geometrie)	5.140
Ebene und räumliche Figuren	5.005
Ebene in (Hessescher) Normalenform	5.140, 5.142
Ebene in Koordinatenform	5.140, 5.142
Ebene in Parameterform	5.140, 5.142
Ebenenbündel/-büschel	5.154
Effektive Zinssätze	1.256
Ehrenfest, Modell von	6.150
Eigenraum	4.640
Eigentliche Bewegung	5.224, 5.230
Eigenfrequenz/Erregerfrequenz	1.283
Eigenvektor	4.640
Eigenwert	4.640
Einbettung (bei Funktoren)	4.420
Einbettung $\mathbb{N} \longrightarrow \mathbb{Z}$	1.833
Einbettungen $\mathbb{Q} \longrightarrow K$ in Körper K	1.731
Einfache Gruppe	1.503, 1.528
Einfacher A-Modul	4.038
Einheit (bei Ringen)	1.622, 4.102
Einheitswurzeln	1.520, 1.668, 1.885
– primitive Einheitswurzeln	1.522, 1.668
Einzahlungsrente	1.257
Elastische/Unelastische Funktion	2.364
Elastizitäts-Funktion	2.364
Element (von Mengen)	1.101
– algebraisches Element	1.646
– G-invariantes Element	1.670
– größtes, kleinstes Element	1.320, 1.321
– idempotentes Element	4.110
– inverses, links-, rechtsinverses Element	1.501
– konjugierte Elemente	1.540
– maximales, minimales Element	1.320, 1.321
– neutrales, links-, rechtsneutrales Element	1.501
– nilpotentes Element	4.102
– streng nilpotentes Element	4.102
– orthogonales Element	4.607, 4.664
– primitives Element	1.662
– reduzibles/irreduzibles Element	1.648
– reguläres Element	4.110
– separables/inseparables Element	1.666
– transzendentes Element	1.646
– von-Neumann-reguläres Element	4.110
– Primelement (bei Ringen)	1.648
– als obere/untere Schranke	1.320, 1.321
– als Supremum, Infimum	1.320, 1.321
Elementare Abgeschlossenheit	4.380
Elementare Äquivalenz	4.380
Elementare Definierbarkeit	4.380
Elementare Einbettung	4.380
Elementare Sätze	1.030, 4.380
Elementare Sprache	4.380
Elementare Theorie	4.380
Elementare (Äquivalenz-)Umformungen	4.616
Elementare Urnen-Auswahl-Modelle	6.170
Elementare Urnen-Verteilungs-Modelle	6.173
Elementare Zahlentheorie	1.836
Elementare Zerlegung	4.381
Elementarer Abschluß	4.386
Elementarer Untermodul	4.380
Elementarereignis	6.006
Ellipse (und Kreis)	5.023
– als Relation	5.050, 5.052
– als Kurven-Funktion	5.084
Endlich-dimensionaler K-Vektorraum	4.530
Endlich-erzeugbarer A-Modul	4.042, 4.050, 4.530
Endliche Gruppen	1.520
Endliche Mengen	1.101, 1.801
Endomorphismus	1.451, 1.502, 4.002
Endomorphismenring	4.000
– primitiver Endomorphismenring	4.112
Energie (Physik)	1.278
Energieerhaltungs-Satz	1.278
Entropie (Wahrscheinlichkeits-Raum)	6.202
Entscheidungsregel (bei Hypothesen)	6.346
Entwicklungspunkt (*Taylor*-Reihe)	2.351
Entwicklungssatz von *Graßmann*	5.112
Epimorphes Bild (bei Kategorien)	4.407
Epimorphismus (in Kategorien)	4.406, 4.441
– wesentlicher Epimorphismus	4.441
Ereignis	6.006
– sicheres Ereignis	6.006
– unmögliches Ereignis	6.006
– Elementarereignis	6.006
– Gegenereignis	6.006
Ereignisraum	6.006
Ergebnisraum	6.004
– Produkte von Ergebnisräumen	6.008
Erhebung von Daten (Statistik)	6.300, 6.302
Erlanger Programm	5.238
Erwartungswert von Zufallsfunktionen	6.064
Erweiterung $\mathbb{R}^*$ von $\mathbb{R}$	1.869
Erweiterungs-Körper	1.662
Erzeugendensystem (bei A-, K-Moduln)	4.042, 4.510
Erzeugendensystem (bei Ereignisräumen)	6.008
Erzeugendensystem (bei Gruppen)	1.514
Erzeugung injektiver Funktionen (Abbildungssätze)	1.142
Euklid, Satz des (Geometrie)	5.108
Euklidische Darstellung / Division	1.644, 1.837
Euklidischer Divisionsalgorithmus	1.838
Euklidische Funktionen div und mod	1.837
Euklidische (Natürliche) Metrik	2.402, 5.108
Euklidische Norm	2.420, 4.644
Euklidischer Raum	2.402, 2.420, 4.660, 5.108
Euklidische Räume $\mathbb{V}$ und $\mathbb{R}^3$	5.104
Euler, Satz von	2.461
Euler-Darstellung von $\mathbb{C}$	1.884
Euler-Gerade	5.017, 5.045
Euler-Lagrange, Satz von	1.520
Euler-Funktion	1.523, 1.684
Eulersche Beta-Funktion	2.624
Eulersche Polyeder-Formel	5.005
Eulersche Reihe	2.172
Eulersche Zahl e	2.044, 2.160, 2.182
Exakte A-mod-Sequenz	4.010
Exakte K-mod-Sequenz	4.515
Exakte Sequenz (in abelschen Kategorien)	4.418
Existenzquantor $\exists$	1.016
Explosives Wachstum	2.818
Exponentielles Wachstum	2.812
Exponenten-Folge (Potenz-Reihen)	2.160
Exponential-Funktionen	1.250, 2.182, 2.233, 2.633
Extensionsabbildung/-produkt	4.320

Extrema und Wendepunkte 2.333, 2.336, 2.456
Exzentrizitäten (Kegelschnitt-Figuren) . 5.023, 5.024, 5.025

F

F_δ-Menge 2.722
Fadenpendel/Federpendel 1.282
Fakultät 1.808, 6.142
Faltung von Funktionen 2.746
Fatou, Lemma von 2.736
Federkonstante 1.282
Fehler (1. Art, 2. Art) 6.346
Feigenbaum-Konstante 2.373
Feigenbaum-Relation 2.373
Feinheit einer Zerlegung 2.746
Fermat, Kleiner Satz von 1.522
Fermatsche Primzahlen 1.684, 1.840
Feuerbach-Kreis .... (S) 5.017
Fibonacci-Folgen $\mathbb{N} \longrightarrow \mathbb{C}$ 2.017
– spezielle *Fibonacci*-Folge $\mathbb{N} \longrightarrow \mathbb{R}$ 1.808, 2.016
Figur (Geometrie) 5.005
– ähnliche Figuren 5.007
– perspektiv-ähnliche Figuren 5.007
Filter/Filterbasis 2.413, 4.098
Filterprodukt/-potenz 4.098, 4.166
finale Abschnitte 1.332
Finales Objekt (bei Kategorien) 4.408
Fitting, Lemma von 4.121
Fittingsche Zahl/Zerlegung 4.121
Fixgerade 5.006, 5.222
Fixpunkt (Funktionen) 2.370
– abweisender Fixpunkt 2.370
– n-Fixpunkt 2.370
– Fast-n-Fixpunkt 2.370
– 2-Fixpunkt 2.372
Fixpunkt/Fixelement 5.006, 5.222
Fixpunktgerade 5.006, 5.222
Fixpunkte von Bewegungen 5.222, 5.230
Fixpunkt-Sätze 2.217, 2.263
Flächen-Inhalte (Berechnung mit Integralen) 2.620
Flächeninhalts-Problem 2.601
Folgen $\mathbb{N} \longrightarrow M$ 2.001, 4.552
– als Bildfolgen 2.002, 2.041
– als Mischfolgen 2.002, 2.041, 2.051
– als Teilfolgen 2.002, 2.041, 2.051
– als Umordnungen 2.002, 2.051
– als k-Zerlegung 2.002, 2.041
– in expliziter Darstellung 2.010
– in rekursiver Darstellung 2.010
– von Untermoduln 4.120
– stationäre Folge von Untermoduln 4.121
Folgen $\mathbb{N} \longrightarrow M$ mit Ordnungs-Eigenschaften 2.003
Folgen $\mathbb{N} \longrightarrow \mathbb{C}$ 2.070, 2.071
Folgen $\mathbb{N} \longrightarrow \mathbb{R}$ 2.001
– absolut-summierbare Folgen 2.110
– alternierende Folgen 2.003
– arithmetische Folgen 2.011
– beschränkte Folgen 2.006, 2.044
– *Cauchy*-konvergente Folgen 2.050
– geometrische Folgen 2.011
– konvergente Folgen 2.040
– konvergente Folgen von Funktionen 2.080
– monotone und antitone Folgen 2.003
– summierbare Folgen 2.110
– mit Häufungspunkten 2.048
– finale und cofinale Abschnitte von Folgen 2.003
– Strukturen für Folgen 2.006
– Strukturen für beschränkte Folgen 2.006
– Strukturen für konvergente Folgen 2.045
Folgen und Filter(basen) 2.413
Folgen und Reihen 2.000
Form-Änderungen von Funktionen 1.260, 1.264
Form-/Lage-Änderungen als Funktionen 1.266
Formeln / Sätze 1.016
Fortsetzung einer Funktion 1.130, 1.322
– bilineare Fortsetzung 4.072
– lineare Fortsetzung 4.044
Fortsetzungsproblem 4.130
Fraktale Dimension von Kurven 5.094
Fraktale Dimension physikalischer Objekte 5.095
Frattini-Filter 1.505
Fréchet-Filter 4.098
Fréchet-Filterbasis 2.413
Freier A-Modul 4.042, 4.046, 4.048, 4.408
Freier Fall 1.278
Frequenzfaktor / Frequenz (Physik) 1.240, 1.274
Fresnel-Integral 2.621
Frobenius, Satz von 1.717
Frobenius-Funktion 1.668
Frobenius-Matrix 4.640, 4.641
Frunalli-Integral 2.621
Fubini, Satz von 2.740, 2.746
Fundamentalsatz der Algebra 1.886
– der Elementaren Zahlentheorie 1.840
Funktion (Abbildung) 1.130
– A-balancierte Funktion 2.916
– N-balancierte Funktion 2.916
– A-balancierte Funktion 4.076
– A-bilineare Funktion 4.070
– A-homogene Funktion 1.402, 4.002
– A-homomorphe Funktion 1.402, 4.002
– A-isomorphe Funktion 1.403, 4.002
– (A, k)-sesquilineare Funktion 4.074
– (A, k)-semihomomorphe Funktion 4.074
– abgeschlossene Funktion 2.418
– absolut stetige Funktion 2.260
– ähnliche Funktion 5.210
– äquiforme Funktion 5.210
– affine Funktion 5.200, 5.202
– antitone Funktion 1.311, 1.324
– beschränkte Funktion 1.323
– $N_E N_F$-beschränkte Funktion 2.426
– bijektive Funktion 1.132
– charakteristische Funktion 2.604, 2.710
– differenzierbare Funktion 2.300, 2.303
– elastische/unelastische Funktion 2.364
– gerade/ungerade Funktion 1.202
– homogene Funktion 2.470
– identische Funktion 1.130
– induzierte Funktionen auf Quotientenmengen 1.142
– induzierte Funktionen auf Potenzmengen ... 1.151, 5.006
– injektive Funktion 1.132, 1.142
– inverse und invertierbare Funktion 1.133
– integrierbare Funktion 2.503

- isometrische Funktion 2.401
- konstante Funktion 1.130
- konstant asmptotische Funktion 2.347
- konvexe Funktion 2.340
- Lebesgue-integrierbare Funktion 2.730, 2.734
- Lebesgue-meßbare Funktion 2.732
- linear-rationale Funktion 2.320
- logarithmisch-konvexe Funktion 2.623
- natürliche Funktion (Quotientenmengen) 1.140
- ökonomische Funktion 2.360
- offene Funktion 2.408, 2.418
- periodische Funktion 1.240
- rationale Funktion 1.236, 1.237, 2.320, 2.930
- regulär-affine Funktion 5.200, 5.202
- *Riemann*-integrierbare Funktion 2.600, 2.603
- Scherungs-affine Funktion 5.208
- semihomomorphe Funktion 4.074
- singulär-affine Funktion 5.200, 5.206
- stetig differenzierbare Funktion 2.303
- surjektive Funktion 1.132
- symmetrische Funktion 4.072
- TF-approximierbare Funktion 2.730
- topologische Funktion 2.418
- trigonometrische Funktion 1.240, 2.184
- ungerade/gerade Funktion 1.202
- Beta-Funktion 2.624
- Cartesisches Produkt von Funktionen 1.130
- Einschränkungen / Fortsetzungen 1.130
- Faltung von Funktionen 2.746
- Gamma-Funktion 2.623
- Injektion/Projektion 1.130
- Indikator-Funktion 2.710
- Komposition von Funktionen 1.131
- Polynom-Funktion 1.200
- Reihen-basierte Funktion 2.110
- *Riemann*-integrierbare Funktion 2.603, 2.708
- Symmetrien als Funktionen 1.130
- Symmetrien von Funktionen 1.202, 1.268
Funktional-Matrix 2.454
Funktionen $N \times N \longrightarrow \mathbb{R}$ 2.008
- in rekursiver Darstellung 2.014
Funktionen $T \longrightarrow \mathbb{R}$ 1.200
Funktionen und Gleichungen 1.136
Funktionen und Ungleichungen 1.220
Funktionen-Folgen 2.080
- argumentweise konvergent 2.082, 2.086
- gleichmäßig konvergent 2.084, 2.086
Funktionen-Reihen 2.178
Funktions-Länge (Berechnung mit Integralen) 2.622
Funktions-Untersuchungen 2.900
- Exponential-Funktionen 2.641, 2.642, 2.906, 2.95x
- Logarithmus-Funktionen 2.644, 2.906, 2.96x
- Polynom-Funktionen 2.902, 2.91x
- Potenz-Funktionen 2.903, 2.92x
- Rationale Funktionen 2.904, 2.93x
- Trigonometrische Funktionen 2.905, 2.94x
Funktor (covariant) / Cofunktor 4.420
- abgeleiteter Funktor 4.314, 4.316, 4.320
- additiver Funktor 4.422
- exakter/halb-exakter Funktor 4.422
- idempotenter Funktor 4.426
- identischer Funktor 4.420
- repräsentativer Funktor 4.420
- treuer Funktor 4.420
- voller Funktor 4.420
- Äquivalenz als Funktor 4.420
- Darstellungsfunktoren 4.420
- Einbettung als Funktor 4.420
- Homologie-/Cohomologie-Funktor 4.304
- Inklusion als Funktor 4.420
- Isomorphismus als Funktor 4.420
- Ultrafunktor 4.390
- Vergiß-Funktor 4.420
Funktor-Kategorie 4.432
Funktor-Morphismus 4.430

G

G-Menge 1.550
- transitive G-Menge 1.552
G-Fixelement 1.550
G-Fixgruppe 1.550
G-Homomorphismus 1.552
G-invarianter Teil 1.550
G-Multiplikation 1.550
G_δ-Menge 2.722
Gärtner-Konstruktionen (Geometrie) ... 5.023, 5.024, 5.025
Galois, Satz von 1.676
Galois-Erweiterung 1.672
Galois-Gruppe 1.670
- Galois-Gruppe eines Polynoms 1.674
Galois-Korrespondenzen 1.672
Galois-Theorie 1.660
- Hauptsatz der Galois-Theorie 1.672
Gamma-Funktion 2.623
Ganze Zahlen 1.830
Gatter (UND-, ODER-, NON-Gatter) 1.081
Gauß, Satz von 1.684
Gauß-Darstellung von $\mathbb{C}$ 1.882
Gauß-Jordan-Matrix 4.616
Gebiet (top. Raum) 2.442
Gebremstes Wachstum 2.814
Geburtstagsproblem 6.145
Gedämpfte harmonische Schwingungen 2.832
Gegenhypothese 6.350
Gegensinnige/gleichsinnige Ähnlichkeits-Abbildung .. 5.007
Gekoppelte Schwingungs-Systeme 1.283
Gemeinsame Zufallsfunktionen 6.074
Generator (bei Kategorien) 4.437
Generator-System (bei Katgorien) 4.437
Geometrie 5.000, 5.100
- Metrische Geometrie 5.001
- Relational Analytische Geometrie 5.040
- Geometrien 5.238
Geometrische Gruppen 1.30, 1.532
Geometrisches Mittel 6.232
Geordnete Boolesche Algebra 1.466
Geordnete Gruppe 1.580
Geordnete Menge 1.310
Gerade 5.001, 5.042, 5.110, 5.120
- in Hessescher Normalen-Form 5.042
- windschiefe Geraden 5.126
Geraden-Spiegelung 5.122
Geradenbündel 5.004

Geradenbüschel	5.001
Geschwindigkeit (Physik)	1.272, 2.644
– als Vektor	1.274
ggT/kgV von Idealen	1.620
– von Zahlen	1.808, 1.838
Gesetz (Schwaches) der großen Zahlen	6.130
Gewinn-Mengen-Funktion	2.360
Gleichmäßig konvergente Folgen $\mathbb{N} \longrightarrow Abb(T, \mathbb{R})$	2.084
Gleichmäßig konvergente Folgen $\mathbb{N} \longrightarrow C(X, \mathbb{R})$	2.436
Gleichmäßig stetige Funktionen $I \longrightarrow \mathbb{R}$	2.260
Gleichmäßig stetige Funktionen $[a, b] \longrightarrow \mathbb{R}$	2.260
Gleichmäßige Approximierbarkeit	2.438
Gleichsinnige/gegensinnige Ähnlichkeits-Abbildung	5.007
Gleichungen (Lösungen, Lösbarkeit)	1.136
Gleichungen über linearen Funktionen	1.211
Gleichungen über quadratischen Funktionen	1.214, 1.215
Gleichungen über kubischen Funktionen	1.218
Gleichungen über Potenz-Funktionen	1.232
Gleichungen über exp_a und log_a	1.252
Gleichungsprobleme in $\mathbb{C}$	1.885, 1.887
Gleichungsprobleme in $\mathbb{R}$	1.863
Gleitspiegelung	5.226
Goldbachsche Vermutung	1.840
Goldener Schnitt	2.017
GPS (NAVSTAR)	5.106
Grad einer Körper-Erweiterung	1.662
Grad eines Polynoms	1.640
Grad einer Polynom-Funktion	2.432
Gradient	2.452
Grammatik	1.002
Graphen (bei Kategorien)	4.404
Gregory/Newton (Interpolation)	1.788
Grenzfunktion (Ökonomie)	2.362, 2.676
Grenzindex (bei konvergenten Folgen)	2.040
Grenzmatrix	4.632
Grenzproduktivität (Ökonomie)	2.362
– partielle Grenzproduktivität	2.362
Grenzwert von Folgen	2.040
Grenzwert von Funktionen	2.090
Größter gemeinsamer Teiler (ggT)	1.808, 1.838
– von Idealen	1.620
Grothendieck-Gruppe	4.447
Gruppe	1.501
– p-Gruppe	1.540, 1.542
– abelsche Gruppe	1.501
– abelsche und nicht-abelsche Gruppen	1.516
– auflösbare Gruppe	1.546
– einfache Gruppe	1.503, 1.528
– endliche Gruppe	1.520
– endlich-erzeugbare Gruppe	1.514
– freie abelsche Gruppe	1.514
– geordnete Gruppe	1.580
– spezielle lineare Gruppe	1.507
– zyklische Gruppe	1.522
– Alternierende Gruppe	1.526
– Dieder-Gruppe	1.530
– Kleinsche Vierer-Gruppe	1.520, 1.524
– Kommutatorgruppe	1.507, 1.540
– Symmetrische Gruppe	1.501, 1.520, 1.524
– Zentrum einer Gruppe	1.507, 1.540
– der Permutationen	1.524
Gruppen-Homomorphismus	1.502
– induzierter Gruppen-Homomorphismus (G-Mengen)	1.554
Gruppen-Auto-/Endo-/Isomorphismus	1.502
Gruppen-Ring	1.601, 4.100, 4.448
Gruppen-Theorie	1.500
– Hauptsatz der Gruppen-Theorie	1.514
Güte von Schätzungen	6.342

H

Haarsches Maß	2.744
Häufigkeit	6.014, 6.304
– absolute Häufigkeit	6.014, 6.304
– relative Häufigkeit	6.014, 6.304
– Additivität der relativen Häufigkeit	6.014
Häufigkeits-Funktion	6.304
Häufigkeits-Verteilung	6.304, 6.306
Häufungspunkt von Folgen	2.048
Häufungspunkt von Mengen	2.048, 2.412
Halbachsen (Kegelschnitt-Figuren)	5.023, 5.024
Halbdirektes Produkt von Halbgruppen	4.420
Halbgerade	5.001, 5.042
Halbgeradenbüschel	5.001
Halbgruppe	1.450
Halbgruppe mit Kürzungsregel	1.450
Halbgruppen-Gruppen-Erweiterungen	1.509
Halbgruppen-Homomorphismen	1.451
Halbgruppen-Ring	4.100
Halbnorm	2.424
Halbring / Schwacher Halbring	1.450
Ham'n-Sandwich-Problem	2.440
Hamilton-Darstellung von $\mathbb{C}$	1.881
Hanoi-Funktion	1.808
Harmonische Schwingungen	2.830
Harmonisches Mittel	6.232
Hauptachsen-Transformation	5.058
Hauptfilter	4.098
Hauptideal/Hauptidealring	1.626
Hauptsatz der Galois-Theorie	1.672
Hauptsatz der Gruppen-Theorie	1.514
Hausdorff-Axiom / *Hausdorff*-Raum	2.412, 2.434
Heine-Borel, Satz von	2.435
Heine-Borelsche Überdeckungs-Eigenschaft	2.434
Hessesche Normalen-Form	5.042, 5.140
Hilbert-Raum	2.428
Hippokrates, Monde des	2.603
Hochrechnung	6.340
Höhen zum Dreieck	5.015, 5.045
Höhen-Strecken	5.015, 5.045
Höhensatz	5.013
Hölder-Stetigkeit	2.262
Höldersche Ungleichung	2.420, 2.737
Homöomorphismus	2.220, 2.418
Homogene Funktion $\mathbb{R}^n \longrightarrow \mathbb{R}$	2.470
Homogene Komponenten (bei A-Modul)	4.116
Homogenitätsgrad	2.470
Homologie-/Cohomologie-Funktor	4.304
Homologie-/Cohomologie-Modul	4.304
Homologische Algebra	4.300
Homologische Dimension von Moduln	4.330
Homologische Dimension von Ringen	4.332
Homomorphe Funktion	1.402
Homomorphe Fortsetzung (bei Gruppen)	1.514

277

Homomorphie- und Isomorphiesätze für Gruppen 1.507
Homomorphie- und Isomorphiesätze für Ringe 1.607
Homomorphie- und Isomorphiesätze für A-Modul .. 4.017
Homomorphismus Boolescher Algebren 1.462
Homomorphismus bei Gruppen 1.502
Homothetie 2.750, 4.000, 4.002
Homotopie von A-Translationen 4.306
homotop-äquivalent 4.310
Homotopie-Lemma 4.168
Hopf, Satz von 1.717
De L'Hospital, Sätze von 2.344, 2.345
Hülle 4.150
– injektive/projektive Hülle 4.150
– rein-injektive Hülle 4.192
– normale Hülle 1.674
Hüllenoperator 1.311, 1.333, 4.040
Huygenssches Wellenprinzip 1.287
Hyperbel 5.024
– als Relation 5.054
– als Kurven-Funktion 5.084
Hyperbolische Sinus-/Cosinus-Funktion 2.184, 2.188
Hyperebene 2.750
Hypergeometrische Verteilung 6.166, 6.344
Hyperkomplexe Zahlsysteme 1.890
Hypothese (Test/Test-Verfahren) 6.346
– Gegenhypothese 6.350
– Nullhypothese 6.354

I

Ideal in Ringen 1.605
– maximales Ideal 1.624
– nilpotentes Ideal 4.102
– primitives Ideal 4.112
– Einsideal 1.620
– Hauptideal 1.620
– Nullideal 1.620
– Primideal 1.624
– T-nilpotentes Ideal 4.173
– Teiler bei Idealen 1.620
Identität von *Lagrange* 5.112
Identische Transformation 4.432
Identischer Funktor 4.420
Implikation von Aussagen 1.012
Implizite Differentiation 2.329, 2.454
Impulsfaktor/Bremsfaktor (Verhulst-Parabeln) 2.012
Indikator-Funktion 1.130, 6.006
Indikator-Verteilung 6.062
Indirektes Beweisen 1.018
Indiziertes Mengensystem 1.160
Induktionsprinzip (Beweise mit dem I.) 1.815, 1.816, 1.817
Induktionsprinzip für Endliche Mengen 1.801
Induktionsprinzip für Natürliche Zahlen 1.802, 1.811
Induktiv geordnete Menge 1.333
Induktiver Limes (bei A-Modul) 4.090
Induzierte Funktion auf Potenzmengen 1.151
Induzierte Funktion auf Quotientenmengen 1.142
Induzierter A-Homomorphismus 4.012
Induzierter Gruppen-Homomorphismus 1.507
Induzierte Metrik 2.401
Induzierte Strukturen (Übersicht) 1.790
Infimum 1.320, 1.321

Information, Informationsgehalt 6.200, 6.208
– durchschnittlicher Informationsgehalt 6.208
– relativer Informationsgehalt 6.208
Initiale Struktur (bei A-Modul) 4.030
Initiales Objekt (bei Kategorien) 4.408
Injektionen (bei A-Modul) 4.030
Injektive Funktionen 1.132
Injektive Hülle 4.150
Inklusion (bei Kategorien) 4.420
Inklusion (bei Mengen) 1.101
Inkreis (Dreieck) 5.016
Inkreis (Viereck) 5.018
Innere Komposition 1.401
Innerer Automorphismus 1.502
Innerer Punkt 2.407, 2.410
Input-Output-Analyse 4.634
Integral (unbestimmtes Integral) 2.502
Integral-Funktion 2.614
Integral-Gleichung 2.614
Integration ökonomischer Funktionen 2.676
Integration physikalischer Funktionen 2.672
Integration rationaler Funktionen 2.514
Integration trigonometrischer Funktionen 2.513
Integration von Kompositionen 2.507
Integration von Polynom-Funktionen 2.511
Integration von Potenz-Funktionen 2.512
Integration von Produkten 2.506
Integrierbare Funktionen 2.500, 2.503, 2.504
Integrierbarkeit stetiger Funktionen 2.612
Integritätsring 1.626
Interferenz von Wellen 1.286
Interferenz-Hyperbeln 1.286
Interpolation von Polynom-Funktionen 1.788
Intervalle in $\mathbb{R}$ 1.310
Intervalle in $BbbR^n$ 2.702
Intervalle (Zahlenmengen) 1.101
Intervallschachtelung 2.066
Invarianz-Eigenschaften (Geometrie) ... 5.006, 5.220, 5.238
Inverse und invertierbare Funktionen 1.133
Inverses, links-, rechtsinverses Element 1.501
Inversionspaare 1.524
Irrtumswahrscheinlichkeiten α, β 6.346
ISBN-Codierungen 1.184
Isohysen/Isoquanten 2.366
Isometrische Funktion 2.401
Isomorphe Algebraische Strukturen 1.403
Isomorphe Ordnungs-Strukturen 1.312
Isomorphe Strukturen (Isomorhismen) 1.302
Isomorphismus (bei Funktoren) 4.430
Isomorphismus (bei Gruppen) 1.502
Isomorphismus (in Kategorien) 4.406
Isoquanten/Isohypsen 2.366

J

Jacobi-Matrix 2.454
Jacobson-Radikal 4.102, 4.106
Jordan-Inhalt/-Maß 2.710, 2.712
Jordan-meßbare Menge 2.710
Jordan-meßbare Zerlegung 2.714
Jordan-Nullmenge 2.706
Jordan-Kurve (-Funktion) 2.434, 5.082

Jordan-Hölder, Satz von 4.120
Jordan-Hölder-Reihe 4.447

K

k-Kombination 6.142
k-Menge 6.142
k-Permutation 6.142
k-Tupel 6.142
k-Zykel / Zykel-Darstellung 1.524
K-Algebra-Homomorphismus 1.716
K-Algebren 1.715
K-Automorphismus 4.504
K-Divisionsalgebren 1.717
K-Endomorphismus 4.504
K-Homomorphismus 1.712, 4.504
K-lineare Gleichung 4.610
K-lineares Gleichungssystem 4.612
K-Multiplikation 4.500
K-Unteralgebren 1.716
K-Unterraum 1.711, 4.502
K-Vektorraum 1.710, 4.500
– bidualer K-Vektorraum 4.602
– dualer K-Vektorraum 4.600
– endlich-dimensionaler K-Vektorraum 4.530
– unitärer K-Vektorraum 4.660
Kapital 1.255
– Kapitalanlage 1.255
– Kapitalanleihe 1.257
– Kapitaletrags-Fuktion 1.256
– Kapitalrente 1.257
– Kapitaltilgung 1.258
– Kapitalwirtschaft 1.255
– Kapital-Wachstum 1.256
Kardinalzahlen 1.101, 1.340
Kardinalzahlen von Zahlenmengen 1.342
Kartesische Produkte (siehe: Cartesische Produkte) . 1.110
Kategorie 4.402
– abelsche Kategorie 4.416
– additive Kategorie 4.412
– äquivalente Kategorien 4.430
– Artinsche Kategorie 4.444
– Co-Daigneault-Kategorie 4.442
– coperfekte Kategorie 4.442
– duale Kategorie 4.402
– filtrierende Kategorie 4.451
– kleine Kategorie 4.402
– konkrete Kategorie 4.402
– *Krull-Schmidt*-Kategorie 4.447
– Noethersche Kategorie 4.444
– perfekte Kategorie 4.442
– proartinsche Kategorie 4.445
– Kategorie von Morphismen 4.402
– *IsoMet* der isometrischen Räume 2.401
– *Met* der metrischen Räume 2.408
– *Top* der topologischen Räume 2.418
Kategorien und Funktoren 4.400
Kategorien von Morphismen 4.404
Kathetensatz 5.013
Kegel / Zylinder (Volumen) 2.750
Kegelschnitt-Figuren 5.020, 5.027
Kegelschnitt-Funktionen 1.234

Kegelschnitt-Relationen 1.120, 5.050
– Kegelschnitte in allgemeiner Form 5.058
– Kegelschnitte als Kurven-Funktionen 5.084
Kepler-Näherung/-Regel 2.662
Kern/Bild eines Homomorphismus' (Gruppen) 1.502
Kern/Cokern (bei Kategorien) 4.414
Kerndurchschnitt 4.605
Kernoperator 1.311, 1.333
Kern-Cokern-Lemma 4.013
kgV/ggT von Idealen 1.620
Kinematik (Physik) 1.272
Klasse (bei Kategorien) 4.402
Klasse/Klassen-Bildung (bei Mengen) 1.828
Klassenbildung bei Merkmalen 6.308
Klassengleichung (Gruppen) 1.542
Klassifizierung von Funktionen $T \longrightarrow \mathbb{R}$ 1.200, 1.250
Kleinsche Vierergruppe 1.520, 1.524
Kleinscher Raum 5.238
Kleinstes gemeinsames Vielfaches (kgV) 1.838
Koch-Kurven, -sterne 2.450, 5.092, 5.095
Koeffizienten-Folgen (Potenz-Reihen) 2.160
Körper und Ringe 1.601, 1.628
– adjungierte Körper 1.674
– perfekter (vollkommener) Körper 1.666
– regelmäßige Körper 6.032
Körper-Erweiterung 1.662
– algebraische Körper-Erweiterung 1.672
– einfache Körper-Erweiterung 1.662
– endliche Körper-Erweiterung 1.672
– normale Körper-Erweiterung 1.672
– separable Körper-Erweiterung 1.672
Kombinatorische Berechnungen 6.142
Kombinierte Zufallsexperimente 6.040
Kommutatives Diagramm 1.131, 4.012
– Kern-Cokern-Lemma 4.013
– 5-Lemma 4.013
– 9-Lemma 4.014
– X-Lemma 4.014, 4.443
Kommutator/Kommutatorgruppe 1.507, 1.540
Kompakter topologischer Raum 2.434
Komponenten-Folge 2.403
Komponenten-Funktion 2.430, 2.450
Komplement (von Mengen) 1.102
Komplement (bei exakten Sequenzen) 4.443
Komplementierbare exakte Sequenzen 4.443
Komplettierung 4.448
Komplex-Produkt / Komplex-Summe 1.404
Komplex-Produkt von Zufallsfunktionen 6.215
Komplex-Summe von Zufallsfunktionen 6.082
Komplexe Zahlen 1.680, 1.880
Komponenten-orientierte *Bernoulli*-Experimente 6.124
Komposition von Elementen 1.401
Komposition von Funktionen 1.131
Komposition differenzierbarer Funktionen 2.305
Komposition stetiger Funktionen 2.205
Kompositions-Reihe (Gruppen) 1.546
Kompositions-Reihe (bei A-Moduln) 4.120
Konfidenzintervall 6.128
Konforme Zinssätze 1.256
Kongruenz-Abbildung (-Funktion) 5.006, 5.220
Kongruenz-Generatoren 2.030
Kongruenz-Relation 1.406, 1.505, 4.006

279

Kongruenz-Relationen auf $\mathbb{Z}$ 1.843
Kongruenz-Sätze (Dreieck) 5.006
Konjugierte Elemente 1.540
Konjugiert komplexe Matrix 1.785
Konjugiert komplexe Zahl 1.881
Konjunktion von Aussagen 1.012
Konkatenationsfunktion 6.016
konsistente Satzmenge 4.382
Konstruierbarkeit von Punkten 1.680, 1.681
Konstruktion mit Zirkel und Lineal 1.680, 1.684
Konstruktion regulärer n-Ecke 1.684
Konstruktion freier A-Moduln 4.048
Konstruktion von A-Homomorphismen 4.012
Kontinuumshypothese 1.340
Kontradiktion/Widerspruch 1.014
Kontraktion 2.263
Konvergente Filterbasen 2.414
Konvergente Folgen $\mathbb{N} \longrightarrow \mathbb{R}$ 2.040, 2.041
Konvergente Folgen $\mathbb{N} \longrightarrow Abb(T, \mathbb{R})$ 2.080
Konvergente Folgen $\mathbb{N} \longrightarrow \mathbb{C}$ 2.070
Konvergente Folgen $\mathbb{N} \longrightarrow \mathbb{R}^n$ 2.405
Konvergente Folgen $\mathbb{N} \longrightarrow C(X, \mathbb{R})$ 2.436
Konvergenz in metrischen Räumen 2.403, 2.405
Konvergenz in topologischen Räumen 2.412
Konvergenz und *Cauchy*-Konvergenz 2.052
Konvergenz und Divergenz von Folgen $\mathbb{N} \longrightarrow \mathbb{R}$ 2.049
Konvergenz-Struktur in topologischen Räumen 2.412, 2.414
Konvergenzbereich/-radius (Potenz-Reihen) 2.150
Konvergenz-Kriterium (Potenz-Reihen) 2.162
Konvexe Funktion 2.340
Konvexe Menge 2.442
Konvolutions-Multiplikation/-Produkt 1.640
Kontradiktion/Widerspruch (Aussagen) 1.014
Kontraktionen 2.262
Koordinaten-Funktion 4.048
Koordinaten-System 1.130, 5.040, 5.106
Koordinatenabschnitts-Form (Ebene) 5.140
Koordinatenabschnitts-Form (Gerade) 5.042
Kosten-Mengen-Funktion 2.360, 2.676
Kraft (Physik) 1.276
Kranzprodukt von Halbgruppen 4.420
Kreditgeschäft/-vertrag 1.255
Kreis 5.022, 5.050, 5.081, 5.160
– konzentrische/exzentrische Kreise 5.022
– Kreislinie/Kreissphäre/Kreisfläche 5.022, 5.160
– als Relation 5.050
– als Kurven-Funktion 5.081, 5.084
– in vektorieller Darstellung 5.160
Kreisfrequenz (Physik) 1.274
Kreisteilungs-Körper 1.668, 1.885
Kreis-Funktionen 2.184
Kreiskegel 5.156
Krümmung einer Kurve 5.083
Krull, Satz von 1.624
Krull-Schmidt-Kategorie 4.447
Krull-Remak-Schmidt-Wedderburn, Satz von 4.121
Kubische Funktionen $T \longrightarrow \mathbb{R}$ 1.217
Kürzungsregel 1.450
Kugel 5.023, 5.160
Kugelsphäre 5.160
Kurven 5.090
– *Koch*-Kurven 5.092, 5.095

– *Peano*-Kurven 5.090
– *Sierpinski*-Kurven 5.096, 5.097
– Fraktale Dimension von Kurven 5.094
Kurven-Funktion $\mathbb{R} \longrightarrow \mathbb{R}^2$ 2.450, 5.083, 5.084
Kurven-Funktion $\mathbb{R} \longrightarrow \mathbb{R}^n$ 2.450, 5.082
– doppelpunktfreie Kurven-Funktion 5.082
– geschlossene Kurven-Funktion 5.082
– Orientierung einer Kurven-Funktion 5.082

L

Längen-Funktion 5.108
Lage-Änderungen von Funktionen 1.260, 1.264
Lage-/Form-Änderungen als Funktionen 1.266
Lageverhältnis Ebene/Ebene 5.154, 5.190
Lageverhältnis Ebene/Kugel 5.170, 5.190
Lageverhältnis Gerade/Ebene 5.146, 5.190
Lageverhältnis Gerade/Gerade 5.126, 5.190
Lageverhältnis Gerade/Kugel 5.162, 5.190
Lageverhältnis Kugel/Kugel 5.180, 5.190
Lageverhältnis Punkt/Ebene 5.144, 5.190
Lageverhältnis Punkt/Gerade 5.122, 5.190
Lageverhältnis Punkt/Kugel 5.160, 5.190
Lagrange Identität 5.112
Lagrange (Interpolation) 1.788
Lagrange-Funktion 2.458
Lanford-Konstante 2.373
Laplace-Raum 6.024
Laplace-Wahrscheinlichkeit 6.024
Laplace-Würfel 6.024
Lebesgue, Satz von 2.736
Lebesgue-Integration 2.720
Lebesgue-Kriterium für Integrierbarkeit 2.604, 2.734
Lebesgue-integrierbare Funktion 2.730, 2.734
Lebesgue-Maß (äußeres) 2.722, 2.726
Lebesgue-meßbare Funktion 2.732
Lebesgue-meßbare Menge 2.726
Lebesgue-meßbare Zerlegung 2.734
Lebesgue-Nullmenge 2.604, 2.706, 2.724
Lebesguesche Obersumme / Untersumme / Summe .. 2.734
Lebesguesches Oberintegral /Unterintegral / Integral 2.734
*Lebesgue-Borel*sche Maßräume 6.133
Leibniz-Kriterium für Summierbarkeit 2.126
Leitlinie (Parabel) 5.025
Lemma von *Fatou* 2.736
– von *Fitting* 4.121
– von *Nakayama* 4.154, 4.449
– von *Schur* 4.038
– von *Yoneda* 4.437
Levi, Satz von 2.736
Liftungsproblem 4.130, 4.440
Limes (bei Folgen) 2.040
Limes (projektiver Limes) bei A-Moduln 4.090
Limes inferior / Limes superior 2.049
Limeszahl (bei Ordinalzahlen) 1.352
Linearkombination (bei A-Moduln) 4.040
Linear geordnete Menge 1.310
Linear geordnete Gruppe 1.580
Linear-rationale Funktion 2.320
Lineare Abhängigkeit/Unabhängigkeit .. 4.041, 4.508, 5.104
Lineare Algebra 4.000
Lineare Differentialgleichung der Ordnung 1 ... 2.802

Lineare Differentialgleichung der Ordnung 2 .... 2.803
Lineare Fortsetzung 4.044, 4.518
Lineare Funktion $T \longrightarrow \mathbb{R}$ 1.210
Lineare Hülle und Erzeugendensystem 4.040, 4.506
Lineare Unabhängigkeit/Abhängigkeit 4.021, 5.104
Linearfaktor 1.646
Linearform 4.026
Linearisierungsprobleme 4.300
Linearkombination 4.506
Links-/Rechtsnebenklasse 1.505
Links-/Rechtsvertretersystem 1.505
Linkstranslation 1.450, 1.501, 1.502, 1.601
Lipschitz-Stetigkeit 2.262
Linse (konvex) / Linsenformel 5.008
Lösbarkeit linearer Gleichungssysteme 4.614
Lösungen (Lösungsmengen, Lösbarkeit) 1.136
Löwenheim-Skolem-Tarski, Satz von 4.381
Logarithmus-Funktionen 1.250, 2.182, 2.632
Logik der Aussagen 1.010
Logistik 2.012
Logistisches Wachstum 2.010, 2.048, 2.371, 2.816
Lokal-kompakter topologischer Raum 2.434
Lokal-wegzusammenhängender topologischer Raum .. 2.442
Lombardsatz 1.255
Longitudinalwellen 1.288
Lorentz-Kraft 5.110
Lotgerade 5.004, 5.042
Lücken/Polstellen 2.250

M

M-Abstraktion, *M*-Konkretion 6.304
MacLaurin-Reihe 2.351
Magisches Quadrat 4.634
Majorante/Minorante (Reihen) 2.120
Mandelbrot-Mengen 2.388
Mantelflächen-Inhalte (Berechnung mit Integralen) .. 2.623
Marginalverteilung 6.074
Masse (Phsik) 1.272
Mathematische Logik 1.010
Mathematische Strukturen 1.300
Matrix 1.780, 4.060
− ähnliche Matrizen 4.643
− äquivalente Matrizen 4.643
− diagonalisierbare Matrix 4.644
− idempotente Matrix 4.641
− inverse Matrix 1.780, 1.782
− orthogonale Matrix 4.641
− 1-orthogonale Matrix 5.208
− k-orthogonale Matrix 5.210
− orthogonale Matrix 5.210, 5.220, 5.236
− reguläre Matrix 4.641, 5.208, 5.236
− schief-symmetrische Matrix 4.641
− selbstinverse Matrix 4.641
− singuläre Matrix 4.641, 5.236
− stochastische Matrix 4.632
− symmetrische Matrix 4.641
− transponierte Matrix 1.784, 4.060
− Einheitsmatrix 4.060
− *Frobenius*-Matrix 4.640
− *Gauß-Jordan*-Matrix 4.616
− Gegenmatrix 4.060
− Grenzmatrix 4.632
− Nullmatrix 4.060
− Multiplikation/Produkt von Matrizen 4.060
− Rang einer Matrix 4.607
− Spur einer Matrix 4.641
− Transformations-Matrix 4.570
− Übergangs-Matrix 4.630
− Verflechtungs-Matrix 4.630
− Spalten-/Zeilen-Darstellung 4.060
Matrizen über $\mathbb{R}$ 1.780
Matrizen $\mathbb{N} \times \mathbb{N} \longrightarrow M$ 2.008
Matrizen über Ringen 4.060
Maximale Ideale in Ringen 1.624
Maxwell, Satz von 2.644
Median (Mittelwert) 6.232
Menge 1.101
− abgeschlossene Menge 2.407
− abzählbare/überabzählbare Menge 1.342
− beschränkte Menge 1.320
− cogefilterte Menge 4.090
− disjunkte Mengen 1.102
− endliche Menge 1.101
− gefilterte Menge 4.090
− geordnete Menge 1.310
− induktiv geordnete Menge 1.333
− konvexe Menge 2.442
− linear geordnete Menge 1.310
− offene Menge 2.407
− Ordnungs-isomorphe Mengen 1.312
− prägeordnete Menge 4.090
− separierte Menge 2.440
− wohlgeordnete Menge 1.331
− F_δ-/G_δ-Menge 2.722
− Antinomien der Mengentheorie 1.108
− Durchschnitt, Vereinigung, Differenz 1.102
− Element-Menge-Relation 1.101
− Gleichheit von Mengen 1.101
− Mengen und Mengenbildung 1.101
− Operationen für Mengen 1.102
− Teilmengen von Mengen 1.101
Mengensysteme 1.150
Merkmal 6.040, 6.302
− Binär-Merkmal 6.310
− Klassifizierung von Merkmalen 6.308
Merkmalsausprägung (Modalität) 6.302
Mersennesche Zahlen 1.840
Methoden des Beweisens 1.018
Metrik 2.401, 2.422
− Betragssummen-Metrik 2.402
− Diskrete Metrik 2.402
− Euklidische/Natürliche Metrik 2.402, 2.422
− induzierte Metrik 2.401
− Maximum-Betrags-Metrik 2.402
− Norm-erzeugte Metrik 2.422
− *p*-Metrik 2.402
− Supremums-Metrik 2.402
Metrische Geometrie 5.000
Metrische Geometrie der Ebene 5.001
Metrische (ϵ-) Umgebung 2.404
Metrisches Umgebungssystem 2.404
Metrischer Raum 2.401, 2.403
− vollständiger metrischer Raum 2.403

Metrischer Unterraum	2.401
Mikro-/Makroökonomie	2.360
Mindest-Risiko/-sicherheit	6.128
Minimalzerlegung einer Menge	6.006
Minkowskische Ungleichung	2.420, 2.737
Minorante/Majorante (Reihen)	2.120
Mischfolgen	2.002, 2.041, 2.051
Mittelsenkrechte	5.004
Mittelsenkrechte zum Dreieck	5.014, 5.045
Mittelsenkrechten-Strecken	5.014, 5.045
Mittelwert-Bildungen	6.232
Mittelwertsätze der Differentiation	2.335
Mittelwertsätze der Riemann-Integration	2.612, 2.714
Mittlere Abweichung	6.234
mod/div (Funktionen)	1.837
Modalität	6.040, 6.302
Modell / Modell-Theorie	4.380
Modul (siehe: A-Modul)	4.000
Modularität	4.120
Modus ponens / modus tollens	1.014
Monom-Funktion	2.432
Monomorphismus (in Kategorien)	4.406
– Monomorphismus als Unterobjekt	4.407
Monotone Funktionen	1.311
Monotonie-Kriterium (Riemann-Integration)	2.621
Monte-Carlo-Ergebnisraum	6.100
Monte-Carlo-Funktion	6.100
Monte-Carlo-Matrix	6.100
Monte-Carlo-Simulationen	6.100
– Angler-Simulation	6.106
– Flächeninhalts-Simulation	6.112
– Jäger-Enten-Simulation	6.102
– π-Simulation	6.110
– Sammelbilder-Simulation	6.108
– Straßennetz-Simulation	6.102
Monte-Carlo-Stichprobe	6.100
Morita-äquivalente Ringe	4.430
Morphismus (bei Kategorien)	4.402

N

n-Eck (konvexes, reguläres)	1.684, 5.005
n-Netze	1.084, 1.464
Näherungs-Verfahren für Nullstellen	2.342
Natürliche Äquivalenz (bei Funktoren)	4.430
Natürliche Parametrisierung	5.083
Natürliche Topologien auf $\mathbb{R}$ und $\mathbb{R}^n$	2.411
Natürliche Transformation (bei Funktoren)	4.430
Natürliche Zahlen (Teil 1: konstruktiv)	1.802
Natürliche Zahlen (Teil 2: axiomatisch)	1.811
NAVSTAR (GPS)	5.106
NBG-Mengen-Theorie	1.828
Neilsche Parabel	2.654, 2.922, 5.085
Negation von Aussagen	1.012
Netz/n-Netz	1.084, 1.464
Neun-Punkt-Kreis	(S) 5.017
Neutrales, links-, rechtsneutrales Element	1.501
Newton/Gregory (Interpolation)	1.788
Newton/Raphson (Nullstellen)	2.342
Nilradikal (bei Ringen)	4.102
Noetherscher Isomorphiesatz (A-Moduln)	4.017
Noetherscher Isomorphiesatz (Gruppen)	1.507

Norm	2.420
– Euklidische Norm	2.420
– Maximum-Norm	2.420
– Supremums-Norm	2.420
– C^1-Norm	2.420
– p-Norm	2.420
Norm-Homomorphismus	2.420, 2.426
Normaldarstellung komplexer Zahlen	1.884
Normale (Metrische Geometrie)	5.023, 5.024, 5.025
Normale (Analytische Geometrie)	5.052, 5.054, 5.056
Normale und Tangente	2.330
Normale Hülle	1.674
Normalenabschnitt	5.052, 5.054, 5.056
Normalisator	1.542
Normalreihe (Gruppen)	1.546
Normalteiler	1.505
Normierte Darstellung komplexer Zahlen	1.882
Normierte Vektorräume	2.420
Null-Funktion	4.000
Null-Morphismus (bei Kategorien)	4.412
Null-Objekt (bei Kategorien)	4.412
Nullhypothese	6.348, 6.354
Nullmenge	2.604
– *Jordan*-Nullmenge	2.706
– *Lebesque*-Nullmenge	2.604, 2.706
Nullstelle (Funktion)	1.136
Nullstelle (Polynom)	1.646
– einfache Nullstlle	1.666
– mehrfache Nullstelle	1.666
– Vielfachheit einer Nullstelle	1.666
Nullstellen von Ableitungsfunktionen	2.334
Nullstellen-Satz von *Bolzano-Cauchy*	2.217
Nullteiler	1.717
Numerische Exzentrizität	5.018
Numerische Integration	2.630

O

Objekt (bei Kategorien)	4.402
– cofinales Objekt (Gruppen)	1.518
– einfaches Objekt	4.447
– finales Objekt (Gruppen)	1.518
– injektives Objekt	4.440
– kleines Objekt	4.437
– projektives Objekt	4.437, 4.440
– unzerlegbares Objekt	4.447
– Generator	4.437
– Objekt von endlicher Länge	4.447
Ökonomische Funktion	2.360
Offene Funktion	2.408, 2.418
Offene Kugel (Hyperkugel)	2.404
Offene Menge	2.407, 2.410
Offene Umgebung	2.410
Offener Kern	2.407, 2.410
Ohm, Satz von	2.047
Olivier, Satz von	2.112
Operationen der Aussagenlogik	1.012
Operatorenbereich	4.000
Orbit / Orbit-Folgen	2.010, 2.012
Ordinalzahl	1.350
Ordnung einer endlichen Gruppe	1.520
Ordnung eines Elements	1.668

Ordnungstyp 1.350
Ordnungs-Isomorphie 1.312
Ordnungs-Strukturen (-Relationen) 1.310
Orthogonale Matrix 5.210
Orthogonale Transformation 5.058
Orthogonales Element 4.607, 4.664
Orthogonalität und Parallelität 5.004
Orthogonalbasis 5.104
Orthonormalbasis 5.104
Orthonormiertes Dreibein 5.104

P

p-Gruppe 1.540, 1.542, 1.556
p-Sylow-Gruppe 1.556
Parabel 5.025
– als Relation 5.056
Parallelenbündel 5.004
Parallelität und Orthogonalität 5.004
Parallelotop (Volumen) 2.750
Parallel-Verschiebung 5.006
Parameter-Funktionen 5.082
Parameter-Transformation 5.081, 5.082
Partialprodukte 2.101, 2.180
Partialsummen 2.101
Partial-Zerlegung 2.742, 2.744
Partiell differenzierbare Funktionen $\mathbb{R}^n \longrightarrow \mathbb{R}$ 2.452
Partielle Ableitung 2.452
Partielle Integration 2.506
Pascal-Stifelsches Dreieck 1.820, 2.017
Passante (Metrische Geom.) 5.022, 5.023, 5.024, 5.025
Passante (Analytische Geom.) ... 5.050, 5.052, 5.054, 5.162
Peano-Axiome für $\mathbb{N}$ 1.811
Peano-Kurven 2.434, 5.090
Periodische Funktion 1.240
Permutation 1.524, 1.782
– gerade/ungerade Permutation 1.524
Perspektiv-ähnliche Figuren 5.007
Phase/Phasenverschiebung 1.281
Physikalische Größe/Funktion 1.270, 2.670, 4.088
Poincaré-Sylvester, Satz von 6.022
Pol/Polare (Metrische Geometrie) 5.023, 5.024, 5.025
Pol/Polare (Analytische Geometrie) ... 5.052, 5.054, 5.056
Polstelle/Lücke 2.250
Pólya, Modell von 6.150
Polyeder/Polytop 5.005
Polygon/Polygonzug 5.005
Polynom 1.640
– normiertes Polynom 1.646
– reduzibles/irreduzibles Polynom 1.646
– separables/inseparables Polynom 1.666
– Grad eines Polynoms 1.644
– Minimal-Polynom 1.646
Polynom-Division (Funktionen) 1.214, 1.218, 1.236
Polynom-Division (Ringe) 1.644
Polynom-Funktion (Ringe) 1.641
Polynom-Funktion über $\mathbb{C}$ 1.886
Polynom-Funktion über $\mathbb{R}$ 1.786, 1.864, 4.550
Polynom-Funktion über $\mathbb{R}^n$ 2.430, 2.432
Polynom-Gleichung 1.676
Polynom-Ringe 1.640, 1.641, 1.642
Positivitätsbereich 1.580, 1.614

postnumerando (diskursive Verzinsung) 1.256
Postulat von *Zermelo* 1.331
Potenz (Punkt/Kreis) 5.011
Potenzlinie (Kreise) 5.011
Potenz-Funktion 1.230
Potenzmenge und Mengensystem 1.150
Potenz-Reihen 2.160
Potenzreihen-Funktionen 2.520
Potenzsatz (Geometrie) 5.011
praenumerando (antizipative Verzinsung) 1.256
Präordnung 1.333, 4.090
Preis-Mengen-Funktion 2.360
Prime Restklassengruppe 1.522
Primfaktor-Zerlegung (Polynom-Ringe) 1.648
Primfaktor-Zerlegung (Zahlen) 1.840
Primideal in Ringen 1.624
Primitives Element 1.662
Primring/Primkörper 1.630
Primzahl 1.840
Primzahlzwillinge 1.840
Prinzip der Rekursion 1.804
Produkt (bei Kategorien) 4.410
Produkt geordneter Mengen 1.315
Produkt meßbarer Räume 6.032
Produkt von Ergebnisräumen 6.008
Produkt von Maß-Räumen 6.132
Produkt von Wahrscheinlichkeits-Räumen 6.026
Produkt von *Wallis* 2.626
Produkt von Zufallsfunktionen 6.080
Produktions-Funktion (Ökonomie) 2.360, 2.366
– partielle Produktions-Funktion 2.366
Produktstruktur Algebraischer Strukturen 1.410
Produkttopologie 2.416
Produkt-Folgen (Partialprodukte) 2.101, 2.180
Produkt-Kategorie 4.428
Produkt-Verteilung 6.080
Projektionen (bei A-Moduln) 4.030
Projektions-Funktoren 4.428
Projektive Hülle 4.150, 4.152, 4.442
Projektiver Limes (bei A-Moduln) 4.090
Ptolemaios, Satz des 5.018
Pseudonorm 2.737
Pullback-/Pushout-Konstruktionen 4.158
Punkt (in der Geometrie) 5.001, 5.042
Punkt in Polar-Darstellung 1.133
Punkt in trigonometrischer Darstellung 1.133
Punktspiegelung 5.122, 5.226
Pushout-/Pullback-Konstruktionen 4.158
Pyramide 5.157
Pythagoras, Satz des 5.013
Pythagoreisches Tripel 1.820

Q

Quader in $\mathbb{R}^n$ / Quader-Maß 2.702
Quadratische Funktionen $T \longrightarrow \mathbb{R}$ 1.213
Quadratur des Kreises 1.684
Quadrat-Zerfällungsreihe 1.681
Qualität 6.148
Quantifizierte Aussagen (Quantoren) 1.016
Quantitative Aspekte der Medizin. Diagnostik ... 6.256
Quantitative Aspekte der Software-Ergonomie 6.255

Quasikompakter topologischer Raum 2.434
Quaternionen 1.891
Quersummen 1.808, 1.845
Quotienten-Kriterium für Summierbarkeit 2.124
Quotientengruppen Geordneter Gruppen 1.582
Quotientengruppen und Normalteiler 1.505
Quotientenkörper 1.632
Quotientenmenge 1.140
Quotientenmodul (siehe A-Quotientenmodul) 4.006
Quotientenringe und Ideale 1.605
Quotientenstruktur Algebraischer Strukturen 1.406

R

r-Funktor 4.426
$\mathbb{R}$-Algebra 1.715
$\mathbb{R}$-Vektorraum 1.710, 5.102
– euklidischer $\mathbb{R}$-Vektorraum 2.420
– normierter $\mathbb{R}$-Vektorraum 2.420
– unitärer $\mathbb{R}$-Vektorraum 2.420, 4.342
$\mathbb{R}$-Vektorräume V und $\mathbb{R}^3$ 5.106
Raabe-Kriterium (Reihen) 2.124
Radiant (Physik) 1.274
Radikal (Wurzel) 1.676, 1.678
Radikal von A-Moduln und Ringen 4.106
– Jacobson-Radikal 4.106
– Wedderburn-Artin-Radikal 4.106
Radikal als Funktor 4.426
Radius (Geometrie) 5.022
Randpunkt 2.407
Rang eines K-Homomorphismus' 4.536
Rang einer Matrix 4.607
Ratenbarbetrag 1.257
Ratenendbetrag 1.257
Ratenfeld 1.257
Ratenperiode 1.257
Ratenschuld 1.258
Ratentermine 1.257
Rationale Funktionen $T \longrightarrow \mathbb{R}$ 1.236, 1.237
Rationale Zahlen 1.850
Rechtstranslation 1.450, 1.502, 1.601
Rechtssystem (Vektoren) 5.106
Reduktion (Indikator-Funktion) 6.006
Reduktion (bei Moduln) 4.449
Reduktions-Homomorphismus 4.449
Redundanz 6.202
Reelle Zahlen (*Dedekind*-Linie) 1.860
Reelle Zahlen (*Cantor*-Linie) 2.065
Reelle Zahlen (*Weierstraß*-Linie) 2.066
Reflexion von Wellen 1.287
Regelmäßige Körper 6.032
Regula Falsi (Nullstellen) 2.010, 2.044, 2.342
Reguläre Matrix 5.208
Regulär-affine Funktion 5.200, 5.202
Reihen 2.100
– absolut-konvergente Reihen 2.110
– alternierende harmoische Reihe 2.126
– arithmetische Reihe 2.114, 2.116
– geometrische Reihe 2.114, 2.116
– harmonische Reihe 2.114, 2.116
– konvergente Reihen 2.110
– *Cantor*-Reihe 2.124
– *Euler*-Reihe 2.162
– *Leibniz*-Reihe 2.353
– *MacLaurin*-Reihe 2.351
– *Taylor*-Reihe 2.351
Reihen-basierte Funktionen 2.110
Reihen-Erzeugungs-Funktion 2.101, 2.103
Rein-injektive Hülle 4.192
Rekonstruktion von Funktionen 2.338
Rekursion (Prinzip für $\mathbb{N}$) 1.806, 1.811
Rekursion (bei Prozeduren) 1.808
Rekursionssatz für Folgen 2.010
Rekursionstheorie 2.014
Rekursiv definierte Folgen 2.010
Rekursiv definierte Matrizen $\mathbb{N} \times \mathbb{N} \longrightarrow M$ 2.014
Relationale Analytische Geometrie 5.040
Relationale Datenstrukturen 1.190, 1.191
Relationen 1.120, 1.180
– antisymmetrische Relationen 1.310
– reflexive Relationen 1.140, 1.310
– symmetrische Relationen 1.140
– transitive Relationen 1.140, 1.310
– bei Kategorien 4.402
Relationsschema, Relationstyp 1.190, 1.191
Relative Häufigkeit 6.014
Relativitäts-Theorie (Anwendungen) 2.047
Repellor/Attraktor) 2.370
Resonanz-Funktion 1.283
Resonanz-Katastrophe 1.283
Retraktion (Retrakt) 4.414, 4.440
Riemann-Doppel-Integral 2.680
Riemann-Integrierbarkeit stetiger Funktionen 2.610
Riemann-integrierbare Funktionen in $\mathbb{R}$ ... 2.600, 2.603, 2.604
Riemann-integrierbare Funktionen in $\mathbb{R}^n$ ... 2.700, 2.704, 2.708
Riemann-Integration von Kompositionen 2.617
Riemann-Integration von Produkten 2.616
Riemann-Kriterium für Integrierbarkeit 2.604, 2.704
*Riemann*sche Summe/Unter-/Obersumme ... 2.604, 2.704, 2.714
*Riemann*scher Umordnungssatz 2.128
*Riemann*sches Unter-/Oberintegral 2.604, 2.704, 2.714
Rieszsche Gruppe 1.586, 2.430
Rieszsche $\mathbb{R}$-Algebra 2.215
Ring-Homomorphismen 1.602
Ring (und Körper) 1.601, 4.100
– artinscher Ring 4.102, 4.125, 4.126
– c-cohärenter Ring 4.394
– c-noetherscher Ring 4.394
– cohärenter Ring 4.177
– einfacher Ring 4.038, 4.102
– erblicher Ring 4.104, 4.134, 4.142
– faktorieller Ring 1.648
– halb-einfacher Ring 4.104, 4.117, 4.142
– halb-erblicher Ring 4.104
– halb-primer Ring 4.102
– halb-primitiver Ring 4.102
– kommutativer Ring 1.601
– lokaler Ring 4.177
– noetherscher Ring 4.102, 4.162
– nullteilerfreier Ring 4.102
– perfekter Ring 4.150
– primärer Ring 4.102
– primitiver Ring 4.112

284

- uniform-cohärenter Ring 4.394
- von-Neumann-regulärer Ring 4.102, 4.110, 4.176
- Dedekind-Ring 4.102
- Divisionsring (Schiefkörper) 1.626, 4.102
- Euklidischer Ring 1.644, 4.102
- Hauptidealring 1.626, 4.102
- Integritätsring 1.626, 4.102
- Körper 4.102
- Morita-äquivalente Ringe 4.430
- Prüfer-Ring 4.104, 4.134
- Primring/Primkörper 1.630, 4.102
- Radikal-freier Ring 4.106
- ZPE-Ring 1.648, 4.102
- ZPI-Ring 4.102
- der Gaußschen Zahlen 1.648
Risiko- und Sicherheitsmaß 6.126
Rolle, Satz von 2.334
Rotations-Körper (Geometrie) 5.023, 5.024, 5.025
Russellsche Antinomie 1.108, 1.828

S

$\hat{S}$-Homomorphismus 4.436
$\hat{S}$-Linksmodul 4.436
- endlich-erzeugbarer $\hat{S}$-Linksmodul 4.438
- freier $\hat{S}$-Linksmodul 4.438
σ-Additivität 6.020
σ-Algebra 2.712, 6.020
Sarrussche Regel 1.784
Sattelpunkt 2.333
Satz des *Euklid* (Geometrie) 5.108
- des *Ptolemaios* 5.018
- des *Pythagoras* 5.013
- des *Thales* 5.010, 5.013, 5.014, 5.018
Satz von *Abel* (Riemann-Integration) 2.621
- von *Abel-Ruffini* 1.678
- von *Alexander* 2.434
- von *Archimedes* 1.321
- von *Baer* (Test-Theorem) 4.140
- von *Bass* 4.173
- von *Bayes* 6.040, 6.042
- von *Bernoulli* 6.130
- von *Bienaimé-Tschebyschew* 6.066
- von *Bohr* 2.623
- von *Bolzano-Weierstraß* (Folgen) 2.048
- von *Bolzano-Weierstraß* (Mengen) 2.048, 2.412
- von *Cantor* 1.340
- von *Cauchy* (Reihen) 2.112
- von *Cauchy* (Riemann-Integration) 2.621
- von *Cavalieri* 2.750
- von *Cayley* 1.503, 3.524
- von *Dini* 2.436
- von *Dirichlet* (Riemann-Integration) 2.621
- von *Euler* 2.461
- von *Euler-Lagrange* 1.520
- von *Fermat* 1.522
- von *Frobenius* 1.717
- von *Fubini* 2.740, 2.746
- von *Galois* 1.676
- von *Gauß* 1.684
- von *Graßmann* (Entwicklungssatz) 5.112
- von *Heine-Borel* 2.435
- von *Hooke* 1.275, 1.280, 1.282
- von *Hopf* 1.717
- von *Jordan-Hölder* 4.120
- von *Krull* 1.624
- von *Krull-Remak-Schmidt-Wedderburn* 4.121
- von *Lagrange* (Identität) 5.112
- von *Lebesgue* 2.736
- von *Levi* 2.736
- von *Löwenheim-Skolem-Tarski* 4.381
- von *Maxwell* 2.644
- von *Ohm* 2.047
- von *Olivier* (Reihen) 2.112
- von *Poincaré-Sylvester* 6.022
- von *Rolle* 2.334
- von *Schreier-Zassenhaus* 4.120
- von *Schröder-Bernstein* 1.341
- von *Steinitz-Graßmann* (Austauschsatz) 4.512
- von *Taylor* 2.350
- von *Tychonoff* 2.434
- von *Weierstraß* 2.217
- von *Zorn* 1.717
Sätze von *De L'Hospital* 2.344, 2.345
- von *Wedderburn-Artin* 4.118
Schätzungen 6.340
Schallgeschwindigkeit 1.272, 1.288
Schallwellen (Physik) 1.272, 1.288
Schaltalgebra 1.080, 1.081
Schalter in Schaltnetzen 1.080
- gegensinnig gekoppelte Schalter 1.080
- gekoppelte Schalter 1.080
Schalterzustand 1.080
- Leitwert eines Schalterzustands 1.080
Scheitelgleichung (Kegelschnitte) 5.058
Scherungs-affine Funktion 5.208
Schneeflocken-Kurve 5.092
Schiefer Wurf 1.278
Schiefkörper 1.891
Schiefkörper ℍ der Quaternionen 1.891
Schnittwinkel (bei Funktionen) 2.330
Schranke (obere/untere Schranke) 1.320, 1.321
Schranken unter monotonen Funktionen 1.324
Schraubenlinie (als Kurven-Funktion) 5.084
Schraubung 5.224
Schreier-Zassenhaus, Satz von 4.120
Schröder-Bernstein, Satz von 1.341
Schur, Lemma von 4.038
Schwacher Halbring / Halbring 1.450
Schwaches Gesetz der großen Zahlen 6.130
Schwarzsche Ungleichung 2.614
Schwingung (mechanische) 1.280, 1.283
- gedämpfte/ungedämpfte Schwingung 1.280, 1.283
- Funktionen zu Schwingungen 1.281
- Schwingungsdauer 1.280
- Schwingungsfrequenz 1.280
Secans/Cosecans 2.326
Sehnen- und Tangentensätze 5.011
Sehnen-Viereck 5.018
Seitenhalbierende zum Dreieck 5.017, 5.045
Seitenhalbierenden-Strecken 5.017, 5.045
Sekante (Metrische Geom.) 5.022, 5.023, 5.024, 5.025
Sekante (Analytische Geom.) 5.050, 5.052, 5.054, 5.162

Selektionen (Projektionen) 1.191
Semantik/Syntax 1.002
Sequenz von A-Modulen 4.010
– exakte Sequenz 4.010
– rein-exakte Sequenz 4.166, 4.168
– split-exakte Sequenz 4.036
Separierte Menge 2.440
Sicherheits- und Risikomaß 6.126
Sierpinski-Kurven, -Figuren 5.096, 5.097
Sierpinski-Raum 2.440, 2.442
Signale/Signalwerte 1.081
Signifikanzniveau, -Test 6.348
Signum-Funktion 1.207, 1.782
– für Permutationen 1.526
Simplex 2.750, 5.005
Singulär-affine Funktion 5.200, 5.202
Simpson- und *Kepler*-Näherung 2.662
Simulationen (s. Monte-Carlo-Simulationen) 6.100
Skala 6.302
– metrische Skala 6.302
– Nominalskala 6.302
– Rangskala 6.302
Skalierung 6.302
Skalares Produkt 2.420, 4.660, 5.108
– Euklidisches Skalares Produkt 2.420
Skelett (bei Kategorien) 4.406
Snelliusscher Brechungsindex 1.287
Sockel (bei A-Modulen und Ringen) 4.108
Software-Ergonomie 6.206
Sparplan/Bezugsplan 1.258
Spatprodukt auf V und $\mathbb{R}^3$ 5.112
Spiegelung (Funktion/Geometrie) 5.006
– Geraden-Spiegelung 5.006
– Gleitspiegelung 5.006
– Punkt-Spiegelung 5.006
Spiegelstreckung 5.007
Split-exakte Sequenz 4.036, 4.515
Split-injektiver A-Homomorphismus 4.034
Split-surjektiver A-Homomorphismus 4.034
Sprache (Grammatik) 1.002
Sprache der Mengen 1.100
Sprachen und Kommunikation 6.250
Spurfunktion 6.080
Spurtopologie 2.410, 2.432
Stabile Teilmenge 1.404
Stammfunktion und Integral 2.502
Standardabweichung 6.066, 6.234
Standardisierte Zufallsfunktionen 6.068
Statistik 6.001, 6.300, 6.340
Stetig partiell differenzierbare Funktion 2.452
Stetige Fortsetzung 2.250, 2.251, 2.338
Stetige Funktion 2.200, 2.417, 2.430
Stetige Funktionen $I \longrightarrow \mathbb{R}$ 2.203, 2.204
Stetige Funktionen $\mathbb{R}^n \longrightarrow \mathbb{R}^m$ 2.417, 2.418
Stetige Funktionen $[a,b] \longrightarrow \mathbb{R}$ 2.217
Stetige Funktionen für metrische Räume 2.406, 2.408
Stetige Funktionen für topologische Räume ... 2.417, 2.418
Stetige Gruppenhomomorphismen 2.234
Stetige und nicht-stetige Prozesse 2.201
Stetigkeit elementarer Funktionen 2.221
Stetigkeit inverser Funktionen 2.212
Stetigkeit trigonometrischer Funktionen 2.243

Stetigkeit von Potenzreihen-Funktionen 2.240
Stichprobe 6.012
– bei Qualitätskontrollen 6.148
– mit/ohne Zurücklegen 6.340, 6.344
Stichproben-basierte Schätzungen 6.340
Stichproben-Raum 6.012
Stirlingsche Formeln 6.142
Stochastische Integration 2.632
Stochastische Matrix 4.632
Stochastische Unabhängigkeit 6.008, 6.046, 6.074
– von Zufallsfunktionen 6.076
Strahlensätze 5.008
Strecken 5.003
– Länge einer Strecke 5.003
– Mittelpunkt einer Strecke 5.003
Streckspiegelung 5.210
Streuungsmaße 6.234
Strukturen auf $ASF(\mathbb{R})$ und $SF(\mathbb{R})$ 2.120
Strukturen auf $Abb(T, \mathbb{R})$ 1.770
Strukturen auf $Abb(\mathbb{N}, \mathbb{R})$ und $BF(\mathbb{N}, \mathbb{R})$ 2.006
Strukturen auf $BF(T, \mathbb{R})$ 1.782
Strukturen auf $C(I, \mathbb{R})$ 2.206
Strukturen auf $CF(\mathbb{R})$ und $CF(\mathbb{Q})$ 2.055
Strukturen auf $D(I, \mathbb{R})$ 2.306
Strukturen auf $Int(I, \mathbb{R})$ 2.505
Strukturen auf $Kon(\mathbb{R})$ 2.046
Strukturen auf $Mat(m, n, \mathbb{R})$ 1.780
Strukturen auf $Mat(2, \mathbb{R})$ und $Mat(3, \mathbb{R})$ 1.781
Strukturen auf $Mat(n, \mathbb{R})$ 1.783
Strukturen auf $Rin(I, \mathbb{R})$ 2.605
Strukturen auf $\mathbb{C}$ 1.881, 1.882, 1.883, 1.884
Strukturen auf $\mathbb{N}$ 1.802, 1.812
Strukturen auf $\mathbb{Q}$ 1.851
Strukturen auf $\mathbb{R}$ (*Dedekind*-Linie) 1.861, 1.862
Strukturen auf $\mathbb{R}$ (*Cantor*-Linie) 2.065
Strukturen auf $\mathbb{R}$ (*Weierstraß*-Linie) 2.066
Strukturen auf $\mathbb{R}^n$ 1.783
Strukturen auf $\mathbb{Z}$ 1.831, 1.832
Subbasis einer Topologie 2.416
Subnormalenabschnitt 5.052, 5.054, 5.056
Substitution bei Integration 2.507
Subtangentenabschnitt 5.052, 5.054, 5.056
Summensatz für Determinanten 1.781
Summierbare Folgen 2.111
Summierbare Folgen $\mathbb{N} \longrightarrow Abb(T, \mathbb{R})$ 2.150
Supremum 1.320, 1.321
Supplement 4.443
Surjektive Funktionen 1.132
Sylvester, Satz von *Poincaré-Sylvester* 6.022
Symmetrie (Figuren) 5.006
Symmetrien (bei n-Ecken) 1.532
Symmetrische Differenz 1.102, 1.501, 6.006
Symmetrische Funktion 1.524
Symmetrische Gruppe 1.501, 1.520, 1.524
Symmetrien für Funktionen $T \longrightarrow \mathbb{R}$ 1.202, 1.268
Syntax/Semantik 1.002
Systeme linearer Ungleichungen 1.242

T

T_1-Axiom / T_1-Raum 2.412
T_2-Axiom / T_2-Raum 2.412, 2.434

Tabelle: Ableitungsfunktionen 2.908
Tabelle: Integrale 2.540
Tabelle: Trigonometrische Funktionen 2.906
Tangente (Metrische Geom.) 5.022, 5.023, 5.024, 5.025
Tangente (Analytische Geom.) .. 5.050, 5.052, 5.054, 5.162
Tangente (geometrische Konstruktionen) 5.027
Tangente und Normale 2.330
Tangentenabschnitt 5.052, 5.054, 5.056
Tangentenproblem 2.302
Tangenten- und Sehnensätze 5.011
Tangenten-Viereck 5.018
Tangentiale Abweichung 2.331
Tangentialebene 5.170
Tangentialvektor 2.450
Tautologien 1.014
Taylor-Funktionen 2.350
Taylor-Polynome 2.350
Taylor-Reihe 2.351
Taylor, Satz von 2.350
Teilbarkeit in Ringen 1.620
Teilbarkeit von Idealen 1.620
Teilbarkeitsregeln 1.845
Teilbarkeits-Relation auf $\mathbb{Z}$ 1.838
Teilfakultät 6.142
Teilfolgen 2.002, 2.041, 2.051
Teilkörper 1.603
– der G-invarianten Elemente 1.670
Teilmenge 1.101
– stabile Teilmenge 1.404
Teilung 5.008
– harmonische Teilung 5.008
– stetige Teilung 5.008
Teilungspunkt 5.008
– innerer/äußerer Teilungspunkt 5.008
Teilverhältnisse von Streckenlängen 5.008, 5.124
Teleskop-Reihen 2.114
Tensorprodukt von A-Modul 4.076, 4.408
– von A-Homomorphismen 4.077
– mit Ringen 4.080
– von Matrizen 4.084
Ternär-Darstellung 2.379
Test-Theorem (bei A-Modul) 4.140
Testen von Hypothesen 6.346
Tetraeder-Gruppe 1.530
Thales, Satz des 5.010, 5.013, 5.014, 5.018
TF-approximierbare Funktion 2.730
Theorie der Kardinalzahlen 1.340
Theorie der Ordinalzahlen 1.344
Theorie der algebraischen Strukturen 1.400
Thermodynamik, zweiter Hauptsatz der 6.202
Tilgung (Kapital) 1.258
Tilgungsplan 1.258
Tilgungsquote 1.258
Tilgungsrate 1.258
Tilgungssatz 1.258
Töne und Klänge 1.288
– harmonische Obertöne 1.288
Tondauer, -farbe, -höhe, -stärke 1.288
Topologie 2.410
– a-adische Topologie 4.448
– auf normierten Vektorräumen 2.426
– diskrete/indiskrete Topologie 2.410

– erzeugte Topologie 2.415
– natürliche Topologien auf $\mathbb{R}$ und $\mathbb{R}^n$ 2.411
– Spurtopologie 2.410
Topologische Funktion 2.220, 2.418
Topologischer Raum 2.407, 2.410
– lokal-wegzusammenhängender topologischer Raum .. 2.442
– wegzusammenhängender topologischer Raum 2.442
– zusammenhängender topologischer Raum 2.442
Topologischer Vektorraum 2.426
Topologisches Umgebungssystem 2.407, 2.410
Torsionsabbildung/-produkt 4.320
Torsionsmodul (-element) 4.052
Torsions-Funktor 4.424
Totale Differenzierbarkeit 2.454, 2.455
Totale Wahrscheinlichkeit 6.042
Träger einer Funktion 2.744
Trägheit/Trägheits-Satz (Physik) 1.272
Transfinite Induktion 1.332
Transfinite Ordinalzahl 1.350
Transformationen der Ebenenformen 5.123
Transformations-Matrix 4.570
Transitivitätsgebiet (G-Mengen) 1.552
Translation (Links-, Rechts-Translationen) 1.501
Translation (Geometrie) 5.006, 5.202, 5.212
Translations-Invarianz 2.744
Transportierte Algebraische Struktur 1.403
Transportierte Ordnungs-Struktur 1.312
Transposition (2-Zykel) 1.524
Transversalwellen 1.285
Transzendente Zahlen 1.866
Travelling Salesman Problem 1.091
Trefferhäufigkeit 6.122
Treppen-Funktionen 1.206, 2.203, 2.728
Treppen-Funktionen und Summationen 2.602
Trigonometrische Darstellung komplexer Zahlen 1.883
Trigonometrische Funktionen 2.184, 2.236
Trigonometrische Funktionen/Gleichungen 1.232
Trigonometrische Reihen 2.173
Türme von Hanoi (Hanoi-Funktion) 1.808
Tschebyschew-Risiko und -Sicherheit 6.128
Tychonoff, Satz von 2.434

U

Überdeckung 2.434
Übergangs-Matrix 4.630
Ultrafilter 4.098
Ultrafunktor 4.390
Ultraprodukt/-potenz 4.098
Umgebungsfilter 2.413
Umgebungsfilterbasis 2.417, 2.432
Umgebungssystem (metrischer Raum) 2.403, 2.405
Umgebungs-Topologie 2.405
Umkehrfunktionen 1.133
Umkehrproblem 2.501
Umkreis (Dreieck) 5.010, 5.014
Umkreis (Viereck) 5.018
Umordnungen von Folgen 2.002, 2.051
Umordnungen summierbarer Folgen 2.128
Umordnungssätze (Erster/Großer) 2.128
Umsatz-Mengen-Funktion (Ökonomie) 2.360, 2.676
Unabhängigkeit mehrerer Zufallsfunktionen 6.078

Unabhängigkeit zweier Merkmale	6.046, 6.230
Unabhängigkeit zweier Zufallsfunktionen	6.076
Unabhängigkeits-Prinzip für Bewegungen	1.273
Uneigentliche Bewegung	5.226, 5.230
Uneigentliche *Riemann*-Integration	2.620, 2.621
Ungebremstes (exponentielles) Wachstum	2.812
Ungedämpfte harmonische Schwingungen	2.831
Ungleichung von *Bienaimé-Tschebyschew*	6.066
Ungleichung von *Bonferroni*	6.022
Ungleichung von *Cauchy-Schwarz*	2.112, 2.420
Ungleichung von *Hölder*	2.420, 2.737
Ungleichung von *Minkowski*	2.420, 2.737
Ungleichung von *Schwarz*	2.614
Ungleichungen über linearen Funktionen	1.222
Ungleichungen über quadratischen Funktionen	1.226, 1.227
Uniform-Cohärenz	4.394
Unitärer K-Vektorraum	4.660
Unitärer $\mathbb{C}$-Vektorraum	4.662
Unitärer $\mathbb{R}$-Vektorraum	2.420, 4.664
Universelle Konstruktionen bei Gruppen	1.518
Universelle Morphismen (Universelle Funktionen)	4.408
Unsicherheits-Maß	6.202, 6.208
Untergruppe	1.503
– erzeugte Untergruppe	1.503
– maximale Untergruppe	1.505
Unterkategorie	4.402
– volle Unterkategorie	4.402
Untermodul (siehe A-Untermodul)	4.004
Untermoduln und Quotientenmodul	4.006
Unterobjekt (in Kategorien)	4.407
Unterraum (metrischer Raum)	2.408
Unterraum (topologischer Raum)	2.410
Unterring	1.603
Unterstrukturen Algebraischer Strukturen	1.405
Untersuchung rationaler Funktionen	2.930
Untersuchung trigonometrischer Funktionen	2.940
Untersuchung von Exponential-Funktionen	2.950
Untersuchung von Logarithmus-Funktionen	2.960
Untersuchung von Polynom-Funktionen	2.910
Untersuchung von Potenz-Funktionen	2.920
Urbild (bei Kategorien)	4.407
– epimorphes Urbild	4.407
Urliste	6.302
Urnen-Auswahl-Modell von *Ehrenfest*	6.150
Urnen-Auswahl-Modell von *Pólya*	6.150
Urnen-Auswahl-Modelle	6.146, 6.150
Urnen-Auswahl-Probleme	6.144
Urnen-Verteilungs-Modelle	6.146
Ursache und Wirkung	1.282

V

Vandermondesche Determinante	1.674, 1.781
Varianz und Standardabweichung	6.066, 6.234
Vektor	5.102, 5.104, 5.106
– kollineare Vektoren	5.104
– komplanare Vektoren	5.104
Vektorielle Geometrie	5.100
Vektorielles Produkt auf V und $\mathbb{R}^3$	5.110
Vektorräume und Algebren	1.710
Vektorräume (siehe K-Vektorräume)	1.710, 4.500
Vektorräume V und $\mathbb{R}^3$	5.100, 5.106

Verbindungs-Homomorphismus	4.013, 4.304
Verdichtungs-Folgen	2.116
Verdichtungs-Satz von *Cauchy*	2.116
Vereinigung (bei Mengen)	1.102
Vereinigung (bei Kategorien)	4.407
Verfeinerung von Zerlegungen	2.602, 2.702
Verflechtungs-Matrix	4.630
Vergiß-Funktor	4.420
Vergleichs-Kriterium für Summierbarkeit	2.120
Verhulst-Parabel	2.012, 2.371
Verklebungs-Lemma	4.010
Verschiebung (Funktion/Geometrie)	5.006
– zentrische Verschiebung	5.007
Verschiebungsfaktor/-zentrum	5.007
Verschiebungssatz	6.066
Vertauschungssatz (Spatpodukt)	5.112
Verteilungen	6.202
Verteilungs-Funktion (cumulativ)	6.072, 6.306
Verzinsung	1.255, 1.256
– antizipative Verzinsung (praenumerando)	1.255, 1.256
– diskontinuierliche Verzinsung	1.256
– diskursive Verzinsung (postnumerando)	1.255, 1.256
– kontinuierliche Verzinsung	1.256
Verzinsungsfeld	1.256
Vielfachheit einer Nullstelle	1.666
Vierecke	5.018
– spezielle Vierecke (Kennzeichnungen)	5.018
Vier-Felder-Tafel	6.040
Vollständigkeits-Axiom	1.325
Volumen (Berechnung mit Integralen)	2.621, 2.750

W

Wachstums-Modelle und -Funktionen	1.256, 2.810
Wachstum und Wachstumsänderung	1.256, 2.234, 2.810
Wachstum	1.256, 2.810
– explosives Wachstum	2.818
– gebremstes Wachstum	2.814
– logistisches Wachstum	2.816
– ungebremstes (exponentielles) Wachstum	2.812
Wachstumsänderung	2.012
– absolute Wachstumsänderung	2.012
– relative Wachstumsänderung	2.012
Wachstumsrate	2.012
Wachstums-Folge	2.012
Wachstums-Funktion	1.256, 2.012, 2.810
Wahrheitswert einer Aussage	1.012
Wahrheitswertetabellen (Aussagen)	1.012
Wahrheitswertetabellen (Mengen)	1.102
Wahrscheinlichkeit	6.020
– bedingte Wahrscheinlichkeit	6.040
– totale Wahrscheinlichkeit	6.042
Wahrscheinlichkeits-Dichte	6.070
Wahrscheinlichkeits-Funktion	6.020
Wahrscheinlichkeits-Maß	6.020
Wahrscheinlichkeits-Morphismen	6.141
Wahrscheinlichkeits-Raum	6.020
– binärer Wahrscheinlichkeits-Raum	6.120
Wahrscheinlichkeits-Verteilung	6.062
Wahrscheinlichkeits-Theorie und Statistik	6.000
Wallis, Produkt von	2.626
Wegzusammenhang (Mengen/top.Räume)	2.442

Weg-Komponente 2.442
Weierstraß, Satz von 2.217
Weierstraß-Komplettierung 2.066
Welle (mechanische) 1.285
– Wellenfrequenz, -geschwindigkeit, -länge 1.285
Wendepunkte 2.333, 2.336
Widerspruch/Kontradiktion (Aussagen) 1.014
Winkel und Winkelmaß 5.001, 5.108
– Ergänzungswinkel (Gegenwinkel) 5.002
– Mittelpunktswinkel 5.010
– Rechter Winkel 5.002
– Sehnentangentenwinkel 5.010
– Stufenwinkel 5.004
– Umfangswinkel 5.010
– Winkelmessung/Gradmaß 5.002
– Winkel am Kreis 5.010
– Winkel-Innenmaß/-Außenmaß 5.001, 5.002
Winkelmaß-Funktion 5.001
Winkelhalbierende 5.004
Winkelhalbierende zum Dreieck 5.016, 5.045
Winkelhalbierenden-Strecken 5.016, 5.045
Wohlgeordnete Mengen 1.332
Wohlordnungs-Axiom 1.332
Wohlordnungs-Satz 1.334
Wurf-Bewegungen (Physik) 1.273
– horizontaler Wurf 1.273
– waagerechter Wurf 1.273
– schiefer Wurf 1.273, 1.278
– senkrechter Wurf 1.272
Wurzel-Kriterium für Summierbarkeit 2.122

X

X-Lemma 4.014, 4.443

Y

Yoneda-Lemma 4.437

Z

Z-adische Komplettierung 4.090, 4.192
ZF-/ZFC-Axiome für Mengen 1.128
ZPE-Ring 1.648
Zahlen 1.800
Zahlbereichserweiterungen 4.408
Zelt-Funktion 2.377
Zentralbank 1.255
Zentrale (Geometrie) 5.022, 5.023, 5.024, 5.025
Zentralisator 1.505, 1.542
Zentralisator (Element) 1.540
Zentrifugal-/Zentripetalkraft (Physik) 1.274
Zentrische Verschiebung (Funktion/Geometrie) 5.007
Zentrum einer Gruppe 1.507, 1.540
Zentrum eines Ringes 4.000
Zerfällungs-Körper 1.664
Zerfällungsreihe 1.676
Zerlegung von Intervallen 2.602, 2.604
– äqidistante Zerlegung 2.602
– Verfeinerung von Zerlegungen 2.602, 2.702
Zerlegung von Mengen 1.140, 1.150, 6.006
Zerlegung von Quadern in $\mathbb{R}^n$ 2.702
Zermelo, Postulat von 1.331
Zinsen (s.a. Verzinsung) 1.255
– Abzinsung(sfaktor) 1.256
– Aufzinsung(sfaktor) 1.256
– Anlagezinsen (Habenzinsen) 1.255
– Kreditzinsen (Soll-Zinsen) 1.255
– EZ-Modell (einfacher Zins) 1.255, 1.256, 2.820
– ZZ-Modell (Zinseszins) 1.255, 1.256, 2.820
Zinsarbitrage 1.255
Zinselastizität 1.255
Zinsintensität 1.256
Zinsperiode 1.255, 1.256
Zinsrecht 1.255
Zinssätze 1.256
– effektiver Jahreszinssatz 1.256
– effektiver Zinssatz pro Zinsperiode 1.256
– konforme Zinssätze 1.256
– nomineller Jahreszinssatz 1.256
Zinstermine 1.255, 1.256
Zorn, Lemma von 1.333
Zorn, Satz von 1.717
Zufall/Zufälligkeit, zum Begriff 6.001
Zufallsexperimente 6.002
– kombinierte Zufallsexperimente 6.040
Zufallsfunktion (-variable, -größe) 6.060
– gemeinsame Zufallsfunktion 6.074
– standardisierte Zufallsfunktion 6.068
– unkorrelierte Zufallsfunktion 6.066
Zufallsvektor 6.074
Zufallszahlen 6.016, 6.354
Zufallszahlen-Generator 2.030
Zusammenhang (Mengen/top.Räume) 2.440, 2.442
Zusammenhangs-Axiom 1.325
Zusammenhangs-Komponente 2.440
Zweiwertigkeit der Logik 1.010, 1.080
Zwischenpunkt/-zahl 2.702
Zwischenring 1.603
Zwischenwert-Satz 2.217, 2.440
Zykel/Zykel-Darstellung 1.524
– disjunkte Zykel 1.524
Zyklische Gruppen 1.522
Zylinder 2.750, 5.155

Die angegebenen Abschnitts-Nummern gelten (Irrtümer vorbehalten) für die jeweils jüngste Version der bisher erschienenen Bände oder – in Ausnahmen – für geplante Erweiterungen in künftig erscheinenden Neubearbeitungen.